U0270772

国家自然科学基金资助
（项目批准号 50778093）

明代城市与建筑

—— 环列分布、纲维布置与制度重建

王贵祥 等著

国家自然科学基金资助（项目批准号　50778093）

图书在版编目(CIP)数据

明代城市与建筑——环列分布、纲维布置与制度重建/王贵祥等著.
北京：中国建筑工业出版社，2012.12
　ISBN 978-7-112-14189-0

　Ⅰ.①明…　Ⅱ.①王…　Ⅲ.①城市史：建筑史-研究-中国-明代
Ⅳ.①TU-098.12

　中国版本图书馆CIP数据核字（2012）第063217号

　　本书以七个部分，从城市史与建筑史的角度，对明代城市和建筑进行了较为全面的梳理与研究。明代是一个制度重建的时代，明代的城市、宫殿、王府、第宅、衙署、坛壝、祠庙等很多方面，与其前的唐宋辽金元时代有很大的不同。系统研究明代的城市和建筑，有助于理解清代的城市与建筑，对理解明代以前的城市、建筑的空间、尺度、分布格局等也会有一些帮助。本书对建筑历史、城市历史的研究者、考古工作者及相关专业在校师生和相关研究人员具有较好的参考阅读作用。

责任编辑：董苏华　孙　炼
责任设计：陈　旭
责任校对：王誉欣　陈晶晶

明代城市与建筑
——环列分布、纲维布置与制度重建
王贵祥　等著
*
中国建筑工业出版社出版、发行（北京西郊百万庄）
各地新华书店、建筑书店经销
北京嘉泰利德公司制版
北京市密东印刷有限公司印刷
*
开本：850×1168毫米　1/16　印张：30¼　字数：1045千字
2013年6月第一版　2013年6月第一次印刷
定价：80.00元
ISBN 978-7-112-14189-0
　　　　（22247）

版权所有　翻印必究
如有印装质量问题，可寄本社退换
（邮政编码 100037）

目　　录

绪　论

公元 1368 年，也就是明太祖洪武元年，是一个重要的年份。这一年的正月乙亥，太祖朱元璋祭祀天地于南郊，即皇帝位，定天下之号曰明。二月壬寅，定郊社宗庙之礼，并将每年的亲祀定为常例。二月丁未。设立国学，并在其中以太牢礼祭祀先师孔子。二月戊申，祭祀社稷之神。二月壬子，颁布诏书，规定了衣冠要依照唐朝的式样与制度。八月己巳，以应天为南京，开封为北京。丁丑，定六部官制。十一月庚子，开始登圜丘坛祭祀上帝。此外，还令衍圣公袭封，并授之以曲阜知县之职，这些都是依照了前代的制度。政府的各个部门都必须以礼来聘贤士。即使是蒙古人，色目人，只要是有才能的，也都可以选拔任用。朱元璋还提出了"天下之治，天下之贤共理之"[1]的口号，还特别提出愿意与诸儒讲明治道，并主张"他利害当兴革不在诏内者，有司具以闻。"[2]并置登闻鼓。在这忙碌的一年中，明太祖最关心，也最急切的，是国家的建立，与各项制度的恢复与重建。其中包括服装、祠庙、坛壝、儒学等等方面的内容。

其实，在接下来的几年中，朱元璋最为忙碌的事情，除了都城的建造之外，主要是各种制度的建立，如洪武二年四月乙亥，"编《祖训录》，定封建诸王之制。"[3]八月己巳，定内侍官制。十月辛卯，诏天下郡县立学。三年二月戊子，诏求贤才可任六部者。五月丁酉，诏守令举学识笃行之士。己亥，设科取士。丁未，诏行大射礼。戊申，祀地于方丘。六月戊午，素服草履，步祷山川坛。十二月庚午，遣使祭祀历代帝王陵寝，并且加以修葺。洪武四年庚寅，在中都城建造了郊庙。洪武五年诏曰："天下大定，礼仪风俗不可不正。"[4]并始行乡饮酒礼。六月丁丑，定宫官女职之制。同是在这个月，还定六部职掌及岁终考绩法。洪武六年八月乙亥，诏祀三皇及历代帝王。洪武七年二月戊午，修曲阜孔子庙，设孔、颜、孟三氏学。洪武二十八年，诏诸土司皆立儒学。

而且，如《明史》所言："明太祖初定天下，他务未遑，首开礼、乐二局，广征耆儒，分曹究讨。"[5]因而，在洪武三年就完成了《大明集礼》，"其书准五礼而益以冠服、车辂、仪仗、卤簿、字学、音乐，凡升降仪节，制度名数，纤悉必具。"[6]

洪武二十四年（1391 年）六月，朱元璋"诏廷臣参考历代礼制，更定冠服、居室、器用制度。"[7]经过了若干年的制度重建，洪武二十八年时的朱元璋已经是信心满满。这一年六月己丑，他登上了宫殿的奉天门，谕群臣曰："……后嗣止楷《律》与《大诰》，不许用黥刺、刖劓、阉割之刑。臣下敢以请者，置重典。"又曰："朕罢丞相，设府、部、都察院分理庶政，事权归于朝廷。嗣君不许复立丞相。臣下敢以请者，置重典。……勒诸典章，永为遵守。"[8]

也许因为朱元璋是一位汉族皇帝，他将汉、晋、唐、宋几代作为中国历史的正朔，因而对于辽、金及元蒙时代的一些政策与制度，都看做某种文化的异义，所以，在其立国之初，就特别致力于制度层面的建设，就令人不觉得十分奇怪了。

朱元璋在制度重建上所做的努力，几乎覆盖了社会生活的方方面面，如服饰、礼仪、住宅、车马，直至衙署、孔庙、学校、祠祀、坛壝等等。如在学校中，都要按照古制设射圃，既要令学子起到锻炼身体的作用，又要令学子不忘武功，能够随时担负起保卫国家的责任。在冠服、居室上，则以具体的规定，更明确了明代社会的上下等级，使各不相越，以加强明帝国的统治。

明太祖以后的历代帝王，对于制度层面，也多有厘革，如明惠帝朱允炆，"践阼之初，亲贤好学，召用方孝孺等。典章制度，锐意复古。"[9]从文献所知的明代各项制度中，有礼仪制度、官民服舍器用制度、祭服制度、宫室制度、臣庶室屋制度、坟茔制度、藩王宫城制度等等，悉为完备。

---

1. ［清］张廷玉等. 明史. 卷二. 本纪第二. 太祖二。
2. 同上。
3. 同上。
4. 同上。
5. ［清］张廷玉等. 明史. 卷四十七. 志第二十三. 礼一（吉礼一）。
6. 同上。
7. ［清］张廷玉等. 明史. 卷三. 本纪第三. 太祖三。
8. 同上。
9. ［清］张廷玉等. 明史. 卷四. 本纪第四. 恭闵帝。

由此，我们可以说，明代是一个制度重建的时代，因此，明代的城市、宫殿、王府、第宅、衙署、坛壝、祠庙，在很多方面，与其前的唐宋辽金元时代，有很大的不同。有清一代，在很大程度上，沿袭了明代的各种制度。而现代城市，是在明清旧有城市的基础上发展起来的，现存宫殿、衙署、寺观、祠庙、坛壝、乡土民居等建筑，也多是明清两代遗留下来的，或虽是前代遗存，也曾经历了明清两代的修葺、改建与重建。

因此，从城市史与建筑史的角度来看，对明代城市、建筑作一个较为全面的梳理、研究，对明代建城运动的始末，明代城市等级、制度，明代府州城市的分布，军镇卫所的布置，明代城市中衙署、孔庙、学校、坛壝等官建建筑物的位置、格局，及等级差别的梳理、归类，甚至对明代建筑之资金来源的分析等，不仅对于我们了解明代城市与建筑之制度层面的内涵，而且对理解清代城市与建筑，进而理解明代以前之城市、建筑的空间、尺度、分布格局等，都会有一些帮助。

正是基于如上的考虑，我们这个包括了教师、博士后、博士研究生与硕士研究生在内的学术团队，在国家自然科学基金的支持下，对明代建城运动这一课题，进行了较为全面的梳理与研究，从城市、衙署、坛壝、祠庙、庙学、军镇卫所等多个层面，对明代城市，及城市中的各种类型建筑进行了研究。由于明代城市与建筑在遗存上的缺失或不完整，我们充分利用了明、清两代的史料，特别是地方志，对明代城市分布、城市大小、城门特征、城内建筑分布与特征，各种类型建筑，及其因城市等级差别而产生的差别等，逐一作了梳理、分析与研究。虽然不能够真正穷尽明代城市与建筑的各个方面，但从整体上，对于有明一代的城市、建筑，等级制度，不同类型建筑空间格局等，有了一个基本的体认，这应该也算得上是对明代城市与建筑史进行深入研究的一个起步，或能对以后在微观层面上对于明清建筑历史更为全面而深入的研究，起到一个铺垫的作用。

当然，对于这样一个庞大的课题，要想一无疏漏地解决所有问题是不大可能的。我们的研究中，无疑有一些不尽深入的地方，甚或有在理解或分析上的有误之处。因为，历史研究往往会受到资料与实物之缺失两个方面的局限，这或许是所有历史研究都难以逾越的困难与屏障。或许我们的研究，能够为有识的方家提供一些浅陋的线索，引发起他们加以深究的热情，从而将我们所未能解决的一些历史难题，逐一克服，则不仅是建筑史学术领域的幸事，也是我们所热切期待的事情。

王贵祥

2011 年 10 月 7 日

于清华园荷清苑寓中

第一篇　明代建城运动综述

明代建城运动概说 *

王贵祥

提要

元末明初全国范围内的城市建设，是一次大规模的建城运动，是继元代受到外来文化影响之后的对中国传统文化的一次回归与重建过程。明代从都城到不同等级地方城市及边防或海防卫所的建造数量之多是历代所不曾见的，而明代对新建或既有城池用砖石进行的大规模甃砌，在数量与规模上既超越了其前的历朝历代，也是其后的清代所不可比拟的。而明代按照行政区划并分等级地分布与建造的城市，是清代及晚近城市与地方城镇的前身与基础。本文对这一建城运动的历史及动因进行了分析，并为这一课题的深入研究，提出了一个引子。

关键词：明代，建城运动，都城，地方城市，砖石甃砌

元明之际是中国历史上一个重要的转折时期，在中国城市史与建筑史上，具有承前启后的地位。我们习惯上将明清时期的城市与建筑列在一个大的近古时期的时代框架之下，而将唐宋辽金时期，列在一个较为中古的时期，介乎两者之间的是时间相对比较短暂的元代，而元代恰是裹挟了大量外来文化，对中原文化进行了一次大规模冲击与刷新的特定历史时期，而明代则是在恢复唐宋之风的命题下，重新开启的一个新制度重创时期。元末明初的制度重建，不仅在国家礼制规范、国家行政区划、分等级的城市分布，而且在城市规划与建设、建筑等级规制与建筑结构与造型方面，都为其后的数百年中国历史起到了一个开创性的作用。

一、元代的废城之举

相比较而言之，元代在对旧有中原文化与典章制度的继承与沿用的过程中，也有许多废弃与变异的做法。例如，对于宋代旧有的城池，则在一定程度上采取了摧毁的态度，这样的事例在元初尤其明显。如在元世祖至元十五年（1278 年）三月"丁酉，命塔海毁夔府城壁。戊戌，刘宗纯据德庆府，梧州万户朱国宝攻之，焚其寨栅，遂拔德庆。"[1] 同时被毁的可能还有嘉定、重庆。[2] 这种大规模摧毁占领城池寨栅的做法，似乎已经成为元初时的一个策略，如同是在至元十五年，"甲戌，安西王相府言：'川蜀悉平，城邑山寨洞穴凡八十三。其渠州礼义城等处凡三十三所，宜以兵镇守，余悉彻毁。'从之。"[3] 至元二十五年（1288 年），"己亥，云南行省言：'金沙、江西、通安等五城，宜依旧隶察罕章宣抚司，金沙、江东。永宁等处五城宜废，以北胜施州为北胜府。'从之。"[4]

另据《元史》中记载之绍熙府的情况，"本府元（原）领六州、二十县、一百五十二镇，国初，以其地荒而废之；至是（元顺帝至元四年——1339 年）居民二十余万，故立府治之。"[5] 这里的由废到立，也反映了元代城市建设的一个侧面。这样的情况，恐也不是孤例，如："桓州，本上谷郡地，金置桓州。元初废，至元二年复置。"

亦有较多废州为县、废县为镇的，这也反映了元初在行政区划上的一些调整。不纳入新的行政管理区

---

* 本文属国家自然科学基金支持项目，项目名称：《明代建城运动与古代城市等级、规制及城市主要建筑类型、规模与布局研究》，项目批准号为：50778093。

1. 《元史》，卷 10。
2. 《元史》，卷 10。"八月壬子朔，追毁宋故官所受告身。以嘉定、重庆、夔府既平，还侍卫亲军归本司。"
3. 同上。
4. 《元史》，卷 15。
5. 《元史》，卷 39。

划范围中的，其被废弃摧毁的可能性是很大的。如元初东宁路，世祖至元十三年（1276 年）："升东宁路总管府，……本路领司一，余城皆废，不设司存，今姑存其名。"[1] 仔细阅读《元史》，会发现废府、废州、废县的做法几乎不绝于整整有元一代。其原因之一，很可能是在元代时，城池的废与置，是隶属于兵部的权限范围之内的。

> 兵部，尚书三员，正三品；侍郎二员，正四品；郎中二员，从五品；员外郎二员，从六品，掌天下郡邑邮驿屯牧之政令。凡城池废置之故，山川险易之图，兵站屯田之籍，远方归化之人，官私刍牧之地，驼马、牛羊、鹰隼、羽毛、皮革之征，驿乘、邮运、祗应、工廨、皂隶之制，悉以任之。[2]

这里的兵部，既有行政的权限，也有对城池进行废弃或建设的权限。这样的设置，显然还存有较为浓厚的军事管制的痕迹。

此外，这种摧毁运动，还不仅仅限于城池寨栅上，也外延至一些具有明显宋代文化意蕴的建筑物上，如至元二十二年（1285 年），"毁宋郊天台。"[3] 至元三十年（1293 年），"敕江南毁诸道观圣祖天尊祠。"[4] 至大元年（1308 年），"禁白莲社，毁其祠宇，以其人还隶民籍。"[5]

但是，元代统治者对于边远而具有军事意义的城池，仍然着意加以修复，如至大二年（1309 年）八月，中书省上书言："甘肃省僻在边陲，城中蓄金谷以给诸王军马，世祖、成宗尝修其城池。"[6]

二、朱元璋的"高筑墙"策略

元末明初的战争，无疑也对城市造成了很大的破坏。明代初年所面对的是一片战争疮痍，对城市的恢复与建设，是明初统治者所面临的重要问题之一。从史料记载中可知，在战火还没有完全平息的明代初年，大规模的建设已经开始。早在元至正十六年（1356 年），朱元璋初克金陵，改元集庆路为应天府，还处于南北夹击，两面受敌的状态之时，就已经开始了对于自己所据守地区的城池修筑。这一年的九月，朱元璋视察了新攻克的江淮府："入城，先谒孔子庙，分遣儒士，告谕乡邑，勤耕桑，筑城开垦。命徐忠置金山水寨，以遏南北寇兵。"[7]

至正十八年（1358 年），因为城池的修筑，甚至引起了百姓的忿怨："十二月……又问曰：邓愈筑城，百姓怨乎？仲实对曰：颇怨。上曰：筑城以卫民，何怨之有。必愈所为迫促，以失人心，即命罢工。"[8] 但是，因为战争本身对于坚固城池的需要，这些偶然的忿怨，并不能阻止对于城池修筑的热情，而当时还处于割据状态的朱元璋军，在战争的硝烟仍然浓烈的时候，已经将经略地方，安守城池，作为其属将的重要任务。如至正二十年（1360 年）：

> 更筑太平城。初太平城西南俯瞰姑溪，故为陈友谅舟师所破，及是友谅败走，常遇春复其城，乃命移筑城西南隅，去姑溪二十余步，增筑楼堞，守御遂固。[9]

至正二十五年（1365 年）二月，朱元璋"以湖湘既平，命（徐）达令诸将经略各郡。"[10] 并谕之曰：

> 汝皆吾亲故，有功之人。故命以专城之寄。夫守一郡，必思所以安一郡之民。民安则汝亦安矣。

1.《元史》，卷 59。
2.《元史》，卷 85。
3.《元史》，卷 13。
4.《元史》，卷 17。
5.《元史》，卷 22。
6.《元史》，卷 23。
7.《明太祖实录》，卷 4，第 48 页。
8.《明太祖实录》，卷 5，第 70 页。
9.《明太祖实录》，卷 8，第 107 页。
10.《明太祖实录》，卷 16，第 219 页。

昔者丧乱，未免有事于征战，今既平定，在于安辑之而已。[1]

由此可以看出，朱元璋在元末明初战争中的一些思路：在拓展军事战果的同时，兼顾地方的经略与城池的修筑。在这里朱元璋特别提出了一种有关城池守卫的颇为有趣的理念：

> 凡守城者譬之守器。当谨防损伤。若防之不固，致使缺坏，则器为废器。守者亦不得无责矣。吾不当以富贵而忘亲故，汝等勿以亲故而害公法，庶几上下之间，恩义兼尽，生民享安全之福，汝等亦有无穷之美矣。[2]

朱元璋对于出守外郡的将领，也往往亲自向其嘱托经略地方的策略，如至正二十五年（1365年），"以王天锡为湖广行省都事，谕之曰：'汝往襄阳，赞助邓平章设施政治，当参酌事宜，修城池，练甲兵，持节财用，抚绥人民。'"[3] 也是将修城、练兵与抚民、节用的策略同时并重的。

其实，朱元璋的这种据守一城一池，谨慎经略，小心安守，筑城安民，步步为营的做法，是一种有意而为之的策略。这就是著名的"高筑墙，广积粮，缓称王"的策略。这一思想是至正十八年（1358年），由前学士朱升提出来，并得到朱元璋的采纳的。

> 朱升，字允升，休宁人。元末举乡荐，为池州学正，讲授有法。蕲、黄盗起，弃官隐石门。数避兵逋窜，卒未尝一日废学。太祖徽州，以邓愈荐，召问时务。对曰："高筑墙，广积粮，缓称王。"太祖善之。[4]

这一点很好地解释了在洪武元年之前，天下仍苦战匈匈的时期，朱元璋就着手城池修筑，着意地方经略的做法。而这一策略无疑也是十分有效的。如就在至正十八年（1358年），朱元璋"以（费）子贤为元帅，张德为总管，守吉安，子贤因筑城守之，士诚连岁出兵来击，皆为子贤所败。至是士诚复遣其将张左丞帅兵八万来攻，子贤所部仅三千人，坚壁拒守，城上设划车弓弩以御之，因射杀其枭将二人，敌惊溃遁去。"[5] 以三千人而抵御八万之众的进攻，若非依赖所筑坚城，是不可想象的。

至正二十五年（1365年），"信州盗萧明围饶州府，知府陶安召父老告之曰：'国家乘天运，除祸乱，兵甲之盛，所向无敌。今逆贼扇余党、驱乌合而来，徒贻民害尔，不足畏也。我粮实城坚，素有其备，但能固守，不过数日，援兵至，破贼必矣。'众皆诺。"[6] 这里的"粮实城坚"，应是朱元璋采纳朱升"高筑墙，广积粮"之建言而实施之策略的结果。

由现存的实物与史料来看，明初的城池建造，已经主要是用砖甃砌的了。而这一大规模用砖甃筑城池的做法，还引致了一场民变，据《明太祖实录》：

> 上海民钱鹤皋作乱，据松江府。大将军徐达遣骁骑卫指挥葛俊等率兵讨平之。初达攻苏州，遣元帅扬福、参谋费敬直谕松江府守臣王立中以城降。达令立中就摄府事。既而上命荀玉珍代之。未几达撤各府验民田，征砖甃城，鹤皋不奉令，欲倡乱。因号于众曰：吾等力不能办，城不完即不免死，曷若求生路以取富贵，从皆从之。遂结张士诚故元帅府副使韩复春、施仁济，聚众至三万人攻府治，开库庾，剽掠财物。[7]

这一条史料也说明了明初的民间制砖业已经比较发达，筑城所用的城砖，主要是通过向各府百姓征收而来的。而这一特别关注城池修筑，并着意砖筑城垣的思想，无疑也与这一时期战争中所使用的兵器日益

1.《明太祖实录》，卷16，第220页。
2. 同上。
3.《明太祖实录》，卷17，第235页。
4.《明史》，卷136，列传第24。
5.《明太祖实录》，卷18，第256页。
6.《明太祖实录》，卷18，第247页。
7.《明太祖实录》，卷23，第326页。

翻新，对城池的坚固性要求日益提高的历史背景有一定关联。如在朱元璋采纳朱升"高筑墙"建议的第二年，即至正十九年（1359年），朱元璋的属将常遇春"率兵攻衢州，建奉天旗，树栅，围其六门。造吕公车、仙人桥、长木梯、懒龙爪，拥至城下，高与城齐，欲阶之以登。又于大西门、大南门城下，穴地道攻之。"[1]至正二十六年（1366年），"濠州李济以城降。先是韩政兵至濠，攻其水濂洞月城，又攻其西门，杀伤相当。城中拒守甚坚。政乃督顾，时以云梯、砲石四面并攻。"[2]

而纵观《明史》有关在战争中使用炮（砲）石的记载，无论是在攻城中，还是在守城中，屡屡可见，如元末至洪武初，"始吴中用兵，所在多列砲石自固。（王）行私语所知曰：'兵法柔能制刚，若植大竹于地，系布其端，砲石至，布随之低昂，则人不能害，而炮石无所用矣。'后常遇春取平江，果如其法。"[3]万历二十年（1592年），派李如松为提督去征讨宁夏的叛乱，"先是，诸将董一奎、麻贵等攻城不下。如松至，攻益力。用布囊三万，实以土，践之登，为砲石所却。"[4]明熹宗时的孙承宗，曾主持与后金相毗邻的东北宁远地区的边防，"承宗在关四年，前后修复大城九，堡四十五，练兵十一万，立车营十二、水营五、火营二、前锋后劲营八，造甲胄、器械、弓矢、砲石、渠答、卤楯之具合数百万……"[5]

由此可知，在元末明初，甚至有明一代，武器中据有重要地位者之一就是炮（砲）石，而这是可能对于传统的城墙防卫系统构成很大威胁的火炮兵器之初期阶段。这也在一定程度上解释了，为什么明初以来会出现大规模的城池建造运动，而其中又尤以砖筑城垣为多的原因所在。

三、明初的都城建设

当然，最初的建设是集中在皇帝所居的都城与藩王的王府上的。如洪武九年（1376年）三月朱元璋的诏书形象地描绘出了这一时期既疲于征战，又忙于建设的历史情景：

> 比年西征敦煌，北伐沙漠，军需甲仗，皆资山、陕，又以秦晋二府宫殿之役，重困吾民。平定以来，间阎未息。国都始建，土木屡兴。畿辅既极烦劳，外郡疲于转运。[6]

明初定都建康。早在朱元璋登基称帝并改国号为"明"之前，至正二十六年（1366年）八月，就开始了对建康城的建设：

> 拓建康城。初建康旧城西北控大江，东进白下门外，距钟山既阔远，而旧内在城中。因元南台为宫，稍庳隘。上乃命刘基等卜地，定作新宫于钟山之阳，在旧城东，白下门之外二里许。故增筑新城，东北尽钟山之趾，延亘周回凡五十余里，规制雄壮，尽据山川之胜焉。[7]

这座新拓的都城，于1366年8月动工，于1367年（吴元年）2月，"拓都城讫工，命赏筑城将士。"[8]前后仅7个月的时间。这说明这里所说的筑城，主要是指城池本身，而不一定包括城池内的建筑物。但在短短的7个月时间中，要筑造周回有50余里的坚固城池，且是我们所知道的砖筑城池，其速度仍然是相当惊人的。

明代的建康城，是在六朝古都及宋建康府、元集庆路的基础上建造的。明代的主要建设是向东拓展，在钟山之阳，建造宫苑。因而，其城既非一次规划建造而成，也不同于一般中国古都之方正规整之格局。明代时建康城为应天府，清代改称江宁府。据清《江南通志》：

1. ［明］徐乾学：《资治通鉴后编》，卷179，"元纪二十七，顺帝"。
2. 《明太祖实录》，卷20，第278页。
3. 《明史》，卷285，列传173，"文苑一"。
4. 《明史》，卷238，列传126，"李如松传"。
5. 《明史》，卷250，列传138，"孙承宗传"。
6. 《明史》，卷2。
7. 《明太祖实录》，卷21，第295页。
8. 《明太祖实录》，卷22，第317页。

江宁府，始自越范蠡筑城于长干。楚置金陵邑，城于石头。其后六朝有台城，有丹阳郡城，隋为蒋州，唐为升州，皆有城。五代杨吴为金陵府城，宋元仍之，俱详见古迹。明初建都城，惟南门、大西、水西三门。因旧更名聚宝、石城、三山。外自旧东门处截濠为城，开拓八里，增建南门二，曰通济、曰正阳。正阳而北建东门一，曰朝阳。自锺山之麓，西抵覆舟山，建北门一，曰太平。又西据覆舟、鸡鸣，缘后湖以北，直至濬山而西八里，建北门二，曰神策（国朝改为得胜），曰金川。西北括狮子山于内，雉堞东西相向。建门二，曰锺阜、曰仪凤，迤逦而南建定淮、清凉二门，以接旧西门。实周九十六里。其皇城则在都城内之东，锺山之阳，前直正阳门。外城西北据山带江，东南阻山控野，辟十有六门。[1]

清《江南通志》描述的江宁府城，城周回96里，与《明太祖实录》所记载明初时周回50余里的建康城似不相合。明人陆容的笔记《菽园杂记》卷3中也谈到："金陵本六朝所都，本朝拓其旧址而大之，东尽锺山之麓，城池周回九十六里。立门十三……其外城，则因山控江，周回一百八十里。别为十六门。"这种城池规模记载上的差别，可能的原因是，《明太祖实录》所说的周回50余里，仅仅是指明初在锺山之阳所建之"新城"的周回长度。当然，在明清两代500余年的历史上，建康城仍然处在不停的拓展与变动之中，而历史上遗留下来的宋建康府或元集庆路的旧有街区城坊，逐渐被包裹在外城之中，从而形成了形制与一般中国古代都城规整方正的平面形式截然不同的颇为自由曲折的清代江宁府城的城市格局，然其规模甚巨却是无疑的（图1，明洪武南京城图）。

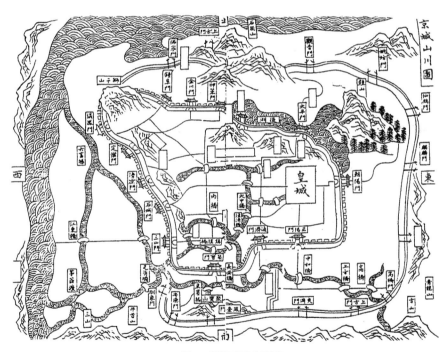

图1 明洪武南京城图

显然，明初建康城新城的建设规模，已经明显地超出了明以前历代建康城的范围。这一部分明初新拓建的城池，主要位于旧有城池之东的锺山之阳。这里布置有明代的皇城与宫城，并形成了一条偏于外城之东侧的城市中轴线。因此，虽然明应天府城是在六朝古都与宋元建康的基础上拓展而来的，但明代新建的这一部分城池本身，也几乎可以构成一个与历史上的都城规模相当的新城池。也就是说，明初的都城建设，与汉初之建长安城、北魏初年之建洛阳城，隋初之建大兴（唐长安）城与洛阳城，宋初之建汴梁城，及元初之建大都城一样，都是一个全新而巨大的城市建造工程。

<hr />

1.《江南通志》，卷20，"舆地志·城池"。

明代着力经营的大都会城市还有北京。众所周知的是，北京是在元大都的基础上改造而成的。洪武元年（1368 年）徐达克元都后，为了守御的方便，曾将大都城的北墙向南移了 5 里，后又将大都城的南墙向南移了一里，这样，就形成了今日北京内城的平面格局。明洪武元年（1368 年），大将军徐达在故元大都围绕城市问题做了一系列的事情，先是："令指挥叶国珍计度北平南城周围凡五千三百二十六丈。"[1] 接着"大将军徐达遣指挥张焕计度故元皇城，周围一千二十六丈。"[2] 这说明徐达已经开始留意金、元都城与皇城的周回尺度，这很可能与明太祖拟建全国性都城的计划密切相关。至少在这个时期，朱明君臣对于究竟在什么地方建立全国性的首都还处在犹豫之中。比如，同是在洪武元年，在徐达还没有攻克元大都之前，就曾有人劝说朱元璋以宋都汴梁为都城。朱元璋还特别为此亲临汴梁进行了实地考察。

> 车驾发京师至汴梁。时言者皆谓君天下者，宜居中土。汴梁宋故都，劝上定都。故上往视之。且会大将军徐达等，谋取元都。[3]

当然，实际的情况是在洪武三年（1370 年），朱元璋曾下诏以金陵、大梁为"南、北京"。这是第一次将金陵城的名字称为"南京"。而将宋之汴梁（大梁）称为"北京"，以期达到"居中夏以治四方"的目的。诏书中说：

> 顷幸大梁，询及父老，皆曰昔圣人居中国而治四夷，天下咸服。朕观中原土壤，四方朝贡，道里均匀，父老所言，乃合朕意，可不从乎？然立国之规模固大，而兴王之根本不轻，其以金陵、大梁为南、北京，于春秋往来，巡狩驻守，播告天下，使知朕意。至于立宗社，建宫室，定朝市，南京既创制矣，北京其令有司次第举行。[4]

实际上，明代并没有真正选择汴梁作为首都，只是象征性地以南北京的方式，在一个时期中，将汴梁作为北京而明确了下来，以表达天子居天下之中的象征意义。上面这条史料也仅仅说明了明初为都城的确立，曾经大费周章。明洪武元年，改大都路为北平府，初隶山东行省；洪武二年（1369 年）置北平行省，治北平府。而对故元都城，即北平城的经营，也是明初一系列建设工程中的重要一个。"洪武元年九月戊戌朔，大将军徐达改故元都安贞门为安定门，建德门为德胜门。"[5] 其实，这里有一些令人不解的地方。实际上，徐达是先将元大都的北城垣向南移了 5 里，然后新筑了北平城的北垣。而安定门与德胜门都是在新筑的城垣之上的。那么，这里所说的究竟是先改旧城门之名，在城垣南移之后继续沿用了所改之名，还是将移筑城垣与城门的工程与改称城门之名同时进行，尚不清楚。但是，同是在这一年改筑了北城垣却是无疑的：

> 大将军徐达命指挥华云龙经理故元都。新筑城垣。北取径东西长一千八百九十丈。[6]

但这里新筑的城垣也有语焉不详之处。比如，究竟是仅仅改筑了北城垣 1890 丈的长度，还是对新的北平城的城垣进行了大规模的"新筑"。因为，明清北京城内城的砖筑城垣是明代时才甃砌上去的。这里的"新筑城垣"是否指的是这一次工程，也未可知。此外，明初还将故元都城的南垣向南移了一里。所以，至少明北京内城的南垣与北垣都是明代重新夯筑并加以甃砌的，而其东垣与西垣及城门的城砖也应该是明代才甃砌上去的。北京内城有九座城门，每座城门又各有自己的瓮城。城上各有城楼与箭楼，再加上数十里长的砖筑城墙，无疑也是一个相当大的工程。

永乐元年改北平为北京，改府为顺天府。永乐四年（1406 年），在修建北京宫殿的同时，对北京城的城垣进行了修复。北京内城在原有大都城土筑城垣的基础上，进行大规模的砖甃工程，大约就是在这一时期。

---

1. 《明太祖实录》，卷 35，第 622 页。
2. 同上。
3. 《明太祖实录》，卷 31，第 556 页。
4. ［明］吕毖：《明朝小史》，卷 1，"洪武纪"。
5. 《明太祖实录》，卷 35，第 627 页。
6. 同上，第 611 页。

而内城以内的皇城与宫城，也是这一时期建造的。据《明史》：

> 永乐四年闰七月诏建北京宫殿，修城垣。十九年正月告成。宫城周六里一十六步，亦曰紫禁城。门八：正南第一重曰承天，第二重曰端门，第三重曰午门，东曰东华，西曰西华，北曰玄武。宫城之外为皇城，周一十八里有奇。门六：正南曰大明，东曰东安，西曰西安，北曰北安，大明门东转曰长安左，西转曰长安右。皇城之外曰京城，周四十五里。门九：正南曰丽正，正统初改曰正阳；南之左曰文明，后曰崇文；南之右曰顺城，后曰宣武；东之南曰齐化，后曰朝阳；东之北曰东直；西之南曰平则，后曰阜成；西之北曰彰仪，后曰西直；北之东曰安定；北之西曰德胜。[1]

如我们所推测的，洪武年对大都城垣的改造，仅仅是一时的军事权宜之计，未必有大规模的建设工程，那么，北京城的大规模建造，主要应该是从永乐四年（1406 年）至永乐十九年（1421 年）这 15 年的时间中完成的。其中，既包括辉煌壮观的大内宫城——紫禁城，也包括紫禁城之外的皇城，以及皇城之外的京城。而这时的京城，规模控制在周回 45 里，与至正二十六年所拓建的周回 50 里的建康新城规模是相当的。另据《菽园杂记》卷 3 的记载："永乐十七年，改北平为北京。营建宫殿。寻拓其故城规制，周回四十里。凡九门：正南曰正阳，南之左曰崇文，右曰宣武，北之东曰安定，西曰德胜，东之南曰朝阳，北曰东直，西之南曰阜成，北曰西直。然其时尚称行在。正统七年，诸司题署，始去'行在'字，旧都诸司印文皆增'南京'字。而两京之制，于是定矣。"[2] 这说明明初的北京城一直被称为"行在"，直到明英宗正统七年（1442 年），才将"北京"这一名称正式化。

明代对北京城的另外一次大规模建造工程是在嘉靖三十二年（1553 年）完成的，这就是北京外城的建设：

> 嘉靖三十二年筑重城，包京城之南，转抱东西角楼，长二十八里。门七：正南曰永定，南之左曰左安，南之右曰右安，东曰广渠，东之北曰东便，西曰广宁，西之北曰西便。[3]

从永乐到嘉靖年间的建设，大体确定了明清北京城的形制与规模，形成了北京城独具特色的"凸"字形内外城垣的平面形式，与外城、内城、皇城、宫城环环相套的城垣、门阙与宫殿格局，这一格局持续了数百年的时间，一直沿用到 20 世纪初。这也是唯一一座完整保留下来的中国古代帝都的城市格局（图 2，明清北京城平面图）。

明代都城建设中，还有一个需要特别提到的例子，就是明中都凤阳城的建设。据《明史》的记载，洪武三年（1370）年，"以临濠为中都。"[4] 关于中都城的规模，可见于明人的笔记，如：

> 国初欲建都凤阳，其城池九门：正南曰洪武，南之左曰南左甲第，右曰前右甲第，北之东曰北左甲第，西曰后右甲第，正东曰独山，东之左曰长春，右曰朝阳，正西曰涂山。后定鼎金陵，乃设中都留守司于此。[5]

由此也可略见中都城的规模。以其拥有 9 座城门的格局，应该与明初改建的同样拥有 9 座城门的周回 40 里的北平城的规模是相当的。而且，据现代的考古发现，明中都城中也有皇城与宫城的设置，俨然一座大尺度都城的格局，其规模之大是可以想见的。只是在这座城池建造到已接近完成的时候，明太祖朱元璋突然下令停止了工程的进展，才使这样一个宏大的新建都城工程得以终止（图 3，明代凤阳中都城平面图）。

---

1. 《明史》，卷 40，志第十六，"地理一"。
2. ［明］陆容：《菽园杂记》，卷 3。
3. 同上。
4. 《明史》，卷 2，本纪第二，"太祖二"。
5. ［明］陆容：《菽园杂记》，卷 3。

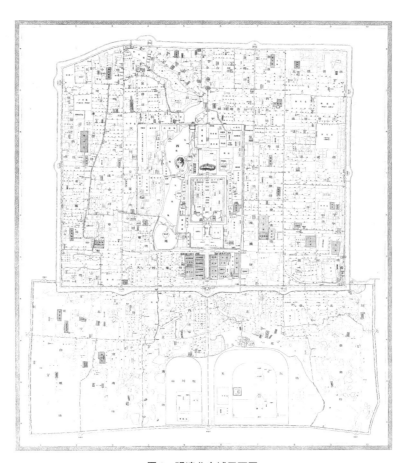

图2　明清北京城平面图

四、明代地方藩王的王府与王城

　　明代一改唐宋时代对亲王采取监视和居住在京城的做法，恢复了分封藩王的制度，并设立了为每一位到地方之藩的亲王或郡王建造府城的规制。明初洪武二年："乙亥，编《祖训录》，定封建诸王之制。"[1]

　　关于明代亲王府制较为详细的描述，可以见于2处记载，并可互相印证，一是《明史》：

　　亲王府制：

　　洪武四年定，城高二丈九尺，正殿基高六尺九寸，正门、前后殿、四门城楼，饰以青绿点金，廊房饰以青黛。四城正门，以丹漆，金涂铜钉。宫殿窠栱攒顶，中画蟠螭，饰以金，边画八吉祥花。前后殿座，用红漆金蟠螭，帐用红销金蟠螭。座后壁则画蟠螭、彩云，后改为龙。立山川、社稷、宗庙于王城内。

　　七年定亲王所居殿，前曰承运，中曰圆殿，后曰存心；四城门，南曰端礼，北曰广智，东曰体仁，西曰遵义。太祖曰："使诸王睹名思义，以藩屏帝室。"

　　九年定亲王宫殿、门庑及城门楼，皆覆以青色琉璃瓦。又

图3　明代凤阳中都城平面图

1.《明史》，卷2. 本纪第二. 太祖二. 北京：中华书局，1974：22页。

命中书省臣，惟亲王宫得饰朱红、大青绿，其他居室止饰丹碧。

……

弘治八年更定王府之制，颇有所增损。[1]

明代王府规制有如帝王的宫殿，有城垣、门庑、门楼、山川坛、社稷坛、宗庙等的设置，只是规模略小一些。其主殿的规制，甚至可以使用 11 开间的大殿，几乎等同于帝宫。另外一个更为详细的记载见于《明会典》，据《明会典》："凡诸王宫室，并依已定格式起盖不许犯分，凡诸王宫室，并不许有离宫别殿及台榭游玩去处。"[2] 说明明代王府建筑的规制是有很严格的规制格式的。而由这些记载中也可以看出，明代王府的规制也是一个不断完善的过程，其间经历了洪武四年、洪武七年、洪武九年、洪武十一年，以及弘治八年等几次大的调整。具体而详细的亲王王府规则，仍然见于《明会典》：

洪武四年议定：凡王城高二丈九尺，下阔六丈，上阔二丈，女墙高五尺五寸。城河阔十五丈，深三丈。正殿基高六尺九寸，月台高五尺九寸。正门台高四尺九寸五分。廊房地高二尺五寸。王宫门地高三尺二寸五分。后宫地高三尺二寸五分。正门前后殿，四门城楼，饰以青绿点金；廊房饰以青黑。四门正门以红漆金涂铜钉……立社稷、山川坛于王城内之西南，宗庙于王城内之东南……

七年定亲王所居前殿名承运，中曰圆殿，后曰存心。四城门，南曰端礼，北曰广智，东曰体仁，西曰遵义。

九年定亲王宫殿、门庑及城门楼皆覆以青色琉璃瓦。

十一年定亲王宫城，周围三里三百九步五寸。东西一百五十丈二寸五分，南北一百九十七丈二寸五分。[3]

而洪武十一年的这一具体的王府基址规模制度，是按照当时已经建成的晋王王府的宫城规制颁布的。关于这一点可以见于《明太祖实录》，洪武十一年七月乙酉：

工部奏："诸王国宫城，纵广未有定制，请以晋府为准，周围三里三百九步五寸，东西一百五十丈二寸五分，南北一百九十七丈二寸五分。"制曰：可。[4]

由洪武年间的规定，可以知道明代亲王王府的标准格式是在王府建筑之外有一个周回 3 里 309 步5 寸的宫城。城在东南西北方向上各有一门，南门为正门，称端礼门；北门为广智门；东门为体仁门；西门为遵义门。在中轴线上布置有三座礼仪性的主要殿阁，前殿为承运殿，中殿为圆殿，后殿为存心殿（图 4，明洪武朝亲王王府及王城平面）。

就洪武规制中王府宫城的基址规模看，其宫城南北长 197 丈 2 寸 5 分，东西宽 150 丈 2 寸 5 分。以一步为 5 尺计，则一丈为 2 步，折而可得其宫城：南

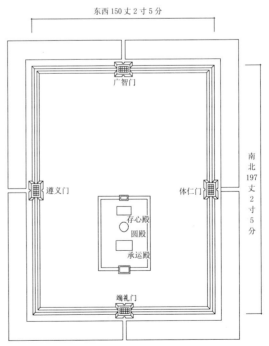

图 4　明洪武朝亲王王府及王城平面

1.《明史》，卷 68. 志第四十四. 舆服四. 北京：中华书局，1974：1670 页。
2.［正德］明会典. 卷 147. 工部一. 营造一. 第四页. "亲王府制"条. 景印文渊阁四库全书. 第 618 册. 史部三七六. 政书类. 台北：台湾商务印书馆，1983：458 页。
3.［正德］明会典. 卷 147. 工部一. 营造一. 第四-五页. "亲王府制"条. 景印文渊阁四库全书. 第 618 册. 史部三七六. 政书类. 台北：台湾商务印书馆，1983：458 页。
4. 明太祖实录. 卷 119. 台北：中央研究院历史语言研究所，1962：1938-1939 页。

北长 394 步 2 寸 5 分，东西宽 300 步 2 寸 5 分，周长合为 1388 步 1 尺。以一里为 360 步计，合 3 里 308 步 1 尺。两者间的数据基本吻合。其周回总长的尾数用了"九步五寸"，而不是实际相加而得出的"八步一尺"，可能是有意调整而得的结果，以使其尾数与"九五之尊"的数理相合。若果如此，似也可以从侧面证明，明代一些城垣周回的长度，总是要有一些步、尺的尾数，而且这些尾数往往会反复地出现在一些不同的实例之中。

明代弘治八年，又对各地王府内的建筑规制，作了进一步的详细规定。

明代城市与建筑

第一篇 明代建城运动综述

弘治八年定王府制：

前门五间，门房十间，廊房一十八间；

端礼门五间，门房六间；

承运门五间；

前殿七间，周围廊房八十二间，穿堂五间，后殿七间；

家庙一所，正房五间，厢房六间，门三间；

书堂一所，正房五间，厢房六间，门三间，左右盝顶房六间；

宫门三间，厢房一十间，前寝宫五间，穿堂七间，后寝宫五间，周围廊房六十间，宫后门三间，盝顶房一间；

东西各三所，每所正房三间，后房五间，厢房六间，多人房六连，共四十二间，浆糨房六间，净房六间，库十间；

山川坛一所，正房三间，厢房六间；

社稷坛一所，正房三间，厢房六间，宰牲亭一座，宰牲房五间；

仪仗库，正房三间，厢房六间；

退殿门三间，正房五间，后房五间，厢房十二间，茶房二间，净房一间；

世子府一所，正房三间，后房五间，厢房十六间；

典膳所，正房五间，穿堂三间，后房五间，厢房二十四间，库房三连二十五间，马房三十二间，盝顶房三间，后房五间，厢房六间，养马房一十八间；

承奉司，正房三间，厢房六间，承奉歇房二所，每所正房三间，厨房三间，厢房六间；

六局共房一百二间，每局正房三间，后房五间，厢房六间，厨房三间；

内使歇房二处，每处正房三间，厨房六间，歇房二十四间；

禄米仓三连共二十九间；

收粮厅正房三间，厢房六间；

东西北三门，每门三间，门房六间；

大小门楼四十六座，墙门七十八处，井一十六口；

寝宫等处周围砖径墙，通长一千八十九丈；

里外蜈蚣木筑土墙，共长一千三百一十五丈。

成化十四年，奏准各处王府以工完日为始，至五十年后，除有仪卫司、群牧所，并侍卫、护卫、千户军校者，令自修，余果人力俱乏，该府具奏行勘，给价自行修理。[1]

弘治八年颁布的王府制度（图 5，明弘治朝亲王王府及王城平面），使我们对明代王府有了一个更清晰的了解。由这里的记载可以看出，明代王府宫城是明确分为两重城墙的。一重为"寝宫等处周围砖墙"。在这之外，还有一重城墙，是用土夯筑的，墙中铺设了"蜈蚣木"以加强墙体的整体强度。从上下文中看，这里记载的"寝宫等处周围砖径墙，通长一千八十九丈"和"里外蜈蚣木筑土墙，共长一千三百一十五丈"，似乎都不指的是一个简单环绕的墙，而是相互重叠、纵横穿插的各院之间墙体的长度总和。前者可能为环绕前殿后宫及分隔诸院落的砖墙，故为"寝宫等处周围砖墙"；后者则是宫寝之外附属建筑之边墙及外围护

1. ［正德］明会典. 卷147. 工部一. 营造一. 第五－六页. "亲王府制"条. 景印文渊阁四库全书. 第618册. 史部三七六. 政书类. 台北：台湾商务印书馆，1983：458-459页。

土墙的总长，故称"里外蜈蚣木筑土墙"。这从其上下文中有"大小门楼四十六座，墙门七十八处"中也可以看出来。其基本的基址规模制度，应当是大略遵循洪武十一年规制的。

《明太祖实录》中提到明初王府规制是按照已经建成的太原晋王府的规制确定的。而从史料中可以看出，这座周回3里309步5寸，南北长197丈2寸5分，东西宽150丈2寸5分的晋王府，因为工程浩大而劳民伤财，曾经引起了太祖朱元璋的关注，如洪武九年三月，在《免山西陕右二省夏秋租税诏》中，朱元璋说："……外有转运艰辛，内有秦晋二府宫殿之役愈繁益甚，自平定以来民劳未息……特将山西、陕西二省民间夏秋租税尽行蠲免。"[1] 这座近500亩的晋王府，以及可能是相近规模的秦王府工程，直接惊动了皇帝本人，说明其建造规模已经相当大了。而这却奠定了有明一代王府建筑的基本规制，如由清代光绪年间所修《襄阳府志》中记述的明襄藩故府，其规模就与洪武十一年颁布的以晋府为标准的规制比较接近：

> 明襄藩故府，在城东南隅，明正统元年仁宗子宪王瞻墡自长沙徙封于此。崇祯十四年献贼陷襄阳，王府尽毁，惟存绿石影壁一，雕刻华藻；相传府基袤一里五分，广一里；今关状缪庙乃故殿址也。[2]

以其南北1里5分，东西1里计，四周围合的长度为4里1寸，由此长宽尺度得出的王府占地基址为540亩，略与洪武十一年规定的周回3里309步5寸，占地492.6亩相当而略大一些，只是其平面形式已经接近方形(图6，明代襄藩王王城平面)。说明在一个基本的规制下，在实际设计中可能还有一些变通的处理。

据现代人的研究，明代西安秦王府、洛阳周王府[3]、成都蜀王府，在砖筑内城之外，确实都环绕有土筑外城，称为"萧墙"。如秦王府，据吴宏岐、党安荣所撰《关于明代西安秦王府城的若干问题》引明嘉靖《陕西通志》，在王府之外另有萧墙，"萧墙周九里三分；砖城在灵星门内正北，周五里，城下有濠引龙首渠水入。"[4] 显然，秦王城的基址规模是比较大的，其砖筑内城的规模为周回5里，已经比作为规制依据的周回3里309步5

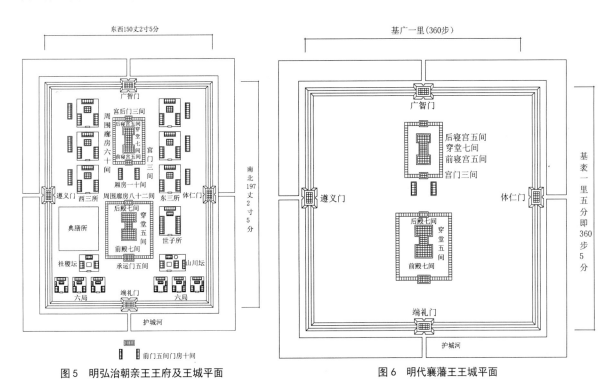

图5　明弘治朝亲王王府及王城平面　　　　图6　明代襄藩王王城平面

1. 明太祖文集. 卷1. 第十页. 景印文渊阁四库全书. 集部一六二. 别集类. 第1223册. 台北：台湾商务印书馆, 1983：7页.

2. ［光绪］襄阳府志. 卷5. 舆地志五. 古迹：742页.

3. 王晟撰文《明代开封周王府》："王城外有九里十三步，高二丈九尺五寸的萧墙环绕，筑有午门、后宫门、东华门、西华门四个。"但未说明其出处，不知确否。王晟. 明代开封周王府. 河南大学学报（社会科学版）. 1986（1）：49页.

4. ［嘉靖］陕西通志. 卷5. 封建下·皇明藩封. 转引自吴宏岐、党安荣. 关于明代西安秦王府城的若干问题. 中国历史地理论丛. 1999（3）：152页.

寸的晋王城大了许多，而其外萧墙周回 9 里 3 分，已经接近元、明时代帝宫的规模。[1]《陕西通志》中还记载了秦王城正殿承运殿的规模："承运殿在承运门正北，南向，九间，高九丈九尺九寸，嘉靖十四年奏准修复。"[2] 以 9 开间，高 9 丈 9 尺 9 寸，显然是出于象征其尊贵的需要，但也为我们了解其基本尺度提供了基本依据。

但无论如何，我们可以看出，明代王府建设绝不是一座简单的居住建筑群，而是一座规模不小的城池。已见于史籍的明代地方封王数量很多，如《明会典》中有一个有关各个王府所享受的禄米的统计，据史料可知，是在英宗正统十二年为各地王府确定的可享受禄米额度[3]，其中显示的封王数量为 36 个，分布在全国各地。这就是说，在明代地方城市建设中，还有一个极其重要的工程内容是王府与王城的建造。王府的建筑是仅次于京师天子之宫殿的建筑，而王城的规模，以其周回 3-5 里，占地近 500 亩的规模，与明代一些较小的县城规模已经十分接近了。只是这些王城往往是城中之城。其城池的质量要求，如城墙的高度与厚度、城门的规制、城壕的深度与宽度，及城墙角楼等的设置等，恐怕也是一般地方城市所不可比拟的。

五、明代地方城市建设

明初重视城池的建设，是史料中经常提到的事情，这与明太祖朱元璋十分重视城池的作用是分不开的，而且在他心头萦绕的主要是两件事，一是城池的坚固，二是粮草的丰足。元至正十五年（1355 年），朱元璋刚刚据有金陵，就踌躇满志地登上了城墙，"周览城郭，谓徐达等曰，金陵险固，古所谓长江天堑，真形胜地也。仓廪实，人民足，吾今有之，诸公又能同心协力，以相左右，何功不成也。"[4] 接着于同年九月又"如江淮府，入城，先谒孔子庙，分遣儒士告谕乡邑，勤耕桑，筑城开垦，命徐忠置金山水寨，以遏南北寇兵。"[5]

至正十八年（1358 年）朱元璋的属下邓愈筑城，甚至引起了百姓的抱怨，这年的十二月，朱元璋问曰："邓愈筑城，百姓怨乎。中实对曰：颇怨。上曰：筑城以卫民，何怨之有，必愈所为促迫，以失人心，即命罢工。"[6] 尽管这个时期，还处在天下未定，苦战匈匈的状态，但朱元璋对城池筑造的关注似乎并没有因为战事的紧张而有所松懈，他显然是将"高筑墙，广积粮"作为一个夺取最后胜利的关键性策略了。至正二十年："更筑太平城……增筑楼堞，守御遂固……十二月……筑龙湾虎口城。"[7] 到了至正二十五年（1365 年），朱元璋已经拥有了湖湘地区，朱元璋更考虑要对属地内的城池加以经略：

> 二月己丑朔，上以湖湘既平，命达令诸将经略各郡。……谕之曰，汝皆吾亲故，有功之人，故命以专城之寄。夫守一郡，必思安一郡之民。民安则汝亦安矣。昔者丧乱，未免有事于征战。今既平定，在于安辑之而已。凡守城者，譬之守器，当谨防损伤，若防之不固，致使缺坏，则器为废器。守者，亦不得无责矣，吾不当以富贵而忘亲故，汝等勿以亲故而害公法。[8]

同年，又晓谕湖广行省都事，要求他"设施政治，当恭酌事宜，修城池，练甲兵，撙节财用，抚绥人民。"[9] 其基本的思想仍然是修建高大城池以守御，撙节财用以抚民两个方面。在这一个时期，朱元璋所极力表达的思想，既是有关城池的修造，也是有关城市的治理两个方面。而他提出的"守城"如"守器"的思想，无疑也对有明一代特别重视城池的建造与维护，提供了一个先决性的思想基础。这一政策在朱元璋最后平定天下确立明王朝之前，也确实起到了稳固其后方的作用。

明初洪武年间，金陵定鼎，天下一统之后，城池的建造也并没有因此而松懈。见于史籍者如：洪武二十五年（1392 年）"奏建昌卫，故城周回仅七里，戍兵不过二千，近年开拓至十六里。"[10] 洪武二十七

---

1. 元大都城大内宫城，周回 9 里 30 步，明初所见中都城大内宫城亦沿用之。王贵祥. 关于中国古代宫殿建筑群基址规模问题的探讨. 故宫博物院院刊. 2005（5）：46-85 页。
2. ［嘉靖］陕西通志. 卷 5. 封建下·皇明藩封. 转引自吴宏岐、党安荣. 关于明代西安秦王府城的若干问题. 中国历史地理论丛. 1999（3）：158 页。
3.《明史》，卷 82. 志第五十八. 食货六. 北京：中华书局，1974：2000 页。
4.《明太祖实录》，卷 4，第 43 页。
5. 同上，第 48 页。
6.《明太祖实录》，卷 5，第 70 页。
7.《明太祖实录》，卷 8，第 107 页。
8.《明太祖实录》，卷 16，第 220 页。
9.《明太祖实录》，卷 17，第 235 页。
10.《明太祖实录》，卷 215，第 3171 页。

年"发山西军士筑东胜城，北平军士筑宣府城。"[1]洪武二十九年（1396年）"命茶陵、彬州、桂阳三卫，各调兵千人，筑城堡以镇之。"[2]洪武三十年（1397年），明太祖谈到了"玉林、天城，皆西北要地，非坚城深池，不可以守。今山西军已筑玉林城，其天城城宜令北平军士筑之，期今岁完。"[3]同年，又"筑辽王府于广宁……筑城浚壕，建立宫室，令高壮其城门，以备不虞。"[4]也是在这一年，"敕……各以卫军一万，铜鼓卫新军一万，靖州民夫三万，筑铜鼓城，每面三里。城池宜高深，坊巷宜宽正，营房行列宜整齐，期十一月讫工。"[5]

明代初期，既是一个城池建造的高峰期，也是一个宫殿建设的高峰期。仅在洪武年间，就在同时建造着中都城与金陵城两座大规模的都城，及城中的大内宫殿。同时还有各地的地方性城池建造，其工程的规模之大，动用的人力物力之巨，恐怕也是明朝以前的各个朝代所鲜见的。这样大规模的城池与宫殿建造工程，无疑需要动用全国的力量。而明洪武年间，也正是采取了这样一种政策，如洪武二十六年（1393年）：

> 更给天下府、州、县工匠轮班勘合。先是诸色工匠，岁率轮班，至京受役。至有无工可役者，亦不敢失期至京不至。至是工部以为言上，令先分各色匠所业而验在京诸司役作之繁简，更定其班次，率三年或二年一轮，使赴工者，各就其役而无费日；罢工者得安家居而无费业。于是给与勘合，凡二十三万二千八百八十九人。人咸便之。[6]

需要提醒的一点是，明代初年，全国总人口数仍然在5000万人左右徘徊。刚刚经历了战争蹂躏的金陵城，城市总人口数也未必达到了百万。但在这样一个劳动力资源的背景下，仅仅在京城的建设中，就动用了23万多的民夫，或已接近于京师总人口的四分之一，全国总人口的二百分之一。如此推测，则全国各地城池、王府、衙署等的建设中，其动用的人力之巨，涉及的范围之广，一定是前所未有的。

除了动用民夫之外，这样大规模的城池建设，无疑会侵占农民的土地，明太祖采取的方法，主要是通过免除租税来加以补偿。例如，洪武二十九年（1396年）因在广东揭阳县"修筑城池侵民田，诏除其租税。"[7]而类似这种因修筑城池而占用民田的事情，在洪武年间可能是一直存在的，如在同一年，苏州府的一位道士旧事重提，说到了"洪武十九年改筑城池，侵用官民田地而租税未除，诏悉蠲之。"[8]也说明了这一全国性的大规模城池建造工程延续的时间之长，出现的范围之广。

还有一点要提到的是，明代的城池建造，已经不同于以往的夯土筑造的城池，砖筑城墙渐渐地开始普及。同时，在一些既有的土城墙上，也开始了用砖石甓砌与加固的工作，如洪武二十九年，明太祖曾"令吏民有犯流罪者，甓京师城各一尺。"[9]这其中透露出的应当就是至今仍有部分尚存的坚实的明代南京城城墙之建造过程的一点信息。

明代的城市建造中，除了出于行政的目的而建造的各地府、州、县城之外，还有散布在各个方向边远地区的具有军事防御性质的卫所与堡寨。比如，东瀛倭寇的威胁，也在一定程度上刺激了明代沿海地区的城池建设。倭寇的袭扰从明初就已经开始，如："洪武二年，倭寇山东淮安。明年再入转闽浙。"[10]洪武年间，明太祖朱元璋曾"令信国公汤和，江夏侯周德兴分行海上，视要害地筑城，设卫所兵戍之，犬羊盘错矣"。[11]据《东西洋考》卷6引《吾学编》曰："信国公和致仕，居凤阳。诏至京，谕曰：'日本小夷，屡扰东海上。卿虽老，强为朕行，视要地筑城防贼。'信国筑登、莱至浙沿海五十九城。二十年，置浙东西防倭卫所。是年，遣江夏侯周德兴筑福建海上十六城。"[12]由此可以略窥明初海防城池的建造规模与数量，也是相当可观的。

1.《明太祖实录》，卷232，第3387页。
2.《明太祖实录》，卷246，第3554页。
3.《明太祖实录》，卷252，第3641页。
4.《明太祖实录》，卷253，第3651-3652页。
5.《明太祖实录》，卷255，第3678-3679页。
6.《明太祖实录》，卷230，第3363页。
7.《明太祖实录》，卷245，第3581页。
8.同上，第3557页。
9.同上，第3555页。
10.[明]张燮：《东西洋考》，卷6。
11.同上。
12.同上，见其疏。

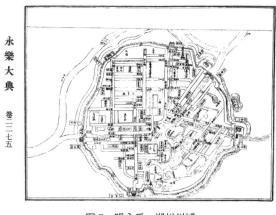

图7　明永乐－湖州州城

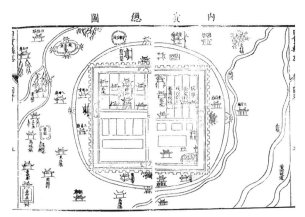

图8　明万历－内黄县城

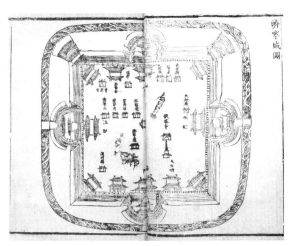

图9　明嘉靖－济宁州城

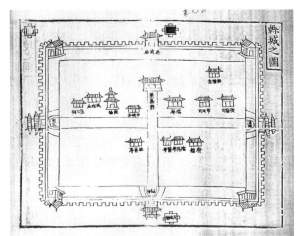

图10　明嘉靖－莱芜县城

　　概而言之，明代大规模的城池建造，不仅仅停留在大尺度的帝王都城的建设上，更主要的是体现在对全国范围内各种不同等级的地方城市与军事卫所的建造上；而且，这种大规模的城池建造，也不仅仅是一个时期的短暂性建设行为，而是一个贯穿于明代270多年，特别是明初的洪武、永乐年间，以及明代中叶面临漠北蒙古贵族的威胁和明代末年面临北方后金威胁时期的连续的过程。也就是说，在整个有明一代，城池的建造与修复，以及对旧有土筑城垣的砖甃加固工程，是一个贯穿始终的全国性建造工程。这样的大规模、大范围、长时期的国家性城市建造工程，既不见于明代以前的唐宋辽金元时期，也不见于明以后的有清一代。这也是我们将其称之为"明代建城运动"的原因所在（图7、图8、图9、图10，明代地方城市平面举例）。

　　我们可以以畿辅与河南两个地区的情况为例做一点分析。当然，在明代时分为南北两个畿辅。这里的畿辅地区，指的是以顺天府北京为中心的畿辅地区，其范围包括今日的河北省及已经划归河南、内蒙古的一些地区。其不同等级的城池初创、修建与用砖甃砌的大致情况可见表1：

《四库全书·畿辅通志》中城垣一览　　　　　　　　　　　　　　表1

城名	等级	始建	明代修建	甃砌砖城	城垣周围长	城门	备注
顺天府	府城	元代	明代重修内城并加外城		周40里		大兴宛平附郭
良乡	县城	旧土城		隆庆中	3里220步		
固安	县城	明正德十四年		嘉靖二十九年	5里269步	门4	
永清	县城	不详	正德五年	隆庆二年	5里7步	门4	

城名	等级	始建	明代修建	甃砌砖城	城垣周围长	城门	备注
东安	县城	不详	弘治十一年	隆庆二年	7里240步	门4 角楼	
香河	县城	旧土城		正德二年	7里200步	门4 角楼	
通州	州城	不详		洪武元年	9里13步	门4	
三河	县城	五代后唐长兴二年	嘉靖二十九年	始建时	6里	门4	
武清	县城	明正德六年		隆庆三年	8里260步	门3	北无
宝坻	县城	旧土城		弘治中	6里	门4	
宁河	县城	宋代			不详		
昌平	县城	明景泰间		清康熙十四年	10里	门3	
顺义	县城	唐天宝间		万历间	6里110步	门4	
密云	县城	旧城洪武中			9里13步		新旧二城
		新城万历间			6里180步		
怀柔	县城	明洪武十四年		成化三年	4里108步		
涿州	州城	旧土城		景泰初	9里有奇		
房山	县城	金大定中		隆庆五年	4里有奇	门4	
霸州	州城	燕昭王		正德中	6里320步	门3	西无
文安	县城	汉代	正德九年	崇祯九年	8里30步	门5	
大城	县城	旧城纪	正德七年	嘉靖四十一年	4里有奇	门4	
保定	县城	宋代	嘉靖二十九年		6里69步	门4	
蓟州	州城	旧土城		洪武四年	9里30步	门3	
平谷	县城	旧土城		成化中	3里160步	门4	
遵化	州城	旧土城	洪武十一年	万历九年	6里有奇	门4	
				戚继光			
永平府	府城	旧土城		洪武四年	9里13步	门4	
迁安	县城	旧土垣	成化四年新筑 规制加旧之半		5里	门4	
抚宁	县城	旧土城	成化三年		3里80步余	门4	
昌黎	县城	旧土垣		弘治中	4里	门4	
滦州	州城	辽代		景泰二年	4里200余步	门4	
乐亭	县城	旧土垣		成化元年	3里	门4	
玉田	县城	旧土城	成化三年甃砌	崇祯八年易砖	3里140步		
丰润	县城	旧土城无考		正统十四年 成化六年	4里	门4	
保定府	府城	元大将军 张柔始筑	建文四年甃砌	隆庆初 尽甃以砖	12里330步	门4	清苑 附郭
满城	县城	辽萧后筑		成化十一年	4里250步	门2	南北

城名	等级	始建	明代修建	甃砌砖城	城垣周围长	城门	备注
安肃	县城	五代	景泰间增修	景泰中	4里		
定兴	县城	金大定七年	成化四年	隆庆中	5里80步	门4	
新城	县城	辽萧后筑	景泰中修	崇祯中甃以砖	3里80步		
唐县	县城	土城	弘治中重建	隆庆中筑瓮城	4里有奇	门3	北无
博野	县城	旧土城	洪武二年	崇祯十三年	4里13步	门3	北无
庆都	县城	唐武德四年	洪武二年	康熙四年砖甃	4里有奇	门2	南北
容城	县城	唐窦建德筑	景泰初	康熙元年	3里15步	门2	南北
完县	县城	隋仁寿时	成化间始	崇祯十二年	9里13步	门2	东南
蠡县	县城	汉封蠡吾侯	天顺中	崇祯十二年	8里有奇	门2	南北
雄县	县城	汉献帝时迁	洪武初	嘉靖中甃垛口	9里30步	门3	无北
祁州	州城	旧土城	成化二十年	天启中甃瓮城	4里339步	门3	无北
束鹿	县城	元至正十八年	天启四年	崇祯年筑瓮城	6里140步	门4	
安州	县城	宋杨延朗筑	景泰中	弘治中筑瓮城	5里30步	门4	
高阳	县城	明天顺中		崇祯中甃以砖	4里110步	门4	
新安	县城	金章宗	洪武中	崇祯中甃瓮城	7里13步	门4	
河间府	府城	宋熙宁中	明初重筑	万历六年砖筑敌台十年以砖为陴	16里	门4	河间附郭
献县	县城	金天会八年	成化二年		6里	门4	
阜城	县城	不详	成化二年	隆庆元年易以砖陴	5里	门4	
肃宁	县城	宋景泰二年		天启五年	6里有奇	门2	东西
任邱*	县城	汉平帝时	洪武七年	万历三十八年	5里99步	门4	
交河	县城	明洪武间创	正德间增修	嘉靖间易垛以砖	6里	门4	
宁津	县城	金始建	洪武初	隆庆间	3里	门4	
景州	州城	元天历间	天顺七年		4里	门4	
吴桥	县城	旧土城	正统二年	万历十一年	4里有奇	门4	
东光	县城	旧土城		崇祯十一年改砖筑	6里	门4	
故城	县城	明成化二年	万历间重修		5里	门4	
天津府	府城	明永乐二年创筑		弘治间甃以砖	9里	门4	天津附郭
青县	县城	宋始建	成化中增修		5里		
静海	县城	无考			6里		
沧州	州城	永乐初迁		天顺五年	8里	门5	
南皮	县城	旧土城	嘉靖二十五年	崇祯九年砖瓮城	4里有奇	门4	
盐山	县城	洪武九年迁	成化二年		8里	门3	
庆云	县城	洪武六年建	成化二年增筑		4里		
正定府	府城	汉东垣故城 晋常山郡	正统年增筑		24里	门4	正定附郭

* "任邱"为文献中写法；现为"任丘"。——笔者注

城名	等级	始建	明代修建	甃砌砖城	城垣周围长	城门	备注
获鹿	县城	旧土城		成化十六年砖甃	4里	门3	无北
井陉	县城	宋熙宁中移	洪武元年	嘉靖二十年砖甃	3里20步	门5	
阜平	县城	旧土城	成化五年		3里有奇		
栾城	县城	始自晋	洪武十年重筑	嘉靖二十四年	3里余	门4	
行唐	县城	唐至德间	景泰元年		5里75步	门4	
灵寿	县城	旧土城	正统四年	成化十八年改砖堞	3里	门3	无南
平山	县城	金大定二年	嘉靖三年		4里120步	门4	
元氏	县城	隋开皇六年	景泰四年	万历三十年改石城	5里		
赞皇	县城	隋开皇六年	景泰元年修门		4里	门3	无北
新乐	县城	唐郭子仪	景泰元年	嘉靖二十五年改砖垛	3里	门2	东南
晋州	州城	元代	景泰间		4里	门2	东西
无极	县城	唐郭子仪	洪武间	万历间易垛以砖	5里140步		
藁城	县城	旧土城	正德九年		3里余	门2	东西
顺德府	府城	春秋齐桓公	天顺四年	万历十年	宋元时9里	门4	邢台
			成化二十二年	甃以砖石	13里100步		附郭
沙河	县城	旧土城			5里20步	门2	南北
平乡	县城	古南栾城	成化初筑		3里23步		
			崇祯年增外郭		外郭7里余		
南和	县城	元至正中	明相继增修	崇祯十二年	4里		
广宗	县城	明正统四年	成化元年增修	隆庆四年	4里98步		
巨鹿	县城	唐垂拱元年	成化中重筑	崇祯十二年	7里23步	门4	
唐山	县城	金时筑	成化中重修		8里	门2	南北
邱县	县城	唐太和九年	正德九年		4里30步	门4	
任县	县城	元至大中	景泰五年	崇祯十三年甃以砖	5里5步	门3	无南
广平府	府城	窦建德时筑	正统间	嘉靖间	9里13步	门4	永年
							附郭
曲周	县城	明成化四年	正德七年增筑	万历四十六年	5里13步	门4	
肥乡	县城	宋代		崇祯十三年	5里118步	门4	
鸡泽	县城	金大定中	元代重修	崇祯十三年	5里	门4	
广平	县城	明初		崇祯十二年	3里168步	门3	无北
邯郸	县城	古赵城东北	成化间重拓		8里	门4	
成安	县城	旧土城	正统中重筑	嘉靖二十三年	3里有奇	门3	无北
威县	县城	宋宗城	明降为县城	隆庆三年易砖垛	6里64步	门4	
		元威州	仍州制				
清河	县城	宋元祐六年		万历十三年修砖垛	9里	门3	无北
磁州	县城	赵简子筑	洪武二十年	正德十三年	8里26步	门4	
		隋开皇十年		万历二十四年			

明代城市与建筑

第一篇 明代建城运动综述

城名	等级	始建	明代修建	甃砌砖城	城垣周围长	城门	备注
大名府	府城	唐魏博节度使建	洪武三十四年圮于水迁今址	嘉靖四十年	旧 80 里 9 里		河北雄镇
大名	县城	金时屯营	景泰间重筑		5 里		
魏县	县城	明正统十四年		嘉靖三十二年甃以砖	5 里有奇	门 4	
南乐	县城	元代	弘治间	嘉靖三十四年甃以砖	6 里 130 步	门 4	
清丰	县城	宋代	成化初	崇祯八年甃以砖	5 里有奇	门 4	
东明	县城	明弘治四年		崇祯十二年甃以砖	7 里 40 步	门 4	
开州	州城	五代后晋	弘治十三年		24 里	门 4	
长垣	县城	金元故柳冢	洪武元年徙 正统十四年展拓	崇祯十年改砖城	初 2 里有奇 8 里有奇	门 4	
宣化府	府城	元宣德府	洪武二十七年展筑 宣德初增角楼	正统五年砖石甃崇祯七年增瓮城	24 里有奇	门 4	宣化 附郭
赤城	县城	古蚩尤都	宣德间		3 里 148 步	门 2	
万全	县城	旧万全右卫	洪武二十六年	永乐二年甃以砖	6 里 30 步	门 3	无北
龙门	县城	明宣德六年		隆庆二年甃以砖	4 里 56 步	门 2	东南
怀来	县城	元旧有城	永乐二十年展筑	万历二十五年砖砌	7 里 222 步	门 3	无北
蔚州	州城	后周大象二年	洪武七年改建	洪武七年甃石号曰铁城	7 里 13 步	角楼 4 座 敌楼 24 座	
西宁	县城	明天顺四年筑东西二城	嘉靖二十四年重修	万历二年甃西城 万历四年甃东城	西 4 里 13 步 东 4 里	门 4	
怀安	县城	明洪武二十五年		隆庆三年甃以砖	9 里 13 步	门 4	
延庆	州城	明永乐中	宣德五年增修	天启七年甃以砖	4 里 130 步	门 3	无北
保安	州城	明永乐十三年	嘉靖四十四年重修		794 丈 合 4 里 74 丈	门 4	
易州	州城	战国时孙操	正统间	隆庆间甃以砖石	9 里 13 步		
涞水	县城		景泰初增修	崇祯七年易以砖	3 里 85 步	门 2	南北
广昌	县城	始建无考		洪武十三年	3 里 18 步	门 4	
冀州	州城	汉时周十二里 宋增至二十四里	弘治元年改筑	崇祯九年砖筑敌台垛口	方 14 里		
南宫	县城	明正统十四年	成化十四年迁	嘉靖十八年甃砖堞	8 里		
新河	县城	元至正间移	景泰间筑	嘉靖三十三年甃砖堞	4 里	门 3	无北
枣强	县城	自秦汉迄宋当黄河之冲	金天会四年迁 成化六年重修	嘉靖二十九年易土陴以砖	4 里		
武邑	县城	旧土城	正统十四年重筑		4 里	门 4	
衡水	县城	明永乐五年移	景泰元年重建	万历三年易砖堞	4 里有奇	门 4	
赵州	州城	旧土城	成化四年	弘治七年建石门	13 里	门 4	
柏乡	县城	隋开皇中	嘉靖十三年	崇祯七年筑砖台	5 里 30 步	门 4	

城名	等级	始建	明代修建	甃砌砖城	城垣周围长	城门	备注
隆平	县城	宋宣和间迁	洪武十四年重建		6 里 312 步	门 4	
高邑	县城	始建无考	洪武初		3 里	门 4	
临城	县城	旧土城	正统十年	万历二十八年易南面为石城	3 里	门 3	无南
深州	州城	旧城没于水	永乐十年迁	万历二十二年甃以砖	9 里	门 4	
武强	县城	后周显德二年	天顺中重筑	崇祯间易砖垛	4 里 156 步	门 4	
饶阳	县城	明成化五年		崇祯十年改筑砖	4 里余	门 3	无北
安平	县城	明成化中	正德六年重修	嘉靖二十一年砖筑垛	5 里有奇	门 4	
定州	州城				26 里 13 步	门 4	
曲阳	县城	唐至德间	景泰元年增修	康熙十三年 用石固其下址	5 里 13 步		
深泽	县城	明正统中	明相继增修	万历中筑瓮城	4 里 167 步		

　　这里所引用的是清代编修的《四库全书》中《畿辅通志》中的记录。故这里的畿辅地区，仅指顺天府周围的北畿辅地区。在北畿辅的城池中，有 10 座府城，19 座州城和 110 座县城，总共有 139 座城池。其中包括作为全国政治中心的都城——顺天府城。在这 139 座城池中，明代始创或迁移重建的城池有 27 座，占了畿辅地区总城池数量的 19.4%，约近五分之一。而在这 139 座城池中，除了未见有修复记载的 36 座城池外，其余 103 座城池，全部经过明代的重修、增修与重建，占到了总城池数的 74.1%，约合四分之三。而没有经过重修的 36 座城池中又有 14 座原本就是明代初创的。这样，明代畿辅地区的 139 座城池中，由明代始建、重修、增修或重建的城池就有 117 座，占到了总城池数的 84.2%。而在这 139 座城池中，除了 4 座是在清代康熙年间才用砖石加以甃砌之外，另有 32 座未见有在明代用砖甃砌城墙的记载，其余 103 座，在明代时全部经过了用砖甃砌的工程。而在未加甃砌的 32 座城池中，除了定州、静海、沙河、宁河 4 座城池，既非明代始建，也非明代重建，且没有明代加以甃砌砖城的记录外，其余全部是明代始建或重修、重建过的城池。而清代康熙年间加以甃砌的 4 座城池，又都始建于明代。这样，可以说在明代北畿辅地区的 139 座府、州、县城中，有 135 座是经由明代始建、重建或新加砖石甃砌的，占到了北畿辅地区城市总数的 97.1%。

　　我们再来看一看河南地区的情况，见表 2。

《四库全书·河南通志》中城垣一览　　　　　　　　　　　　　　　　表 2

城名	等级	始建	明代修建	甃砌砖城	城垣周围长	城门	备注
开封	府城	唐建中二年	洪武元年	洪武元年	20 里 190 步	门 5 角楼 4	祥符附郭
陈留	县城	隋大业十年	天顺二年	崇祯八年	7 里 30 步		
杞县	县城	不详	洪武三年	崇祯八年	9 里有奇		
通许	县城	唐	洪武五年	崇祯八年	9 里 30 步		
太康	县城	不详	成化间	崇祯八年	9 里 30 步		
尉氏	县城	汉	宣德六年	崇祯间	7 里		
洧川	县城	唐	洪武初年	不详	9 里许		
鄢陵	县城	不详	景泰元年	崇祯六年	6 里 90 步		
扶沟	县城	西汉	正统间	隆庆六年	9 里 13 步		
中牟	县城	曹操	天顺五年	崇祯七年	6 里 30 步		
阳武	县城	西汉	正统十四年	崇祯十二年	9 里 30 步		

城名	等级	始建	明代修建	甃砌砖城	城垣周围长	城门	备注
封丘	县城	西汉	洪武元年	不详	5里70步		
兰阳	县城	宋建隆三年	洪武元年	崇祯八年	5里		
仪封	县城	不详	洪武二十二年	嘉靖三十四年	8里60步		
归德	府城	汉梁孝王	洪武二十二年	不详	（原17里） 7里310步	门4 角楼4	商丘附郭
宁陵	县城	不详	成化十八年	不详	5里		
永城	县城	春秋	景泰元年	不详	4里有奇		
鹿邑	县城	不详	洪武二年	不详	9里13步		
虞城	县城	不详	嘉靖九年	崇祯十一年	4里150步		
夏邑	县城	不详	正统十四年	不详	8里		
睢州	州城	宋宁宗四年	洪武元年	不详	10里300步	门4	
考城	县城	不详	正统间	崇祯十年	5里13步		
柘城	县城	不详	成化十三年	崇祯九年	13里		
彰德	府城	后魏天兴元年	洪武初	不详	9里113步	门4 角楼4	安阳附郭
汤阴	县城	西汉	洪武三十年	崇祯间	2里180步		
临漳	县城	不详	洪武二十七年	崇祯六年	4里180步		
林县	县城	元至正间	洪武七年	不详	3里20步		
武安	县城	秦白起	洪武十七年	不详	3里273步 崇祯七年 扩为13里		
涉县	县城	汉	洪武十八年	嘉靖二十一年	4里30步		
内黄	县城	不详	洪武初	万历二十五年	5里		
卫辉	府城	东魏	明初	正统间	6里130步	门3 角楼4	汲县附郭
新乡	县城	唐德宗三年	景泰二年	隆庆间	9里124步		
辉县	县城	不详	景泰二年	崇祯五年	4里48步		
获嘉	县城	不详	洪武三年	清康熙二十三年	3里有奇		
洪县	县城	不详	正统十二年	不详	8里300步		
延津	县城	元大德间	洪武十年	万历二十六年	7里30步		
胙城	县城	不详	洪武十一年	清康熙二十四年	5里有奇		
浚县	县城	不详	洪武初	嘉靖时	7里		
滑县	县城	不详	不详	崇祯十一年	9里	门5	
怀庆	府城	元至正二十二年	洪武元年	不详	9里148步	门4 角楼4	河内附郭

城名	等级	始建	明代修建	甃砌砖城	城垣周围长	城门	备注
济源	县城	隋开皇十六年	景泰四年	崇祯十一年	5里250步		
修武	县城	不详	洪武初	不详	4里		
武陟	县城	唐武德四年	洪武初	崇祯十年	4里77步		
孟县	县城	金大定间	景泰三年	不详	9里30步		
温县	县城	唐武德四年	景泰元年	正德四年	5里30步		
原武	县城	不详	洪武四年	不详	4里98步		
河南	府城	隋炀帝时	洪武元年	洪武元年因旧址始筑砖城	8里345步	门4 角楼4	洛阳附郭
偃师	县城	周武王时	洪武二十一年	不详	6里84步		
巩县	县城	不详	景泰六年	不详	4里50步		
孟津	县城	不详	嘉靖十七年	不详	4里		
宜阳	县城	后魏	景泰元年	不详	4里		
登封	县城	不详	景泰元年	不详	4里		
永宁	县城	秦置县始建	洪武二十年	不详	4里270步		
新安	县城	汉高帝元年	洪武初	不详	3里310步		
渑池	县城	战国	成化十一年	不详	8里50步		
嵩县	县城	不详	洪武元年	不详	5里有奇		
卢氏	县城	西汉	洪武元年	不详	7里180步		
南阳	府城	不详	洪武三年	不详	6里27步	门4 角楼4	南阳附郭
南召	县城	明成化十二年	明成化十二年	不详	3里40步		
唐县	县城	元至正间	洪武三年	不详	6里		
泌阳	县城	唐末	洪武十四年	不详	5里		
镇平	县城	后汉光武	成化六年	不详	5里130步		
桐柏	县城	明成化十三年	明成化十三年	不详	4里635步		
邓州	县城	古穰县城	洪武二年	不详	4里30步	门4	
内乡	县城	不详	洪武二年	不详	8里		
新野	县城	东汉刘备	天顺五年	成化、正德间	4里		
浙川	县城	明成化间	明成化间	不详	4里240步		
裕州	州城	宋末始建	洪武三年	不详	7里30步		
舞阳	县城	楚平王	成化十九年	不详	6里30步		
叶城	县城	北齐	天顺五年	不详	1606步 4里166步		
汝宁	府城	汉汝南郡 旧城	洪武六年重建 洪武八年益之	不详	初5里30步 9里30步	门4 角楼4	汝阳附郭
上蔡	县城	蔡国城	正统间	不详	6里200步		

城名	等级	始建	明代修建	甃砌砖城	城垣周围长	城门	备注
确山	县城	春秋道国地	洪武十四年	清顺治十六年	6 里 350 步		
正阳	县城	古慎阳地	正德元年	正德八年	800 丈 合 4 里 80 丈		
新蔡	县城	春秋蔡平侯	洪武初	正德间	3 里 175 步		
西平	县城	不详	景泰四年	正德八年	5 里 60 步		
遂平	县城	不详	正统十一年	不详	9 里 30 步		
信阳	州城	古申国地	洪武元年	不详	1356.7 丈 7 里 96.7 丈	门 4	
罗山	县城	古鄳县城	景泰间	景泰间	5 里		
汝州	州城	不详	洪武初		9 里有奇	门 4	
鲁山	县城	不详	洪武三年	不详	5 里		
郏县	县城	春秋楚公子郏敖始筑	成化二年	不详	13 里		
宝丰	县城	明成化十一年	明成化十一年	嘉靖间	5 里		
伊阳	县城	明成化十一年	明成化十一年	不详	4 里有奇		
陈州	州城	春秋	洪武元年	不详	7 里 30 步	门 4	直隶
西华	县城	春秋箕子	成化八年	隆庆二年	5 里有奇		
商水	县城	西汉	洪武四年	崇祯九年	4 里有奇		
项城	县城	项籍始建	宣德三年	不详	7 里有奇		
沈丘	县城	明弘治十一年	明弘治十一年	不详	3 里		
许州	州城	汉献帝	正统末	万历丁酉年	9 里 139 步	门 4	直隶
临颍	县城	隋大业四年	洪武三年	万历四十八年	5 里 246 步		
襄城	县城	周楚灵王	成化十八年	万历间	6 里 19 步		
郾城	县城	古郾子国	成化十八年	崇祯十一年	9 里 30 步		
长葛	县城	春秋	正统十三年	崇祯十三年	6 里 150 步		
禹州	州城	西汉	正统十三年	不详	9 里有奇	门 4	直隶
密县	县城	西汉	洪武三年	万历三十七年	9 里		
新郑	县城	郑武公	宣德元年	隆庆四年	5 里		
郑州	州城	唐武德四年	宣德八年	崇祯十二年	9 里 30 步	门 5	直隶
荥阳	县城	后魏	洪武二年	不详	3 里		
荥泽	县城	旧城	成化十五年徙筑	不详	4 里 300 步		
河阴	县城	旧城圮于水	洪武元年	崇祯八年	7 里		
汜水	县城	西汉	洪武元年	崇祯八年	7 里		
陕州	州城	西汉	洪武二年	不详	9 里 130 步	门 4	直隶
灵宝	县城	不详	景泰元年	不详	3 里		

城名	等级	始建	明代修建	瓮砌砖城	城垣周围长	城门	备注
阌乡	县城	隋	洪武元年	不详	4里		
光州	州城	汉弋阳城	洪武初	正德七年	9里	北城5	直隶
		宋庆元初			中贯小黄河	南城6	
光山	县城	不详	洪武初	正德十二年	7里有奇		
固始	县城	汉高帝时	景泰间	不详	6里		
息县	县城	古息国城	洪武六年	不详	5里		
		元泰定十九年					
商城	县城	春秋黄国地	成化十一年	不详	6里		

明代河南地区的城池，有府城8座，州城（含直隶州）10座，县城92座。城池总数为110座，数量略少于北畿辅地区。在这110座城池中，仅有6座是始建于明代的。这与河南地区是中国的古中原地区，自古以来就是城垣荟萃之地，既有的古城遍布这一地区的历史原因是密不可分的。然而，在这110座城池中，除了滑县一城因记载不详无法判断之外，其余109座城池，全部经过了明代的重修与重建，占河南地区城池总数的99%。其中有56座是于明初洪武年间重修或重建的，占到了河南地区城池总数的50.9%。而且这56座城池又几乎都是在洪武初年修建的。这恰恰从一个侧面验证了我们前面所提出的，明初在大规模建造金陵、中都及各地王府城垣的同时，也在大规模地开展着地方城池的建设。而这也正体现了这一时期仍然是在继续贯彻着明太祖"高筑墙、广积粮"，以确保"城坚粮实"的政策与策略的。

此外，在这110座城池中，除了3座是清初顺治与康熙年间用砖加以瓮砌，并有56座因缺乏详细记载而无法判断之外，有明确记载经过明代加以砖石瓮砌的城池有51座。有趣的是，这51座明代瓮砌的砖城中，有24座是在明末崇祯年间才加以用砖瓮砌的。占到了明代河南地区对城池加以砖石瓮砌工程总数的47.1%，几乎接近二分之一。这里透露出来的无疑是明末所面临农民起义冲击与关外后金袭扰两方面威胁的历史信息。

从如上的分析中，我们已经得到了两个数据，一个是在明代北畿辅地区的139座府、州、县城中，有135座是经由明代始建、重建或新加砖石瓮砌的，占到了北畿辅地区城市总数的97.1%；另外一个是，在明代河南地区的110座府、州、县城中，有109座是经过了有明一代的重修与重建，占到了河南地区城池总数的99%。同样是在这两个地区，畿辅地区经由清代瓮砌的城池有4座，占畿辅地区城池总数的2.9%；河南地区经由清代瓮砌的城池有3座，占河南地区城池总数的2.7%。两相对照，我们可以看出明清两代对于城池建造所采取的态度是截然不同的。

其中的原因当然也可能是多重的。一方面是清代一统，海内升平，没有对城池防御方面紧迫的压力；另外一个方面是，经过明代大规模重修、重建与砖石瓮砌之后的各地城池，在清代时保存得还相当完好，没有必要进行大规模的重修与重建。然而，如果说在元以前，由于火炮的应用还不很普遍，各地以土筑的城池，尚无需动用举国之力来加以建设的话，再比较明代之前的元代与明代之后的清代，我们可以清晰地看到，有明一代确实经历了中国城市建设史与建筑史上的一次大规模的城市建设高潮。其规模之大，范围之广，延续时间之长，都是历代所从未见到的。故而，我们称其为"明代建城运动"，似并不为过。

六、明代城隍庙的建设与祭祀

有明一代对于城池建造与防卫的重视还体现在其对于城隍之神的礼从与城隍庙的建设上。城隍一词最初并非指保护城市的神灵，而是泛指城市、城镇、城池等。但出于对城市安全的考虑，为每一座城市延请一位神灵作保护神，这一习惯很可能从三国时就已经有了。唐代文献中偶有关于城隍庙修造的记载。宋代由于战事的压力，在各地都建造了城隍庙。元代也有城隍庙的建造。而明代则将城隍庙的建造制度化，一方面改城隍庙中的神像为木主，一方面要求各府州县都要对各地的城隍礼拜祭祀。

洪武三年（1370 年）明太祖就着手建造了其京城金陵的城隍庙，这是一座从东岳庙改建而成的庙宇。

> 戊子，京师城隍庙成。初城隍旧祠卑隘。诏度地营筑。既而中书省臣及尚书陶凯请以东岳行祠改为庙，上可之。修饰既备，建左右三司。凯复请如前代建六曹，曰吏、户、礼、兵、刑；二司，左曰左司之神，右曰右司之神。上命罢六曹，不必设左右司，止称左司神，右司神，仍以命制神主。主用丹漆字。涂以金，旁饰以龙文，及是始成。命凯等迎主入庙，用王者仪仗，上亲为之以告之曰：……治民事惟稽古典，弗敢慢亵，惟京师城隍乃天下都会之神，而闾巷私窃祷祈，不由典礼，渎玩兹甚，朕深恶之，故尝更去旧号，俾称其实，去邪导正，……然祠庙卑隘，未称朕礼神之意，遂命修饰岱宗之祠，迎神居之。[1]

而且明太祖还特别为他家乡凤阳的中都城建造了城隍庙，并为其请立神主，并借此表达了他重视城隍庙建设的本意：

> 太祖制中都城隍神主成，谓宋濂曰："朕立城隍神，使人知畏。人有所畏则不敢妄为，朕则上畏天，下畏地，中畏人，自朝达暮，恒竞惕自持。"[2]

明代的城隍庙建造已经是一个遍布各地方城市的建设行为，而地方官的责任之一就是对其属地城隍神的礼拜与祭祀：

> （洪武）三年，诏去封号，止称其府、州、县城隍之神。又令各庙屏去他神。定庙制，高广视官署厅堂。造木为主，毁塑像异置水中，取其泥涂壁，绘以云山。……永乐中，建庙都城之西，曰大威灵祠。嘉靖九年，罢山川坛从祀，岁以仲秋祭旗纛日，并祭都城隍之神。凡圣诞节及五月十一日神诞，皆遣太常寺堂上官行礼。国有大灾则告庙。在王国者，王亲祭之，在各府、州、县者，守令主之。[3]

然而，这里有一个史料上的矛盾。上条资料中提到，洪武三年"诏去封号"，也就是去除了各地城隍神的封号，而在另外一条资料中，则恰恰在洪武三年，始为城隍神封以爵号：

> 国初群神尚仍旧称。洪武三年诏更之。城隍神亦始有封爵。府为公，州为侯，县为伯，皆号显祐。其制词曰：……某处城隍，聪明正直，圣不可知，固有超出高城深池之表者，世之崇于神者则然。神受于天者，盖不可知也。兹以临御之初，与天下更始，凡城隍之神，皆新其命，眷此城邑。灵祇所司，宜封曰监察司民城隍显祐公。[4]

而这条资料是明人所撰，比之清人所撰之《明史》为早，应当是更为可信一些。无论如何，可以看出明太祖是十分重视城隍庙的建设的，尤其是为京城的城隍庙特下诏书，讲述其建造城隍庙的动因，这在历代帝王中亦不曾见，从一定程度上反映了他在建国之初对于城市管理方面的焦虑。而城隍庙之按京城、府、州、县等不同等级地设置，并由地方守令主持各地城隍庙的祭祀，也反映了城隍庙的官阶系统与地方城市的等级系统的关系。同时也可以看出，明太祖朱元璋大张旗鼓地建造城隍庙的举动，与他大规模地建设京城、王城与地方城市的举动是一致的，都着意于一个庞大国家的治理，以及对各地城市之防卫与管理的关注，而其建造城隍庙的本意，更在于城市内部的治理方面。当然，他后来要求各地都建造城隍庙，并要求地方官员主持城隍庙的祭祀，也是基于这一心态的。这在一定程度上反映了明代城市生活已经萌现了晚近城市之纷繁与复杂的先兆。

---

1. 《明太祖实录》，卷 56，第 1088 页。
2. ［明］余继登：《皇明典故纪闻》，卷 3。
3. ［清］张廷玉：《明史》，卷 49，"志第二十五·礼三·吉礼三·城隍"，《二十五史·明史》，上海古籍出版社，第 7913 页。
4. ［明］吕毖：《明朝小史》，卷 1，"洪武纪"。

七、基于行政区划基础之上的城市设置

明代大规模的城市建造运动，还与明代特别着力于国家行政区划格局的重建有关。中国古代的行政区划，自秦代始，就形成了基本的郡县制格局。将全国分为若干个州郡，州或郡之下再辖县。唐代的时候，曾经在州郡之上设有"道"。北宋太宗淳化四年（993 年），曾有谋臣魏羽："羽上言'依唐制天下郡县为十道，两京为左右计，各署判官领之。'制三司使二员，以羽为左计使，董俨为右计使，中分诸道以隶焉。未久，以非便罢，守本官，出知滑州。"[1]这说明宋代基本上还是沿用了州郡、郡县的制度。

元代在既有郡县制度的基础上，设立了中书省与行中书省，其下再设府、州、县。

> 立中书省一，行中书省十有一：曰岭北，曰辽阳，曰河南，曰陕西，曰四川，曰甘肃，曰云南，曰江浙，曰江西，曰湖广，曰征东，分镇藩服，路一百八十五，府三十三，州三百五十九，军四，安抚司十五，县一千一百二十七……唐以前以郡领县而已，元则有路、府、州、县四等。大率以路领州、领县，而腹里或有以路领府、府领州、州领县者，其府与州又有不隶路而直隶省者。……中书省统山东西、河北之地，谓之腹里，为路二十九，州八，属府三，属州九十一，属县三百四十六。[2]

也就是说，元代时设有一个中书省与 11 个行中书省，其下分设若干路，路下设若干府，府下设若干州，州下设若干县。其中亦有直隶的府或州。这样大致的结构是在行省之下分路，路之下分府，府之下有州，州之下为县。大致形成了行省、路、府、州、县这样五级的行政结构。在这里路的概念似不很清晰。如元有大都路、上都路、保定路、真定路、广平路等，似乎与我们所知道的后来明代府的划分大致吻合。

我们来看一看明代的情况。明初同时十分着意于地方行政系统的重建，明洪武二十五年（1392 年），明太祖命：

> 都察院六部官会议，更定凡四十八道。浙江四道：曰浙东道，曰海右道，曰浙江道，曰金华道。福建三道：曰宁武道，曰延汀道，曰漳泉道。山西四道：曰朔南道，曰云中道，曰泽潞道，曰河东道。江西四道：曰九江道，曰岭北道，曰湖东道，曰湖西道。湖广五道：曰蕲黄道，曰江陵道，曰汉江道，曰湖南道，曰湖北道。广西三道：曰苍梧道，曰南宁道，曰庆远道。广东四道：曰岭南道，曰潮阳道，曰海南道，曰海北道。四川三道：曰东川道，曰西川道，曰剑南道。山东二道：曰济川道，曰胶西道。北平三道：曰卢龙道，曰燕南道，曰冀北道。河南三道：曰河南道，曰汝南道，曰河北道。陕西四道：曰汉中道，曰歧阳道，曰河西道，曰陇右道。直隶六道，监察御史印，曰淮西道，曰淮东道，曰苏松道，曰安池道，曰京口道，曰江东道。[3]

这似乎是在元代之行省之下（元以中书省 1 与行中书省 11，总数为 12）分路，其下设府、州之格局的一个变通（相当于一个直隶省与 12 个行省）。仅仅 4 年以后，洪武二十九年（1396 年），又对这一行政格局进行了调整，这一次的道数从洪武二十五年的 48 个减少为 41 个：

> 二十九年，改置按察分司为四十一道。（直隶六：曰淮西道，曰淮东道，曰苏松道，曰建安徽宁道，曰常镇道，曰京畿道。浙江二：曰浙东道，曰浙西道。四川三：曰川东道，曰川西道，曰黔南道。山东三：曰济南道，曰海右道，曰辽海东宁道。河南二：曰河南道，曰河北道。北平二：曰燕南道，曰燕北道。陕西五：曰关内道，曰关南道，曰河西道，曰陇右道，曰西宁道。山西三：曰冀宁道，曰冀北道，曰河东道。江西三：曰岭北道，曰两江道，曰湖东道。广东三：曰岭南道，曰海南道，

1.《宋史》，卷 267，"列传第二十六·陈恕传（魏羽附）"。
2.《元史》，卷 58，志第十，"地理一"。
3.《明太祖实录》，卷 221，第 3231—3233 页。

曰海北道。广西三:曰桂林苍梧道,曰左江道,曰右江道。福建二:曰建宁道,曰福宁道。湖广四: 曰武昌道,曰荆南道,曰湖南道,曰湖北道。)三十年,始置云南按察司。[1]

由此可见,这一次的行政区划,虽然在道的数量上有所减少,但仍然是按照略似元代之一个直隶省与 12 个行省的框架划分的。只是将故元之中书省所辖区域纳入北平地区所辖的范围,而将元之江浙行省的部 分区域,划为直隶所辖的范围。从大的区域分划上,仍可视为与元代的行政区划有相当的承续关系,而与 元以前之郡县制度的设置却是大相径庭的。这也说明,自元明以降,特别是明代以来的行政区划方式,对 于清代及晚近以来,直至现代的行政区划,有着深刻的影响。我们可以十分清晰地看出,这种区划与我们 现代省、地、县三级行政区划的密切关联。这种分划,也与我们现在所熟悉的中国的行政区划和不同等级 的城市分布有着极其密切的联系。

因而,我们的关注点就在于,恰恰是承续了元代行政格局的明初的这样一种行政区划,给中国大地城 市的分布及其行政等级,奠定了一个相当深刻的基础。我们要想理解近现代城市的分布与等级,就不得不 仔细研究明代的行政区划,及其对各个城市的等级定位。而这也正是了解明代城市建设之总体情况的一把 钥匙。

如笔者在另外一篇文章中已经谈到的[2],明代的城市是按照严格的等级划分的,不同等级的城市,其基本 的城市规模,如城垣的周回长度,是不同的。大略上来看:京城的周回长度为每面 10 里见方以上,因而不 少于周回 40 里。明初应天府城之 50 里周回及顺天府城之 40 里周回。府城的周回长度以每面 6 里见方为较 为标准的做法,因而约在周回 24 里的大小规模之上。这样的例子在北畿辅地区,及山西、河南都可见到。 而州城的周回规模在每面 4 里或 3 里,即周回 16 里或 12 里为常见。县城的规模则多在每面 1 里或 2 里余见方, 以周回 4 里、8 里、9 里余为多见。这其中虽然没有特别确定的规制,但也在一定程度上,帮助我们理解了 明代按等级分划的城市分布格局的意义。

本文从一个背景性层面,对明初大规模的建城运动之动因做了一些分析,或可对于我们理解明代的城 市分布格局与等级分划有一定的帮助,从而为我们深入探索明代城市的方方面面,提出一个引子,这就是 本文的初衷之所在。

作者单位:清华大学建筑学院

1. 《明史》,卷 75,"志第五十一·职官四"。
2. 王贵祥:《明代城池的规模与等级制度探讨》,见清华大学贾珺主编:《建筑史》,第 24 辑。

明代府（州）城市的分布
及其距离相关性探究

王贵祥

提要

　　明代府（州）城市是在历代州、府城市的基础上发展而来的，但在明代时，中国古代城市的府、州、县三级城市分划，及以布政使司所在地之府城为中心，由府、州、县城环列分布，纲维布置的城市格局已经形成。从文献及历史地图上可以看出，这些城市之间，特别是一些府（州）城市之间，存在着某种距离相关性。而以350里为彼此间距的距离相关性，几乎贯穿到明代长城以内的几乎所有地区。对这种距离相关性的探究与分析，探索其中可能存在的历史的与科学的原因，是本文的宗旨所在。

关键词：明代，府（州）城，行政区划，纲维布置，距离相关性

一、古代行政区划及府（州）城市的概念演变

1. 宋代以前的中国行政区划

　　中国古代城市的分布和设置，与古代的行政区划密不可分，而在中国历史上，这种行政区划却又一直处于一种变动的状态之中。在相当长的一个历史时期内，中国的基本行政区划单位是"州"。然而，"州"这个术语在中国历史上并不是一个一以贯之的行政区划单位概念。"州"的概念从上古时代似已经在使用，但上古的州与明清时代作为行政区划单位的州并不是一回事。

　　据史料中的描述，州的概念从上古时代就已经开始使用了，这从《汉书·地理志》中所说"昔在黄帝，作舟车以济不通，旁行天下，方制万里，画野分州，得百里之国万区"[1]中看得很清楚。据《汉书》，尧时因为洪水的阻隔而将全国分为了十二州，"水土既平，使禹治之。更制九州，列五服，任土作贡。"[2]这说明州应该是最早的行政区划单位之一，而且这种区划与国家的贡赋体制密不可分。

　　禹时的九州分别是：冀州、兖州、青州、徐州、扬州、荆州、豫州、梁州和雍州。这种九州的分划方式是以天子所居的中原地区为中心，向外画了两个500里的圆圈而确定的，其中心的区域，也就是所谓"五百里甸服"之地；在这500里的圆圈之外，就是直接臣服于中央的"五百里侯服"之地；渐向外延的分别是"五百里绥服"和"五百里荒服"。这大约是一个同心圆的模式，而位于这中心1000里直径范围之内的区域，当是天子及其诸侯直接统领的地区，最初的九州分划大约就是在这个范围之内。而其内外五服的范围所及，"东渐于海，西被于流沙，朔、南泊，声教讫于四海。"[3]

　　据《汉书》的说法，殷商之际在州的分划上已经有了一些变化。殷时的州分别为：扬州、荆州、豫州、青州、兖州、雍州、幽州、冀州和并州。这是将禹时的徐州与梁州分别合并入雍州与青州，并从冀州中分割出幽州与并州的结果。

　　秦代一统之后，实行郡县制，"分天下以为三十六郡。"[4]而"汉兴，因秦制度，崇恩德，行简易，以抚海内。至武帝攘却胡、越，开地斥境，南置交阯，北置朔方之州，兼徐、梁、幽、并，夏、周之制，改雍曰凉，改梁曰益，

1. 《汉书》，卷二十八，地理志第八上。
2. 同上。
3. 同上。
4. 《史记》，卷六。

凡十三部，置刺史。"[1] 这里的十三部，应该是位于郡之上的一个行政区划单位，然而，《汉书》对这十三部的分划似语焉不详。

据《汉书》，汉代在秦时的 36 郡基础上有所增益：秦"分天下作三十六郡。汉兴，以其郡太大，稍复开置，又立诸侯王国，武帝开广三边。故自高祖增二十六，文、景各六，武帝二十八，昭帝一，讫于孝平，凡郡国一百三，县邑千三百一十四，道三十二，侯国二百四十一。"[2] 也就是说，到了汉平帝时（公元 1-5 年），全国有 103 个郡，1314 个县，及 241 个封国。而这里的"道"，并不清楚其行政的区划范围，但由《汉书》按照各地人众"音声不同"，"水土风气"之差异及"好恶取舍"之不同的"五常之性"所作的划分，则有：秦地、魏地、周地、韩地、赵地、燕地、齐地、鲁地、宋地、卫地、楚地、吴地、粤地之分，共为 13 个各具特色的风俗区域，这抑或就是前文中提到的汉代的"凡十三部"之地域区分，亦未可知？但这里的"十三地"之划分，只是一种语言风俗上的区分，并不是十分明确的行政区划。然而，古人却也将这"十三地"与天象分野逐一对应，如所谓"自井十度至柳三度，谓之鹑首之次，秦之分也"，"魏地，觜觿、参之分野也"等，说明这种地域上的划分虽然最初并不具有行政上的意义，却已经具有了高于郡县分划之上的象征性区划意义，这为后世的分道或分省提供了一个深湛的文化学基础。

然而，据《旧唐书·地理志》中的记载，汉代"哀、平之际，凡郡国百有三，县千三百一十四，道三十二，侯国二百四十一，而诸郡置十三部刺史分统之，谓司隶、并、荆、兖、豫、扬、冀、青、徐、益、交、凉、幽等十三州。"[3] 这似乎是对《汉书·地理志》的一个补充。这里明确说明了在汉代时的 103 个郡国与 32 个道之上，还有 13 个州。这 13 个州，与《汉书》中所说的"十三部"十分吻合。但与其所详细描述的"十三地"却似乎并不十分一致，或能为汉代"十三部"提供另外一种可能的解释。

2. 府（州）城市的概念演变

从前面所引的史料中看，汉代的基本行政单位是郡与县，而郡县之上似乎还有更高一阶的行政区划单位，即"路"及"道"。与《汉书》中的"十三路"相并行的概念是《旧唐书》中所提到的"十三州"。而这一"州"的概念也曾经见于西汉时人的史籍，西汉元始五年（公元 5 年）王莽曾经奏曰："臣又闻圣王序天文，定地理，因山川民俗以制州界。汉家地广二帝、三王，凡十三州，州名及界多不应经。《尧典》十有二州，后定为九州。汉家廓地辽远，州牧行部，远者三万余里，不可以九。谨以经义正十二州名分界，以应正始。"[4] 因而可以确知，西汉时曾将天下分为"十三州"（或"十三路"），这或可说明汉代的"州"当是比"郡"更高一个层阶的行政单位，是不同于后世之府、州、县划分中之州的一个概念。

情况到了隋唐时代有所变化，据《隋史》，在北周大象二年（580 年）时，"通计州二百一十一，郡五百八，县一千一百二十四"。[5] 显然，北周时的州，作为一个行政单元，或是略大于郡，或是与郡等级相当，但与汉代所分"十三州"之州无疑已不是一个概念了。

隋初开皇年间，"惟新朝政，开皇三年，遂废诸郡。泊于九载，廓定江表，寻以户口滋多，析置州县。炀帝嗣位，又平林邑，更置三州。既而并省诸州，寻即改州为郡，乃置司隶刺史，分部巡察。"[6] 这说明究竟是用"郡、县"还是用"州、县"来进行行政区划，隋代时人已经在这两者之间徘徊不定了。显然，这里的"州"与"郡"这个概念已经十分接近了。在"州"或"郡"之上。似乎还有一个直属中央的巡察之"部"。据《新唐书》："至隋灭陈，天下始为合一，乃改州为郡，依汉制置太守，以司隶、刺史相统治，为郡一百九十，县一千二百五十五。"[7] 所谓"改州为郡"，说明在隋人的概念上，州与郡是处在同一个行政阶位上的。

唐代贞观时，对隋末的州郡区划做了一次归并，"贞观元年，悉令并省。始以山河形便，分为十道：一曰关内道，二曰河南道，三曰河东道，四曰河北道，五曰山南道，六曰陇右道，七曰淮南道，八曰江南道，九曰剑南道，十曰岭南道。至十三年定簿，凡州府三百五十八，县一千五百五十一。"[8] 这里初次将"州府"并称，

1. 《汉书》，卷二十八，地理志第八上。
2. 《汉书》，卷二十八，地理志第八下。
3. 《旧唐书》，卷三十八，志第十八，地理一。
4. 《汉书》，卷九十九上，王莽传第六十九上。
5. 《隋书》，卷二十九，志第四十二，地理上。
6. 同上。
7. 《新唐书》，卷三十七，志第二十七，地理一。
8. 《旧唐书》，卷三十八，志第十八，地理一。

但却是指同一个行政单元。而这里的"州府"显然与汉代的"十三州"不在一个层阶上。反而是唐代这"十道"与汉代的"十三州"或"十三路"在行政区划层阶上比较接近。

唐景云二年（711年），曾经试图"分天下郡县，置二十四都督府以统之。议者以权重不便，寻亦罢之。"[1] 这里的"都督府"是否就是后世"府"之概念的雏形，尚未可知。至开元十五年（727年），"分天下为十五道，每道置采访使，检察非法，如汉刺史之职。"[2] 而到开元二十八年（740年）时，"凡郡府三百二十有八，县千五百七十有三。羁縻州郡，不在此数。"[3] 可以注意到，唐贞观十三年定簿为"州府三百五十八"，而唐开元二十八年统计"凡郡府三百二十八"。从这两个比较接近的数字可以知道，唐人在"州"与"郡"这样两个行政区划单位名称上犹豫不决，但都已经开始将其统辖机构称为"府"。这里的州府或郡府之"府"似乎只有州或郡的"官署"之意，而不具备行政区划的意义。此外，在更低一级的行政区划单位——"县"方面，自秦至唐，似乎没有太大的变化。

3. 府作为行政单位的出现

值得注意的是，唐代时已经在州或郡之上，增加了"府"来作为一个地区性的行政单位，只是唐时之府，与明清时代之府并不是一个概念。如"雍州为京兆府，洛京为河南府，长史为尹，司马为少尹。"[4] 另如唐开元九年（721年），"改蒲州为河中府，置中都。"及开元十一年（723年），"辛卯，改并州为太原府，官吏补授，一准京兆、河南两府。"[5] 从改州为府的角度来看，显然，这里的府和州一样，都具有了行政区划单位的意义。只是这里的三座改称为"府"的"州"，均是唐代的京城与都城的所在地：雍州，为西京长安所在之地；洛京，为东都洛阳的所在之地；而河中府是唐代"中都"的所在地，太原则是唐高祖李渊的龙兴之地，在唐代被称为"北都"。这就是唐代一度实行的东、西、中、北四都制度，长安、洛阳、太原与蒲州应是中国历史上最早的府城。

唐天宝十四年（755年），在安史之乱的浩劫中，唐玄宗匆忙逃至蜀地后，"改蜀郡为南京，凤翔府为西京，西京改为中京，蜀郡改为成都府。"形成了动乱期间的三京制度。这里又出现了凤翔与成都两个府城。这两处分别是肃宗和玄宗的驻跸之地。也就是说，这两个地方在当时都兼有"都"的功能。唐德宗兴元元年（784年）六月，"诏以梁州为兴元府，南郑县为赤畿，官名品制视京兆、河南，百姓给复二年，见任官员加两阶。"[6] 这里的梁州，实为汉中，是安史之乱时玄宗逃难蜀地时曾经驻足的地方，所谓"高帝徙蜀，建雄图于汉中，王迹所兴，子孙是奉。"[7] 显然，唐代时除了专为僻远之地所设的诸多都护府外，一般地区与城市中，只有或被定为"都"的城市，或是有"王迹所兴"之纪念意义的城市可以立"府"。唐宝应元年（762年），代宗曾"以京兆府为上都，河南府为东都，凤翔府为西都，江陵府为南都，太原府为北都。"[8] 这里的府城，也都是具有"都"之地位的城市。由此可以确知，唐代时的"府"在城市等级上已经比"州"要高了。

当然，唐代虽以州郡为基本行政区划单位，但在一些州中设有军事机构都督府，或大都督府，以及都护府等，其下辖制若干个同样是州一级的地区或城市的军事力量。唐代时按照汉代的做法，分划了24个都督府。景云二年（711年），甚至想用都督府这一军事机构来统领天下郡县，但因权制不便而未能实施。开元时又设经略使、节度使等职，一个州或府的节度使，可以辖有几个州的军事权力，如"幽州节度使。治幽州，管幽、涿、瀛、莫、檀、蓟、平、营、妫、顺等十州。"又如"兖海节度使。治兖州，管兖、海、沂、密四州"[9] 也就是说，在军事节制上，同样驻有节度使的州与府，已经处在同一个层位上了。如"凤翔陇节度使。治凤翔府，管凤翔府、陇州。""河中节度使。治河中府，管蒲、晋、绛、慈、隰等州。"[10] 这或已为后来明清时代的由府辖州、州辖县的行政格局埋下了伏笔。

1.《旧唐书》，卷三十八，志第十八，地理一。
2. 同上。
3. 同上。
4.《旧唐书》，卷八，本纪第八，玄宗上。
5. 同上。
6.《旧唐书》，卷十二，本纪第十二，德宗上。
7.《全唐文》，卷四百六十三，《改梁州为兴元府升洋州为望州诏》。
8.《新唐书》，卷六，本纪第六，代宗。
9.《旧唐书》，卷三十八，志第十八，地理一。
10.同上。

五代时期，将府作为高一级的行政单位的做法被延续了下来。如后梁开平元年（907年）："升汴州为开封府，建为东都，以唐东都为西都。废京兆府为雍州。"[1] 而据《新五代史·唐臣传第十六·任圜传》中有记："其后以镇州为北京，拜圜工部尚书，兼真定尹、北京副留守知留守事，……明年，郭崇韬兼领成德军节度使，改圜行军司马，仍知真定府事。"[2] 真定即镇州，五代设开封府、真定府，显然是因为这两座城市已经分别被定为了"东都"、"北京"之故。这仍然是沿袭了唐代以帝王之都城为府城的做法。

五代末时，府的概念仍然没有脱开唐代既有府城的传统。如《宋史》上讲，宋初时的"建隆四年，取荆南，得州、府三（江陵府，归、峡）……乾德三年，平蜀，得州、府四十六（益、彭、眉……达、洋，兴元府）。"[3] 这里提到的两个府城，兴元府和江陵府都是唐代既有的府城。

宋至道三年（997年）："分天下为十五路，天圣析为十八，元丰又析为二十三……迨宣和四年，又置燕山府及云中路府，天下分路二十六，京府四，府三十，州二百五十四，监六十三，县一千二百三十四，可谓极盛矣。"[4] 显然，宋代的概念又进了一步。除了沿袭唐代"京府"的概念之外，也有了一般的"府"。在府之上有道，在府之下有县。这已经与明清时代的府、州制度十分接近。

从《宋史》上看，一些并非帝王都城，亦非王迹之地，纯粹以高于州、县一级的城市存在的府城，已经出现。如宋之京东路有一府：济南府；京西路有四府：应天府、袭庆府、兴仁府、东平府；京南路有一府：襄阳府；京北路有四府：河南府、颍昌府、淮宁府、顺昌府。另外，如河北东路有三府：大名府、开德府、河间府；河北西路有四府：真定府、中山府、信德府、庆源府。其中一些府城甚至到了明清时代仍然在沿用。由此可知，至迟至北宋时代，以府、州、县为基本行政区划单位，并将城市按等级区分为府城、州城、县城的做法，已经基本形成了。当然，唐宋时代的州、县与明清时代的州、县也不一样。唐宋时代的州与县是划分为上、中、下等级的，分别有上州、中州、下州与上县、中县与下县的区别。只是这一问题不在我们这里所要讨论的范围之内。

二、明代的行政区划

明代的行政区划在一定程度上沿袭了元代的制度，这一点见于《明史·地理志》："府、州、县建置沿革俱自元始。"[5] 所以我们先要对元代的行政区划做一个分析。元代将全国分为十二个大的行政区，设中书省一个，行中书省十一个：

> 立中书省一，行中书省十有一：曰岭北，曰辽阳，曰河南，曰陕西，曰四川，曰甘肃，曰云南，曰江浙，曰江西，曰湖广，曰征东，分镇藩服，路一百八十五，府三十三，州三百五十九，军四，安抚司十五，县一千一百二十七……唐以前以郡领县而已，元则有路、府、州、县四等。大率以路领州、领县，而腹里或有以路领府、府领州，州领县者，其府与州又有不隶路而直隶省者……中书省统山东西、河北之地，谓之腹里，为路二十九，州八，属府三，属州九十一，属县三百四十六。[6]

这里明确指出了唐以前的制度与元代制度的区别。唐代以前是"以郡领县而已"，而元代"则有路、府、州、县四等，大率以路领州、领县，而腹里或有以路领府、府领州，州领县者，其府与州又有不隶路而直隶省者。"这里实际上说了五个行政阶级：省、路、府、州、县。这或许是明清行政区划制度的一个雏形。

明初在沿用这一基本制度的时候，也是建立了一个直隶行政区，和十二个分属行政区，大略对应于元代的一个中书省和十一个行中书省的建制。而其基本的行政单位则是在一个大行政区隶属之下的"道"，又大略对应于元代省之下所隶的"路"。明洪武二十五年（1392年），明太祖命：

---

1. 《新五代史》，卷二。
2. 《新五代史》。
3. 《宋史》，卷八十五，志第三十八，地理一。
4. 同上。
5. 《明史》，卷四十，志第十六，地理一。
6. 《元史》，卷五十八，志第十，地理一。

都察院六部官会议，更定凡四十八道。

浙江四道：曰浙东道，曰海右道，曰浙江道，曰金华道。

福建三道：曰宁武道，曰延汀道，曰漳泉道。

山西四道：曰朔南道，曰云中道，曰泽潞道，曰河东道。

江西四道：曰九江道，曰岭北道，曰湖东道，曰湖西道。

湖广五道：曰蕲黄道，曰江陵道，曰汉江道，曰湖南道，曰湖北道。

广西三道：曰苍梧道，曰南宁道，曰庆远道。

广东四道：曰岭南道，曰潮阳道，曰海南道，曰海北道。

四川三道：曰东川道，曰西川道，曰剑南道。

山东二道：曰济川道，曰胶西道。

北平三道：曰卢龙道，曰燕南道，曰冀北道。

河南三道：曰河南道，曰汝南道，曰河北道。

陕西四道：曰汉中道，曰歧阳道，曰河西道，曰陇右道。

直隶六道，监察御史印，曰淮西道，曰淮东道，曰苏松道，曰安池道，曰京口道，曰江东道。[1]

洪武二十九年（1396 年），又对这一行政格局进行了调整，这一次是直隶行政区一，分属行政区十，共十一个行政大区，每一行政区下隶属有若干个道。道的总数从洪武二十五年的 48 个减少为 41 个：

二十九年，改置按察分司为四十一道。

直隶六：曰淮西道，曰淮东道，曰苏松道，曰建安徽宁道，曰常镇道，曰京畿道。

浙江二：曰浙东道，曰浙西道。四川三：曰川东道，曰川西道，曰黔南道。

山东三：曰济南道，曰海右道，曰辽海东宁道。

河南二：曰河南道，曰河北道。

北平二：曰燕南道，曰燕北道。

陕西五：曰关内道，曰关南道，曰河西道，曰陇右道，曰西宁道。

山西三：曰冀宁道，曰冀北道，曰河东道。

江西三：曰岭北道，曰两江道，曰湖东道。

广东三：曰岭南道，曰海南道，曰海北道。

广西三：曰桂林苍梧道，曰左江道，曰右江道。

湖广四：曰武昌道，曰荆南道，曰湖南道，曰湖北道。

三十年，始置云南按察司。[2]

据《明史·地理志》载：明代最终确定的行政区划是有两个直隶省和十三个布政使司：

终明之世，为直隶者二：曰京师，曰南京。

为布政使司者十三：曰山东，曰山西，曰河南，曰陕西，曰四川，曰湖广，曰浙江，曰江西，曰福建，曰广东，曰广西，曰云南，曰贵州。

其分统之府百有四十，州百九十有三，县千一百三十有八。

羁縻之府十有九，州四十有七，县六。

编里六万九千五百五十有六。

而两京都督府分统都指挥使司十有六，行都指挥使司五，曰北平、曰山西、曰陕西、曰四川、曰福建，留守司二。所属卫四百九十有三，所二千五百九十有三，守御千户所三百一十有五。又土官宣慰司十有一，宣抚司十，安抚司二十有二，招讨司一，长官司一百六十有九，蛮夷长官司五。

1.《明太祖实录》，卷二百二十一，第 3231-3233 页。

2.《明史》，卷七十五，志第五十一·职官四。

其边陲要地称重镇者凡九：曰辽东，曰蓟州，曰宣府，曰大同，曰榆林，曰宁夏，曰甘肃，曰太原，曰固原。皆分统卫所关堡，环列兵戎。纲维布置，可谓深且固矣。[1]

显然，明代建立的是一个十分复杂的行政区划与军事防御体系交叉的管理模式。其相当于元代之中书省、行中书省的行政单位是布政使司。这里除了北直隶及四川、福建、贵州等布政使司是洪武以后才设立的，其余的均在明初洪武三十年以前已经确立。不同点是，明初的行政区划似乎还没有明确的布政使司的概念，而作为明初的基本行政单位——道，在洪武之后又渐渐被"分统之府"所替代。但终明一世一直存在并影响到清代行政建制的"府"，与明初的"道"又不尽相同。从数量上看，明代内地设有分统之"府"140个，而明初所设之"道"最多时仅有48个。这除了地域大小的差别之外，可能还有"道"与"府"在行政区划大小上的一些原因。

以明代最终确立的行政区划单位，如果将边远之地的羁縻府，及其所领的州、县和隶属于军事防御体系中的卫、所，以及所谓边陲重镇之地，不纳入分析的范围，则有2个直隶区，13个布政使司区，140个府，193个州，1138个县。显然，明代是将全国的行政区划分为了四个阶等：布政使司、府、州和县。这似乎与元代所谓路、府、州、县四等相同，但其实却不一样。元之路上还有中书省、行中书省，而明代的南北直隶与13布政使司是直接统领府或州的。其间曾经存在过的"道"，则可能是与元代之"路"接近的一个行政层阶。

我们或可以将明代沿袭自元代之中书省、行中书省的行政单位南北直隶，及十三布政使司理解为高于府、州之上的行政单位——省。这一点在《清史稿》中得到了印证："世祖入关蕆寇，定鼎燕都，悉有中国一十八省之地，统御九有，以定一尊。"[2]这里的"一十八省"，应当与明代南北直隶及13布政使司所统辖的范围，以及各自的行政区划范围大略接近的。而这里直接使用了"省"的概念，是沿用自明，还是上承元代之旧絮，尚不十分清楚。

三、明代府（州）城的分布特征

无论如何，在明代以来的行政等级分划中，与城市的分布关系最为密切的是"府、州、县"的三级分划。在府与州以上的行政等级中，如省（或布政使司）与道（或路），都没有与其级别相当的标志性的城市作为依托，而是将高于府的行政机构，如直隶省，设置在某个"府"城之中。所以，可以说在元、明、清时代，府与州是一个最为基本的行政区划单位，与其相对应的"府城"分布，最能够体现这一时期中国城市分布的规则。这也是为什么在这里我们将"府城"的分布作为一个基本的观察对象的原因所在。当然，在涉及具体的城市分布时，我们也把一些州城纳入分析的范畴，以期厘清其中可能存在的府（州）城分布中某种距离相关性。

由《明史·地理志》可知，明代有140个府，隶属于南北直隶，及13个布政使司。见表1。

明代各布政使司所辖府一览表　　表1

直隶及布政使司	府（含军民府、御夷府）													备注
北直隶（领8府）	顺天	保定	河间	真定	顺德	广平	大名	永平						8
南直隶（领14府）	应天	凤阳	淮安	扬州	苏州	松江	常州	镇江	庐州	安庆	太平	池州	宁国	徽州	14
山东（领6府）	济南	兖州	东昌	青州	莱州	登州								6
山西（领5府）	太原	平阳	汾州	潞安	大同									5
河南（领8府）	开封	河南	归德	汝宁	南阳	怀庆	卫辉	彰德						8
陕西（领8府）	西安	凤翔	汉中	延安	庆阳	平凉	巩昌	临洮						8
四川（领13府）	成都	保宁	顺庆	夔州	重庆	遵义	叙州	龙安	马湖	镇雄	乌蒙	乌撒	东川	13

1.《明史》，卷四十，志第十六，地理一。
2.《清史稿》，卷五十四，志二十九，地理一。

直隶及布政使司	府（含军民府、御夷府）															备注
江西（领13府）	南昌	瑞州	九江	南康	饶州	广信	建昌	抚州	吉安	临江	袁州	赣州	南安			13
湖广（领15府）	武昌	汉阳	黄州	承天	德安	岳州	荆州	襄阳	郧阳	长沙	常德	衡州	永州	宝庆	辰州	15
浙江（领11府）	杭州	严州	嘉兴	湖州	绍兴	宁波	台州	金华	衢州	处州	温州					11
福建（领8府）	福州	兴化	建宁	延平	汀州	邵武	泉州	漳州								8
广东（领10府）	广州	肇庆	韶州	南雄	惠州	潮州	高州	雷州	廉州	琼州						10
广西（领11府）	桂林	平乐	梧州	浔州	柳州	庆远	南宁	思恩	太平	思明	镇安					11
云南（领19府）（御夷府2）共21府	云南	曲靖	寻甸	临安	澂江	广西	广南	元江	楚雄	姚安	武定	景东	镇沅	大理	鹤庆	实22
	丽江	永宁	永昌	蒙化	顺宁	孟定	孟艮									
贵州（领8府）	贵阳	安顺	都匀	平越	黎平	思南	思州	镇远	铜仁							8
总计																160

据《明史》："军民府、土州、土县，设官如府、州、县。"[1]说明，军民府与行政性的府是在同一个级别上。我们也将其纳入府的统计范围之内。表中所列之府的总数为160个，其中有9个军民府，2个御夷府。还有4个曾经称为"军民府"的府城。则一般意义上的府城应有145个。与《明史·地理志》中所说的140个府有一些出入，这可能是因为统计时间不同所致，因为在有明一代，一些府的称谓是一直处于变化之中的。

对这些府城的分布，我们可以做一些观察。

首先，从概念上讲，以分等级的行政区划为基本特征的中国城市，也就自然被划分成为了若干个不同等级的中心城市，及环绕这座中心城市的次一级的城市或聚落。如府城，其实就是一个方圆数百里地区的中心城市，在这座城市的周围分布有若干个州或县城。当然，这些州城和县城本身也是更低一级的中心城市，在州城的周围或有几座县城，在县城的周围则环绕着若干大小不一的村落。同样，在府城之上，还有一个层级，就是由布政使司所统辖的一个大的区域，这是一个大约相当于现今的一个或两个省的区域。这个区域的中心，就是统辖这个区域的官署机构——布政使司所在之城市。这些区域性中心城市，在明代的城市层级设置上，仍然还是一座府城，但却是被另外一些府城以及它自身所统领的县城所环绕的更高一级的中心城市。

这样就形成了一个分层级的城市或聚落群结构。在一个县域范围内，若干个村落或小镇环绕一座县城；在一座下辖有县城的州城的周围，有若干个县城所环绕；在一座府城的周围，则有若干座府辖州城与县城所环绕；最后，在由一个布政使司所统辖的大的区域中，有一座府城，成为整个地区的中心城市，并被若干普通府城所环绕。我们可以将这一结构想象成为若干个圆圈；较低一级，且直径较小的圆圈，环绕着较高一级，且直径较大的圆圈，而最大的圆圈，就是大约相当于今日一个省或两、三个省的范围，即一个布政使司所统辖的范围。

从这样一个结构出发，我们注意到在一些重要城市，如京师、南京，或一些布政使司所在的府城周围，在不同方向上，都会有若干普通府城（有时或间以布政使司直隶的州城）的布置。值得注意的是，这些府城并不是随机布置的，除了历史生成的原因之外，府城的布置，大致构成了一座区域性中心城市向外伸展之主要通道的锁钥之地。也就是说，在一座中心府城的周围，在几个主要的交通要道的咽喉地区，一般会布置有一座府城，以构成对中心府城之四周通道的控扼功能。

举明代京师顺天府，即北京城为例。以北京所处的特殊的地理位置，与其密切关联的交通要道可以分为四个方向，向西南接中原与山西，向东南接山东，向东北出山海关接辽东，向西北出居庸关接漠北。当然，作为与塞外与东北直接相邻的北京，在整体的空间体系上，必须考虑到对辽东与漠北所可能出现的来自迥异于中原农业文明的游牧或狩猎文明的侵袭。因此，一个沿长城布置的被称作"九边"或"九镇"的军事防御体系，就成为中原地区与漠北及辽东、西域等塞外地区的一个最为根本的屏障："其边陲要地称重镇者凡九：曰辽东，曰蓟州，曰宣府，曰大同，曰榆林，曰宁夏，曰甘肃，曰太原、曰固原。皆分统卫所关堡，

1.《明史》，卷七十六，志第五十二，职官五。

环列兵戎，纲维布置。可谓深且固矣。"[1]类似的整体性、专门性的军事镇所与关堡性防御体系，还可见之于山东沿海等受到倭寇侵袭的地区。

在这里我们特别要引起注意的是"环列兵戎，纲维布置"这两个词。这里虽然指的是明代的军事防御体系，却也以十分简明扼要的表述，从一定程度上阐明了明代分等级的城市结构体系。我们或可以用"环列府州，纲维布置"来描述明代的城市分布结构。在这样一个关乎整个中原地区的大的防御体系之下，就是前面我们已经提到的中原、江左、湖广、蜀地、云贵等地区的分层级的府、州、县城的分层布置的格局。

1. "环列府州、纲维布置"——府城的控扼性功能

明代京师顺天府周围就是按照这样一个控扼性的需求而布置府城的。顺天府所辖有 8 座府城。其西南方紧相邻者为保定府，其正南方为河间府，其东偏北与辽东相接的咽喉地带为永平府。保定府西南接真定府，真定府西接太原府，南接顺德，经广平府、大名府而深入河南腹地；河间府中控京师正南，西与真定互成犄角之势，东南则与山东的德州相接。

从"环列"结构而言，这样一种布置，缺少了两个环节，一个是京师西北方向与漠北的交接咽喉，另外一个是京师东南与渤海及山东相接的锁钥之地。实际上，明代更关注来自北方的威胁。所以，除了在京师以东布置永平府之外，更主要的是在京师的东北与西北两个方向布置有互成犄角的宣府和蓟州两座军镇以控扼来自北部的威胁。永平府距离京师较远，在距离适中的位置上设置有蓟州，而在西北方向，则有宣府三卫的布置。

宣府的位置已在关外，其府城的设置与关内有所不同。据《日下旧闻考》："居庸关外抵宣府，驿递官皆百户为之，以其地无府州县故也。"[2]所以，宣府并未设置与关内相同之府，而是设有一座以驻扎军队为主的军镇。其作用无疑是以控扼咽喉为要。同样是九镇之一的蓟州，其设置在军事意义上与宣府一样："蓟州为京辅要镇，左扼山海，右控居庸，北连古北，距东西南各四百余里，而蓟当其冲。"[3]从这个意义上来看，我们也可以将宣府与蓟州这两座军镇看作与府城同等重要的城市。也就是说，明代京师西北有宣府锁钥，其西接兼有军镇之功能的大同府。而京师东接蓟州，蓟州东接永平府，其外接辽东。

明代在京师之东南方向，没有设置重镇。仅仅在其正南设有河间府。这显然使得京师之东南方向成为一个缺环。然而，明代时已经设置了具有军事意义的天津三卫，以作为京师东南的拱卫之所。到了清代时的天津，因其"襟带河海，运道咽喉，转东南之粟以实天庚"，作用早已不是一座简单的卫城，因而，被擢升为府城，故而从根本上弥补了京师东南方向的这一缺环。

这样布置的结果，使京师顺天府及其南边的关内腹地，成为了明代天子的堂奥之地：

> 宣府、大同，藩蓠也；居庸、紫荆，门户也；顺天、真定、保定等府州县，堂室也。藩蓠密，
> 斯门户固；门户固，斯堂室安。[4]

作为南直隶的应天府城南京，其周围也呈环列之势，只是由于这里的人口密集，城市的分布密度也远比北京周围要大。南京之北沿运河布置有扬州府和淮安府，南京之东有镇江府，南京东南为常州府与苏州府，南京西北为凤阳府，南京之西为庐州府，而南京之西南为太平府和宁国府。

陕西布政使司所辖地区的中心城市是西安府。西安地处关中地区的中心，其西通陇右，西南接巴蜀，西北通宁夏，北接漠北，东则与河南府相邻。因而其所应控扼的主要方向是府城之西、府城之南与府城之北。在西安府之西是凤翔府，凤翔府南接汉中府，接巴蜀之地；凤翔府西接巩昌府、临洮府，与九镇之一的甘肃镇相接，以扼通往西域的通道；西安府之北为以庆阳府与延安府为犄角之势，延安府北接九镇之一的榆林卫，构成陕西北部的锁钥；西安府城西北为平凉府，与庆阳府相犄角，其外则是九镇之一的固原镇与宁夏镇。而西安以东则通过潼关而与河南府相接。

山西布政使司所辖的山西地区，也是一个有趣的例子。这一地区的中心城市是太原府。太原以西为千

1.《明史》，卷四十，志第十六，地理一。
2. ［清］朱彝尊、于敏中：《日下旧闻考》，卷一百五十四，边障。
3. 同上，卷一百十四，京畿，蓟州一。
4. 同上，卷五，形胜，引《渔石集》。

岩万壑所夹峙的黄河，在交通上极不便利，其主要的通道，一是向北出雁门，接漠北；二是向东入北直隶，接真定府；三是向西南接汾州府与平阳府，西接陕西；四是东南接潞安府，以及向东南通河南的彰德府、卫辉府与怀庆府及河南府。

从这样的分析已经可以看出，明代地区性的中心城市，特别是帝宫或布政使司所在的府城，大致都是按照"环列府州，纲维布置"的格局，在其各个方向之一定距离的控扼点上，布置了府城（或州城）。"环列府州，纲维布置"从根本上确定了明代府、州、县三级城市的布局规则。围绕一座府城，纲维环列地布置了次一级的州城与县城。而这些府、州、县城又与地区性的中心城市——布政使司所在的府城之间，形成某种环列分布与纲维布置的关系。因而，在一个地区中，以及地区与地区之间府城的分布距离，就变得十分重要了。两座府城之间应当有适度的距离，既有一定的区域分划，又有一定的地域关联，在非常时期，还能够起到相互呼应与支持的作用。也就是说，基于历代城市发展基础之上的明代府城的分布，奠定了清代、近代及现代中国城市分布的基本格局。

当然，由于历史积淀的原因，一些由历史形成的府（州）城，与一般的距离相关规则可能没有太多的关系。另外，由于中国地域广大，地理地形极其复杂，理想的城市分布原则几乎是不可能实现的，我们只能够从城市间相互的线状联系中去寻找其中可能存在的奥秘。而若要找到彼此的联系，仅仅将所选城市限定在府城上，还是有一定的困难的，因为在某些地域的边缘地区，在地域之间的衔接部分，在一些军事性、防御性的边塞要地，往往不足以设置一座府城，而是通过一座独立设置的州城，来起到某种锁钥性与联络性的作用。因而，我们的分析中，所涉及的一些城市案例，也不会仅仅限于府城，而会延及一些州城，甚至一些军事性边镇城市。

2. 呈线状分布的府城

如上所述，明代在汉地所划分的两个直隶地区与13个布政使司所辖地区，大致上都保持了以一座府城为中心，在其向外相接的主要通道之锁钥位置上，形成"环列府州，纲维布置"的城市分布格局。正因为这种布置方式与地区之间的联系通道密切相关，所以，在府城的分布上，除了"环列"的特征外，还具有明显的线状特征：即在某些主要通道上，或在某个关键性的防卫方向上，将府城呈线状分布，构成通道的连续性，或防卫体系的严密性。

仍然以北直隶为例。北直隶向南的主要通道是沿太行山东麓而达河南布政使司所在的开封府。沿着这条通道，依序布置有保定府、真定府、顺德府、广平府、大名府，大名府南接河南的开封府，西接河南的彰德府，东接山东的东昌府。

山西的府城，自太原府向西南，依序为汾州府、平阳府，向北则接大同府，亦成一个南北的线状分布。在东西方向上，自河南的开封府向西，依序为河南府（今洛阳）、西安府、凤翔府、巩昌府、临洮府，再接开封府以东的归德府（今商丘），以线状的分布，构成了明代中原汉地主要东西通道上的关节点。除了陆路之外，一些重要的水道线上，同样也以府城来串接。作为东西通道的长江，从南直隶的镇江府始，经应天府、太平府、池州府、安庆府、九江府、黄州府、武昌府与汉阳府、岳州府、荆州府、夔州府，西至重庆府、叙州府（今宜宾），形成了中原汉地东西大通道上的一系列关节点。而沿南北运河则分布有杭州府、嘉兴府、苏州府、常州府、镇江府、扬州府、淮安府、兖州府、东昌府，经天津卫而至京师顺天府。构成了中原汉地南北交通动脉上的一系列关节点。

这种线状的分布，还表现为一些特别有趣的特征，如在东西方向上，从山东半岛东北端的登州府开始，沿这一地区的北部依序为莱州府、青州府、济南府、东昌府，西接直隶的大名府，河南的彰德府、山西的潞安府与平阳府，再往西是陕西的延安府，在一个纬度大致相同的位置上，沿东西方向，呈线状布置了一系列府城。这显然不是出于交通联络上的考虑，因为在彰德府与潞安府、潞安府与平阳府，以及平阳府与延安府之间，其交通上无疑是构不成一个便捷的通道的。但为什么会在一个大致的纬度上布置这些府城，其原因还不十分清楚。

从山东布政使司所辖地区来看，可以知道这种线状的府城分布，很可能是刻意为之的。山东的府城，除了由历史形成，并与大运河关联较为密切的兖州府之外，主要布置在半岛的北部边缘，并呈线状分布，通过济南府与东昌府向西偏南延伸。也就是说，在半岛上划分的几个府辖区域中，无一例外地将府城布置在其所辖地区的北端，而不是布置在中间部位。这恐怕从另外一个侧面说明了府城的作用更多的是带有一个大的区域上的控扼性，而非一个小的地区范围内的居中性。将登州、莱州布置在半岛的北缘，或正好可以与同属明代山东布政使司所辖的渤海以北的辽东镇呈呼应之势。而自登州，沿济南向西一线的府城分布，正可形成中原地区的一系列控扼性的关节点，既可以北御，亦可以南控，这对于无论是明初以南京为京师，还是永乐之后以北京为京师的明代政治体系，都是一个有利的布置。

这种线状的分布还表现在沿海府城的布置上，从长江入海口处的松江府开始，沿漫长的东海与南海海岸线，依序分布有宁波府、台州府、温州府、福州府、泉州府、漳州府、潮州府、惠州府、接至广州府，大约也成线状的分布。即使从地图上做一些简单的浏览，我们也可以注意到，这种线状的府（州）城市分布之间，似乎存在着某种距离相关性。许多布政使司所辖的府（州）城，其彼此的相互距离，大致上是接近的。为了达成这种接近，我们还注意到一个现象，即一座府城，往往并不设置在其所在行政区域的中心，其位置的确定，往往与相邻的另外一座府城（或州城）有一定的关联。因而，我们可以注意到，许多府（州）城被设置在其所辖行政区域的某一边缘地区，但却与相邻区域的府（州）城有相对比较适中的距离关联性。

正是各个布政使司所辖区域内府（州）城之间的这种距离相关性，使对中国古代城市，特别是对明代府城的分布原则的探索，以期寻求其中可能存在的某种奥秘，对我们这一有关明代建城运动的研究充满了诱惑。

3. "府到府，三百五"——府（州）城之间的距离相关性

在笔者很小的时候，听过家乡的老年人之间传说的一句俗谚："府到府，三百五"。其意是说，从一座府城到另外一座府城之间，约为 350 里的距离。也就是说，在老百姓看来，这些环列或线状布置的府城，彼此之间是存在某种距离相关性的。如果仔细分析一下，可以发现百姓之间的这种说法，并非子虚乌有的虚谈。我们或可通过文献的记录加以分析。

以北京顺天府周围为例。如位于北京西北的宣府镇城："宣府镇城，元为宣德府，洪武二十五年始置左右前三卫。二十六年命谷王治之，寻废、展其制为方二十四里。……属之殆方千里，志称壤土沃衍，四山明秀，洋河经其南，柳川出其北，去京都三百五十里，隔一关之险，盖西北第一镇。"[1]

由此可以知道，锁钥京师西北咽喉的宣府城，距北京 350 里。据《明史》"保定府（元保定路，直隶中书省）洪武元年九月为府……东北距京师三百五十里。"[2] 而据《读史方舆纪要》："顺天府……东南至天津卫三百三十里，西南至保定府三百三十里，西北至万全都指挥使司三百五十里……"。[3]《日下旧闻考》也持这一说法：

> 顺天府东至永平府五百二十里，南至河间府四百十里，……东南至天津卫三百三十里，西南至保定府，三百三十里，西北至万全都指挥司三百五十里。[4]
>
> 蓟州在顺天府东二百里。[5]
>
> 保定府（元保定路，直隶中书省），洪武元年九月为府。……领州三，县十七。东北距京师三百五十里……万全都指挥司（元顺宁府，属上都路），洪武四年三月，府废。宣德五年六月置司于此……东南距京师三百五十里。[6]

而据清代《皇朝文献通考》："保定府在京师西南三百五十里。"[7] 此外，《读史方舆纪要》还提到"天津卫（府东北三百里，水行三百五十里）。"[8] 以及"真定府（东至河间府三百五十里）。"[9]

这里的万全都指挥司即是指宣府镇城。以永平府距顺天府 520 里，蓟州距顺天府 200 里，则蓟州距永平府 320 里。由此可以清楚知道的是，在明代顺天府周围各个方向上，在一个大致等距离的位置上，布置

1.《钦定四库全书·子部·类书类·图书编》，卷四十五。
2.《明史》，卷四十，志第十六，地理一。
3.《读史方舆纪要》，卷十一，北直二。
4.［清］朱彝尊、于敏中：《日下旧闻考》，卷六十五，官署。
5. 同上，卷一百十四，京畿·蓟州一。
6.《明史》，卷四十，志第十六，地理一。
7.《钦定四库全书·史部·政书类·通制之属·皇朝文献通考》，卷二百七十，舆地考，直隶省。
8.《读史方舆纪要》，卷十三，北直四，"河间卫"条。
9. 同上，卷十四，北直五，"真定府"条。

了这些控扼性的府城。向西北出 350 里为宣府，向西南出 330 里（一说 350 里）为保定府，向东南出 330 里为天津卫（一说 350 里），向南出 410 里为河间府，向东 200 里蓟州，再东 320 里至永平府。上文中提到的与天津有 350 里水路距离的府城是河间府，而河间府城与真定府城的距离也恰为 350 里。

另外又有："蓟州以三屯营居中，为本边重镇，东至山海关三百五十里，西至黄花镇四百里。"[1] 这里说的是军镇的分布距离，此蓟州非彼蓟州，而是指长城九镇之一的"蓟州镇"，其位置与长城最东端的山海关恰为 350 里，这也说明 350 里是一个刻意布置重要控扼点之间的相对距离。而黄花镇恰好位于京师正北的锁钥之地，在元、明时昌平州的属地内，今属北京怀柔区，据《日下旧闻考》记载："黄花镇为京师北门，东则山海，西则居庸，其北邻四海冶，极为紧要之区。"[2] 也就是说，作为军事重镇的蓟州镇，是恰好位于山海关与京师之中间的位置上的，其彼此的距离大约都在 350 里左右。由此也可以推测，环列在京师周围的主要府城或军镇，大约是以距离京师 350 里左右或彼此间距为 350 里左右的格局布置的（图1）。

这样一种大约等距离的分布特征，还可以延伸到作为一个地方性中心城市的布政使司所辖的区域之内，如：

太原，省城，古虞之并州……东抵直隶真定府界三百五十里，西抵延安府界五百里，南抵沁州界二百一十里，北抵大同府界三百五十里。[3]

太原周七百余里无山，北至代州三百里，代州又北三十里始入山，过雁门，雁门山厚四十五里，偏头、雁门、宁武三关，乃此山之隔也。偏头至雁门三百五十里，至宁武一百四十里，雁门、宁武，一山两口……代州过山至大同三百六十里。[4]

代州，洪武二年降为县。八年二月复升为州……西南距府三百五十里。[5]

也就是说太原向东 350 里接直隶真定府界，太原与真定两座府城之间以太行山相隔，两者的距离是大于 350 里的。太原向北 350 里至雁门关外之大同府（一说太原距代州 350 里），而雁门关内之代州城，至大同 360 里，以代州城北距雁门关不过十余里，则雁门关与大同府的距离，亦恰为 350 里。而雁门关与山西西界的偏头关，也恰为 350 里。此外，位于大同府所辖并位于府城东南方向的蔚州，"西北距府三百五十里，领县三。"[6] 说明，有时州的设置也被纳入了这一体系之中，以作为某个方位上的控扼点的补充（图2）。

山东布政使司所辖的府城，也有类似的情况。如：

兖州府（元兖州，属济宁路），洪武十八年升为兖州府。领州四，县二十三。东北距布政司三百五十里。[7]

青州府（元益都路，属山东东西道宣慰司），太祖吴元年为青州府。领州一，县十三。西距布政司三百二十里。[8]

青州府，省东三百五十里。[9]

莱州府（元莱州，属般阳路），洪武元年升为府。六年降为州，九年五月复升为府，领州二，县五。西距布政司六百四十里。[10]

登州府（元登州，属般阳路），洪武元年属莱州府。六年直隶山东行省。九年五月升为府。领州一，县七。西距布政司一千零五十里。[11]

1.《读史方舆纪要》，卷一百五十二，边障，引"春明梦余录"。
2.《日下旧闻考》，卷一般五十三，边障。
3.《钦定四库全书·子部·类书类·图书编》，卷四十五。
4.《钦定四库全书·子部·杂家类·杂说之属·春明梦余录》，卷四十三。
5.《明史》，卷四十一，志第十七，地理二。
6. 同上。
7. 同上。
8. 同上。
9.《钦定四库全书·史部·地理类·都会郡县之属·山东通志》，卷七。
10.《明史》，卷四十一，志第十七，地理二。
11. 同上。

 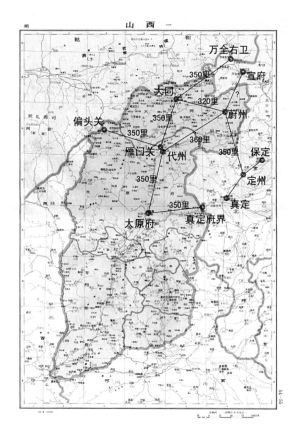

图1　北直隶地区府（州）城　　　　　　　　图2　山西地区府（州）城
及锁钥之地的距离相关性示意　　　　　　　及锁钥之地的距离相关性示意

也就是说，在山东的府城中，以济南府为中心，向南350里至兖州，向东北320里（一说350里）至青州，再向东北320里至莱州，而位于距离济南最远的登州府，其与济南府城的距离为1050里，恰为3个350里的距离，以其与济南之间有两个府城之隔，也就是说这是一个由三段350里所构成的府城定位点。另外，在济南府所辖的滨州，"西南距府三百五十里，领县三。"[1]这种情况和蔚州与大同府的情况一样（图3）。

河南布政使司设在开封府，其西为河南府，东南有归德府，南为汝宁府，西南为南阳府，西北为怀庆府。

河南府……东距布政司三百八十里……归德府……西距布政司三百五十里[2]……汝宁府……距布政司四百六十里……南阳府……距布政司六百八十里……怀庆府……东南距布政司三百里。卫辉府……东南距布政司一百六十里……彰德府……南距布政司三百六十里。

在河南布政使司的范围内，除了卫辉府较近，而汝宁府较远之外，其余的府城与布政司所在地开封府城约在300至380里左右的范围之内。南阳府与开封府之间隔有布政使司直隶的汝州，其与开封府的距离680里，约为两个340里左右的距离，而从地图上看，汝州恰好在两者之间距离居中的位置上。也就是说，这些府城也大致遵从了彼此约为350里左右的距离规则（图4）。

再如陕西布政使司所辖的领域：

邠州……东南距（西安）府三百五十里，领县三。……凤翔府……东距布政司三百四十里。[3]

在四川布政使司所辖的范围内，也有一些类似的例子：

1. 《明史》，卷四十一，志第十七，地理二。
2. 《明史》，卷四十二，志第十八，地理三。
3. 同上。

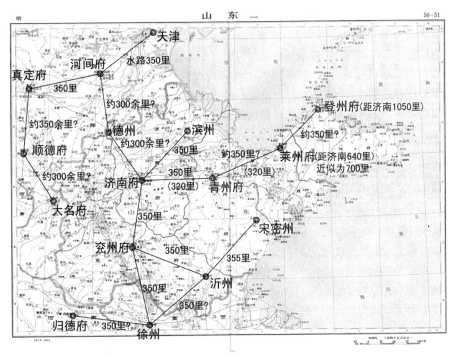

图3　山东及北直隶地区府（州）城距离相关性示意

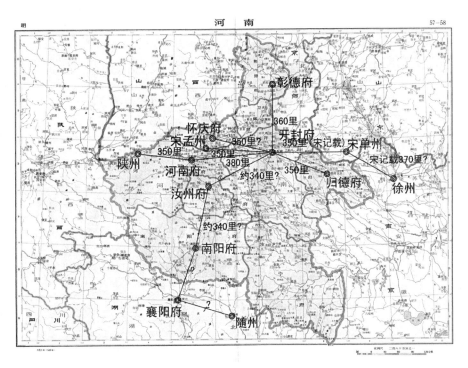

图4　河南地区府（州）城距离相关性示意

重庆府（辖二州，十一县）……涪州，在府东少南三百五十里。[1]

保宁府（辖二州，七县）……西北至陕西宁羌州三百五十里……巴州，在府东少北三百五十里。[2]

绵州……去成都三百五十里，依山作。[3]

1. 《钦定四库全书·史部·地理类·都会郡县之属·四川通志》，卷三上。
2. 同上。
3. 《钦定四库全书·史部·地理类·杂记之属·蜀中广记》，卷九。

相似的情况见于史籍记载者，如湖广的长沙府，东至江西袁州府 350 里，东北距岳州府 320 里，南至衡州府 360 里，衡州西南至永州府治又是 350 里。永州东南至桂阳州治 350 里。[1] 而据《清史稿》的记载，在清代才设置府城的台湾岛，当时的省治在台南府，而"台北府：西南距省治三百五十里。"[2] 这说明清代在新的府城设置中，确实是以彼此间隔 350 里作为一个制度性参照的。台湾现存的清代地图，是将台湾岛按照 10 里一格的方式，绘制了一个方格网，由方格网图看，台南府之北墙与台北府之南墙之间，恰好为 35 个方格。这张图也从一个侧面说明了清代人是如何把握府城的分布的。

类似的以 350 里为一个控扼性关节点的距离，多见于各种史籍中。甚至在一些汉魏唐宋时代的史籍之中也可以发现。比如，《汉书》中有"龟兹国……东至都护治所乌垒城三百五十里。"[3]

而且，并不仅仅限于郡城、府城这样较高等级的城市中。一些重要通道上的关节点，往往也是以 350 里的距离而布置的。如清人钩沉古籍得出结论说："汉酒泉郡西距敦煌郡三百五十里。"[4] 而据《华阳国志》："涪县去成都三百五十里，水通于巴，于蜀东北之要。蜀时大将军镇之。"[5]《宋史》的记载："河西军，即古凉州，东至故原州千五百里，南至雪山吐谷浑兰州界三百五十里。"[6] 据宋代《太平寰宇记》，宋之开封府，"西北至孟州三百五十里"。[7] 宋代之陕州，"东至东京七百二里，东至西京三百五十里。"[8] 陕州为三门峡，宋代时也是位于中原、关中与山右地区的一个控扼性关节点，而东京即开封，西京即洛阳，这说明位于河南、陕西、山西之咽喉地的陕州，距离洛阳 350 里，而距离开封 702 里，也就说，洛阳与开封的距离在宋代人的计算中，为 352 里。宋代单州（今单县）与东京开封府的距离也是 350 里（图4）。[9]

再以宋代时的徐州为例，徐州"西至东京七百里……东至海州三百六十一里……西至宋州（当为宋城，在今商丘附近）三百六十里，北至兖州三百里……西至亳州三百九十里，西北至单州三百七十里，东北至沂州三百五十里，东北至宋州三百五十五里。"[10] 这里所说的宋州，可能是"密州"之误，因为宋代徐州东北方向并无宋州之设，而沿这一方向继续向东北延伸，在沂州与徐州大致相当的距离上即是密州。也就是说，密州与沂州的距离当为 355 里。也就是说，在徐州四周各个方向上，在大约 350 里的距离内，布置有一系列的州城。这或许也是宋代时人经营城市时所考虑的因素之一。

下面是历代文献中所辑录的彼此距离为 350 里左右的府、州，甚至县城的大致情况，见表2。

历代文献中所记载间距为 350 里的府、州、县城实例一览　表2

序号	府城（或州、县）	所至府城（或州、县）	距离	文献出处
	《旧唐书》中的记载			
1	高州	北至泷州界	三百五十里	《旧唐书·卷四十一》
2	邕州下都督府	东南至钦州	三百五十里	《旧唐书·卷四十一》
3	横州	南至钦州	三百五十里	《旧唐书·卷四十一》
4	钦州	至横州	三百五十里	《旧唐书·卷四十一》
5	钦州	西至容州	三百五十里	《旧唐书·卷四十一》
6	廉州	南至罗州	三百五十里	《旧唐书·卷四十一》
	宋、辽、金史中的记载			
7	河西军（古凉州）	南至雪山、吐谷浑、兰州界	三百五十里	《宋史·卷四百九十二》
8	丰州	北至上京	三百五十里	《辽史·卷三十七》
9	宁州	西南至上京	三百五十里	《辽史·卷三十七》
10	丰州	北至上京	三百五十里	《辽史·卷三十七》

1.《钦定四库全书·史部·政书类·通制之属·皇朝文献通考》，卷二百八十一。
2.《清史稿》，卷七十一，志四十六，地理十八，台湾。
3.《汉书》，卷九十六下。
4.《钦定四库全书·集部·别集类·清代·存研楼文集》，卷八。
5.《钦定四库全书·史部·载记类·华阳国志》，卷二。
6.《钦定四库全书·史部·正史类·宋史》，卷四百九十二。
7.《钦定四库全书·地理类·总志之属·太平寰宇记》，卷一。
8.《钦定四库全书·地理类·总志之属·太平寰宇记》，卷六。
9. 同上，卷十四，"单州，……西至东京三百五十里。"
10. 同上，卷十五。

序号	府城（或州、县）	所至府城（或州、县）	距离	文献出处
11	宁州	西南至上京	三百五十里	《辽史·卷三十七》
12	泰州	东至肇州	三百五十里	《金史·卷二十四》
	《明史》中的记载			
13	保定府	东北距京师（北京）	三百五十里	《明史·卷四十》
14	滨州	西南距府（山东济南）	三百五十里	《明史·卷四十一》
15	兖州府	东北距布政司（济南）	三百五十里	《明史·卷四十一》
16	代州	西南距府（山西太原）	三百五十里	《明史·卷四十一》
17	蔚州	西北距府（山西大同）	三百五十里	《明史·卷四十一》
18	归德府	西距布政（河南开封）	三百五十里	《明史·卷四十二》
19	邠州	东南距府（陕西西安）	三百五十里	《明史·卷四十二》
20	剑州	东南距府（四川保宁）	三百二十里	《明史·卷四十三》
21	巴州	东北（西南？）距府（保宁）	三百五十里	《明史·卷四十三》
22	归德州	东距府（广西田州）	三百五十里	《明史·卷四十五》
23	潞江安抚司	东北距府（云南永昌）	三百五十里	《明史·卷四十六》
	《清史稿》中的记载			
24	保定府	东北距京师（北京）	三百五十里	《清史稿·卷五十四》
25	武宁	府西北（江西南昌）	三百五十里	《清史稿·卷六十六》
26	龙南	府南（江西赣州）	三百五十里	《清史稿·卷六十六》
27	涪州	府东少北（重庆）	三百五十里	《清史稿·卷六十九》
28	巴州	府东北（四川保宁）	三百五十里	《清史稿·卷六十九》
29	台北府	西南距省治（台南）	三百五十里	《清史稿·卷七十一》
30	陆丰	府东南（广东惠州）	三百五十里	《清史稿·卷七十二》
31	喀喇沁左翼	在喜峰口东北	三百五十里	《清史稿·卷七十七》
	北魏·郦道元《水经注》中的记载			
32	乌垒城	西去龟兹	三百五十里	《水经注·卷二》
33	龟兹	东至都护治所乌垒城	三百五十里	《水经注疏·卷二》
	清·胡渭《禹贡锥指》中的记载			
34	邠州	在西安府西北	三百五十里	《禹贡锥指·卷十》
	唐·李吉甫《元和郡县图志》中的记载			
35	东受降城	在朔州北	三百五十里	《元和郡县图志·卷四·关内道四》
36	陕州	东至东都	三百五十里	《元和郡县图志·卷六·河南道二》
37	宋州	东北至徐州	三百五十里	《元和郡县图志·卷七·河南道三》
38	徐州	东北至沂州	三百五十里	《元和郡县图志·卷九·河南道五》
39	沂州	西南至徐州	三百五十里	《元和郡县图志·卷十一·河南道七》
40	相州	西至潞州	三百五十里	《元和郡县图志·卷十六·河北道一》
41	兴州	西至武州	三百五十里	《元和郡县图志·卷二十二·山南道三》
42	龙泉县	东至州	三百五十里	《元和郡县图志·第二十六·江南道二》
43	泉州	西南至漳州	三百五十里	《元和郡县图志·卷二十九·江南道五》
44	涪州	东至忠州	三百五十里	《元和郡县图志·卷三十·江南道六》
45	戎州	西北至嘉州	水路 三百五十里 陆路 三百二十里	《元和郡县图志·卷三十一·剑南道七》
46	维州	东北至恭州	三百五十里	《元和郡县图志·卷三十二·剑南道中》

序号	府城（或州、县）	所至府城（或州、县）	距离	文献出处
47	柘州	东南至茂州	三百五十里	《元和郡县图志·卷三十二·剑南道中》
		西南至维州	三百五十里	
48	嶲州	东南至姚州	三百五十里	《元和郡县图志·卷三十二·剑南道中》
49	姚州	西北至嶲州	三百五十里	《元和郡县图志·卷三十二·剑南道中》
50	梓州	正东微南至果州	三百五十里	《元和郡县图志·卷三十三·剑南道下》
		东北至阆州	三百一十五里	
		西南至简州	三百一十里	
		正北微东至剑州	三百六十里	
		正南微东至普州	三百五十里	
51	绵州	去成都	三百五十里	《元和郡县图志·卷三十三·剑南道下》
52	循州（海丰）	西至广州水路沿溯相兼四百里	陆路 三百五十里	《元和郡县图志·卷三十四·岭南道一》
53	桂州	南至蒙州	三百五十里	《元和郡县图志·卷三十七·岭南道四》
54	蒙州	西南至象州	三百五十里	《元和郡县图志·卷三十七·岭南道四》
		北至桂州	三百四十七里	
55	思唐州	东至富州	三百五十里	《元和郡县图志·卷三十八·岭南道五》
56	鄯州	威戎军	州西 三百五十里	《元和郡县图志·卷三十九·陇右道上》
	宋·王存等《元丰九域志》中的记载			
57	徐州	自界首至泗州	三百五十里	《元丰九域志·卷一》
58	濮州	东京	三百五十里	《元丰九域志·卷一》
59	孟州	东京	三百五十里	《元丰九域志·卷一》
60	蔡州	自界首至东京	三百五十里	《元丰九域志·卷一》
61	相州	东京	三百五十里	《元丰九域志·卷二》
62	归州	自界首至房州	三百四十里	《元丰九域志·卷六》
63	大宁	自界首至房州	三百五十里	《元丰九域志·卷八》
64	福州	自界首至处州	三百五十里	《元丰九域志·卷九》
65	福州	永泰，州西南	三百五十里	《元丰九域志·卷九》
	明·严从简《殊域周咨录》中的记载			
66	蓟（三屯营）	东至山海关	三百五十里	《殊域周咨录·卷二十四·北狄》引《蓟州边论》："蓟，京师左辅也（拱卫京师，密迩陵寝，此之他边尤重。三屯营居中，为重镇。……"
	清·顾祖禹《读史方舆纪要》中的记载			
	●河北			
67	保定府	东至河间府静海县	三百五十里	《读史方舆纪要·卷十二》
68	天津卫	（河间）府东北	三百里，水行三百五十里	《读史方舆纪要·卷十三》
69	真定府	东至河间府	三百五十里	《读史方舆纪要·卷十四》
70	定州	西北至山西蔚州	三百五十里	《读史方舆纪要·卷十四》
71	万全都指挥使司	自司治至京师	三百五十里	《读史方舆纪要·卷十八》
72	万全右卫	西南至山西大同府	三百五十里	《读史方舆纪要·卷十八》
	●山东			
73	泰州	东至肇州	三百五十里	《读史方舆纪要·卷十八》
74	废丰州	在临潢南	三百五十里	《读史方舆纪要·卷十八》

序号	府城（或州、县）	所至府城（或州、县）	距离	文献出处
75	废宁州	在临潢东北	三百五十里	《读史方舆纪要·卷十八》
76	邳州	东北至海州	三百五十里	《读史方舆纪要·卷二十二》
77	滨州	（济南）府东北	三百五十里	《读史方舆纪要·卷三十一》
78	沂州	（兖州）府东	三百六十里	《读史方舆纪要·卷三十三》
		西南至南直（隶）徐州	三百五十里	
●辽宁				
79	金山	在三万卫西北	三百五十里	《读史方舆纪要·卷三十七》
●山西				
80	唐之承天军，俗曰娘子关	承天军至太原府	三百五十里	《读史方舆纪要·卷四十》
81	代州	（太原）府东北 东至蔚州	三百五十里 三百六十里	《读史方舆纪要·卷四十》
82	蔚州	（大同）府东南	三百五十里	《读史方舆纪要·卷四十四》
		东南至直隶定州	三百五十里	
		西南至太原府代州	三百六十里	
●河南				
83	归德府	西至开封府	三百五十里	《读史方舆纪要·卷五十》
84	光州	南至湖广黄州府	三百五十里	《读史方舆纪要·卷五十》
85	裕州	东南至汝宁府	三百五十里	《读史方舆纪要·卷五十一》
●陕西				
86	邠州	（西安）府西北	三百五十里	《读史方舆纪要·卷五十四》
87	凤翔府	东北至庆阳府 至布政司	三百五十里 三百四十里	《读史方舆纪要·卷五十五》
88	庆阳府	东至延安府鄜州	三百三十里	《读史方舆纪要·卷五十七》
		西南至凤翔府	三百五十里	
		西至平凉府	三百里	
89	固原州	东至庆阳府	三百五十里	《读史方舆纪要·卷五十八》
		西北至宁夏中卫	三百六十里	
90	西和县	东南至宁羌州略阳县	三百五十里	《读史方舆纪要·卷五十九》
91	秦州	（巩昌）府东	三百里	《读史方舆纪要·卷五十九》
		东至凤翔府陇州	三百五十里	
		东南至汉中府凤县	三百二十里	
		东北至平凉府	三百四十五里	
92	兰州	东南至巩昌府 东北至靖远卫 西南至河洲卫	四百二十里 三百五十里 三百二十里	《读史方舆纪要·卷六十》
93	中受降城（安北府）	东至榆林 西至九原	三百五十里 三百五十里	《读史方舆纪要·卷六十一》引杜佑语
94	振武城（东受降城）	在朔州北	三百五十里	《读史方舆纪要·卷六十一》
95	单于城	东南至马邑郡	三百五十里	《读史方舆纪要·卷六十一》引杜佑语
96	靖边卫	西南至临洮府兰州	三百五十里	《读史方舆纪要·卷六十二》
●新疆				
97	龟兹国城	东至都护治乌垒城	三百五十里	《读史方舆纪要·卷六十五》

序号	府城（或州、县）	所至府城（或州、县）	距离	文献出处
●四川				
98	绵州	（成都）府东北	三百六十里	《读史方舆纪要·卷六十七》
		西北至龙安府	三百五十里	
99	广元县	（保宁）府北	三百五十里	《读史方舆纪要·卷六十八》
100	巴州	（保宁）府东	三百五十里	《读史方舆纪要·卷六十八》
		东至夔州府达州	三百里	
101	大宁县	（夔州）府东北	三百二十里	《读史方舆纪要·卷六十九》
		北至湖广竹谿县	三百五十里	
102	涪州	（重庆）府东	三百四十里	《读史方舆纪要·卷六十九》
		东至忠州	三百五十里	
103	叙州府	东至泸州	三百五十里	《读史方舆纪要·卷七十》
104	潼川州	东至顺庆府	三百五十里	《读史方舆纪要·卷七十一》
		北至保宁府剑州	三百六十里	
		自州治至布政司	三百六十五里	
105	泸州	南至永宁宣抚司	三百四十里	《读史方舆纪要·卷七十二》
		西至叙州府	三百五十里	
●湖广				
106	黄州府	西至德安府	三百里	《读史方舆纪要·卷七十六》
		北至汝宁府光州	三百五十里	
107	承天府（钟祥）	东至德安府	三百二十九里	《读史方舆纪要·卷七十七》
		西南至荆州府	三百二十里	
		北至襄阳府	三百一十里	
108	沔阳州	（承天）府南	三百二十五里	《读史方舆纪要·卷七十七》
		南至岳州府	三百五十里	
109	随州	西至襄阳府	三百五十里	《读史方舆纪要·卷七十七》
110	岳州府	南至长沙府	三百八十五里	《读史方舆纪要·卷七十七》
		北至安陆府沔阳州	三百五十里	
111	归州	南至施州卫	三百五十里	《读史方舆纪要·卷七十八》
		西至四川夔州府	三百三十里	
112	襄阳府	东至德安府随州 东南至安陆府	三百五十里 三百一十里	《读史方舆纪要·卷七十九》
113	衡州府	西南至永州府	三百五十里	《读史方舆纪要·卷八十》
114	桂阳州	南至广东连州	三百五十里	《读史方舆纪要·卷八十》
115	永州府	东北至衡州府	三百五十里	《读史方舆纪要·卷八十一》
116	道州	西南至广西平乐府	三百五十里	《读史方舆纪要·卷八十一》
117	郴州	西南至广东连州	三百五十里	《读史方舆纪要·卷八十二》
●浙江				
118	台州府	南至温州府	三百五十里	《读史方舆纪要·卷九十二》
		西南至处州府	三百六十里	
119	天台县	西至金华府东阳县	三百五十里	《读史方舆纪要·卷九十二》
120	东阳县	东至天台县	三百五十里	《读史方舆纪要·卷九十三》

序号	府城（或州、县）	所至府城（或州、县）	距离	文献出处
121	温州府	西北至处州府	三百六十里	《读史方舆纪要·卷九十四》
		北至台州府	三百五十里	
122	瑞安县	西北至处州府青田县	三百五十里	《读史方舆纪要·卷九十四》
●福建				
123	寿宁县	（建宁）府东北	三百五十里	《读史方舆纪要·卷九十七》
124	漳浦县	西南至广东潮州府	三百五十里	《读史方舆纪要·卷九十九》
125	龙岩县	（漳州）府西北	三百五十里	《读史方舆纪要·卷九十九》
●广东				
126	连州	东北至湖广郴州	三百五十里	《读史方舆纪要·卷一百一》
127	南雄府	西北至湖广郴州	三百五十里	《读史方舆纪要·卷一百二》
128	龙川县	东北至江西安远县	三百五十里	《读史方舆纪要·卷一百三》
129	廉州府	西北至广西南宁府	三百五十里	《读史方舆纪要·卷一百四》
130	钦州	北至广西南宁府	三百五十里	《读史方舆纪要·卷一百四》
		西至安南界	三百六十里	
●广西				
131	平乐府	东南至梧州府	三百九十里	《读史方舆纪要·卷一百七》
		东北至湖广道州	三百五十里	
132	南宁府	东南至广东钦州	三百五十里	《读史方舆纪要·卷一百十》
133	横州	南至广东钦州	三百五十里	《读史方舆纪要·卷一百十》
134	果化州	西北至田州	三百五十里	《读史方舆纪要·卷一百十》
135	镇安府	西至交趾广源州界	三百五十里	《读史方舆纪要·卷一百十一》
●云南				
136	晋宁州	南至临安府（云南）	三百五十里	《读史方舆纪要·卷一百十四》
137	教化三部长官司	（临安）府东南	三百五十里	《读史方舆纪要·卷一百十四》
138	北胜州	北至永宁府	三百五十里	《读史方舆纪要·卷一百十七》
●贵州				
139	贵阳府	南至广西泗城州界	三百五十里	《读史方舆纪要·卷一百二十一》
		北至四川遵义府界	三百五十里	
140	平越军民府	西北至四川遵义府	三百五十里	《读史方舆纪要·卷一百二十一》

上表中并没有仅限于府一级的城市，许多州、县城，与其所在地的中心城市，如布政使司所在城市，或府城，或重要州城，抑或相邻地区的某一关键性城市等，其距离为350里者也比较多见。当然，大于或小于350里距离的城市例子也很多，特别是环绕中心城市周围的次一级城市中。但这并不能够掩盖古人在城市设置上，在一些与地区性中心城市有关的锁钥性、连接性城市的定位，有意识地选择了相距350里的位置来设置这一现象。也就是说，古代文献中大量出现，且分布极其广泛的这种以350里为间距来布置城市（府、州、县城）的做法，不会是一种偶然的巧合，而是历代统治者有意而为的一种城市建造行为。若以这种实例更多地见于《明史》、《清史稿》，以及清代人所撰的《读史方舆纪要》中，可以推知在明代的大规模建城运动中，很可能更加刻意地沿用了这一做法，所以才使得明清城市中这一现象表现得更为突出。

为了更明晰起见，我们不妨将这些城市之间的相互关联性做进一步的分析，看一看其中是否有什么规律性的东西？

先来看明代的北直隶。其中心城市是京师顺天府。如前所述，顺天府向西北350里接宣府，向西南约350里接保定，向东南约350里接天津卫（清代天津府），其东北方向有两个蓟州，一个是距离京师200里的蓟州，其东约 350 里是永平府，另外一个是蓟州镇（三屯营），其东 350 里为山海关，蓟州镇在喜峰口附近，而喜峰口距离关外的喀喇沁左翼亦为 350 里。

由此出发，我们可以作进一步的分析，从天津卫水路到河间府为 350 里，河间府到真定府为 350 里。真定府距离保定府的距离亦约在 350 里，保定府距离天津卫附近的静海县也是 350 里（图 5、图 1）。

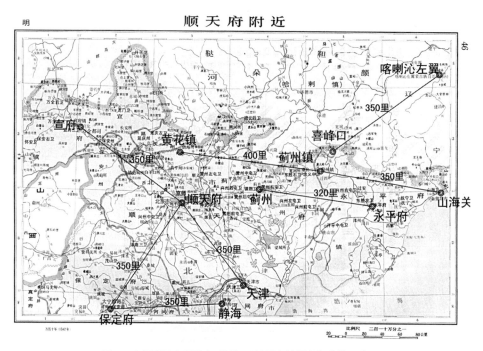

图 5　京师顺天府周围府（州）及锁钥之地距离相关性示意

我们将目光转向山西。山西布政使司所在地为太原。太原向东 350 里至娘子关，其位置为直隶的真定府西界。太原向北 350 里至代州。代州向北出雁门关 360 里至大同。大同向东南 350 里至蔚州，而蔚州向西南 360 里又至代州。大同向东北 350 里接直隶宣府万全右卫，蔚州向东南 350 里接至位于直隶的定州，而定州恰好位于保定府与真定府两座城市间居中的位置上（图 2）。

再来看山东的情况。如前所述，以山东布政使司济南为中心，向东约 350 里至青州，再东北约 350 里至莱州。其位于最东北端的府城登州距离济南为 1050 里，约为 3 个 350 里。济南向南 350 里为兖州。兖州东南 360 里至沂州，兖州向南 350 里至南直隶的徐州。济南向北 350 里为滨州。从同一张地图上量得的徐州至沂州的距离，以及徐州至河南归德府的距离，和徐州至山东兖州的距离相当，似也应为 350 里左右（图 3）。

从明代南直隶的地图上看，徐州附近的邳州至其东北方向的海州，文献记载亦为 350 里，而在海州的正南方向，与邳州有相同距离的位置上是淮安府，淮安府再向南又是同样的距离上是扬州府，扬州府向东偏南的通州，从地图上量得的彼此距离与邳州至海州的距离相当，故也应为 350 里。在明代南直隶的地图上，这样一个大致相当的距离，还可以从南京应天府向南至宁国府，宁国府向西南至池州府，池州向东南至徽州府，徽州府向北偏东的宁国府，以及宁国府向东至浙江的湖州府的距离上看出来。此外，由池州向北至庐州府，再由庐州向北至凤阳府，其间的彼此距离也与前述各府城之间的距离相近。当然，实际的地理距离，因为山水地势的复杂变化，可能未必恰好是 350 里，但是从地图上量得的这么接近的府城与府城之间的距离，似乎不应该是一个偶然的巧合（图 6）。

河南的情况比较特殊，见于记载的彼此距离为 350 里的重要城市仅有归德府与布政使司所在地开封府。河南布政使司所辖范围内的其他府城与州城之间似乎并不存在彼此距离为 350 里的相关性。而是在 340 里至 380 里左右，或是更近、更远的距离（图 4），这一点是颇为令人费解的问题。这或许是因为河南的城市历史更为久远，更多的是上古时期的历史积淀所成的，较少像后来统一帝国时期城市布置中有较多人为意识参与设置的痕迹。当然，我们还不能够据此下一个简单的结论。

我们再来看一看陕西的情况。陕西最早的两座府城是唐代设立的，一座是京兆府长安，另外一座是凤

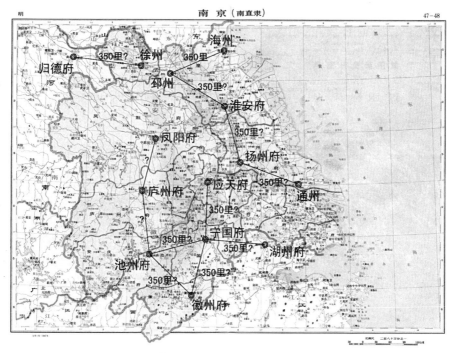

图6　南直隶地区府（州）城距离相关性示意

翔府。有趣的是，这两座唐代府城之间的距离为340里，仍是约350里的范围之内。一说凤翔与其东北方向的庆阳府的距离为350里，但从明代陕西地图上看，这一记载似乎不确，但是，从对地图的仔细观察中，我们注意到，凤翔府到其西北的平凉府，平凉府到庆阳府，彼此的相互距离是相近的，而且都与长安和凤翔的距离相当，应该也都在350里左右的距离范围内。而从地图上的观察，还可以注意到，从西安向东至潼关附近的蒲州（唐代中都河中府）距离似也应在350里左右。而据文献记载，长安与其西北方向的邠州，庆阳与其东侧的延安府的鄜州，也都各为350里的距离。从地图上看，在庆阳府西侧与鄜州恰相对称的位置上，是明代陕西镇（固原）的所在地，这里与庆阳府城的距离也为350里。地图上所观察到的鄜州与蒲州的距离也应当在350里左右。而记载中的凤翔向西至秦州，秦州向南至汉中的凤县，也都是350里的距离。而凤县至汉中府的距离与秦州至凤县的距离也十分接近，只是这两座城市之间的距离未见于文献的记载（图7）。

据《读史方舆纪要》，广州西南的廉州府，其西北距广西布政使司所在地的南宁府为350里。广西西北的平乐府，南距梧州府350里，北距湖南宁远卫（道州）350里。而据明代广西地图，从梧州西至浔州府，浔州南至横州，北至柳州府，以及柳州东距平乐府，北距桂林府、桂林东距宁远卫（道州），都处在大致相当的距离上，且与平乐府至梧州府的距离相当，这说明这些关节性的府（州）城市的彼此间距，似都在350里左右（图8）。

记载中的广东西北部连州城，距离其东北湖南的郴州350里，连州与广东南雄州的距离也为350里。我们以这两个距离为参照，对明代湖南地图进行观察，会注意到，从郴州北至衡州府、衡州北至长沙府、西至宝庆府（邵阳），以及长沙北至岳州府，郴州南至广东韶州府，距离与连州和郴州的距离大致相当，也应当在约350里左右的范围之内。自衡州府至其西南方向的永州府，距离也是350里（图9）。

而在云南，位于云南府南滇池南岸的普宁州，距离其南的临安府为350里，临安府距离其东南的教化三司部为350里。以这两个距离为参照，我们可以从明代云南地图中观察到，云南府西距姚安府、东距与贵州界相邻的平夷卫，以及平夷卫至贵州的镇宁州、镇宁州至贵阳府，还有教化三司部与其北的广西府，广西府东北至广西的安隆司，再从广西的安隆司北至贵州的镇宁州，再从镇宁州到贵阳府，以及从云南的广南府到广西的镇安府，都处在大致相当的距离上，且都与普宁州和临安府之间的距离相近，亦当在350里左右。另据《读史方舆纪要》的记载，云南西北部的北胜州（澜沧卫）距离其北向的永宁府府城，以及贵州的贵阳府府城至四川的遵义府府城之间的距离也为350里（图10）。

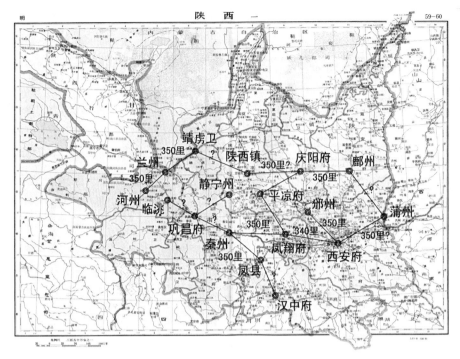

图7 陕西地区府（州）城距离相关性示意

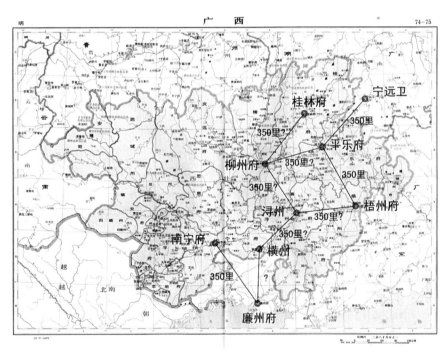

图8 广西地区府（州）城距离相关性示意

　　在四川，成都府距离其东北部的绵州为360里，绵州至其西北龙安府的距离为350里。以此为参照，从地图上观察到的绵州至保宁府的距离与绵州至成都府的距离相当，似也应在350里左右，但或可能是两者间的交通并不通畅而未见于史籍的记载。而保宁府与其北部广元城的距离也是350里。而保宁至巴州、巴州至夔州府的达州，在记载中也为350里的距离。重庆府向东至涪州，涪州至忠州，记载中的相互距离亦为350里。同是位于长江沿岸的泸州与叙州（今宜宾）的距离亦为350里。成都府至其东北方向的潼川州为360里左右的距离，而从潼川州向北至保宁府的剑州，及向东南至顺庆府，均为350里左右的距离。

图9 湖广地区府（州）城距离相关性示意

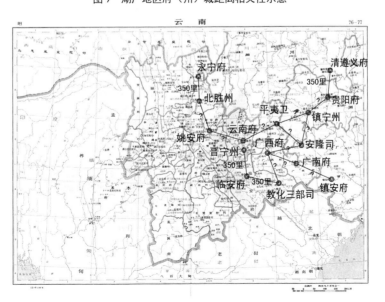

图10 云贵地区府（州）城距离相关性示意

图11　四川地区府（州）城距离相关性示意

从地图上观察到的顺庆府，南到合州、北到保宁府，彼此的距离也都与顺庆到潼川州的距离相当，或也在350里上下（图11）。

　　湖广地区，从其东部的黄州府北接河南汝宁府的光州文献上记载的距离为350里，而黄州向西北至德安府文献上记载的距离为300里（从地图上看这两段距离似乎都比文献记录的距离长了一些）。再由德安向西至承天府（钟祥），从承天府向北至襄阳府、向南至荆州府，从襄阳向东再至德安的随州，彼此的距离也相当，也都在325里上下，而接近350里。承天府向南至沔阳州，再从沔阳州至岳州府，距离亦在350里左右。再从岳州府向南385里到长沙府。而从地图上观察到的沔阳到汉阳的距离和沔阳到岳州的距离也大致相当，似也应在350里左右的范围之内。在湖广地区西北部的归州，向西330里接四川的夔州府，向南350里接施州卫（恩施）（图9）。

　　通过上面的分析，我们大致可以得出一个结论。在明代各地的一些具有关节性、锁钥性的府州城市之间，出于交通联络与军事防御上的考虑，其彼此之间的相互距离大致存在着相距350里的空间关联性。

4. 为什么会用"三百五十里"这个距离

　　问题是，这样一些彼此相距350里的城市格局，究竟是一种偶然的巧合，还是人为因素参与城市分布而产生的结果。我们不妨假设这是历代统治者在行政区划与城市分布和刻意而为的一种结果。从前面所举大量例子中可以看出，这样一种假设不会是子虚乌有的。虽然我们知道历史与地理的复杂性所塑造的明代府州城市分布，不可能使整个国家的府（州）县之间等距离地排列布置，因而也就不可能排除许多府（州）城之间确实不具有350里间隔的距离相关性，但是，从如上分析中所看到的具有这种距离相关性的府（州）城市之多，分布范围之广，也确实令人惊愕，这很难使人不相信，其中存在着某种由统治者人为布置的因素。

当然，这一人为布置的过程恐怕也不是一蹴而就的，而是一个从汉唐到明清的漫长的历史过程，只是这样一种历史积淀，在经过了明代对府、州、县城所作的等级分划中，使府（州）与府（州）之间的距离相关性凸显了出来。首先，这些彼此间距为350里左右的城市，几乎囊括了明代长城以内各个布政使司所辖属下的重要府城，以及一些关节性、连接性的州城，这恐怕不是偶然的巧合所能够解释得了的。这样一种现象已经使人不能够轻易否定其中可能存在着某种人为刻意为之的因素。此外，还有一些例子可能为这一假设提供进一步的支持。

如唐人李善所注《文选》中引："《汉书》：安定郡，武帝元鼎三年置，在泾渭之间，去长安三百五十里。"[1]其意是说，武帝建立安定郡时，就是将其设置在距离长安城350里远的地方。这里提供了一座新城设置的实例。这种由统治者人为地新设置的城市，其距离都城有350里的距离，很可能是刻意为之的。

《全宋文》中辑了一篇《修南雄州记》，记录了北宋初年初入中土教化范围的岭南地区的城市建设情况：

> 开宝四年，王师克刘鋹，岭外始被圣化……东西部四十有五州，惟广、桂、邕号大府，有金汤之险；他皆阙如，间有亦庳陋不足为固……未几，有诏城诸州，而南雄之工先称办，规模宏伟，又推甲焉。广袤六千八百六十尺，厚四十五尺，上杀二之一，崇二十五尺，加女墙六尺。用人之力一百八十万。直南立正门，冠以丽谯，卫以瓮城，东西二门如之。环城纵出，楼橹相望。凡为屋大小五十四区二百六十楹，其他守械称是。[2]

从这里透露出来的宋代建城史料可以知道，岭南地区的许多州城是由皇帝下诏而修建的，显然是一种人为计划的结果。而这座新建的南雄州城，与其西侧的连州城恰好有350里的距离。类似的例子可以见之于一些北部边塞城市中，特别值得注意的是那些临时性的军事城市。因为这些城市在很大程度上，也都是当时的统治者或军事指挥者所人为设置的结果。如唐代位于内地与塞外接壤的沿长城的几座受降城与其附近较为重要的边塞城市之间的距离关系。如唐代《元和郡县图志》记载的山西境内的东受降城（胜州）与雁北重镇朔州的距离，就是350里。[3]而在陕西境内的中受降城（安北府）东至榆林，西至九原，也各为350里的距离。而作为游牧部落临时建立的城市单于城（云川），与其东南相邻的雁北边塞城市马邑（在今朔州东）距离也为350里。由这些较多地取决于人的意志而确定的军事性或临时性的具有控扼、防卫、接触性功能的城市间彼此的距离来看，350里的距离确实是一个刻意设定的城市间距。而用这一间距来设定彼此距离的方式，很可能从汉代就已经开始了。直到清代时，这种刻意按照350里的距离来设置具有关节点性质的边塞城市的做法依然存在，如清代时，"喀喇沁二旗，又增一旗，在喜峰口东北三百五十里。"[4]

特别值得注意的是，在陕西北部与塞外游牧民族文化相接的军镇布置中，尤其多地使用了350里的距离来布置那些关键性的军事控扼点。如以西部重镇兰州为例，兰州向东北至靖远卫，向西南至河洲卫，以及向南至临洮府，其距离都在350里左右（参见图7）。而宋代时的兰州，与其北部边塞城市古凉州（宋河西军的所在地）的距离也为350里。

这样一种情况似乎也延伸到滨海或南部边疆的一些城市的设置上。如据唐代李吉甫《元和郡县图志》的记载，唐代江南东道泉州与漳州的距离为350里。据清人的记载，从福建漳州的漳浦，至广东的潮州府，

---

1. ［唐］李善注，《文选》，卷九，赋戊，纪行上，北征赋。
2. 曾枣庄、刘琳主编，《全宋文》，第22册，卷932，第248页，丁宝臣，《修南雄州记》，巴蜀书社，1988年。另见乾隆《南雄州志》，卷18；嘉庆《广西通志》，卷124。
3. ［唐］：《元和郡县图志》，卷四，关内道四。
4. 《钦定大清会典则例》，卷一百四十，理藩院，旗籍清吏司。

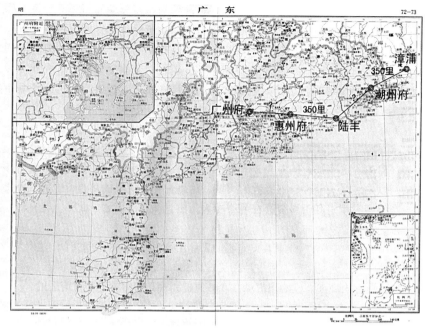

图 12　广东地区府（州）城距离相关性示意

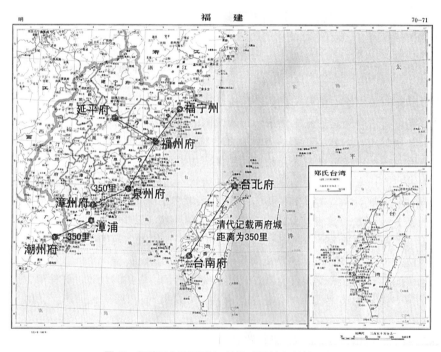

图 13　福建及台湾地区府（州）城距离相关性示意

其距离也是 350 里。记载中的陆丰城距离惠州府为 350 里，而从地图上观察到的陆丰至潮州府城的距离与陆丰到惠州，以及惠州府至广州府的距离，都彼此相当（图 12）。而福建地区的福州至泉州的距离与泉州至漳州的距离，以及福州府至延平府、福州府至福宁州的距离也都彼此相当，似乎也是采取了接近 350 里左右的距离。清代的文献中更记载了台湾的台南府与台北府之间距离，亦为 350 里（图 13）。从明代的浙江地图上看，台州府，其南至温州府、北至宁波府、西南至处州府，彼此的距离也很相近，而记载中台州距温州，以及台州距处州均为 350 里，则与宁波府的城市距离也很可能存在某种接近的类似关系（图 14）。这样我们就可以发现从浙江宁波至广东惠州，在那些沿海重要府州城市之间，很可能存在着为 350 里左右的彼此间距，当然，省界之间，这种距离相关性也多少呈现弱化的倾向。

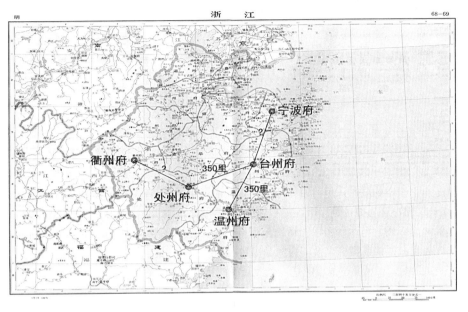

图14　浙江地区府（州）城距离相关性示意

　　这些例子也可以使我们从另外一个侧面推证，我们所假设的在明代各重要府（州）城之间所存在的相距350里的现象，是中国古代城市布局中人为形成的一种结果。也就是说，只要是在条件许可的条件下，重要的府城（或在不具备设立府城的条件，但又需要有一座较为重要的城市的地方，则会以一座州城代之）之间，尽可能地保持了350里左右的相互距离。如果说这一现象从唐宋时期就已经开始，在明代大规模建城运动中，这一现象得到了加强，并延续到了清代的城市格局中。当然，由于地理条件的限制，这一间距其实是不那么准确的，大约在300余里至400里之间浮动，而以350里左右最为多见。同时，这种里程的计算，也是古人根据当时的步行、马行或车行的经验中得出的，其中肯定会有相当的误差。由于交通条件的改善，与今天的实际测得的距离之间，也肯定会有很大的差距。我们的目的不是要核实这些城市之间的准确距离，而是要理解古人在城市布局上所隐含的这种令人饶有趣味的思想和布置方式。

　　那么，接下来的问题是，古人为什么会将350里的距离，较多地应用在一些府（州）城市等一些重要的，或控扼性的城市之间？其中隐含着怎样的道理与智慧？

　　首先，350里可能是古代进行信息传递时一天之内可以到达的距离。如《宋史》中所记载的中央向地方发布命令或信息的方法：

　　　　又有檄牌，其制有金字牌、青字牌、红字牌。金字牌者，日行四百里，邮置之最速递也；凡敕书及军机要切则用之，由内侍省发遣焉。乾道末，枢密院置雌黄青字牌，日行三百五十里，军期急速则用之。[1]

　　宋代时最为迅速的邮递为日行400里，仅用于要切之时，而军期急速时的信息传递则用日行350里的檄牌。这说明日行350里是古代紧急传递信息的最适当距离。这一概念至迟到明代时仍然被人们所认可，如：

　　　　大宁都司，内辖锦川全宁及大宁，和众富庶。金源惠河、武平、龙山等县，盖古辽西郡，契丹号为中京大定府。是故大同在西，京师在南；辽阳在东，大宁则居其中。松漠在上，松漠西南三四十里之间，旧有祖州，饶药百五十里之间，又有怀州，东南至平地松林四十里，松林水出是为黄河，或十里，或三百里，皆盘据交错。其去大宁，或三百五十里远，亦不出五百里，轻骑疾驰，

─────────────────
1.《宋史》，卷一百五十四，志第一百七，舆服六，"符券"。

旬日可以回往。[1]

这里所说 350 里至 500 里,也是恰在"轻骑疾驰"旬日之间可以回往的距离之内。也就是说,在古人看来,350 里远,是一乘轻骑在旬日之内可以疾驰回往的最适当距离。

350 里还具有交通运输上的意义。据清人杜知耕所撰《数学钥·均输》在解一道"任载之重轻二法"的题中提到:

> 两车日行里数相乘得三百五十里,是两车行车之齐数也(三百五十里是七个五十里,亦五个七十里)。乃轻车五日重车七日所行之里数。并两车日行里数,除之,即得一日重往轻来之里数。

这里虽然是一个设定的题目,但可以知道,在古人心目中,车马运输一般是以空车每日行 70 里,重车每日行 50 里来计算的。这恐怕也是一个经验积累的数字。那么,350 里恰好是一个在半旬有余的时间内(5 至 7 天)适当的运送距离。当然,实际的运输无疑是更为长远的路程,因为大量的物资运输是送往京城的。但城市之间彼此的贸易往来或物资交换,则应是以旬日之间的往来时间才是比较适当的。

此外,在古人眼里,350 里还很可能是一个大空间的尺度单位。我们从古代天文学中找到了一点相关的依据:

> 一据答末后一条语义难明,如云河北千里、朝鲜亏时等,不知何物?若本部原咨,则扬州三十三度,今测得金陵三十二度半,较差八度少加。《唐书》,每度三百五十里,则二千九百余里,谬也。如近法,每度二百五十里,则二千余里,为其南北径线,加行路纡曲,岂非三千里乎?[2]

如果在这里我们不去细究其中的天文测算原理,至少从上文中,我们可以知道,古代人在利用天文学知识进行大地测量时,曾经以 350 里作为一个大空间的度量单位而使用的,这就是这里所引《唐书》中的"每度三百五十里",即以 350 里作为利用天文学知识进行大地测量的"一度"。而明代时似将这一量度单位改为了 250 里。而据《旧唐书》:

> 以覆矩斜视,北极出地三十四度四分。凡度分皆以十分为法。自滑台表视之,高三十五度三分,差阳城九分。自浚仪表视之,高三十四度八分,差阳城四分。自武津表视之,高三十三度八分,差阳城九分。虽秒分稍有盈缩,虽以目校,然大率五百二十六里二百七十步而北极差一度半,三百五十一里八十步而差一度。枢机之远近不同,则黄道之轨景固随而迁变矣。……凡南北之差十度半,其径三千六百八十里九十步。自阳城至朗州,一千八百二十六里百九十六步,自阳城至蔚州横野军,一千八百六十一里二百一十四步。[3]

以南北之差十度半,以唐尺 300 步为一里,则十度半的 3680 里 90 步距离,折为 3680.3 里,由此推出一度为 350.5 里,再以 526 里 270 步(526.9 里)为一度半校之,则一度为 351.27 里(即上文"三百五十一里八十步而差一度"之义)。由此可知,在唐代人的天文测算中,350 里左右确实是作为一个基本的大尺度空间单位而使用的。明代时是否沿用了这一尺度概念,尚不清楚。从徐光启的《新法算书》中所知,明代似用新法,以 250 里为一度,但以徐光启是崇祯朝前后之人,这种算法似也应是明代晚期受到西方天文学影响之后的事情了。而据《明史纪事本末》:

> 人从地面望之,东方先见,西方后见。凡地面差三十度,则时差八刻二十分,而以南北相距三百五十里作一度,东西则视所离赤道以为减。[4]

1. [明] 陈全之,《蓬窗日录》,卷二,"大宁"。
2. [明] 徐光启等,《新法算书》,卷十五,学算小辨。
3. [后晋] 刘昫,《旧唐书》,卷三十五,志第十五,天文上。
4. [清] 谷应泰,《明史纪事本末》,卷七十三。

显然，在明代的天文测算中，似仍然沿用了 350 里为一度的大空间尺度单位的概念。虽然，我们并不能够从这种天文测算中，为城市间距离的解释找到直接的依据，但也为唐宋以来，特别是明代府（州）城市之间较多出现的彼此相距 350 里左右的现象，多少找到了一点古代科学史上的参照性依据。

主要参考资料

谭其骧主编. 中国历史地图集，第七册，"元·明时期". 上海：地图出版社，1982.

作者单位：清华大学建筑学院

明代府州县城池与建筑的经费来源
——以北直隶为例[1]

包志禹

提要

以北直隶为例，研究明代府州县城池与建筑营缮修筑的经费来源。除了水利河防之外，明代府州县的经费中，并没有投向公共工程的固定预算，其财政支出安排，随明代赋税制度的变化而有所变革，并视各地情形而定，其时间的先与后、资金的丰与瘠并无从一而终的定规；无论公共工程的规模大小，先须申报上级，其经费由地方政府自行筹措，大体上可分为派拨、罚赎、劝募、摊派、权宜等途径。

关键词：明代，府州县，北直隶，城池，建筑，经费来源

明朝是在推翻蒙古族的统治之后建立的，克服元代"胡制"所造成的礼制混乱状况显得十分迫切。明太祖开基建国，强调"遵古先哲王之制"，"远稽汉唐，略加损益，亦参以宋朝之典"（《太祖实录》卷五一、一二九），其在城市营建上，承袭"高筑墙"[2]政策尤为坚决，明代筑城活动是明代制度重建下的一环，贯穿有明一代。那么，是什么原因使得明朝得以如此大规模、长期地筑城，尤其是在府、州、县地方一级的城市营建？

在中国明代地方制度的研究中，对于营建制度的研究是一个薄弱环节；单从政治制度的视角并不能完全解释这个问题，其背后或许存在一个相关财政制度和司法制度的重新建立或安排。以地方志为中心的古代官方文献提供了研究需要的第一手素材，明代海瑞（1514 — 1587 年）《海瑞集》和沈榜（1540 — 1597 年）《宛署杂记》等私人文献中，有关于明代地方财政详细而精彩的第一手描述，他们两人都是 16 世纪下半叶的县官[3]，另外，我们还可以从明代小说等文体中得到一些佐证。

关于公共工程之研究，魏复古（Karl A. Wittfogel）《东方专制主义——对于极权力量的比较研究》（Oriental Despotism, A Study of Total Power）一书[4]，曾试图将建设工程划分为水利型和非水利型，但书中将中国的专制主义与水利工程建立了过度简化的模型，也使得中国的公共工程（Civil Engineering）被误解为政府的绝对权力与功能，忽略了自由劳力市场与士绅对于公共工程的贡献。关于士绅在公共事务中的角色和利益，极为扎实的研究成果可以参见张仲礼《中国绅士——关于其在 19 世纪中国社会中作用的研究》及其后续研究《中国绅士的收入》。[5]从专题史的研究角度而言，杨联陞《国史探微》一书中的《从经济角度看帝制中国的公共工程》一文对自秦朝至 1912 年清朝覆亡间的帝制中国的公共工程做了导论性的考论[6]，构建了一个一般性的研究框架，是开创性的研究成果。关于明代历史研究，钱穆《中国历代政治得失》[7]的明代部分、孟森《明史讲义》[8]、吴晗《明史简述》[9]、牟复礼、崔瑞德编《剑桥中国明代

1. 本文属国家自然科学基金支持项目，项目名称：《明代建城运动与古代城市等级、规制及城市主要建筑类型、规模与布局研究》，项目批准号为：50778093。
2. ［清］谷应泰．《明史纪事本末》卷二，平定东南："甲子（1358 年），自率常遇春等兵十万，往征之，由宁国道徽州，召儒士唐仲实姚连等咨时务，访治道，问民疾苦，闻前学士朱升名，召问之，对曰，高筑墙、广积粮、缓称王。太祖悦，命参帷幄。"
3. ［明］海瑞．海瑞集．北京：中华书局，1962；［明］沈榜．宛署杂记．北京：北京古籍出版社，1982．
4. ［美］卡尔·A·魏特夫（Karl A. Wittfogel）著．东方专制主义——对于极权力量的比较研究．徐式谷 等译．北京：中国社会科学出版社，1989．
5. 张仲礼．中国绅士——关于其在 19 世纪中国社会中作用的研究．李荣昌 译．上海：上海社会科学院出版社，1991；张仲礼．中国绅士的收入——《中国绅士》续篇．费成康，王寅通 译．上海：上海社会科学院出版社，2001．
6 杨联陞．国史探微．北京：新星出版社，2005：134-187 页．
7. 钱穆．中国历代政治得失．香港自刊本，1952 年 11 月；北京：生活·读书·新知三联书店，2001．
8. 孟森．明史讲义．北京：中华书局，2006．
9. 吴晗．明史简述．北京：中华书局，1980．

史》[1]等著述提纲挈领。从断代专题史的研究而言，关于明代的财政，黄仁宇《明朝的财政管理》、《十六世纪明代中国之财政与税收》[2]对于认识明代的财政体系、中央与地方的财政关系和州县地方财政都颇具启发意义；何朝晖《明代县政研究》一书的第四章《明代的县财政》对于明代县财政的前后变化与体制利弊作了条分缕析。[3]关于明代的司法，有杨雪峰《明代的审判制度》等。[4]赋役制度与明代府州县级地方行政和财政体系的研究关系密切，关于明代赋役制度的研究成果丰硕，梁方仲《明代粮长制度》[5]、和田清编著《明史食货志译注》[6]、韦庆远《明代黄册制度》[7]、山根幸夫《明代徭役制度の展开》[8]等等是其中的重要著作。有关明代俸禄制度的研究，从清代顾炎武《日知录集释》到赵翼《廿二史札记》以及当代学者都给予重视和研究。[9]

按照《明律·工律》的《营造》与《河防》二卷的划分，本文着重考察的对象是《营造》部分的经费，即工程营建、官局造作事项的经费，基本属于非水利型工程；考察的时间范围和地理范围为明代北直隶的府州县；为了论述比较的方便起见，偶尔也会涉及其他地区如南直隶等或者其他朝代如清代的情形。需要说明的一点是，"经费"一词在明代赋役制度中，特指北直隶地区的"里甲银"[10]，而本文仅指现代意义上的经营费用。

建筑学界对于明代城市的研究主要集中在明中都凤阳、南京、北京等都城，以及济南、太原等省府城市，而对于行政等级较低的地方城市如一般的府、州、县城，给予的关注和系统的研究不多。这些地方城市虽然等级不高，但是分布范围辽阔、数量众多，是明代城市体系的基础组成部分。对这些地方城市研究的缺乏，是造成对明代城市认识不够全面的原因之一。那么，在一个明史专题研究的框架下，明朝如何解决筑城的现实问题，譬如财政和劳力、材料和技术问题？都城和一般府、州、县城在面临相同问题时又会如何进行不同的选择和安排？明代之城墙、坛庙、祠宇、公廨等公共营造工程（不涉及河防、漕运等水利工程）的地方经费来源，也许为我们提供了一个十分有趣的研究个案。

一、财政预算

1. 制度背景

在正常情况下，一个公共工程之所以称为公共工程，最起码也要由国家或整个社会提供一部分的经费。无论是中央财政，还是地方财政，都分为收入和支出两个部分，公共工程占用的是支出部分。地方性工程，则往往需要各级地方政府，从其可支配的款项中提供经费。那么，明代府州县政府的可支配款项有哪些？府、州、县之间又有哪些区别？要回答上述问题，必须至少考察五个方面，即明代的行政区划与架构、财政与税收、行政司法审级管辖、职官俸禄制度，以及跟营造相关的法律等。

明代地方政府分为三级或四级。四级政府依次为省、府、州、县。三级政府中的州直接隶属于省，中间没有府，如北直隶延庆州、保安州；或者县直接隶属于府，中间没有州，如北直隶顺天府大兴县、宛平县与保定府清苑县等。[11]黄仁宇认为，明代"财政管理的指导方针为：县是一个基本的税粮征收单位，府是一个基本会计单位，省是一个中转运输单位。……在中央集权控制之下的分散管理意味着在所有各级官员中，县级官员的财政责任是最重的。"[12]府处在中间位置，其财政职责主要是稽核各项事务。[13]

1. ［美］牟复礼，［英］崔瑞德 编. 剑桥中国明代史. 张书生 等译. 北京：中国社会科学出版社，1992.
2. 黄仁宇. "明朝的财政管理"（Fiscal Administration During the Ming Dynasty），载于：Charles Hucher 编辑.《明代中国政府：七项研究》（Chinese Government in Ming Times: Seven Studies）. New York: Columbia University Press, 1969；黄仁宇. 十六世纪明代中国之财政与税收［M］. 阿风、许文继 等译. 北京：生活·读书·新知三联书店，2001.
3. 何朝晖. 明代县政研究. 北京：北京大学出版社，2006。
4. 杨雪峰. 明代的审判制度. 台北：黎明文化公司，1981。
5. 梁方仲. 明代粮长制度. 上海：上海人民出版社，2001。
6. 和田清 编著. 明史食货志译注. 东京：汲古书院，1957。
7. 韦庆远. 明代黄册制度. 北京：中华书局，1961。
8. 山根幸夫. 明代徭役制度の展开. 东京：东京女子大学，1966。
9. ［清］顾炎武. 日知录集释［M］. 上海：商务印书馆，1983；［清］赵翼. 廿二史札记［M］. 南京：江苏古籍出版社，1988。
10. 明代中叶，一些地方渐渐将由里甲和均徭办出的各种经常性费用，折为银两征收，即里甲银和均徭银。里甲银在各地称谓不一，但是性质大体一致。南直隶称里甲银，福建称作丁料和纲银，浙江、广东、湖南等地多称作均平银，北直隶称经费。
11.《明史》卷七十五，志第五十一，职官四。
12. 黄仁宇. 十六世纪明代中国之财政与税收［M］. 阿风、许文继 等译. 北京：生活·读书·新知三联书店，2001：26-28。
13.《明史》卷七十五："知府，掌一府之政……若籍帐、军匠、驿递、马牧、盗贼、仓库、河渠、沟防、道路之事，虽有专官，皆总领而稽核之。"

明代沿用唐宋的两税法，一年分夏秋两次征收赋税，其中农业税是朝廷的主要财政收入，并通过起运和存留实现中央与地方的财政分配。在各地，任何税收都同时包含起运和存留两个部分。起运主要用于宫廷开销、京官俸禄、边地粮饷、政府机构运转费用等，存留主要用于地方官员的俸给、生员廪粮、宗藩禄廪、驻地军饷、地方赈灾与教化等正项经费。[1] 有时候中央政府直接要求地方政府或做办（上供物料），或为藩王营造府邸，或提供社会赈恤开支，或不时地输纳，所有这些费用也都是从存留中支取。换句话说，明代的府州县级财政收支中，没有投向公共工程的固定预算。

2. 中央与皇家工程

洪武朝，是明代包括财政制度和营建制度在内的各项制度的创建时期。明初的建设集中在皇帝所居的都城如凤阳、南京、北京，以及藩王的王府如太原晋王府、开封周王府、成都蜀王府等[2]，营建费用和物料是由中央支出的，劳力是军民夫匠等。这种情形，在官方文献中俯拾皆是。例如《明会典》卷一百五十四，对于修缮城垣做如下规定，"凡皇城京城墙垣遇有损坏，即便丈量明白，见数计料，所用砖灰行下聚宝山黑窑等处关支，其合用人工，咨呈都府行移留守五卫，差拨军士修理。若在外藩镇府州城隍，但有损坏系干紧要去处者，随即度量彼处，军民工料多少入奏，修理如系腹里去处，于农隙之时兴工"[3]，对于公廨做如下规定，"凡在京文武衙门公廨，如遇起盖及修理者，所用竹木、砖瓦、灰石、人匠等项，或官为出办，或移咨刑部、都察院差拨因徒，着令自办物料、人工修造，果有系干动众奏闻施行。"[4]

明代政府规定，朝廷为藩王建造宅第筹措经费，房屋造价依等级而定，从一千两至五百两不等，期间的具体建造事宜有所变化：天顺朝之前由政府负责营造，成化朝中叶开始由王府自行营造，弘治十四年（1501年）进一步明确了造价，工役则由地方政府征调。[5] 例如，嘉靖三十三年（1554年）湖广德安府修造景王府，工部派遣司官一员，会同湖广抚按，督同三司府卫官相度起盖，所用的物料银两，"先派浙江、江西、广东、福建、四川、南直隶江南分共十万两，于抚按司府等衙门赃罚及无碍官银内动支，如有不足，量于湖广地方均派。工匠人力于本府州县坐派，不敷之数量于附近府县起取协济。"[6] 藩王府邸是私宅，并不属于公共工程，但其分封所在之城市的公共工程如城池等，因其驻扎而展拓或者兴建。[7]

上述文献中，还透露出明代公共工程的财政制度思想，也就是中国传统的为强化皇权和以中央集权为先，以中央皇城京城为先，皇家藩王所在的省城、府城（藩镇）居次，地方府州县次之的政策。自宋以降，地方基本无财政可供支配，而财政权力过于集权中央所带来的弊端，尤其是对地方建设和福利的不良作用，自宋代以降始终受到学者的诟病与批评。顾炎武的观察尤其中肯得当：

予见天下州之为唐旧治者，其城郭必皆宽广，街道必皆正直；廨舍之为唐旧创者，其基址必皆宏敞。宋以下所置，时弥近者，制弥陋。……今日所以百事皆废者，正缘国家取州县之财，纤毫尽归之于上，而吏与民交困，遂无以为修举之资。[8]

中央财政分为国库和内库两条线，与国防或河防有关的公共工程经费和劳力，由国库来支付或筹措，不过皇帝也可以从内库提供紧急援助。例如《明太宗实录》卷二六二，记北直隶保定等卫城的修筑[9]：

永乐二十一年八月辛亥，大宁都司启，保定左等卫所，近雨坍塌城垣五百二十余丈、敌台六座，请集军士修理。皇太子从之。

上引《明会典》中，可以看到在责成相关机构兴修城池或建筑这一点上，譬如"天顺六年，令后军都

1.《明史》卷七十八，志第五十四，食货二，赋役。

2. 明代王府绝非一个简单的居住建筑群，而是一座规模不小的城池。关于这方面的一个详细研究，可以参见，白颖. 明代王府建筑制度研究 [D]. 清华大学建筑学院博士学位论文，2007，指导老师王贵祥。

3.《四库全书》，史部，政书类，通制之属，《明会典》卷一百五十四，工部八，城垣，1页。

4.《四库全书》，史部，政书类，通制之属，《明会典》卷一百五十四，工部八，公廨，4页。

5. 四库全书存目丛书编纂委员会编. 《四库全书存目丛书》（史264）.［明］徐学聚.《国朝典汇》卷十三，宗藩上，济南：齐鲁书社，1996：469页："弘治十四年七月，工部尚书曾鉴定递减递王府房价及开圹造坟价银有差，诏徒之。天顺前各王府将军而下宫室坟茔皆官为营造，成化中始定为则给价自行营造。湖广楚辽岷荆吉襄等府房价，郡王一千两，镇国将军下至中尉递减至五百两。各省王府房颇同其造坟夫价物料，郡王三百五十两，镇国将军下至中尉递减至百二十余两，又有开圹明器银及斋粮麻布具各有差，因各处灾荒故奏递减。"

6. 申时行 等. 明会典. 卷一百八十一. 北京：中华书局，1989：919页。

7. 侯大节. 万历卫辉府志. 稀见中国地方志汇刊 (34)："万历十三年，建潞王府第，拓城前三面，增七百三十二丈，共八里七十步。"

8. 顾炎武.《日知录集释》卷12，上海：上海古籍出版社，2007：27页下。

9.《明太宗实录》卷二六二. 台北："中央研究院"历史语言研究所，1962：2393。

督府并守门官军巡视京城九门城垣，如有损坏低洼，该门官军随即填补修理"[1]，中央和地方是一致的。

3. 地方公共工程

明代地方正项留存经费中，基本上没有用于修筑城池、开掘壕堑、起盖公宇等造作工程的列支，也就是说，明代地方公共工程基本没有列入政府财政预算。而且直隶府州一级的政府每年若有余钱，也要悉数上交中央财政，倘若遇到修缮的事项，也不能动用正项经费。《明会典》对此有明确规定："正统四年（1439年），令各布政司并直隶府州，会计每岁该用钞数，年终具报本部存留支用，余钞解京。景泰二年（1451年），令在外诸司仓库钱粮，非奉本部明文不许擅支。成化十七年（1481年），令各处府卫所大小衙门，如遇修理等项，止许设法措置；其在官钱粮，必须军机重务、赈济饥民及奉勘合应该支给者方许，会官照卷挨次支给，年终查弄明白造册缴部，若不应支给并那移出纳者，经该官员降黜边远叙用，侵欺者从重归结。"[2]

地方工程如果比较浩大，所费不赀，或要动支官库银两，或要起征民夫，必须申报上级并先画图，经批准后方可动工，否则就可能被视做擅自挪用官银或者擅征民力而受到追究。《大明律》对此有明文规定："凡军民官司有所营造，应申上而不申上，应待报而不待报，而擅起差人工者，各计所役人雇工钱坐赃论。若非法营造及非时起差人工营造者，罪亦如之。其城垣坍倒、仓库公廨损坏，一时起差丁夫军人修理者，不在此限。"[3]例如北直隶真定府万历《真定县志》[4]所记真定府的城池修筑：

> 城池。城周围二十四里，高三丈二尺，门四，各附月城，又各建楼。东曰迎旭，南曰长乐，西曰镇远，北曰永安。四隅各有角楼，旧土筑，今易以砖。隆庆五年（1571年），知县顾绶奉两院司府明文经始，至知县周应中申动府银六万余，于万历四年（1576年）落成。池阔十余丈，深丈余，城外河水抱流。

据上述记载，可知真定县（今河北省正定县）的城池修筑获得两院司府——巡按察院、巡抚察院和真定府的明文批准，历时五年左右，经费来自真定府的官银。[5]这个程序也符合《明会典》中"用工多者，布按二司同该府官，斟酌民力，量宜起盖，仍先画图，奏来定夺"[6]的规定。

既然地方公共工程的经费没有着落，需要政府因地制宜地加以应对，那么，通过申报上级而使之师出有名，也是地方官员的需要，所以文献中这种情形几乎贯穿有明一代的各个地方。如海瑞在浙江淳安县筑城，须先向道、司、巡按、总督逐级申报，其《筑城申文》巨细靡遗，有助于检视明代筑城这一问题：

> 淳安县为查理筑城御患事，安奉府贴，蒙分守道右参政翁安验，奉巡按御史王批呈，仰县应筑墙垣将分定里递土筑等因，及蒙钦差总督军门胡批申前事，奉此，今该本县知县海屡次拘集里递人等，欲兴工筑。各称与其为墙垣，不若为城池，一劳永逸。……具由申详本府。[7]

申文上达之后，上司批复："该县先议筑土墙，行催一年之上未见完报，今始改议筑城何也？且筑城大事，为知民情财力若何，仰县再审通县粮里果愿筑城，还须区划周当，通详上司具批词由缴。"[8]海瑞又议"鄙意欲八十里中，好甲分计费出银五两，丑甲分计费出银三两二两。淳民喜讼，本县于词讼中酌处帮助，通以二年中为之，似或可以使民不觉劳费。而今已矣，后之当世者非城别有区处，算计优裕，不可轻举轻议也"[9]，这意味着海瑞对于筑城的经费来源亦有计划，分罚赎和摊派两部分，但后来并没有实现。

1. 《四库全书》，史部，政书类，通制之属，《明会典》卷一百五十四，工部八，城垣，1页。
2. 《四库全书》史部，政书类，通制之属，《明会典》卷三十三，户部十八，库藏二，赃罚，诸司职掌，11页。
3. 《四库全书》，史部，政书类，通制之属，《明会典》卷一百三十九，明律，工律，营造，擅造作，15页。
4. 万历《真定县志》卷一，舆地，城池，1页。
5. 万历《真定县志》卷五《官秩·国朝·县令》记载隆庆五年知县乃郝维乔，与此处引文中所提的顾绶有出入。原文云：顾绶，临清人，进士，隆庆元年见任，先是上刑苛刻，吏役多逃匿，公从容布置，以次渐兴，诸事并举。郝维乔，扶沟人，进士，隆庆四年见任，公器度温雅，不辞劳瘁。周应中，会稽人，进士，先任元氏，闻调，元民诣阙惜留，随奉明旨，既改本官难以复留，时于万历元年见任，有《告民书》。
6. 《四库全书》，史部，政书类，通制之属，《明会典》卷一百五十四，工部八，庙宇，3页。
7. ［明］海瑞．海瑞集．北京：中华书局，1962：157-158。
8. ［明］海瑞．海瑞集．北京：中华书局，1962：158。
9. ［明］海瑞．海瑞集．北京：中华书局，1962：159。

清代也有类似的规定，任何大规模的修缮工程，必须先征得上级主管部门的同意。[1]但与明代不同的是，清代规定在工程费用低于 1000 两银子时，州县官可以直接招募本地居民修缮城墙。[2]

此外，从《大明律》条文也可以看出，一般各处公廨等官府房舍的日常维修，是由相关衙门负责的，那么，自然也是由这些衙门的吏役来解决修缮费用的，从中央到地方莫如此。例如守城官军修理城垣，隶兵负责衙门的修缮，看守门子负责修补门窗等。弘治六年（1493 年）奏准，"皇城各门红铺着令巡视城垣委官，时常点视比较，应修理者随即具呈修理，其直宿官军不行用心看守致有损失，应众究者径自众究。"[3]永乐二年（1404 年）奏准，"今后大小衙门，小有损坏，许令隶兵人等随即修葺。果房屋倒塌用工浩大，务要委官相料，计用夫工物料，数目官吏人等，保勘申部定夺修理。"[4]弘治元年（1488 年）奏准，"今后各衙门但有门窗等项损坏，原物见在者，官为出料修理。原物不在者，就令经该官吏，及看守之人，出料自陪修理。"[5]因此，我们便容易理解《官箴集要》所云，"凡公廨邮驿等处，常加洒扫洁净，遇有损坏随即修葺，免致崩损而多费民力，若文庙、祭坛、先贤祠宇之类尤宜用心"[6]，但以现在的眼光来看，由看守门子负责修补门窗等几乎是不可思议的，即便有《大明律》条文规定一般公廨等官府房舍的日常维修由相关衙门负责，等等。那么，"止许设法措置"究竟是如何进行的？

二、经费来源

实际上，地方的开支主要仰赖于其他各种附加税以及各种为数不多的地方收入，如赃罚银和充公的财产等等。概括地说，无论公共工程的规模大小，其新建、修缮、劳力、物料等由地方政府自行筹措，大体上可分为派拨、罚赎、劝募、摊派、权宜等途径，有"或剖词讼而罚赎，或权事宜而裁取，或删收粮之积余，或劝尚义之资助"[7]等形式；至于其流弊甚多，如弘治《易州志》所言"弊莫甚于吏之奸欺黠货"[8]，则是制度实施的走样，那是另外一个层面的问题。

1. 派拨

派拨是动用官府的公帑银两，一般用于重要的城池、津渡、运河等城防和水利工程。嘉靖《获鹿县志》卷九，"事纪第九"记载了从中央财政直接折价拨付地方府州县的情形[9]：

（嘉靖）十八年（1539 年）冬十一月，修沙河城，工部增派真定府州县砖料银六十余万两。

附郭之县，也就是县城和府城或省城同在一处的县，在地方志中很少见到这些县的知县兴修城池的记载，原因在于由知府或巡按所操办，所以经费或可以由府级政府筹措，劳力夫役则出自附郭之县。例如明代北直隶元城县附郭大名府，清乾隆《大名县志》卷三"城郭"，描述了明嘉靖四十四年（1565 年）大名府用公帑甃砌城墙[10]：

（嘉靖）四十四年（1565 年），知府姚汝循申动府帑以砖石，同知刘赟董其事，城始完固。

正德《大名府志》卷五，知县刘台记浚县"重建察院记"[11]：

---

1. 《四库全书》史部，政书类，通制之属，《钦定大清会典则例》卷一百二十七，工部营缮清吏司，城垣 9-10 页。
2. 《四库全书》史部，政书类，通制之属，《皇朝文献通考》卷二十四，职役考四，12 页："（乾隆）十年定，各省城垣工程一千两以下者，酌用民力修筑。"
3. 《四库全书》，史部，政书类，通制之属，《明会典》卷一百五十四，工部八，城垣，2 页。
4. 《四库全书》，史部，政书类，通制之属，《明会典》卷一百五十四，工部八，公廨，4 页。
5. 同上。
6. ［嘉靖］汪天锡 辑.《官箴集要》卷下，造作篇，公廨。
7. 嘉靖《夏津县志》卷五，黄秩，重修儒学庙记。
8. 弘治《易州志》卷十六，文章，创建，20 页。
9. 嘉靖《获鹿县志》卷九，"事纪第九"，5 页。
10. 乾隆《大名县志》卷三，城郭，1 页。
11. 正德《大名府志》卷五，公宇志，署舍，34 页。

　　（浚县）察院旧在县治东不百步许，地制湫隘，阶序逸圮，巡抚者至中令谳狱恒涉浃旬而于此岂徒不适阙居，凡吏民亦无所耸厉矣，台来视事诣焉。就惕者再爰谋诸二二察采状，请于今钦差巡抚都御史高公、郡邑守韩公，欲假公帑楮币谋改作之，佥下令曰可，第毋夺民时毋伤民力，其酌处惟慎。遂卜官地之隙巽隅，市木伐石简群工禅从事而董役者随之。……始于弘治戊午（1498年）春至己未夏而后落成，不欲速以病民也。木以株计四千四百有奇，石以块计三万二千有奇，砖以个计一十六万有奇，瓦以片计四倍木之数，钉以板计杀石数之半，灰以斤计计得砖二分之一而益其半，食米以斛计五百七十有九。木之值取诸公帑，石之辇取诸山麓，而诸费则赎小民之轻，繄未尝一劳乎民以违诸公体。国恤民之意，其市木者义官邢端、邹越，督工者则胥吏胡琏、龚果，司出纳者则老人左亮、赵辰，贸砖瓦者则义官董春、市民魏镇，盖亦咸能称使而不敢植私于其间。

　　这一例中，是动用公帑买木材，在山中伐石，"而诸费则赎小民之轻"，赎即罚赎。

2. 罚赎

　　罚赎显然是政府司法权力的运用体现，自古有之。譬如南宋《梁溪集》记："又尝以花石故郡俾造舟，（张端礼）君不获已，令取吏民有罪而情轻者，募出赎金，以给其费。"[1] 由罚赎而来的罚金即赃罚银，是明代公共工程款项的一个重要来源。如嘉靖《隆庆志》卷十，苏乾"永宁县（隶北直隶延庆州）重修庙学记"[2]：

　　　嘉靖戊子（1528年）……是年夏四月，巡抚大中丞东平刘公按部到庙谒之余，伫立环视，愀然不宁，谓学舍之坏何以栖士，庙庭之坏何以妥神，邑小民贫，修复之任当在我。于是发赃罚银若干镒，米若干石，委万全右卫知事杜锐、永宁卫指挥康琥、永宁县知县种云龙行修复之事，三人者承命惟谨。乃市材鸠工，卑者广之，缺者补之，污者革之。中为大成殿，之前为戟门，又其前为灵星门。……

　　赃罚银有时也用来修筑军事设施，《苑洛集》卷十三，韩邦奇于嘉靖十三年（1534年）十月十七日撰"安设兵马防御敌骑以明烽堠以固地方事"[3]：

　　　（怀安城西北李信屯）都司将修筑土堡，设盖仓场、公廨等项，通共享银一千三十七两一钱七分一厘，于官库见收节年农民银内动支一千两，赃罚银内支领三十七两一钱七分一厘，选委的当官员买办木铁等料，如法造作。匠役于预备仓，每名验日支给口粮一升五合，起拨无马军士，借倩屯田空闲舍余轮班修筑，其筑堡占用屯田地亩有粮地土于别项无碍地内，照亩易换拨给该用。

　　以上例子中提到的赎金与赃罚银，包括了赃、罚、赎三项，它们在严格意义上是有分别的，而文献中常混称。赃是对犯人所侵犯公款公物加以没收，罚是令犯过者出钱谷以示惩戒，赎是罪人以经济形式对所判刑罚进行抵偿。明代赎刑盛行，除真犯死罪外，皆可以赎代刑。明初只有律赎，赎金相对较少，按规定上交中央。《明会典》明文："凡各布政司并直隶府州，应有追到赃物，彼处官司用印钤封批，差长解人管解到部"[4]，"天下起解税课及赃罚等项，悉贮内库，以资国用……凡十二布政司并直隶府州，遇有起解税粮折收金银钱钞，并赃罚物件，应进内府收纳者，其行移次第皆仿此。"[5] 赃、赎皆须登记上报。罚则不入册籍，上级无法稽考，不必上交，尽用于地方，因而对于罪轻者，地方官往往以罚代刑，春夏罚银秋冬罚谷。《明史·刑法志》："明律颇严，凡朝廷有所矜恤、限于律而不得伸者，一寓之于赎例，所以济法之太重也。又国家得时藉其入，以佐缓急。而实边、足储、振荒、宫府颁给诸大费，往往取给于赃赎二者。故赎法比历代特详。凡赎法有二，有律得收赎者，有例得纳赎者。律赎无敢损益，而纳赎

1.《四库全书》，集部，别集类，［南宋］李纲.《梁溪集》. 卷一百六十九，墓志，宋故朝请郎主管南京鸿庆宫张公墓志，第4页。
2. 嘉靖《隆庆志》卷十，艺文，苏乾"永宁县重修庙学记"，8页。另见，《四库全书》，集部，别集类，［明］林俊.《见素集》续集卷九，第13页，"东昌郡城重修记"；［嘉靖］林文俊.《方斋存稿》卷七，第20-21页，太平府儒学重建记。
3.《四库全书》集部，别集类，明洪武至崇祯，《苑洛集》卷十三，安设兵马防御敌骑以明烽堠以固地方事，30-31页。
4.《四库全书》史部，政书类，通制之属，《明会典》卷一百三十六，刑部十一，类进赃罚，1页。
5.《四库全书》史部，政书类，通制之属，《明会典》卷三十二，户部十七，金科，库藏一，1-2页。

之例则因时权宜，先后互异，其端实开于太祖云。"[1] 这段话说明了赃赎的初衷，并引发了滥觞。

此后随着例赎的逐渐采用，赎刑范围的渐渐扩大，以及罚役改折工价银钞，至明中叶地方赎金数额已经相当可观，渐渐引起了中央的注意和垂涎，屡派御史等官到地方搜刮。[2] 嘉靖至万历年间官至南京刑部尚书的王世贞言："郡县存积赃罚已自单薄，若搜括一空，缓急何恃。"[3] 嘉靖至万历年间官至内阁首辅的王锡爵言："先时各布政司府州县，各有赃罚等项积余，今取解一空，有急尽靠内库。"[4] 此后，赃赎在中央与地方的分割上，大体上形成一个"八分入官二分公用"的比例，即百分之八十上缴中央，百分之二十留存地方。例如嘉靖时御史方日乾巡按南直隶，"臣奉命以来，问过赃罚、纸米、赎罪等项价银纸价，以十分为率，除八分解南京都察院作正支销，二分本衙门公用外，查得赃罚银尚有一千七百余两，赎罪稻谷三千二百余石，见贮各府州县仓库。"[5] 中央有时也应地方之请将原应上缴的赃赎留于地方急用，如万历年间南直隶崇明县建新城，"以请于备兵使者塞公，塞公上于台中丞王公、侍御宋公，具疏下尚书，户部许留台赎镪万金，其余值七千六百三十余金，以属李侯使自为策。李侯乃议，以民故应偿灶产、军需及岁捕黄鱼之赋以足之，而缓诸月城之。……以万历之十四年八月筑土城，至十二月而毕，再以万历之十五年七月甃土城之表。"[6] 该文中的"台赎镪万金"即指抚按本应缴纳至户部的赃赎。

赃赎在各级地方政府之间也有一定分割，这也就揭示了府一级政府的公共工程经费的来源之一。明代地方审级管辖体系是地方司法机关分为省、府、县三级；省设提刑按察司，"掌一省刑名"，有权判处徒刑及以下案件，徒刑以上案件须报送中央刑部批准执行；府、县两级实行行政司法合一体制。由于明代的省、府、州、县之间划有审级，笞罪县可以自决，罚赎自理；杖以上须报州、府、省级衙门裁决，则罚赎亦应归属该管理衙门；所以分割出省府州县各自的赃罚银，于是各方的利害关系更加盘根错节。在正史中对这种情形的记载很少，而从明清小说中我们或许可以窥见一些端倪。时人陆人龙的小说《型世言》第二十一回里面写道，"多问几个罪，奉承上司，原是下司法儿"[7]，原因正在于此；至于《型世言》第三十回里面的"一个官一张呈状也不知罚得几石谷，几个罪。若撞着上司的，只做得白弄"[8] 之句，则反映的是各级政府之间的审级界线。由于案件多在州县审理，属于上级分内的罚赎平时就贮于各府州县仓库，再归总上交，前述嘉靖南直隶巡按御史方日乾分内之赃赎就是贮于各府州县仓库。县衙内"上司赎银，须各置上司赎匣；自理赎银，须置自理赎匣。"[9] 当抚按需将分内赃赎上交中央时，则令州县递解。

地方文献中多见抚按等派发赃罚银资助地方工程的记载，前述永宁县重修庙学、崇明县修新城就是抚按两院发赃赎万金的例子，朝廷对缴纳赎金较多的罪轻者，甚至给予表彰，旌为"义民"，如"正统四年大学士杨士奇上言……官有备荒之积，民无旱涝之虞，仁政所施无切于此。诏户部急行之，乃制，侵盗之罚纳谷一千五百石者，敕奖为义民，免其徭役。"[10] 又如明万历十四年深州霸州等处河道的疏浚[11]：

> 明神宗万历十四年（1586年）正月己酉，工部覆直隶巡按苏酂题少卿徐贞明奉命，经略水患，穷源遡委，遍历周谙，惜处财用一一列款，于畿甸水患大有裨益。一疏浚深州霸州等处河道，共该夫役银一万九千三百一十三两一钱，除霸州道属现有堪动官银三千七百八十余两，于真定府存留赃罚银内动支二千两，保定府五十两，河间府八千五百三十三两一钱，凑足前数，委官及时兴举，务要挑浚如法河流通利。一疏浚安州、雄县、保定等处河身及挑筑束鹿、深州河堤，所用人夫随便役民，其工食之费要各府州县积谷内，酌量动支，仍劝谕富民有能慕义，偶众捐赏助役者，酌量旌异以示劝。

1.《明史》卷九三，志第六十九，刑法一。
2.《四库全书》史部，政书类，通制之属，《明会典》卷三十三，户部十八，库藏二，赃罚，诸司职掌，1-12页。
3.《四库全书》集部，别集类，明洪武至崇祯，王世贞，《弇州四部稿》，续稿卷一百七十六，12页。
4.《明经世文编》卷三九五，王锡爵，劝请赈济疏。
5.《四库全书》史部，诏令奏议类，奏议之属，名臣经济录，卷二十一，方日乾，奏兴利补弊以裨屯政事，36页。
6.《四库全书》集部，别集类，明洪武至崇祯，王世贞，《弇州四部稿》，续稿卷六十三，14页。
7.〔明〕陆人龙.《型世言》第二十一回，"匪头计占红颜 发棺立苏呆婿"。
8.〔明〕陆人龙.《型世言》第三十回，"张继良巧窃篆 曾司训计完璧"。
9. 余自强《治谱》卷五，库中置各匣。
10.《四库全书》史部，政书类，通制之属，钦定续通典，卷十六，19-20页。
11.《四库全书》史部，地理类，河渠之属，行水金鉴，卷一百二十四，10页。

赃罚银在地方的用途，明初并无明确规定，后来规定主要用于预备仓储建设，补贴行政办公经费和公共工程的开支，历朝对此屡有训令。如正统七年（1442 年），"令各府州县，一应赃罚入官之物，俱于年终变卖在官，侯秋成籴粮，预备赈济。"[1] 弘治十年奏准，"凡三年一次查盘预备仓粮，除义民情愿纳粟，因犯赎罪纳米外，但有空闲官地，佃收租米及赃罚纸价引钱，不系起解，支剩无碍官钱，尽数籴米。三年之内不足原数，别无设法者俱免住俸参究。"[2] 实际上赃赎在明代地方财政中的作用是多方面的，罚役弥补了劳役的短缺，因犯在公共工程中承担了运灰、运砖等力役。[3] 严格意义上，诉讼中的罚金应该被称为"赎锾"，包含在一般意义上的"赃罚"之中。赃罚银甚至在明末崇祯年间充当军饷，如《明史》本纪第二十四"命有司以赎锾充饷"[4]，又《明史》余应桂传[5]：

> 余应桂，字二矶，都昌人。万历四十七年进士。……（崇祯）七年还朝，出按湖广，居守承天。捐赎锾十余万募壮士，缮城治器，贼不敢逼献陵。帝闻而嘉之。期满，命再巡一年。贻赎锾万五千助卢象升军需，而奏报属城失事，具以实闻。帝以是知巡抚王梦尹诈，而益信应桂。期满，命再巡一年。十年，即擢应桂右佥都御史，代梦尹。

罚赎这种情形几乎历朝均有，清代雍正朝的一则诏令奏议，可视做解释："直省城垣、学校、仓廒之类，皆有司所，必当修理者。倘一一取之库银而正项亏矣，不若以本地之赎锾，存为地方之公用，惟奏销时题明罚过动用数目，免其解部充饷。一则可以杜绝侵蚀；二则可以整理地方；三则可以免那正项，于国课民生甚有裨益。"[6]

虽然有训令和规定，但地方是否如实报告与上交，中央很难查实。由于赃赎本身的复杂性与难以监管，赃赎管理的混乱和侵吞情形，在各地十分普遍。"一应大小词讼，多有不行依律问拟，照例发落。或指修理衙门，或称措指公用，不分所犯轻重，动辄罚其银物，多者二三百两，少者不下五七十两。使心腹之人收掌在官，听其支用。"[7] 地方亦有故意滥罚牟利者，"狱有定议，自宜查照发落，间有以为情重律轻，罪外加谴，或指修理，或指备荒，或指作兴，或指军饷，巧立名色，重为厚利，遂使卖男鬻女散之四方，破产荡家委之沟壑者往往是，是曰滥罚。"[8] 如此上级根本无法稽查。"官员自理词讼所罚银谷，多有私罚肥己，不行报明归公者"[9] 虽是清代人之语，其实也适用于明代。

3. 劝募、摊捐

劝募是筹集经费的一个重要途径。劝募者一般是知府知州知县，以身作则"捐己俸为倡"，号召士绅踊跃捐资和出力，犹多见于水利、河防、庙学、书院等事例，主要用于荒年赈济和公共工程，因为这种情况下筹款是名正言顺的，不致引起非议。成化《顺德府志》卷八，"重修文庙记"[10]：

> 唐山县为顺德府属邑，旧有庙学，在县治西数十步许，元至正三年（1343 年）所建，累阅兵燹，无复存者。国朝洪武初，知县刘安礼建学于故基，寻坏。正统间，典史潘誉募诸富室捐金帛修之，复坏。成化壬寅（1482 年），夏雨连日倾剥殆尽。山阴祁侠司员以进士来知县事，曰兹学敝且陋，不足为教育地，盍更图之。乃请于巡按御史阎公仲宇、知府范公英，皆报许。而兵部郎中杨公绎奉命赈灾，亦以官赏助之。而平定守御千兵吕公俊辈，及邑中义士、耆老诸人何原等咸乐相助金帛。侠乃属其丞开公宣簿李公麟，及

1. 《四库全书》史部，政书类，通制之属，《钦定续文献通考》卷三十二，99-100 页。
2. 《四库全书》史部，政书类，通制之属，《明会典》卷四十，户部二十五，预备仓，48 页。
3. 《四库全书》史部，政书类，通制之属，《明会典》卷一百三十三，刑部八，10 页："弘治十三年奏准，凡军民诸色人役及舍余审有力者，与文武官吏、监生、生员、冠带官、知印、承差、阴阳生、医生、老人、舍人，不分笞、杖、徒、流、杂犯死罪，俱令运炭、运灰、运砖、纳科、纳米等项赎罪。"
4. 《明史》卷二十四，本纪第二十四，庄烈帝二：（崇祯）十六年冬十月丙寅，"命有司以赎锾充饷"。
5. 《明史》卷二百六十，列传第一百四十八，余应桂传。
6. 《四库全书》史部，诏令奏议类，诏令之属，《世宗宪皇帝朱批谕旨》卷七十八，10 页。
7. 《皇明成化条例》，台湾中研院历史语言研究所图书馆藏手抄本，转引自杨雪峰《明代的审判制度》，台北：黎明文化公司，1981：378 页。
8. 《四库全书》集部，总集类，文章辨体汇选，卷一百十四，毛恺，"禁刑狱之滥疏"，24 页。
9. 《四库全书》史部，诏令奏议类，诏令之属，世宗宪皇帝朱批谕旨，卷七十八，9 页。
10. ［成化］《顺德府志》卷八，侍讲学士李东阳撰，"重修文庙记"。

典史姜公瑄，分领出纳，暨教谕王公锦、训导胡公拱辰、郑公晁辈，相阅事而躬督治焉。凡木斯人时□□难正当经给，嗟彼守令知府循大纵溪壑莫不艰辛。

乾隆《畿辅通志》卷二十五，城池，"蠡县城"[1]：

> 蠡县城，旧土城。……崇祯十二年（1639年）兵备副使钱天锡、知府王师夔、知县连元，捐俸倡助，甃以砖石，高三丈五尺，濠广三丈，又筑护城堤二道。

乾隆《畿辅通志》卷二十七，公署，"大名府"[2]：

> 按府旧志，本府厅署先是有五，其一在仪门西，为捕厅今仍之；其四在仪门东，一为刑厅，今晚香堂；一为军厅，今仍之；一为粮厅，今刑厅也，刑厅岁久渐圮，且前厅湫隘，万历二十年（1592年）秋水溃垣，推官方大镇，捐俸新之；一为马厅，即今粮厅盖兼隶也；万历十一年(1583年)通判阎立构镇宅楼有记勒石。

乾隆《畿辅通志》卷九十八，赵南星"赵州重修尊经阁记"[3]：

> 阁之前有敬一亭亦颓坏，公捐俸僦夫匠修之。

这里隐含着一个问题，以明代地方官员的俸禄捐得起公共工程等的费用吗？所以，有必要检视一下明代地方职官的俸禄制度。明朝实行的是薄俸制，后人修《明史》，竟有"自古官俸之薄，未有若此者"之语[4]，私人文献如《海瑞集》的记述也证明这一事实。根据《大明会典》，明代官吏的俸禄是以谷子计算的，但是实际给付的时候，却只有一部分是谷子，另一部分则折合纸币、铜钱或实物给付；依官品高低而作区别，而且随时有变动，其法规相当复杂。[5]实际上，明代地方官吏在俸禄之外，还有一些福利，如福利之一是朝廷会在他们任职的衙门里面，配给地方官吏和属吏的公房。因为《大明律·工律·营造·有司官吏不住公廨》规定，有司官吏"严出入之防"，必须居于官府公廨，不许杂处民间："凡有司官吏，不住公廨内官房，而住街市民房者，杖八十。"[6]明初卢熊撰洪武《苏州府志》载："洪武二年（1369年），奉省部符文，降式各府州县，改造公廨，遂辟广其地，撤而新之，府官居地及各吏舍皆置其中。"[7]以及柴新银、常例等大量的额外收入，数额往往远超正俸。如果没有额外收入，明代地方官员是不可能有多余的钱财捐出的。杨联陞认为，地方官在地方建设和地方福利中的捐款实际上来自据为己有的"赃罚银"。[8]清朝雍正五年的一份诏书则传达出一种微妙的态度，诏书中说到，由州县官自己捐资修缮祠堂是对的，因为他支付得起这些小额捐赠，但是又指出，如果允许官员使用官帑做这些事情，容易导致官员和书吏贪污。[9]

明代中后叶，义士、耆老、乡绅等活跃在工程的捐助活动之中，承担了大量的费用，并且介入其中的组织和施工，常被委任督理工程，如海瑞《筑城申文》之"选家道殷实立心公直能干者民何一仁等十六人，分方督筑。"又如隆庆《赵州志》卷二，教谕陈田记述了赵州治衙署的重修[10]：

---

1. 《四库全书》，[乾隆]《畿辅通志》卷二十五，城池，蠡县城，19页。
2. 同上。
3. 《四库全书》，[乾隆]《畿辅通志》卷九十八，赵南星"赵州重修尊经阁记"，43页。另见同书第48页，赵南星"饶阳县重修近圣书院记"。
4. 《明史》卷八十二《食货六》俸饷。
5. 参见［万历］《大明会典》卷三九《廪禄二俸给》。但明俸从绝对数字上的反映若不结合当时的物价水平，仍不能得出一个定论，因此可用米价作为明代物价的考察基点。黄冕堂《明史管见》中《明代物价考略》一文对明代米价作了详尽论述，参见黄冕堂. 明史管见[M]. 济南：齐鲁书社，1985：336-372页。
6. 《皇明世法录》卷48，"有司官吏不住公廨"条，并有纂注：公廨以住官吏，所以严出入之防也，故不住公廨而住街市民房者，杖八十。引自《四库禁毁书丛刊》史15，第316页。
7. 洪武《苏州府志》苏州府志图卷，第27页。
8. 杨联陞. 国史探微[M]. 北京：新星出版社，2005：108页。
9. 《清实录·世宗》卷五十五，40页。
10. 隆庆《赵州志》卷二，建置，1页。

成化六年（1470年）公堂火，七年知州潘洪重修，有教谕陈田记。记略曰，南海潘侯洪，以名进士出守赵州之期，月居无何，州之厅事遭回禄之变，民请各出赋以重建之。侯怫然动色……遂先捐俸以为倡，而节判益都李公俊、乐平毛公麟各出俸资以继之，既而富家宦族闻风慕义而来，助者接踵。由是选材命工、相集俱作，高广视旧有为加焉。

从上文里"富家宦族闻风慕义而来，助者接踵"看出，劝募若是出于公益的名义，的确会有富家宦族、士绅大户慷慨解囊，但有时劝募不免带有一定的强迫性。弘治时浙江兰溪知县劝募富户资助新修预备仓，《枫山集》卷四，章懋"兰溪县新迁预备仓记"[1]：

朝廷始用大臣之议，令天下郡县劝募富人入粟于官，以为荒备，其输粟至千石者赐以玺书，旌为义民。时无锡薛侯理常乃作大仓于县城之南数里仓岭之下。储谷以数万计。又谓之义民仓。……弘治壬子（1492年）之春昆山王侯倬……侯于是以义劝富人之堪事，授之规画，分其程度，俾各以力自占，撤其旧以即于新。……仓虽既成，人犹惧其储蓄之弗广，侯以是岁当重造版籍，推割产税，而受田之家，皆物力富强者也。随其所收多寡，计亩而劝之，得白金二千七百余两，易谷万有千石，自足当前亏损之数而仓储不虚，非复向之名存实亡者矣。

王倬不仅让富人效力修仓，仓粮也是从富人那里"计亩而劝之"得来的；并且与缴纳赎金较多的罪轻者一样，朝廷对应募出钱出粮较多者，也给予表彰旌为"义民"以诱之。

公帑派拨、罚赎入库毕竟有限，劝募也有难度。每遇经费捉襟见肘，而且无法像前文《方斋存稿》那样"出粟募饥民"之际，就只好径直向里甲、百姓摊派银两或征派夫役了。海瑞《筑城申文》中就详细描述了他计划动用罚赎和摊派的银两数目。在很多情形下，劝募往往有摊派、摊捐之嫌，事实上劝募与摊派只有一步之遥。"民之好义，由感不由劫"[2]，但官家往往有"劫"民好义之情形。"如遇丰年，或于田亩正税外，劝谕每亩一升，入仓备荒。"名为劝谕，实为摊派，几类强取。[3]明代刘麟曾指出劝谕无异于横索："此外又有劝谕一途，不过望门横索，未免滥及无辜，加以官贪吏弊其害不可胜言。昔也止于贫者不安，今也富者亦无不病，尤为失计，纵使用刑劝谕，一切不顾而见行之数太多，亦恐未足。"[4]摊派之风于明末十分普遍，万历二十四年（1596年），广东增城"丙申大饥，发仓捐赈，不给则又力劝富民之好义者全活以万计。"[5]这里的"力劝"就带有强制性质。

4. 权宜

权宜则无定规，视各地情形而审时度势因地制宜，其经费、材料、劳力等途径可能是以上手段之一或综合运用。弘治年间霸州修浚河堤和营缮城池"皆官自经纪不以烦民"[6]：

霸为州在京师南二百余里……弘治戊午（1498年）东鲁刘君珩来治是，邦巡抚使洪公察其才，首属以河事，既复以城役委之。……而堤与城俱成，城既成而水益以无患，凡二役所费薪藁椔瓦木石砖之类，为钱以巨万计，皆官自经纪不以烦民，既讫工又以其余力作大桥于州东苑家口，以济往来；新州学、祭器、诸生会食器，作顺天行府、太仆分寺、马神祠，暨诸藏庾、廨舍、坛墙、衢路以次一新，而民不知费。

明代保定府治所在河北清苑县，嘉靖《清苑县志》卷二详文记载弘治五年（1492年）都指挥张溥审时度势筹措材料，缮修保定城垣[7]：

1. 《四库全书》集部，别集类，明洪武至崇祯，《枫山集》卷四，章懋，"兰溪县新迁预备仓记"，42-45页。
2. 吕坤，《实政录》卷二，积贮仓庾。
3. 余自强，《治谱》卷十，积谷备荒。
4. 《四库全书》，集部，别集类，明洪武至崇祯，刘麟，《清惠集》卷四，积谷预备仓粮以赈民疏，71页。
5. 《四库全书》，乾隆《广东通志》卷四十，名宦志省总，宦，邹元忠，83页。
6. 《四库全书》集部，别集类，明洪武至崇祯，顾清，《东江家藏集》卷二十一，"霸州修河缮城记"，16-18页。
7. 嘉靖《清苑县志》卷二，城池，18-21页。

弘治五年（壬子 1492 年）都指挥张溥缮修城垣，知府赵英记略曰……我张使视阅，篡询有众，顾以费不赀而事不易，乃次第经营之。遂自门始，鸠砖石有序，聚材埴以节，日积月累既而阅其材颇足用，力因可为也。乃召工作具，畚锸灰绹之需、板杆之器，绰绰然应用咸备。高与厚以引，计凡若干尺，长暨阔以度，计凡若干丈。工始于壬子（弘治五年 1492 年）孟秋中旬至仲冬初浣，伍月末周，四门就绪。

湖广应山知县王朝璲是用租赁官地的办法来筹集修理城墙经费的[1]，是一个以土地（权力）换取资金（利益）的绝佳案例：

修城即备，以为日久不无损坏，修补之费无所于出。除内外马道外，因有余剩空地若干，行令地方报拘近民，审各自愿造屋赁住，递年认纳租银，送官贮库，听候修补支用。仍恐官迁吏代，无稽考，认租之民，非惟脱闪其课，而官地或为之侵占。除城内旧额官地颇多，另行备将本县与学递年取鱼池塘起止届至，并张公祠赁屋和园充祭租额，及近年各民认领四门外基地丈尺数目、人役姓名造册，一样六本，存县与学及三总甲各收备。

在广义上，公共工程的经费并不完全是银两和谷物，材料和劳力（或曰徭役）等可以视做经费的其他形式。地方志中偶尔会记载修缮事项的徭役决算，譬如明代宣德五年（1430 年）之后，山海关以卫所之建置隶属北直隶永平府，清代康熙九年（1670 年）《山海关志》记载了明代山海关修理徭役："本卫修理公署银三两三钱三分三厘。经历修衙银一两八钱三分三厘……修理衙门置家活银十两……修理北察院糊饰铺垫银五两。"[2]

上述文字印证了动土营造从来都不是一件轻而易举的事情，既要考虑长期利益和短期利益的协调，也要虑及是否具有实施的可能性，诸如费用的申请和分摊，组织和营造能力，施工的季节和便利等，以及在某种程度上是否具有正当性等事项。既然营造一事如此不便，"兴作，古人所慎"[3]，那么明代府州县级官员动土兴建的动力与原因何在？

三、修筑原因

虽然《汉书》中"建万世之功"[4]的立场可以作为一个注解，部分官员持以"一时之劳"来换取"万世之利"的长远视野[5]，如海瑞所言之"一劳永逸"，但无论是为了造福一方，抑或迫于情势，在官员频繁调任的明代，对于短期利益和地方利益的考虑确实不容忽视。尽管如此，大体上可以从上级指示——责任，官员考核——嘉奖，朝廷法律——惩罚，经济利益——诱惑，以及文化传统——使命等层面来做理解和推测。

明代官员的任期很短，绝大多数只有三至六年的任期，由于"回避法"[6]，他们通常被委派到很远的地方。地方官员在任内除非迫不得已，一般都因循苟且而尽量避免大兴土木，以免落得沽名钓誉或滥征民力的名声。嘉靖《广平府志》卷一"封域志"[7]，记载了鸡泽县修建南北两座城楼的缘由和经费筹措：

鸡泽县其地漳河东环……巡按御史龙湖施公以辛卯（1531 年）之秋庚至恒山，腊月遂遵赵洺而南，明年初夏由曲周至于鸡泽，按治之三日，阅城池而门楼隳且圮，爰进周尹而语之曰：夫天

1. 嘉靖《应山县志》卷上。
2. ［清］陈天植，［清］佘一元 纂修．［康熙］山海关志 // 董耀会主编．秦皇岛历代志书校注．北京：中国审计出版社，2001：68 页。
3. 《四库全书》集部，别集类，明洪武至崇祯，《文简集》卷三十一，孙承恩，"南京翰林院重修记"，25 页。
4. 《汉书》卷 29，沟洫志第九，8 页：其后韩闻秦之好兴事，欲罢之，无令东伐。及使水工郑国间说秦，令凿泾水，自中山西邸瓠口为渠，并北山，东注洛，三百余里，欲以溉田。中作而觉，秦欲杀郑国。郑国曰："始臣为间，然渠成亦秦之利也。臣为韩延数岁之命，而为秦建万世之功。"秦以为然，卒使就渠。渠成而用注填阏之水，溉舄卤之地四万余顷，收皆亩一钟。于是关中为沃野，无凶年，秦以富强，卒并诸侯，因名曰郑国渠。
5. 《欧阳修集》卷三十八·居士集卷三十八："君讳遂，字景山，世家歙州……出知兴元府，大修山河堰。堰水旧溉民田四万余顷，世传汉萧何所为。君行坏堰，顾其属曰:酂侯方佐汉取天下，乃暇为此以溉其农，古之圣贤，有以利人无不为也，今吾当宜惮一时之劳，而废古人万世之利？乃率工徒躬治木石，石坠，伤其左足，君益不懈。堰成，岁谷大丰，得嘉禾十二茎以献。"
6. 《四库全书》史部，政书类，通制之属，《明会典》卷七，21-23 页。
7. 嘉靖《广平府志》卷一，封域志。载于：《天一阁藏明代地方志选刊》．上海：上海古籍书店影印，1963：13-14。

下之事皆成于能任而坏于自私，其在郡邑尤易见也，彼避嫌者乐因循，而好事者多纷更，纷更之人非以倖名即以窃利，民之受病多矣，或者嫌于是而事之不可已者，亦因循不为，其势必至于大坏极弊费益倍矣，是避嫌之与好事者，均曰自私，因循之与纷更，均曰病民也。而其图之，适有吏农告奉例省荣，遂命以资费。周尹喜跃恭事，为城楼者二，北扁之曰拱辰志遵君也，南曰迎薰志恤民也。

此例中，巡按御史命令奉例省荣的吏农出资，知县周文定负责城楼工程。颇为有趣的是文中点出了州县一级官员不愿大兴土木的原因之一："非以倖名即以窃利，民之受病多矣。"

1. 奖惩制度

升迁嘉奖从来都是一种激励手段的官员考核机制。嘉靖《广平府志》记载，正德改元之年（1506 年）威县知县姜文魁修饬城池有功而获得升迁一事[1]：

> 正德改元，季夏江右姜君文魁由进士任斯邑，适巡抚都台韩公移檄郡县修饬城池，姜君捧檄喜动颜色，遂以修理为任，于是鸠材庀工，首自城楼，其椽栋之朽蠹者易而新之，砖瓦之剥落者砌而覆之，次及周围城墙崩颓者培而筑之……规制严审，惟西门密迩县治与三门不称，即衰民联居置关而与各门称美。姜君拜命荣升大理寺评事，修城之举不可泯，当有记第。

《明英宗实录》卷一七一，记正统十三年（1448 年）宣府总兵官申报修筑蔚州卫城，而擢引赵瑜[2]：

> 正统十三年十月乙卯，宣府总兵官左都督杨洪奏，蔚州卫城，周环八里，其垣墉楼橹，雄丽壮健，旧为边城之冠，近年以来，边庭多散，官军调遣，岁无虚月，遂致颓坏，今本卫指挥佥事赵瑜，颇有才干，见在宣府操备，乞量升职事，俾回本卫督军修理，庶边城壮固，易于守据，上从其言，命瑜署指挥使事。

以惩罚作为约束机制，来使得地方官吏在营造上有所作为自不待言。《大明律·工律·营造》规定了地方官员对其所辖之域的公共工程和设施有修缮维护之责。衙门公馆、廨宇、仓库、儒学、铺舍、申明亭等，一旦遇损须及时修缮[3]，须保证工程质量，"虚费工力而不堪用者，计所费雇工钱坐赃论"[4]，等等。清代也有类似的规定。[5]

2. 文化传统

另一个原因是府州县这一级的官员以及地方乡绅的文化背景。知府知州知县的选任，明朝前后期有所不同。明初，科举制度尚不完备；永乐之后，学而优则仕者渐多。嘉靖《兰阳县志》云："国朝初立贤无方，永乐中乃定制，而以进士、举人并监生为之。"[6]文化背景使得他们具有守护传统的纲常伦纪的职责，体现在弘扬儒学的价值观及其所延伸的诸如兴修庙学、贡院、寺庙和水利等物质事项上，至此，我们也就理解了为何在中国地方志上有如此众多的关于学校、贡院等捐资修建的德政记文，当然其中经济利益的诱惑不容忽视。[7]如弘治《易州志》卷十六，高鉴"易州新建吏舍井亭记"[8]：

> 易旧为边鄙之地，凡事俱草创，不能一一如度。自国朝初来，廨舍未具，吏无居停之所，井

1. 嘉靖《广平府志》，卷一，封域志，22 页。
2. 《明英宗实录》卷一七一．台北：中央研究员历史语言研究所，1962：3289。
3. 《大明律》，工律，营造，修理仓库。
4. 《四库全书》卷史部，政书类，通制之属，《明会典》卷一百三十九，刑部十四，16 页。
5. 《四库全书》史部，政书类，通制之属，《钦定大清会典则例》卷一百二十七，工部营缮清吏司，城垣，6 页："（顺治）十五年题准城池不豫先修理以致倾圮者罚俸六月。"
6. 嘉靖《兰阳县志》卷六。
7. 参见张仲礼．中国绅士的收入——《中国绅士》续篇．费成康，王寅通 译．上海：上海社会科学院出版社，2001。
8. 弘治《易州志》卷十六，文章，创建，18-20 页。

有未凿，人病汲水远。历数十守因循就简，未能有建置者。弘治丁巳（1497 年），知州周公大猷锐志以兴举废坠为己任，谋诸僚佐曰：朝廷列爵班禄以宠任，庶官大小百司莫不有吏以书办文移，然必有廨舍以居之，则起处食寝之有所，呼召趋承之不失，苟无其所而寓宿于外，朝夕出入，因而作弊岂能悉察；井乃人之所赖以养，不可或无；今皆未备，非缺典耶。遂请之当道允之，乃设法措置，节缩在官浮蠹之费，续以累次旌奖彩币羊酒赏为助。卜日鸠工，度地州治之东西，各构屋凡百六十楹，以间计者五十有四，屋后少豁庖湢咸具，析群吏居之，人各二间。总为大门，晨夜启闭。复择地于二门之东偏凿井，仅尺许而得湮塞旧井，加以甃甓，寒泉清冽可鉴毛发，上覆以亭以避风雨，下为辘轳以便收綆。凡州内外之人，莫不资之。至于各社之民，或以词讼徭役而至者，皆得以饮马。经始于是年二月十五日，越冬十一月二十日告完。工出于僦，力出于佣，资不出官，民不知劳。同知周公天民、判官袁公济、杨公琳等，皆负材器力替其成，且谓前此未有，不可无纪述，乃磐石属鉴记之。

从这段史料来看，弘治十年易州新建吏舍井亭的筹资方式五花八门，或"节缩在官浮蠹之费"，或"续以累次旌奖彩币羊酒赏为助"，在"设法措置"的手段中，值得注意的是"凡州内外之人，莫不资之……工出于僦，力出于佣，资不出官，民不知劳"的方式，事实上透露的是横征劳力，至于同知周天民、判官袁济、杨琳等人"皆负材器力替其成"，则是按《大明律》的条文尽责而已，因为吏舍井亭本身是为他们而建的。

倘若是由上而下发起的工程，则更是责无旁贷，因而就无需申报，对劳力的征调也更为直接，甚至可以跨区域征集民工，多见于修筑城池、圩岸、水利、桥梁等；况且金调民役也就是地方经费的投入。《东江家藏集》卷二十一，顾清所撰"固安县新城记"记载了知县王宇图奉命营建固安城郭的情形[1]：

> 都城南百二十里有邑曰固安，……正德辛未（1511 年）群盗起山东转掠河北，邑尝被戕民，始知惧。上亦以廷臣议诏增筑郡县之无城郭者，而固安犹未有以应也。乃乙亥（1515 年）六月，御史卢君雍按立其地慨然念之，召知县王君宇图所以为兴筑计，宇曰此令之责也，敢不共命，以告其民民曰，此使君之生我也，敢不尽力，于是为之。……总役夫三千五十人，食米二千三十有五石，木以株计者三千七百九十余，灰铁泪石炭以斤计者十五万八千一百有六十，凡木炭灰铁费公帑银七百两有奇，米则民间义助，余一无扰焉。民居当城表者迁之，蔬茹林木之当门术者启之，而更赋以其旁之隙地辟马厂，中为通衢；而以其地益迁者，徙预备仓于城中，而给民以其故址如其数，应迁者皆优与资给，民忘劳焉。

这一例中上级不仅对工程作出指示，还拨发经费"凡木炭灰铁费公帑银七百两有奇"，筹措食米木灰等物料，至于"霸州及永清等县，各以其众来助"，实为跨区域金调民役。又《畿辅通志》卷九十八，彭时"抚宁县城记"记载北直隶永宁府抚宁县成化三年方始营建城池[2]：

> 距京师之东五百余里有府曰永平，自东八十里有县曰抚宁，是为永平属邑。……洪武十一年（1378 年），知县娄大方以避寇故，请迁治于兔耳山之阳，永乐中复即旧治置抚宁卫，而卫与县相去十里许，皆未有城，居者凛焉，惟外患。是时提督左都御史李公秉、巡抚右金都御史阎公本，乃具疏请城，并复县治学校于一城。于是镇守右少监龚公荣、总兵官东宁伯焦公寿，相与赋材鸠工，命永平府同知刘遂、抚宁卫百户口郝铭，督率军民分工筑砌，始成化三年（1467 年）三月一日，越明年五月告成。

从上述文献材料中，大体能勾画出一个明代府州县城池与建筑等公共工程的管理与施工组织体系。

1. 顾清《东江家藏集》卷二十一，北游稿。
2. 《四库全书》，［乾隆］《畿辅通志》卷九十八，抚宁县城记。

四、工程管理

1. 官员与绅士

除了水利河防，明代的地方公共工程，除了没有固定的经费之外，也没有设立专门的职能部门或管理机构。公共工程实施时，除了上级衙门派官员监督外，地方官往往委派县丞、主簿、典史等佐贰、首领官临时负责督理，他们是工程的实际监督者。

明代府州县衙亦仿中央六部之制，设吏、户、礼、兵、刑、工六房，与中央六部相对应。根据《明史·职官志》载："县。知县一人，正七品，县丞一人，正八品，主簿一人，正九品。其属，典史一人。"其余皆不入流，所以工房并没有品级。典史为工房等六曹之首，工房是一个具体的办事机构，掌管工程营造、修理仓库、起盖衙门和造作工价等事。前面所举的赵州、唐山县的例子，就是县丞、主簿、典史等负责的，他们管理或协调耆老、义官、乡绅等。

耆老、绅士等人士是官府依赖的对象，有时候政府设法筹资，他们出面主持大局，有了他们的配合和支持，工程的实施自然会更加顺利。有时候工程本身就是由绅士等主动捐款或筹资来推动的，更少不了吸收他们参与管理，他们也可以部分地调节由官府对于庶民百姓的财力、劳役等横征暴敛所引起的紧张关系，当然他们也会从中获益或渔利。如嘉靖《广平府志》卷一，编修袁炜记载邯郸知县董威率领主簿李霖、典史齐宗、儒绅申徼共同负责浚筑城池[1]：

> 适是岁（1545 年）……（董威）乃偕通判田君云，诣邯郸城环视之，量闲杀僾厚薄程土饬材综画区明，以邯郸积寡而力征，恐匮厥役，乃出郡帑金三百，募他郡壮卒三千人以资之，议成条上巡抚，具报可令下。董君殚力任之，于是率主簿李霖、典史齐宗、儒申徼诹吉，经费节力奖勤黜惰，大持小维植表作旗，群锸竞奋，经始于乙巳（1545 年）之季秋，越明年丙午（1546 年）三月竣事，盖泆六月而城成矣。

2. 劳力

明代各省修建城垣的标准比例是"军三民七"，即士兵占百分之三十，百姓占百分之七十。北京一带军人劳力的参与比例较高，因为驻守京城的军队数量很多。[2] 除此之外，囚犯的使用也已在前文论述。这里隐含一个问题，以中国之广袤，佥派与召募来的民夫并不固定且数量巨大，那么每一个地方的夫役是如何被组织起来的？这就需要考察明代地方行政的基层组织和赋税制度。

明代建立了里甲制度。在里之中，最基本的是里长和甲首。单就里甲而言，除了意味行政组织上的里和甲之外，多指里长和甲首。里长的任务在行政上极为重要，法令之中有明文规定，即《大明律》中所定"催办钱粮，勾摄公事"二事，此外还有编造户籍的责任。[3] 光绪《平湖县志》云：

> ……相传古（指洪武年间）有大粮长，声势烜赫如官府是也。宣德间改为永充。……景泰中革，未几又复。正德中，民贫不能充其选，遂有串名法。[嘉靖中知县顾廷对]均平[法]行后，始每岁每里役一人为之，充解银、米差役，复名之曰户户。其里[长]之值年者曰见年。从前直日提牌，敛里甲钱，以奉各"办"之役。条鞭行，而见年[里长]无所事事，与粮长分上下五甲督催仓粮柜银，在官听比，兼任城垣、圩堰等役。行之既久，繁费渐多。仅仅中人之产，十年中迭发两役，欲不耗破，不可得矣。……万历后，银差用官解，以"空役"出银贴之，他役亦多裁革，止余米解在民，粮长役大省。城垣复用"空役银"官修，见年[里长]之役并省矣。[4]

这一段说的是，自施行一条鞭法之后，徭役折银缴纳，各项差役多可以采用折价的方式，百姓缴纳了

---

1. 嘉靖《广平府志》卷一，封域志，18 页。
2. 单士元，"明代营造史料"，《中国营造学社汇刊》4 卷 1 期，1933 年，116-117 页；4 卷 2 期，1933 年，88-99 页；5 卷 1 期，1934 年，77-84 页。
3. 《明律·户律·户役》之《禁革主保里长》条中，有关于里长职责的规定；另，万历《大明会典》卷之一百六十三律例四户律一《禁革主保里长》：凡各处人民，每一百户内，议设里长一名，甲首一十名，轮年应役，催办钱粮，勾摄公事。
4. 光绪《平湖县志》卷六·食货志（上），"田赋"，"粮长"，引乾隆旧志。

代价银两之后，就无需亲自充任，至于原有的徭役名称仍予以保留。文中的"空役银"便属于这种性质。于是现年里长的差事少了许多，他只和粮长分掌上下五甲的仓粮和柜银的督催事宜，以及兼管修理城垣等役。至万历之后，其修城之役又改折银差，由官府修理，于是里长之力更省。

由此可以推断，官府修理城垣、圩堰等工程曾一度施行，从地方志材料来看，一般是在明初，之后地方政府对民间的各种力役征派逐渐增多。这是因为国家的正项赋税，即夏税秋粮是有定额的，不得随意增加，而其中的存留部分极为有限，根本无法应对地方财政的需要，如行政办公的开销，既然无法得之于正项赋税，便只能取之于徭役。弘治初，均徭开始在全国实行，其后又出现了力差和银差之分，许多银差的项目直接提供地方各种行政费用。后有一时期不用，至万历"城垣复用'空役银'官修"。尽管里甲有时候并不亲自参与工事，但他们以徭役的形式参与，是明代公共工程的劳力。

3. 兴修作息

不难发现这些公共工程的一个特点——"于农隙之时兴工"[1]，即在农闲季节利用农村劳力，并安排这一季节作为施工的高峰。在中国历史中，对于"动土"一直以来有一种强烈的迷信，所以就得选定黄道吉日。根据《礼记》中的"月令"，夏季"不可以兴土功……毋举大事"，即不能进行大工程；最适合修补城郭的月份是秋七月，最适合筑城郭建都邑的月份是秋八月；最适合毁坏城郭（即小修）的月份是冬十月。[2] 这些月份的选择多少是为了不妨碍农事的缘故。中国农业季节性就业不足的情况相当严重，这是因为谷物生产支配着农事，通过使用在农闲时无活可干的劳动力来兴建工程是比较经济的。

五、结语

以上只是一个专题研究——明代北直隶府州县公共工程的财政制度，而且不包括河防漕运等水利工程，更多呈现的是一些细节性内容，各方面证据和数据的呈现也许尚不足以就整个明代作出可靠的概括性结论。以下是一些暂时性的观察结果。

1）明代地方府州县的城池与建筑等公共工程的财政制度思想，是中国传统的为强化皇权和以中央集权为先，以中央（皇城都城）为先，皇家藩王所在的省城、府城（藩镇）居次，地方府州县再次之的政策。

2）明代的府州县级财政中，除了水利河防之外，并没有投向公共工程的固定预算，其财政经费安排，随明代赋税制度的变化而有所变革，并视各地情形而定，其时间的先与后、资金的丰与瘠并无从一而终的定规；无论公共工程的规模大小，先须申报上级，其银两、劳力、物料等经费由府州县地方政府自行筹措，大体上可分为派拨、罚赎、劝募、摊派、权宜等途径。由于明代地方政府的财政开支十分有限，这使得他们很多时候只是一个召集者，更多的是地方绅士承担了诸多具体的公共工程实施事宜。其实，中国内部的多样性使得任何来自中央的单一控制都显得有些不切实际，地方上的权宜与变通或许是必要的，但也由此埋下了诸多弊端隐患。

3）纵观明代地方府州县的城池与建筑等相关的经费安排，从总款项数量看，呈现由多变弱以至于式微的趋势，这与明代的行政区划与架构、财政与税收、行政司法审级管辖、职官俸禄与考核制度，以及跟营造相关的法律等有一定关系，但从体制来看，则是从明初的过分集中于中央和都城，向着明中后叶兼顾中央、地方以及边防多重需要的轨辙变化。

作者单位：清华大学建筑学院

---

1. 《四库全书》，《明会典》卷一百五十四，工部八，城垣，1页。
2. 《礼记》"月令"。

明代南直隶驿传机构初探 *

李 菁

提要

论文以明代南直隶驿传机构中的驿站、递运所、急递铺以及与之紧密相关的公馆为主要研究对象，以影印本明代方志为基本资料，分别复原各机构在不同时期的分布状况，并针对分布图所呈现之历史现象，结合正史和方志的记载解释其背后的历史原因。

关键词：明代南直隶，驿站，递运所，急递铺，公馆

《大明会典》载："自京师达于四方，设有驿传。"[1] 驿传是政府为加强中央和各地区之间联系而设置的一种供人员往来、物资递送、信息传达的交通组织。

明代的驿传机构，在京为会同馆，在外为驿站、递运所和急递铺。

会同馆在明代有天下首驿之称，为中央设置专门接待外地或外邦来京公干人员居住的馆舍，在南、北两京均有设置。南京会同馆建于洪武初年，北京会同馆建于永乐初年。自北京会同馆设立之后，南京会同馆的职能遂逐渐缩减，仅负责应付南京各衙门公差往来及发送进贡人员赴京。[2]

驿站、递运所和急递铺是分散于全国各地的驿传机构，明太祖建国后即在洪武元年诏令在全国范围修建。

驿站，有水驿和马驿之分，主要用于通邮传命和接待使客。所谓"通邮传命"，就是将中央政府的文件传送至各地方机关。公文传送的方式有两种，普通性的公文交由各地来京公干的员役于回京时顺赍，紧急公文则或由兵部发火牌差专人飞驰递送，或由驿站为各地差回人员提供较为快捷的马驴船只等交通工具，协助完成。"接待使客"，即凡官吏人等公差往来，驿站则按照驰驿人员的身份及所办公务而提供相应的用于替换的夫马船只，安排住宿的馆舍，并提供廪给铺陈。

递运所，亦有水陆之分。陆递运所主要用于运输物资，水递运所兼具运输人员及物资两项。所运物资包括进贡及赏赐物件、钱粮、军需、药品、灵柩等。水递运所的客运等级较低，使用人员通常为来贡的夷使番僧、土官土舍、王府差人、公差吏役及病故官员回籍家口等，同时还负责押解军囚和重犯。

急递铺，主要靠人力步行接递各级官员的日常公文，协助驿站共同承担沟通中央与地方信息的任务。其设置遍于全国各府州县，尤其在驿站所不能达到的地方，急递铺所肩负的责任更为重要。

本文以明代南直隶地区的驿站、递运所、急递铺为主要研究对象，以影印本明代方志为基础资料，复原不同时期各机构的分布图，然后针对分布图所呈现之历史现象，考察各机构在明代 270 年间的兴革过程以及机构间的相互关系，并借助正史和方志中的文献记载，解释其背后的历史原因。

此外，在明代还有一种接待过往使客的机构，即公馆。其设置目的本来即是作为驿站的外馆，只是它职能较为单一，所以并无驿站备有的夫马船只等交通工具及库子馆夫等侍应人役。因此，《（万历）大明会典》和《明史》中并未将其列入驿传之中。但鉴于其与驿传机构存在着千丝万缕的联系，所以本文仍将其纳入考察范围之内，重点关注它和驿传系统其他机构之间的相互关系。

一、驿站

对驿站兴革特点的考察主要包括两个阶段：绘制驿站分布图，然后对图上所呈现之现象进行解释。

绘制分布图，需要明确研究对象的基本信息，即各机构的数量、名称和位置情况，而依照分布图对不

---

* 本文属国家自然科学基金项目"明代建城运动与古代城市等级、规制及城市主要类型、规模与布局研究"（项目批准号：50778093）。
1. 《（万历）大明会典》，卷 145，兵部 28，驿传一。
2. 同上。

同现象做出解释又需要掌握相应的兴革史实。显然，只依靠正史的记载非常不足，所以还需要借助地方志中的相关信息。下面，先就所用之基本文献的种类和使用原则加以说明。

1. 基本文献

本节所依赖之基本信息主要来自《（万历）大明会典》、《明实录》以及明清地方志。

（1）《（万历）大明会典》

该书卷145、卷146记述有明代会同馆以外的"天下见设水马驿"及其所在州县名称。又，历朝以来的已革驿名称，亦以小字附见于府名之下。但驿站位置及兴革原因记载缺乏。对于裁革时间也记载不全，如其中记载已裁革的28处南直隶驿站中，只有7处记有裁革年代。

（2）《明实录》

相校《（万历）大明会典》，《明实录》中对于兴革史实的记载较为详尽：

如：《明世宗实录》卷472："嘉靖三十八年，革直隶怀远县柳滩驿。"而在《（万历）大明会典》中关于柳滩驿的记载只有"革"，未见具体年代。

再如：《明太宗实录》卷25："永乐元年丁酉，增设应天府六合县之六合驿，江浦县之江浦驿，凤阳县泗州之临泗、阳庄二驿，盱眙县之淮源驿，滁州来安县之来安驿，淮安府宿迁县之石湖、赵庄、东庄三驿……"此次新开的9个驿站在《（万历）大明会典》中无论存废均未见记载。

类似情况还有很多。但《明实录》所记，亦有甚多疏漏之处：

如《明太祖实录》卷29："洪武元年正月庚子，置各处水马站及递运所、急递铺。"依此诏令而建立起来的各类机构的数量，名称及所属情况如何？实录并无记载。

又如：《明太祖实录》卷242："洪武二十八年丙辰，置淮安府支家河至安东、海州赣榆县，濒河水驿五，递运所三。罢山阳县淮北下阙至赣榆卢家庄陆路递运所六。"此次所置、所罢之驿递机构名称为何？不得而知。

再如《（万历）大明会典》所载裁革的南直隶驿站中，有明确记载发生在嘉靖年间者有8处。而在《明世宗实录》中查到的则只有其中的4处，另4处未见。由上述记事可知《明实录》不但对于驿站之兴建多有漏记，即于驿站之裁革，亦复如此。

由上举例证可知，明代270余年的驿站兴革资料，《明实录》与《（万历）大明会典》记载均不完全。

（3）地方志

地方志具有重要的史料价值，常有其他史书所不详或不载之信息，因此可补正史之缺。

如：淮安府桃源驿，关于其创建时间和地点，《（万历）大明会典》和《明实录》都缺乏具体记载。但在地方志中，则有"桃源驿，去治北半里，洪武四年建"[1]。另外，关于驿站的建筑信息，也只能借助地方志的记载方可知其一二，同样是桃源驿，《（万历）淮安府志》中又有："正堂三间，后堂三间，耳房东西各一间，厢房东西各五间，库房三间，厨房三间，门屋一间，廨舍一所"[2]的记载。

由于方志记载的详略情况与该地区方志编修情况直接相关，所以即便在南直隶地区，明代本方志所载信息也是详略不一。但由于中国古代地方志在编纂过程中很注重对前代方志的抄录和引用，所以对于明代本方志中记载不全而对研究又非常必要的部分，还可以有选择地参照清代甚至民国所编修的方志。

如：明代方志中未见的凤阳府临淮驿的兴建信息，参照清《（康熙）临淮县志》可知为"洪武三年，典史冯恭建。"[3]

又如：明代方志中未见的凤阳府安淮驿的裁革信息，参照清《（康熙）五河县志》可知为"嘉靖三十九年裁革"[4]。

但有时《（万历）大明会典》，《明实录》，明清地方志也会出现记载相左的情况。如：凤阳府颍上县江口驿的裁革年代，《（嘉靖）颍州志》载"弘治八年革"[5]而《明孝宗实录》则载"弘治九年革"[6]。此类情况下，取舍的方法为：先综合各种因素加以判别，若仍无结果，则以明代地方志所载信息为主，个别辅以清代方志，

---

1. 《（万历）淮安府志》卷3建置志，府属城公署，桃源。
2. 同上。
3. 《（康熙）临淮县志》，卷3，公署。
4. 《（康熙）五河县志》，卷2，公署。
5. 《（嘉靖）颍州志》，志3建置颍上。
6. 《明孝宗实录》，卷118，弘治九年十月丙戌条。

参考《（万历）大明会典》及《明实录》，并将不同的地方以注释方式标出，以利日后查对。

2. 基本信息整理

基本信息的整理包括三步：

第一步，通过三类文献的信息互校，整理出南直隶地区在明代出现过的驿站约117处，相关的位置及兴废信息为制图的基础。

第二步，借助谭其骧主编之《中国历史地图集》，将前述位置信息整理成分布图。由于文献所载的位置信息与历史地图上的地名信息并不能完全对应，所以为制图工作带来了很大困难。但由于某些重要地名和机构在历史上代有沿用，而越是接近现代的历史地图，其所提供的地理信息越是全面，所以本文在制图过程中主要采用了以下方法：以明万历十年南直隶历史地图[1]为底图，重点参考清嘉庆二十五年江苏和安徽历史地图[2]，对仍不确定位置的驿站再参照现代地图[3]中的相关信息。最后即可得出明代南直隶出现过的驿站位置分布图（图1）。此为各种分析图的底图。

图1　明代南直隶出现过的驿站分布图

第三步，在前述底图的基础上，根据附录中的兴废时间信息，可完成不同时段驿站兴废变化图。

尽管受到所能找到之文献数量及其编修特点的限制，上述整理结果仍不免有所疏漏。但在此基础上，我们仍可突破对于明代驿站系统的静态了解，推进对于兴废变化的动态研究，并据以考察其背后的历史原因。

3. 驿站的设置

明代各地驿站之设置，系基于交通往来之实际需要。其设置地点及驿站通达之地，大体沿袭元代之旧，其规制亦多与元代相仿。那么在明代南直隶出现过的驿站中，究竟有多少沿用于元代，又有多少产生于新

---

1. 《中国历史地图集（元明时期）》：47-48页。
2. 《中国历史地图集》清时期：16-19页。
3. 本文所参照之现代地图主要为《中国分省系列地图册》中的安徽省、江苏省、上海市、江西省、湖北省分册，个别地点还参考了网络版搜狗地图。

的国家需要呢？

《永乐大典》卷 19422 中"站赤"[1]一项列举了元代驿站的设置情况，由于南直隶地区在元、明两代所属的行政区划不同，所以挑选其中对应于明代南直隶的部分，整理出相应的站赤为 99 处。[2]

将其与 117 处明代驿站信息对照，发现有 49 处站赤在明代仍然沿用，占明代驿站总数的 42%，以下简称旧驿。同理可知，明代增设的驿站有 68 处，占总数的 58%，以下简称新驿。

在 117 处驿站信息中，有设置时间记载的为 88 处，其中涉及旧驿 36 处，新驿 52 处。另有 29 处因方志编修缺略未查及创建时间，其中旧驿 13 处，新驿 16 处。

表 1 所列为 36 处旧驿的启用时间。其中明初 4 处，洪武前 4 处，洪武年 20 处，永乐年 7 处，正统 1 处。约略可知旧驿早在洪武之前就已陆续开始启用，但大规模的设置时间集中在明初的洪武和永乐年间，尤以洪武年间为盛，在明中后期偶有修建。见表 1。

明代南直隶地区旧驿启用年代整理（36 处）

表 1

编号	驿站名称	所属	年份	原文	参考文献
17	涂山驿	怀远县	—	明初	［清］方志 5
21	安淮驿	五河县	—	明初	［清］方志 7
38	和阳驿	太和县	—	明初	［清］方志 9
39	界沟驿	太和县	—	明初	［清］方志 9
95	橹港驿	芜湖县	1362	元至正壬寅，宣使萧谷英开设鲁港	［清］方志 26
93	雷港驿	望江县	1363	国初岁癸卯，驿丞马德创	方志 58、59
98	池口驿	贵池县	1364	元甲辰设驿丞，施永昌建	方志 66、67
99	李阳驿	贵池县	1364	元甲辰间设	［清］方志 28
40	姑苏驿（里馆驿）	苏州府	1368	洪武元年置	方志 19
41	姑苏驿（姑苏馆）	苏州府	1368	洪武元年，知府何质移置盘门外	方志 19、20
43	松陵驿	吴江县	1368	洪武元年，移建儒学之左	方志 19、20、27
44	平望驿	吴江县	1368	洪武元年设置	方志 19、27
47	毗陵驿	常州府	1368	洪武元年，改为武进站。六年复改站为毗陵驿	方志 34
54	邵伯驿	江都县	1368	洪武元年，驿丞张宗人开设	方志 45
55	仪真水驿	仪真县	1368	洪武元年春，驿丞张中肇建	方志 46
75	钟吾驿	宿迁	1368	洪武元年创建	方志 53、55
71	下邳驿	邳州	1370	洪武三年建	方志 53
100	大通驿	铜陵县	1370	洪武三年，驿丞王得全建	方志 66、67、68
60	清口水驿	清河县	1371	洪武四年建	方志 53
61	洪泽	清河县	1372	洪武五年建	方志 53
36	甘城驿	颖上县	1373	洪武六年，改名，属本县	方志 8
116	当利马驿	和州	1382	洪武十五年五月开设	方志 80
72	新安驿	邳州	1390	洪武二十三年建	方志 53
101	新安驿	安徽府	1402	洪武三十五年设	太宗实录
59	淮阴驿	淮安府	—	洪武初，迁新城东北	方志 53
4	江宁马驿	江宁县	—	洪武中，复古江宁驿名，重建	方志 4

---

1. 《元史》，兵志：站赤者，驿传之译名也。
2. 《永乐大典》此卷中"淮东道宣慰司"一节漏载"高邮路"的站赤情况，故本文中关于元代高邮路的驿路情况不详，所列之 99 处站赤信息也不包括高邮的部分。

编号	驿站名称	所属	年份	原文	参考文献
34	颖川水驿	颖州	—	洪武中，河水沦决，徙今所	方志 15
46	云间驿	松江府	—	洪武初，复建	方志 30、31
49	京口驿	镇江府	—	永乐元年，隶本府	太宗实录
12	六合驿	六合县	1403	永乐元年增设	太宗实录
5	龙潭水马驿	句容县	1415	永乐十三年，知县徐大安重建	方志 3
6	东阳马驿	句容县	1415	永乐十三年，知县徐大安重建	方志 3
106	黄河东安驿	徐州	1415	永乐十三年建	方志 77
111	房村驿	徐州	1415	永乐十三年建	方志 77
113	泗亭驿	沛县	1415	永乐十三年，知县李举贤建	方志 78
97	宛陵驿	宁国府	—	正统间，知府沈性建	方志 61、62

表 2 所列为 52 处新驿的兴建时间。其中建于明初的 2 处，洪武年 32 处，永乐年 15 处，成化、正统、万历年各 1 处。即大规模的设置时间集中在明初的洪武和永乐年间，尤以洪武年间为盛，在明中后期偶有修建。见表 2。

明代南直隶地区新站增设年代整理（52 处） 表 2

编号	驿站名称	所属	年份	原文	参考文献
18	柳滩驿	怀远县	—	明初	［清］方志 5
92	枫香驿	宿松县	—	明初	［清］方志 22
9	东葛城驿	江浦县	—	国初建立，洪武九年由滁州改属江浦	方志 75
58	安平驿	宝应县	1368	肇自洪武元年，驿丞程子傅开设	方志 48、49、50
115	雍家城水驿	和州	1368	洪武元年开设	方志 80
32	大店驿	宿州	1369	洪武二年开设	方志 8、13、14
94	采石驿	当涂	1369	洪武二年建	［清］方志 23
16	红心驿	临淮县	1370	洪武三年，典史冯恭建	［清］方志 4
63	桃源水驿	桃源县	1371	洪武四年建	方志 53
57	界首驿	高邮州	1373	明洪武六年，知州李某开设	［清］方志 14
56	盂城驿	高邮州	1375	明洪武八年开设	［清］方志 14
102	郎川驿	建平	1375	洪武八年，知县王克友建	方志 74
11	浦口驿	江浦县	1376	洪武九年，（原属六合）宜属江浦	太宗实录
67	兴国庄驿	海州	1376	洪武九年创建	方志 53
29	睢阳驿	宿州	1377	洪武十年，守御千户所迁驿于城东关	方志 8、13、14
88	吕亭驿	桐城县	1382	初为北峡驿，洪武壬戌改置	方志 58
89	陶冲驿	桐城县	1382	初为沙口陂，洪武壬戌改置	方志 58
90	青口驿	潜山县	1382	洪武壬戌知县名得创	方志 58
91	小池驿	太湖县	1382	洪武壬戌创	方志 58
114	祁门马驿	和州	1382	洪武十五年八月开设	方志 80
117	界首驿	含山	1382	洪武十五年开设	方志 80、81
42	宁海驿	昆山	1384	洪武十七年设	方志 20
45	馆驿	嘉定县	1388	洪武二十一年，知县赵孜建	方志 29

编号	驿站名称	所属	年份	原文	参考文献
62	金城驿	清河县	1389	洪武二十二年建，后裁革	方志 53
74	直河驿	邳州	1390	洪武二十三年建	方志 53
13	棠邑驿	六合县	—	洪武间，知县陆梅建	方志 6
31	夹沟驿	宿州	—	洪武初，开设	方志 13、14
33	固镇驿	灵璧县	—	洪武初开设	方志 8
30	百善道驿	宿州	—	洪武十四年，改今名	方志 8、13
48	锡山驿	无锡县	—	国朝洪武初，站废。置无锡驿于今地。九年，改今名	34
66	僮阳驿	沭阳	—	洪武间建	方志 53
86	高井马驿	巢县	—	明洪武间建	[清] 方志 19
103	滁阳驿	滁州	—	国初（永乐元年前）设	方志 75
104	大柳树驿	滁州	—	国初（永乐元年前）设	方志 75
10	江浦驿	江浦县	1403	永乐元年增设	太宗实录
26	杨庄马驿	泗州	1403	永乐元年增设	太宗实录
27	临泗马驿	泗州	1403	永乐元年增设	太宗实录
28	淮原驿	盱眙县	1403	永乐元年增设	太宗实录
76	石湖驿	宿迁	1403	永乐元年增设	太宗实录
77	赵庄驿	宿迁	1403	永乐元年增设	太宗实录
78	东庄驿	宿迁	1403	永乐元年增设	太宗实录
105	来安驿	来安	1403	明永乐元年冬复为驿	方志 75
8	江淮驿	江浦县	1406	永乐四年，由应天府改隶江浦县	—
107	彭城驿	徐州	1415	永乐十三年设建	方志 77
108	石山驿	徐州	1415	永乐十三年建	方志 77
109	桃山驿	徐州	1415	永乐十三年建	方志 77
110	利国监驿	徐州	1415	永乐十三年设，建今驿	方志 77
112	夹沟驿	徐州	1415	永乐十三年设建	方志 77
35	留陵驿	颍州	—	永乐中改今驿	方志 15
82	护城驿	合肥县	1438	正统三年设	英宗实录
7	云亭驿	句容县	1487	革去年久。成化二十三年，奏复	方志 3
73	赵村驿	邳州	1616	万历四十四年设	[清] 方志 17

　　至此，虽然对南直隶出现过的117处驿站的设置过程未能实现完全了解，但由于上述信息已涵盖73%的旧驿和76%的新驿情况，所以仍可据其对明代各时期内的南直隶驿路设置现象，就其荦荦大者，归结而得若干事实。

　　为了更加直观，将上述88条信息整理如图2、图3。

　　由图2，驿站设置主要包括三个阶段：洪武和永乐时期的集中设置，以及后续的局部调整。下面就其产生的原因加以分析。

（1）洪武开国

　　明初全国驿站系统的设立主要包括两方面内容，一方面，将元代旧有驿站酌量归并简化，另一方面也根据实际的需要开辟新的线路。在南直隶地区，早在元末统一全国的过程中，明太祖即已根据实际需要开始了驿站的设置。如曾为元代站赤的太平府芜湖县櫸港驿、安庆府望江县雷港驿、池州府贵池县池口驿和

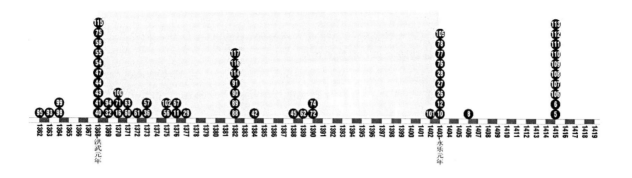

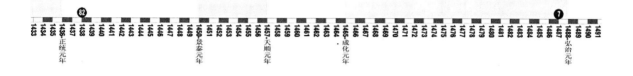

图2　明代南直隶驿站兴建年代时间轴

李阳驿，都是此时重新启用的。随后，在洪武元年，明太祖正式诏令全国设置全国水马站[1]，其时亦沿用元代旧名，称驿为"站"，其后始援旧制改称为"驿"，并制定了一套完整的驿传制度。这一过程主要集中在洪武年间。驿站设置多是根据线路同时完成，如洪武元年设置运河沿线驿站，洪武十五年设置安庆府境内吕亭驿、陶冲驿、青口驿、小池驿。

南直隶的主要驿路及所经各驿站，大部分都是在此时建立轮廓。这一阶段所奠定的驿路格局，也成为此后兴革变化的基本。

（2）永乐迁都

明成祖于永乐元年建北京。至十九年，复正式将国都由南京迁往北京。自建北京至完成迁都为止，凡十九年，全国的政治中心即逐渐北移，驿路之建设与驿站之增置，自亦需与此相配合。因此，在永乐元年十一月，就有旨增

图3　明代南直隶驿站兴建年代分布图

置南京至北京间各驿站，除旧有者外，新增者凡二十九处，其中南直隶新增9处。《明太宗实录》中详细记载了此次新增的驿站名称："永乐元年，丁酉，增设应天府六合县之六合驿，江浦县之江浦驿，凤阳县泗州之临泗、阳庄二驿，盱眙县之淮源驿，滁州来安县之来安驿，淮安府宿迁县之石湖、赵庄、东庄三驿……"[2]关于此次增设，地方志中也有提到："永乐元年冬，有旨开北京驿道，于是属驿来安天井村复为三驿。"[3]

除此之外，由图3可见，永乐间南直隶地区增置的成组驿站还有沛县境内的8处，相应的兴建史实尚未找到，但据其所处为通京孔道，结合其兴建时间，当也是受到迁都的影响。

1.《明太祖实录》，卷29，洪武元年春正月庚子条。
2.《明太宗实录》，卷25，永乐元年十一月丁酉条。
3.《（万历）滁阳志》，卷6，邮传。

（3）局部调整

经过洪武、永乐朝的大规模设置，驿传系统已形成大体格局。但仍存在某些不甚合理之处，其后的朝代根据设驿需要的改变，陆续有驿站增设移改现象的发生。

（a）明初创建各地驿站，由于顾及地方人民力役困难，不但各驿所置夫马船只甚少，若干驿站间的距离，亦颇为隔远，不甚合理，并未能完全符合明太祖诏令所定"凡陆站六十里或八十里"[1]的规定制度。后来由于驿递差使日见增加，两驿间的距离太远，小民往来劳苦，事实上又必须增设中间站。庐州府护城驿即是因此而增设的："正统三年，设合肥县护城、长桥二驿。先是巡抚山东两淮行在刑部右侍郎曹弘奏：合肥县坡冈马驿至护城寺，护城寺至定远县张家桥，俱相去七十余里，宜设驿，以便走递。至是行在兵部覆奏。从之。"[2]

（b）在要冲地带，原有设置不甚合理，需要复设驿站。应天府句容县的云亭驿即为此种情况："革去年久。至成化二十二年，巡抚、右副都御使李嗣并本府府尹杨守随，见得本县路当冲要；闽、浙、苏、松等处，公差、使客往来络绎，难为应付。具本奏准：设官、降印；复立云亭驿。"[3]

（c）特殊的历史事件导致驿站调整。如万历泇运河的开设对周围驿站产生不小的影响："万历三十七年，巡漕御史颜思忠条议申饬漕规：……一分官建驿，以保万全。泇河南北二百六十里，人舍稀少，盗贼公行，议将徐州水驿移之泇沟，邳州水驿移之田家口……"[4]南直隶方志中所见之沛县泗亭驿[5]和邳州赵村驿[6]的移改均与泇运河的开设有关。

（d）各地还存在着小规模驿站迁址现象，但都未对整体驿路系统造成大的影响。这种情况多发生在水路附近，如句容县龙潭水马驿："旧驿地滨大江，为江涛所噬。成化十一年，驿丞刘谦度地于旧基之南、盘龙山北。"[7]又如颍州颍川水驿："在北城外之东，颍河之南。旧驿在三里湾。洪武中，河水沧决，徙今所。"[8]此外，方志中类似迁址记载还出现于宿州大店驿、颍州留陵驿、清河青口水驿、宿迁钟吾驿、安庆府同安驿、徐州彭城驿等。

4. 驿站的存废

前述117个驿站并未能完全贯穿明代始终，至《（万历）大明会典》编纂之时，南直隶见设水马驿就只余六十余处。相较于设置时间，地方志中对于裁革时间的记载颇为详细，可以其对裁革过程有个较为全面的了解。

整理明代南直隶地区出现过的驿站裁革信息。

表3列出的是有明确裁革年代记载的情况，共39处，其中洪熙年9处，正统年2处，弘治年12处，正德年2处，嘉靖年12处，隆庆年3处。见表3。

明代南直隶地区驿站裁革时间整理（39处）　　　　　　　　　　　　表3

编号	驿站名称	所属	年份	裁革年代	参考文献
10	江浦驿	江浦县	1425	洪熙元年革	宣宗实录
12	六合驿	六合县	1425	洪熙元年革	宣宗实录
26	杨庄马驿	泗州	1425	洪熙元年革	宣宗实录
27	临泗马驿	泗州	1425	洪熙元年革	宣宗实录
28	淮原驿	盱眙县	1425	洪熙元年革	宣宗实录
76	石湖驿	宿迁	1425	洪熙元年革	宣宗实录

1. 《明太祖实录》，卷29，洪武元年春正月庚子条。
2. 《明英宗实录》，卷40，正统三年三月戊子条。
3. 《（弘治）句容县志》，卷2，公署类。
4. 《明神宗实录》，卷463，万历三十七年十月乙丑条。
5. 《（万历）沛志》，卷7，建置志："四十五年，驿迁夏镇。"关于移改年代，《（万历）大明会典》，卷145载"隆庆元年"。
6. 《（咸丰）邳州志》卷3，建置志："赵村驿，在新泇河，万历四十四年设。"
7. 《（弘治）句容县志》，卷2，公署类。
8. 《（正德）颍州志》，卷2，邮驿。

编号	驿站名称	所属	年份	裁革年代	参考文献
77	赵庄驿	宿迁	1425	洪熙元年革	宣宗实录
78	东庄驿	宿迁	1425	洪熙元年革	宣宗实录
105	来安驿	来安	1425	洪熙元年革	宣宗实录
40	姑苏驿（里馆驿）	苏州府	—	正统初革去	方志 20
101	新安驿	安徽府	1439	正统四年，御史李匡奏革	方志 71
117	界首驿	含山	1492	弘治五年裁革	方志 81
42	宁海驿	昆山	1493	弘治六年，奏革	方志 20
37	江口驿	颖上县	1495	弘治八年革	方志 16
80	西山口驿	庐州府	1496	弘治九年裁革	孝宗实录
17	涂山驿	怀远县	1498	弘治十一年革	孝宗实录
62	金城驿	清河县	1498	弘治十一年革	孝宗实录
65	崇河驿	桃源县	1504	弘治十七年裁革	孝宗实录
67	兴国庄驿	海州	1504	弘治十七年裁革	方志 53
68	上庄驿	赣榆县	1504	弘治十七年裁革	方志 53
69	东海驿	赣榆县	1504	弘治十七年裁革	方志 53
70	王坊驿	赣榆县	1504	弘治十七年裁革	方志 53
66	僮阳驿	沭阳	—	弘治间裁革	方志 53
52	吕城驿	丹阳	1519	正德十四年革	武宗实录
23	新站驿	寿州	1531	嘉靖十年奏革	世宗实录
36	甘城驿	颖上县	1541	嘉靖二十年裁	［清］方志 8
43	松陵驿	吴江县	1549	嘉靖二十八年革	［清］方志 11
18	柳滩驿	怀远县	1559	嘉靖三十八年革	世宗实录
21	安淮驿	五河县	1560	嘉靖三十九年裁革	［清］方志 6
97	宛陵驿	宁国府	1564	嘉靖四十三年革	大明会典
22	寿春驿	寿州	1565	嘉靖四十四年革	世宗实录
5	龙潭水马驿	句容县	1566	嘉靖四十五年革	大明会典
64	古城驿	桃源县	1566	嘉靖四十五年革	大明会典
72	新安驿	邳州	1566	嘉靖四十五年革	大明会典
74	直河驿	邳州	1566	嘉靖四十五年革	明会典
108	石山驿	徐州	1566	嘉靖四十五年革	大明会典
9	东葛城驿	江浦县	1567	隆庆元年革	大明会典
25	龙寓驿	泗州	1567	隆庆初年，裁废	方志 11
61	洪泽	清河县	1567	隆庆元年革	大明会典

　　另有 5 处虽未载具体年代，但在嘉靖年所编之《南畿志》中已不可见，估计在嘉靖之前业已裁废。又有和州的祁门马驿和雍家成水驿，《（万历）大明会典》中载其"俱革"，但在嘉靖间所编之《和州志》、《南畿志》中均可见其存在，只在万历间所编之《和州志》中出现"今革"，估计这 2 驿裁革于嘉靖、万历之

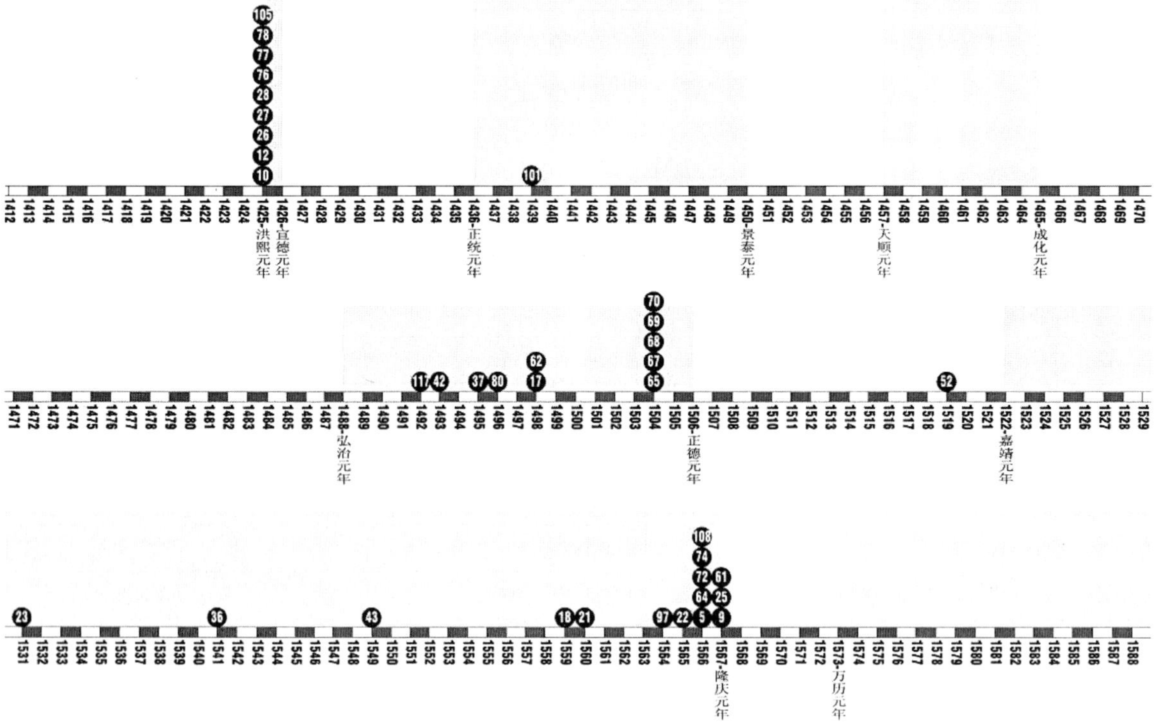

图4　明代南直隶驿站裁革年代时间轴

间。比较特殊的是江浦县的浦口驿，在《明太宗实录》中出现过[1]，但在明清方志及《（万历）大明会典》中均未见其兴革记录。

除此之外，出现驿站裁并信息的有2处，分别为句容县东阳马驿"后归并龙潭水驿"[2]，凤阳府濠梁水驿"成化十二年并入马驿，为濠梁水马驿"[3]。

将上述信息整理如图4、图5。

可见，南直隶驿站的裁废也呈现出大集中、小分散的特点。择其重点分述原因如下：

（1）洪熙元年裁革之9驿[4]，乃永乐间因迁都而开设之新驿。后苦于自然不便，设置10年后即遭裁废。见《宣宗实录》卷6："盖永乐初，以南京至北京，驿路迂远，自应天府滁州，开陆路至北京顺天府，置二十七马驿。其后春夏多雨，路多水潦不便，已悉并所设驿夫马匹于附近通要之驿，诸驿遂皆空闲，至是吏部以闻，革之。"这9驿由于存在时数甚少，所以即使在明代方志中也不可找见。只能通过明实录而知其短暂的存在事实。

（2）弘治十七年所革淮安府境内之7驿[5]，乃洪武年间为便于山东路通南京而设。迁都北京之后，

图5　明代南直隶驿站裁革情况分布图

▲ 洪熙年裁革
◆ 正统年裁革
□ 弘治年裁革
■ 正德年裁革
● 嘉靖、隆庆年裁革
○ 未查到裁革年代

1.《明太宗实录》，卷105，洪武九年四月丁亥条："洪武九年，丁亥，扬州府言：六合县地既分属江浦，其浦子口巡检司、浦口驿等衙门宜属江浦为便。从之。"

2.《（弘治）句容县志》，卷2，公署类。

3.《（成化）中都志》，卷3，公宇。

4.《明宣宗实录》，卷6，洪熙元年闰七月癸丑条："洪熙元年，革……凤阳府泗州杨庄驿、临泗驿，盱眙县淮原驿、淮安府宿迁县石湖驿、赵庄驿、东庄驿，滁州来安县来安驿，应天府六合县六合驿、江浦县江浦驿。"

5.《明孝宗实录》，卷217，弘治十七年十月癸未条："裁革直隶淮安等府所属崇河、僮阳、兴国、上庄、东海、王坊等六驿。"

差使减少，驿路空闲[1]，至弘治年间一并裁革。类似情况还见于弘治十一年所革之淮安府境内金城驿，关于此一史实，地方志中有："（金城驿）旧在清河县城北六十里，洪武二十二年建。自山东通南京路也。既迁京师，后乃裁革。"[2]

（3）嘉靖、隆庆年间裁革的驿站，主要集中在凤阳府和淮安府境内。如图5所示，凤阳府境内之裁革驿站，主要集中在淮河一线，淮安府境内则主要集中在运河一线。淮河沿线的驿站经过嘉靖前后的裁革，就只剩下颍川水驿和泗水驿2处。而运河沿线的裁革则只是增大了驿站之间的间距，并未对整条驿路产生重大的影响。

关于此间驿站裁革的原因，明实录和地方志中均不详载。台湾学者苏同炳对明会典中嘉靖、隆庆、万历三朝全国各驿站裁革时间进行统计分析后指出，其裁革原因极可能与国用不足有关。[3]也就是说，三朝曾出现过因经费困难而在全国范围内裁省冗官进而裁撤相应机构的运动。南直隶在嘉靖、隆庆间裁革的15处驿站，可能就是此间运动在地方上的反映。由此，图4中南直隶在嘉靖四十三年至隆庆元年间集中裁革10处驿站的史实似可对应于《明穆宗实录》卷9中"（隆庆元年六月庚子记事）时帑藏空虚，诏书多所蠲免，经费不足"之语。

政府虽有裁革的需要，但在实际执行过程中也有所选择，必首革设置冗烂、差少闲置之处，如嘉靖十年所革之凤阳府新站驿："东抵寿州，西抵甘城，各七十里，与甘城抵颍州一百二十里者，远近相同，若使寿春直抵甘城，道里甚均，则新站一驿实为多设，当与寿州递运所并行裁革议入。俱从之。"[4]而对于关乎国家命脉的要冲之路，仅止于调整。由此，即可理解前述淮河和运河沿线分别出现的两种不同裁革结果。

经历朝裁革，至万历年间，南直隶地区见设的驿站约有69处。除《（万历）大明会典》所载"见设"的64处之外，另有5处[5]虽为明会典所未载，但在明清地方志中均记其名。由于未见相关的裁撤记录，所以猜其原因极可能为《（万历）大明会典》漏记，当然也不排除中间有先裁撤而后复设的现象存在。图6为此69处驿站分布图。

图6 明末见设驿站分布图

5. 小结

明代南直隶地区设置的驿站约有117处，其中约40%沿用于元代，另60%为增设的新驿。其设置时间主要集中在明初，而裁革过程主要发生在明中后期。

在明代270余年的时间内，洪武年所形成的基本格局兴革不断，永乐间迁都、嘉靖-隆庆间全国范围的机构裁撤运动，万历间运河改道等历史事件，都对驿路格局的改变产生了不同程度的影响。至万历年间，见设的驿站已不足存在过的驿站总量的60%。

《（万历）大明会典》卷145、146载有明代全国水马站存废情况，虽不很确切，但仍可据以了解南直隶驿站兴废在全国大背景中所处的状态，见表4。

---

1. 《明宣宗实录》，卷108，宣德九年二月癸酉条："宣德九年，左副总兵署都督金事王瑜言：……淮安府东北自金城驿，至山东登州府蓬莱驿，凡十九驿，俱有马驴空闲……"。弘治年所裁之7驿即在这19驿之中。
2. 《（嘉靖）清河县志》，转引自《明代驿递制度》：22页。
3. 苏同炳，《明代驿递制度》：23页。
4. 《明世宗实录》卷133，嘉靖十年十二月甲午条。
5. 应天府句容县云亭驿、江浦县江淮驿、六合县棠邑驿、松江府云间驿、淮安府邳州赵村驿。

《(万历)大明会典》中驿站兴革情况[1] 表4

	全国水马驿	南直隶驿站	南直隶所在全国所占的比例
见设数量	1036 处	65 处	6.3%
裁革数量	262 处	28 处	10.7%
总数	1298 处	93 处	7.3%

通过上面的数字可计算出全国的驿站裁革率为25%，南直隶的裁革率为40%。也即南直隶境内的驿站裁革率远高出平均水平。这与政治中心的北移关系很大。明成祖迁都北京之后，迤北各地添设驿站甚多，而南畿各地裁革驿站颇多，此即为明证。

二、递运所

按照驿站的工作方法，对递运所的基本信息进行整理，得南直隶地区出现过的递运所共32处，绘制成递运所分布图（图7）。

由图7可知，大部分递运所均沿运河、淮河、长江等主要河道分布，而其他淮安府境内山阳至赣榆一线，据文献所载也基本是沿水路分布。[2] 由此可得南直隶递运所的分布特征，即多为沿水路分布的水递运所。

图7 明代南直隶地区递运所分布图（有2处未找到位置的未标）

● 与驿站不重合的递运所
● 与驿站重合的递运所
○ 驿站

图8 明代南直隶递运所、驿站重合图

将递运所分布图与驿站分布图叠合，见图8。

在32个递运所中，有24个与驿站叠合，即两类驿递机构相邻设置。另8个递运所虽不直接与其他驿站相邻，但都位于驿路之上。除邳州递运所位于运河驿路上之外，另7个均在南京通山东一线的驿路上。[3] 即32处递运所均与驿路并行设置。

1. 递运所的设置

前已述及，明代南直隶的驿站有40%沿用了元代站赤，那么其所设置的递运所与元代站赤有何关系呢？

---

1. 据《(万历)大明会典》卷145、146。
2. 《明太祖实录》卷242，洪武二十八年冬十月丙辰条："先是山阳县民夏圯言，本县至赣榆滨河水路四百余里，已通舟楫，如罢车站，改造舟船置递运所，庶客使便于往来。于是遣使验其道里远近，置水驿五，递运所三。"由此可知，此一路上至少有3驿沿水路分布。
3. 图中只标出5个递运所的位置，因清河县之小村坊递运所、沭阳县之郭家庄递运所没有找到具体位置。但据《明英宗实录》卷207可知：它们与另5处在同一驿路上。

比对之后发现，与元代站赤相关的递运所20处，占总数的62.5%。而在这20处元代站赤中，曾为水马站的11处，水站9处。即南直隶的递运所基本沿用了元代的水运格局。

其余12处为明代新建的递运所，其中位于元代驿路上的4处，淮安府境内的有7处。另有一处较为特殊的就是高邮州的界首递运所，由于《永乐大典》中漏载了元高邮路的赤站信息，所以不能确定此递运所是否明代新建，留待更详尽的资料方能界定年代。

整理32处递运所的兴建年代信息，未查及兴建年代的16处，占一半。在有兴建年代记载的16处中，洪武年建13处，占有记载数目的81%，永乐年建1处，为沛县递运所。见表5。

明代南直隶地区驿站裁革时间整理（14处）　　　表5

编号	递运所名称	所属	年份	兴建时间	参考文献
31	递运所	徐州	1369	洪武二年建	方志77
15	递运所	淮安府	1371	洪武四年开设	方志53
26	递运所	邳州	1371	洪武四年建	方志53
8	胥门递运所	吴县	1372	洪武五年，改今名	方志20、21
2	十里城递运所	凤阳府	1373	洪武六年开设	方志9
12	邵伯递运所	江都县	1373	洪武六年，递运所大使张山建	[清] 方志14
19	递运所	桃源县	1374	洪武七年创建	方志53
14	递运所	仪真县	1383	洪武十六年，移建于此	方志46
23	卢家庄递运所	海州	1383	洪武十六年设	[清] 方志16
22	驼峰递运所	海州	1389	洪武二十二年设	[清] 方志16
9	云间递运所	松江府	1397	洪武三十年，改递运所	方志30、31
5	递运所	颍州	—	洪武中，河患徙北关	方志15
10	奔牛递运所	常州府	—	洪武初创置于奔牛镇西	方志34、36
32	递运所	沛县	1406	永乐四年，知县常瓛建	方志77、78

另有2处兴建年代存疑，即淮安府赣榆县的中冈递运所和下水分岭递运所，据《（万历）淮安府志》："二所俱景泰三年建。"而《明英宗实录》及清代方志《（嘉庆）海州直隶州志》及《（光绪）赣榆县志》均记二递运所为："景泰间裁"。由此推测，《（万历）淮安府志》的记载有误。

虽然只找到递运所一半数量的兴建时间，但仍可了解部分兴建特征。将表4中的信息整理如图9、图10。

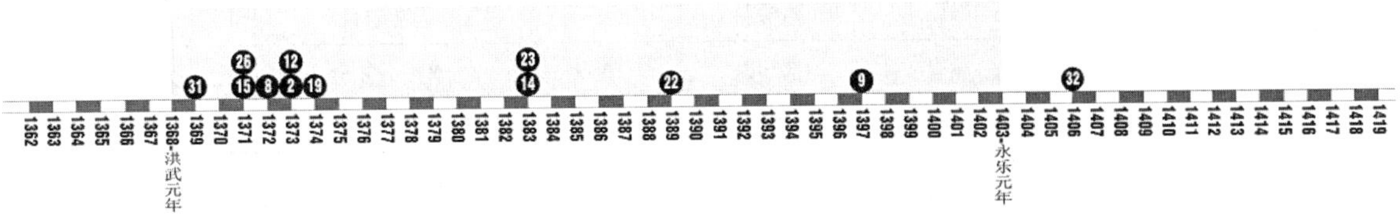

图9　明代南直隶递运所兴建年代时间轴（部分）

将其与驿站兴建特征相比较后发现，无论兴建时间，还是兴建年代分布，递运所均与驿站相似。而驿站中所归纳出的设置原因也同样适用于递运所。

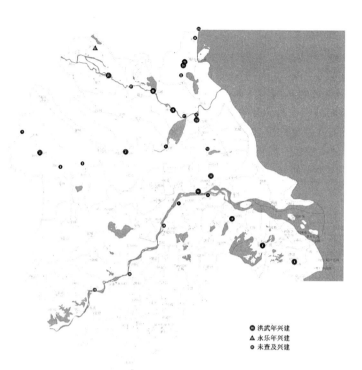

图 10　明代南直隶递运所兴建年代分布图

2. 递运所的存废

整理 32 处递运所的存废信息，见表 6。其中，景泰年裁革 9 处，弘治年裁革 2 处，成化年裁革 1 处，嘉靖年裁革 1 处，隆庆年裁革 1 处，万历年裁革 16 处。至明万历十五年，见设的递运所仅有 2 处：龙江递运所和云间递运所。

明代南直隶地区递运所存废信息整理（32 处）　　　表 6

编号	驿站名称	所属	年份	裁革年代	参考文献
16	淮北下关递运所	山阳县	1451	景泰二年	英宗实录
17	清河递运所	清河县	1451	景泰二年	英宗实录
18	小村坊递运所	清河县	1451	景泰二年	英宗实录
20	桑墟庄递运所	沭阳县	1451	景泰二年	英宗实录
21	郭家庄递运所	沭阳县	1451	景泰二年	英宗实录
22	驼峰递运所	海州	1452	景泰三年裁	方志 15
23	卢家庄递运所	海州	1452	景泰三年裁	方志 15
24	中冈递运所	赣榆县	—	景泰中裁	方志 15
25	下水分岭递运所	赣榆县	—	景泰中裁	方志 15
7	界沟递运所	太和县	1469	成化五年省	宪宗实录
5	递运所	颖州	1495	弘治八年革	方志 16
6	递运所	颖上县	1495	弘治九年革	方志 16
3	递运所	寿州	1531	嘉靖十年裁革	世宗实录
4	递运所	泗州	—	隆庆初裁	方志 11
2	十里城递运所	凤阳府	1573	万历元年革	大明会典
26	递运所	邳州	1573	万历元年革	大明会典
27	辛安递运所	睢宁县	1573	万历元年革	大明会典

编号	驿站名称	所属	年份	裁革年代	参考文献
31	递运所	徐州	1573	万历元年革	大明会典
32	递运所	沛县	1573	万历元年革	大明会典
12	邵伯递运所	江都县	1573	万历元年革	大明会典
13	界首递运所	高邮州	1573	万历元年革	大明会典
14	递运所	仪真县	1573	万历元年革	大明会典
15	递运所	淮安府	1573	万历元年革	大明会典
19	递运所	桃源县	1573	万历元年革	大明会典
8	胥门递运所	苏州府吴县	1581	万历九年革	大明会典
10	奔牛递运所	常州府	1581	万历九年革	大明会典
11	通津递运所	镇江府	1581	万历九年革	大明会典
28	同安递运所	安庆府	1581	万历九年革	大明会典
29	采石递运所	太平府	1581	万历九年革	大明会典
30	大通递运所	池州府	1581	万历九年革	大明会典
1	龙江递运所	应天府	—	见设	大明会典
9	云间递运所	松江府	—	见设	大明会典

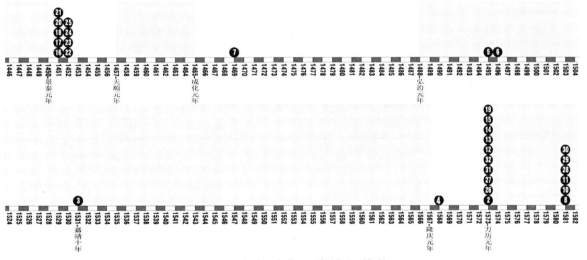

图11　明代南直隶递运所裁革年代时间轴

将表6中的信息整理如图11、图12。

（1）景泰间所革淮安府境内9递，乃洪武间因南京需要而新设，后因迁都而至役少，一并裁革。《明英宗实录》卷207详载了这段史实："景泰二年，直隶淮安府清河县之清河小坊村、沭阳县之郭家桑墟庄、海州之驼峰卢家庄、赣榆县之中冈下分岭、山阳之淮北下阙九递运所，国初建置以通辽东朝贡于南京。至是以旷闲命俱革之。"[1]

（2）万历年间共裁革16递，占设递总数的一半。由上节对驿站的裁革原因分析，可推知此次裁革极可能亦出于节省经费之目的。更明显的资料可见《明神宗实录》卷108-119：自万历九年元月至十二月，逐月均有裁省中央及各省官员的记事，其中京官共裁撤156员，外官则多者一省或至七十余员，少者亦不下一二十员。其间不乏递运所官之被裁。如同书卷116："裁革直隶苏州等府递运所官八员。"[2]因此，南直隶此

1. 《明英宗实录》，卷207，景泰二年八月乙亥条。
2. 《明神宗实录》，卷116，万历九年九月乙丑条。

次大规模裁递事件可视为全国范围裁撤案中的一部分。

但递运所之裁革，与驿站不同。裁革驿站，是并驿官及驿站俱皆废去。裁革递运所，则往往仅裁递运所大使，而将递运所的额设夫船并入当地驿站，其递运功能仍然存在。如"苏州府旧有胥门递运所，万历九年裁革，事归姑苏驿"、"常州府旧有奔牛坝递运所，万历九年革，事归毗陵驿"、"镇江府旧有通津递运所，万历九年革，事归京口驿"[1]。凡此皆可证明，各处递运所虽裁，其人员及设备皆已并入当地驿站，所裁者不过大使一员，及原有之递运所名称。

这种驿递功能合并的现象并非南直隶地区所独有，而是全国范围内普遍存在的，并有其深刻的历史原因。据我国台湾学者苏同炳的研究，明初分工明确的驿站和递运所至嘉靖时已渐生变化："随着驿递使用日渐冗滥，差使日增，递运所船只用于载客任务的比重日见增加，而

图12 明代南直隶递运所存废年代分布图

其中有甚多原应由水驿承担。这使水递运所任务渐与驿站相混淆。于是促使政府当局检讨水递运所是否需要与各地水驿同时存在的问题……到了隆庆万历以后，正好与全国性的裁官节费案并在一起，就有许多水递运站裁革，其业务并入当地的额设驿站。"[2]

比较南直隶各递运所的裁革年代与其近邻之驿站的裁革年代，可以发现递运所的裁革年代大都晚于对应的驿站，如国初新建之山阳至赣榆一线，递运所均裁革于景泰年间，而驿站则裁革于三代之后的弘治年间，类似例证见表7，其中大概都存在着此种递运业务并归驿站的现象。

明代南直隶地区驿站裁革时间整理（16处） 表7

编号	驿站名称	所属	裁革年代	编号	驿站名称	所属	裁革年代
5	递运所	颖州	弘治八年革	34	颖川水驿	颖州	见设
6	递运所	颖上县	弘治九年革	36	甘城驿	颖上县	嘉靖二十年裁
3	递运所	寿州	嘉靖十年裁革	22	寿春驿	寿州	嘉靖四十四年革
4	递运所	泗州	隆庆初裁	24	泗水驿	泗州	见设
2	十里城递运所	凤阳府	万历元年革	14	濠梁水马驿	凤阳府	见设
26	递运所	邳州	万历元年革	71	下邳驿	邳州	见设
31	递运所	徐州	万历元年革	107	彭城驿	徐州	见设
32	递运所	沛县	万历元年革	113	泗亭驿	沛县	见设
12	邵伯递运所	江都县	万历元年革	54	邵伯驿	江都县	见设
13	界首递运所	高邮州	万历元年革	57	界首驿	高邮州	见设
14	递运所	仪真县	万历元年革	55	仪真水驿	仪真县	见设
15	递运所	淮安府	万历元年革	59	淮阴驿	淮安府	见设
19	递运所	桃源县	万历元年革	63	桃源水驿	桃源县	见设
28	同安递运所	安庆府	万历九年革	87	同安驿	安庆府	见设
29	采石递运所	太平府	万历九年革	94	采石驿	当涂县	见设
30	大通递运所	池州府	万历九年革	100	大通驿	铜陵县	见设

1.《（万历）大明会典》，卷147，兵部30，递运所。
2. 苏同炳，《明代驿递制度》：176。

由图12还可发现另一个有趣的现象，即万历元年裁革的10处递运所均位于长江以北的运河沿线。万历九年裁革的6处递运所，则均位于长江及其以南的运河沿线。是否与运河、长江两水路所承担的递运任务不同有关呢？待考。

3. 递运所小结

明代南直隶地区设置的递运所约有32处，其中约62.5%与元代的站赤相关，基本沿用了元代的水运格局。其设置时间主要集中在明初，而裁革过程主要发生在明中后期，以万历元年和九年裁革最盛。

经过永乐迁都和万历间全国范围的裁撤案，至万历年间，见设的递运所只余2处。

据《（万历）大明会典》卷147整理明代全国递运站存废情况，见表8：

《（万历）大明会典》中递运所兴革情况[1]　　　　　　　　　表8

	全国递运站	南直隶递运站	南直隶所在全国所占的比例
见设数量	146 处	2 处	1.4%
裁革数量	191 处	29 处	15.2%
总数	337 处	31 处	9.2%

通过上面的数字可计算出全国的递运所裁革率为56.67%，南直隶的裁革率则高达93.5%，也即南直隶境内的驿站裁革率远高出平均水平。除政治中心的北移之外，这种现象还与南直隶境内之递运所多为水递运所，早期多与水驿并行设置有关。

三、急递铺

明代的急递铺制度，也承袭于元代旧制，在设铺里程、每铺成员、铺中设备以及公文递送规定等方面，大致都与元制相同，所不同者：元制铺兵一昼夜须行四百里，明制则为三百里。由于急递铺采用人力步行的传送方式，故可避免驿站和递运所因劳役、马匹、费用等问题所导致的种种弊害，成为明代各级政府间传送公文的主要机构。

急递铺分为总铺和外铺两种。发往下级地方的公文由总铺出发，经由各方向的外铺传递；或者地方上的公文传至总铺之后，由总铺依照目的继续分发至其他外铺。可见总铺除传送公文外，还担负着调度责任。由于总铺常设于府州县衙之前，所以又有府前总铺、州前总铺、县前总铺之称。

1. 基本文献

若要像驿站和递运所那样整理出南直隶地区急递铺的基本情况，并绘出相应的铺路图，则必要先确定各铺的名称、所在地、经行路线及相距里程。相较于驿站和递运所，急递铺不仅数量众多，而且信息整理难度很大。前述已知，《（万历）大明会典》卷145、146、147中分别胪列有全国各府州县的水马驿和递运所的名称、数目等基础信息，尽管不很全面，但仍可借以对地方和全国的驿传状况有个基本掌握。虽然该书卷149中亦有"急递铺"一项，但却只寥寥数语，铺名铺数一概全无。

查明刊本各地志书，多有关于急递铺的资料。但方志中的记载，也并不尽如人意。如由于各地方志的编修侧重不同，相关记载总是详简各异，没有定式，为信息整理和甄别造成很大的困难。现先将明刊本志书中所载情况按详简度分列如下：

（1）记有各铺的铺名、里程，及通达路线或方向。

如《（嘉靖）安庆府志》卷6："急递铺十……县前，在县前铺。虎头，在县西十里；黄泥，在县西二十里；桃花，在县西三十里；虎头，在县西十里，已上路达太湖。方家，在县西南十里；八字，在县西南二十里，已上路达望江。沙湾，在县东十里；陶埠，在县东二十里；朱冲，在县东三十里；源潭，在县东四十里，已上路达桐城。"

1. 据《（万历）大明会典》，卷147，兵部30，递运所。

比之稍简的,即虽有方向记载,但未指明通达路线的,如《(万历)淮安府志》卷3所载沭阳县铺舍"县前总铺,在治南。先流沟铺,去治东南十里。蒲沟铺,去治东南二十里。独树铺,去治东南三十里。北下铺,去治西北十里。官庄铺,去治西北二十里。宣差庄铺,去治西北三十里。桑墟庄铺,去治西北八里。"

此类情况在南直隶地区的明刊本方志中当属记载最详的了,尽管对于每个铺舍的具体位置还要进一步确定,但绘图所需的基本信息都有了。

(2)记有各铺的铺名,及通达方向,但失记里程。

如《(嘉靖)泾县志》卷4:"总铺,在县治前。外铺由东南达旌德者七,曰山口铺,石山铺,考坑铺,破脚岭铺,太平铺,长枫铺,□南铺。由西北达南陵者二,曰僊石铺,湖冲铺。由北达宣城者三,曰:桑坑铺,琴溪铺,古楼铺。"虽有各铺的通达路线,但未记明每铺间的相距里程。

(3)记有各铺的铺名,里程,但却仍不能确定铺路的传递顺序。

如《(万历)淮安府志》卷3中关于睢宁铺舍的记载:"县前总铺:去治东南数步。水社铺:去治北五十里。塘池铺:去治西北五十里。义陈铺:去治西七十里。辛安铺:去治西北八十里。木家桥铺:去治西北九十里。(土厰)角铺:去治西北一百里。马家浅铺:去治西北一百一十里。夏河铺:去治北六十里。古宅铺:去治北七十里。沙坊铺:去治北八十里。苤蓤铺:去治北九十里。窝子铺:去治东北一百里。孤堆铺:去治东北一百一十里。大村铺:去治西北四十里。蔡上铺:去治西北三十里。曲期铺:去治西北二十里。师村铺:去治西三十里。余家渡铺:去治西四十里。沟汪铺:去治西南五十里。芦沟铺:去治西南六十里。土家铺:去治西南七十里。"因为只记有各铺相对于县治的方向和距离,所以仍然不能确定各铺之间的接递关系。

(4)按顺序罗列各铺的铺名,失记通达方向和里程。

如《(弘治)徽州府志》卷5中对于外铺的记载:"雄路铺,临溪铺,十里岩铺,杨溪铺,丛山关铺,翚岭铺,镇头铺,冯村铺,界首铺。"由于只罗列了铺名,所以仅凭此有限信息无法判断其通达方向,对于绘制铺路图几乎不能提供有用的线索。那么明人在罗列铺名的时候是否遵循着某种顺序呢?比照清《(乾隆)绩溪县志》卷4的记载:"雄路铺,南十里,临溪铺,二十里。十里岩铺,北十里,扬溪铺,北二十里,从山关铺,北三十里。翚岭铺,西十里。镇头铺,西三十里。冯村铺,西四十里。界首铺,西五十里。"由于明清铺舍记载顺序相同,或可猜测明代方志中的铺名是按照方位顺序来排列的。

是否其他铺名的记载都是按照这样的顺序排列呢?

(5)只罗列铺名,且方位错乱。

如《(万历)滁阳志》卷6也只罗列了滁州铺名:"州前总铺、麻塘铺、旦子冈铺、官塘铺、黄连铺、赤湖铺、清流开铺、济川铺、霍家铺、大柳铺、梁村铺、僊居涧铺。"比对清《光绪滁州志》卷5:"明及国朝十二铺:州前总铺,南十里,麻塘铺,即八里铺,又十里,担子铺,又十五里,官塘铺,即乌衣镇,又十五里,黄练铺,又十五里,至江浦界总铺。西十五里至赤湖铺,十里至清流关铺,十里至济川铺,即珠龙桥镇,十里至霍家铺,十里至梁村铺,十里至大柳树铺,十里至僊居涧铺,十里至定远县岱山铺。"可以发现,"梁村铺"的顺序位置不同,按照清志记载,"梁村铺"应位于"霍家铺"和"僊居涧铺"之间。

类似的方位错乱情况不止一处,但都只是个别铺舍的问题,尚未发现整条铺路方向错乱的现象。

(6)不同版本志书中的铺数记载不同。

如《(万历)淮安府志》中载盐城铺舍共5处,而在《(万历)盐城县志》中所载的铺舍却有10处。

以上仅就较大的方面扼要概述了南直隶地区明刊本方志中铺舍记载存在的问题,实际情况错综复杂,又牵连出其他更加繁复的问题,比如关于里程的记载又分为:"记载相邻两铺的间距"与只记"铺舍至县治或县前总铺的距离"等等。由此可知,仅凭明代方志的记载难以了解各铺间的距离及其设置密度,再加上记有旧时铺名的古地图不易获得,所以铺舍分布图的绘制很难完成。

2. 基本信息整理

(1)线路整理及分布图绘制。

由于明代南直隶的铺舍和铺路大部分在清代和民国仍然沿用,所以借助清代、民国甚至现代地图中的某些残留线索,粗略复原明代南直隶地区的铺路分布情况还是可行的。以明刊本方志为主,参以清代、民国方志中相应的记载，可整理出明代南直隶地区各铺舍承递里程表，然后再结合明清历史地图及现代地图中的残存信息，就可绘出明代南直隶地区急递铺分布图，见图13。由于急递铺的兴废信息不如驿站和递运所记载得那么全面，所以很难确定不同年代的铺舍分布状态。所以这幅图所展示的仅为明代方志中出现过的急递铺分布情况，并不能明确为哪个具体时期。

（2）设置情况。

明代急递铺遍设全国各府州县。表9为南直隶各府州县所辖急递铺数量统计，共1317铺。

由表9及图13可见，每府所辖急递铺数量，视府境大小而有多寡。如凤阳府263铺，镇江府仅26处。在各府境内，一般府或附郭直辖铺数最多，其次为州县辖铺。每一州县境内的铺数，又视所辖州域或县域大小数量各异：大县可以多至二十处以上，小县可少至0处。

图13　明代南直隶地区急递铺分布图

南直隶各府州县所辖急递铺数量统计　　表9

府	城市名称	个数	总数	府	城市名称	个数	总数	府	城市名称	个数	总数
应天府	上元县	11	88	松江府	华亭县		29	庐州府	合肥县	25	105
	江宁县	14			上海县	29			舒城县	11	
	句容县	13			青浦县				庐江县	9	
	溧阳县	9		常州府	武进县	14	43		无为州	9	
	溧水县	17			无锡县	8			巢县	12	
	江浦县	10			江阴县	6			六安州	21	
	六合县	6			宜兴县	14			英山县	9	
	高淳县	8			靖江	1			霍山县	9	
凤阳府	凤阳县	21	263	镇江府	丹徒	11	26	太平府	当涂	18	52
	临淮县				丹阳	13			芜湖县	5	
	怀远县	13			金坛	2			繁昌县	7	
	定远县	13		扬州府	江都县	24	104	宁国府	宣城县	32	87
	五河县	7			仪真县	8			南陵县	13	
	虹县	17			泰兴县	6			泾县	12	
	寿州	36			高邮州	8			宁国县	18	
	霍丘县	16			兴化县	5			旌德县	6	
	蒙城县	22			宝应县	14			太平县	6	
	泗州	14			泰州	14		池州府	贵池县	20	65
	盱眙县	11			如皋县	10			青阳县	18	
	天长县	6			通州	10			铜陵县	4	
	宿州	27			海门县	5			石埭县	3	
	灵璧县	10		淮安府	山阳	18	123		建德县	14	
	颖州	13			盐城县	9			东流县	6	
	颖上县	10			清河县	13		徽州府	歙县	27	80
	太和县	15			桃源县	10			休宁	15	
	亳州	11			安东县	2			婺源	4	

城市名称	个数	总数	城市名称	个数	总数	城市名称	个数	总数
苏州府 吴县	20	53	淮安府 沭阳县	7	123	徽州府 祁门	8	80
长洲县			海州	13		黟县	17	
昆山县	5		赣榆县	14		绩溪	9	
常熟县	2		邳州	23		滁州 滁州	11	19
吴江县	12		宿迁县	7		全椒	2	
嘉定县	9		睢宁县	7		来安	6	
太仓州	5		安庆府 怀宁	18	65	徐州 徐州	27	57
崇明县	0		桐城县	17		萧县	8	
广德州 广德州	28	40	潜山县	9		砀山	8	
建平	12		太湖县	5		丰县	4	
和州 和州	13	18	宿松县	11		沛县	10	
含山	5		望江县	5		—	—	

明太祖曾谓:"驿传所以传命而达四方之政。故虽殊方绝域,不可无也。"[1] 所以即使没有设铺的郡县,也并非没有铺路通达。如苏州府崇明县,因其特殊的地理位置,没有直辖的铺舍(图14),但公文可由太仓州经诸泾、井亭、新塘三铺,在刘家港登船递往崇明。[2]

3. 急递铺的分布特点

下面借助整理出的里程表及铺路分布图,考察急递铺的分布情况。

(1) 设置间距。

洪武二十六年,明太祖定制:"凡十里设一铺"[3]。

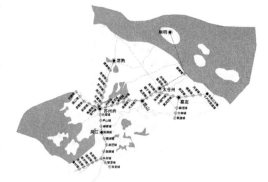

图14 明代苏州府急递铺分布图

由图14可见,整个南直隶范围内铺路的设置密度并不均等,即有相对密集区和相对稀疏区。将各郡县所辖铺舍情况归并整理,大致包括以下几类:

(a) 急递铺的设置间距相等,每十里一铺。

如池州府东流县的铺距:"总铺-10-松岭-10-长安-10-板桥-10-石潭铺-10-葛仙铺-贵池界"[4],符合太祖定制。

(b) 急递铺的设置间距相等,但并非十里。

如广德州通往南向的铺距整理为:"州前总铺-15→峻岩-30→汪家-45→青洪-60→黄栢-75→前冲-90→土桥。"[5] 即铺舍虽均匀分布,但铺间距为15里。

(c) 急递铺的设置间距不等,每铺间的距离多寡不定。

如江宁西路铺距整理为:"县前铺-7-七里店-10-阴山-15-五里牌-15-钟家墅-10-马塘山-12-木龙亭-15-葛家墅"[6]。

在南直隶急递铺的各种铺距情况中,铺距十里为常见情形,但十五里、二十里、三十里以至五十里的情形亦颇不乏其例,盖与其所处之滨海或丘陵山地的地理情况相关。可见,明代南直隶急递铺设置,并未尽遵太祖"十里一铺"的规定。

太祖制度中,还有一项以此为基础提出的铺兵每日公文递送里数的规定:"一昼夜通一百刻,每三刻行

1.《明太祖实录》,卷166,洪武十七年冬十月丁卯条。
2.《(正德)姑苏志》,卷26驿递。
3.《(万历)大明会典》,卷149,驿传五,急递铺。
4.《(万历)池州府志》,卷2,建置志,铺舍,东流县。
5.《(嘉靖)广德州志》,卷4,宫室志,铺舍。
6.《(正德)江宁县志》,卷4,邮传,铺舍。

一铺，昼夜须行三百里。"[1]由上推知，若各地铺距未尽遵"十里一铺"，则铺兵每日所行里数也未必尽如三百里。

（2）铺路网络。

由图13可见，南直隶的铺路皆由府、州或县城的总铺，呈辐射形向四方伸展，经由相邻外铺彼此连缀，构成整个区域各级政府间赖以传送公文的交通网络。如此，各府州县间彼此都能脉络相通，声气相应。

但由于地理因素的限制，相邻县之间，或者县与本府之间，并不一定有直达的铺路，如图15，扬州府的泰兴县，虽直属于扬州府，但铺路却要经过府属州——泰州中转。即铺路并不是简单按照不同等级政府的所属关系向外辐射。

又如徐州砀山县急递铺："旧州志云：砀邑铺止设达萧县一路，其北路丰县，西路河南永城县，虽系接壤，实无额设铺兵传递公文。凡有公移皆由萧县入本州总铺，一分沛县达丰县，一分宿州达河南永城县。"[2]即相邻郡县未必直通铺路。

将驿站分布图叠落在急递铺分布图上，如图16。可以发现，大部分驿路与铺路重合。

驿路上未设铺舍的只有三段：

第一段是编号11-78一线，前已述及，此乃永乐迁都后，为交通两京而新开的驿路，后因使用不便，开设不久即遭废弃。同理，也不适于铺舍的设置。

第二段是编号95-93一线，为长江中游的水路，沿线府县所辖铺舍多设于内陆便利之处。

第三段是编号25-21一线，驿路上未设铺舍，亦因此段为淮河水路。

另外，除某些位于沿海和丘陵山区的铺舍间距较大之外，不管是否位于驿路之上，铺舍的分布都较为均匀。因为不管驿站存在与否，急递铺都承担着同样的传递公文的任务。

4. 急递铺小结

与驿站和递运所仅设于重要驿路之上不同，急递铺的设置遍及南直隶各府州县。

各地所辖急递铺数量，依辖域范围和地理情况多寡不一。

各铺间距虽多采用太祖定制的"十里一铺"，但也不乏其他案例。

各急递铺彼此连缀形成铺路网络，虽与驿路多有重叠，但并不完全相同，尤其在未设驿站的地方，铺路网络发挥着更大的作用。

四、公馆

公馆分为内馆和外馆两种。由于内馆位于城门以内，所以在功能上有时会与察院、府馆等产生混用，在性质上也更偏向于公署。而外馆由于位于城市之间的郊区，为往来公使临时下榻之所，功能比较单一，

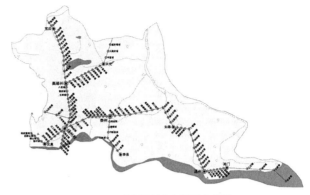

图15 明代扬州府急递铺分布图

●在铺路上的驿站
◎不在铺路上的驿站

图16 驿站、急递铺叠合图

1.《（万历）大明会典》，卷149，驿传五，急递铺。
2.《（乾隆）砀山县志》，卷3，建置志，铺递。

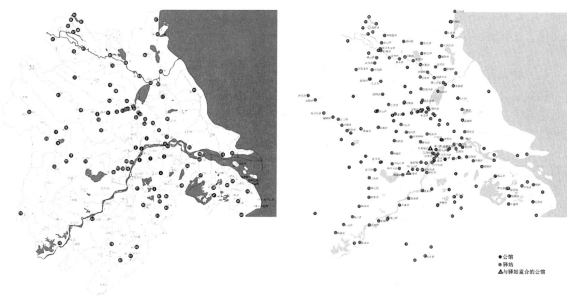

图 17 南直隶公馆分布图　　　　　　图 18 南直隶公馆、驿站重合

与驿站"接待使客"的功能相似。

1. 基本信息整理

公馆作为地方接待机构，《（万历）大明会典》中未载其名称数量。查《（嘉靖）南畿志》，除广德州、滁州两直隶州外，各府州"公馆"一项均注有"各属皆设"字样。又，查广德州的公馆信息见于《（嘉靖）广德州志》，而滁州的明代公馆信息则尚未查到。

经过各版本方志的粗略排查，南直隶地区在明代方志中出现过的公馆约有 103 处，整理相应的基本信息，并绘制成公馆分布图，见图 17。按照《（嘉靖）南畿志》中"各属皆设"一句推测，实际出现过的数目应不止这些，只不过这 100 余个可能较为常用，因此在地方志中多有提到。

2. 公馆分布的特点

由图 17 所见，公馆在南直隶范围内的分布并不均匀，主要集中在徐州、泗州、应天府、和州、广德州，而安庆府、池州府、宁国府、徽州府则较少。从各地所设数量来看，外馆几乎一处一所，而内馆则数量不等，可一城之内设置数个，如凤阳府的天长，城内设 3 公馆。下面将公馆分内馆、外馆两部分来进行分析。

将公馆的分布图叠落在驿站的分布图上，如图 18。由于驿站功能中也涉及接待功能，所以图 18 也可被视为明代南直隶地区接待机构分布图。

先看外馆：有 3 个外馆与驿站基本重合。两分布图表达的信息虽均为明代，但具体时间并未加区分。查对相关信息后发现，这 3 所外馆与对应的驿站并非同时存在，而是呈年代相递关系。其中，凤阳府泗州双沟公馆即废龙窝驿[1]。应天府江浦县东葛馆"在东葛城镇。隆庆二年，知县王之网以废驿为之"[2]。而和州含山县清溪公馆也是在同处清溪镇的界首驿于弘治五年被裁之后才出现的。也就是说它们是在驿站消失之后，才承担起接待往来官员的任务的。

公馆与驿站存在的这种年代相递现象，也见于内馆中，即凤阳府公馆："宣德八年，直隶凤阳府奏：府治在凤阳新城内，旧有马驿，洪武中并入旧城濠梁马驿，相去二十余里，使客往来无所直顿，请以没空房为公馆。从之。"[3]

再将公馆的分布图叠落在急递铺的分布图上，如图 19。可见外馆之分布主要集中在两部分，一部分为沛县，查其兴建年代多在万历二十四年前后[4]，可能与黄运治理相关；另一部分集中在应天府和泗州附近，因应天府为南

1. 《（万历）帝乡纪略》卷 3，建置志，公署。
2. 《（万历）江浦县志》卷 5，建置志，公署。
3. 《明宣宗实录》卷 106，宣德八年九月癸巳条。
4. 《（万历）沛志》，卷 7，建置志：里丘集公馆、庙道口公馆、沙河公馆、刘家堤口公馆，均为万历二十三年，知县罗士学建。

京所在，泗州为祖陵所在，特殊的政治地位决定此地区接待任务繁忙，从而体现为外馆的密集分布。

图19中，有29处公馆与急递铺重合，有2处虽未与铺舍重合，但仍位于铺路之上。查前述由废驿转化为外馆的3处恰也位于铺路之上。这样，算下来与铺路重合之外馆共34处。除此之外，不在铺路上的外馆有5处，且均为沛县境内。还有2处外馆尚未查到具体位置。

除外馆以外，另有62处内馆与府州县位置重合，即均在城池附近。前已述及每个府州县内设有急递总铺，并有铺路到达，所以这些内馆也可看作是位于铺路之上的。

如此，除沛县境内的5处外馆之外，所考察之公馆几乎均位于铺路之上。

图19　南直隶公馆、急递铺重合图

3. 公馆小结

公馆在南直隶各地的分布并不均匀，多者几处，少者一处甚或没有。由于其承担的任务与驿站的接待功能相似，所以在外馆的设置上，一般不与驿站并存，只在驿站裁废之后，才被增设，以接替驿站的"接待功能"。但在内馆的设置上则不同，由于城内接待公务繁忙，所以内馆可能与驿站同时存在。

虽然公馆的设置不一定与铺路相关，但在没有驿站的铺路上却多有设置，因为接待需要在这部分交通孔道上更为迫切。如应天府句容县的白埠公馆："弘治二年，巡抚都御史王克复，见得丹阳、句容两县窎远，中无憩息之所；督令知县王倩创立。因无基址，自为区划。买到民人史贵发户下田一亩六分，督同典史－梁泽，设法盖造。"[1] 又如应天府溧阳县的陶庄公馆："（在）县北丫髻山东，乃溧阳、句容通道。"[2]

公馆的设置特点和分布特征是与所在地的政府公差接待量相关的，其疏密程度反映了公使往来的频繁度，并体现了中央对地方的关注度。

五、余论

1. 设置特点

南直隶驿传机构在京有会同馆，在外为驿站、递运所和急递铺。驿站和递运所集中设置于重要的交通孔道，而急递铺则遍及各府州县，颇类似于人体的主要血管与毛细血管的关系。

2. 兴革特点

南直隶驿传的基本格局形成于洪武前后。虽建国之初即有陆续设置，但大规模的修建活动还是始于明太祖洪武元年的诏令。

永乐迁都之后，政治中心北移，南直隶的驿传系统也因此发生较大调整，既有新路增设，又有旧路裁革。中间的历代政府，对设置不甚合理之处也间有小规模的调整动作。

至明中后期的嘉靖、隆庆、万历年间，在全国裁撤案的大背景下，南直隶驿传机构也呈现大规模的裁撤特点。

3. 地域特点

明末，全国驿站的裁革率为25%，而南直隶达40%，全国递运所的裁革率为56.67%，而南直隶则高达93.5%。

---

1. 《（弘治）句容县志》卷2，公署类。
2. 《（万历）应天府志》卷16，建置志。

此一地区较高的裁革率除与永乐迁都的政治原因有关之外，还与南直隶独特的地理条件有关，发达的水路除提供交通的便利之外，还造成了不同机构的混用，并最终导致了机构的裁并。

4. 时代特点

比较南直隶地区元、明两代驿传设置信息：在元代99处站赤（不包括高邮路）中：明代仍沿用为驿站的49处，其中水马站18处（占37%），水站23处（占47%），马站8处（占16%），以水站居多；明代转为急递铺的34处，其中水马站5处（占15%），水站10处（占29%），马站18处（占53%），以陆站居多；虽没有转为急递铺，但位于明代铺路之上的4处，其中水马站1处（25%），水站0处，马站3处（75%），以陆站居多；另外还有12处未查及位置，可能在明代已经弃之不用，其中水马站0处，水站3处（占25%），马站8处（占67%），递运站1处，以陆站居多。

由此，可得出如下印象：

（1）元站赤中有1/2转为明驿站，1/3转为明急递铺，算下来至少有80%的元代站赤沿用下来，融入了明代的驿传系统。见图20。

○明代驿站
●元代站赤

图20　元站赤与明驿站、急递铺重合图

（2）元站赤中仍沿用为明驿站的，大部分集中在淮河、运河、长江沿线，且以水站、水马站居多。

（3）元站赤中的马站多转入明急递铺，少数无从查找，说明此类机构在明代可能不用，但所在之驿路仍继续使用。

在裁革方面，沿用之元代旧驿与明代新驿也体现出各自不同的特点：在49处旧驿中，至明末存31处，留存率为63%，多集中在运河、长江沿线的水路，而淮河一线则裁革殆尽；而68处新驿中，至明末存37处，留存率为54%，主要为陆路，承担着由南京至山东、河南及北直隶，以及路通湖广的任务。见图21。即明末南直隶见设驿站格局中，水路多承自元代，陆路多建于明代。

图22由左至右，顺次排列了元代站赤图、明代所设驿站图，明末见设驿站图，分别对应南直隶驿站系统的创设基础、演变过程及最后结果。从中可见明代驿站系统相对于元代的发展，随后，明末见设驿站又作为清代此区驿站系统的创设基础，在后继王朝进入新的演替过程。

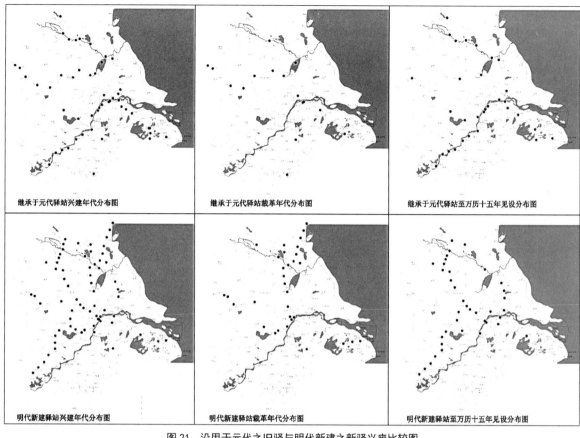

图 21　沿用于元代之旧驿与明代新建之新驿兴废比较图

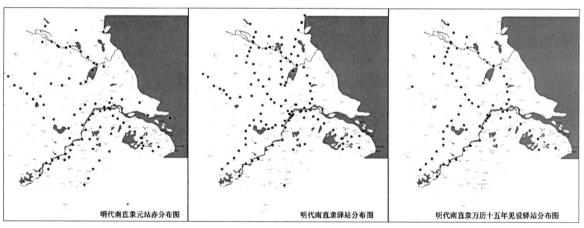

图 22　南直隶地区驿站系统在明代变化图

急递铺方面，明代南直隶地区除承接元代停用的站赤以外，大部分还沿袭了元代完备的急递系统。但限于资料有限，未能在元明两代之间实现相互对应的考察。

参考文献

一、影印本明代方志

[1]（嘉靖）南畿志．北京图书馆古籍珍本丛刊（24）．

[2]（万历）应天府志．稀见中国地方志汇刊（10）．

[3]（弘治）句容县志．天一阁藏明代方志选刊（11）．

[4]（正德）江宁县志．北京图书馆古籍珍本丛刊（24）．

[5]（万历）江浦县志．北京图书馆古籍珍本丛刊（24）．

[6]（嘉靖）六合县志．天一阁藏明代方志选刊续编（7）．

[7]（嘉靖）高淳县志．天一阁藏明代方志选刊（14）．

[8]（成化）中都志．天一阁藏明代方志选刊续编（33）．

[9]（天启）凤阳新书．中国方志丛书．华中地方（696）．

[10]（嘉靖）寿州志．天一阁藏明代方志选刊（25）．

[11]（万历）帝乡纪略．中国方志丛书．华中地方（700）．

[12]（弘治）直隶凤阳府宿州志．天一阁明代方志选刊续编（35）．

[13]（嘉靖）宿州志．天一阁明代方志选刊（23）．

[14]（万历）宿州志．中国方志丛书．华中地方（667）．

[15]（正德）颍州志．天一阁藏明代方志选刊（24）．

[16]（嘉靖）颍州志．天一阁藏明代方志选刊续编（35）．

[17]（嘉靖）怀远县志．天一阁藏明代方志选刊续编（35）．

[18]（嘉靖）皇明天长志．天一阁藏明代方志选刊（26）．

[19]（洪武）苏州府志．中国方志丛书．华中地方（432）．

[20]（正德）姑苏志．天一阁藏明代方志选刊续编（12）．

[21]（崇祯）吴县志．天一阁藏明代方志选刊续编（16）．

[22]（隆庆）长洲县志．天一阁藏明代方志选刊续编（23）．

[23]（万历）长洲县志．稀见中国地方志汇刊（11）．

[24]（嘉靖）太仓州志．天一阁藏明代方志选刊续编（20）．

[25]（嘉靖）昆山县志．天一阁藏明代方志选刊（9）．

[26]（万历）重修昆山县志．中国方志丛书．华中地方（433）．

[27]（弘治）吴江志．中国方志丛书．华中地方（446）．

[28]（嘉靖）吴邑志．天一阁藏明代方志选刊续编（10）．

[29]（万历）嘉定县志．中国方志丛书．华中地方（421）．

[30]（正德）松江府志．天一阁藏明代方志选刊续编（6）．

[31]（崇祯）松江府志．日本藏中国罕见地方志丛刊（10）．

[32]（弘治）上海志．天一阁藏明代方志选刊续编（7）．

[33]（万历）青浦县志．稀见中国地方志汇刊（1）．

[34]（成化）重修毗陵志．中国方志丛书，华中地方（419）．

[35]（正德）常州府志续集．中国方志丛书，华中地方（419）．

[36]（万历）常州府志．南京图书馆孤本善本丛刊．

[37]（弘治）重修无锡县志．南京图书馆孤本善本丛刊．

[38]（嘉靖）江阴县志．天一阁藏明代方志选刊（13）．

[39]（隆庆）新修靖江县志．稀见中国地方志汇刊（13）．

[40]（万历）丹徒县志．天一阁藏明代方志选刊续编（23）．

[41]（嘉靖）惟扬志．天一阁藏明代方志选刊（12）．

[42]（万历）扬州府志．北京图书馆古籍珍本丛刊（25）．

[43]（嘉靖）通州志．天一阁藏明代方志选刊续编（10）．

[44]（万历）通州志．天一阁藏明代方志选刊（10）．

[45]（万历）江都县志．稀见中国地方志汇刊（12）．

[46]（隆庆）仪真县志．天一阁藏明代方志选刊（15）．

[47]（万历）兴化县新志．中国方志丛书 华中地方（449）．

[48]（嘉靖）宝应县志略．天一阁藏明代方志选刊．

[49]（隆庆）宝应县志．天一阁藏明代方志选刊续编（9）．

[50]（万历）宝应县志．南京图书馆孤本善本丛刊．

[51]（嘉靖）重修如皋县志．天一阁藏明代方志选刊续编（10）．

[52]（嘉靖）海门县志．天一阁藏明代方志选刊（18）．

[53]（万历）淮安府志．天一阁藏明代方志选刊续编（8）．

[54]（隆庆）海州志．天一阁藏明代方志选刊（14）．

[55]（万历）宿迁县志．天一阁藏明代方志选刊续编（8）．

[56]（万历）盐城县志．北京图书馆古籍珍本丛刊（25）．

[57]（万历）六安州志．日本藏中国罕见地方志丛刊（11）．

[58]（嘉靖）安庆府志．中国方志丛书．华中地方（632）．

[59]（万历）望江县志．中国方志丛书．华中地方（673）．

[60]（嘉靖）重修太平府志．稀见中国方志汇刊（22）．

[61]（嘉靖）宁国府志．天一阁藏明代方志选刊（23）．

[62]（万历）宁国府志．稀见中国方志汇刊（6）．

[63]（嘉靖）宁国县志．天一阁藏明代方志选刊续编（36）．

[64]（嘉靖）泾县志．天一阁藏明代方志选刊续编（36）．

[65]（万历）旌德县志．南京图书馆孤本善本丛刊．

[66]（嘉靖）池州府志．天一阁藏明代方志选刊（24）．

[67]（万历）池州府志．中国方志丛书．华中地方（636）．

[68]（嘉靖）铜陵县志．天一阁藏明代方志选刊（25）．

[69]（嘉靖）石埭县志．中国方志丛书．华中地方（620）．

[70]（万历）石埭县志．中国方志丛书．华中地方（621）．

[71]（弘治）徽州府志．天一阁藏明代方志选刊（21）．

[72]（嘉靖）广德州志．中国方志丛书．华中地方（706）．

[73]（万历）广德县志．中国方志丛书．华中地方（703）．

[74]（嘉靖）建平县志．中国方志丛书．华中地方（703）．

[75]（万历）滁阳志．稀见中国地方志汇刊（22）．

[76]（天启）来安县志．中国方志丛书　华中地方（642）．

[77]（嘉靖）徐州志．中国方志丛书．华中地方（430）．

[78]（嘉靖）沛县志．天一阁藏明代方志选刊续编（9）．

[79]（万历）沛志．稀见中国地方志汇刊（14）．

[80]（正统）和州志．中国方志丛书　华中地方（640）．

[81]（万历）和州志．中国方志丛书　华中地方（641）．

二、影印本清代方志

[1]（嘉庆）溧阳县志．中国方志丛书，华中地方（470）．

[2]（乾隆）镇江府志．中国方志集成，江苏府志辑（27）．

[3]（康熙）高淳县志．稀见中国地方志汇刊（12）．

[4]（康熙）临淮县志．中国方志丛书，华中地方（721）．

[5]（雍正）怀远县志．稀见中国地方志汇刊（21）．

[6]（康熙）五河县志．中国方志丛书，华中地方（614）．

[7]（光绪）重修五河县志．中国方志丛书，华中地方（223）．

[8]（乾隆）颍上县志．中国方志丛书，华中地方（710）．

[9]（民国）太和县志．中国方志丛书，华中地方（96）．

[10]（康熙）常熟县志．中国方志集成，江苏府志辑（210）．

[11]（乾隆）吴江县志．中国方志丛书，华中地方（163）．

[12]（民国）崇明县志．中国方志丛书，华中地方（168）．

[13]（嘉庆）宜兴县志．中国方志丛书，华中地方，（22）．

[14] （嘉庆）高邮州志．中国方志丛书，华中地方（29）．

[15] （嘉庆）东台县志．中国方志丛书，华中地方，（27）．

[16] （嘉庆）海州直隶州志．中国方志丛书，华中地方，（35）．

[17] （咸丰）邳州志．中国方志丛书，华中地方（34）．

[18] （嘉庆）无为州志．中国地方志集成，安徽府志辑（8）．

[19] （道光）巢县志．中国方志丛书，华中地方（675）．

[20] （康熙）安庆府志．中国方志丛书，华中地方（634）．

[21] （民国）太湖县志．中国地方志集成，安徽府县志辑（16）．

[22] （康熙）宿松县志．中国方志丛书，华中地方（670）．

[23] （康熙）当涂县志．稀见中国地方志汇刊（23）．

[24] （乾隆）当涂县志．中国方志丛书，华中地方（619）．

[25] （康熙）太平府志．中国方志丛书，华中地方（607）．

[26] （乾隆）太平府志．中国地方志集成，安徽府县志辑（37）．

[27] （道光）繁昌县志．中国方志丛书，华中地方（249）．

[28] （康熙）贵池县志．中国方志丛书，华中地方（684）．

[29] （乾隆）池州府志．中国方志丛书，华中地方（636）．

[30] （嘉庆）休宁县志．中国方志丛书，华中地方（627）．

[31] （康熙）婺源县志．中国方志丛书，华中地方（676）．

三、其他史书

[1] （万历）大明会典．

[2] 明太祖实录．

[3] 明太宗实录．

[4] 明宣宗实录．

[5] 明英宗实录．

[6] 明孝宗实录．

[7] 明武宗实录．

[8] 明世宗实录．

[9] 明穆宗实录．

四、现代著作

[1] 苏同炳，明代驿递制度，台北：中华丛书编审委员会，1969．

作者单位：清华大学建筑学院

第二篇　明清城市规制、形态与等级

明代城池的规模与等级制度探讨 [1]

王贵祥

提要

元末明初开始并贯穿有明一代出现了中国历史上最后一次大规模城池建造运动，也是历史上用砖石筑造城池的最大一次筑城运动。明代的城池筑造活动基本奠定了中国近现代城市的地理分布与城市等级定位，成为近现代城市发展的基础。本文对明代几个主要地区的城池规模与等级情况做了梳理，藉以对不同等级明代城池的基本尺度有一个量化的理解，为进一步的城市史研究打下一个基础。

关键词：砖筑城池，城周长度，城市等级，县城，州府城

中国古代城市的一般特征是环绕四周的城垣与城壕，一般称之为"城池"，以及围绕在城垣与城壕之内的街道与里坊。其作用除了一般意义之上的行政区划与居住、商业等功能外，还具有"保境安民"的军事、政治及抗灾的功能。由于政治更替与历史沧桑的变化，明代以前的中国古代城池一般都处于屡建屡毁的状态中，能够自古相沿，不断建设完善，未遭毁圮与重建而能绵延发展至明清晚近者，几如凤毛麟角。由于中国古代城市特有的军事、政治与抗灾功能，朝代更替、异族入侵或自然灾害带来的大损毁，往往随之而来的是大建设。大规模的城池建造高潮，在历史上出现过多次，尤其是城市遭到大规模损毁之后的历次改朝换代之初。而历史上最后一次大规模城池建造运动，出现于元末明初，并由于明代特殊的地缘政治历史环境，而将这场运动延续了整整有明一代。

如果说宋、辽、金时期，也曾反复出现过较大规模的城市建造活动，但辽与宋及金与宋，或西夏与宋之间的对峙与战争，使城市的建造，在建造规模与分布范围上仍然受到一定程度的限制。宋末元初的战争，对许多城市的摧毁都是致命性的，如曾经繁华一时的金中都、北宋与金代的都城汴梁，及北宋西京洛阳等，都曾遭到了相当程度的损毁，再也没有能力恢复到其鼎盛时期的规模。遭到毁坏的还有河北、山东及中原地区的一些州、县城池。如历史上记载的金代贞祐之乱 [2]，即蒙古铁骑对山东、河北一带的大规模扫掠，就是一个例子。元初一统带来了和平与稳定，虽然元代也建造了如大都城这样宏伟的大型都市，及一些用土垣环绕的地方性城池，但由于元代疆域的广大，以及元蒙文化特有的粗犷与豪放，同时还因为蒙古与宋、金战争中迫使蒙古骑兵屡遭城池困扰的惨痛教训，使得元代统治者对城池的建造缺乏足够的兴趣，不仅远没有明初建造城池的数量之多，甚至还曾下令拆毁了一些地区的既有城垣。

元末战争还没有结束，新一轮的大规模建城活动已经出现序曲，如元末之吴与明初之洪武时，农民起义的新政权虽立足未稳，但城池建造已成趋势。这时的农民战争还处于胶着状态，天下胜负尚未可知，徽州休宁人朱升就曾向朱元璋建言："高筑墙，广积粮，缓称王。" [3] 这里所谓"高筑墙"，就是针对各地的城池建造而言的，这也从一个侧面反映了元代在地方城池建造方面的缺失。这一意见得到朱元璋的嘉许，因而也成为明初时的一项国策。这也许是明代大规模城池建造活动之滥觞。后来的明代历史，无论是永乐之变，还是在明代历史上先后产生过巨大影响的蒙古也先、阿鲁台等部与明王朝的冲突，倭寇对东南沿海城镇的袭扰，明中叶以后建州后金政权对明王朝的挤压，叛服无常的南蛮与西南蛮对明王朝南方及西南地区带来的冲击，以及后来的大规模农民起义带来的社会动荡，这些贯穿明代近三百年历史的大事件，都对明代持

---

1. 本文属国家自然科学基金支持项目，项目名称：《明代建城运动与古代城市等级、规制及城市主要建筑类型、规模与布局研究》，项目批准号为：50778093。
2. 金宣宗贞祐 2 年（1214 年），在山东、河北一带，有过一次大规模的蒙古兵祸，"时山东、河北诸郡失守，惟真定、清、沃、大名、东平、徐、邳、海数城仅存而已，河东州县亦多焚毁。"，见《金史》，卷 14，本纪第十四，"宣宗上"，第 187 页。
3. 《明史》，卷 136，列传第二十四："朱升，字允升，休宁人。元末举乡荐，为池州学正，讲授有法。……太祖下徽州，以邓愈荐，召问时务。对曰：'高筑墙，广积粮，缓称王。'太祖善之。吴元年，授侍讲学士，知制诰，同修国史。"

续不断的城池建造提供了连续而强劲的动因。为了应付日益发展起来的火炮等热兵器，有明一代还大规模地建造砖筑城垣，或对各地既有的土筑城垣用砖加以全面地甃砌。如此大规模的城池建造，形成了一个历时数百年的建城运动。这一运动甚至一直延续到清代的康、雍、乾时期。因而，直到20世纪初仍然留存，遍布全国各地的大大小小千余座砖筑城池，其建造之始，大都是在明代初叶，并在有明一代的二百余年间，及随之而来的清代前中期得以反复地重修。而这些城池及其所辖领的府、州、县城及其辖域，也奠定了中国现当代地方省会城市及其所辖范围的确定，以及各地市、县行政区划的基础。因此，对明代建城运动中所建造的城池加以梳理，对这些城池的规模、等级分划及不同规模类型城池的分布情况加以排比研究，既对了解中国古代城市的分布规律与规划原则有所助益，也对理解现代地方性城镇的地域关系与历史地位有所帮助。

一个朝代的城池等级分划与地域分布，是与这一朝代的行政区划密切关联的。明代时将全国分为2个直隶辖区与13个布政使司辖区。

> 终明之世，为直隶者二：曰京师，曰南京。为布政使司者十三：曰山东，曰山西，曰河南，曰陕西，曰四川，曰湖广，曰浙江，曰江西，曰福建，曰广东，曰广西，曰云南，曰贵州。其分统之府百有四十，州百九十有三，县千一百三十有八。羁縻之府十有九，州四十有七，县六。[1]

也就是说，明代城市中，有2座京城，有140座府城（含附北京与南京城之郭的顺天府与应天府），193座州城，1138座县城。另有设羁縻司之府19座，州47座，县6座。这大概就是有明一代不同城池统计的大体数量情况。对这些府、州、县城做全面系统的排比分析是一个庞大的工程，实非这样一篇文字可以担负之事。本文将从更为一般性的层面上，对明代城池的规模等级及其中可能存在的规律规则，做一些探讨。

由于所依据的文献为清代编纂，故行政等级的判断应该结合清代的情况加以考虑。一般说来，明清时代的城市可以分为五个等级。第一等级是京师及都城，包括北京与南京，在明初可能还应该包括中都凤阳。第二等级是府城；第三等级是州城；但州城中又分为直隶之州与府辖之州，故府辖之县级州城就属于第四等级的城市；第五等级是一般的县城。当然，在实际的城池建造中，州、县之城则因为其所处地理位置及人口多寡，在规模上又有相当的差别。因此，可以说从现有文献中，我们很难对已知明代各种城池加以明晰地排列归类。比如，城池规模的一个重要指标就是城垣周回的长度。规模大者，城垣周围长十余里或数十里，规模小者，城垣周围的长度仅为数里。但这其中仍然有相当大的差别，仅县城就有从周回1、2里，到周回9里余的多种类型。而州府之城，有周回24里者，或周回12里者，还有周回仅9里余者。

然而，如果我们从大量文献中加以观察，从一些城垣周围尺度在文献中出现的频次来分析，就会发现其中还是有相当明显的规则可寻的，其中也可以大略地看出十分明确的级差规律。为了分析方便，我们以清代《四库全书》本中的各地《通志》为资料与数据依托加以梳理。虽然这些《通志》主要编纂于清代，但其中翔实地记载了初建的始末，完全可以作为我们了解明代城池的规模、等级与分布情况的依据。见表1。

《四库全书·河南通志》中城垣一览　　　　　　　　表1

城名	等级	始建	明代修建	甃砌砖城	城垣周围长	城门	备注
开封	府城	唐建中二年	洪武元年	洪武元年	20里190步	门5 角楼4	祥符附郭
陈留	县城	隋大业十年	天顺二年	崇祯八年	7里30步		
杞县	县城	不详	洪武三年	崇祯八年	9里有奇		
通许	县城	唐	洪武五年	崇祯八年	9里30步		
太康	县城	不详	成化间	崇祯八年	9里30步		
尉氏	县城	汉	宣德六年	崇祯间	7里		

1.《明史》，卷40，志第十六，第404页。

城名	等级	始建	明代修建	甃砌砖城	城垣周围长	城门	备注
洧川	县城	唐	洪武初年	不详	9里许		
鄢陵	县城	不详	景泰元年	崇祯六年	6里90步		
扶沟	县城	西汉	正统间	隆庆六年	9里13步		
中牟	县城	曹操	天顺五年	崇祯七年	6里30步		
阳武	县城	西汉	正统十四年	崇祯十二年	9里30步		
封丘	县城	西汉	洪武元年	不详	5里70步		
兰阳	县城	宋建隆三年	洪武元年	崇祯八年	5里		
仪封	县城	不详	洪武二十二年	嘉靖三十四年	8里60步		
归德	府城	汉梁孝王	洪武二十二年	不详	（原17里）7里310步	门4 角楼4	商丘附郭
宁陵	县城	不详	成化十八年	不详	5里		
永城	县城	春秋	景泰元年	不详	4里有奇		
鹿邑	县城	不详	洪武二年	不详	9里13步		
虞城	县城	不详	嘉靖九年	崇祯十一年	4里150步		
夏邑	县城	不详	正统十四年	不详	8里		
睢州	州城	宋宁宗四年	洪武元年	不详	10里300步	门4	
考城	县城	不详	正统间	崇祯十年	5里13步		
柘城	县城	不详	成化十三年	崇祯九年	13里		
彰德	府城	后魏天兴元年	洪武初	不详	9里113步	门4 角楼4	安阳附郭
汤阴	县城	西汉	洪武三十年	崇祯间	2里180步		
临漳	县城	不详	洪武二十七年	崇祯六年	4里180步		
林县	县城	元至正间	洪武七年	不详	3里20步		
武安	县城	秦白起	洪武十七年	不详	3里273步 崇祯七年扩为13里		
涉县	县城	汉	洪武十八年	嘉靖二十一年	4里30步		
内黄	县城	不详	洪武初	万历二十五年	5里		
卫辉	府城	东魏	明初	正统间	6里130步	门3 角楼4	汲县附郭
新乡	县城	唐德宗三年	景泰二年	隆庆间	9里124步		
辉县	县城	不详	景泰二年	崇祯五年	4里48步		
获嘉	县城	不详	洪武三年	清康熙二十三年	3里有奇		
洪县	县城	不详	正统十二年	不详	8里300步		
延津	县城	元大德间	洪武十年	万历二十六年	7里30步		
胙城	县城	不详	洪武十一年	清康熙二十四年	5里有奇		
浚县	县城	不详	洪武初	嘉靖时	7里		
滑县	县城	不详	不详	崇祯十一年	9里	门5	

城名	等级	始建	明代修建	甃砌砖城	城垣周围长	城门	备注
怀庆	府城	元至正二十二年	洪武元年	不详	9里148步	门4 角楼4	河内附郭
济源	县城	隋开皇十六年	景泰四年	崇祯十一年	5里250步		
修武	县城	不详	洪武初	不详	4里		
武陟	县城	唐武德四年	洪武初	崇祯十年	4里77步		
孟县	县城	金大定间	景泰三年	不详	9里30步		
温县	县城	唐武德四年	景泰元年	正德四年	5里30步		
原武	县城	不详	洪武四年	不详	4里98步		
河南	府城	隋炀帝时	洪武元年	洪武元年因旧址始筑砖城	8里345步	门4 角楼4	洛阳附郭
偃师	县城	周武王时	洪武二十一年	不详	6里84步		
巩县	县城	不详	景泰六年	不详	4里50步		
孟津	县城	不详	嘉靖十七年	不详	4里		
宜阳	县城	后魏	景泰元年	不详	4里		
登封	县城	不详	景泰元年	不详	4里		
永宁	县城	秦置县始建	洪武二十年	不详	4里270步		
新安	县城	汉高帝元年	洪武初	不详	3里310步		
渑池	县城	战国	成化十一年	不详	8里50步		
嵩县	县城	不详	洪武元年	不详	5里有奇		
卢氏	县城	西汉	洪武元年	不详	7里180步		
南阳	府城	不详	洪武三年	不详	6里27步	门4 角楼4	南阳附郭
南召	县城	明成化十二年	成化十二年	不详	3里40步		
唐县	县城	元至正间	洪武三年	不详	6里		
泌阳	县城	唐末	洪武十四年	不详	5里		
镇平	县城	后汉光武	成化六年	不详	5里130步		
桐柏	县城	明成化十三年	成化十三年	不详	4里635步?		
邓州	县城	古穰县城	洪武二年	不详	4里30步	门4	
内乡	县城	不详	洪武二年	不详	8里		
新野	县城	东汉刘备	天顺五年	成化、正德间	4里		
淅川	县城	明成化间	成化间	不详	4里240步		
裕州	州城	宋末始建	洪武三年	不详	7里30步		
舞阳	县城	楚平王	成化十九年	不详	6里30步		
叶城	县城	北齐	天顺五年	不详	1606步 4里166步		
汝宁	府城	汉汝南郡旧城	洪武六年重建 洪武八年益之	不详	初5里30步 9里30步	门4 角楼4	汝阳 附郭

城名	等级	始建	明代修建	甃砌砖城	城垣周围长	城门	备注
上蔡	县城	蔡国城	正统间	不详	6 里 200 步		
确山	县城	春秋道国地	洪武十四年	清顺治十六年	6 里 350 步		
正阳	县城	古慎阳地	正德元年	正德八年	800 丈 合 4 里 80 丈		
新蔡	县城	春秋蔡平侯	洪武初	正德间	3 里 175 步		
西平	县城	不详	景泰四年	正德八年	5 里 60 步		
遂平	县城	不详	正统十一年	不详	9 里 30 步		
信阳	州城	古申国地	洪武元年	不详	1356.7 丈 7 里 96.7 丈	门 4	
罗山	县城	古鄘县城	景泰间	景泰间	5 里		
汝州	州城	不详	洪武初		9 里有奇	门 4	
鲁山	县城	不详	洪武三年	不详	5 里		
郏县	县城	春秋楚公子郏敖始筑	成化二年	不详	13 里		
宝丰	县城	明成化十一年	成化十一年	嘉靖间	5 里		
伊阳	县城	明成化十一年	成化十一年	不详	4 里有奇		
陈州	州城	春秋	洪武元年	不详	7 里 30 步	门 4	直隶
西华	县城	春秋箕子	成化八年	隆庆二年	5 里有奇		
商水	县城	西汉	洪武四年	崇祯九年	4 里有奇		
项城	县城	项籍始建	宣德三年	不详	7 里有奇		
沈丘	县城	明弘治十一年	弘治十一年	不详	3 里		
许州	州城	汉献帝	正统末	万历丁酉年	9 里 139 步	门 4	直隶
临颍	县城	隋大业四年	洪武三年	万历四十八年	5 里 246 步		
襄城	县城	周楚灵王	成化十八年	万历间	6 里 19 步		
郾城	县城	古郾子国	成化十八年	崇祯十一年	9 里 30 步		
长葛	县城	春秋	正统十三年	崇祯十三年	6 里 150 步		
禹州	州城	西汉	正统十三年	不详	9 里有奇	门 4	直隶
密县	县城	西汉	洪武三年	万历三十七年	9 里		
新郑	县城	郑武公	宣德元年	隆庆四年	5 里		
郑州	州城	唐武德四年	宣德八年	崇祯十二年	9 里 30 步	门 5	直隶
荥阳	县城	后魏	洪武二年	不详	3 里		
荥泽	县城	旧城	成化十五年徙筑	不详	4 里 300 步		
河阴	县城	旧城圮于水	洪武元年	崇祯八年	7 里		
汜水	县城	西汉	洪武元年	崇祯八年	7 里		
陕州	州城	西汉	洪武二年	不详	9 里 130 步	门 4	直隶

城名	等级	始建	明代修建	甃砌砖城	城垣周围长	城门	备注
灵宝	县城	不详	景泰元年	不详	3 里		
阌乡	县城	隋	洪武元年	不详	4 里		
光州	州城	汉弋阳城 宋庆元初	洪武初	正德七年	9 里 中贯小黄河	北城 5 南城 6	直隶
光山	县城	不详	洪武初	正德十二年	7 里有奇		
固始	县城	汉高帝时	景泰间	不详	6 里		
息县	县城	古息国城 元泰定十九年	洪武六年	不详	5 里		
商城	县城	春秋黄国地	成化十一年	不详	6 里		

　　以河南省的城池为例，城池总数为 110 座，其中府城 8 座，州城（含直隶州）10 座，县城 92 座。但城池的规模却没有明显地与城市等级相吻合，以府城为例，规模最大的是开封府，城周 20 里 190 步，大约与其在唐代时汴州的规模相当，但却与开封历史上最为鼎盛时期的宋、金汴梁城的规模相差甚远。规模较小的府城，如南阳府城，周 6 里 27 步；卫辉府城，周 6 里 130 步。其余的 5 座府城，都在城周 8 里至 9 里余左右的规模（包括城周为 7 里 310 步的归德府城）。州城中的规模似乎比较整齐，河南省的 10 座州城中，6 座的规模在城周 9 里余，3 座的规模在城周 7 里余，1 座的规模在城周 10 里余。而县城的规模变化幅度最大，有城周仅 3 里或 3 里余的 8 座；城周 4 里或 4 里余的 17 座；城周 5 里或 5 里余的 17 座；城周 6 里或 6 里余的 9 座；城周 7 里或 7 里余的 10 座；城周 8 里或 8 里余的 5 座；城周 9 里或 9 里余的 13 座。规模最大的 3 座县城，城周有 13 里之多。

　　从上表中我们并不能够从城市的行政等级中得出一个十分清晰的规模级差系列，这说明明代城镇规模并不是严格按照行政等级确定的。如同是府城，开封府城周围 20 里余，而归德府城才 7 里余，彰德与汝宁府城 9 里余，卫辉与南阳府城 6 里余。同是县城，规模大者，城周有 13 里，规模小者，城周仅 3 里余。

　　其中最为引人瞩目的城周规模是 9 里 30 步，这一规模屡见于金、元时代的帝王宫城，及明代的天坛，清代的盛京城中，应该是一个具有较重要象征意义的城周规模。但仅在河南省的城池中，城周为 9 里 30 步者，有府城 1 座，州城 1 座，县城 6 座。其中似乎并没有硬性等级规则的限定。

《四库全书·畿辅通志》中城垣一览　　　　　　　　表2

城名	等级	始建	明代修建	甃砌砖城	城垣周围长	城门	备注
顺天府	府城				周 40 里		大兴宛平附郭
良乡	县城	旧土城		隆庆中	3 里 220 步		
固安	县城	明正德十四年		嘉靖二十九年	5 里 269 步	门 4	
永清	县城	不详	正德五年	隆庆二年	5 里 7 步	门 4	
东安	县城	不详	弘治十一年	隆庆二年	7 里 240 步	门 4 角楼	
香河	县城	旧土城		正德二年	7 里 200 步	门 4 角楼	
通州	州城	不详		洪武元年	9 里 13 步	门 4	
三河	县城	五代后唐长兴二年	嘉靖二十九年	始建时	6 里	门 4	
武清	县城	明正德六年		隆庆三年	8 里 260 步	门 3	北无
宝坻	县城	旧土城		弘治中	6 里	门 4	
宁河	县城	宋代			不详		

城名	等级	始建	明代修建	甃砌砖城	城垣周围长	城门	备注
昌平	县城	明景泰间		清康熙十四年	10里	门3	
顺义	县城	唐天宝间		万历间	6里110步	门4	
密云	县城	旧城洪武中 新城万历间			9里13步 6里180步		新旧二城
怀柔	县城	明洪武十四年		成化三年	4里108步		
涿州	州城	旧土城		景泰初	9里有奇		
房山	县城	金大定中		隆庆五年	4里有奇	门4	
霸州	州城	燕昭王		正德中	6里320步	门3	西无
文安	县城	汉代	正德九年	崇祯九年	8里30步	门5	
大城	县城	旧城圮	正德七年	嘉靖四十一年	4里有奇	门4	
保定	县城	宋代	嘉靖二十九年		6里69步	门4	
蓟州	州城	旧土城		洪武四年	9里30步	门3	
平谷	县城	旧土城		成化中	3里160步	门4	
遵化	州城	旧土城	洪武十一年	万历九年 戚继光	6里有奇	门4	
永平府	府城	旧土城		洪武四年	9里13步	门4	
迁安	县城	旧土垣	成化四年新筑 规制加旧之半		5里	门4	
抚宁	县城	旧土城	成化三年		3里80余步	门4	
昌黎	县城	旧土垣		弘治中	4里	门4	
滦州	州城	辽代		景泰二年	4里200余步	门4	
乐亭	县城	旧土垣		成化元年	3里	门4	
玉田	县城	旧土城	成化三年甃砌	崇祯八年易砖	3里140步		
丰润	县城	旧土城无考		正统十四年 成化六年	4里	门4	
保定府	府城	元大将军 张柔始筑	建文四年甃砌	隆庆初 尽甃以砖	12里330步	门4	清苑 附郭
满城	县城	辽萧后筑		成化十一年	4里250步	门2	南北
安肃	县城	五代	景泰间增修	景泰中	4里		
定兴	县城	金大定七年	成化四年	隆庆中	5里80步	门4	
新城	县城	辽萧后筑	景泰中修	崇祯中甃以砖	3里80步		
唐县	县城	土城	弘治中重建	隆庆中筑瓮城	4里有奇	门3	北无
博野	县城	旧土城	洪武二年	崇祯十三年	4里13步	门3	北无
庆都	县城	唐武德四年	洪武二年	康熙四年砖甃	4里有奇	门2	南北
容城	县城	唐窦建德筑	景泰初	康熙元年	3里15步	门2	南北
完县	县城	隋仁寿时	成化间始	崇祯十二年	9里13步	门2	东南
蠡县	县城	汉封蠡吾侯	天顺中	崇祯十二年	8里有奇	门2	南北
雄县	县城	汉献帝时迁	洪武初	嘉靖中甃垛口	9里30步	门3	无北
祁州	州城	旧土城	成化二十年	天启中甃瓮城	4里339步	门3	无北

城名	等级	始建	明代修建	甃砌砖城	城垣周围长	城门	备注
束鹿	县城	元至正十八年	天启四年	崇祯年筑瓮城	6里140步	门4	
安州	县城	宋杨延朗筑	景泰中	弘治中筑瓮城	5里30步	门4	
高阳	县城	明天顺中		崇祯中甃以砖	4里110步	门4	
新安	县城	金章宗	洪武中	崇祯中甃瓮城	7里13步	门4	
河间府	府城	宋熙宁中	明初重筑	万历六年砖筑敌台十年以砖为陴	16里	门4	河间附郭
献县	县城	金天会八年	成化二年		6里	门4	
阜城	县城	不详	成化二年	庆元年易以砖陴	5里	门4	
肃宁	县城	宋景泰二年		天启五年	6里有奇	门2	东西
任邱	县城	汉平帝时	洪武七年	万历三十八年	5里99步	门4	
交河	县城	明洪武间创	正德间增修	嘉靖间易垛以砖	6里	门4	
宁津	县城	金始建	洪武初	隆庆间	3里	门4	
景州	州城	元天历间	天顺七年		4里	门4	
吴桥	县城	旧土城	正统二年	万历十一年	4里有奇	门4	
东光	县城	旧土城		崇祯十一年改砖筑	6里	门4	
故城	县城	明成化二年	万历间重修		5里	门4	
天津府	府城	明永乐二年创筑		弘治间甃以砖	9里	门4	天津附郭
青县	县城	宋始建	成化中增修		5里		
静海	县城	无考			6里		
沧州	州城	永乐初迁		天顺五年	8里	门5	
南皮	县城	旧土城	嘉靖二十五年	崇祯九年砖瓮城	4里有奇	门4	
盐山	县城	洪武九年迁	成化二年		8里	门3	
庆云	县城	洪武六年建	成化二年增筑		4里		
正定府	府城	汉东垣故城晋常山郡	正统年增筑		24里	门4	正定附郭
获鹿	县城	旧土城		成化十六年砖甃	4里	门3	无北
井陉	县城	宋熙宁中移	洪武元年	嘉靖二十年砖甃	3里20步	门5	
阜平	县城	旧土城	成化五年		3里有奇		
栾城	县城	始自晋	洪武十年重筑	嘉靖二十四年	3里余	门4	
行唐	县城	唐至德间	景泰元年		5里75步	门4	
灵寿	县城	旧土城	正统四年	成化十八年改砖堞	3里	门3	无南
平山	县城	金大定二年	嘉靖三年		4里120步	门4	
元氏	县城	隋开皇六年	景泰四年	万历三十年改石城	5里		
赞皇	县城	隋开皇六年	景泰元年修门		4里	门3	无北
新乐	县城	唐郭子仪	景泰元年	嘉靖二十五年改砖堞	3里	门2	东南
晋州	州城	元代	景泰间		4里	门2	东西
无极	县城	唐郭子仪	洪武间	万历间易垛以砖	5里140步		

城名	等级	始建	明代修建	甃砌砖城	城垣周围长	城门	备注
薰城	县城	旧土城	正德九年		3里余	门2	东西
顺德府	府城	春秋齐桓公	天顺四年 成化二十二年	万历十年 甃以砖石	宋元时9里 13里100步	门4	邢台 附郭
沙河	县城	旧土城			5里20步	门2	南北
平乡	县城	古南栾城	成化初筑 崇祯年增外郭		3里23步 外郭7里余		
南和	县城	元至正中	明相继增修	崇祯十二年	4里		
广宗	县城	明正统四年	成化元年增修	隆庆四年	4里98步		
巨鹿	县城	唐垂拱元年	成化中重筑	崇祯十二年	7里23步	门4	
唐山	县城	金时筑	成化中重修		8里	门2	南北
邱县	县城	唐太和九年	正德九年		4里30步	门4	
任县	县城	元至大中建	景泰五年	崇祯十三年甃以砖	5里5步	门3	无南
广平府	府城	窦建德时筑	正统间	嘉靖间	9里13步	门4	永年 附郭
曲周	县城	明成化四年	正德七年增筑	万历四十六年	5里13步	门4	
肥乡	县城	宋代		崇祯十三年	5里118步	门4	
鸡泽	县城	金大定中	元代重修	崇祯十三年	5里	门4	
广平	县城	明初		崇祯十二年	3里168步	门3	无北
邯郸	县城	古赵城东北	成化间重拓		8里	门4	
成安	县城	旧土城	正统中重筑	嘉靖二十三年	3里有奇	门3	无北
威县	县城	宋宗城 元威州	明降为县城 仍州制	隆庆三年易砖垛	6里64步	门4	
清河	县城	宋元祐六年		万历十三年修砖垛	9里	门3	无北
磁州	县城	赵简子筑 隋开皇十年	洪武二十年	正德十三年 万历二十四年	8里26步	门4	
大名府	府城	唐魏博 节度使建	洪武三十四年圮 于水迁今址	嘉靖四十年	旧80里 9里		河北雄镇
大名	县城	金时屯营	景泰间重筑		5里		
魏县	县城	明正统十四年		嘉靖三十二年甃以砖	5里有奇	门4	
南乐	县城	元代	弘治间	嘉靖三十四年甃以砖	6里130步	门4	
清丰	县城	宋代	成化初	崇祯八年甃以砖	5里有奇	门4	
东明	县城	明弘治四年		崇祯十二年甃以砖	7里40步	门4	
开州	州城	五代晋	弘治十三年		24里	门4	
长垣	县城	金元故柳冢	洪武元年徙 正统十四年展拓	崇祯十年改砖城	初2里有奇 8里有奇	门4	
宣化府	府城	元宣德府	洪武二十七年展 筑 宣德初增角楼	正统五年砖石甃崇祯七 年增瓮城	24里有奇	门4	宣化 附郭
赤城	县城	古蚩尤都	宣德间		3里148步	门2	

城名	等级	始建	明代修建	甃砌砖城	城垣周围长	城门	备注
万全	县城	旧万全右卫	洪武二十六年	永乐二年甃以砖	6里30步	门3	无北
龙门	县城	明宣德六年		隆庆二年甃以砖	4里56步	门2	东南
怀来	县城	元旧有城	永乐二十年展筑	万历二十五年砖砌	7里222步	门3	无北
蔚州	州城	后周大象二年	洪武七年改建	洪武七年甃石号曰铁城	7里13步	角楼4座敌楼24座	
西宁	县城	明天顺四年筑东西二城	嘉靖二十四年重修	万历二年甃西城万历四年甃东城	西4里13步东4里	门4	
怀安	县城	洪武二十五年		隆庆三年甃以砖	9里13步	门4	
延庆	州城	明永乐中	宣德五年增修	天启七年甃以砖	4里130步	门3	无北
保安	州城	明永乐十三年	嘉靖四十四年重修		794丈合4里74丈	门4	
易州	州城	战国时孙操	正统间	隆庆间甃以砖石	9里13步		
涞水	县城		景泰初增修	崇祯七年易以砖	3里85步	门2	南北
广昌	县城	始建无考		洪武十三年	3里18步	门4	
冀州	州城	汉时周十二里宋增至二十四里	弘治元年改筑	崇祯九年砖筑敌台垛口	方14里		
南宫	县城	明正统十四年	成化十四年迁	嘉靖十八年甃砖垛	8里		
新河	县城	元至正间移	景泰间筑	嘉靖三十三年甃砖堞	4里	门3	无北
枣强	县城	自秦汉迄宋当黄河之冲	金天会四年迁成化六年重修	嘉靖二十九年易土陴以砖	4里		
武邑	县城	旧土城	正统十四年重筑		4里	门4	
衡水	县城	永乐五年移	景泰元年重建	万历三年易砖堞	4里有奇	门4	
赵州	州城	旧土城	成化四年	弘治七年建石门	13里		
柏乡	县城	隋开皇中	嘉靖十三年	崇祯七年筑砖台	5里30步	门4	
隆平	县城	宋宣和间迁	洪武十四重建		6里312步	门4	
高邑	县城	始建无考	洪武初		3里	门4	
临城	县城	旧土城	正统十年	万历二十八年易南面为石城	3里	门3	无南
深州	州城	旧城没于水	永乐十年迁	万历二十二年甃以砖	9里	门4	
武强	县城	后周显德二年	天顺中重筑	崇祯间易砖堞	4里156步	门4	
饶阳	县城	明成化五年		崇祯十年改筑砖	4里余	门3	无北
安平	县城	明成化中	正德六年重修	嘉靖二十一年砖筑堞	5里有奇	门4	
定州	州城				26里13步	门4	
曲阳	县城	唐至德间	景泰元年增修	康熙十三年用石固其下址	5里13步		
深泽	县城	明正统中	明相继增修	万历中筑瓮城	4里167步		

　　明代分南北两畿辅，这里的畿辅地区，指的是以顺天府北京为中心的畿辅地区，其范围包括今日的河北省及已经划归河南、内蒙古的一些地区。在畿辅地区的城池中，我们看到城池周回规模为整里数者或接近整里数者占的比重很大，如县城中为3里整者10座，为4里整者23座，为5里整者10座，为6里整者8座，为8里整者6座，另外有9里整、10里整者各1座。然而，令人困惑的是，其州府城池的规模，也表现为十分发散的形式，其中周长为4里整者1座，8里整者1座，9里整者4座，12里整者1座，13里整者1座，16里整者1座，24里整者3座。而作为都城的顺天府北京城，其城池的周长规模为40里整。见表2。

　　其中也出现了一些有趣的余数尺步。余数中尤以30步与13步的余数令人困惑。以城周9里左右者为例，畿辅地区的县城中，城周9里左右者有5座，其中9里整者1座，9里30步者1座，9里13步者3座。而在畿辅地区的州府城中，城周9里左右者为9座，其中9里整者4座，9里30步者1座，9里13步者，亦是4座。而需要特别提到的是余数为30步者，不仅出现在9里余中，也出现在4里余，6里余，7里余的城周长度中。但9里30步者为最多，如前面已经提到的明代河南地区城池中，城周为9里30步者，县城有5座，州府城池有3座。这样的城池规模，在明代各布政使司管辖范围内几乎都有发现，而这也恰是一个与金、元及明以来天子宫城，及天子祭祀之天坛周回尺度有所关联的数字。由此可以窥知的是，这样一个寓意祥瑞高贵的数字，并不是被皇家所专属的，一些地方官也拿来，用于自己建造的城池尺度上。

我们还可以将所有有余数的尺步，归入一个整里数的城周范畴之内，即X里XX步者，不论多少，均以其基本的里数单位归类，来观察一下其中的分布规律。仍以畿辅地区为例：

在其县城中：

城周2里者1座，3里者22座，4里者30座，5里者23座，6里者15座，7里者7座，8里者9座，9里者5座，10里者1座。而县城中规模最大者，即为城周10里。

而在其州府城中：

城周4里者6座，6里者2座，7里者1座，8里者1座，9里者9座，12里者2座，13里者2座，14里者1座，16里者1座，24里者3座，40里者1座。而府城中的典型城周规模为24里。城周40里的顺天府，已非一般的府城城周制度可比。

我们似乎还可以进一步简化这一级差系列体系。如我们设想古代城池大约是一个标准的正方形平面，每侧的边长大致是按与"里"这一单位密切相关的数字来确定的，如边长为0.5里、0.75里、1里、1.25里、1.5里、1.75里、2里、2.25里、2.5里、2.75里、3里、3.25里、3.5里、3.75里、4里、5里、6里，等等，直至边长10里、12里等。这样我们可以得出一个城池边长与城周长度的对应关系系列如表3所示。

城池边长与城周长度对应关系表　　　　表3

边长（里）	0.25	0.5	0.75	1	1.25	1.5	1.75	2	2.25	2.5	2.75
城周（里）	1	2	3	4	5	6	7	8	9	10	11
边长（里）	3	3.25	3.5	3.75	4	4.5	5	6	8	10	12
城周（里）	12	13	14	15	16	18	20	24	32	40	48

上列畿辅及河南地区的城垣尺度表中，还有一个有趣的现象，即大部分的城池，都开有东、西、南、北四座城门，有的还在四角设有角楼。一些城池，因为地理地形的限制，仅开东、西、南三门。或仅开两门。但从门的开设，及史书中所显示出来的大量城池简图来看，明代城池，无论县城、州城，或府城，多以方形平面为主。虽也偶有不规则形状者，但毕竟是少数。当然，实际的城池建造中，也许并不一定是正方的形状，或东西稍长，或南北稍长，或有一角的凹凸，都是可能的。但以古代建城或建里坊的规则，则正方形是首选的城池或里坊平面，则是可以推测出来的。

如下是由《四库全书》中所辑明清时代几个地区的《通志》中所统计的县城与州府城的城池周回数据，由表中的统计看，其城周的级差系列与我们上述的城周级差系列之间似有一些相关，见表4。

明（清）代几个地区城垣的周长统计表　　　　表4

			畿辅		河南		山东		山西		陕西		甘肃		四川		合计	
			县城	州府	县城	州府	县城	州府	县城	州府	县城	州府	县城	州府	县城	州府	县城	州府
城周2里左右	城周2里	1里整					5		2		5				15		27	
		1里余							2						3		5	
		2里整	①		19		4				8		2	2	26		59	2
		2里多	1				1		10		5		3				20	
	城周3里	3里整	10		4		19		19		9	5			32		97	5
		3里多	12		4		5		15		2		5	2			43	2

			畿辅		河南		山东		山西		陕西		甘肃		四川		合计	
			县城	州府	县城	州府	县城	州府	县城	州府	县城	州府	县城	州府	县城	州府	县城	州府
城周4里左右	城周4里	4里整	23	1	9		19		9	1	10		5	2	13	5	88	9
		4里多	7	5	14		4		7	2	9		2				43	7
	城周5里	5里整	10		12		14	3	5	1	11	4	3	2	14	4	69	14
		5里多	13		7			7	13	1	2		2					
城周6里左右	城周6里	6里整	8	1	3		9		6			1	4		6	3	31	12
		6里多	6	2	6	2		3	6	1	2	2	1	1			21	8
		6里30步	1		2				1								4	
	城周7里	7里整			6		4	4	2		3		2	1	6	2	23	7
		7里多	7	1	1	2	1		1	3	2	1	1	2			13	9
		7里30步			2	2											2	2
城周8里左右	城周8里	8里整	6	1	2		5		1		1			1	6		21	2
		8里多	3		3	1				1	2	1	1	1			9	4
	城周9里	9里整	1	4	4	2	9	3	1	2	3	3	2	3	4	9	24	26
		9里多			2	4	1	2		3		2		1			3	12
		9里30步	1	1	5	3	2		1	1				2			9	7
		9里13步	3	4	2					5							5	9
城周12里左右	城周10-11里	10里整	1									2			1	1	2	3
		10里多				1		1	1								1	2
		11里余							1	1	1			1			1	3
	城周12里	12里整				1	3	1	2						1①		5	3
		12里多				1			1									3
		13里整			1	3			1		1			1			3	4
		13里余				1												1
城周16里左右		14里		1														1
		14里余					1										1	
		15里												①				
		16里整			1									1		2		
		17里				1												1
		18里												1				1
城周24里左右	城周20里（余）	20里整						①	①	①								
		20里余				1												1
		22里																1
	城周24里	24里整			3		1		2								6	
		24里余																
	城周25里	25里整							①									
		25里余																

			畿辅		河南		山东		山西		陕西		甘肃		四川		合计	
			县城	州府	县城	州府	县城	州府	县城	州府	县城	州府	县城	州府	县城	州府	县城	州府
城周30里至50里	城周30里	30里余										1						1
		30余里																
	城周40里	40里余										1						2
		40余里																
	城周50里	50里余																
		50余里																

说明：考虑到古代测量方法较为粗略，凡原文记载为"XX里有奇"或"XX里许"、"XX里余"者，均按整里数计，凡确切记述了里之余数者，如"XX里XX分"，"XX里XX步"，考虑到古代测量技术的粗略，则将在10分或10步以内者仍计为整数，而将超过10分或10步者，则按有余数计。数据中出现如①者，表示这是曾经存在过的古城之规模。

　　表4中所列，主要是以华北、西北地区的城池为主，也列出了南方四川地区城池的数据，以作比较。从中可以看出，越接近畿辅与中原地区的城池，其城池规制越趋齐整，如畿辅与河南地区的县城中，城周4里以上者为多，而稍微边远一些的地区，如甘肃、四川，则以城周1里至3里者居多。州府城中，在畿辅、河南、山东等华北地区，城周为12里、24里者较为多见，而在甘肃、四川地区，州府城中，城周9里左右者，所占的比重似略大一些。这说明，越接近畿辅、中原地区，其城池的规模越接近某种规律性的城周规制，而稍微边远一些的地区，由于人口与财力的限制，其城池的规模，则比一般的规制略低一些。

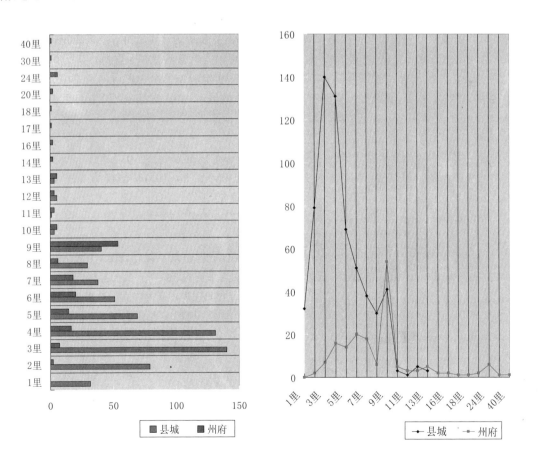

　　从如上的图表中，我们可以发现在县城与州府城城周规模中，存在着两个峰值。县城周长的峰值为3-4里左右，而州府城周长的峰值在9里左右。另外，在州府城中有一个城周12-13里与城周24里的小峰值，

而在县城中，也出现了一个城周 9-12 里的小峰值。这样就可以使我们得出一个初步的结论，即明代城池中，县城的规模以城周 3-4 里为主，而规模较大的县城，其周规模可以在 9-12 里左右。州府城城周规模，以 9 里左右为主，而以城周 12-13 里，或城周 24 里者，亦为典型的州府城规模。而州府城中偶然也有城周 30 里左右者，但城周在 40 里以上者，则已属京师之地的规模了。

那么，这样一套城周长度的统计数据中，可能隐含着一种什么样的规则呢？我们知道，中国古代都城规划中有一种里坊制度，即将城市一个确定的面积单位，划分为若干个里坊。一般情况下，一个里坊的面积，应该为一个边长为一里的正方形。这样的里坊格局至迟在《周礼·冬官考工记》中已经出现了，据《周礼·冬官考工记第六》：

> 匠人营国，方九里，旁三门。国中九经九纬，经涂九轨，左祖右社，面朝后市，市朝一夫。……庙门容大扃七个，闱门容小扃三个，路门不容乘车之五个，应门二彻三个。内有九室，九嫔居之。外有九室，九卿朝焉。九分其国，以为九分，九卿治之。王宫门阿之制五雉，宫隅之制七雉，城隅之制九雉。经涂九轨，环涂七轨，野涂五轨。门阿之制，以为都城之制。宫隅之制，以为诸侯之城制。环涂以为诸侯经涂，野涂以为都经涂。[1]

如何理解《考工记》中"方九里"的"里"字。一般来说，可以有两种可能的理解方式，一种是长度的里，即城市每面的长度为 9 里，还有一种理解是"里坊"的里，即将城市按纵横各分为 9 个里坊单位。汉代以前一里为 300 步，一个里坊一般也应该是一个长宽各一里的方格。如果按"里坊"的"里"来理解而将城市按纵横各 9 个里坊来布置，那么带来了两个问题：一是如果去掉道路的宽度，每个里坊的实际宽度均不足一里（300 步），这与里坊之里的原初意义不合；二是这样的分割，纵横各有 9 个方格，因为方格为奇数，则居中者必然是一个方格，因而东西南北四个方向都没有居中的道路。这不符合"旁三门"的描述，因为既然是每面三座门，那么一定会有一座居中的门，才比较合乎空间逻辑。

因而可以将记载中"方九里"的王城，理解为城市每面的长度为 9 里，并作如下的分割：应该以每一里坊为一个一里（300 步）见方的方格。这样，可以设想城内纵横各有 8 个里坊，其长度总和为 8 里，余一里作为道路宽度的划分。这样可以分割出宽度为 20-30 步的 6 条次要街道，及宽度为 40-60 步的与城门相接的 3 条主要街道，其分划方式既符合"方九里"的城市规模，又符合"国中九经九纬"的记述。因而，《周礼》中的王城规划，就是按整里数布置的，其中可以容纳 60 个坊，城垣的边长为 9 里，城周的长度为 36 里。

实际建造的都城中，如北魏洛阳城，隋唐洛阳，也都是按正方形平面的方整里坊布置的。每一里坊的长宽，均为当时的一里长度。隋唐长安的情况比较特殊，其里坊的规模表现为一种有节奏的律动。如里坊的边长为 350 步、450 步、550 步、650 步等。但按 50 步递增的边长长度，也使里坊的大小由周长 4 里余（边长 350 步 ×350 步的里坊），到周长 8 里（长安城内最大的里坊，即边长为 550 步 ×650 步）不等。

由此，我们可以想到，古代州县的城垣规模，大略也会按照都城中里坊的尺度规模来建造。以前面的推测，以汉文化为主要特征的明人所建造的城池，倾向于以方形平面为主要的选择，一般的县城，约为边长 1 里至 2 里的规模，其城周的尺度为 4 里左右至 8 里左右。而州城与府城的规模，或可略大于县城，如以边长 2 里、3 里或 6 里的尺度，则会出现城周 8 里、12 里，或 24 里的城池规模。而都城的规模，应该不小于《周礼·考工记》中"方九里"的规制。而边长为 10 里（城周 40 里），或 12 里余（城周 48-50 里）都是历史上常见的都城城池规模。[2]

由此推测，在如上那些看似无序的城周规模中，其实已经隐含着一定的城池尺度规则。即明代城池，大略上仍然遵循了古代"里坊"之尺度规则。较小的城池，如一般的县城，为一个里坊的规模，其边长为 1 里，城周为 4 里。小于这样一个一般尺度的县城，可以用城周 2 里（边长 0.5 里，合 1/4 个标准里坊的面积），城周 3 里（边长 0.75 里，约合 3/5 个标准里坊的面积）的规制。而大于这样一个一般尺度的县城，则可以用城

1.《周礼·冬官考工记》，927-929 页，《十三经注疏》，浙江古籍出版社，1998 年。
2. 如明代初年的顺天府北京，为城周 40 里。宋代东京汴梁府，为城周 50 里。元代大都城为城周 60 元里，合 40 清里。

周 5 里（边长 1.25 里，合 1.5 个标准里坊的面积），城周 6-7 里（边长 1.5 里或 1.75 里，约合 2 个多标准里坊的面积）。而较大的县城，则以城周 8 里（边长 2 里，合 4 个标准里坊）的规制来确定。而一般，是要在一个城池中，既要容下 4 个标准里坊，又应该留出分割里坊、住宅之街道的面积，同时，或还要留出顺城街的面积，则比较恰当的选择，为城周 9 里余，边长 2.25 里左右，以 4 个里坊分划，可以有 0.25 里的宽度，用做街道的面积。由此，也可以将城周 9 里的规制，理解为城周 8 里规制的变体形式。同样的情况，也可以放在城周 12-13 里，以及城周 24-25 里的例子下，将其分别看做城内容纳 9 个里坊，或 36 个里坊的规模。

这样，我们就可以将古代城池，看做略近里坊面积的几何级数增长形式，见表 5。

城池的等级与规模 表 5

序号	城池等级	城池边长（假设正方）	城池规制	城池面积（约）
1	小于一个里坊规模的城池	边长 0.25 里	城周 1 里	1/8 个里坊
2		边长 0.5 里	城周 2 里	1/4 里坊
3		边长 0.75 里	城周 3 里	1/2 里坊
4	约合 1 个里坊规模	边长 1 里	城周 4 里	1 个里坊
5		边长 1.25 里	城周 5 里	1 个半里坊（实际可容 1 个里坊）
6		边长 1.5 里	城周 6 里	2 个里坊
7		边长 1.75 里	城周 7 里	3 个里坊（实际可容 2 个里坊）
8	标准的县城规模，较小的州城规模	边长 2 里	城周 8 里	4 个里坊
9		边长 2.25 里	城周 9 里	5 个里坊（实际可容 4 个里坊）
10		边长 2.5 里	城周 10 里	6 个里坊
11	较大的县城，标准的州城规模	边长 3 里	城周 12 里	9 个里坊
12		边长 3.25 里	城周 13 里	10 个里坊（实际可容 9 个里坊）
13	州、府城的规模	边长 3.5 里	城周 14 里	12 个里坊
14		边长 4 里	城周 16 里	16 个里坊
15		边长 4.5 里	城周 18 里	20 个里坊（实际可容 16 个里坊）
16		边长 5 里	城周 20 里	25 个里坊
17	标准的府城	边长 6 里	城周 24 里	36 个里坊
18	大型府城	边长 8 里	城周 32 里	60 余个里坊
19	周礼王城规模	边长 9 里	城周 36 里	80 余个里坊
20	京城与都城（历代京城约在此范围左右）	边长 10 里	城周 40 里	100 个里坊
21		边长 11 里	城周 44 里	120 余个里坊
22		边长 12 里	城周 48 里	140 余个里坊

这一表列中，基本覆盖了明代，甚至承继其后的清代城池的大略规模尺度，从规模约在 1/8 个里坊大小的堡寨或小型城池，到规模有 100 多个里坊的京城，其间可以显现出来的等级系列，可以按其可能容纳的标准里坊的数量粗略地划分如表 6 所示。

城池等级系列差分析 表 6

序号	城周长度	可容标准里坊数	主要应用范围	备注
1	城周 2 里	可容 1/4 个里坊	堡寨、县城	
2	城周 4 里	可容 1 个里坊	县城，个别州府城	标准的县城
3	城周 6 里	可容 2 个里坊	县城，个别州府城	

序号	城周长度	可容标准里坊数	主要应用范围	备注
4	城周 8 里	可容 4 个里坊	县城，州府城	
5	城周 9 里	可容 4 个里坊	县城、州、府城	城周 8 里的特例，实例覆盖县、州、府城
6	城周 12 里	可容 9 个里坊	州府城，个别县城	州府：济南、武定、曹州、保定。 县城：汶上、平遥、太谷
7	城周 16 里	可容 16 个里坊	州城、府城	河间
8	城周 24 里	可容 36 个里坊	府城（标准的府城）	府城：正定、宣化、开州、太原、潞安、东平州城
9	城周 40 里	可容 100 个里坊	都城	明北京、明西安（古都）
10	城周 48 里	可容 140 个里坊	都城	宋汴梁

由如上的分析中，我们可以看出，城周 1-3 里是一些较偏僻地区的县城，或堡寨性城垣使用的城池规模。城周 4-9 里是一个较为多见的城池规模，其应用范围也比较广，虽然主要用于县城，但也可以用于州、府城。城周 12-16 里是州、府城应用较多的城池规模，但偶然也有较大规模的县城用之。而城周 24 里却是标准的府城规模，重要者如正定府、太原府皆用之。城周 40 里至 48 里，则是标准的都城规模。这一规模的京城、都城屡见于史，如宋汴梁、元大都、明中都、明北京等，皆如是。

由此得出的推论是，明代城池中，县城以 1-10 个里坊的规模为多，府城以 10-36 个里坊的规模为多，而都城的规模，大约都在 100 个里坊之上。

表中单位换算说明：1 里 =360 步；1 步 =5 尺；1 里 =180 丈。

作者单位：清华大学建筑学院

明代陕西城市平面形态与等级规模探析 *

葛天任

提要

在明代大规模的筑城运动中，陕西作为明代的边防重地，其城市平面形态和等级规模典型而富有特色，因此具有重要的研究意义。本文试图探析在明代制度重建的过程中，陕西城市的平面形态和等级规模的一般规律和特殊现象。

关键词：明代城市，陕西，平面形态，等级规模

明代陕西城市体系包括两个部分：府州县城市体系和卫所城镇防御体系。所谓"内列八府，外控三边"[1]。"内"指府、州、县城市体系，"八府"环列布置；"外"是指卫所军镇防御体系，这防御体系分为"三边"，"三边"与"八府"相呼应，内与外相拱卫，从而构成了一个完整而统一的城市体系。在明代，陕西地区有府城 8 座，州城 21 座，县城 95 座，在西北南三边还相继设置了 13 个卫所。其具体情形如图 1 所示。

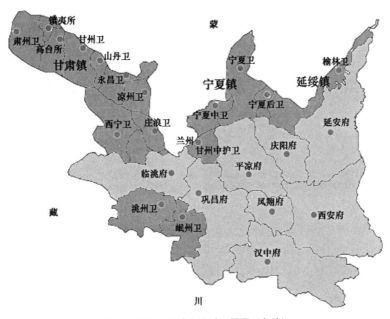

图1　明代陕西城市体系格局图（自绘）

一、综述

首先，府、州、县城的平面形态和规模大小有着鲜明的等级规律。

省治府城的规模较大，基本呈长方形。例如，西安府城周 40 里，矩形。[2]

府城一般呈正方形，这种正方形是一种理想平面形态[3]，城周在 9-12 里上下。例如，陕西省凤翔府（图 2），

---

* 本文是清华大学建筑学院王贵祥教授主持的国家自然科学基金资助项目，名称为"明代建城运动与古代城市等级、规制及城市主要建筑类型、规模与布局研究"，项目批准号：50778093。

1. ［明］赵廷瑞 等修 . 陕西通志 . 陕西省地方志办公室新校订 . 西安：三秦出版社，2006。
2. ［明］赵廷瑞 等修 . 陕西通志 . 陕西省地方志办公室新校订 . 西安：三秦出版社，2006。
3. 一般来说，还有不规则形、方形的变体、圆形、椭圆形，等等。

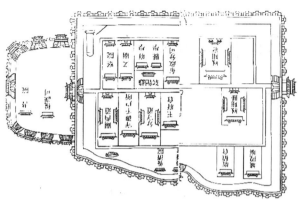

图 2　明嘉靖凤翔府图
［资料来源：陕西通志（嘉靖）］

城周 12 里，方形。

州城的平面形态主要是方形，城周一般在 6-9 里左右，规模要相应地递减。例如，固原城周 9 里 3 分，方形（图 3）。

县城的平面形态和州城的大致相仿，一般也呈方形，虽然也存在不规则形，但这种不规则图形本身也包含着一种等级较低的含义在里面，其城周一般为 3-4 里左右。例如，灵台县（图 4），其平面形式虽然不规则，但依山因水，根据地形调整平面形状，其城周 4 里 3 分。

简而言之，陕西城市的长方形和正方形是十分普遍和典型的，城市的等级规模逐级递减，根据行政等级而有规律地分布。

其次，明代陕西城市的平面形态和等级规模也存在着特殊现象。

陕西城市的平面形态不仅仅是方形和矩形，还有大量的不规则形（如灵台县城）、圆形、椭圆形、缺角方形、多边形、象征形等等。也有一些陕西城市的规模并不符合等级规制，比如有的州城比府城的规模还要大。

除了府、州、县城以外，还有大量的卫所军镇。例如兰州卫（图 5），洪武二年设立兰州卫，隶属于临洮府。这些城市的平面形态和等级规模与府、州、县城大致相仿，呈方形，有规律地按等级分布。例如，关于兰州卫，

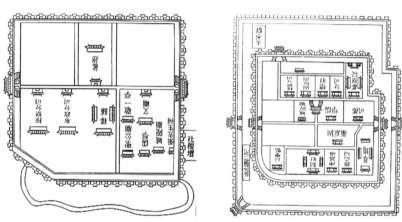

图 3　明鄜县城平面舆图（左）；固原州城平面舆图（右）
［资料来源：陕西通志（嘉靖）］

图 4　明清甘肃泽州的灵台县城图
（资料来源：中华帝国晚期的城市：92）

图 5　明嘉靖兰州卫图
［资料来源：陕西通志（嘉靖）］

韩大成先生指出，"洪武十年，在原来宋城旧址的基础上筑城，高三丈，周六里余。三面土筑，北面砖砌，设有城门四。宣德时，自城北至东增筑外郭，凡一十四里有奇。正统十二年（1447年），自东至北增筑郭城近八百丈，设郭门九。"[1] 可以说兰州卫平面形态方整，城市规模较大。同时，兰州卫还经历了城市平面形态和规模的变迁。

二、明代陕西城市平面形态

1. 规则平面形态

明代最常见的府、州、县城的平面形态是方形、矩形。

"阴阳五行学说使中国古代城市规划中的坐北朝南、四维八方的观念扎根甚深，方整的平面、东西南北四向而开的城门和十字相交的道路成了历来建城者们追求的理想模式，即使在客观条件不许可时，往往还要极力向这种模式靠拢。显然这种模式的优点也是很多的：道路网络清晰，方位明确，便于区划建筑用地，城市面貌整齐，有利于施工等等。"[2] 确实，明代陕西的城市平面形态中数量最多的就是方形。

根据明代地方志和嘉靖朝《陕西通志》的记载及其所列出的舆图，把明代陕西112座城市平面形态归类统计，其中方形平面城市为42座，占总数的37%，是数量最多的；而近似方形的如方形缺角的占18%，方形嵌套的占2%，合计是20%；矩形占到3%，而且都是府城。也就是说，明代陕西的正方形和矩形的城市占到了总数的60%，据此，可以说其主要的平面形态是正方形和矩形（图6）。

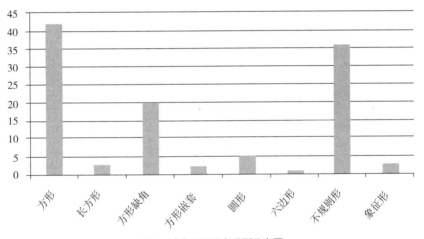

图6 城市平面形态类型分布图

表1列出了具体的统计结果。

明代陕西城市平面形态分类统计表　　　　　　　　　　　　　　表1

平面形状	城市名称	数目	百分比
方形	咸阳、临潼、高陵、蓝田、山阳、商南、朝邑、合阳、澄城、白水、华州、同官、褒城、城固、西乡、沔县、宁羌、金州、汉阴、白河、泾州、静宁、庄浪、隆德、漳县、宁远、成县、秦州、秦安、阶州、礼县、文县、临兆、渭源、兰州、金县、真宁、延川、洛川、绥德、神木	41	36.9%
矩形	西安、汉中、平凉府	3	2.7%

1. 韩大成. 明代城市研究. 北京：中国人民大学出版社，1991：123. 根据明嘉靖《陕西通志》记载，如图5所示，兰州城四门，城周十里，与上文描述有出入。《陕西通志》的记载可能是洪武时期的情况，嘉靖时重修有些城市也沿用了洪武时期的记载。例如，下文谈到的葭州城，其平面形态与城市规模都是洪武时期的记载，而不是嘉靖时期的真实反映。
2. 刘敦桢. 中国古代建筑史. 北京：中国建筑工业出版社，1992：42.

续表

平面形状	城市名称	数目	百分比
方形缺角	鄠县、盩厔、镇安、洛南、同州、华阴、武功、邠州、淳化、岐山、扶风、郿县、麟游、陇州、开阳、洋县、固原、伏羌、徽州、河州	20	18.0%
方形嵌套	安定、宁州	2	1.8%
圆形	泾阳、韩城、三水、凤县（椭）、洵阳	5	4.5%
六边形	巩昌	1	0.9%
不规则形	兴平、三原、商州、渭南、蒲城、耀州、富平、醴泉、永寿、潼关、凤翔、宝鸡、平利、石泉、紫阳、崇信、华亭、灵台、清水、两当、环县、延安、安塞、甘泉、安定、保安、宜川、延长、青涧、鄜州、中部、宜君、米脂、葭州、吴堡、府谷	36	32.4%
象征形	乾州（龟形）、略阳（钟形）、镇原（拟蝴蝶形）	3	2.7%
总计		111	100%

（资料来源：明嘉靖《陕西通志》）

下面举例说明明代陕西城市的平面形态。

如绥德州城（图7左）为平面方形，四门，十字街式，是典型的城市平面形态。据《陕西通志》载，"城周九里，高二丈，池深一丈五尺。"

而平凉府城（图7右）则呈长方形，城关部分和主城形成了两个部分，因为人口增多和城市发展，形成了套城格局。关于套城格局的形成，巩昌府志的记载很好地说明了这一点。"正德戊寅，太守朱公裳，奉檄，城东北西三郭，其比郭居民倍于城中，市井咸集。然墙卑池浅，不称保聚。隆庆丙子，分守陇右道恭议李公维又奉檄重筑此郭，开拓旧基，可兼容二郭之民。"[1] 这里由于人口增加，同时"不称保聚"，所以开拓旧基，形成了套城。

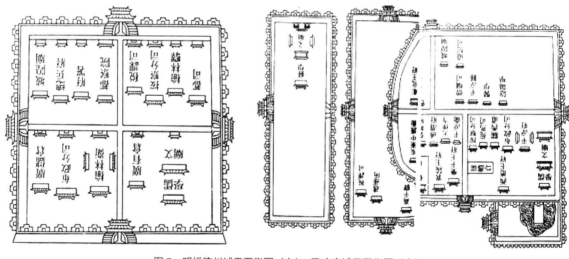

图7 明绥德州城平面舆图（左）；平凉府城平面舆图（右）
[资料来源：陕西通志（嘉靖）]

另外值得注意的是，基本上矩形城市一般都是府城，例如西安府城、平凉府城、汉中府城等。而县城中，则几乎没有矩形城市。这是因为，府城的人口和城市规模都要比县城大，当原有城墙所选定的范围不能容纳城市的发展需求时，就要另筑新城墙，把老城外发展起来的部分如城关地带等包括进去，于是也就形成了矩形的平面形态特征。如平凉城，"平凉县城主城东西长，而且东城为弧形城，北部一道城，东部一关城二城相连接，此外在东城墙之东，接连各形城，矩形城、方形城，共计东边就相连四个关城。"[2]（图8）因此，随着城市的发展，原来的方正的规则形也就逐渐扩展而变成了矩形。

1. 巩昌府志. 卷之九. 建置志. 文中标点为笔者所加。
2. 张驭寰. 中国城池史. 天津：百花文艺出版社，2002：320。

郿县城是典型的方形缺角的平面形态，这样的城市在明代陕西有20座，占到总体的17.9%。缺角的原因有很多种，例如受到自然地理条件的束缚等原因。但是我认为不能把这些方形缺角的城市算做不规则形的城市来讨论，主要理由是这些城市从总体上看还是属于方形的，和其他不规则形有本质上的不同。也就是说，方形缺角形更接近于方形，是有规则可循的，也是尽量附会理想类型的平面形态。

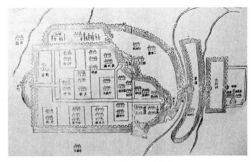

图8　清代平凉县城木刻图
（资料来源：《中国城池史》）

圆城，也是规则形态中的一种。这是古代建城者所追求的一种平面形态。一些地方志习惯上称之为圆城。实际上所谓的"方城"和"圆城"，并非几何学上的方与圆，而是将由直线组成的平面形态较为规整的城市称为"方城"，而由弧线组成的近似圆、长圆或卵形城市，称为"圆城"。圆城的出现还受到防御要求、防洪要求和某种象征意义的驱使（图9、图10）。[1]

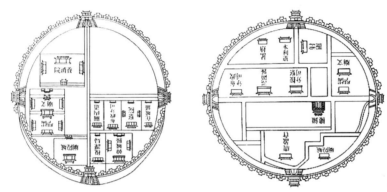

图9　明韩城平面舆图（左）；泾阳城平面舆图（右）
［资料来源：陕西通志（嘉靖）］

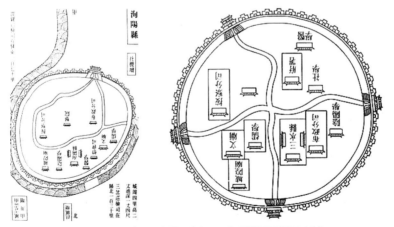

图10　洵阳城平面舆图（左）；三水县城平面舆图（右）
［资料来源：陕西通志（嘉靖）］

2. 不规则平面形态

根据表1，明代陕西城市中还有占32.1%数量的城市平面形态是不规则形，共有36座。这些不规则形的城市可以分成如下几种类型：

（1）凸字形。城市北边或者南边突出一部分，从而形成凸字形平面。

1. 潘谷西　主编．中国古代建筑史（元明卷）．北京：中国建筑工业出版社，2001：45。

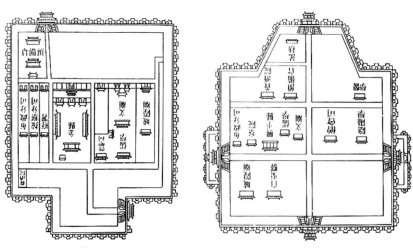

图11 明金县城平面舆图（左）；兴平县平面舆图（右）
[资料来源：陕西通志（嘉靖）]

例如，金县城、兴平县城、商州城、同州城等（图11）。

（2）自由形。"许多府、县由于地形的限制，不得不因地就势建城，使城的平面形成曲折多变的不规则形状。这种情况在山区的表现尤为突出。"[1]这些自由形的城市要么是包山，例如延长县城、鄜州城等；要么因山临水，例如葭州城、镇原城；要么是重要的战略要地而凭山为险，例如潼关卫、保安城等（图12）。

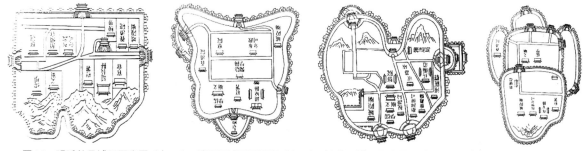

图12 明延长县城平面舆图（左一）；镇原县城平面舆图（左二）；潼关卫城平面舆图（左三）；保安城平面舆图（右一）
[资料来源：陕西通志（嘉靖）]

关于不规则形城市的形成，很重要的原因是人口的增长和城市发展需要。例如明代陕西的葭州城十分典型。葭州，今佳县。距九边重镇榆林仅百余里，是一处重要的军事据点。明朝初年，设县，随后升为州，隶属延安府。根据明嘉靖《陕西通志》所附的城市平面舆图（图13）记载"城周二里，高二丈，池深一丈。"山顶北端筑城，规模很小。而《中国古代建筑史》中关于此的一段论述指出，明代此城：

> 周围约三里，隆庆间知州章评以城狭小，扩建南城周围七里，逐渐形成南北约1500米，东西宽500米的城区。城墙用石包砌，随山崖蜿蜒而筑，所以城的平面极不规则，城内有一条贯串南北的大路，其余均为石板铺设的支路，道路起伏曲折，山城布局特点显著。北城东侧面临黄河有香炉峰，峰前有石如削，顶平如香炉，万历间石上建有寄傲亭及观音小阁，凭槛俯览黄河湍流，如置身虚空间，日西影映中流，犹如海内蓬瀛。（嘉庆《葭州志》）[2]

---

1. 潘谷西. 中国古代建筑史（元明卷）. 北京：中国建筑工业出版社，2001：46.
2. 潘谷西. 中国古代建筑史（元明卷）. 北京：中国建筑工业出版社，2001：47.

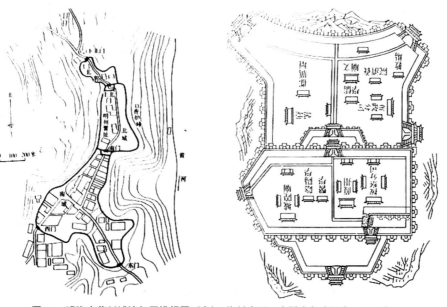

图13　明隆庆葭州城墙复原推想图（左）（资料来源：中国古代建筑史·元明卷）；
明初葭州城平面舆图（右）［资料来源：陕西通志（嘉靖）］

也就是说，明代葭州城从明初到隆万年间其城市平面形态和规模有了较大变迁。城市在不断地向外扩展，而平面形态也变得不规则了。

3. 象征性平面形态

明代陕西城市平面形态中还有一类，就是比拟或者比附某种吉祥事物的象征性形态，这种象征性形态往往希望城市获得神灵的护佑。从嘉靖朝《陕西通志》所附的城市舆图来看，有乾州城，镇原城、略阳城等（图14），从记载上来看，如陕西的鳌屋县，"东西长、南北窄，象鱼形。"[1] 以及商州城，"周五里，高二丈五尺，池深二丈，形如鹤翔，面对龟山，谓之龟山鹤城。"[2]

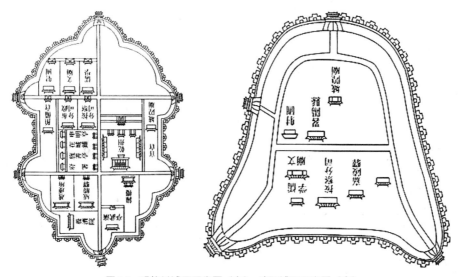

图14　明乾州城平面舆图（左）；略阳城平面舆图（右）
（资料来源：明嘉靖《陕西通志》）

1. 陕西通志（乾隆）. 卷十二. 城池。
2. 同上。

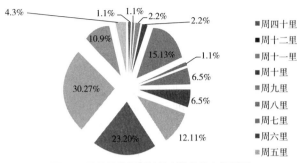

图15 周回里数相同的城市数量分布饼状图

饼状图图例：
- 周四十里
- 周十二里
- 周十一里
- 周十里
- 周九里
- 周八里
- 周七里
- 周六里
- 周五里

三、明代陕西城市的等级规模

1. 明代陕西城市规模的一般规律

关于划分城市等级规模的用意，白颖指出，"明太祖希望构筑一个儒家传统理想中的稳定社会，因此他以法令的形式对社会等级进行严格的规定，用里甲制度保证社会基层的秩序，倡导自给自足，反对奢侈浪费，建筑制度也体现出严格的等级性，……朱元璋创建明朝着力新秩序的建立，并希望通过法律手段将各种制度稳定下来，对于象征社会地位的建筑规范，国家给予了特别的重视，以一种理想的绝对划分方式规定了建筑群的等级规模。"[1] 这样，行政等级和城市规模等级就联系起来，行政等级越高的城市其规模也就越大。

明代城市等级一般可以分为五个等级。分别是：第一等级，京师和都城，包括南京与北京，在明代初年还包括中都凤阳；第二个等级，府城。第三个等级是州城，其又分为直隶之州和府辖之州，所以府辖之县级州城就属于第四等级的城市；第五等级就是一般的县城。[2]

城市等级规模主要是通过城市周回里数来确定。关于城周里数的记载散见在各种通志、地方志文献之中。经过统计，可以得出五个等级的城周里数的范围（图15）。

以陕西省为例（表2）。规模最大的是西安府，城周40里，规模超大，超出了一般府城乃至省城的规模。这有几点原因：一是西安是古都，历史上城池因循积累；二是西安是西北的门户，也是西北的治理中心，曾有三司并治的局面，军事、行政、监察机构都设立在此，而且明代藩王戍边，秦王府就设在西安，因此西安的等级规模也不同寻常；三是西安是中国陆路交易的重要枢纽城市，地处西北，重要性在明清如同沿海的广州，是马政、茶政、丝绸等等大宗货物的交易的中心城市，因此商业繁荣，物埠人丰。

此外，一般府城，周回在9里至12里之间（表2）。陕西共8座府城，除西安外，最大的府城周回12里整，最小的府城周回9里整，而且以9里大小居多。

明代陕西府城等级规模统计表　　表2

府	城市规模
西安府	四十里
凤翔府	十二里
汉中府	九里三分
平凉府	十一里三分
巩昌府	九里
临兆府	九里三分
延安府	九里三分
庆阳府	不详

（资料来源：明嘉靖《陕西通志》）

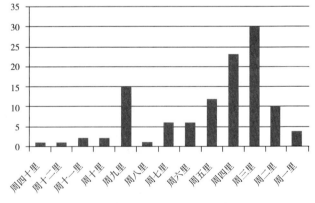

图16 周里数相同的城市数目统计分布柱状图

州城规模，分布在周5-10里之间（表3）。其中规模最大的周10里的州城2座，分别是兰州和鄜州。多数还是集中在周6-7里之间。县城的规模，集中在周3-4里之间，其中尤其以周3里左右的县城为多。周2里及1里左右的县城为数也不少，共有14座（表3，图16）。

1. 白颖. 明洪武朝建筑群的规模等级规制体系探析. 中国古代建筑基址规模研究. 北京：中国建筑工业出版社，2008.
2. 王贵祥. 明代城池的规模与等级制度探讨. 建筑史（第24辑）. 北京：清华大学出版社，2009.

明代陕西城市等级规模分类统计表　　　　　表 3

城市规模	城市	数目
周四十里	西安	1
周十二里	凤翔府	1
周十一里	潼关、平凉府	2
周十里	兰州、郦州	2
周九里	同州、乾州、邠州、麟游县、汉中府、固原州、隆德县、巩昌府、临兆府、河州、延安府、保安县、延长县、绥德州、米脂县	15
周八里	蒲城县	1
周七里	兴平、华州、静宁州、徽州、青涧县、中部县	6
周六里	耀州、城固县、洋县、金州、平利、宜川	6
周五里	鳌屋、商州、醴泉、永寿、陇州、汉阴、华亭、成县、清水、环县、安定、宜君	12
周四里	咸阳、临潼、高陵、蓝田、镇安、朝邑、韩城、同官、武功、淳化、扶风、西乡、凤县、宁羌、沔县、略阳、洵阳、紫阳、灵台、会宁、秦州、延川、神木	23
周三里	泾阳、洛南、商南、郃阳、白水、富平、三水、岐山、郿县、开阳、褒城、石泉、白河、崇信、泾州、安定、宁远、伏羌、秦安、阶州、礼县、文县、渭源、金县、宁州、真宁、安塞、甘泉、府谷	29
周二里	鄠县、三原、山阳、澄城、华阴、渭南、宝鸡、两当、洛川、葭州	10
周一里	吴堡、漳县、镇原、庄浪	4

（资料来源：明嘉靖《陕西通志》）

但是，并不能从城市的行政等级中得到一个比较清楚的严格的规模等级差序表，这说明明代城镇规模也不是严格按照行政等级确定。[1]比如，同样是府城，西安府城周40里，而凤翔府城周12里，延安府、临洮府、汉中府则是9里3分。同样是县城，青涧县周7里，而漳县周1里3分。

2. 城周的整数与余数尺度

明代陕西城市规模，在所统计的 113 座城市中，城周长分别有整数尺度城市为 44 座，余数尺度为 69 座。

关于明代陕西城市规模的整数尺度，例如，巩昌府秦州，"唐天宝初，节度使王忠嗣城雄武，城于今城之东，宋知州罗极，城东西二郭盖节度使城也，明洪武初，卫千户鲍成循西城旧址而城之，周四里，高三丈五尺，池深二丈，阔称之。关东西二门咸覆以重楼，环以月城，卫以敌台，砖坯窝铺，丽丽星罗，称险固矣。其东郭则裁古城之半以为城。"[2]显然，该城在古城的基础上经过重修、新加建之后，城周为四里，而这里的整数尺度也显然是有意为之。再如，安定县，"万历中，葛登府相继奉檄增修均之有功于保障，周围三里，城高三丈，底阔五丈，收顶二丈五尺，女墙高六尺若干，堵砖甃水道二十八渠，壕深二丈，口阔称之。"[3]也记载了县城的周围尺度的整数为 3 里。此外，通过明嘉靖朝的《陕西通志》对城周长度的统计，这些整数尺度确实是城市规模和实际建造的一个基本的参考标准。

明代陕西城市规模的余数尺度，尤其以余数3分者为多。经统计，余数为3分的城市共有24座，例如城固县为6里3分，平凉府为11里3分，灵台县为4里3分，隆德县为9里3分，甘泉县为3里3分，宜君县为5里3分。涉及从3里到11里的所有城市规模等级。这应该不是巧合，余数为3分者应当是刻意追求的某种具有象征意义的数字。

在余数为3分的城市中，值得注意的是很多城市的城周规模为9里3分。这些城市有：固原、乾州、汉中、麟游、隆德、临兆、延安、保安、延长等 9 个府、州、县城。学者们曾经论述过 9 里 30 步的余数尺度的象征意义[4]，而 9 里 30 步究竟和 9 里 30 分是否具有同样的象征意义，还待方家考证，但是共同的一点却是

---

1. 王贵祥．明代城池的规模与等级制度探讨．建筑史（第 24 辑）．北京：清华大学出版社，2009。
2. 中国科学院图书馆 编．稀见地方志汇刊．巩昌府志（清）．北京：中国书店出版社，2002。
3. 同上。
4. "九里三十步"尺度。见于金元时代的宫城，明代的天坛，清代的盛京城中，应该是一个具有较重要象征意义的城周规模尺度。

毋庸置疑的，就是余数尺度同为 30 这个数字。对于 9 里 30 分，如果确实是具有象征意义的话，也是没有严格规定的。府、州、县城基本上都有 9 里 3 分的城周规模。而且，有的城市还有城周 9 里 2 分的记载，如陕西同州。

3. 城市规模的变迁

陕西省历史久远，很多城市始建很早，但是大多已经毁弃，成了故迹。据记载，"关中建置之盛，自周官三百，各树厥宅，而后下讫汉唐，陛载百重，周庐千列，所谓各有典司，星罗棋布者，大半已成故迹。"[1] 而在明代初期即洪武初年，及中叶即正德至万历年间，先后重修加固，建设了城楼、角楼、城堞、城门（表 4）。一些城市的城墙甃砖砌筑，这一点屡见于地方志文献中（表 4）。

抽样统计明代陕西城市城池建设及规模变迁　　　　表 4

城市	等级	始建	明代重建（修）	城池变迁	城池建制
西安	府	府城即隋唐京城。宋金元因之	明洪武、嘉靖、隆庆、崇祯重修	明洪武初，增修。嘉靖五年，重修城楼。隆庆二年，甃以砖。崇祯末，筑四郭城	门四，四隅，角楼四，敌楼九十八座
延安	府	唐天宝初建，一云赫连勃勃所筑，即南北朝时期	明弘治重修	宋范仲淹继之。明弘治初，复葺。西面依山，上建镇西楼，内祀文昌，范仲淹所创，兵毁	周九里，高三丈，池深三丈，门三……上建重楼，又有小东门，曰津阳
巩昌	府	宋	洪武初、正德、隆庆重修	府城，汉唐不可考，宋惟土城，元中统初拓其城址。明洪武初重修之。正德戊寅，筑城东西三郭。隆庆丙子，重筑此郭	周九里一百二十步，高四丈，池深三丈七尺，阔称之，皆覆以层楼……角楼四，戍楼若干，窝铺若干，砖碟若干。辟东西北三门，皆覆以楼，重壕复堑，砖坯戍楼
凤翔	府	唐	明景泰、正德、万历重修	唐李茂贞筑。明景泰正德万历间先后三修，女墙砖砌	高城周一十二里三分，三丈，厚称之
岐山	县	唐武德四年移建	明嘉靖间增筑。万历至崇正间重修	唐武德四年复建。元时重修。明嘉靖间，增筑。东西郭各周围二里许。三十四年地震，城圮，重修。万历至崇祯间，先后三修	土城五里三分
宝鸡	县	唐至德	明万历三年	唐至德二年，明万历三年，增筑东西月城二重。崇祯十三年，南门外建筑水城，后废	土城周五里二分
扶风	县	不详	明景泰元年建，嘉靖万历年间重修	明景泰元年建，嘉靖至万历间，先后四修。崇祯八年重筑	土城周四里三分，敌楼五座
郿县	县	元武宗元年筑	明景泰正德隆庆万历间先后四修	元武宗元年筑。明景泰正德隆庆万历间先后四修。南门后塞	土城周三里。门三
麟游	县	隋唐	明景泰元年	明景泰元年重修	土城周二里三分。高三丈三尺，基厚三丈，顶厚一丈二尺，垛计一千二百四十，门三
开阳	县	不详	不详	旧城明嘉靖年间水冲没，移建今治，土城砖垛	周三里四分，高二丈六尺，基厚一丈五尺，顶厚一丈二尺。城为开东西二门。南北门塞，城外濠深一丈，阔一丈五尺
陇州	县	不详	明景泰元年	明景泰元年，增筑。后陆续增修。女墙砖砌	土城周五里三分，高三丈，基厚二丈六尺，顶厚一丈，女墙高五尺

（资料来源：清乾隆《西安府志》、《巩昌府志》、《延安府志》、《凤翔府志》）

---

1. 西安府志（乾隆）。

城市规模的变迁往往伴随着城池的改建、迁移和重建。除了人口增长和城市发展需要外，还有地震、洪水等不可抗力的原因。例如，文献记载岐山县城"三十四年地震，城圮"[1]，又如开阳县城"旧城明嘉靖年间水冲没，移建今治"[2]。此外，明代的制砖技术的发展，也为这个时期城池砌筑提供了技术上的支持。

四、结语

　　总之，明代陕西城市的平面形态主要为正方形和长方形，同时也存在大量的不规则形态，这些不规则形态主要是因为人口规模、地理环境、社会文化等的影响而形成的。

　　明代陕西城市的规模大小按行政等级有序构成，符合明代的等级规制的要求（图17）。府城城周在9-12里左右，州城城周在6-9里左右，而县城城周在3-4里左右。而且，城市的周回里数有整数和带有余数两种尺度。余数尺度如"九里三分"，是古代某种重视余数，并以余数为某种吉利象征的思想的反映。

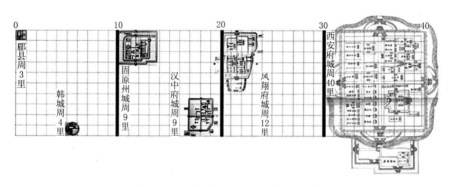

图 17　明代陕西城市等级规模比较示意图

参考文献

[1][明] 赵廷瑞等修．陕西通志．天一阁明代地方志丛刊．国家图书馆馆藏胶片 DJ05201．

[2][明] 赵廷瑞等修．陕西通志．西安：三秦出版社，2006．

[3][清] 舒其绅修．西安府志．据清乾隆四十四年（1779 年）刊本影印．

[4][清] 付应奎修．韩城县志．清乾隆五十二年（1787 年）刻本．

[5][清] 达灵河修．凤翔府志．据清乾隆三十一年（1766 年）刊本影印，台北：成文出版社，1970．

[6] 凤凰出版社编选．中国地方志集成．陕西府县志辑．南京：凤凰出版社，2007．

[7][清] 纪元补 纂．巩昌府志．本书清康熙二十六年（1687 年）刊本影印．

[8][清] 费廷珍 纂修．秦州志．据清乾隆二十九年（1764 年）刊本影印．

[9][清] 洪蕙 纂修．延安府志．嘉庆（1796-1820 年）抄本．

[10][明] 李遇春 纂修．李东甲、贾言 校补．天一阁藏明代方志选刊影印本．上海古籍书店辑．

[11][清] 刘德全 等纂．洵阳县志．据清光绪三十年（1904 年）刊本影印．

[12] 凤凰出版社编选．葭州志．中国地方志集成•陕西府县志辑．南京：凤凰出版社，2007．

[13] 凤凰出版社编选．米脂县志．中国地方志集成•陕西府县志辑．南京：凤凰出版社，2007．

[14] 凤凰出版社编选．绥德州志．中国地方志集成•陕西府县志辑．南京：凤凰出版社，2007．

[15][明] 荆州俊修．据明万历三十三年（乙巳 1605）刻增修本影印．稀见中国地方志汇刊．北京：中国书店出版社，2002．

[16][明] 赵时春修．平凉府志．据明嘉靖刻版重印．

[17][明] 梁明翰 修．傅学礼 纂．稀见中国地方志汇刊．北京：中国书店出版社，1992．据明嘉靖三十六年（丁巳 1557 年）刻增修本影印．

[18][明] 张良知 纂修．汉中府志．据明嘉靖二十三年（甲辰 1544 年）刻本拍照．

[19][清] 冯达道 修．汉中府志．清顺治（1644-1661 年）刻本．

1. 凤翔府志（乾隆）。

2. 同上。

[20]［清］宋世荦，吴鹏翱，王树棠 纂．嘉庆扶风县志．中国地方志集成·陕西府县志辑．南京：凤凰出版社，2007.

[21]［清］钟赓起 纂修．刘斌 增修．甘州府志．乾隆刻本（缩微品）.

[22]［明］韩城县志．万历三十五年本刻本.

[23]［清］张廷玉 等，撰．明史．中华书局，2007.

[24] 王贵祥．明代建城运动概说．中国建筑史论汇刊（第壹辑）．北京：清华大学出版社，2009.

[25] 王贵祥．关于中国古代宫殿建筑群基址规模问题的探讨．故宫博物院院刊，2005（5）.

[26] 王贵祥．明代城池的规模与等级制度探讨．建筑史（第24辑）.

[27] 薛平拴．见于记载的明清陕西人口数据及其评价．西安：陕西师范大学继续教育学报．2002（1）.

[28] 成一农．清代的城市规模与行政等级．扬州大学学报（人文社会科学版），2007（5）.

[29] 李德华．明代山东城市平面形态与建筑规制研究．清华大学硕士学位论文，2008.

[30] 王裕国．明代河南城市规制与建筑布局研究．清华大学硕士学位论文，2009.

[31] 白颖．明洪武朝建筑群的规模等级规制体系探析．中国古代建筑基址规模研究．北京：中国建筑工业出版社，2008.

[32] 谭其骧．中国历史地图集．北京：中国地图出版社，1982-1988.

[33] 贺业钜．中国古代城市规划史．北京：中国建筑工业出版社，1996.

[34] 潘谷西．中国古代建筑史·元明卷．北京：中国建筑工业出版社，2001.

[35] 刘敦桢．中国古代建筑史．北京：中国建筑工业出版社，1992.

[36] 王贵祥．中国古代建筑基址规模研究．北京：中国建筑工业出版社，2008.

[37] 王贵祥．东西方的建筑空间．北京：中国建筑工业出版社，1998.

[38]［美］施坚雅．中华帝国的城市发展中华帝国晚期的城市．北京：中华书局，2000.

[39] 傅熹年．傅熹年建筑史论文集．北京：文物出版社，1998.

[40] 傅熹年．中国古代城市规划建筑群布局及建筑设计方法研究．北京：中国建筑工业出版社，2001.

[41] 张驭寰．中国城池史．天津：百花文艺出版社，2002.

[42] 张驭寰．中国古代县城规划图详解．北京：科学出版社，2007.

[43] 董鉴泓．中国城市建设史．北京：中国建筑工业出版社，2004.

[44] 董鉴泓．中国古代城市二十讲．北京：中国建筑工业出版社，2008.

[45] 韩大成．明代城市研究．北京：中国人民大学出版社，1991.

[46] 汪德华．中国城市规划史纲．南京：东南大学出版社，2005.

[47] 史红帅．明清时期西安城市地理研究．北京：中国社会科学出版社，2008.

[48] 张永禄．明清西安词典．西安：陕西人民出版社，1999.

作者单位：清华大学建筑学院

明清河南城市平面形态及其演变研究

王裕国

提要

明清时期，中国城市发展日趋成熟，这段时期河南地区城市格局至今仍然部分保留在城市中，给城市留下了丰富的文化遗产。本文以明清河南城市地方志、舆图及其他相关文献记载为研究基础，分析明代河南城市的平面形态及其规制，发现其在多样的面貌下存在着一定的等级规制，一方面源自里坊制对其影响，另一方面则随着新的功能需求和营建理念而演变。这种演变的过程整合了自然环境和人工经营，因完备的礼制系统的存在而凝聚在一起。

关键词：平面形态，规模，制度，演变

目前河南省保存较完整的古城墙只有开封和商丘，其余城市的城墙多在新中国成立前的战火及新中国成立后的拆城过程中被破坏。有一些城市则在发展过程中避开了老城，没有以老城为中心发展，使得老城的格局保存得较为完好。如密县、洛宁、嵩县。另外一些城池保存了部分残留的城墙，如表1所示。

明清河南城池保存状况表　　表1

残留城墙的城市	城墙保存状况
陕州	东南数段城墙，部分地段有断续的夯土墙，东、北、南城门残迹尚可寻找
郑州	西城墙和北城墙西段破坏较重，残墙大部分被埋在地面以下，东城墙和南城墙的大部分还保留在地面上，位于郑州市城东路南段和城南路东段
沁阳（怀庆府）	东北部城墙 300 多米
汲县（卫辉）	现存城基
汝南（汝宁府）	东、西、北三面残存部分城墙高 5 米
浚县	城市西部沿卫河及西南部 700 米，高 12 米，宽 7 米，墙基铺青石，高 4 米，上为砖砌墙垛，白灰桐油灌浆，内实以夯土，有两小门，一曰"观澜门"，一曰"允淑门"（水驿门）。为省级重点文物保护单位
嵩县	西墙和北墙尚可辨寻，北门门址保存尚好
长垣	砖城在抗日战争中被毁，土城墙保存较为完整
襄城	现存城市西南部共 2297 米城墙及瓮城，高 10 米，底宽 3 米，瓮城南北长 58 米，东西半径 32 米，周长 150 米，红石奠基，青砖覆面，瓮城城门南开，砖制券门保存完好，瓮城里面的城墙城门部分残损
洛宁	现存残墙四段，长约 500 余米，残高 4 米

（资料来源：《中国文物图集·河南分册》）

护城河易于淤塞，现在留存较为完整的仅见于归德府、彰德府、卫辉府、南阳府、许州、光山、陈留、息县、淇县、鹿邑、夏邑、永城、桐柏、新野、鲁山等，而且利用的情况并不理想。部分城市的护城河不完整，大部分城市的护城河已成为平地。笔者调查的部分城市中，许州护城河宽 20 米左右，鹿邑护城河宽 10 米左右，比乾隆《河南通志》记载的 2 丈 3 尺和 8 尺要宽（图1）。

那些已不存在城墙痕迹的城市中，原来的城市格局仍然部分存留。如安阳、南阳、许州、禹州、邓州、淇县、郏县、息县、叶县、孟津、桐柏、修武、通许、鄢陵、太康、临颍、上蔡、扶沟、鹿邑等。

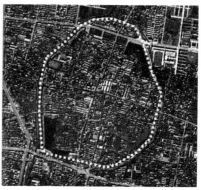

图1 夏邑卫星平面（左）；襄城卫星平面（中）；长垣卫星平面（右）
（图片来源：google earth）

一、明清河南城市的规模

中国古代城市规模一般以城市城墙的周长来表示，而不用城市的占地面积。对明清河南城市规模的分析主要依据方志中各城周长里数的记载。当里数不为整数的时候，用步作为二级单位（图2）。

明清河南城市规模按府州县来看，有着比较明显的等级关系，但也存在不均衡的情况，如府城的规模并不相同，不少县城的规模比府城要大得多，如汝宁府仅5里30步，而郏县却达13里，等等。这主要有两方面原因：一，明初对元代的城市建置进行了较大的变动。因元末战乱而带来的城市萧条，不少州城被降为县城，如孟州、息州、辉州、淇州、林州等，洪武元年降归德府为归德州。但这些城市多继承了前代的城市格局，因此并不单纯反映明清二代的城市规模等级。二，明朝中后期及清朝，河南城市的建置变化不大，但随着政治经济的稳定，不少城市或被重建，或规模被扩大，也造成了部分城市规模的不均衡。

明清河南地区府城与州城的规模差异不大，除开封府为20里之城外，其余府城和州城规模多为6-9里，而县级城市则多为3-5里（图3）。

因此将乾隆《河南通志》中记载的河南城市规模按四舍五入，分为三类，其中10里及以上的为大型城市，6-9里的为中型城市，5里及5里以下的为小型城市。其中各府城有附郭，"邑各有城，倚郡郭者无城。非

图2 明清河南城市规模分析图（笔者绘）
根据乾隆《河南通志》的城市规模绘制，将其分为单数和双数两种里数，
可以清楚地看出各城的相对位置及规模的等级

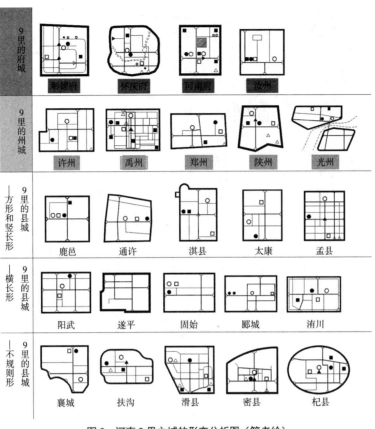

图3　河南9里之城的形态分析图（笔者绘）

无城也，郡城即邑城也。"[1] 仅在府城内设县一级的行政机构和祠祀机构，不在表2中单独列出。

明清河南城市规模等级表 表2

规模	城市名称
20里	开封府
13里	柘城，郏县
11里	睢州
9里	彰德府，怀庆府，河南府，许州，禹州，郑州，陕州，光州，汝州，淇县，滑县，新乡，阳武，孟县，密县，通许，杞县，洧川，扶沟，太康，襄城，鄢城，鹿邑，遂平，固始
8里	归德府，磁州，仪封，夏邑，渑池，卢氏，内乡
7里	陈州，裕州，陈留，延津，兰阳，封丘，汜水，尉氏，浚县，项城，确山，光山，上蔡
6里	南阳府，卫辉府，鄢陵，中牟，河阴，临颍，长葛，济源，偃师，唐县，桐柏，舞阳，商城
5里	汝宁府，荥泽，新郑，西华，考城，宁陵，临漳，胙城，温县，永宁，嵩县，镇平，泌阳，淅川，西平，息县，罗山，鲁山，宝丰
4里	信阳州，原武，商水，虞城，永城，武安，涉县，辉县，修武，武陟，新安，宜阳，孟津，巩县，登封，阌乡，邓州，新野，叶县，伊阳
3里	荥阳，沈丘，林县，汤阴，获嘉，灵宝，新蔡
2里	真阳

（资料来源：各府州县方志）

除整数尺度的规模外，周9里，9里13步或9里30步是一种特殊的尺度。9里的府城有3座，占府城数的近一半；州城6座，除去11里的睢州，8里的磁州，7里的陈州、裕州和4里的信阳州，几乎所有的州城都为9里；另外有16座县级城市为9里之城。《周礼·考工记》中王城的规模为"方九里"，而地方城

---

1. 康熙《商丘县志》。

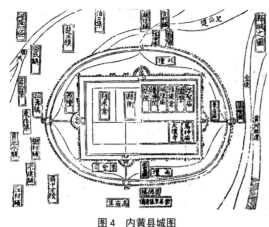

图 4　内黄县城图
（图片来源：嘉靖《内黄县志》）

市很难达到这种规制，是一种附会的模数。从数字的象征意义上看，9 里 13 步以 9 里代表天下九州、13 步象征人体的科脉，是一种天地一体的城市象征平面。而 9 里 30 步的尺度多用于元明两代的城市宫城建筑群：金代上京城宫城基址规模、元大都宫城的基址规模、明代中都凤阳宫城的基址规模，以及南京天坛圜丘外垣的基址规模，都采取了 9 里 30 步的尺度。这是金元明三代皇家建筑群的重要尺度，其中具体而微的象征意义本文不作探讨，但这反映了统治者对城市营建的一个基本的准尺，这种准尺反映了天下一统的思维方式下城市营建存在着标准化的追求。这种追求如果在内城的规模上不能实现的时候，往往会通过外郭城或城外的护城堤来实现。如嘉靖《内黄县志》载："城周围 5 里，土筑，高 3 丈，阔 3 丈 5 尺。外郭城 9 里，高 1 丈 5 尺，池亦深阔，可以蓄水。"乾隆《偃师县志》："护城堤防周 9 里 13 步，西北曰白虎堰，东南曰王公堤。"（图 4）

　　《周礼·天官·序官》："惟王建国，辨方正位，体国经野，设官分职，以为民极。"在城市营建之初，方向的选择很重要。明清河南城市的方位多取正南正北向，但大多存在一定的偏角。一方面与当时的测量技术有关，另一方面与河南的山川形势有密切关系。黄河在明清之前主要流向东北，其支流如伊水、洛水、谷水也多流向东北。而淮河水系及其支流多流向东南，这也决定了城市方位会随水的流向作出调整。

　　在城市营造的初期，这种水系的方位就一定程度地决定了城市的方位。其中偏角较大的可达 45°，如嵩县："嵩城方位不正，由洛来者多指东门为北门，本地之人多认东北为东方，两者各有所偏。兹为端正方向计，特用指南针测准，作为标准方向，按标准方向，嵩城东门适在东北方，西门适在西南方，南门适在东南方，北门适在西北方。故将城图斜列，使知原有东西南北四门，在标准方向上确在什么地位，自兹以往，阅图者反复对照，庶几知其错误所在，不至迷失于方位云。"[1]

　　另一座方位存在偏角的典型城市为洛阳。宋仁宗景祐元年（1034 年）在隋唐洛阳城的东城旧基上筑新城，为明清河南洛阳城的前身，而隋唐洛阳城并非正南正北取向，宇文恺兴建东都可能参照了周王城和汉魏洛阳城的方位；同时由于将洛水引入城市，必然成为城市定位的依据，而理想的城市平面也会依据河道的方位做出调整。隋唐洛阳城的平面并不是正方形，这跟其方位不是正南北向都是这种调整的表现。

　　另外，城市的营建偏角与磁偏角有关系。在使用罗盘定位的中国古代，尤其是在发现磁偏角之前，城市的营建方位会受其影响。沈括在《梦溪笔谈》中也记述了汴京的地磁偏角："方家以磁石磨针锋，能指南，然常微偏东，不全南也。"明代王子朱载堉（1536-1611 年）测得洛阳的地磁偏角为 4°46'，并指出"八方之地，各有偏向"，即地磁偏角在各地并不相同。

二、明清河南城市的平面形态

　　在低层建筑占绝大多数的古代城市，高达 10 米左右的城墙本身就是城市景观的不可或缺的一部分，它限定了城市内部的空间，也向外界提示了城市的所在。以顺治《阌乡县志》中的八景图为例：汉台风雨，九龙神庙，三鳣书堂，王潜故居，吴融故家，黄河晚霞，秦岭暮云，轩鼎烟霞。每一景都有城墙的局部，城墙成了城市的一个象征符号，存在于城市所辖的区域之中（图 5）。

　　明清城市中，方形的城市占绝大多数。方形的城市源于里坊制。中国至迟在春秋战国时期城市居住区就已采取封闭的里的形式，而"里"源于早期的居民组织形式。"里"外有墙，墙开四门，"里"内有十字街道。里的大小基本相等，成为居住的基本单位，"里"在唐代称为坊。在明清的方形城市中，上蔡、叶县、鹿邑和邓州的平面都接近里坊的模式。上蔡县于明正统间重建，叶县于北齐始建，天顺五年增筑，两座城市平面的四坊中都可以看出十字形的痕迹（图 6）。

---

1. 民国《嵩县现势大地图》。

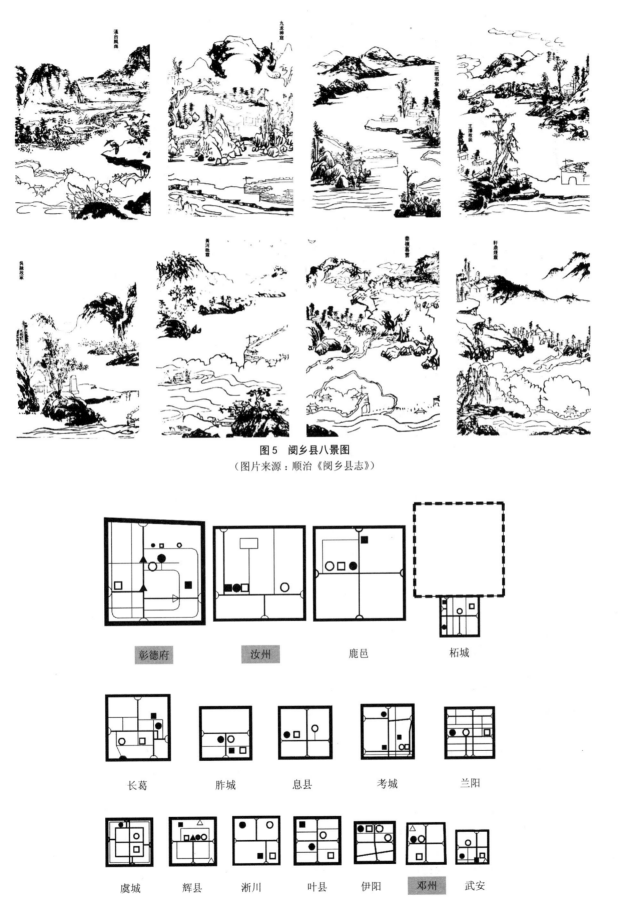

图5　阌乡县八景图

（图片来源：顺治《阌乡县志》）

彰德府　　　　汝州　　　　鹿邑　　　　柘城

长葛　　　胙城　　　息县　　　考城　　　兰阳

虞城　　　辉县　　　淅川　　　叶县　　　伊阳　　　邓州　　　武安

图6　河南方形平面城市形态分析图

正方形平面的城市，府州县城都有，县城占了大多数。这种方形的城市可以分为三类：第一类为明代因河患新建的城市。如胙城旧圮于河，明洪武十一年修筑；考城为正统迁城新筑；虞城为嘉靖九年迁城所筑；柘城"旧城为朱襄故墟，周11里，高2丈余，广1丈8尺。嘉靖二十一年大水城废，三十三年改筑城于南关。"柘城的旧城和新城都为方形平面。第二类为明代置县新建的城市。伊阳为成化十一年置县始筑，淅川为成化八年置县始筑。第三类则为建置历史较长，而在明代重修或重建的城市。汝州为洪武初重建，鹿邑为洪武二年重修，长葛为正统十三年重修，息县为洪武六年重建，辉县为景泰二年重筑，叶县为天顺五年增筑，武安为洪武十七年重筑。

部分方形的城市为长形城市改建而来。民国19年《长葛县志》："（东魏）清河王（高）岳率众围西魏将王思政于颍川，筑此。初以车箱为楼，因名长箱城。彼时止取长形，与今之方形迥不相同。盖由明末毁于寇，然后改造方形耳……顺治三年，知县高凤翔改筑方城。"（图7）

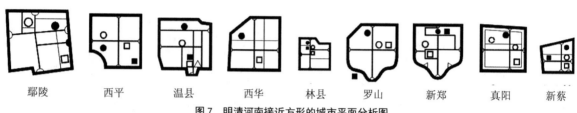

鄢陵　　西平　　温县　　西华　　林县　　罗山　　新郑　　真阳　　新蔡

图7　明清河南接近方形的城市平面分析图

部分平面接近方形的城市有凸角或凹角。凸角多为城市兴建的时候刻意制造的，多位于城市南侧，如新郑，罗山，温县。温县："门偏而未中，而学门逼近城墙仅三四步，有面墙之忌……乃议展筑城垣于学宫之前，开正南门以受山河之全气。"凹角的设置比较多样，有受地形限制的，有被河水冲决的，也有受风水堪舆影响的，上图九例城东南角都无缺角是一个证据。这种凹角有时会起到跟马面相似的防御功能，所以也有可能是在城市维修的过程中刻意营建的。

傅熹年先生在《中国古代城市规划建筑群布局及建筑设计方法研究》中比较了部分明代城市平面，其中山东聊城始建于北宋初期，在四坊之内还留有十字街的痕迹。里的最初设置目的是为了管理居民，在明代里坊制已瓦解，城市的布局更多地考虑功能和使用上的便利，而象征意义的体现手法也更加多样化，对明代方形城市平面研究发现，采用中心对称的十字街坊的布局方式仅见于上蔡、叶县、鹿邑和邓州四例，其余各例都在十字大街的基础上进行演变，这反映了明初城市营建理念上的变化。方形城市中的街巷布局代表了城市中街道系统的基本格局，其主要类型有以下几种：

（1）十字对称大街为上述上蔡、叶县、鹿邑和邓州四例（图8）。

（2）丁字形大街，如胙城和辉县。这种模式往往不置北大街，因正北向为"坎"位，卦辞曰：坎入于陷则凶，潜藏不露则吉。在南大街的端头处安置衙署或钟鼓楼，形成城市中心以控制全城，如辉县。胙城县是由于黄河河患带来的沙患出于御沙目的而封住城北门。丁字形大街在县级城市中多见，在非方形城市中，这种平面见于泌阳和永宁。

（3）十字形大街的变异，有将十字形本身进行转折的，如鄢陵、伊阳；有将十字形的中心与方形中心错开的，如息县、武安、西华、真阳、新蔡；有将南北大街错开的，如汝州、淅川；有将东西大街错开的，如彰德府、考城、林县；也有在十字大街的基础上添加第二道贯穿的大街的，如兰阳。

（4）丁字形大街的变异，如温县。

另如长葛县，其十字大街在靠近东门处进行转折，从而分出两条道路，将城隍庙和关帝庙置于城北，而县治和文庙置于城南，而不是将其串联于中心大街上，使得城市的功能区域和祠祀区域分得很清楚。新郑县则是在西门处采用了这种分区法，将县治和文庙分置于城北和城南。

这种方形的营建理念不仅仅表现在城墙的轮廓上，也表现在城市内部的街区布置上。对那些十字不对称或丁字不对称模式的城市而言，从中依然发现一些方形的痕迹，如温县和林县。由于这些城市缺乏精确的平面舆图，且旧城格局多被破坏，在此不一一分析，仅以归德府为例进行说明（图9）。归德府是采用方形作为城市划分的典范，由于其街道保存至今仍较完整，从中我们可以看到在城市的四角均为四个小方形，城市南北中轴线存着三个大的方形，大小方形的比例接近3：2。城市的东西轴线正好处于中心大方形的

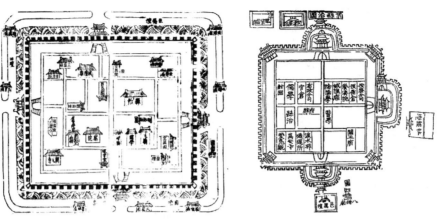

图8　虞城县城图（左）；叶县县城图（右）

（图片来源：顺治《虞城县志》、同治《叶县志》）

中心线上，沿此轴线，府文庙，府治，府城隍庙依次设置。而县治和县儒学则分置于西南和西北角的方形中，县城隍庙处于中心大方形中，与府城隍庙相邻。

　　明代部分城市的形状不规则，主要是受地理环境影响。

　　（1）临山处的城墙形状不规则，这种情况多位于城北，如郏县。河南西部多山，其山脉一直延伸到河南中部的平原地带，河南府和南阳府所辖的不少城市都受其影响。城市临山多给防御带来一定的困难，如浚县、新安等县志中都有记载。嵩县的西北角因山而筑山城；新安县城北有慕容山，曾扩城而包山于城内，从而北城形状依山势而曲折；巩县城包西南角的紫金山于城内，浚县包城西南角的大伾山于城内，都形成了城市的凸角；汜水县因其东北部的卧龙山和南部的案山筑城，山本身也是城墙的一部分。如嘉靖《汜水县志》载："案山，在县南一百五十步，状如几案，因名，昔人以案当南面，故取之以置邑也。"案山和朝山是城市风水形势中的重要部分，位于城市南部，城市前面的山矮小而平，有如我们读书的写字台（即"案"），则为案山，案山以外的高山，有如向其朝拜一般，为朝山。汜水县城将案山直接置于城墙上，并于其上设祠庙，是一种特殊的做法（图10）。

　　（2）临水处的城墙形状不规则。这种情况多位于城南，如渑池，部分位于城北，如汝宁府，光州，也有位于城东的，如裕州，位于城西的如浚县，襄城则因汝河影响而使城市西南部形状不规则。荥阳受其外围索水的影响而城市整体形态都不规则。杞县的城墙则经历了被水冲决、徙建、水后重加使用并扩大规制

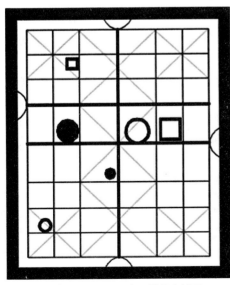

图9　归德府城平面方形模数分析图

（根据《中国文物地图集》

河南分册商丘县城图制）

图10　汜水县八景"玄武灵台"（左）；"案岭晨钟"（右）

（图片来源：乾隆《汜水县志》）

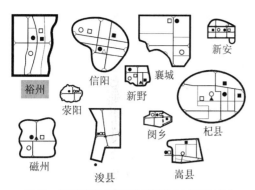

图11 明清河南不规则形状的城市平面分析图

的过程。"河水圯其北面，乃徙筑于北二里，已复修茸，号为南杞县。即今址是也。洪武三年，知县曹以崇从而增筑之，宣德三年知县舒模始扩而大之，周九里十分里之三，高一丈五尺，基阔省高之六，上阔省下之四，辟为七门，南向者三，西向者二，东北向者各一，寻塞东南一门……至乾隆癸未，屡经大水，在在坍塌，县令李锡暇重修，经两年后工竣，闭塞小南门，止存城门五座。"[1]

（3）部分城市形状不规则是为了防沙。如延津北部等。

（4）部分城市形状存在凹角和凸角，前边对方形城市的论述已有涉及，除了方形城市外凹角的如项城和扶沟，凸角的如尉氏和许州。凹角一个重要原因是明清的水患。如长葛原为方形城，而在清代被冲缺，"顺治十一年，泊水泛滥，直逼东北隅，城墙缺去一角……雍正七年知县胡文元捐俸修茸东北隅三十丈……乾隆九年，知县阮景咸复于东北隅滨河筑护堤七十一丈，一年工竣，力图永固。"[2]也有建城之初就存在的，如仪封："明洪武二十三年知县于敬祖创建土城，城形如幞头，因名幞头城。"[3]这种凹角很可能有其特殊的象征意义（图11）。

三、明清河南城市平面形态的象征意义

图12 1933年长垣城被淹照片
（图片来源：《河南省志·黄河志》）

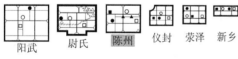

阳武　尉氏　陈州　仪封　荥泽　新乡

图13 以街道布局象征龙形的河南城市分析图

中国古代城市平面形态的象征意义，主要是指其城市形状和街道布局模拟某种被神化的圣物，以使城市也被这种神性所护祐。象征性源于先民的崇拜，是跟城市的起源密切相关的，因此城市在营建中，不仅仅有象天法地的宏观意象，也有具体而微，拟事拟物的象征意义。

以浚县为例，"城所以盛民也，居民安之，昔人谓浚城如舟在水中，则所谓舟，居非水矣，虽然天如倚盖，地若浮舟，宁惟此城哉。"[4]而观浚县城平面，城市西南部浮邱山一带城墙凸出，可以作为舟首的意象。舟形城市另见信阳州："城形如船。"[5]宜阳："东西较长，南北颇削，其形似船，故名船城。"[6]明代河南城市多被水灾，水逼城下，城外多为汪洋。于是城市衍生出了船的意象，有着济世之舟的象征意义，而这种意象多为后人所附加，并非建置之初的营建理念（图12）。

直接取象征意义来营建城市的记录见于新乡："唐武德元年始筑土城，居卫水之阳，中高四下，举一丈八尺，状类覆釜，阴阳家称为龟背城。"[7]龟背城的附会之说有多种，多为平面说，如嘉靖山东《淄川县志》载，"城池规制如龟，以西南为首，四门为足，预备仓为腹，东北隅为尾。"取城市的地势象征龟背的记载不多。这种中间高四周底的地形是建城者所看好的地势，因其中间高敞，利于环视外围，利于通风等等，另如新乡县，"状类覆釜。"[8]（图13）

城市的象征意义不仅反映在平面状上，也见于城市的街道布局。李德华在《明代山东城市平面形态与

1. 康熙《杞纪》。
2. 民国19年《长葛县志》。
3. 乾隆《仪封县志》。
4. 嘉庆《浚县志》。
5. 顺治《信阳州志》。
6. 康熙《河南府志》。
7. 乾隆《新乡县志》。
8. 万历《卫辉府志》。

建筑规制研究》中引范县为例:"设六门以象龙形,东一西一为首尾,南北各二为四足。"这种龙形的街道布局,在河南地区的阳武、尉氏、陈州、仪封、荥泽、新乡诸城市中都可以看到。

四、明清河南城市的平面演变

河南地处中原,古来建置更迭,大大小小诸侯国无数,这些历史上的城市在河南地区大量存在。隋唐至宋元时期,河南地区也新建了很多城市,明清河南城市的平面就是在这些老城的基础上发展的,明清河南城市有的与旧城位置重叠,有的则发生了位置迁移,新的城市与老城市的相互关系大致有如下几种情形:

(1)明清河南城市与明清之前的城市遗址共存。旧城部分存在于城市内部,作为新城的子城,或以不完整的遗址存在。如汝州和温县。汝州:"子城在城内州治西北,相传唐宋元时汝州故址,见有元时州守德政去思碑,遗址俱存。"[1]新野县城内亦有子城。"有子城址,周围二里,高一丈二尺,今县治庙学是也大数多古城位于新城外。"[2]

(2)新城沿用了老城的体制。物质的城垣是一种比人为的建置变革更加稳定的因素,即使城市的区划发生了变动,城市的轮廓依然存在,承载着历史的变迁和人文的兴衰。如康熙《杞纪》中载,"(杞)中州重镇也,秦汉以来,或因或革,乍合乍分,然而城郭依然,川原不改。"沿用旧城体制的典型为开封府。明初开封外城墙已倒塌,只剩下墙基,因范围太大,集中力量加固了内城。明代以前的城墙,除皇城为砖筑外,其他城墙全为土筑,只有城楼和城门用砖砌。明代在金代城墙的基础上,全部城墙都用砖包砌,修成后,城墙全长10公里又316米,高11.66米,宽7米,城外有宽16.66米,深3.33米的护城河围绕,在城门口的护城河上修有吊桥。开辟五个城门,南为南薰门,北为安远门,西为大梁门,东北为仁和门,又称曹门,东南为丽景门,又称宋门,城门上建有城楼,四个城角各建一座角楼。

(3)新城位于老城当中的。如洛阳,位于隋唐故城之中。宋仁宗景祐元年(1034年)改筑洛阳城,在隋唐洛阳城的东城旧基上筑新城,其城址规模很小,仅为隋唐故城城北瀍(瀍水与洛阳中州渠共同组成洛阳东护城河,于洛阳南关注入洛水)西一小部分。明代洪武六年(1373年),在金元城基础上筑砖城,并挖了城壕,周围4公里345步,城高13米,壕深17米,阔10米,有4座城门。另如辉县,县城的前身为周代共伯所筑的共城,明代的新城位于共城之内。新郑则位于东周时筑的郑韩故城之中。现仍有遗址。其周长约20公里,现存最高达11米,一般3-4米。[3]

(4)新城是老城迁建而成的。典型的如商丘。现在的商丘古城始建于明代正德六年(1511年),整座古城由砖城、护城河、土城堤三部分组成。面积约1.1平方公里。虽在秦汉以前就有商丘之名,但直到明嘉靖二十四年(公元1545年)睢阳城始更名为商丘。明弘治十五年(1502年),旧城毁于水。正德六年,知州杨泰在城北筑城,今南门即旧城北门故址。"弘治壬戌(旧城)圮于水,西南二面尚存其址,正德六年抚按会奏准迁徙城北高地,大率尚在古城之中也。"[4]

"春秋时期宋国都城方37里,24门。唐建中时为宣武军城,城有三。宋为南京城,周15里40步,内为宫城,周2里360步,旧城周12里360步,明初少裁四分之一,弘治十五年圮于水,正德六年重筑,乃徙而北之,今南门即北门故址也。周7里2分5厘,共1304丈2尺5寸,高2丈,顶阔2丈,址阔3丈。池距城丈余,阔5丈2尺,深2丈。"[5]

(5)清代的城寨建设。清朝后期,由于内外矛盾深化,战乱不断,各城市以外的集镇也多筑城墙以自卫。这说明了城市作为官方的防御机构已不再具有权威性和制度性,民间亦可以自发建造。这也从另一个角度反映了城墙作为一种防御性建筑,它的功能性仍然被重视。县级城市以下的城镇筑城池的现象明代即有,武陟的宁郭镇的建置始于明代,其原本为驿所,由于所处的位置重要,而增设城墙。道光九年《武陟县志·建置》载:"宁郭镇城在县西北三十里,旧名宋村,为隋祭酒宋通居第,后改为驿,明景泰间始建城垣,天启元年知府王景引修武灵泉水注于城壕,崇祯九年通判窦光仪重修,城高2丈5尺,阔1丈5尺,

---

1. 正德《汝州志》。
2. 乾隆《南阳府志》。
3. 《中国文物地图集·河南分册》。
4. 嘉靖《归德志》。
5. 康熙《商丘县志》。

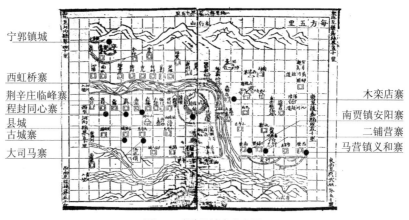

图 14 武陟县城寨分布图

（图片来源：道光《武陟县志》）

宁郭镇城

西虹桥寨

荆辛庄临峰寨
程封同心寨
县城
古城寨
大司马寨

木栾店寨
南贾镇安阳寨
二铺营寨
马营镇义和寨

壕阔 5 丈，浚双泉水注之，缭垣复护以长堤，堤高 1 丈 5 尺，基阔 2 丈，百姓立石城东閤曰窦公城。"除宁郭镇外，至道光年间，其周围已有大小寨城十余处（图 14）。另如乾隆《新乡县志》载："临清镇城在城东二十里，唐初设关，后废，明正德十四年知县周奎重修。"邑人张纪有记："正德己卯冬巡抚内江李公属卫监司暨我郡守王公各移檄有司，修城池设武备，及所属镇店亦皆修门栏，筑围墙，深壕堑为保安计……不旬月而就绪，东南巷树以栅棚，高三丈，阔丈六有奇，镇外绕以垣墙，高二寻，计一百九十五堵，外浚以濠，墙颠益以堞，巍然一方之保障也。"

明清河南城市轮廓的变迁可以概括为扩城、裁城、迁城和分城四种。

1. 扩城

城墙的扩展又可以分为大规模的扩展和小规模的扩展两种。明初恢复城市建设的过程中，部分城市进行了较大规模的扩大。到明朝和清朝中期，政治经济形势稳定，人口增加，城市繁荣，城市不能满足功能需要的时候，在城墙因各种原因破坏之后的重修工程中，也不可避免地要扩大旧城。内乡县"旧土城一座，周 3 里许，多倾倒，景泰三年修筑浚广仍旧，天顺五年开拓修筑，周回 5 里 250 步。"[1] 而乾隆《河南府志》中载其为 8 里之城，可见其城在有明一代扩展一次，清代扩展一次。通许县城则从明初建城时的 2408 步（6 里 248 步）演变为后来的 9 里 30 步之城。在筑城之初，城的规制并不完备，仅为"小堵"，并派人加强守备。"洪武五年知县姜允和因旧址筑之，永乐七年，知县许希道筑堤而城于上。成化九年大水，城复于隍，知县于宽增筑未就，黎显继修始完，而开运路于城内，周以小墙而各门两旁竖二小门，昼扃夜启，每面有铺四，以宿巡者。"[2] 清代的扩城现象较少，而且扩城规模不大。康熙之后，几乎未有大规模的扩城工程。镇平县"成化十八年展南城数十步。"[3]

另外部分明代扩城记载如下：

信阳："洪武十三年千户张用拓为 9 里 30 步。"（嘉庆《重修汝宁府志》）

上蔡："嘉靖二年，知县傅凤翔始甃砖石，拓为 9 里 13 步。"（同上）

遂平："正统十二年，知县王琏增筑。成化十一年，知县王塙复拓大之。周围 9 里 30 步。"（嘉庆《重修汝宁府志》）

仪封："洪武年间河决迁白楼村，围 3 里，高 1 丈，其形如幞头。继知县益侈规……嘉靖初頼于潦，县令继修，秋盗起，县令筑益完，计 1897 步，东西 350 丈，南北 250 丈。"（嘉靖《仪封县志》）

内乡："洪武二年，周围 3 里许，天顺五年 9 里 7 分。"嘉靖《内乡县志》

永城："城围 1160 步，高 1 丈 3 尺。"（嘉靖《永城县志》）"4 里有奇。"（乾隆《河南府志》）

---

1. 成化《内乡县志》。
2. 嘉靖《通许县志》。
3. 康熙《镇平县志》。

新安："崇祯九年，移北城跨慕容山，东西原 490 步，今加 85 步，南北原 191 步，今加 110 步，周围皆砖砌，高 2 丈 5 尺。北城临山，俯瞰城内甚悉，后议筑城于山巅，以防贼之窥探也。"（康熙《河南府志》）

扩城的目的十分多样，除上述的明初造城运动，明清两朝中期城市繁荣，以及河患影响之外，风水形势也是扩城的重要原因：温县"门偏而未中，而学门逼近城墙仅三四步，有面墙之忌……乃议展筑城垣于学宫之前，开正南门以受山河之全气"。而此后又多次迁建，反映了各任县知事对城市气象的不同理解（图 15）。不仅城墙如此，城市建筑也有方位和形势的考虑。温县原将学宫建于司马懿故宅上，后来又因为司马懿的叛逆而迁建学宫，并在司马懿故宅上建设粥寺"镇之，以崇正癖邪。"可以看出城市的种种维修和改建，实际上是风水形势理念和崇礼宣教思想的结合。这在后文中也可以看出。同时明清时甃城是出于战略防御的目的，而到民国时，冷兵器时代已去，修城更多的是出于城市形象的完整。

另外有因兴建王府而扩城的。卫辉府原 6 里 130 步，"万历十三年建潞王府第，拓城前三面，增 732 丈，共 8 里 70 步，高广与旧同，新添东门。"[1] 这座王府并没有达到洪武制定的亲王府城的规模。王贵祥等著《中国古代建筑基础规模研究》推得明洪武十一年王府规制为：3 里 309 步 5 寸，东西 150 丈 2 寸 5 分，南北 197 丈 2 寸 5 分，占地为 492.6 亩，加上城外的城濠部分将近 500 亩。

原城每边为 1 里 200 步，而扩城后相当于东西两边墙各增加 330 步，而南城墙向南平移。那么原城墙的一半为 140 丈，要比制度规定的 197 丈 2 寸 5 分要小很多，潞王府如果按制度建设，必然给城市原来格局带来严重破坏，所以采取了折中的办法，并没有按制度规定的规模建设。即使如此王府的建设仍然给原有城市建筑带来冲击，给府儒学和县儒学带来了很大影响。"潞府展拓地址，割及儒学，移置正殿，两庑，庙门，棂星门于明伦堂前，增凿泮池、殿堂、斋庑、祠坊、拜教官宅舍悉更移一新之。俱是年知府周思宸建，照磨张孟董工。"[2] 县儒学原本因兴建府衙而迁址，后又因建王府而再迁。"汲县儒学初在府城内旧县治东，洪武初即三皇庙基址改建……弘治十一年因建汝府拓地徙置府学西，正德十二年复建文庙于府学文庙西……万历十三年因建潞府复徙城东南隅。"文中可见在王府修建之前，府治也有过大规模的修建活动，这是否是为王府修建做铺垫，不得而知，但府衙修建的规模也是比较大的，同时迁建的还有城隍庙："旧在府治东，弘治十一年因建明汝府改建于府城东北太乙观后。"（图 16）

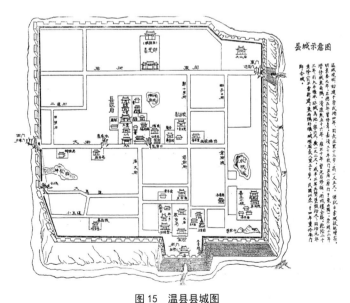

图 15　温县县城图
（图片来源：民国 22 年《温县志稿》）

---

1. 万历《卫辉府志》。
2. 同上。

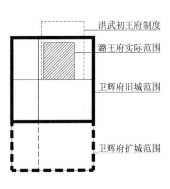
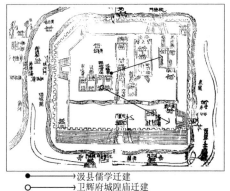

洪武初王府制度

潞王府实际范围

卫辉府旧城范围

卫辉府扩城范围

●——→汲县儒学迁建
○——→卫辉府城隍庙迁建

图 16　潞王府规模分析图（左）；卫辉府城建筑分布图（右）
（图片来源：万历《卫辉府志》）

2. 裁城

商丘："旧城 12 里 260 步，洪武初，以城间民少裁其四分之一，周 9 里 310 步。"[1]

商城："今城建于成化十一年，周围计 6 里，高 1 丈 3 尺，隍深 8 尺。重建于正德甲戍，先是刘贼寇扰，民多被残，知县李允恭重建，筑土增高，甃砖环巩，视旧址益高广焉。周围 915 丈，高 2 丈 5 尺，脚厚 2 丈 7 尺，顶宽 9 尺，外砖内土。"[2]

陕州："原 13 里 120 步……洪武初截去东城三分之一。"[3]

巩县："城池周围 7 里 48 丈，高 2 丈 5 尺。"[4]"4 里 50 步，高 1 丈 8 尺，广 1 丈，池深 1 丈 2 尺，阔半之。"[5] 比较前后的巩县城市图，发现在城市西南角的紫金山以南，原有部分城墙，则后来有可能将此城裁去。

浚城历代建置不一，元时在浮邱山巅，洪武初徙于山之北，弘治十年知县刘台缮之，周七里一百五十步，高二丈八尺，池深二尺阔二丈五尺，有刘瑞记略。正德五年知县陈滞复增筑之。城西连浮邱，登高内瞰，指顾毕尽，不可成守。邑人王侍御璜撰县志，草议依钱塘浙江故□卫山列城，嘉靖十一年知县邢如默复加拓治，如御议。二十九年知县陆光祖采群议，相地势，乃截西南隅，弃之城外，据山巅险绝处改筑焉。高增一丈，阔五尺，四隅建敌楼，间置戍铺，城堞悉砌以砖，门外设石桥，有高尚志记。十一年知县徐廷裸仍复西南隅城，万历二年知县重修，包浮邱山之半于城内，踞其巅以东望伾山西瞰卫流，形势最为壮丽，即今城也，天启三年，知县赵建极增修，前三后三，池俱浚及泉，夹岸筑长堤，高丈余，堤头置栅栏，时为扃鑰，人不得近，城下右面邻河，甃东岸以石，长一千九百六十尺，继之者因其旧而修之，则城可固守，并无河侵之虞矣。[6]

浚县的裁城多是围绕着西南隅的浮丘山展开，山的存在有利有弊，当把山作为城防的一部分的时候，则有利，否则因山瞰城，反而不利于城防。

3. 迁城

孟津县在嘉靖十七年迁至今城，明兵部尚书王邦瑞《孟津县迁城碑记》首先记载了迁城过程的波折及民心的向背："嘉靖乙未之春，予道孟津舍北署河水啮厅事殆尽，波声震撼，几席间令人食不下咽，回视向之民居栉比鳞次者皆荡然水中，是时议迁十余年未就，因赋诗而去……至于壬辰夏六月夜水大溢

1. 康熙《商丘县志》。
2. 嘉靖《商城县志》。
3. 康熙《河南府志》。
4. 嘉靖《巩县志》。
5. 乾隆《河南府志》。
6. 嘉庆《浚县志》。

怀襄县郭，民始震恐，咸黜乃心而图迁之议决矣……"

然后介绍了迁建新城过程中的步骤："于是郡守黄公价度地得旧城西二十里名圣贤庄者，去河远而土良，乃用牲焉。时分守少参任公维贤既而张公部行为之经营规制，劳来草黎，太守张公承恩实综理之，乃委别驾韩公溉住督其役，于是坛墙城郭县治学校公署民居一切民社之务秩秩具举，使以佚道而民罔告劳，酌衢巷之地授民，取直以充用，而民不知费，经始甲申春二月，讫工于夏五月。"

在城墙建造完成之后，便进行城市建筑的设置："然肇造之初，比屋未集，润色未遑，继以分守少参李公宗枢，大参冯公亮，分巡金宪翟公镐吕公怀健属之，郡守钟公鉴复申命增饰之时县令王君尧弼任其事，殚厥心力，固有遗谋，陋者崇之，隘者拓之，阙略者补之，若祠前哲以遵化，树仁爱以表坊，遏捷径以周行，合市阛以致众，是以四民悦聚，毂击肩摩，迄于今遂为弦歌之区。"

柘城和睢州也是因河患而南迁于南关的城市。康熙《柘城县志》："北城土坚，水涨则外高而内下，成化年间圮，十三年知县修之。正德六年寇刘六等为乱，署县修补之。二十年黄河夹流双注城内，民居官署殆尽矣，相率僦居于南关民舍者数年，三十三年以土寇师尚诏乱，改南关而城之，是为新城。"在迁城之后，旧城成了为新城抵御水患的一道防线："旧城虽废，遗址尚存，土刚坚足御水卫，观河决东北隅数年不动可知，况水自西北来，新城实赖以保障，新城土软易颓，筑修不下数次，计其工物足以成城而卒不可守，若砖甃旧城亦一劳计也。"（图17）

图17　睢州迁城图（左）；柘城迁城图（右）

（图片来源：光绪《睢州志》，乾隆《柘城县志》）

4. 分城

渑池："崇祯十年流寇二陷渑城，焚毁杀掠，惨不可言，署县事灵宝训导袁登甲据儒学生员李成龙等呈，以渑城南濒涧河，一遇泛涨，即为冲损，久无完堵，兼之城阔人寡，并守维艰，中文截去西城一半，仅存三分之一，崇祯十二年，知县牛藩完城浚濠，砖包北面，辟东西二门，各有楼。"乾隆《渑池县志》在分城之后，旧城渐渐荒废，而新城中重新设置了文庙等建筑，恢复了城市功能（图18）。

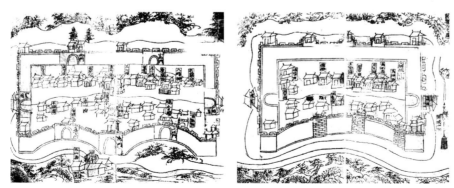

图18　渑池旧城图（左）；渑池新城图（右）

（图片来源：乾隆《渑池县志》）

相比后来分城的渑池，光州则是在建置之初就是双城。"宋高宗绍兴十年，命岳飞相度修城。宁宗庆元元年知州梁季泌创筑。周围 9 里 13 步，高 1 丈，濠深 7 尺，门四，中贯小黄河，城分南北，昔尚土城……南城城垣周回 854 丈 5 尺，濠宽 2 丈深 1 丈。"[1]

五、明清河南城市的命名

明代对传统礼制进行了完善，洪武时期多次有祭祖方面的规定，《大明集礼》的规定具有"权仿《家礼》"和国家礼制象征的性质，《家礼》、《教民榜文》在社会上更为流行。明代宗祠的建设与发展，是以《家礼》的普及和士大夫的推动为背景的。礼制的推行促进了宗祠的建设，加强了社会联系，而从城市角度看，明清河南城市的街市坊巷，城门楼橹，都有命名，而这些名称多以传播地方文明和宣传礼义道德为目的，同时根据所处的方位互相对应，相互关联，构成了一个完整的命名系统，与城市建筑的模式化布局一起，传达着城市的内在意义。这种命名系统也是礼制系统的一部分。

城市街道的命名多依据道路与重要城市建筑的相对位置，或直接以这种方位命名，或以教化的方式暗示这种相对关系。乾隆《获嘉县志》："吴兴街，在布政使司行署前，旧为污池，成化间知县吴裕使邑人塞治，募军民处之，又积粟赈饥，全活甚众，民德而名之。兴贤街，在儒学旧署前，县治右，旧为水塘，知县吴裕塞治，募军民居之，东西环列，以壮学宫。学后街，旧为民间旷地，知县吴裕开治，募民就居，以在儒学后故名。"

当城市街道格局较为简单时，多直接用方位命名。嘉靖《邓州志》载："因旧为五门，曰大东、小东、南门、小西、大西。门各建楼，又内画为五关，曰大东关、小东关、南关、小西关、大西关，为六街曰泮、宫、时、雍、咸、熙。嘉靖民夫永康，其市廛定，处诸关街，轮日递迁。"

嘉靖《仪封县志》《重修适卫门记》记叙了在城市命名过程中，以孔子的事迹命名街道。"门就倾圮，宜改作之……以义官吴用文辈分其事而躬督之，撤其址寻有四尺以为基之崇，修倍崇而益四尺，广参修而倍二尺，中辟为门，门之上作楼，参其基以为宗，栋奈丰硕，棁槛显敞，壮丽大倍于前门……夫匠以名计 320 有奇，砖以数计十万有奇，灰以斤计十分砖之一，木则如灰之一而减其四，铁石之属有不可尽悉者。门向阴背阳，仍旧，扁题曰适卫，街取名圣化，盖识吾夫子所过之，仪封人请见之城也。"

城门命名十分多样化，大体可分九类：(1) 用对称的命名表达城门的对称。如汝宁府城四门为东作，汝南，西成，拱北。(2) 用传统的仁义礼制思想来命名城门，如通许县东门煦仁，西门仁义，合并为"仁义"，沈丘四门为东门明义，南门至善，西门仁德，北门忠顺。(3) 用周围的明显的地理特征来命名城门，如封丘县四门中，东门通洛，南门镇河，西门拱行，北门连卫。(4) 用日月星辰命名，如东门以朝阳、宾阳、宾日命名，北门以拱辰、拱极命名。(5) 用吉祥语命名，如南门的迎薰，来薰，以安、顺、和、泰等吉祥字命名。(6) 以四季命名，如延津东门迎春，西门宜秋。(7) 沿用历史上的命名，如洛阳城东门建春，南门长夏，西门丽景，北门安喜。(8) 表达感恩戴德的心情。如北门命名为迎恩，承恩等。(9) 四个字的城门命名。如邓州东门东连吴越，南门南控荆襄，西门西通巴蜀，小东门六水环清，小西门紫金浮翠。

礼制化、系统化的命名贯穿了城市的全部组成元素。城门、城楼、月城构成的城门命名系统，加上城内街道牌坊，城外桥梁关津构成的街道命名系统，以及有着无数旌节表义的牌坊的城市街区的命名系统一起，使得城市的建设不仅仅是一个从规矩制度上整齐统一的过程，而且在宣教崇礼的精神层面达到了高度统一。

注：本文所绘分析图的图例

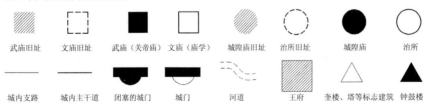

| 武庙旧址 | 文庙旧址 | 武庙（关帝庙） | 文庙（庙学） | 城隍庙旧址 | 治所旧址 | 城隍庙 | 治所 |
| 城内支路 | 城内主干道 | 闭塞的城门 | 城门 | 河道 | 王府 | 奎楼、塔等标志建筑 | 钟鼓楼 |

作者单位：清华大学建筑学院

---

1. 顺治《光州志》。

嘉靖《陕西通志》城市建置图三题 [1]

谢鸿权

提要

本文以嘉靖《陕西通志》中一百多幅明代城市建置图为基础，首先整理图中所见的建筑单体或群体之名称，作为后续研究的基础，且简略说明明代城市中行政建筑之配置规律；其次，比较嘉靖《陕西通志》与康熙《陕西通志》二者的城市配图之变化，窥测明清陕西城市之间的延续；再次，分析嘉靖《陕西通志》排版中"以图代志"的独特性。

关键词：嘉靖《陕西通志》；城市配置图；明代城市

一、前言

明朝嘉靖二十一年（1542年），由时任陕西巡抚赵廷瑞主修，陕西三原学者马理、高陵学者吕柟主持编撰的《陕西通志》完成。[2] 通志全书以土地、文献、民物、政事为四纲，诸纲下依次有星野、山川、封建、疆域、城郭公署沿革、河套西域、圣神帝王遗迹古迹，圣神、经籍、帝王、纶帛、史子集、名宦、乡贤、流寓、艺文、户口、贡赋、物产、释老，职官、水利、兵防、马政、风俗、灾祥、鉴戒各目，四纲二十八目，凡四十卷。

值得注意者，书中附有179帧与星野、山川、疆域、建制沿革、西域、圣神帝王遗迹、经籍、乡贤璇玑诗、物产、水利、漕运相关的配图，其中有134图为表现城廓及相关建筑的建置图，无疑是了解及研究陕西明代城市的宝贵资料。[3]

鉴于此类地方志中所见配图在城市史研究中的独特地位，尤其是在分析城市形态中的重要性。[4] 本文将就嘉靖《陕西通志》中这批建置图，首先整理图中所见的建筑单体或群体之名称，为后续研究作基础，且参照前人研究[5]，略作申论，揭示明代城市中行政建筑之配置规律；而后，将就嘉靖《陕西通志》与康熙《陕西通志》二者的城市配图之变化，窥测明清陕西城市之间的延续；第三，就嘉靖《陕西通志》城市建置图的排版，针对记录古代城市的地方志史料之解读，以浅陋之思考，作引玉之论。

二、城市建置图所列建筑

有关明代陕西城市的配图主要分布在卷七、八、九的建置沿革上、中、下三章。建置沿革三章，依次

---

1. 本文属国家自然科学基金支持项目，项目名称：《明代建城运动与古代城市等级、规制及城市主要建筑类型、规模与布局研究》，项目批准号：50778093。

2. （明）赵廷瑞主修《陕西通志》，前言第2页，陕西地方志办公室总校点本，三秦出版社2005年。
3. 就目前所知的明清省级通志中，极少有配图数量可比肩嘉靖《陕西通志》者。如清代的《河南通志》以及后文将提到的康熙《陕西通志》，配图数量均不足嘉靖《陕西通志》的四分之一。根据苏品红抽样调查研究，现存地方志中插图最多的是康熙《绍兴府志》和《济南府志》，插图皆为89幅（见苏品红，浅析中国古代方志中的地图，原载《文献季刊》2003年第三期）。
4. 参见李德华，《明代山东城市平面形态与建筑规制研究》，清华大学2008年硕士论文，第3章；包志禹，《明代北直隶城市平面形态与建筑规制研究》，清华大学2009年博士论文，第二章；葛天任，《环列州府，纲维布置——明代陕西城市与建筑规制研究》，清华大学2010年硕士论文，第三章。在李德华的论文中，所应用以2008年地图与地方志中城市图比对的方法值得关注，其中济宁州城与阳谷县城，实际形态都与地方志所见略有差异，此与葛天任论文中所举现代葭州地图与嘉靖《陕西通志》中的葭州，二者形态比例大相径庭的现象类似，或者，地方志所见城市图，其形态多有制图者的抽象或象征处理，或可称为理想化图式，与现代的作为城市空间投影之城市地图不可同日而语。

    此外，雕版印刷的排版也可能影响到地方志中城市图与真实形态有异，如宋元时期的南京城市平面形状应为南北稍长东西稍短不十分方正规则的矩形，但是在"府城之图"和"集庆府城之图"中，平面形状却表现为东西长南北短的矩形。见胡邦波，《〈景定建康志〉和〈至正金陵新志〉中的地图初探》，《自然科学史研究》1988年第1期。

5. 参见前注所引论文。如葛天任论文中，就以嘉靖《陕西通志》为基础，对明代陕西的区域空间布局，陕西明代城市的平面形态和等级规模，以及城池建筑、衙署建筑、庙学建筑、城隍庙建筑的建筑规制等问题，进行过详细分析。并整理了有关城市等级、城高池深、城门数、城池之外南北东西的设置、城池形状的信息表。皆是本文重要的基础。

为陕西等处承宣布政使司、西安府，凤翔府、汉中府、平凉府、巩昌府，临洮府、庆阳府、延安府、陕西行都指挥使司各行政单元。从西安府开始，即是文图兼有之格式。上述诸行政单元，都先以文字描述各府历史沿革、统领州县以及附郭名称，随后依次是各府附郭县、各属府所领县、各属府所领州、该州所领县，文字说明谈及府州县的历史沿革及编户里数；随文字说明后，皆有府城图及各州、县的相关配图，姑且称为建置图。[1]

典型建置图有两种规格，省城图、7帧府图、甘肃行都司共9帧为大幅跨页，其余为小幅单页[2]大小图幅布局相类，沿边有单道粗线黑框，框内右上角，有双短线与原框角线围成小格，格中有府名或县名竖书，如陕西省城图、咸阳县等。此外，框中上部基本都有倒书"南"字，与下部为"北"字，标示方向，而在两字之间画出城。以三道线及其上密布之雉堞表示城墙，墙上有城门，而在城墙围合区域内，有双道直线标示道路街巷。在道路围合的区域内，是数量较多、类似建筑立面的图形[3]，其大小有异，旁标有文字多为建筑名称，当是单体或建筑群之标示。同时也有见直接画方格，格中书写建筑名称者，但数量较少。在城墙之外，有单道细线或双道细线框起的场地，并标有相应名称。此外，图中空白处，多见附有文字说明"城高、池深"，有些图上还增加说明与附近巡检司或递运所的距离。整本通志所见县、卫及府城图，表现手法基本一致，未见有变化，当为同一时期之创造。[4]

嘉靖《陕西通志》建置图中所列建筑[5] 表1

	公署	学校	祠祀	其他[6]
省城	屯田道、巡按察院、布政分司、长安县、按察司、清军道、都察院、西安府、布政司、沔阳王府、西安后卫、西安右护卫、秦府、税课司、保安王府、永兴王府、太府、总督府、都司、京兆驿、总府、咸宁县、西安左卫、郃阳王府、清军察院、提学道、永寿王府、巡茶察院、杂造局、军器局、西安前卫、宜川王府、官厅、东十里铺、西安递运所、教场、养济院、永丰仓	咸宁县学、府学、长安县学、射圃、贡院	文庙、城隍庙、郡厉坛、董子祠	钟楼、鼓楼
咸阳县	布政分司、咸阳县、察院、渭水驿、草场、养济院、预备仓、阴阳学、医学、府署、递运所、抽分厂	儒学、社学	文庙、城隍庙、社稷坛、邑厉坛、风云雷雨山川坛	
兴平县	养济院、府署、预备仓、医学、阴阳学、僧会司、布政分司、察院、兴平县、白渠驿	儒学	文庙、城隍庙、风云雷雨山川坛、社稷坛、邑厉坛	
临潼县	布政分司、按察分司、临潼县、府署、新丰驿	儒学	城隍庙、文庙、社稷坛、邑厉坛、风云雷雨山川坛	
高陵县	养济院、阴阳医学、按察分司、预备仓、高陵县、府署、布政分司、演武亭	社学、儒学、敬一亭	城隍庙、文庙、启圣祠、乡贤祠、社稷坛、邑厉坛、风云雷雨山川坛	北泉精舍、状元坊
鄠县	布政分司、鄠县、按察分司、府署	射圃、儒学	程明道祠、城隍庙、社稷坛、邑厉坛、风云雷雨山川坛、文庙	

---

1. 在排印本中，配图是组合到各行政单元中的。卷七建置沿革提及"故于诸建置各图以尽之而弁于其首，庶览者按图而征说，若视诸掌云"，当是将图放在文字之前。
2. 根据排印本说明，排印的图皆按照原图制作。见排印本后记。
3. 图形极为简单，大致分上下两部分，下部为长边作底之长方形，上部为庑殿形正立面形。简繁略有差异，如下部底边或有复线、长方形中部有加拱门或竖线分间，而庑殿部分或将斜线作双线。从咸阳县一图中可见，此表示建筑群的立面，或有等级考量，如咸阳县由两立面图形标出，前为重檐庑顶门楼，后为带台基有分间的带屋脊庑殿，是画面中体量最大者，而城隍庙为无台基、不带分间的长方形戴单线庑殿，草场外观与城隍庙一致，形体更小且没有前三座建筑屋顶的瓦线，或有逐级简化之规划。同样，在临潼县图示中，城墙内建筑形式皆无瓦线，仅布政分司、按察分司两者示出台基线，二者体量又比临潼县小。
4. 根据赵廷瑞所写《陕西通志序》，以往的成化旧志，已经"板伏其半"。主要编撰者马理提及"建置沿革"一章，是对以往的错误"悉加正焉"，二人皆未提及建置图延续他处。另外，在"陕西通志引用诸书"一节中列有"河套西域图"，而马理序中提及"寻考河套西域吾故疆也，具有城郭、物产在其土地；建置沿革见诸图籍。爰收而载焉"，可见引用"收"录当被记载。故基本可以认为，嘉靖《陕西通志》"建置沿革"纲所见丰富配图，当为通志编撰时所作之规划。康熙二年，贾汉复编撰《陕西通志》的"凡例"一节，明确"图考皆遵旧志所载"，想来古人修志，对转载部分大抵有相关说明。
5. 附加表格中所见单体或群体名称，整理顺序多为大致顺时针方向。而分类参见了明代的地方志及清代康熙《陕西通志》。如康熙《陕西通志》阴阳学医学列为公署，嘉靖《河间府志》也将阴阳医学列入公署。
6. 此类城市设施不易归类，各地方志归类亦不统一，如嘉靖《建宁府志》鼓楼、钟楼皆归为公署，而有些则不列为公署。根据巫鸿的研究，"鼓楼既属于官方，又扮演公共角色，因而在维持帝王统治政权威及建构大众社区两方面都发挥了作用"（巫鸿，《时空中的美术》，北京生活·读书·新知三联书店 2009 年，第 109 页），本文将此类康熙《陕西通志》中不载入公署、学校、祠祀篇章的建筑，单列为其他一项。

	公署	学校	祠祀	其他
蓝田县	察院、布政分司、按察分司、蓝田县、府署、僧会司、阴阳医学、演武亭	敬一亭、儒学	城隍庙、启圣祠、文庙、社稷坛、邑厉坛、风云雨雪山川坛	
泾阳县	广盈仓、布政分司、泾阳县、按察分司、府署、水利道	射圃、儒学、文庙	城隍庙、社稷坛、邑厉坛、风云雷雨山川坛	钟楼
盩厔县	布政分司、阴阳医学、盩厔县、察院、府署	儒学	城隍庙、文庙、社稷坛、邑厉坛、风云雷雨山川坛	
三原县	税课司、建忠驿、布政分司、城隍庙、三原县、总铺、府署、按察分司、养济院、演武厅	敬一亭、儒学、弘道书院	文庙、学古书院、社稷坛、邑厉坛、风云雨雪山川坛	卫公祠、忠节祠、彰德祠、嵯峨书院
商州	营房、防守司、布政分司、按察分司、预备仓、官仓、府署、总铺、商州、阴阳学、医学、养济院	儒学	契庙、城隍庙、社稷坛、郡厉坛、风云雷雨山川坛、文庙	原都祠
镇安县	布政分司、镇安县、府署、预备仓、阴阳学、医学	社学、儒学	城隍庙、文庙、邑厉坛、风云雷雨山川坛、社稷坛	
洛南县	按察分司、洛南县、布政分司、府署、预备仓	儒学	文庙、城隍庙、邑厉坛、风云雷雨山川坛、社稷坛	
山阳县	府署、山阳县、按察分司、预备仓、布政分司、养济院、阴阳学、医学、总铺	儒学、射圃、社学	文庙、城隍庙、社稷坛、邑厉坛、风云雷雨山川坛	
商南县	府署、按察分司、布政分司、商南县、养济院	儒学	城隍庙、启圣祠、文庙、社稷坛、邑厉坛、风云雷雨山川坛	
同州	同州、布政分司、察院、按察分司	儒学	城隍庙、文庙、社稷坛、邑厉坛、风云雷雨山川坛	
朝邑县	按察分司、朝邑县、察院、府署、布政分司	儒学	城隍庙、文庙、启圣祠、社稷坛、邑厉坛、风云雷雨山川坛	
郃阳县	郃阳县、府署、社学、布政分司、察院、在城铺、养济院	儒学	文庙、城隍庙、社稷坛、邑厉坛、风云雷雨山川坛	
澄城县	申明亭、澄城县、按察分司、养济院、府署、布政分司、预备仓	社学、儒学	城隍庙、启圣祠、文庙、社稷坛；邑厉坛，风云雷雨山川坛	
白水县	白水县、按察分司养济院、布政分司、府署、在城铺	儒学	文庙、城隍庙、社稷坛、邑厉坛、风云雷雨山川坛	
韩城县	韩城县、税课司、在城铺、察院、布政分司、关内道、养济院	儒学	城隍庙、文庙、社稷坛、邑厉坛、风云雷雨山川坛	
华州	医学、阴阳学、华州、华山驿、税课司、按察分司、布政分司、道正司、僧正司	儒学、射圃	文庙、城隍庙、社稷坛、郡厉坛、风云雷雨山川坛	
华阴县	预备仓、递运所、华阴县、潼津驿、府署、察院、分司、布政分司、官厅、在城铺	儒学	城隍庙、文庙、社稷坛、邑厉坛、风云雷雨山川坛	
渭南县	渭南县、察院、预备仓、丰原驿、布政分司、小馆驿、关内道、府署	儒学	文庙、城隍庙、社稷坛、邑厉坛、风云雷雨山川坛	文昌祠
蒲城县	布政分司、蒲城县、府署、按察分司、总铺	儒学、社学	城隍庙、文庙、社稷坛、邑厉坛、风云雷雨山川坛	
耀州	布政分司、僧会司、预备仓、耀州、察院、养济院、总铺、府署、顺义驿、阴阳医学	儒学、社学	文庙、城隍庙、社稷坛、邑厉坛、风云雷雨山川坛	
同官县	同官县、漆水驿、府署、布政分司、察院	儒学	城隍庙、文庙、社稷坛、邑厉坛、风云雷雨山川坛	
富平县	富平县、文庙、按察分司、布政分司、府署、总铺	儒学	城隍庙、社稷坛、邑厉坛、风云雷雨山川坛	
乾州	演武亭、养济院、威盛驿、递运所、府署、旌善亭、在城铺、申明亭、按察分司、布政分司、预备仓、乾州、官仓	射圃、儒学	城隍庙、文庙、社稷坛、郡厉坛、风云雷雨山川坛	钟楼

	公署	学校	祠祀	其他
醴泉县	官仓、按察分司、醴泉县、关内道、养济院、布政分司、预备仓、教场	儒学	城隍庙、启圣祠、文庙、社稷坛、邑厉坛、风云雷雨山川坛	
武功县	武功县、文庙、察院、邰城驿、布政分司、府署、按察分司、在城铺、养济院	儒学	城隍庙、社稷坛、邑厉坛、风云雷雨山川坛	
永寿县	养济院、永安驿、布政分司、按察分司、永寿县、关内道、预备仓、府署、教场	儒学	城隍庙、文庙、社稷坛、邑厉坛、风云雷雨山川坛	
邠州	递运所、新平驿、布政分司、察院、邠州、医学、阴阳学、府署、税课司、养济院	儒学	范公祠、文庙、城隍庙、社稷坛、邑厉坛、风云雷雨山川坛	
淳化县	府署、按察分司、养济院、惠民局、布政分司、淳化县、僧会司	儒学	文庙、城隍庙、社稷坛、邑厉坛、风云雷雨山川坛	
三水县	阴阳学、布政分司、三水县、按察分司、府署、医学	儒学、社学	城隍庙、文庙、社稷坛、邑厉坛、风云雷雨山川坛	
潼关卫	潼关驿、指挥使司、兵备道、军器库、税课司、察院、杂造局、演武教场、递运所	儒学	文庙、城隍庙、旗纛庙	杨震祠
凤翔府	广积仓、凤翔县、预备仓、养济院、王府仓、分守道、守御千户所、关西道、察院、岐阳驿、布政分司、分司、凤翔府、税课司、演武厅	府学、县学	文庙、城隍庙、社稷坛、郡厉坛、风云雷雨山川坛	书院
岐山县	岐周驿、按察分司、布政分司、岐山县、府署、阴阳医学	儒学	城隍庙、文庙、社稷坛、邑厉坛、风云雷雨山川坛、文昌祠	
宝鸡县	养济院、宝鸡县、按察分司、陈仓驿、布政分司、预备仓、府署、虢川巡司、散关巡检司、演武亭、东河驿	儒学	文庙、城隍庙、社稷坛、邑厉坛、风云雷雨山川坛	
扶风县	关西道、医学、阴阳学、扶风县、凤泉驿、布政分司、按察分司、都察院、演武教场	儒学	文庙、城隍庙、社稷坛、邑厉坛、风云雷雨山川坛	
郿县	郿县、布政分司、按察分司、府署、演武亭	儒学、敬一亭	文庙、张先生祠、城隍庙、社稷坛、邑厉坛、风云雷雨山川坛	圣公祠
麟游县	养济院、按察分司、麟游县、预备仓、布政分司、府署、旌善亭、石窑巡检司	儒学、社学	城隍庙、文庙、社稷坛、邑厉坛、风云雷雨山川坛	
陇州	察院、养济院、陇州、儒学、按察分司、布政分司、社学、演武亭		城隍庙、文庙、社稷坛、郡厉坛、风云雷雨山川坛	
汧阳县	按察分司、养济院、府署、都察院、汧阳县、布政分司、在城铺	社学、儒学	社稷坛、城隍庙、文庙、邑厉坛、风云雷雨山川坛	
汉中府	都察院、公馆、守备厅、养济院、官局、汉阴驿、道纪司、汉中府、察院、布政分司、关南道、阴阳医学、税课司、司狱司、预备仓、广积仓、总铺、南郑县、武学、汉中卫、僧纲司、民教场、武教场	县学、府学	城隍庙、文庙、社稷坛、郡厉坛、风云雷雨山川坛	鸣池
褒城县	褒城县、预备仓、医学、开山驿、布政分司、按察分司	儒学	城隍庙、文庙、社稷坛、邑厉坛、风云雷雨山川坛	
城固县	预备仓、城固县、养济院、布政分司、按察分司、阴阳学、府署	儒学	城隍庙、文庙、社稷坛、邑厉坛、风云雷雨山川坛	
洋县	府署、洋县、仓、按察分司、布政分司	儒学、射圃	城隍庙、文庙、社稷坛、邑厉坛、风云雷雨山川坛	五云宫
西乡县	西乡县、僧会司、府署、阴阳医学、养济院、布政分司、按察分司、千户所、故县仓	儒学	文庙、城隍庙、社稷坛、邑厉坛、风云雷雨山川坛	
凤县	养济院、阴阳学、府署、凤县、梁山驿、僧会司、按察分司、布政分司、县仓	儒学	城隍庙、文庙、社稷坛、邑厉坛、风云雷雨山川坛	
宁羌县	僧正司、宁羌仓、宁羌卫、宁羌州、布政分司、按察分司、阴阳医学	儒学、射圃	城隍庙、文庙、社稷坛、邑厉坛、风云雷雨山川坛	
沔县	布政分司、按察分司、顺政驿、沔县、僧会司、医学、守御千户所、阴阳学	儒学	城隍庙、文庙、社稷坛、邑厉坛、风云雷雨山川坛	

	公署	学校	祠祀	其他
畧阳县	嘉陵驿、按察分司、畧阳县	儒学、射圃	文庙、城隍庙、社稷坛、邑厉坛、风云雷雨山川坛	
金州	金盈仓、守御千户所、按察分司、布政分司、医学、阴阳学、金州、预备仓、文庙、府署、税课司、教场	儒学	城隍庙、社稷坛、郡厉坛、风云雷雨山川坛	鼓楼
平利县	平利县、按察分司、布政分司、医学、僧会司、阴阳学、府署	儒学	城隍庙、文庙、社稷坛、邑厉坛、风云雷雨山川坛	
石泉县	道会司、察院、医学、石泉县、分司、阴阳学、养济院、僧会司	社学、儒学	城隍庙、文庙、社稷坛、邑厉坛、风云雷雨山川坛	
洵阳县	僧会司、医学、洵阳县、阴阳学、按察分司、察院、布政分司	儒学	文庙、城隍庙、邑厉坛、风云雷雨山川坛、社稷坛	
汉阴县	阴阳学、医学、汉阴县、预备仓、养济院、总铺、分司、府署	儒学	文庙、城隍庙、社稷坛、邑厉坛、风云雷雨山川坛	
白河县	布政分司、按察分司、白河县	儒学	文庙、城隍庙、邑厉坛、风云雷雨山川坛、社稷坛	原都祠
紫阳县	僧会司、布政分司、府署、紫阳县、医学、道会司、按察分司	儒学	城隍庙、社稷坛、邑厉坛、风云雷雨山川坛	文庙基
平凉府	平凉府、西德王府、布政分司、关西道、雄胆仓、苑马司、按察分司、乐平王府、平凉卫、太仆寺、通渭府、韩王府、襄城府、高平王府、仪卫司、安东中护卫、彰化王府、长史司、汉阴王府、群牧所、僧纲司、道纪司、平凉县、医学、阴阳学、高平驿、递运所、税课司	儒学、县学	文庙、城隍庙、（县）文庙、社稷坛、郡厉坛、风云雷雨山川坛	
崇信县	税课司、阴阳学、崇信县、医学、按察分司、布政分司	儒学	城隍庙、文庙、社稷坛、邑厉坛、风云雷雨山川坛	
华亭县	华亭县、布政分司、按察分司、养济院	儒学	城隍庙、文庙、社稷坛、邑厉坛、风云雷雨山川坛	
镇原县	镇原县、府署、养济院、阴阳医学、察院、布政分司	儒学	文庙、城隍庙、社稷坛、邑厉坛、风云雷雨山川坛	七星殿
固原州	草场、杂造局、神器库、制府、固原卫、长乐监、按察分司、固原州、总府、分司、都司、都察院、批验所、永宁驿、金家凹巡检司	儒学	城隍庙、风云雷雨山川坛、社稷坛、郡厉坛	
泾州	按察分司、安定驿、布政分司、泾州、阴阳学、医学	儒学、射圃	文庙、城隍庙、社稷坛、郡厉坛、风云雷雨山川坛	
灵台县	阴阳学、税课司、灵台县、按察分司、医学、演武亭	儒学	城隍庙、文庙、社稷坛、邑厉坛、风云雷雨山川坛	
静宁县	僧正司、递运所、布政分司、静宁州、预备仓、按察分司、道正司、医学、泾阳驿、阴阳学	儒学、射圃	文庙、启圣祠、城隍庙、社稷坛、邑厉坛、风云雷雨山川坛	
庄浪县	阴阳医学、县仓、庄浪县、按察分司	儒学、射圃	城隍庙、文庙、社稷坛、邑厉坛、风云雷雨山川坛	
隆德县	按察分司、隆德递运所、布政分司、预备仓、隆德县、隆城驿	儒学	城隍庙、文庙、社稷坛、邑厉坛、风云雷雨山川坛	
巩昌府	养济院、西察院、东察院、通远驿、边备道、分守道、分巡道、僧纲司、医学、司狱司、丰赡仓、阴阳学、陇西县、巩昌卫、军器局、巩昌府、北关递运所、税课司、提学道	儒学、县学	文庙、城隍庙、社稷坛、郡厉坛、风云雷雨山川坛	
安定县	安定县、按察分司、布政分司、府署、预备仓、税课司、养济院、延寿驿、教场、安定递运所	儒学、射圃	城隍庙、文庙、启圣祠、社稷坛、邑厉坛、风云雷雨山川坛	
会宁县	布政分司、会宁县、按察分司、医学、阴阳学、保宁驿、府署、递运所、税课局	儒学	文庙、城隍庙、社稷坛、邑厉坛、风云雷雨山川坛	
通渭县	察院、通渭县、养济院、分司	儒学、射圃	文庙、城隍庙、社稷坛、邑厉坛、风云雷雨山川坛	

	公署	学校	祠祀	其他
漳县	察院、漳县、阴阳学、医学	儒学、射圃	城隍庙、文庙、启圣祠、社稷坛、邑厉坛、风云雷雨山川坛	
宁远县	按察分司、宁远县、府署、阴阳学、医学、预备仓、布政分司、养济院、察院、教场	射圃、儒学	城隍庙、文庙、邑厉坛、风云雷雨山川坛、社稷坛	
伏羌县	按察分司、伏羌县、府署、布政分司、察院、阴阳学、养济院	儒学	城隍庙、文庙、社稷坛、风云雷雨山川坛、教场、邑厉坛	
西和县	布政分司、按察分司、西和县、预备仓	儒学	文庙、城隍庙、社稷坛、邑厉坛、风云雷雨山川坛	
成县	养济院、府署、成县、按察分司、布政分司、察院、教场	儒学	城隍庙、文庙、社稷坛、邑厉坛、风云雷雨山川坛	古城
秦州	养济院、税课司、布政分司、广益仓、按察分司、秦州、镇抚司、秦州卫、左所、军器局、预备仓	儒学、射圃	城隍庙、文庙、社稷坛、郡厉坛、风云雷雨山川坛	
秦安县	秦安县、府署、按察分司、察院、养济院、教场	儒学	城隍庙、文庙、社稷坛、邑厉坛、风云雷雨山川坛	
清水县	按察分司、养济院、清水县、府署、布政分司、分司	儒学、敬一亭	城隍庙、社稷坛、邑厉坛、风云雷雨山川坛、文庙	通泉
礼县	府署、礼县、布政分司、按察分司、养济院	儒学	文庙、城隍庙、社稷坛、邑厉坛、风云雷雨山川坛	
阶县	守备都司、永济仓、千户所、预备仓、阶州、布政分司、府署	射圃、儒学	文庙、城隍庙、社稷坛、邑厉坛、风云雷雨山川坛	
文县	预备仓、文县、按察分司、布政分司、丰膳仓、府署、教场	儒学	邑厉坛、城隍庙、文庙、启圣祠、风云雷雨山川坛、社稷坛	
徽州	公馆、徽州、徽山驿、养济院、察院、布政分司	儒学	城隍庙、文庙、社稷坛、郡厉坛、风云雷雨山川坛	烈女祠
两当县	城池内：察院、两当县、陇右道、黄华驿、阴阳学、养济院	儒学、敬一亭、射圃	城隍庙、启圣祠、文庙、社稷坛、邑厉坛、风云雷雨山川坛	
临洮府	察院、广储仓、杂造局、狄道县、临洮卫、临洮府、按察分司、洮阳驿、布政分司、府养济院、卫养济院、司狱司、阴阳学、医学、演武厅、税课司	射圃、府学、县学	城隍庙、府文庙、县文庙、社稷坛、郡厉坛、风云雷雨山川坛	
渭源县	养济院、渭源县、府署、按察分司、察院、庆平驿、布政分司	儒学	文庙、社稷坛、邑厉坛、风云雷雨山川坛	
兰州	淳化府、按察分司、铅山府、肃府、仪衙司、长史司、甘州中护卫、军器库、兰州卫、广积仓、守备厅、察院、布政分司、兰州、府署、税课司、递运所、草场、兰泉驿	儒学	城隍庙、文庙、郡厉坛、风云雷雨山川坛、社稷坛	
金县	养济院、布政分司、按察分司、府署、预备仓、金县、教场、漏泽园	儒学	启圣祠、文庙、城隍庙、社稷坛、邑厉坛、风云雷雨山川坛	
河州	按察分司、河州卫、河州、察院、杂造局、河州仓、茶马司、守备厅、凤林驿	儒学、敬一亭	城隍庙、文庙、社稷坛、郡厉坛、风云雷雨山川坛、启圣祠	
庆阳府	分守道、庆阳卫、安化县、县仓、布政分司、弘化驿、按察分司、察院、在城铺、庆阳府、府仓、永盈仓、阴阳学、医学、养济院、弘化递运所、僧纲司、税课司、教场	射圃、儒学、县儒学	城隍庙、乡贤祠、文庙、韩范祠、社稷坛、北坛、县文庙、风云雷雨坛、郡厉坛	
合水县	府署、察院、布政分司、县仓、合水县、阴阳学	儒学	城隍庙、文庙、社稷坛、邑厉坛、风云雷雨山川坛	
环县	府署、察院、布政分司、环县、守备厅、前千户所、灵武驿、灵武递运所、演武亭	射圃亭、敬一亭、儒学	启圣祠、文庙、邑厉坛、风云雷雨山川坛、社稷坛	灵武台

	公署	学校	祠祀	其他
宁州	宁州、按察分司、布政分司、僧正司、阴阳医学、递运所、彭原驿	儒学、射圃亭	文庙、城隍庙、社稷坛、郡厉坛、风云雷雨山川坛	
真宁县	察院、布政分司、真宁县、文庙、府署、医学、阴阳学、漏泽园	儒学、射圃	城隍庙、名宦祠、乡贤祠、邑厉坛、风云雷雨山川坛、社稷坛	
延安府	延丰仓、布政分司、按察分司、总铺、察院、肤施县、延安卫、阴阳学、河西道、延安府、医学、县预备仓、税课司、金明驿、府预备仓、马政房、养济院、教场	县学、府学	城隍庙、文庙、韩范祠、府文庙、社稷坛、郡厉坛、风云雷雨山川坛	
安塞县	府署、总铺、医学、安塞县、阴阳学、预备仓、按察分司、布政分司、养济院	儒学	城隍庙、文庙、社稷坛、邑厉坛、风云雷雨山川坛	
甘泉县	预备仓、甘泉县、抚安驿、府署、按察分司、布政分司、阴阳医学、演武亭、养济院	儒学、社学	城隍庙、文庙、启圣祠、社稷坛、邑厉坛、风云雷雨山川坛	书院
安定县	布政分司、安定县、预备仓、按察分司	儒学	城隍庙、文庙、社稷坛、邑厉坛、风云雷雨山川坛	许公祠
保安县	府署、保安县、按察分司、预备仓、养济院	儒学	城隍庙、文庙、社稷坛、邑厉坛、风云雷雨山川坛	
宜川县	宜川县、按察分司、僧会司、医学、阴阳学、布政分司、预备仓、养济院	儒学	文庙、城隍庙、社稷坛、邑厉坛、风云雷雨山川坛	
延川县	城池内：预备仓、延川县、布政分司、按察分司、河西道、社学、养济院、演武厅	儒学	文庙、城隍庙、社稷坛、邑厉坛、风云雷雨山川坛	
延长县	官仓、延长县、府署、察院、预备仓、布政分司、榜房、养济院、演武厅	儒学	文庙、城隍庙、社稷坛、邑厉坛、风云雷雨山川坛	
清涧县	养济院、按察分司、府署、清涧县、医学、阴阳学、在城铺、布政分司、石嘴岔驿	社学、儒学	城隍庙、文庙、社稷坛、邑厉坛、风云雷雨山川坛	
鄜州	鄜州、按察分司、布政分司、鄜城驿	儒学	城隍庙、社稷坛、郡厉坛、风云雷雨山川坛、文庙	
洛川县	税课司、布政分司、洛川县、按察分司、府署、医学、阴阳学教场、养济院	儒学	文庙、城隍庙、社稷坛、邑厉坛、风云雷雨山川坛	
中部县	医学、翟道驿、官仓、中部县、府署、旧司、察院、养济院	儒学、射圃亭	城隍庙、文昌祠、文庙、社稷坛、邑厉坛、风云雷雨山川坛	坊州碑亭
宜君县	云阳驿、宜君县、布政分司、按察分司、阴阳医学	儒学	城隍庙、文庙、社稷坛、邑厉坛、风云雷雨山川坛	
绥德州	按察分司、察院、绥德卫、都府、道正司、绥德州、阴阳学、青阳驿、军器局、税课司	儒学	文庙、城隍庙、社稷坛、郡厉坛、风云雷雨山川坛	
米脂县	预备仓、按察分司、米脂县、布政分司、银川驿、都察院	儒学	城隍庙、文庙、邑厉坛、风云雷雨山川坛、社稷坛	
葭州	按察分司、葭州、医学、阴阳学、布政分司、养济院、教场、府署	儒学	城隍庙、文庙、郡厉坛、社稷坛、风云雷雨山川坛	
吴堡县	吴堡县、阴阳学、按察分司、布政分司、医学、河西驿、教场	儒学	城隍庙、文庙、社稷坛、邑厉坛、风云雷雨山川坛	
神木县	总铺、医学、神木县、预备仓、府署、僧会司、养济院、千户所、按察分司、参将府、阴阳学	儒学、社学	城隍庙、文庙、社稷坛、邑厉坛、风云雷雨山川坛	
府谷县	府署、按察分司、预备仓、府谷县、阴阳医学、养济院	儒学	城隍庙、文庙、社稷坛、邑厉坛、风云雷雨山川坛	
宁夏等卫	都司、养济院、前卫、察院、中屯卫仓、帅府、公议府、左护卫、真宁王府、巩昌王府、都察院、阴阳学、右卫仓、左卫仓、游击府、按察分司、丰林王府、庆府、草场、右卫、杂造局、寿阳王府、宁夏卫、医学、中屯卫、教场、馆驿	射圃、儒学	城隍庙、文庙、风云雷雨山川坛、社稷坛	

	公署	学校	祠祀	其他
宁夏中卫	草场、守备厅、宁夏中卫、杂造局、河西道、养济院、中卫仓	儒学	文庙、城隍庙	
洮州卫	守备厅、洮州卫、按察分司、杂造局、茶马司、洮州驿、广丰仓、进马厂	儒学	文庙、城隍庙、厉坛	
岷州卫	岷州卫、岷山驿、边备道、丰赡仓、按察分司、布政分司	儒学	文庙、城隍庙、社稷坛、厉坛、风云雷雨山川坛	
榆林卫	广有仓、榆林卫、布政分司、广储仓、总兵府、府署、都察院、税课司、按察分司、榆林驿、都司	儒学	文庙、城隍庙、社稷坛、厉坛、风云雷雨山川坛	
靖虏卫	军器局、靖虏卫、按察分司、广盈仓、守备厅、会州驿	儒学	城隍庙、文庙、厉坛	
甘肃行都司[1]	副总兵府、后卫、行太仆寺、右卫、太监府、总制府、左卫、甘泉驿、都察院、布政分司、行都司、察院、西宁道、中卫、前卫、总兵府、帅府、监镪府	儒学	城隍庙、文庙、社稷坛、厉坛、风云雷雨山川坛、旗纛庙	
肃州卫	预备仓、按察分司、永丰仓、都指挥司、杂造局、察院、布政分司	儒学	文庙、城隍庙、社稷坛、厉坛、风云雷雨山川坛	
永昌卫	杂造局、草场、都指挥司、永昌仓、察院、布政分司、游击厅、预备仓	儒学	城隍庙、文庙、社稷坛、厉坛（在城北三十里）、风云雷雨山川坛、旗纛庙	水磨
凉州卫	草场、广储仓、镇守府、协副府、凉州卫、帅府、布政分司、察院、西宁道	儒学	文庙、城隍庙、社稷坛、厉坛、风云雷雨山川坛	
镇番卫	都察院、镇番卫、草场、杂造局、西宁道、参将府、预备仓	儒学	城隍庙、文庙、社稷坛、厉坛、风云雷雨山川坛、旗纛庙	
庄浪卫	布政分司、庄浪卫、察院、西宁道、递运所、庄浪驿、镇守府、都察院、演武厅	儒学	城隍庙、文庙、社稷坛、厉坛、风云雷雨山川坛	
西宁卫	草场、茶马司、西宁卫、察院、在城驿、南察院、按察分司、西宁仓	儒学	城隍庙、文庙、社稷坛、厉坛、风云雷雨山川坛	
镇夷卫	官仓、西宁道、预备仓、杂造局、守御千户所、草场、镇远驿		城隍庙、社稷坛、厉坛、风云雷雨山川坛	
古浪所	布政分司、察院、草场、杂造局、千户所、丰盈仓、预备仓、古浪驿、递运所、演武厅		城隍庙、厉坛	
高台所	草场、守御官厅、千户所、布政分司、察院、富积仓、预备仓、杂造局		城隍庙、厉坛、风云雷雨山川坛、社稷坛	
灵州所	高桥儿驿、灵州仓、草场、千户所、河西道、高桥儿递运所	儒学	城隍庙、文庙、厉坛	

　　表 1 所见，是陕西嘉靖时期记录下的各城市及卫所，城池之内的公署、学校、庙坛等建筑的设置情况。公署中包含有：分封各地的王府，承宣布政使司所辖府、州、县等的各级行政机构单位，提刑按察使司统辖的监察、司法机构，陕西都指挥使司所领各处二十六卫、守御千户所四、演武厅、军器局所等兵防军事设施，布政司派出各地的分守道及各级分司，按察司派出各地的分巡道及按察分司，按照专门事务分工组建的提学、粮储、清军等专务道。公署中还有负责具体执行事务之机构，如负责运输的驿站及递运所，以及主管茶政、马政的行太仆寺、苑马司等设施，阴阳学、医学等教育机构，以及丰盈仓、养济院、漏泽园等防灾救济设施。学校主要是儒学教育机构，与科举制度相因应。各级城市中，建置图基本都标示出文庙、城隍庙、厉坛、社稷坛、风云雷雨山川坛，以及旗纛庙、先贤祠等举办官方祭祀活动的建筑，是为城市空间构成的重要因素。

---

1. 见注释 2 所揭书，第 453 页，"据明史及本志，应为陕西行都司。"

包含创建新城、修筑旧城活动在内的明代造城运动，是明王朝重建行政体系的重要构成部分[1]，从附表中可知，每一个城市，其行政、教育、祭祀、军事机构，从府到州县，数量由繁至简，都是作为帝国统治体系中的环节而存在。城市中的城池、公署、学校、典祀建筑，共同参与地方城市的运转，城池用于防御、公署用于政本、学校用于育才[2]，县、州、府逐级承担相应责任，层层搭建明帝国管理架构。而明代中央通过藩王分封，加强对地方城市的掌控、监督与管理体制，也以驻地王府体现在建置图。在边地、腹地[3]直到中央的帝国网络中，陕西各级城市，皆纳入"纲维之势"中，而等级体系越高的城市，行政设置越复杂，建置图中所见的建筑单体或群体更多，相应地，城周更长、城墙更高、城池更深。[4]

三、嘉靖《陕西通志》与康熙《陕西通志》所见城市图比较[5]

康熙二年，清代官员贾汉复[6]组织编撰《陕西通志》，目录之后、卷一之前为"星象图"、"地图"及"城郭"三部。城郭有周都三朝图、秦八徙都咸阳图（阿房宫附）、汉四迁都长安图、隋都城图、唐都城三内图，反映历史变迁，有反映当时状况者：会城图、府属州县城图、延安府城郭图、府属州县城图、平凉府城廓图、府属州县城图、庆阳府城郭图、府属州县图、凤翔府城郭图、府属州县图、巩昌府城郭图、府属州县城图、汉中府城图、府属州县图、兴安州城图、所属州县图、延绥镇城图、又所属营堡图、宁夏镇城图、又所属营堡图、固原镇城图、又所属卫所图、甘肃镇城图、又所属卫所图。其中的会城图及各城郭图、城图皆示出城池、公署、学校等建筑。

嘉靖《陕西通志》建置图与康熙《陕西通志》城郭图之比较　　　　　表2

嘉靖陕西通志		康熙陕西通志				
图名	城池规模	图名	城池规模	城池沿革	配置之变化	图式之变化[7]
《陕西省城图》（图1）	城周四十里高三丈阔四丈池深二丈阔八尺	《会城图》（图2）	周四十里高三丈池深二丈阔八尺	即隋唐京城宋金元皆因之明初都督濮英增修	加题：北安远门、东长乐门、西安定门、南永宁门；消失：东郭新城、东十里铺、屯田道、西安前卫、提学道、都司、总督府、太府、西安递运所、郡厉坛，多处王府消失或标示"今废"；增设：废秦府、□□门、满城、会府、西五台、唐西内城址、文昌阁	城墙上示出马面，马面上多有硬楼。方向变为上北下南，四向展开式立面变为接近正南轴测图，明代所注方向取消
《凤翔府图》（图3）	城周一十二里高三丈池深两丈	《凤翔府城廓图》（图4）	城周一十二里三分门四高三丈池深两丈五尺	唐末李茂贞始建明景泰正德万历中屡重修	加题：西保和门、北宁远门、南景明门、东迎恩门；增设：三公祠、窦明府祠、凌虚台、大成观、关王庙、镇抚司、金佛寺、景福寺、普觉寺、二司、都察院、洋宫；消失：税课司、关西道、岐阳驿、布政分司	西北角多画出凤凰池，方向变为上北下南，四向展开式立面变为接近正南轴测图，明代所注方向取消

---

1. 王贵祥，明代建城运动概说，《中国建筑史论汇刊　第一辑》，清华大学出版社2009年，第172页。
2. 参见康熙《深州志》序。
3. 雍正《陕西通志》卷十四"城池"有"由腹建边、大小维系"语。《影印文渊阁四库全书》。
4. 请见葛天任论文所分析者。
5. 本节所用图例，嘉靖时期者皆源于（明）赵廷瑞主修《陕西通志》，陕西地方志办公室总校点本，三秦出版社2005年；康熙时期者，皆源于清初刻本。
6. 贾汉复于顺治十七年进呈过《河南府志》。贾氏所编两部省通志，对清代通志的编撰颇有影响，据《钦定四库全书 史部十一》收录之雍正《陕西通志》之"凡例"，"旧志成于康熙初年，前抚臣贾汉复之手，贾尝抚豫再抚秦，其所撰两省通志，朝议取为他省程式。"本文所提及的康熙《陕西通志》指的是贾汉复主持，李楷等人所纂辑者。
7. 嘉靖《陕西通志》所见建置图中，城墙多数示作闭合环线，最外环为雉堞，雉堞底为第一道闭合线，紧挨着为第二道闭合线，稍远些内侧为第三道闭合线，第二道与第三道闭合线之间，画出城门，城门向外多见重檐立面建筑打断雉堞，当表城门上之城楼类建筑。此类图中，城墙无论东西南北墙，皆是示出内墙面，如同墙皆向四面展开后之平面图；有少数图如洋县，则是南墙示出外墙，而其他三面仍是内墙，为三面展开式表达。

嘉靖陕西通志		康熙陕西通志			配置之变化	图式之变化
图名	城池规模	图名	城池规模	城池沿革		
《汉中府图》（图5）	城周九里三分高三丈池深一丈八尺	《汉中府城图》（图6）	周九里三分四门高三丈阔二丈五尺池深一丈八尺阔一丈	宋嘉定十二年始建明洪武三年知府费震重修正德五年甃以砖	加题：东朝阳门、西振武门、南望江门、北拱辰门；增加：废瑞府、西察院、固山府、巡道、协镇府；消失：阴阳医学、司狱司、关南道、武学	道路未画，上北下南，城墙表现方式为类似轴测图，东北角画出山，西南角出水道题名汉江，明代所注方向取消
《平凉府图》（图7）	城周十一里三分高五丈阔四丈五尺池深五丈八尺	《平凉府城郭图》（图8）	周九里三十步高四丈池深四丈四门	唐德宗令刘昌增筑元分为南北二城明洪武初复修如旧	加题：北定北门、东和阳门、南万安门、西来远门、暖泉；增加：塔寺、改正学书院、税课司、大平桥、会元坊、五侯庙、马厂、大马厂、岨谷寺、神霄后宫、崇文书院、旗纛庙、废韩王府、大佛寺、养济院、平凉县、关西道、都察院、局卫；消失：王府七座，安东中护卫，仪卫司、襄城府、通渭府、僧纲司、文庙、平凉卫；改题：原苑马司今题苑马寺	东北画有水道，西侧画水道题泾河，由四向展开式立面转为类似正南轴测图，整体形态变化较大，明代所注方向取消
《巩昌府图》（图9）	城周九里高三丈深一丈八尺	《巩昌府城郭图》（图10）	周九里一百二十步高四丈池深三丈七尺门四	汉唐无考宋惟土城元拓甃以石明重修	加题：南来薰门、东引晖门、北镇翔门、西柔远门；消失：医学	由四向展开式立面转为类似正南轴测图，整体形态变化较大，明代所注方向取消
《临洮府图》（图11）	城周九里三分高三丈池深二丈	《临洮府城图》（图12）	周九里三分高三丈洞倍之	宋熙宁五年王韶大破羌人遂城武胜金元因之明洪武三年指挥孙德增筑	加题四门：北镇远门、西永宁门、南建安门、东大通门	西边画出水道，道路取消，由四向展开式立面转为类似正南轴测图，整体形态变化较大，明代所注方向取消
《庆阳府图》（图13）		《庆阳府城图》（图14）	周七里高十余丈引河为池门四	明成化初参政朱英创筑固原为城	加题：南永春门、北德胜门、东安远门、西平定门；增加：普照寺、兴教寺、泰山行祠、申明亭、□□道；消失：在城铺	清代南、东、西三向加画出山水，墙下增加山岭线，由四向展开式立面转为类似正南轴测图，整体形态变化较大，城内道路取消
《延安府图》（图15）	城周九里三分高三丈池深二丈	《延安府城郭图》（图16）	周九里三分高三丈池深二丈	始建不详宋范仲淹□籍继修明洪武初知府崔陞复葺之	加题：北安定门、南显阳门、东东胜门	西墙画在一组山上，由四向展开式立面转为类似正南轴测图，明代所注方向取消，河道中水纹取消，城池整体形态比例调整较大
《榆林卫图》（图17）	城周一十三里三百一十步高三丈池深一丈五尺	《延绥镇城图》（图18）	城一十三里有奇高三丈池深一丈五尺	明正统中都督王□始建成化八年巡抚余子俊增筑北城	加题：东门、南门、西门、北门；其余建筑名称、位置保持一致	道路取消，明代所注方向取消，由三向展开式立面转为类似正南轴测图
《宁夏等卫》（图19）	城周一十八里高三丈五尺池阔十丈	《宁夏镇城图》（图20）	周一十八里高三丈六尺池深两丈门六	本赵德明旧址元末寇□难守弃其西半明正统中复筑谓之新城万历三年巡抚罗凤翔重修	加题：南南薰门、北德胜门、北镇武门、东清和门、西镇远门；消失：王府三座；增加：唐渠、□渠	东西加示水道，由三向展开式立面转为类似正南轴测图
《金州》（图21）	城周六里余高一丈七尺池深一丈	《兴安州城图》（图22）	周七百一十四丈	旧称金州城洪武四年建万历十二年因水患徙今治外甃以石内封山斜上	加题：东门、北门、西北门、西门、南门；消失：金州；增加：兴安州	道路取消，明代所注方向取消，由四向展开式立面转为类似正南轴测图

嘉靖陕西通志		康熙陕西通志				
图名	城池规模	图名	城池规模	城池沿革	配置之变化	图式之变化
《固原州》（图23）	城周九里三分高三丈池深一丈五尺	《固原镇城郭图》（图24）	周九里三分高三丈池深一丈五尺	宋咸平中曹玮始建金兴定三年地震城圮四年重筑元末废明景泰元年修复成化三年徙口成县治于此五年巡抚马文升令金事杨冕增筑设楼橹	加题：北门、东门、南门、西门；消失：按察分司；增加：固原改道、广宁监、副府、圪塔寺、行中察院、粮仓、按察司	由四向展开式立面转为类似正南轴测图，城墙形态弧形皆变为折线形

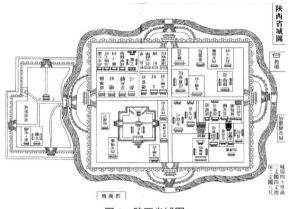

图 1　陕西省城图

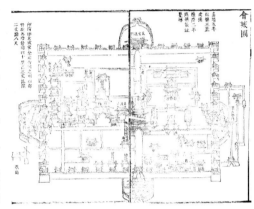

图 2　会城图

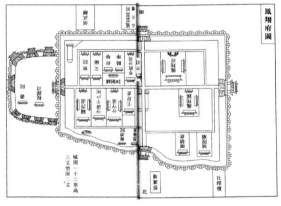

图 3　凤翔府图

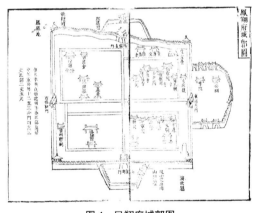

图 4　凤翔府城郭图

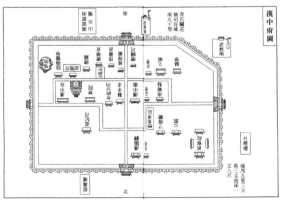

图 5　汉中府图

图 6　汉中府城图

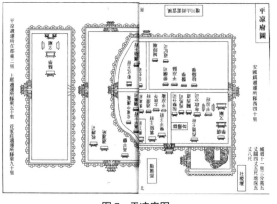

图7 平凉府图

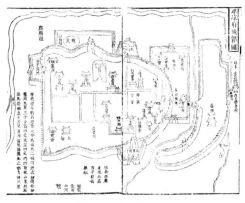

图8 平凉府城郭图

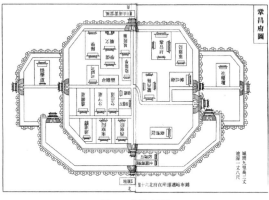

图9 巩昌府图

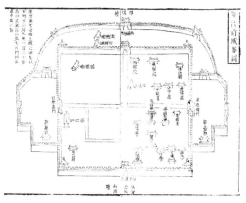

图10 巩昌府城郭图

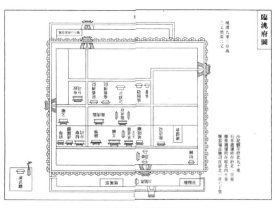

图11 临洮府图

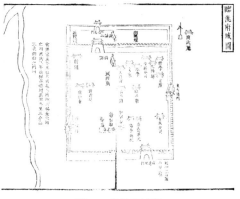

图12 临洮府城图

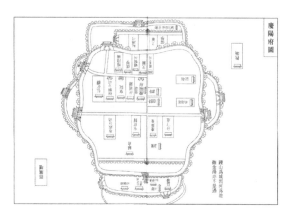

图13 庆阳府图

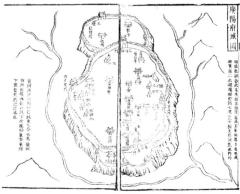

图14 庆阳府城图

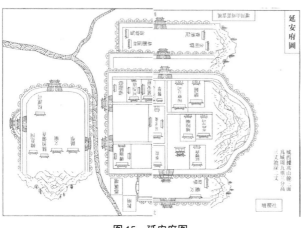

图15　延安府图

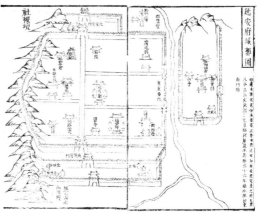

图16　延安府城郭图

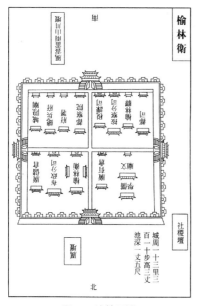

图17　榆林卫图

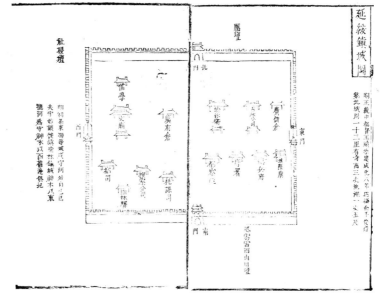

图18　延绥镇城图

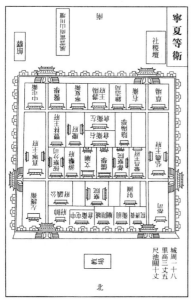

图19　宁夏等卫图

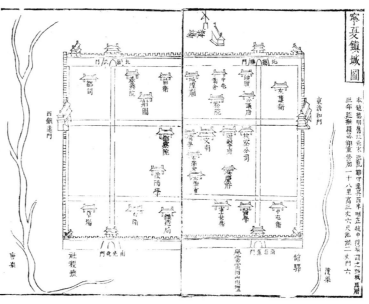

图20　宁夏镇城图

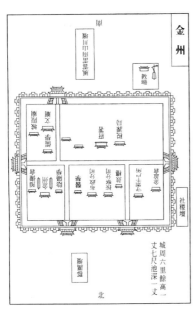

图21　金州

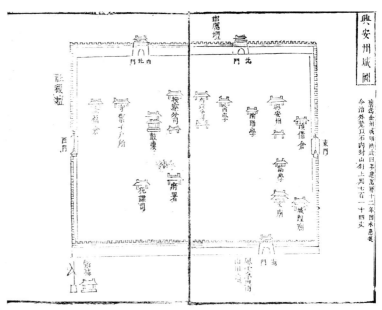

图22　兴安州城图

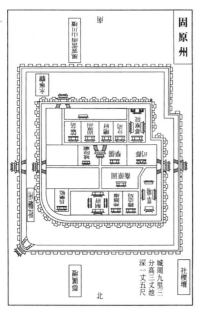

图23　固原州

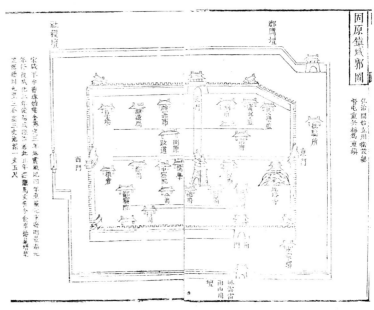

图24　固原镇城郭图

　　嘉靖《陕西通志》未见记载城池沿革，通过康熙《陕西通志》城郭图榜文可知，在十二座主要城池中，三座明初创设者外，有九座延续旧有城池[1]，但也都有明代的修复、增筑记录。从两本通志所记载的城池规模来看，清代城池规模基本接近明代通志所载，有些城池更是数值一致。如此可知，明代城市建设运动，对陕西城市格局的确立，以及作为陕西清代城市发展的前身及基础，殆无疑也。[2] 城池内部的建筑设置上，除了王府建筑因制度更替多为见弃，其他的行政设置则多有延续，变化较少。康熙《陕西通志》"公署"中所谓"而秦值兵燹之后，坍圮独甚，今之堂阶廨舍，虽时有增缮，率仍明旧，依跻依宁，匪云奢巨丽也。"从配置图上也可以看出，主要建筑多数保留，建筑位置多数亦未见变化，而延安府、榆林卫、兴安州则可说是原封摹写。

　　比较明清两本通志所见城市图示，延续是为重要特征，此与阅读康熙《陕西通志》有关编户等制度的文字时，频频见到的"皇清因之"一语相互呼应，当为斯时历史境况之真实写照。

1. 陕西在宋代是边陲重地，如范仲淹等人曾在此地经营边防，留下一批城池。其中明代府城多继承与修整宋元以来之孑遗。
2. 参见本书第155页注释1。

四、嘉靖《陕西通志》中建置图的体例

在上节明清方志城市图示之比较中，除了清代城郭图方向调整为上北下南、图式语言调整等地图学的变化外，清代通志城郭图上两个变化值得注意：其一是加题城门名[1]，其二是增加了佛寺、桥梁等官司[2]之外的城市公共空间。在嘉靖陕西通志的建置图中，城门不名[3]，公共空间不记载，或与其独特之体例有关。

嘉靖通志的卷七开卷语，"若夫我皇明今日之制作：有城郭焉，其所在山川各异，则规模亦殊；有公署焉，有学校焉，有庙社及诸坛宇焉，其所在方所虽异，而制度则同。悉列之，则剧繁且复；总著之，则挂一漏万，亦未宜也。故于诸建置，各图以尽之，而弁于其首，庶览者按图而征说，若视诸掌云。"揭示建置图是用于城郭、公署、学校、庙社及坛宇的说明，并且替代了如康熙通志中城池、公署、学校、祠祀诸卷。此种"以图代志"的体例是嘉靖《陕西通志》十分独特之处[4]，而编撰者也在目录中明确指出："城郭、公署、学校、庙坛俱见图"。

此种"以图代志"体例，当是建置图中严格限制建筑名称之缘由之一，在附表一之中，只有少数行政体系之外的建筑被记录。而实际上，这类建筑在城市中是极为大量存在。在嘉靖通志的古迹卷中，就记录了大量亭、台、楼、阁等游赏类建筑，如洋县著名的为苏东坡吟咏过的涵虚亭、竹坞等，并且不吝篇幅地全文摘录下苏氏的相关诗句。而正是建置图所要表达的内容为编撰者裁定为官司建筑，是故，图中标示的建筑绝大多数是政治权力的象征。[5]如果将"以图代志"中这些有针对性的建置图，与康熙《陕西通志》中放置于卷首的城郭图相比较，后者目的性不甚明确，其城郭图的寺庙、古迹内容增多，其表达的信息也更为综合多元。

显然，嘉靖《陕西通志》中建置图所见的官司建筑，仅仅是城市生活、城市空间的组成部分而已，只有结合文字描述而非图示的遗迹、古迹，以及文字也忽略的私人生活空间等，才可能组合还原出斯时城市空间的总体概貌。

五、结语

明代嘉靖年间编撰的《陕西通志》一书，应用大量的建置图，标示了明代陕西城市的城池、公署、学校以及庙坛等建筑的名称、位置，是研究分析明代城市构成的重要资料。建置图中所标示的建筑，是明朝帝国行政机构脉络之构成，构成了中央到地方各级城市的统治态势，而每个城市因等级差异，承担行政职责的不同，城池规模与城内建筑数量也有相应的增减。在明清更替之际，这些由明代城市运动所奠定的城市分布、城池规模、城市空间格局，基本由清代继承，这在康熙《陕西通志》中的城郭图都得以反映。

由斯时文人编撰的地方方志，成书之际，当先做整体之裁量，体现于纲目谋篇、分卷布局及图文安排中。今人借助这些地方志书研究分析城市时，或有以下两点值得注意：首先，由此产生的不同体例，配图所表达的信息或有差异，实不能一概而论。至少，嘉靖《陕西通志》中大量的建置图，是为替代表述城池、公署等制度的文字而作，当与城郭图、舆图、卷首图考等有所不同。其次，现今研读这些作为城市研究重要文献的地方志书，其表达的整体性不应被割裂开，无论图文所表达的不同内容，抑或各分卷不同对象，都只是城市生活的某个侧面。在嘉靖《陕西通志》中，此般古人记录城市空间与城市生活的整体性，是建置图的严肃刻板，与古迹卷辑录诗文的灵秀悠闲之并存兼有。

作者单位：清华大学建筑学院

---

1. 顺治年间，贾汉复编撰的《河南府志》中，《河南省城旧图》已将城门题写于城门上。
2. 嘉靖《陕西通志》"义例"，有"城郭公署沿革，载古今建置同异之详也。然皆官司焉"。
3. 下文分析可知，嘉靖通志中未排城池等纲目，故不能确切得知当时城门之名是否已存在，不过根据其他地区的唐宋文献推测，唐宋以来各地城池之城门，当皆有名称。
4. 根据地理学人之研究，六朝后期至唐宋时期，作为方志前身的图经，是以图作为主体部分，经则是对图幅内容的简要说明，而后经记渐渐增大比重，图则由原来的主体渐次成为附属部分了。大约在隋朝，图少记多的地志初步定型。元明以降，方志汗牛充栋，府州县志、通志与一统志基本都是卷首有图的体例。参见邱新立、苏品红、潘晟、李孝聪等前辈之研究。
5. 葛兆光，《思想史研究课堂讲录：视野、角度与方法》，生活·读书·新知三联书店 2005 年。讲录收录的《作为思想史资料的古舆图》谈到，明代的地方志舆图中没有民众的、私人的生活空间。

附 录

清代盛京地区城市规模与内部形态研究 [1]

[韩国] 玄胜旭

提要

《盛京通志》是有关盛京地区的志书中内容最丰富的一部，经过清代康熙、雍正、乾隆三朝历次纂修。本研究通过对《盛京通志》与其他明清文献史料的阅读，分析清代盛京地区 53 座城市的基本情况，寻找其城市规模与内部形态特征。

关键词：清代盛京，盛京通志，城市规模，城市内部形态

引言

"盛京"，满语作"Mukden"，为"兴盛"之意。努尔哈赤奠都沈阳以后，皇太极于天聪八年（1634 年）将沈阳更名为盛京，这就是盛京这一词的由来。后来，盛京不仅仅指沈阳，也包括今辽宁省，甚至泛指东北地区。

目前，对盛京地区城市的研究以历史考古方面为主，而且其研究成果不少。但是，在建筑和城市方面来说，关于清代陪都沈阳的书籍及学术论文最多，而对其他城市的规模与空间的研究却相对薄弱。因此，本研究拟以清代方志等史料文献为基础，对清代盛京地区的城市规模与内部形态进行分析。

本研究的对象城市为《盛京通志·京城》与《盛京通志·城池》中所记载的当时存在的 53 座城市，不包括界内历代旧有城址与界内诸堡（表 1）。

本研究的 53 座对象城市目录 表 1

地 区		城 市
盛京（奉天）	奉天府	兴京城、鄂多理城、古城、萨尔浒城、老城、碱厂新城、界藩城、盛京城、抚西城、辽阳州、东京城、海城县城、牛庄城、耀州城、盖平县城、熊岳城、开原县城、英莪口城、铁岭县城、复州城、宁海县城、旅顺新城、岫岩城、凤凰城、兰盘城。共 25 座
	锦州府	锦州府城、大凌河城、小凌河城、天桥场城、宁远州城、中后所城、中前所城、广宁县城、白土厂城、巨流河城、义州城。共 11 座
吉林		吉林城、克尔素城、宁古塔城、旧宁古塔城、白都讷城、三姓城、阿勒楚喀城、珲春城、打牲乌拉城。共 9 座
黑龙江		齐齐哈尔城、墨尔根城、黑龙江城、爱珲城、呼伦布雨尔、呼兰、博尔多、布特哈。共 8 座

一、清代盛京地区城市概述

1. 城市基本情况

清入关后，顺治迁都北京，在"从龙入关"的潮流中，盛京地区的各级将吏、士兵连同家属和各族百姓，

1. 本文属国家自然科学基金项目，项目名称"明代建城运动与古代城市等级、规制及城市主要建筑类型、规模与布局研究"，项目批准号为 50778093。

绝大多数都随八旗军队与皇帝入居中原。该地区人口逐年减少，边疆防御空虚，逐步荒凉起来。

顺治与康熙年间，为了禁止汉人进入吉林和黑龙江地区，先后在辽河流域和今吉林部分地区修建了柳条边，据《大清一统志》记载："南起岫岩厅所辖凤凰城，北至开原，折而西至山海关，接边城，固一千九百五十余里，名为吉边；又自开原城威远堡而东，西吉林北界，至法特哈，长六百九十余里，插柳结绳，以定内外，谓之柳条边。"[1] 辽河流域的柳条边，南起今辽宁凤城南，至山海关北接长城，名为老边；自威远堡东北走向至今吉林市北法特的一带，名为新边。柳条边的修筑办法，是用土堆成宽、高各三尺的土堤，堤上每隔五尺插柳条三株，各株间再用绳联结横条柳枝，即所谓"插柳结绳"。土堤的外侧，挖掘深八尺、底宽五尺、口宽八尺的边壕，以禁行人越渡。[2]

顺治十年（1653 年），为了在此边内实行垦荒戍边，设辽阳府，管辖辽阳、海城 2 县，颁布了《辽东招垦令》，即："顺治十年议准辽东招民开垦，有能招至一百名者，文授知县，武授守备。百名以下六十名以上者，文授州同、州判，武授千总。五十名以上者，文授县丞、主薄，武授百总。招民数多者第一百名加一级。"[3] 此措施，鼓励移民出关垦种，使宁远、锦州、广宁、辽阳、海城一带人口增长，促进了城市的发展。[4] 但是，康熙七年（1668 年），取消了此令，在保存龙兴之地的目的下，对该地区实行了 200 余年的封禁政策。此封禁政策和建设柳条边一样，造成了对盛京地区城市发展恶劣的影响。

为了加强边疆防御，康熙年间在吉林与黑龙江，建设了大规模的军事城市——齐齐哈尔城、墨尔根城、黑龙江城、爱珲城、白都讷城、三姓城等。康熙以后，由于采取将入京旗人回移盛京地区的政策，各城市开始发展起来。

2. 修筑时期

据《盛京通志》记载，在上述的 53 座城市中，筑城年代记载不详的有 5 座，只记载为"清初"的有 3 座。除此以外，其余 45 座城市的筑城时期如下图所示（图 1）。在黑龙江的 4 座无城郭城市，以设立城守尉驻防等管理机构的时期为准。通过此图可知，清代盛京地区城市的筑城时期，大致分为三个阶段：第一，明代初期。明初进行大规模的筑城工程，在辽东镇（即清代奉天府与锦州府）修建了许多卫所城市。到了清代，这些卫所城市转变为府、州、县城。第二，清入关前。清太祖努尔哈赤，在五次迁都的过程中，兴建了一些城市，比如，佛阿拉城、赫图阿拉城、界藩城和萨尔浒城等。第三，清入关后。特别是康熙与雍正年间，基于军事防御的目的，在吉林与黑龙江建设了不少城市。

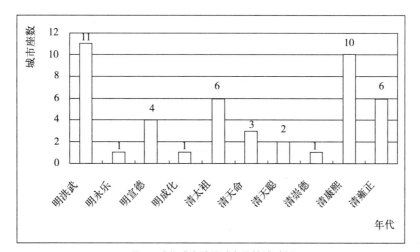

图 1　清代盛京地区城市的筑城时期

1.《钦定大清一统志》，卷三十九，奉天府二。
2. 杨树森主编．清代柳条边．沈阳：辽宁人民出版社，1978：31。
3.《清太宗实录》，太宗五年六月，卷九。
4. 张博泉．东北地方史稿．吉林：吉林大学出版社，1985：409。

3. 城市行政区划

清代盛京地区，在设置府、州、县之前，首先实行了将军管理体系。[1]清入关前，努尔哈赤在女真氏族社会的解体过程中，建立了军政合一的国家管理形式——八旗制度。据《清太祖高皇帝实录》记载[2]："每三百人设一牛录额真，五牛录设一甲喇额真，五甲喇设一固山额真，每固山额真左右设两梅勒额真。初设有四旗，旗以纯色为别，曰黄、曰红、曰蓝、曰白。至是添设四旗，参用其色镶之，共为八旗。"[3]后来，八旗制度不仅是军事制度，而且是行政制度。

但是，与八旗行政组织相应的行政区划直到康熙中期才最终确立。当时，中央派八旗驻防到盛京地区，逐渐建立了奉天、吉林、黑龙江三将军驻防体系。将军下辖副都统、城守尉、防守尉、协领等，管理各驻防区的行政事务。

清代盛京地区府州县的设置比较晚，顺治十年（1653 年）在实行《辽东招垦令》后，才开始设置州县，而且主要在奉天府与锦州府，吉林与黑龙江的州县设置更晚一些。

又据《盛京通志·建置沿革》记载，"奉天府领州二县六城三，……锦州府领州二县二。"[4]奉天府下辖：二州，即辽阳州、复州；六县，即承德县（附郭县）、海城县、盖平县、开原县、铁岭县、宁海县；三城，即凤凰城、岫岩城、熊岳城。锦州府下辖：二州，即宁远州、义州；二县，即锦县（附郭县）、广宁县。从此记载可知，有关吉林与黑龙江的州县没有记载。其实，在吉林曾经设置过永吉州、泰宁县、长宁县，但是后来都被裁减掉了。因此，乾隆四十九年之前，在吉林与黑龙江没有设置州县。综上所述，清代盛京地区的城市行政区划如下（表2）：

清代盛京地区的城市行政区划

表 2

府或同一级 行政区	辖州、辖县或 同一级行政区	行政区内城名
奉天府	兴京	兴京城、鄂多理城、古城、萨尔浒城、老城、碱厂新城、界藩城
	承德县	盛京城、抚西城
	辽阳州	州城、东京城
	海城县	县城、牛庄城、耀州城
	盖平县	县城
	开原县	县城、英莪口城
	铁岭县	县城
	复州	州城
	宁海县	县城、旅顺新城
	岫岩城	岫岩城
	凤凰城	凤凰城、兰盘城
	熊岳城	熊岳城
锦州府	锦县	府城、大凌河城、小凌河城、天桥场城
	宁远州	州城、中后所城、中前所城
	广宁县	县城、白土厂城、巨流河城
	义州	州城

---

1. 任玉雪. 清代东北地方行政制度研究：[博士学位论文]，复旦大学，2003：41。
2. 《清太祖高皇帝实录》，四卷，二十。
3. 牛录，为满语"niru"，是大箭的意思；额真，为满语"ejen"，是主的意思；甲喇，为满语"jalan"，是节的意思，为承启固山额真与牛录额真之间的环节官员；固山，为满语"gusa"，是旗的意思；梅勒，为满语"meiren"，是两侧、副手的意思（引自：阎崇年. 努尔哈赤传. 北京：北京出版社，1983：116-121）。
4. 《盛京通志》，建置沿革，卷二十三，六。

府或同一级 行政区	辖州、辖县或 同一级行政区	行政区内城名
吉　林	吉林	吉林城、克尔素城
	宁古塔	宁古塔城、旧宁古塔城
	白都讷	白都讷城
	三姓	三姓城
	阿勒楚喀	阿勒楚喀城
	珲春	珲春城
	打牲乌拉	打牲乌拉城
	拉林	无城
黑龙江	齐齐哈尔	齐齐哈尔城
	墨尔根	墨尔根城
	黑龙江	黑龙江城、爱珲城
	呼伦布雨尔	呼伦布雨尔
	呼兰	呼兰
	博尔多	博尔多
	布特哈	布特哈

二、清代盛京地区的城市规模分析

1. 城市平面

中国古代城市平面形态通常呈正方形或长方形。通过对盛京地区方志中的舆图和城图的分析可知，清代盛京地区的大部分城市具有正方形或长方形的平面形态，但一些城市呈不规则形，以后金早期城市及吉林、黑龙江在丘陵地带修建的一些城市为代表。

城市平面形态，除了按形状分类之外，还可以分为建有一道城墙、两道城墙和关厢城墙。这些都是根据军事防御的要求而建设的。清代盛京地区大部分城市只筑一道城墙，在本次研究的 53 座城市中，有 32 座就是这样的；筑有两道城墙的共 12 座，这些城市都建有城郭或边墙；建有关厢城墙的有：辽阳州城（具有北关）、锦州府城（具有东关）、广宁县城（具有南关）、中后所城（具有东南关），共 4 座；无城墙的[1]，包括黑龙江的呼伦布雨尔、呼兰、博尔多和布特哈，共 4 座（表 3）。

清代盛京地区城市的平面形态分类（因无记载，不含鄂多理城）　表 3		
城墙形态	城　　　市	数量
两道城墙	老城、兴京、萨尔浒城、界藩城、盛京城、宁远州城、吉林城、宁古塔城、旧宁古塔城、齐齐哈尔城、墨尔根城、黑龙江城	12
一道城墙	东京城、义州城、海城县城、抚西城、盖平县城、开原县城、铁岭县城、复州城、宁海县城、古城、碱厂新城、牛庄城、耀州城、熊岳城、英莪口城、旅顺新城、岫岩城、凤凰城、兰盘城、大凌河城、小凌河城、天桥场城、中前所城、白土厂城、巨流河城、克尔素城、白都讷城、三姓城、阿勒楚喀城、珲春城、打牲乌拉城、爱珲城	32
关厢城墙	辽阳州城（北关）、锦州府城（东关）、广宁县城（南关）、中后所城（东南关）	4
无城郭	呼伦布雨尔、呼兰、博尔多、布特哈	4

---

1. 《盛京通志》，卷三十二 城池四，"以上四处。俱无城郭但现设兵驻防。"

2. 城墙

　　城墙的周长[1]是决定城市规模的主要因素之一。在本次研究的 53 座城市中，周长最长的为辽阳州城，达到了 15 里 24 步[2]，而周长最短的为碱厂新城，仅为 110 步。为了便于比较，我们在假定所有城市的城墙都呈正方形的前提下进行分析。但是，无记载的鄂多理城，以及无城郭的呼伦布雨尔、呼兰、博尔多和布特哈等 4 座城市无法参与比较（图 2）。通过此图可知，盛京地区的城市等级与城市城墙规模之间，几乎没有必然的关系。

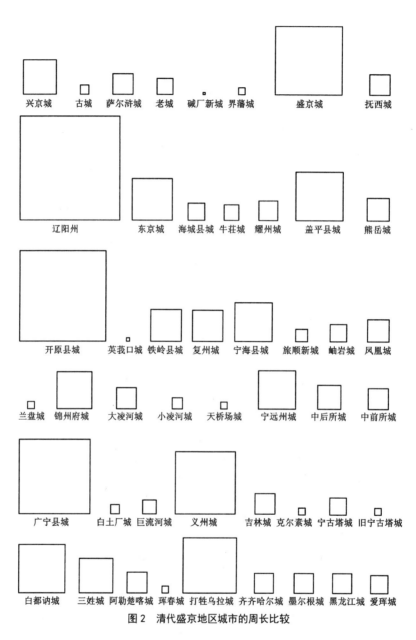

图 2　清代盛京地区城市的周长比较

　　城墙的高宽也是决定城市规模的主要因素。一般来说，城市规模越大，城墙的高宽也越大。《盛京通志》中关于清代盛京地区城市城墙高度的记载不多，只有 22 座城市。根据记载我们可知，城墙高度最大的城市为盛京城、东京城、复州城、开原县城、宁海县城和广宁县城，达到了 35 尺，高度最小的城市为三姓城，

1. 本文按照清代度制计算，即 1 步为 5 尺，1 里为 360 步（引自：吴承洛．中国度量衡史．上海：上海书店，1984：292）。
2. 据《盛京通志》记载，其实辽阳州城包括北关厢城的话，其周长达到 24 里 285 步。本研究计算周长时，基本上不包括关厢城墙。

才7尺。不过，有关城墙宽度的记载极少，只有盛京城与广宁县城，分别是18尺和15尺。

在清代盛京地区的城市中，城墙的高度与宽度都有明确记载的城市只有3座：盛京城、广宁县城和吉林城。盛京城的城墙高度为35尺，宽度为18尺；广宁城的城墙高度为35尺，宽度为15尺；吉林城的外城墙高度为10尺，下宽为5尺，顶宽为2.5尺。

3. 城门

城门为城墙的一部分，城门的规模也是决定城市规模的主要因素。虽然这样，但实际上几乎没有详细记载，无法进行分析。

城门的数目，不仅决定着城内外的交通，而且决定着城市的规模。在清代盛京地区城市中，城门的数目最多的城市为盛京城与东京城，各设置了8座城门，而数目最少的城市只设置了1座城门，如兴京古城、界藩城、英莪口城、旅顺新城、凤凰城、兰盘城、大凌河城、天桥场城和白土厂城，共9座城市。设置4座城门的城市最普遍，共16座城市（图3）。城门的数目越多，却并不意味着城市等级越高。比如，锦州府城只设置了4座城门；复州城只设置了3座城门；广宁城虽然是县城，却设置了7座城门。

城门的方位，一般向着正东西或正南北的方向，但是，城市平面形态呈不规则时，城门的方位也随之不规则。在吉林和黑龙江地区修建的城市就是很好的例子。在清代盛京地区城市中，记录过城门方位的有31座城市，这些城市一共设置了67座城门。笔者对这67座城门的方位进行了分析：南门最多，为21座；东门为19座；西门为14座；北门最少，13座。

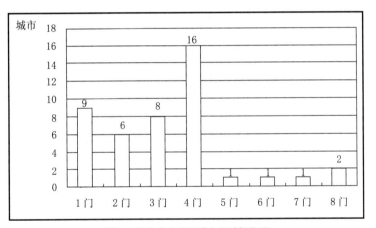

图3　清代盛京地区城市的城门数目

4. 城壕

城壕与城墙有密切的关系，因为夯筑城墙和挖掘城壕常常是同时进行的。挖掘城壕所得的泥土，就用于修筑城墙，壕挖得越深，城就筑得越高。因此，城壕的规模也是城市规模的决定性因素之一。

清代盛京地区的城市大多数具有人工挖掘的城壕。但有些在山地上修建的城市会利用自然河流作城壕。据《全辽志》记载，明代辽东地区的大部分城市都有城壕，而且该书还对于其周长和深宽有比较详细的记录。但到了清代，这些城壕大部分都自然消失了。比如，据康熙《盛京通志》记载："盖平县城……今按其城周七里零三步城仍旧池淤。"[1]；"开原县城……今按其城周十三里二十步高三丈五尺池淤湮。"[2] 由此可知，清代奉天府与锦州府的大部分城市的城壕都淤塞了。据康熙《盛京通志》和《钦定盛京通志》的记载，在清代盛京地区城市中，对当时城壕记载的城市共有19座。清代盛京地区城市的城壕情况整理如下（表4）。

---

1. ［康熙］《盛京通志》，卷十　城池志，五。
2. ［康熙］《盛京通志》，卷十　城池志，六。

清代盛京地区的城市城壕情况 表4

地 区	城 名	城 壕			备注
		周围	深（尺）	阔（尺）	
奉天府	承德县 盛京城	10里240步		145	
	承德县 抚西城		10	20	
	辽阳州 州城		15		池淤
	盖平县 县城		15	18	池淤
	开原县 县城	23里20步	10	40	池湮
	铁岭县 县城		15	30	池淤
	宁海县 县城		17	65	池淤
锦州府	锦县 府城	7里573步	12	35	池湮
	锦县 大凌河城				池淤
	锦县 小凌河城				池淤
	宁远州 州城	7里8步	15		池湮
	宁远州 中后所城	4里200步	10	20	池淤
	宁远州 中前所城	4里300步	10	20	池湮
	广宁县 县城				池湮
	义州 州城	9里166步	15	38	池湮
吉林	白都讷 白都讷城		9	7	
	三姓 三姓城		7	8	
	阿勒楚喀 阿勒楚喀城		8	10	
黑龙江	齐齐哈尔 齐齐哈尔城			15	

三、清代盛京地区的城市内部形态分析

1. 街道体系与功能分区

    城内的街道体系，与城门的数目有密切关系。因为，城市的主要街道常常通向城门。清代盛京地区城市的街道体系，大部分基本上为方格形，但也有些城市的部分道路并不规则。在丘陵地带建设的一些城市就是如此，格局比较自由。通过对清代盛京地区的府、州、县城的街道体系的分析，我们可以知道，十字形街道体系最为常见，最普遍。在本次研究的53座城市中，设置3座或4座城门的城市，有24座。这些城市大部分是规模较小的州县城或县级以下的城市。在这种情况下，可以说，清代盛京地区城市的街道体系，以十字形或者丁字形为最普遍（图4）。

    城内的街道体系，划分了城市内部空间。在此空间中，逐步建有一些建筑群，自然形成了一种功能分区。对于城市内部空间的研究，文献史料中的舆图为最重要的第一手资料。《盛京通志》虽然内容丰富，但除了盛京城以外，没有其他城市的城图。而且，在清乾隆时期及其以前的有关盛京地区的方志中，有城图的文献史料很少。特别是与吉林和黑龙江相关的城图，几乎没有。因此，在此以奉天府的三座城市为例进行分析：开原县城、盖平县城和盛京城。

    开原县城，"周围十三里二十步。高三丈五尺。门四，东曰阳和；西曰庆云；南曰迎恩；北曰安远。角楼四。鼓楼在中街。"[1] 开原县城设置了4座门，街道体系为十字形。以东西南北街划分了4个功能区：东南区以教育为主，设置了文庙等；东北区以行政为主，安排有县署、城守署等；西北区以仓库为主，设有粮仓等；西南区以宗教为主，设有关帝庙、寺庙。鼓楼设于十字形街道中心，房屋建筑，四条大街沿街建房。这样可以充分利用土地，增加街道的繁荣景象（图5a）。

    盖平县城，"周围七里三步。高一丈五尺。门三。东曰顺清。南曰广恩。西曰宁海。钟鼓楼在城中街。"[2] 盖平县城设置了3座门，街道体系为丁字形。以东西向大街与南北向大街的南半部划分了3个功能区：

---

1. 《盛京通志》，卷二十九 城池一，三十。
2. 《盛京通志》，卷二十九 城池一，二十九。

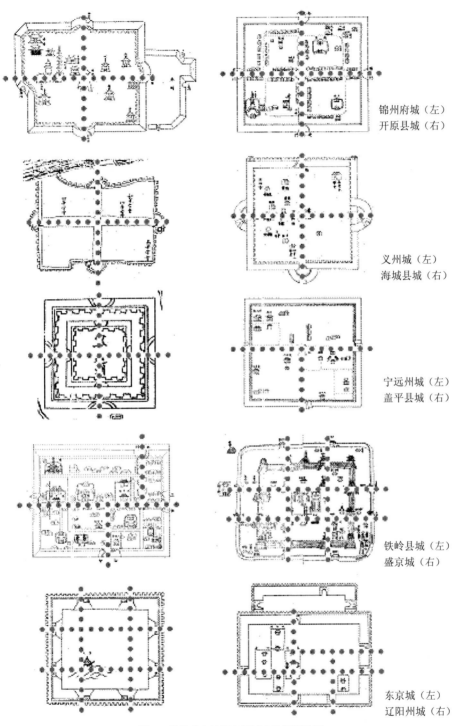

锦州府城（左）
开原县城（右）

义州城（左）
海城县城（右）

宁远州城（左）
盖平县城（右）

铁岭县城（左）
盛京城（右）

东京城（左）
辽阳州城（右）

图 4 清代盛京地区主要城市的街道体系

北区以宗教与教育为主，设有文庙、城隍庙等；东南区以行政为主，设有县署、城守署等；西南区以宗教为主，设有寺庙等。钟鼓楼设于丁字形街道中心。文庙一般位于城内东南隅，但此城文庙位于西北，是比较特殊的情况（图 5b）。

盛京城的内部空间，在天聪五年（1631 年）皇太极改造、扩建盛京城前后，发生了很大的变化。据《盛京通志》记载："天聪五年。因旧城增拓。其制内外砖石。高三丈五尺。厚一丈八尺。女墙七尺五寸。周围九里。三百三十二步。四面垛口六百五十一。明楼八座。角楼四座。改旧门为八。东向者。左曰抚近。右曰内治。南向者。左曰德盛。右曰天佑。西向者。左曰怀远。右曰外攘。北向者。右曰福胜。左曰地载。

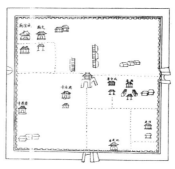
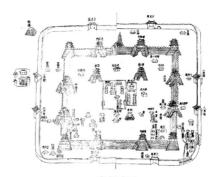

| a. 开原县城图 | b. 盖平县城图 | c. 盛京城图 |
| （引自：[康熙]开原县志） | （引自：[康熙]盖平县志） | （引自：《盛京通志》） |

图5 开原县城图、盖平县城图、盛京城图

池阔十四丈五尺。周围十里二百四步。钟楼一。在福胜门内大街。鼓楼一。在地载门内大街。八门正戴。方隅截然内池七十余处。水不外泄。城邑既定。遂创天地坛壝。营太庙。建宫殿。置内阁六部都察院理藩院等衙门。修学宫。设阅武场。而京阙之规模大备。"[1]盛京城的城门从4座到8座的改变，自然带来了街道体系从十字形到井字形的变化。此井字形街道大致划分了几个功能区：城市中心设置了皇宫；皇宫南区与西南区以行政为主，设有六部和二院等衙门；东南区以教育为主，设有文庙、儒学等；皇宫后区以宗教和商业为主，设有城隍庙、寺庙、商业街市等。钟楼设于福胜门内大街，即城市东北边。鼓楼设于地载门内大街，即城市西北边。盛京皇宫前后各设置了公署和街市，这接近于"面朝后市"的典型中国古代都城的布局形式（图5c）。

2. 主要建筑群

城市内部功能分区取决于区内的建筑群，而且它们的布置有一定的规律。因此，在此着重对城市内部的主要建筑群进行分析。通过分析《盛京通志·官署》、《盛京通志·学校》和《盛京通志·祠祀》等部分，对清代盛京地区城市中的公署建筑、学校建筑、坛庙建筑进行研究。

（1）公署建筑

公署建筑是在城市中规模最大的建筑群，对城市规划和城市景观有重要影响。清代盛京地区城市的公署建筑，大致分为两类，即地方行政公署和军事公署。第一、地方行政公署。此类公署可再分为陪都盛京城的公署和府、州、县城的公署。盛京城为清代陪都，设置了户、礼、刑、工、兵的盛京五部和内务府等公署建筑。这些公署，规模比较大，主要位于德盛门内街和怀远门内街，即城内东南区和西南区。府、州、县城等地方城市，设置了地方行政公署，比如知府、知州、知县公署、同知公署、通判公署、吏目公署、典史公署等。这些公署主要设置于奉天府与锦州府的城市。第二、军事公署，如将军公署、副都统公署、城守公署、佐领公署、协领公署等。这些公署，为清代盛京地区曾分设的盛京、吉林、黑龙江三将军驻防下属的副都统、城守、佐领等的驻防区的公署，多分布于吉林与黑龙江地区。

通过《盛京通志·官署》的记载分析，奉天府与锦州府的城市公署情况如表5。据此表可知，各公署的分布位置有一定的规律：府署、州署、县署，一般位于城内东西大街北边或城内东边；儒学公署一般位于城东南隅的学宫内或附近；吏目、典史公署一般位于城内西边。

清代盛京地区地方行政公署			表5
地区		公署名	位置
奉天府	盛京	户部公署	德盛门内街
		税课司公署	外攘门内
		礼部公署	德盛门内街
		兵部公署	怀远门内街西

1.《盛京通志》，卷十八 京城，一。

地区		公署名	位置
奉天府	盛京	刑部公署	怀远门内街西
		司狱司公署	不详
		工部公署	德盛门内街东
		御史公署	不详
		内务府公署	大清门外
	奉天府	府尹公署	德盛门内街西
		府丞公署	天佑门内街西
		治中公署	抚近门外街东
		通判公署	天佑门内街东
		儒学公署	学宫西
		经历司公署	龙王庙于抚近门外
		司狱司公署	龙王庙今移县署前
	承德县	知县公署	怀远门内街南胡衕内
		典史公署	怀远门内县署西
兴京		理事通判公署	城内
辽阳州		察院行署	城内西偏
		知州公署	城内西偏
		儒学公署	学宫右
		吏目公署	州署大门外街南
海城县		知县公署	旧城内东北
		儒学公署	学宫故址
		典史公署	县署门内东偏
		牛庄巡检司公署	不详
盖平县		知县公署	东门内南街
		儒学公署	不详
		典史公署	东门内县署东南
开原县		知县公署	城内东北隅
		儒学公署	学宫左
		典史公署	城西南隅
铁岭县		察院行署	县西南隅
		知县公署	城内街北
		儒学公署	学宫内
		典史公署	城东南隅
复州		知州公署	城内东南隅
		儒学公署	学宫内
		吏目公署	州署右
宁海县		知县公署	城内
		儒学公署	学宫
		典史公署	城内西南隅
岫岩城		理事通判公署	城内东南隅
		巡检司公署	通判署南

地区		公署名	位置
凤凰城		巡检司公署	城内东南隅
锦州府	锦州府	察院行署	城东南隅
		知府公署	钟楼东大街路北
		通判公署	城内南街
		儒学公署	学宫西
		经历司公署	南街路东
	锦县	知县公署	府治东街路北
		儒学公署	学宫右
		典史公署	城北隅路西
宁远州		知州公署	皷楼北街
		儒学公署	学宫后
		吏目公署	城西南路北
		中后所巡检司公署	中后所
广宁县		察院行署	城内大街路西
		知县公署	城内东街路北
		儒学公署	学宫右
		典史公署	县治西路北
		白棋堡巡检司公署	新民屯
义州		知州公署	城内
		儒学公署	学宫右
		吏目公署	州治西

　　至于府、州、县署的建筑规模，据《盛京通志·官署》记载，将各府、州、县署内的建筑规模整理如表6。据此表可知，各府、州、县署的建筑格局基本相同，只是规模大小、房屋多少有所区别。但是规模上没有明显差别。对军事公署的主要建筑规模而言，将军公署和副都统公署比上述的府、州、县署规模要大一些。比如，吉林将军设有大堂5间、后堂7间等；齐齐哈尔将军设有大堂5间、后堂5间、大门7间等；三姓副都统公署设有大堂5间、二堂5间、大门5间等。然而，城守公署、佐领公署、协领公署的建筑规模记载不详。

清代盛京地区府、州、县署的建筑　　　　　　　　　　　　　　　　　表6

公署	地 区	主要建筑规模比较				所有建筑类型
		大堂	二堂川堂	三堂	大门	
知府公署	奉天府	三间	三间	—	三间	大堂、川堂、书吏房、内宅、厢房、书房、宾馆、班房、仪门、大门
	锦州府	五间	五间	—	一间	大堂、川堂、耳房、东西厢房、内宅住房、东西书房、书吏房、役房、宾馆、马房、土地祠、西院平房、箭亭、仪门、大门
知州公署	辽阳州	三间	三间	—	一间	大堂、二堂、内宅、东西书吏房、西书房、东书房、东西厢房、内宅、东西班房、仪门、大门
	复州	三间	三间	五间	三间	大堂、二堂、三堂、科房、仪门、大门
	宁远州	五间	五间	三间	三间	大堂、二堂、三堂、东西房、耳房、住房、马房、住房、土地祠、书吏房、箭亭、役房、班房、仪门、大门
	义州	三间	三间	三间	三间	大堂、二堂、三堂、科房、东西厢房、书房、内宅住房、后房、班房、土地祠、仪门、大门
知县公署	承德县	三间	三间	—	一间	大堂、川堂、内宅、书吏房、门房、瓦房、仪门、大门

公署	地 区	主要建筑规模比较				所有建筑类型
		大堂	二堂川堂	三堂	大门	
知县公署	锦县	五间	五间	—	一间	大堂、东科房、二堂、东西班房、厨房、东西书房、役房、内宅任房、东厢房、后正房、马房、仪门、大门
	海城县	三间	三间	五间	三间	大堂、川堂、三堂、左右书吏房、内宅、厢房、仪门、大门
	盖平县	五间	四间	—	五间	大堂、二堂、东西房、左右书吏房、住房、书房、东西厢房、仪门、大门
	开原县	三间	三间	—	三间	大堂、二堂、厢房、厨房、住房、书房、班房、科房、门房、土地祠、仪门、大门
	铁岭县	三间	三间	—	三间	大堂、二堂、东西书吏房、班房、住房、书房、仪门、大门
	宁海县	三间	三间	—	三间	大堂、川堂、科房、内宅住房、厢房、仪门、大门
	广宁县	三间	三间	—	三间	大堂、二堂、东西住房、科房、书房、厢房、宾馆、仪门、大门

（2）学校建筑

在《盛京通志·学校》中，记载着清代盛京地区的儒学、官学、义学与书院等学校建筑。儒学和官学是府、州、县的官方学校。按照所处的行政等级，分别设有儒学或官学；义学是旧时各地用公款或私资举办的免费学校。[1] 据《盛京通志》记载，"选择生员学优行端者。补充教习，免其差徭，量给廪饩。其民间自立者，即概称义学。"[2] 书院是民间学校，兼有讲学、藏书、供祀三大功能。上述的儒学、官学、义学为官方学校，而书院为民间学校。这些学校建筑，不论儒学、官学或义学，一般都位于城市的东边，特别是在东南隅。

清代盛京地区儒学，除了吉林城和宁古塔城以外，都是在明代卫学的基础上继承和发展而来的。其在城内的分布位置，如前所述，大部分位于城市的东南边。主要建筑规模，如圣殿、东西庑和明伦堂，府城和州城的比县城的大一些，但并没有明显的差异。此外，府城和州城的儒学建筑类型更丰富一些（表7）。

清代盛京地区儒学建筑 表7

儒 学 名	位 置	主要建筑规模比较		
		圣殿	东、西庑	明伦堂
奉天府儒学	府治东南隅	五楹	各三楹	三楹
锦州府儒学	府治西	三楹	各三楹	五楹
辽阳州儒学	城东门内	五楹	各五楹	三楹
复　州儒学	城内东南隅	三楹	各三楹	三楹
宁远州儒学	州治东	三楹	各三楹	三楹
义州儒学	城内东南隅	三楹	各三楹	三楹
海城县儒学	在城南厝石山阳	三楹	不详	三楹
盖平县儒学	城内东南隅	三楹	各三楹	不详
开原县儒学	城内东南隅	三楹	各三楹	不详
铁岭县儒学	城内东南隅	三楹	各三楹	三楹
宁海县儒学	城内	三楹	各三楹	三楹
锦县儒学	府治西北	三楹	不详	不详
广宁县儒学	城内西北隅	三楹	各三楹	三楹
吉林儒学	城内东南隅	三楹	各三楹	三楹
宁古塔儒学	城内东南隅	三楹	不详	不详

---

1. 汉语大词典编辑委员会．汉语大词典：第九卷．上海：汉语大词典出版社，1994：182。
2. 《盛京通志》，卷四十四 学校二，二。

清代盛京地区的官学、义学、书院的分布如表8。在吉林与黑龙江地区，还未设儒学的城市，大部分都设置了官学。已设儒学的奉天府与锦州府地区的城市，还设置了义学、书院等。这些学校是受到城市规模、文化背景、地理环境等因素的影响而设立的，也多分布于城市东南隅，但是对其建筑规模的记载不详。

清代盛京地区官学、义学与书院建筑　　　　　　　　　　　　　表8

地　区	校　名	位　置
奉天府	左翼官学 右翼官学 沈阳书院	城内东南隅 金银库西 学宫右
辽阳州	义学	州治东
海城县	海州书院	南门外
盖平县	义学	县治西
开原县	义学	学宫东南隅
铁岭县	银冈书院	县治南
宁海县	南金书院	不详
锦州府	义学	学宫内明伦堂西
广宁县	义学	署东
吉林	左右翼官学	城内东南隅
宁古塔	官学	城内东南隅
白都讷	官学	城南门内
三姓	官学	城内东南隅
阿勒楚喀	官学	城内东南隅
齐齐哈尔	官学	城东门内
墨尔根	官学	城内
黑龙江	官学	城内

（3）坛庙建筑

祭坛与祠庙都是祭祀神灵的场所。台而不屋为坛，设屋而祭为庙。[1] 坛庙建筑具有宗教、政治等特殊意义和地位，因此在城市建设中成了必不可少的重要项目。在清代盛京地区的城市中，盛京城为清代陪都，因此设置了天坛、地坛、太庙等坛庙建筑。盛京地区的其他城市设有地方府、州、县城的坛庙建筑，即风云雷雨山川坛、社稷坛、厉坛、先农坛、城隍庙、关帝庙、旗纛庙、八蜡庙、财神庙、火神庙、三皇庙、东岳庙、龙王庙等等。

至于其建筑分布，祭坛建筑主要分布于清代盛京地区府、州、县城，而且它们的布置也有一定的规律。但是，祠庙建筑分布范围广泛，设置数量与布置比较灵活，并不像祭坛建筑那么具有规律。特别是城隍庙和关帝庙，是清代盛京地区的城市无论大小几乎无一例外都有设置的。本节将清代盛京地区城市的坛庙建筑分为祭坛建筑与祠庙建筑两个部分进行分析。

（a）祭坛建筑

在清代盛京地区城市中，盛京城设有天坛和地坛。盛京天坛和地坛始建于天聪十年（1636年）。清入关后，祭祀活动改在北京举行，盛京天坛和地坛遂存而不用。

盛京天坛，位于德盛门外南五里，其规模为："制三成。每层圆面递加砌砖。上成九重，周圆一丈八尺；二成七重，周圆三丈六尺；三成五重，周圆五丈四尺；俱高三尺。围墙周一百一十三丈。南一门，东西北门各一。"[2] 其形制为圆形三层，比较完整，但是与北京天坛[3]相比，规格要小得多（图6a）。

1. 潘谷西 主编．中国古代建筑史：第四卷．北京：中国建筑工业出版社，2001：119。
2.《盛京通志》，卷十九 坛庙，一。
3. 北京天坛的圜丘规模为"圜丘南乡，三成，上成广五丈九尺，高九尺；二成广九丈，高八尺一寸；三成广十有二丈，高如二成。"（引自：《清史稿》，卷八十二，志五十七）。

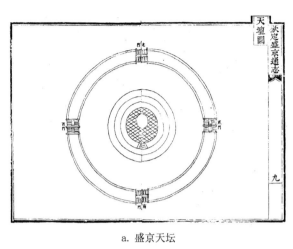
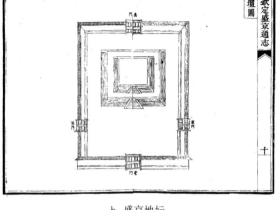

a. 盛京天坛   b. 盛京地坛

图6　盛京天坛和地坛（引自：《盛京通志》）

　　盛京地坛，在内治门外东三里建，其规模："制二成。四周以方坎蓄水。每层方面递加墁砌。上成建方六丈，高二尺；下成建方八丈，高二尺四寸。围墙周一百三十三丈八尺。北一门，南东西门各一。"[1]（图6b）

　　在清代盛京地区的府、州、县城，基本上会设置以下4座祭坛建筑：风云雷雨山川坛、社稷坛、厉坛和先农坛。

　　风云雷雨山川坛，又称南坛，祭祀风云雷雨山川之神。在清代盛京地区城市中，设有风云雷雨山川坛的城市，共15座。风云雷雨山川坛一般位于城市南郊，大部分建于雍正十一年左右（表9）。

清代盛京地区的风云雷雨山川坛   表9

地区	位置	建立时期
承德县（附郭县）	社稷坛前	雍正十一年
辽阳州	南门外	雍正十年
海城县	城东门之南	雍正十一年
盖平县	东门外街东一里	雍正十一年
开原县	城外之东南	不详
铁岭县	南门外	不详
复州	城南二里	雍正十一年
宁海县	城外正南	雍正八年
锦州府	城南门外	雍正十一年
锦县（附郭县）	城南门外	雍正十一年
宁远州	城东门外	雍正十二年
广宁县	城西南里许	不详
义州	城东南一里	不详
吉林	小东门外	雍正十年
白都讷	南门外	雍正十年

　　社稷坛，社是五土之神，稷是五谷之神，所以它是祭土地之神的坛庙建筑。在清代盛京地区城市中，设有社稷坛的城市共有15座，这与设置风云雷雨山川坛的城市一致。社稷坛大多数位于城南郊，大部分建于雍正十一年左右。一般来说，社稷坛位于西郊。但除了辽阳州、盖平县、铁岭县的社稷坛以外，盛京地区大多数的社稷坛位于城市南郊。这是清代盛京地区的特殊情况（表10）。

1.《盛京通志》，卷十九　坛庙，二到三。

清代盛京地区的社稷坛　　表10

地区	位置	建立时期
承德县（附郭县）	天佑门（南门）外西南隅玉皇庙前	雍正十一年
辽阳州	西门外	雍正十年
海城县	新城东门外之北	雍正十一年
盖平县	南门外街西一里	雍正十年
开原县	南城外	雍正十一年
铁岭县	西门外	不详
复州	城南二里	雍正十一年
宁海县	城外正南	雍正八年
锦州府	城南门外	雍正十一年
锦县（附郭县）	城南门外	雍正十一年
宁远州	城东门外	雍正十二年
广宁县	城南里许	不详
义州	城东南一里	不详
吉林	小东门外先农坛侧	雍正十年
白都讷	南门外	雍正十年

厉坛，又称北坛，祭祀无祀所的游神杂鬼。本次研究的对象城市中，设有厉坛的城市共有8座。厉坛大多数位于城市北郊，其建立时期不详（表11）。

清代盛京地区的厉坛　　表11

地区	位置	建立时期
承德县（附郭县）	地载门（北门）外	不详
海城县	旧城北门外	康熙二十一年
盖平县	城北	不详
开原县	北门外一里	不详
铁岭县	北门外	不详
宁远州	城西门外	不详
广宁县	城外西北隅	不详
义州	城西南一里	不详

先农坛，是祭神农和行籍田礼之场所。清代盛京地区城市中，设有先农坛的城市共有18座。清代盛京地区的先农坛，一般位于城市东郊或南郊，大多数建于雍正初年（表12）。

清代盛京地区的先农坛　　表12

地区	位置	建立时期
承德县（附郭县）	德盛门（南门）外东南隅	雍正五年
辽阳州	南门外八里庄	雍正五年
海城县	旧城内东北隅	雍正五年
盖平县	城东八里	雍正五年
开原县	城东门外	雍正六年
铁岭县	东门外	雍正二年
复州	城南二里	雍正七年

地区	位置	建立时期
宁海县	城东南隅	雍正五年
锦县（附郭县）	城东门外	雍正六年
宁远州	城东南四里	雍正五年
广宁县	城外	雍正五年
义州	城东二里丰年庄	不详
吉林	小东门外一里	雍正十年
白都讷	南门外	雍正五年
齐齐哈尔	城外东南隅	不详
墨尔根	城外东南二里	不详
黑龙江	城外正南一里	不详
呼兰	城守尉署东南里许	不详

（b）祠庙建筑

祠庙建筑的最高等级是太庙，它是中国古代帝王祭祀祖先的宗庙。在清代盛京地区的城市中，只有盛京城设有太庙。盛京太庙始建于天聪十年（1636年），是清太宗皇太极奉祀祖先的家庙。盛京太庙，初在抚近门外，后来移建于大清门之东，其规模为"南北袤十一丈一尺五寸，东西广十丈三尺五寸。正殿五楹，东西配庑各三楹，东西耳房各三楹，正门三楹，东西门各一。"[1]（图7）

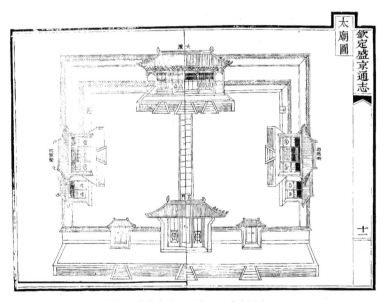

图7　盛京太庙（引自：《盛京通志》）

除了盛京太庙以外，清代盛京地区城市还设置了许多地方祠庙建筑。这种建筑，大致可分为典祀祠庙与俗祀祠庙两类[2]：前者是指纳于政府祭祀范围内的祠庙，如城隍庙、旗纛庙、武帝庙、文昌庙、名宦祠、乡贤祠、节孝祠等；后者是指不纳于政府祭祀范围内的祠庙，如东岳庙、三义庙、武安王庙、土主庙、龙王庙、马王庙、药王庙、财神庙、三官殿等。在上述各种祠庙中，在此对分布广泛且数量众多的城隍庙和关帝庙进行分析。

1.《盛京通志》，卷十九 坛庙，三。
2. 段玉明．中国祠庙的造像．寻根，1997（04）：45。

城隍庙，"隍"本是《周礼》中腊祭八神之一，称"水庸"，水即"隍"，庸即"城"。[1]所以，城隍作为城市的保护神，与百姓日常生活密切相关。在清代盛京地区的城市中，一共有26座设置了城隍庙。其中一半，即13座城市的城隍庙位于城内西侧：在西北的有8座；在西南或西边的有5座。但其他地区的城隍庙，有的设于城内东南或东北，有的还设置在城外，布置比较灵活。在主要建筑的规模方面，除了盛京城的都城隍庙的正殿为5间以外，各府、州、县城的正殿都为3间，而且东西配庑、耳房、大门的规模也都有所不同。通过表13的分析可知，清代盛京地区城隍庙的布置和建筑规制，比较自由灵活，不是由城市规模或等级决定的（表13）。

清代盛京地区的城隍庙　　　　　　表13

地区	位置	建立时期	主要建筑规模比较		
			正殿	配庑	大门
承德县（附郭县）	城内大街鼓楼东路北	不详	五楹	六楹	三楹
辽阳州	城西北隅	崇德四年	三楹	十二楹	三楹
海城县	旧城西南隅	不详	三楹	十二楹	三楹
盖平县	城内西北	不详	三楹	三楹	三楹
开原县	县治西街（城东北）	康熙六年	三楹	六楹	三楹
铁岭县	城西门内	康熙八年	三楹	四楹	一楹
铁岭县懿路城	城西南六十里懿路城	不详	三楹	不详	一楹
复州	城内西街	不详	三楹	不详	三楹
宁海县	城内南街侧	不详	三楹	二楹	三楹
岫岩城	新城外东南一里	不详	三楹	不详	一楹
锦县（附郭县）	城内鼓楼西北隅	明洪武间	三楹	六楹	三楹
锦县右屯卫	城东南七十里旧卫城内	不详	三楹	六楹	一楹
宁远州	城西北隅	明正统间	三楹	六楹	三楹
宁远州中后所	城西南八十里中后所	顺治六年	三楹	不详	一楹
宁远州前屯卫	城西南一百三十里前屯卫	不详	三楹	三楹	一楹
宁远州中前所	城西南一百六十五里中前所	不详	三楹	不详	一楹
广宁县	城内西北隅	康熙五年	三楹	不详	三楹
义州	城内西北隅	不详	三楹	不详	三楹
吉林	城内将军署东	不详	三楹	三楹	三楹
宁古塔	城外东南隅距城一里	不详	三楹	六楹	一楹
白都讷	城内西南隅	雍正六年	三楹	不详	三楹
三姓	城内西北隅	不详	三楹	六楹	不详
阿勒楚喀	城内西北隅	不详	三楹	六楹	三楹
齐齐哈尔	城内西南隅	不详	三楹	六楹	三楹
墨尔根	城内东南隅	不详	三楹	二楹	一楹
黑龙江	城内东南隅	不详	三楹	十楹	三楹

1. 刘凤云. 城墙文化与明清城市的发展. 中国人民大学学报，1996（06）：95。

关帝庙，是祭祀三国蜀汉大将关羽的场所。与上述城隍庙相同，盛京地区大部分城市都设置了关帝庙，而且数量比城隍庙多，一共 91 座。关帝庙大多数设置于城外的城堡或山上，设置于城内的只有 16 座（表 14）。盛京地区关帝庙的建筑规模，与其分布和布置一样，比较灵活，一般设有正殿 3 间，大门 1 间，还设有若干配庑和耳房。

清代盛京地区的关帝庙　　　　表 14

地　区	数　量		地　区	数　量	
	城内	城外		城内	城外
奉天府	—	3	义州	1	5
辽阳州	—	2	吉林	—	3
海城县	1	1	宁古塔	—	3
盖平县	—	3	白都讷	—	1
开原县	1	2	三姓	1	1
铁岭县	1	1	阿勒楚喀	—	2
复州	1	6	打生乌拉	1	1
宁海县	1	—	拉林	1	—
岫岩城	1	1	齐齐哈尔	—	3
凤凰城	1	—	墨尔根		1
锦州府	3	13	黑龙江		
宁远州	2	14	呼伦布雨尔		1
广宁县	—	6	呼兰		1

四、结语

清代盛京地区城市，大致分为四种类型：第一，从明代卫所城市转变而成的清代府、州、县城；第二，清入关前，后金政权所兴建的一些城市；第三，清入关后以康熙、雍正年间为主，在吉林与黑龙江修建的军事防御城市；第四，明初到清初，在奉天府和锦州府修建的其他城市（图8）。

清代盛京地区的城市，具有间歇性与地域不平衡性。[1]在城市建设过程中出现了明显的间歇性，主要集中在如下三个时期：明初、清太祖时期和清康雍时期。同时，城市建设多偏重于盛京地区南部，而且在"满洲重地"、"建设柳条边"、"封禁政策"等历史背景下，明显出现了地域不平衡性。

清代盛京地区的城市等级，与一般城市等级和规模相互关系的理论不太符合。其原因主要有二：第一，因为清代府、州、县城沿用了明代的卫所城市，所以其规模大体上在明代已经决定下来了。第二，因为清代盛京地区地处军事要冲，其城市大体上为军事性城市，所以与一般府、州、县城的城市等级与规模理论不符合。

清代盛京地区城市的内部形态，决定于城市内部街道体系与功能分区。而功能分区又是由主要建筑群的性质决定的。因此，主要建筑群对城市内部形态的影响相当重要。清代盛京地区的主要建筑布置方式，基本上沿袭了明代的传统：公署建筑一般位于城内东西大街北边或城内东边；学校建筑一般位于城东南隅；风云雷雨山川坛一般位于城市南郊；厉坛一般位于城市北郊；先农坛一般位于城市东郊或南郊；钟鼓楼一般位于城市街道中心。但是，笔者发现清代盛京地区的社稷坛大多数位于城市南郊，这种现象仅见于清代盛京地区。

---

1. 高福顺．论东北古代城市的发展：赵立兴，高副顺，张淑贤主编．东北亚历史问题研究．吉林：吉林文史出版社，2001：224-227。

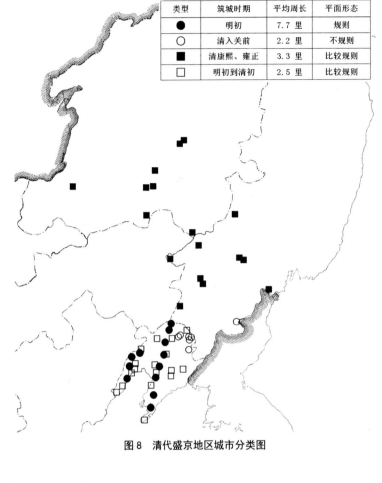

类型	筑城时期	平均周长	平面形态
●	明初	7.7 里	规则
○	清入关前	2.2 里	不规则
■	清康熙、雍正	3.3 里	比较规则
□	明初到清初	2.5 里	比较规则

图8　清代盛京地区城市分类图

附表　清代盛京地区城市情况

1. 奉天府

地区	城名	城墙				城壕			备注
		周围	高（尺）	厚（尺）	门	周围	深（尺）	阔（尺）	
兴京	兴京城	5 里 9 里			4 9				内城 外城
	鄂多理城								
	古城	1 里 120 步			1				
	萨尔浒城	3 里 7 里			4 4				内城 外城
	老城（佛阿拉）	2 里 120 步 11 里 60 步			2 4				内城 外城
	碱厂新城	110 步			2				
	界藩城	180 步 1 里			1 1				内城 外城
承德县	盛京城	9 里 332 步 32 里 48 步	35 7.5	18	8 8	10 里 240 步		145	内城 外城
	抚西城	3 里			3		10	20	
辽阳州	州城	15 里 24 步	33		6	池淤	15		有北关城
	东京城	6 里 10 步 东西 2800 尺 南北 2625 尺	35		8				

地区	城名	城墙				城壕			备注
		周围	高（尺）	厚（尺）	门	周围	深（尺）	阔（尺）	
海城县	县城	2里176步			4				新城
	牛庄城	2里93步			3				
	耀州城	2里300步			2				
盖平县	县城	7里3步	15		3	池淤	15	18	
	熊岳城	3里99步			2				
开原县	县城	13里20步	35		4	23里20步 池湮	10	40	
	英莪口城	180步			1				
铁岭县	县城	4里216步	20		4	池淤	15	30	
复州	州城	4里180步	35		3				
宁海县	县城	5里216步	35		4	池淤	17	65	
	旅顺新城	1里280步			1				
岫岩县	岫岩城	450余丈	20		2				
凤凰城	凤凰城	3里80步			1				
	兰盘城	1里13步			1				

2. 锦州府

地区	城名	城墙				城壕			备注
		周围	高（尺）	厚（尺）	门	周围	深（尺）	阔（尺）	
锦县	府城	5里120步			4	7里573步 池湮	12	35	有东关城
	大凌河城	3里20步			1	池淤			
	小凌河城	1里218步			2	池淤			
	天桥场城	1里			1				
宁远州	州城	5里196步 9里124步	30 30		4 4	7里8步 池湮	15		内城 外城
	中后所城	3里170步	30		4	4里200步 池淤	10	20	有东南关城
	中前所城	3里8步	30		3	4里300步 池湮	10	20	
广宁县	县城	10里280步	35	15	7	池湮			有南关城
	白土厂城	1里120步			1				
	巨流河城	2里			3				
义州	州城	9里10步	30		4	9里166步 池湮	15	38	

3. 吉林

地区	城名	城墙				城壕			备注
		周围	高（尺）	厚（尺）	门	周围	深（尺）	阔（尺）	
吉林	吉林城	1078步 7里180步	8 10	2.5上 5下	3 5				内城 外城
	克尔素城	1里							

地区	城名	城墙				城壕			备注
		周围	高（尺）	厚（尺）	门	周围	深（尺）	阔（尺）	
宁古塔	宁古塔城	2.5里 10里	20		3 4				内城 外城
	旧宁古塔城	1里 5里	10		2 4				内城 外城
白都讷	白都讷城	7里			4		9	7	
三姓	三姓城	5里	7				7	8	
阿勒楚喀	阿勒楚喀城	3里	13				8	10	
珲春	珲春城	1里			4				
打牲乌拉	打牲乌拉城	8里			4				

4. 黑龙江

地区	城名	城墙				城壕			备注
		周围	高（尺）	厚（尺）	门	周围	深（尺）	阔（尺）	
齐齐哈尔	齐齐哈尔城	1030步 10里	18		4 5			15	内城 外城
墨尔根	墨尔根城	1030步 10里	18		4 5				内城 外城
黑龙江	黑龙江城	1030步 10里	18		4 5				内城 外城
	爱珲城	940步			5				
呼伦布雨尔	呼伦布雨尔								无城郭
呼兰	呼兰	3里							无城郭
博尔多	博尔多								无城郭
布特哈	布特哈								无城郭

参考文献

[1] [明] 辽东志：金毓黻主编．辽海丛书．沈阳：辽沈书社，1985.
[2] [明] 全辽志：金毓黻主编．辽海丛书．沈阳：辽沈书社，1985.
[3] [清] [康熙] 辽阳州志：金毓黻主编．辽海丛书．沈阳：辽沈书社，1985.
[4] [清] [康熙] 铁岭县志：金毓黻主编．辽海丛书．沈阳：辽沈书社，1985.
[5] [清] [康熙] 锦州府志：金毓黻主编．辽海丛书．沈阳：辽沈书社，1985.
[6] [清] [康熙] 广宁县志：金毓黻主编．辽海丛书．沈阳：辽沈书社，1985.
[7] [清] [康熙] 宁愿州志：金毓黻主编．辽海丛书．沈阳：辽沈书社，1985.
[8] [清] [康熙] 盖平县志：金毓黻主编．辽海丛书．沈阳：辽沈书社，1985.
[9] [清] [康熙] 开原县志：金毓黻主编．辽海丛书．沈阳：辽沈书社，1985.
[10] [清] 杨金庚等纂修．[光绪] 海城县志．[缩微胶片]．北京：全国图书馆文献缩微中心，1989.
[11] [清] 董秉忠修．[康熙] 盛京通志 [缩微胶片]．北京：全国图书馆文献缩微中心，2001.
[12] [清] 阿桂等纂修．盛京通志．沈阳：辽海出版社，1997.
[13] [清] 阿桂等纂修．钦定盛京通志 [文渊阁四库全书电子版]．上海：上海人民出版社、迪志文化出版社有限公司，1999.
[14] [清] 和珅修．钦定大清一统志 [文渊阁四库全书电子版]．上海：上海人民出版社、迪志文化出版社有限公司，1999.
[15] 刘敦桢．中国古代建筑史：第二版．北京：中国建筑工业出版社，1984.
[16] 潘谷西主编．中国古代建筑史：第四卷．北京：中国建筑工业出版社，2001.
[17] 贺业炬．中国古代城市规划史．北京：中国建筑工业出版社，1996.
[18] 董鉴泓．中国古代城市建设．北京：中国建筑工业出版社，1988.
[19] 邹艳丽．东北地区城市空间形态研究．北京：中国建筑工业出版社，2004.
[20] 任玉雪．清代东北地方行政制度研究：[博士学位论文]．复旦大学，2003.

作者单位：清华大学建筑学院

第三篇　城市中的建筑与园林

三城鼎峙，署宇秩立
——明代淮安府城及其主要建筑空间探析 [1]

贾　珺

提要

　　明代的淮安府城是东南沿海地区的重要城市，其城池体系由旧城、新城、联城3部分纵连而成，形制独特；城内先后设置了若干重要的公署，分别负责漕运管理、军事防御和地方行政，其沿革变化反映出城市性质的微妙转变；城内外修建了一系列的坛壝、祠庙、寺观和杂祀建筑，反映了儒释道三教以及民间信仰并存的局面；同时，府城及近郊又分布着很多集市以及园林、风景区，体现了繁华的商业面貌和优美的城市景观。本文在历史文献的基础上对明代淮安府城及其公署、祠庙寺观、集市和风景园林进行分析，并试图总结其主要的城市特色。

关键词：明代，淮安府城，城防，公署，坛庙，集市，园林

一、引言

　　江苏淮安是京杭大运河沿岸一座拥有1600年历史的古城，北临淮河，南通长江，扼守南北要冲，自古以来就是东南重镇，历代多有大规模的城市建设。其中明代的淮安府城上承宋元，下启清代，是其城市发展史上一个重要的阶段。

　　明代的淮安府辖山阳、盐城、清河、桃源、安东、沭阳、赣榆、宿迁、睢宁九县，领海州、邳州二州，境域广阔，以山阳县城为府城，是整个地区的政治、军事中心，其城防设施在前代的基础上做了进一步的重修、增建，形成了三城相连的特殊格局；同时随着清江浦的开凿，淮安府作为京杭大运河漕运枢纽的地位得到加强，朝廷在此设立总督漕运的最高官员公署，与淮安卫指挥使司、大河卫指挥使司、淮安府署、山阳县署一起组成庞大的衙署系统，对城市的格局有重要的影响；府城内外修建了各种坛壝庙宇以及寺观祠宇，制度完备，内容丰富；明代淮安府城商业发达，周围形成若干集市，并与大运河联系紧密；同时，淮安府城充分利用水道纵横的自然条件，修筑了不少园林和风景建筑，为城市的繁华增添了雅致的韵味。

　　明代淮安府城的城池、公署、祠宇、市肆以及风景区基本被清代全盘继承，虽有所增减，但始终未出其藩篱。府城旧址现为淮安市楚州区，为国家级历史文化名城，至今仍保留着明代的部分街巷格局，明代重修过的旧谯楼经过近代改建后仍矗立在旧城中心，明代所建的漕运总督署尚存遗址，同样始建于明代的淮安府署已经得到修复，一些祠庙、风景区的旧址也仍有昔日痕迹可寻。不可否认，明代淮安府城留下的遗物、遗迹已经成为后世文化遗产的重要组成部分。

　　从另一面来看，经过时光的洗礼之后，毕竟明代淮安府城的大部分实物已经不存，导致今人对之认识较少，且有一定的曲解。不过，明代是淮安修方志的鼎盛时期，成化、正德、隆庆、万历、天启五朝均曾经编撰过《淮安府志》（其中有3种版本流传至今），清代顺治六年（1649年）又编《（崇祯）淮安府实录备草》，为我们了解明代淮安府城的种种情况提供了难得的资料。本文将在历史文献考证的基础上，结合现状遗迹，对明代淮安府城的城防设施、公署建制、坛庙寺观、集市街衢和风景园林进行分析，并试图总结其主要的城市特色，或许对明代城市史研究和今天的古城保护有一定的参考意义。

---

1. 本文为王贵祥教授主持的国家自然科学基金项目"明代建城运动与古代城市等级、规制及城市主要建筑类型、规模与布局研究"（项目编号：50778093）的子课题。

二、城防设施

1. 城池修建经过

淮安古城的始建年代应不晚于东晋义熙七年（411年），时为山阳郡。《晋书·地理志》载："义熙七年，……又分广陵界置海陵、山阳二郡。"[1]《宋史·李大性传》载："楚城实晋义熙间所筑，最坚。"[2]《乾隆淮安府志》载："（淮安）初无城郭，东晋安帝义熙中，始分广陵立山阳郡。"[3] 宋代以此为楚州城，元代在此设淮安路总管府，历代对城池多有修葺，《正德淮安府志》载："郡城晋时所筑，宋金交争，此为重镇。守臣陈敏重筑，北使见其雉堞坚新，号'银铸城'。嘉定初，复有倾圮，知州事赵仲茸之；九年，知州应纯之填塞洼坎，浚池泄水，乃益坚完。元至正间，江淮兵乱时，守臣因土城之旧，稍加补筑防守。"[4] 元末天下大乱，张士诚军占领淮安，其部将史文炳驻守期间在旧城北侧、淮河南岸的北辰镇旧址上建造了一座新城，二城相距大约一里，形成双城并峙、互为犄角的格局。

至正二十六年（1366年）四月朱元璋的军队攻取淮安，对此《明史·太祖纪》记载："（至正二十六年）夏四月乙卯，袭破士诚将徐义水军于淮安，义遁，梅思祖以城降。"[5] 其时明朝尚未正式建立，淮安府城已入其版图。

元代在前朝基础上开辟京杭大运河，沟通南北，沿岸城市迅速发展。但元代漕运以海路为主，对运河的重视程度尚不及明清，虽曾在淮安府设漕运司，但职位并不高。明代漕运以运河为主，淮安的重要性日益凸显，永乐年间以陈瑄为漕运总兵官，总督漕运事宜，并于宣德初年驻节淮安府城，从此淮安成为名副其实的漕运行政中心，景泰年间进一步在此设置总漕巡抚都御史。

位于淮河以南的京杭大运河河道抵达淮安府城外侧，北入淮河，因为水位高差明显，航船在此需要盘坝过河，越过新城东北的仁、义二坝和西北的礼、智、信三坝，十分不便。永乐十三年（1415年），陈瑄在淮安府城西侧开凿清江浦运河，设4道水闸控制水位，船只由此可以直接入淮河，经清口北上，极大地改善了航运条件，促进了淮安地区的繁华，淮安府城也随之加强了漕运枢纽城市的地位。[6]

元末至明中叶，淮安府城的新旧二城都得到重修（图1）。新城城墙原为土筑，洪武十年（1377年）大河卫指挥使时禹利用宝应废城的旧城砖对之加以增筑。旧城城墙也被修葺数次，"包以砖甃，周置楼橹"[7]，尤其是正德十三年（1518年）由巡抚都御史丛兰樾和知府薛鎏主持的重修工程最为全面，《正德淮安府志》称当时的淮安府城为"江北一大都会，二城雄峙，辅车相依"[8]，又称："淮安南北会藩，总漕重镇，城池金造，屹如金汤"[9]。

嘉靖三十九年（1560年）倭寇犯境，为了强化府城防御，总漕都御史章焕在新、旧二城之间空地的东西两侧加建城墙，称"联城"，俗称"夹城"，从而将新旧城连为一体，形成三城南北纵连的新格局（图2、图3），被《天启淮安府志》称赞为"三城鼎峙，千里环封"[10]。不过当时在任的知府范檟竭力反对加筑联城，认为这样反而不利于防守。[11] 但从之后的历史进程来看，淮安地区在明代后期屡次遭到倭寇侵扰，清代又遇捻军奔袭，府城均安然无恙，民间亦有"铁打的淮安城"之谚，可见加筑联城并非败笔，对于巩固城防还是很有用处的。

旧城和新城原来均有城壕，万历四十八年（1620年），知府宋统殷重修三城总城壕[12]，使得城池体系更为完善。

---

1. ［唐］房玄龄等撰. 明晋书. 上海：上海古籍出版社，1986，卷15。
2. ［元］脱脱等撰. 宋史. 上海：上海古籍出版社，1986，卷395。
3. 文献［3］：121。
4. 文献［1］：46。
5. 文献［10］，卷1。
6. 文献［10］，卷151。
7. 文献［3］：125-126。
8. 文献［1］：14。
9. 文献［1］：46。
10. 文献［3］：80。
11.《天启淮安府志》录有《淮郡新旧联三城说》："淮旧有新旧二城，用壮掎角之势。倘旧城被敌，则新城出锐以挠之；倘新城而欲乘敌，则旧城出师以应之。使声势足相援，敌人胸背皆受制，必不令顿聚于两城下焉。迨联城筑而势遂分，防守始为力矣。守则三城俱欲守，而拨兵以把截，虑力分而单弱可虞也。脱一面失事，则敌得以据以为巢，将为持久计矣。……昔抚院章公焕初筑联城时，府守范公檟尝力陈其不便状。及工成举篑，范公不往，曰：非吾意，且他日淮难为守计矣。"见文献［3］：1012。
12. 文献［3］：126。

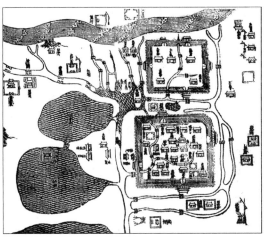

图 1 《正德淮安府志》中的淮安府城图——引自文献 [1]

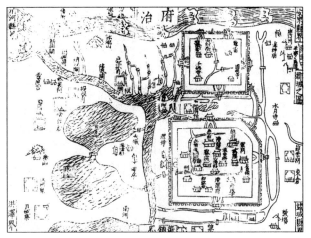

图 2 《万历淮安府志》中的淮安府城图——引自文献 [2]

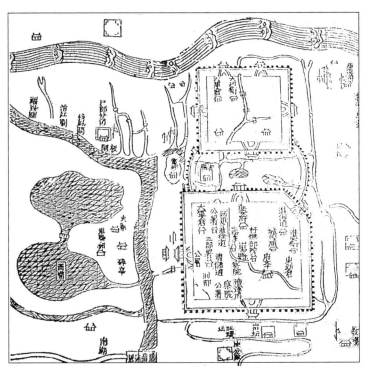

图 3 《天启淮安府志》中的淮安府城图——引自文献 [3]

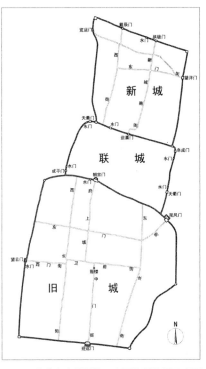

图 4 明代淮安府城城墙及主要街道格局示意图

2. 城池规制

淮安府三城的城墙均随地形弯曲，并不取直，也非正朝向（图 4）。旧城东西长 510 丈，南北长 525 丈，周长 11 里，轮廓近于方形。城墙从地面到女墙总高 3 丈，四面共设 4 座城门、2 座水门。南门迎远门位于正中，东门观风门位于东北角，北门朝宗门略偏西，西门望云门（后改通漕门）偏南，其北侧原来另有一座清风门，元末废除；西门南侧和北门西侧分别设西水门、北水门。四座城门的位置彼此错开，互不相对，外侧均设子城（瓮城），城门与子城上都建有城楼，东南、西南、西北三隅建角楼。[1]

新城东西长 326 丈，南北长 334 丈，周长 7 里 20 丈。城墙高 2 丈 8 尺，比旧城略低，四面共设 5 座城门、2 座水门。东门为望洋门，南门为迎薰门，西门为览运门，北城墙上有两座城门，偏东为拱极门（称大北门）、偏西为戴辰门（称小北门）；南水门设于迎薰门西，北水门设于拱极、戴辰二门之间。东西二门建子城，四隅均建角楼。[1]明初姚广孝有"城廓逶迤曲绕河"[2]之句描绘新城城池景象。当地亦有传说，称新城形态模拟人形，清代吴玉搢《山阳志遗》载："新城筑自张士诚将史文炳，至洪武十年始砌以砖石，俗名为'人城'，象形也。以南门为首，以东西门为两手，以大小北门为两足，两门之中，另有一砖圈，内藏二石子，盖象其阴。昔黄淮在城外咫尺，取其撑拄之意。城中有大肠河、小肠河。"[3]

联城的南北两面分别为旧城的北城墙和新城的南城墙，后建的东城墙长256丈3尺，西城墙长225丈5尺。两墙间共设4座城门，东南为天衢门，东北为阜成门，西南为成平门，西北门也叫天衢门。[4]两面各设2座水门。联城初建时，担心城墙一下子建得太高会有危险，因此高度只有1丈4尺至1丈5尺，万历二十一年（1593年）又加高5至7尺，总高约2丈左右，低于新旧二城。[5]

旧城城墙上设53座窝铺、2996垛雉堞；新城城墙上设48座窝铺、1200垛雉堞；联城城墙上设620垛雉堞。[6]万历二十三年（1595年），因为日本侵略朝鲜的战争正在进行，中国沿海地区戒严，淮安府三城的城墙上又加设了敌台。

联城未筑之前，新城北侧临淮河，西侧临东湖，东、南两面各有深1丈多、宽5丈多的城壕，最为险固[7]；旧城外围亦有城壕。联城完成之后，又于万历四十八年（1620年）重修三城总城壕，府城外形成四面环水的格局，城壕总长2442丈5尺，表面宽4尺，底部宽1丈5尺，深1丈2尺，在旧城东门与南门、新城东门外共设3座吊桥。[8]

旧城中央有一座鼓楼，原称谯楼，建于明代之前，永乐、景泰年间均曾重修，底部台高2丈2尺，上建楼阁，巍峨壮丽，成为全城的中心地标建筑。[9]天启二年（1622年）另在旧城的东南角"巽位"建了一座魁星楼。

三城之中，旧城是主城，其中设置了绝大多数的公署、民居，而新城、联城主要承担军事防御的功能。旧城街巷众多，大体为棋盘式格局；新城中只有寥寥几条街道；联城中并无街巷记载，实际上只是新旧两城的连接体和过渡地带，有军士在城墙上驻守。

府城外围水系纵横，北侧为淮河，西侧有大运河、罗柳河、汉河、东湖、西湖（管家湖），东侧有涧河，南北通衢，水上交通十分方便（图5）。三城内均有河道水系，旧城内另有郭家池、万柳池等湖泊，沟通内外的主河道是一条市河，自旧城西门外的运河发端，流入西水门，在城内萦回分流，在西北处汇合，流出旧城北水门，穿越联城，入新城南水门，出北水门，折而向东流入涧河；另有支流穿过联城西水门和东水门分别与城西北的河湖和东城壕连通。诸水门中除新城北水门外均可通行船只，在三城内形成完整的水路体系，对此《天启淮安府志》称："城中桥梁悉跨于上，内外通舟，泄三城水，一郡风气血脉所关。"[10]城外东侧的涧河地势较低，不但可以行船，更重要的是具有泄洪的功能，需要经常加以疏浚，知府邵元哲《重浚涧河碑记》载："郡城东有涧河，其来已久。盖上泄三城之潴水，而下通滨海之舟楫，厥利不细。岁久湮淤，工巨不易举，间常稍稍浚导，而黄河一浸，沙填复陆矣。……庀工度地，阔四丈，深七尺，长三十里，东通射阳湖以入海，建闸河滏，以备蓄洪。"[11]

三城之中，旧城由淮安卫驻守，新城由大河卫驻守；联城则一分为二，东属大河卫，西属淮安卫。嘉靖年间，城外西侧的东米巷之南和西湖嘴大堤上曾经分别建造了南北两座敌楼，相距六七里，内可藏兵五百人，与三城形成呼应，隆庆年间废除。[12]

综合而言，经过明代的建设之后，淮安府城以南北三城彼此相连，城墙高峻，城壕深广，西据运河，北扼淮河，表现出独特的城池形态。

1. 文献［1］：47。
2. ［明］姚广孝．淮安新城候船．见文献［3］：918。
3. 文献［18］，卷1：22。
4. 明代府志均记载联城东南、西北二门同名为天衢门，而《乾隆淮安志·辨讹》载"二门，旧志皆称天衢门。按旧志《运道》：'……嘉靖间筑联城，乃悬空二水门以便船桅出入，如通衢然，故曰天衢。'是天衢乃水门名，陆路之门不应有天衢之号也。"见文献［6］：1580。
5. 文献［3］：126。
6. 文献［3］：125-126。
7. 文献［1］：47。
8. 文献［3］：126。
9. 文献［3］：125。
10. 文献［3］：130-131。
11. ［明］邵元哲．重浚涧河碑记．见文献［3］：845。
12. 文献［3］：127。

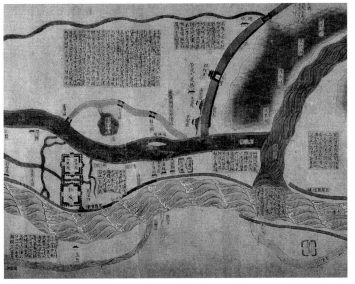

图5　明代万历《河防一览图》中的淮安府城周围水道——引自文献 [12]

三、公署建制

公署是淮安府城中最重要的建筑类型，故而《天启淮安府志》曰："淮郡水陆冲要，南北襟喉，自守令亲民外，随事设立，有总治、寄治者焉。辨其崇卑，严其署宇，莫不秩秩翼翼，各如厥制。"[1] 又称"至于公署之设，上自重臣，下逮小吏，体统周悉。"[2]

淮安府旧城也是山阳县城，府县同城，因此旧城内同时设有府署和县署，都属于郡邑公署性质。元末明太祖朱元璋平定天下，攻取淮安，当即在旧城和新城内分别设置淮安卫指挥使司和大河卫指挥使司，均属于武署性质。永乐年间陈瑄任总督漕运总兵官，宣德年间正式在此设漕运镇守总兵府，景泰年间又设总漕巡抚都察院（后改称总督漕抚部院），成为全国漕运最高管理机构，另有一些中央部门也先后在府城设立的分支衙署，与漕运系统的公署同属宪司公署性质。各署之下又设附属机构以及各级官员的住宅，整个公署系统非常庞大，占据了旧城内的很多地段，并出现漕、总、卫、府、县五署同居一城的特殊情况，其间历经重修、改建、迁移，其沿革相当复杂。

1. 元末明初公署初创

北宋乾道六年（1170 年），录事陈敏即在城中心谯楼之北建楚州州衙；元代至元三十年（1293 年），郡守阿思重在此建淮安路总管府。[3] 可见宋元两代淮安地区最高行政官员衙署均设于城市最重要的核心位置，但元末明初之时，这个位置却曾被本地区的最高军事指挥署占据。

《明史·华云龙传》载："从徐达帅兵取高邮，进克淮安，遂命守之，改淮安卫指挥使。"[4] 朱元璋大军于至正二十六年（1366 年，即吴王三年，岁次丙午）占领淮安，当即以大将华云龙为淮安卫镇守使。《正德淮安府志》载："淮安卫指挥使司，在府治南八十步，即原淮安路总管府也。……国朝丙午年指挥华云龙镇守淮安，始改为卫。"[5] 说明华云龙于占领淮安的当年就正式以旧城中心位置的元代淮安路总管府为淮安卫镇守使司衙署（以下简称淮卫司）。洪武二年（1369 年），大河卫指挥使毕寅在淮安府新城内颁春坊旧太清观的基址上创立大河卫指挥司（以下简称河卫司）[6]，与淮卫司同级，处于相对独立的地位。

《正德淮安府志》又载："（华云龙改总管府为淮安卫镇守使司）时知府范中因元之旧屯田打捕总管

1. 文献 [3]：180。
2. 文献 [3]：122。
3. 文献 [1]：101。
4. 文献 [10]，卷 130。
5. 文献 [1]：101。
6. 文献 [1]：102。

府开设府治。"[1] 另载："范中，国初丙午年知府事，优于治才，勤于为政，尤宽厚不扰。府治、祠宇、坛壝皆所经画创建。"[2] 可见至正二十六年（1366 年），范中在华云龙任职的同时出任淮安首任知府[3]，在旧城中另一处元代屯田打捕总管府旧址上修建淮安府署（以下简称府署），具体位置不详。当代一些地方文献将此"屯田打捕总管府"与"淮安路总管府"混为一谈，称范中先建府署，后将其地让与华云龙建淮卫司。实际上按照《元史》记载，元代两淮（淮东淮西）屯田打捕总管府负责屯田事务，属于宣徽院直辖[4]，与管理地方行政事务的淮安路总管府是不同的衙署机构。[5] 淮卫司和府署同年创立，分别占据淮安路总管府和屯田打捕总管府旧址，二者并存。

洪武三年（1370 年），第二任淮安知府姚斌认为府署格局狭隘，"废五通庙及旧沂郊万户宅建今治"[6]，于是在淮卫司北面的一块地方另建新府署，之后一直沿用。

山阳县署（以下简称县署）地位相对较低，一直保留在鼓楼西侧的旧址上，其大门原本东向开设，洪武六年（1373 年）"改门南向，建板桥跨河，以达于厅事。"[7]

淮安历来被视为南北战略重镇，崇祯《淮安府实录备草》称："淮为南北吭喉，又系转输要地，淮存则南北俱通，淮亡则南北两困，战与守可易言耶。"[8] 元末明初，天下激战方酣，淮安府城位于北进南伐的咽喉要道，是兵家必争之地，军事意义显著，因此淮安新旧二城各设一卫，卫指挥使的品秩高于知府，而旧城中的淮安卫镇守使司成为全城最重要的衙署，占据了核心地段。同时，另一个不可忽略的事实是首任淮安卫指挥使华云龙是明朝开国功臣，于洪武三年（1370 年）"论功封淮安侯，禄一千五百石，予世券。"[9] 其地位更是远超淮安知府，淮卫司的重要性也随之得到进一步的强化，凌驾于府署之上。故而明初淮安府旧城中的三署以淮卫司为上，府署次之，县署再次之。

各署均在城内设有下属机构。淮卫司仪门东侧设卫镇抚（与山阳县署东西相对），还有左、右、前、后、中左、中右六千户所，西南有造作军器局；河卫司则附设卫镇抚以及左、右、中、前、后、中左、中右、中前八千户所和一座造作军器[10]；府署之南设前察院和后察院；知府和知县以及下属官员的住宅大多位于各自公署的后部或东西两侧。

2. 明代中叶公署续建

永乐年间陈瑄担任总兵官，负责提督漕运。永乐十三年（1415 年）开凿清江浦后，淮安的地位更为重要，宣德二年（1427 年）陈瑄固定驻守于淮安府城，继续管理漕运[11]，知府彭远利用旧城南门（迎远门）内侧的三皇庙废址创建漕运镇守总兵府（以下简称总兵府）[12]，陈瑄本人的宅第则位于总兵府西侧。漕运总兵官为掌管漕运的最高官员，兼有军事责任，总兵府则是主管漕运的最高官署。淮安府城从此增添了一座重要的公署，其实际地位超过淮卫司、河卫司、府署和县署。

但显然此时城中已无太多空地，总兵府只能位于旧城内偏南的位置，规模有限。总兵府之下设漕运参将府，位于旧城中察院西侧。

景泰元年（1450 年），朝廷令大臣王竑与都督佥事徐恭总督漕运，治理通州至徐州的运河[13]，次年（1451 年）"因漕运不断，始命副都御史王竑总督，因兼巡抚淮、扬、庐、凤四府，徐、和、滁三州，治淮安。"[14] 自此，总漕巡抚都御史取代漕运总兵官，成为总督漕运的最高官员，同时兼淮安、扬州、庐州、凤阳四府和徐、和、

1. 文献［1］：79。
2. 文献［1］：274。
3. 《天启淮安府志》称范中于洪武元年（1368 年）创立府署，已是其担任知府两年之后，殊不合理，故本文以《正德淮安志》记载为准。
4. 文献［4］，卷 100，兵志三。
5. 参见：［元］许有壬. 至正集. 清乾隆年间文渊阁四库全书本，卷 37，两淮屯田打捕都总管府记。
6. 文献［1］：79。
7. 文献［1］：82。
8. 文献［4］，卷 17。
9. 文献［10］，卷 130。
10. 文献［1］：102。
11. 《明史·陈瑄传》载："宣宗即位，命（瑄）守淮安，督漕运如故。"见：文献［3］，卷 153。
12. 《正德淮安志》载："永乐间，总兵官平江伯陈瑄提督漕运，宣德二年，复兼镇守淮安，始开府治，知府彭远因三皇庙废址创置。"见文献［1］：76。
13. 文献［10］，卷 177。
14. 文献［10］，卷 73。

滁三州巡抚。[1] 知府程宗在陈瑄故居旧址上建总漕巡抚都察院（以下简称漕署），成为新的漕运最高官署，但规模同样有限，最初的正堂和后堂都仅有三间，正德十一年（1516年）才将正堂扩为五间。[2]

漕运总兵官职位依旧设立，但仅为协助都御史共同管理漕运的官员，不再总领一切事宜，总兵府仍位于原址，地位降低，成化五年（1469年）总兵官杨茂、参将袁佑、知府杨昶作了一次重修[3]，同年漕署、淮卫司也进行了重修。[4]

华云龙之后的历代淮安卫指挥使大多由功臣勋爵子弟担任，如驸马都尉黄琛及其孙黄鼎均曾任此职。作为武署，淮卫司的重要性不及明初那样显赫，但仍维持较高的地位。

到了正德年间，淮安府旧城保持五署并列的格局；新城仍设河卫司，曾经一度倾圮，正德初年指挥使崔恩加以重修。

按照《正德淮安府志》的记载，当时这六座公署的规模、格局不尽相同。

漕署包含大门三间、仪门三间、正堂五间、后堂三间、东西厢房十六间、书房三间、库房九间、厨房三间。[5]

总兵府包含大门三间、仪门三间、正堂五间、后堂五间、东西厢房十六间、库房三间。[6]

淮卫司包含大门九间、仪门三间、正堂五间、后堂五间、耳房四间、东西司库各十间、架阁库二间、东西夹室各三间、经历司厅三间。[7]

河卫司包含前门一间、仪门三间、正堂五间、后堂五间、东西司房各七间、穿廊三间、厨房三间、经历司三间、后厅三间。[8]

府署包含大门三间、仪门三间、正堂五间、戒石亭、经历司三间、照磨所三间、理刑厅三间、龙亭库三间、架格库三间、阜积库十六间、六房并各科司四十间、司狱司，此外还有神祠、府前总铺、府前官亭等附属建筑（图6）。[9]

县署包含大门三间、仪门三间、戒石亭、正堂三间、典吏厅一间、西耳房一间、六房共十二间、架阁库三间、监房十三间、神祠三间，署后建知县住宅。[10]

总漕巡抚都御史的正式名称是"钦差总督漕运、巡抚凤阳等处地方兼都察院左（右）都御史（或副御史、金都御使）"，有时还兼户部左侍郎。按《明史·职官志》和《漕运通志》的记载，总督和巡抚都是实职，无固定品秩；左右都御使、副都御史、金都御史是虚衔，分别为正二品、正三品和正四品，实际上总漕巡抚都御史的地位相当于封疆大吏；总兵官无固定品秩，多以公、侯、伯、都督充任，地位也很高；卫镇守使为正三品，知府为正四品，知县为正七品。[11]

限于府城既有格局，各署的形制与其主管官员的真正地位并不完全匹配。六署之中，仍以淮卫司最为气派，特别是景泰五年（1454年）重建的大门竟有九间之广，非常罕见，而同等级的河卫司前门只有一间；府署下辖机构众多，格局比较复杂；漕署和总兵府偏于一隅，格局相似，规模都不及府署和河卫司，更不如淮卫司；县署等级依旧最低，其余五署正堂均为五间，唯有县署正堂是三间。

3. 明代后期公署调整

嘉靖至万历年间，淮安府城中的漕署、总兵府和淮卫司均作了搬迁，其中漕署迁移了两次（图7）。

第一次是嘉靖十六年（1537年）都御史周金将漕署从南门附近迁建到城隍庙东侧的旧察院原址上。对此《万历淮安府志》明确记载："都察院二，一在旧城南门内迤西……一在城隍庙东，嘉靖十六年都御史周公金建，隆庆六年都御使王公宗沐立旗纛神祠于正堂西，又立水土神祠于东厢云。"[12]《天启淮安府志》记载原

---

1. 历史上总漕巡抚都御使一职曾有短期变化，成化八年至九年（1472—1473年）和正德十三年至十六年（1518—1521年）曾经两度分设巡抚、总漕各一员，但很快就合并了。参见：文献[3]，卷73。
2. 文献[1]：76。
3. 同上。
4. 文献[1]：101。
5. 文献[1]：76。
6. 同上。
7 文献[1]：101。
8. 文献[1]：102。
9. 文献[1]：80。
10. 文献[1]：82。
11. 文献[10]，卷73，卷75，卷77。
12. 万历淮安府志：327。

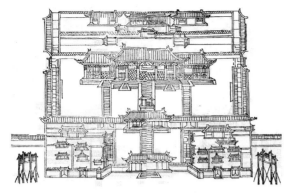

图6　明代淮安府署图——引自文献 [1]

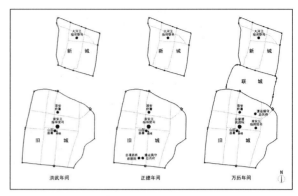

图7　明代淮安府城内公署分布演变示意图

漕署大门前的东西二坊也一并迁建过来。[1]

嘉靖四十年（1561年）总漕巡抚都御史在总督漕运、巡抚四府三州的职权之外兼提督军务，万历七年（1579年）又兼管河务[2]，集四项大权于一身，其地位达到顶峰，随后漕署作了第二次迁建。

这一次是将漕署迁到原淮卫司所在地，而淮卫司则迁移到城隍庙东，二者互换位置。对此《天启淮安府志·兵戎志》"武署"条下记载："（淮安卫指挥使司）于万历七年改为漕抚军门，而以旧漕抚军门改卫治。"[3]

方志对于这次迁移时间的记载前后矛盾。从前面的《天启淮安府志·兵戎志》引文来看，应为万历七年（1579年），但同一府志中的"建置志"又称"万历十年都御史凌公云翼移治于淮安卫，即今都院"[4]。《乾隆淮安府志》则称"万历七年都御使凌云翼移治于淮安卫，是为今之总漕公署。"[5]

无论具体是哪一年迁建完成，这次迁建的结果是确定无疑的。漕署从此占据鼓楼以北的中轴核心位置，全称改为"总督漕抚部院"，规模扩大，真正成为府城中地位最高的公署。

至天启年间，新漕署的格局定为大门五间、脚门二间、仪门三间、大堂五间、中厅五间、大楼五间、后厅五间、东西耳房各三间、门厨房七间、东西案房共六间、书吏房二十余间、东西皂隶房各五间、工字厅三间、中厅、东西花园、耳房二间、花亭三间、亭东耳房四间、大堂西院住宅十五间、东西耳房与厢房等共三十二间，大门前设三座牌坊和两间鼓亭，此外还附设水土神祠、寅宾馆、司道府县厅、中军旗鼓卫官厅、兵勇房以及接待宾客的清美堂[6]，不但远远超过旧漕署的规模，也明显比旧淮卫司的形制更高、屋宇更多、空间更复杂，至此漕运系统的公署在府城中占据了绝对的优势。

《天启淮安府志》载："漕运镇守总兵府公署二，一在郡城南门内，一在郡治东。今在东者改为淮海道。……万历四十年，新建伯王承勋请告，以后不补。"[7]可见正德以后，总兵府也作过一次搬迁，由南门内的旧址改设于淮安府署东侧，设大门三间、仪门三间、大堂三间、后厅七间、寝厅七间、茶厅五间、厢房八间[8]，格局比南门旧总兵府要复杂一些，正堂由五间减为三间。万历元年（1573年）所编的《万历淮安府志》的府城图上已经标明总兵府的新位置，但正文未作说明。万历四十年（1612年）原漕运总兵官王承勋退休后，总兵官一职被朝廷撤销，总兵府自然也随之停用。原总兵府管辖的漕运参将府则早在隆庆六年（1572年）就先行革止了。[9]

淮卫司迁到城隍庙东侧之后，其格局不详，但肯定远不及原址宏敞威严。设于新城中的河卫司仍保持原有格局。

旧城中原有漕运理刑刑部分司公署，明代晚期城中又先后增设了一些其他专职公署，如漕储道公署、

1. 文献 [3]：181。
2. 文献 [10]，卷73。
3. 文献 [3]：486。
4. 文献 [3]：181。
5. 文献 [6]：383。笔者按：此处记载有误，凌云翼于万历八年（1580年）始出任总漕都御使，万历七年（1579年）不可能由他来主持迁建工程。
6. 文献 [3]：181-182。
7. 文献 [3]：485。
8. 文献 [3]：188。
9. 文献 [3]：485。

漕河道公署等。万历年间朝廷在旧城内漕署西侧增设淮徐道公署，天启二年（1622年）将位于府署东侧的原总兵府改作淮海道公署[1]，负责附近州县的防卫事务。以上各署均属于中央部门的在淮分支机构，大堂以三间为主，后堂五至七间，其规模均超过县署，但大多不及府署。

与明代中叶相比，府署变化不大，在原有基址上加建了漕运库、阜积库、轻重监狱等建筑[2]，县署则几乎完全没有变化[3]，说明府、县两级地方行政机构一直保持稳定。另外值得一提的是，从方志记载来看，历任淮安知府经常帮助修建漕署、淮卫司和总兵府，说明宪司公署和武署的建设也是地方官员的职责之一。

总体而言，从明初到明末，各大公署在淮安府城中出现明显的迁移升降，具体表现是：淮卫司的地位不断下降；总兵府一度总领漕运管理大权，但随着漕署正式建立后也逐渐弱化，最后撤销；漕署则从无到有，地位逐渐升高。这些公署的沿革变化说明淮安府城的军事意义相对下降，但漕运中心枢纽的地位得到进一步的凸显。另外，城中公署的数量有逐渐增多的趋势，也可见明代后期的官僚体制日益冗杂。

四、坛庙寺观

明代的淮安府城内外分布着各种坛壝、祠庙以及佛寺、道观和一些民间杂祀，是重要的建筑类型，反映了复杂的礼制制度和宗教信仰。

1. 坛壝

明代是一个注重儒家礼制祭祀的朝代，将一些坛壝、祠庙列为"正祀"，具有浓厚的官方色彩，地方府州县各级城基本上都设有社稷坛、风云雷雨山川坛、厉坛和城隍庙、文庙。淮安府城对此类建筑尤为重视，《正德淮安府志》云："淮为文献旧邦，故坛壝祠庙正祀，祗奉惟谨。"[4]

府城外最重要的3座坛壝均由知府范中创建于洪武二年（1369年），后日久残败，天顺年间杨昶任淮安知府，曾经对三坛大加重修，对此乡绅金铣有《淮安府兴造群祀记》载其经过："天顺五年秋，以水部主事杨公知淮安府事。未上，谒城隍而誓之。睹庙庑摧剥，其心蹙然弗宁。越三日，谒社稷，而坛壝卑陋，斋居倾侧，心之不宁者如初。继谒山川、郡厉，坛壝又不逮于社稷。……公曰'礼重于祭，而庙壝就坏不足以栖神。'……群祀次第撤而新之。……社稷则崇其土壝，易以瓷石，饰其斋居；山川、郡厉则增其址之广二十尺，深称是，而崇五尺，门、库、疱湢、斋所其三十倍于社稷。"[5]从方志记载判断，三坛后来又曾迁移、重建过，但具体年代不详。

社稷坛原设于旧城西门外一里左右的位置，靠近西湖，其中包含神门四座、坛壝一座、神厨三间、致斋所三间、宰牲池一口。[6]正德以后改设于旧城南门外西南。[7]

风云雷雨山川坛（以下简称山川坛）原设于旧城南门外偏东约半里的位置，其中包含神门四座、坛壝一座、神厨三间、宰牲房三间、神库三间，致斋所十八间、涤牲池一口。[8]《天启淮安府志》称后来改建于"南门外西南数百步"[9]。

郡厉坛原设于旧城北门外几十步远的位置，包含神门四座、正室三间、左右寒林所各五间以及斋室、神厨、神库各三间。此坛所在位置处于新旧二城之间，在后来建造的联城范围内，因此联城建成后就改建于联城西北天衢门外。[10]（《天启淮安府志》卷首所附舆图上的山川坛和郡厉坛的位置仍在原位，可能是沿用旧图而未及改绘。）

从《正德淮安府志》所附插图上看，三坛格局并不完全一致（图8），社稷坛和山川坛都分为东西两路，东路相同，均设四座神门、棂星门，偏北中央位置设祭坛；西路有差异，但都安排了致斋所以及神厨、神

1. 文献[3]：188。
2. 文献[3]：190-191。
3. 文献[3]：194。
4. 文献[1]：221。
5. ［明］金铣. 淮安府兴造群祀记. 见文献[3]：414-415。
6. 文献[1]：221。
7. 文献[3]：466。
8. 文献[1]：221-222。
9. 文献[3]：466。
10. 同上。

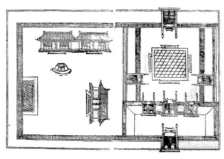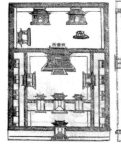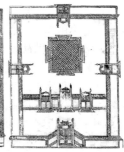

社稷坛 风云雷电山川坛 郡厉坛

图8 淮安府城三坛图——引自文献 [1]

库等附属建筑。郡厉坛的格局与社稷、山川二坛有很大区别，只设一路，分先后两进，最北建五间正室[1]，其中并未设置祭坛，也没有致斋所，反而类似于其他庙宇。

《天启淮安府志》记载明代后期三坛的形制趋于统一，均为东西两路格局，设"各坛神一，门四座，神厨、斋所二十三间，宰牲池、墙围"，而且祭典也相同，都是"每三月清明、七月望、十月朔祭"[2]。从所附插图来看，三坛西路布局为同一模式，均与原山川坛西部一致。社稷、山川二坛东路仍保持原制，郡厉坛的东路也依然是旧貌。

2. 祠庙

淮安府城内修建的祠庙数量较多，以祭祀城隍以及孔子、名宦、乡贤、贞烈、忠孝等各种历史人物。

府城隍庙设于旧城府署东侧，始建于南宋绍兴年间，洪武、永乐年间曾经重修，天顺年间知府杨昶也做过大修，其格局为大门三间、门楼一间、仪门三间、正祠三间、后寝三间、东西廊房二十间以及斋室、厨房各三间（图9）。[3]山阳县城隍庙不在城内，位于淮河以北的河北镇。

府文庙位于旧城东南部，紧邻府学，始建于北宋景佑二年（1035年），明代屡次重修，包含戟门七间、屏墙三座、棂星门三座、东西碑亭各六间、泮池桥三座、大成殿（先师殿）五间、东西庑各十四间、明伦堂五间、尊经阁三间等建筑，戟门外另建宰牲房、神库、神厨和忠孝祠、文节祠。[4]

县文庙位于旧城西北部，紧邻县学，明代重建，含戟门三间、棂星门三座、大成殿三间、东西庑各五间、祭器库一间、明伦堂三间、静学轩三间等，戟门外设忠孝祠、文节祠。[5]

府学内设启圣祠（祀孔子之父叔梁纥）、名宦祠（祀西汉以来在淮任职的官员二十一人）、乡贤祠（祀韩信、枚乘等历代淮安名人）、文昌祠。《正德淮安府志》载成化五年（1469）府署西南几十步的位置曾建有一座乡贤祠，祀韩信等乡贤木主，而且附近另有一座名宦祠。[6]

武成王庙设于旧城东南隅武学中，祀姜太公。[7]一些公署中也附设祠庙，如淮卫司大堂东北有旗纛庙[8]，漕署正堂西侧也曾建旗纛神祠和水土神祠。[9]

淮安府城是公署云集之地，在此任职的各级文臣武将数以千计，城内外为明代历任有政声的官员所建的祠庙数量最多。这类祠宇分群祀、合祀和单祀三种。

群祀者，在一祠之内祀奉多人，如前述之名宦祠；此外还有正德十一年（1516年）在旧城外东南一里所建的督抚名臣祠，其中祀奉王竑等十位总漕巡抚都御史[10]，后加到二十四人[11]；天启五年（1625年）又在府学瑞莲池旁另建一座督抚名臣祠。

1. 文献 [1]：222。
2. 文献 [3]：466。
3. 文献 [1]：222。
4. 文献 [1]：105。
5. 文献 [1]：106。
6. 文献 [1]：226-227。
7. 文献 [3]：495。
8. 文献 [3]：486。
9. 文献 [3]：181。
10. 文献 [1]：229。
11. 文献 [3]：472。

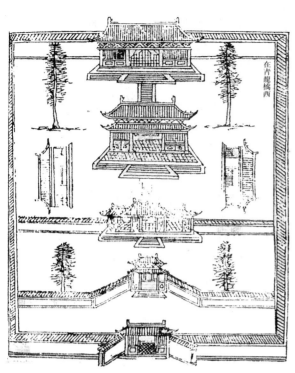

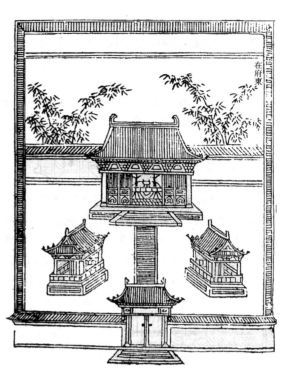

<table>
</table>

图 9　淮安府城隍庙图——引自文献 [1]　　　　　图 10　淮安府城双烈祠图——引自文献 [1]

宋公祠是合祀淮海道宋统殷、知府宋祖舜的祠宇。单祀祠宇共有十几座，如总漕督抚傅颐、王宗沐、陈荐、漕储道冯敏功、董汉儒、施尔志，知府陈文烛、邵元哲、范楯、刘大文、张国玺、詹士龙、高捷，知县卢洪珪等，都有专祠供奉，均称"某公祠"，大多分布于旧城西门内外。[1]

西汉初年淮安地区曾为汉高祖刘邦之弟楚元王刘交的封地，旧城府署西南侧原有一座楚元王庙，明代成化年间以张敞、郑弘等为附祀。此外，较重要的祠庙还有旧城内的淮阴侯庙（祀韩信）、陆丞相祠（祀南宋丞相陆秀夫）、双烈祠（祀何、徐二烈女，又名贞烈祠）（图 10）、范张祠（祀汉代范巨卿、张元伯）和旧城西门外的漂母祠（祀当年施恩韩信的漂母）。其中除双烈祠外的各祠都因袭前朝旧宇，并非明代新创。同时，明代之前所建的部分祠庙，如英烈王庙、显忠庙、旌武庙、威济祠等到了明代中叶已经荒废。

3. 寺观杂祀

明代淮安府城的繁华必然带来佛道两教的兴旺，佛寺众多，道观也不少，此外还有若干祭奉各路民间神灵的杂祀建筑。

旧城内佛寺有报恩光孝寺、开元教寺、龙兴禅寺、观音禅寺、台山寺，新城内有千佛寺、圆明寺、圆通观音寺。

旧城内道观有玄妙观、紫霄宫、东岳庙、灵观庙，新城内有高真庙、灵观庙，城外近郊有老君殿、栖真堂、天兴观、真武庙等。

还有一些祀宇所奉之神难以明确归类（有些也归道教统属，但并非严格意义上的道观；有的也受儒家祭奉），如马神庙、灵慈宫、清源宫（二郎庙）、淮渎庙、龙王庙、关王庙、雷神殿、火星庙、柳将军庙、大王庙、镇海金神庙等。

马神庙位于府学东侧，是一座三间小庙，却曾被《正德淮安府志》与社稷坛、山川坛、郡厉坛、城隍庙同列入最重要的"坛壝"条下 [2]，可能地位相对较高。旧城四座城门内均设关王庙。

淮安地区多水，而且东濒大海，故而水神祭祀显得更为重要。其中灵慈宫又名天妃宫，在旧城和新城内各建有一座，专门供奉漕运水神，地位最高；淮渎庙位于新城北门外淮河岸边，专为祭祀淮河之神而设；

---

1. 文献 [3]：472-473。
2. 文献 [1]：222。

柳将军是民间传说中的另一位水神,隆庆五年(1571 年)淮河、泗水爆发洪灾,有百姓称可祈求柳将军退水,于是知府陈文烛在淮河岸边设牲祷告,大水果然退却,事后特意派人"卜地城西之南河,为殿三间,肖将军貌,大门左右室各三,数月乃成"[1],建了一座柳将军庙;清源宫、龙王庙、大王庙、镇海金神庙所奉的二郎神、龙王、金龙四大王、金神也都属于水神系统。

以上寺观祀宇除旧城圆明寺、新城灵慈宫、城外柳将军庙等少数之外,大多始创于明代之前,但到了明初几乎都已经荒废,后来一一得到重修,香火旺盛。

五、市肆街衢

淮安府城中的道路分街、巷两级。旧城中的主干道由"三纵两横"构成,南北向以中长街最为重要,此街南端始于南门,向北直抵鼓楼北侧,转而向西,再转北一直通向北门(北段又称"府上坂");东西两侧有东长街、西长街贯通南北;东西向的主干道路为西门街和东门街。原淮卫司(即新漕署)大门南侧有卫前街(后改都府街),府署前有府前街。鼓楼之南,东西长街之间,以中长街为界,东西两侧设有若干横街。旧城四面城墙内侧均有辟近城巷,此外城内还有很多小巷,如局巷、仓巷、三条营巷等分别以军械局、仓房、营房等政府机构为名,二郎庙巷、城隍庙巷、观音寺巷、五圣庙巷等以巷内祠庙为名,而打箔巷、铜王巷、打线巷、双刀刘巷显然为手工作坊所在地,此外还有百姓巷、驸马巷、龙窝巷等居民区。

新城街道格局很简单,一条东门街横贯东西;一条南街从南门向北抵横街,转东,再向北抵大北门(拱极门);另一条西街也是南北向道路,南抵城墙,北抵横街,再转西,向北抵小北门(戴辰门)。联城内未见有街巷记载。

城内的街道有两个特点值得注意。一是街上建造了大量的牌坊,除少数为前朝遗留外,绝大多数都是明代所设。以《天启淮安府志》所记[2],当时旧城有 84 坊,新城有 11 坊,城外西北关厢另有 40 坊,大多为表彰本地科举中式者而立,如状元及第坊、进士坊、经元坊、会元坊等;有一些是公署前的标志,如漕署前设"总漕"、"总供上国"、"专制中原"三坊,府署前设"长淮重镇"、"表海四邦"二坊,县署前设"淮海首邑"、"南北要津"二坊;还有一些是为了纪念出仕较高官职的乡贤,如大司徒坊、都督坊、学士尚书坊等。诸多的牌坊是当地中举中进士者多、官员多、公署多的现实反映,为此明代的淮安府城在某种程度上也可以算是一座牌坊之城。

另一特点是城内河道纵横迂回,因此跨河的街道多设桥梁,按《天启淮安府志》记载[3],旧城内有 26 桥,新城内有 5 桥。

随着漕运的发展,明代淮安府城也成为运河边上重要的商业城市,城内外形成了多个重要的集市区。旧城内的集市主要有 4 处:府前市位于府署前西侧十字街口[4],县前市位于县署前东侧十字街口[5],西门市位于西门街上[6],以贩鱼为主的鱼市位于南门内侧偏东的双寨街口。[7]

新城南门内有南门市,东门外有下关市,北大门外有柴市。此外,旧城南门外设猪市,淮河北岸另有牛羊市、猪市。联城内未设集市。

城外西侧偏北的关厢地区名叫"西湖嘴",位于西湖和大运河的东岸,对外交通最为便利,其中的集市和手工作坊比城内更为繁盛,堪与扬州媲美,故而明代大学士邱浚有诗句称赞:"扬州千载繁华景,移在西湖嘴上头"[8]。此处的巷道有锅铁巷、钉铁巷、粉章巷、干鱼巷、茶巷、锡巷、竹巷、花巷、羊肉巷、绳巷等,既是各行业的作坊所在地,同时也开设了各种相关店铺。

西湖嘴地区水道交错,桥梁较多,集市大多设在桥梁附近,并以桥为名。究其原因,笔者以为一方面桥是重要的标志物,以此为市,容易识别和集聚人气;另一方面,桥实际上是水路和陆路交通流线的交汇点,

---

1. [明]陈文烛. 柳将军庙记. 见文献 [3]:822。
2. 文献 [3]:131-136。
3. 文献 [3]:138-141。
4. 《天启淮安府志》另载:"中长街,自南门直抵军门前,稍西转北,直通北门,俗称府上坂,人居货殖聚集。"(文献 [3]:128)可见府前市一直沿中长街向北发展,至今尚有上坂街旧址遗存。
5. 《正德淮安府志》载:"县前街,西抵城,东为通衢闹市。"见文献 [1]:50。
6. 《天启淮安府志》称:"西门大街,人稠货荟。"(文献 [3]:128)西门南侧为水门,有市河直通运河,是城内航运最便捷之处,故有集市。
7. 《天启淮安府志》称:"鱼市,迎远门内双寨街口,人烟稠密。"见文献 [3]:128。
8. 文献 [8]:556。

在桥边设市场,货物、人流可以就近利用水陆两路往来运输。明代西湖嘴最重要的5处集市分别是西义桥市、罗家桥市、杨家桥市、姜桥市、菜桥市,"本土及四方商贾皆萃焉,货贝杂陈,甲于旁郡"[1],附近还有窑沟市、相家湾市。依情理推测,这些集市所在的桥旁岸边应该都设有码头,以供船只停靠。

　　明清时期的中国城市经常利用祠庙寺观的附近开辟商业区,著名者如北京的隆福寺、上海的城隍庙、苏州的玄妙观,周围的街道都是繁华闹市。但淮安府城虽然也有很多祠庙寺观,但附近并未形成商业街,诸多集市主要集中在公署和城门附近,另有独特的"桥市",很有地方特色。明代方志中提到这些集市,反复强调"人稠货荟"、"货殖聚集"、"人烟稠密"、"商贾皆萃",昔日热闹的景象依稀可以想象。

六、风景园林

　　淮安地区自古就是人文荟萃之所,明代尤为文化鼎盛时期,科举发达,文人学士辈出,又因为地理位置和运河交通的关系,很多外地的学者、诗人、艺术家来这里寓居或访游。加上大量的官员在此长期任职,很多富商在此经营各种生意,在本地区陆续营造了大量的园林和风景建筑,为古城增色许多。

　　旧城内的一些公署中附设有花园,如迁到鼓楼之北的新漕署的北部有东西二园,淮安府署中设有一座偷乐园。嘉靖间淮安知府张敦仁作有一篇《偷乐园记》,称"署之内有亭,亭有池,池之上有桥,亭之左右有桧有槐。太守升堂则忧民事,退署则忧案牍。稍暇则角巾布履,或抱膝亭中,悄无人声;或躇桥观水,泠然湛然;或抚桧倚槐,朗然孤吟。一月间偶得一二往,则忘其身之为吏也。"[2]天启间知府宋祖舜觉得"偷"字不雅,将园名改为"余乐园"。

　　府城内以及近郊兴筑了若干私家园林,城西的西湖、东湖(又名珠湖、萧湖、萧家田)地区尤为园林鼎盛之处。据淮安当地文史专家高岱明先生考证[15],明代旧城内有杨氏园、慎郎中园、李园、蔡园、蒋园、闲园等十余座宅园,西湖畔有顾园、蔡园、听园、潘园等十余座别墅园,东湖滨也有恢台园、舫阁、隰西草堂、阮池、一草亭名园,总数至少有几十座之多。其中恢台园又名绕来园,为崇祯年间退职官员夏曰瑚所建,"园中具花棚乱石,所植多高柳,沉绿如山。面城带水,水阔处可百丈,曰郭家墩。墩侧酒家妓阁相望。墩之南曰萧田,田有寺,寺有塔,丛树周匝,小舫如织。"[3]景致之美,令人神往。

　　府城内外一些地段被辟为公共风景区,以河湖、古树、农田、寺刹为依托,又建有相应的亭台楼阁以作点景,成为当地名胜。旧城西北角的郭家池(又名放生池,后名勺湖),西邻城墙,水面狭长如勺,为城内最好的游赏佳地,《正德淮安府志》载:"郭家池在城西北隅,龙兴寺居其前,老君殿居其后,由水门通城河,亦城中奇观也。"[4]旧城西南隅的万柳池(后名月湖)广达二十多亩,因水成景,富有幽趣,御使易应昌《万柳池》诗咏道:"市境仙居覆白云,平桥曲槛迥埃氛。都无红紫参青翠,尽有天光漾水纹。千树樯帆城外见,万家阛阓雨中殷。年年宾主清游处,北壮南丰祝圣君。"[5]

　　城外的西湖水面广阔,与运河连通,景致最好,"西湖烟艇"和"西湖渔榔"分别被列为明代"淮安八景"和"淮阴十景"之一,明人为之作有许多诗篇,如杨茂诗云:"万顷湖光曙色连,扁舟泛泛载晴烟。橹声摇落云间月,帆影重开镜里天。芳杜洲前飞翠湿,落花林外舞风旋。长虹彻夜不收去,多是米家书画船。"[6]春夏之际,郡人多往西湖游赏,《正德淮安府志·风俗》载:"西湖菱茨方出,荷花始开,则拉朋挟妓,画船箫鼓以游,竞为豪奢。至于士夫棹小舟一觞一咏者,亦或有之。"[7]

七、结语

　　明代是中国古代城市史的重要阶段,很多地方城市在此期间得到大规模的修筑和完善。这二百多年中,

1. 文献[1]:50。
2. 文献[3]:815-816。
3. 文献[9]:523。
4. 文献[1]:20。
5. [明]易应昌. 万柳池. 见文献[3]:924。
6. [明]杨茂. 西湖烟艇. 见文献[1]:535。
7. 文献[1]:42。

淮安府城在前朝的基础上也有很大的发展，不但重修并以砖包砌新旧二城城墙，还增添了一座联城，形成了三城连绵的新的城防体系；城内先后设置了若干公署建筑，分别负责漕运、军事和地方行政等事务，反映了府城复杂的政治功能，而不同性质的公署的位置和规模变化，则反映出淮安从明初军事重镇向中后期的漕运中心转变的过程；府城的坛壝制度完备，坛庙、寺观以及各种杂祀数量众多，反映当地对此类祭祀建筑的重视程度很高；旧城、新城和关厢西湖嘴一带都设有多处集市，商业兴旺；城内外建造了一些公署园林和几十座私家园林，还将勺湖、万柳池、西湖等水面辟为公共风景区，营造出优美的城市生活环境。由此可见，明代的淮安府城在很多方面体现出鲜明的地方特色，富有历史文化内涵，确实是中国古代地方城市建设的优秀范例。

除了以上内容外，明代淮安府城中的教育建筑也比较重要，其府学、县学虽创于前代，但均在明代得到重建、重修；明代在城内先后建有节孝书院、仰止书院、正学书院、志道书院等书院建筑，多由各级官员主持修造；此外城乡还建有多座社学，以教民间子弟。由于文献记载简略，且特色不如其他建筑类型显著，本文不再详述。

明代钱溥《夜入淮安》中有诗为"滔滔河汴逐淮流，雄据东南第一州"、"入城舟楫潮通浦，近水人家月满楼"[1]生动描述了当时淮安府城的内外景象。如今运河仍在流淌，东湖（现名萧湖）、勺湖、万柳池（现名月湖）依旧水波荡漾，淮河改道，西湖早已淤塞，漕署尚存遗址，府署院落重构，明代故城的一些街巷依旧沿用，但往日舟楫通浦、月满楼台的胜境，大半只能依靠想象了。

（论文写作过程中曾经得到东南大学建筑学院沈旸博士提供的宝贵资料和参考意见，特此致谢。）

附录

明代淮安府城城池营建大事年表　　　　　　　　　　　　　　　　　　　　表1

年份	公元纪年	城池	营建内容	备注
洪武十年	1377	新城	淮安卫指挥使时禹增筑新城城墙	利用宝应废城的旧城砖
永乐十七年	1419	旧城	重修旧城中心鼓楼	
景泰四年	1453	旧城	重修旧城中心鼓楼	
成化十四年	1478	新城	新城南门城楼毁	
正德二年	1507	新城	漕运总兵官郭鉹重建新城南门城楼	
正德十三年	1518	旧城	巡抚都御史丛兰檄、知府薛鏊重修旧城城墙	
嘉靖三十六年	1557	旧城	知府刘崇文重修旧城城墙	
嘉靖三十九年	1560	联城	都御史章焕建联城，将新、旧二城连为一体	倭寇犯境
隆庆六年	1572	旧城	改旧城西门为"通漕门"，总督都御史王宗沐在旧城西门子城上建举远楼	
万历二十一年	1593	联城	巡抚李戴加高联城城墙五七尺、加厚四五尺，与新旧城平	倭寇猖獗
万历二十三年	1595	三城	为旧城、新城、联城分别加建敌台	日本侵略朝鲜，中国沿海地区戒严
万历三十八年	1610	旧城	旧城西门城楼失火，知府姚鈜重建	
万历四十八年	1620	旧城	旧城南门城楼毁于雷火，知府宋统殷重建	
		三城	知府宋统殷重修三城总城壕	
天启二年	1622	旧城	在旧城东南隅建魁星楼	东南隅为巽位

1.［明］.钱溥.夜入淮安.见文献［1］：506。

年份	公元纪年	公署	营造事件	备注
吴王三年	1366	淮安卫镇守使司	朱元璋军克淮安，华云龙任淮安卫镇守使，以元代淮安路总管府为淮安卫镇守使司	《正德淮安府志》载："国朝丙午年指挥华云龙镇守淮安，始改为卫"
		淮安府署	范中任首任知府，利用元代屯田打捕总管府旧址建淮安府署	《正德淮安府志》云范中"国初丙午年知府事"，并与卫署同时创立府署；《天启淮安府志》云范中"吴元年守淮"，于洪武元年创立府署，不确
洪武二年	1369	大河卫指挥使司	大河卫指挥使毕寅于新城内颁春坊旧太清观的基址上创立公署	
洪武三年	1370	淮安府署	知府姚斌以五道庙及旧沂郊万户宅旧址建新府署	
洪武六年	1373	山阳县署	改将县署大门由西向改为南向，建板桥跨河	
洪武九年	1376	淮安卫镇守使司	指挥使徐哲重修公署	
洪武十年	1377	大河卫指挥使司	指挥使时禹重修公署	
宣德二年	1427	漕运镇守总兵府	漕运镇守总兵官陈瑄镇守淮安，知府彭远于迎远门内三皇庙废址创建漕运镇守总兵府	
景泰元年	1450	总漕巡抚都察院	王竑任总漕兼巡抚事，升左都御史，改漕运镇守总兵府西侧陈瑄故居为都察院	
景泰五年	1454	淮安卫镇守使司	指挥使丁裕重修公署，建前门九间	
成化三年	1467	淮安府署	知府杨昶重建府署	
		山阳县署	知县劳钺重建仪门	
成化五年	1469	淮安卫镇守使司	重修卫署正堂、后堂	
		总漕巡抚都察院	通判薛准重修都察院署	
		漕运镇守总兵府	总兵官杨茂、参将袁佑、知府杨昶重修漕运总兵府	
弘治八年	1495	山阳县署	知县杨樟重建仪门	
弘治十二年	1499	淮安卫镇守使司	公署正堂、经历司毁	
正德元年	1506	淮安卫镇守使司	指挥使王雄重建正堂、后堂、耳房、东西司房、架阁库、东西夹室、仪门、经历司厅	
正德初年	？	大河卫指挥使司	指挥使崔恩重修公署	
正德五年	1510	淮安府署	正堂及经历司、照磨所毁，知府布席以居	
正德十年	1515	淮安府署	知府薛鋆重建正堂、经历司、照磨所，重修门屋、榜房等附属建筑	
正德十一年	1516	总漕巡抚都察院	知府薛鋆扩建正堂东西各一间，以限内外	
嘉靖十六年	1537	总漕巡抚都察院	都御史周金迁都察院于城隍庙东旧察院旧址，同时迁建东西二牌坊	
隆庆五年	1571	山阳县署	知县高时重修县署	
隆庆六年	1572	总漕巡抚都察院	都御史王宗沐于正堂西偏建旗纛神祠，又建水土神祠	

年份	公元纪年	公署	营造事件	备注
万历七年	1579	淮安卫镇守使司	将城隍庙东的总漕都察院改为淮安卫镇守使司	《天启淮安府志·兵戎志》载"万历七年改为漕抚军门,而以旧漕抚军门改卫治"。《天启淮安府志·建置志》云:"万历十年都御史凌公云翼移治于淮安卫,即今都院。"二者时间不同
		总督漕抚部院	将原淮安卫镇守使司改建为总督漕抚部院	
万历四十年	1612	漕运镇守总兵府	新建伯王承勋请告,撤除漕运总兵官一职	天启二年(1622年)原漕运镇守总兵府改为淮海道公署

明代淮安府城内外重要坛墠祠庙营建大事年表　　表3

年份	公元纪年	建筑	营建内容	备注
洪武二年	1369	社稷坛	知府范中建社稷坛、风云雷雨山川坛、郡厉坛	
		风云雷雨山川坛		
		郡厉坛		
洪武三年	1370	县文庙	知县罗传道于察院西侧旧蒙古学草创县学	含县文庙在内
洪武九年	1376	社稷坛	知府潘杰重修社稷坛、风云雷雨山川坛	
		风云雷雨山川坛		
		旗纛庙	淮安卫指挥使徐哲在卫堂东北建旗纛庙	
洪武-永乐		城隍庙	淮安都指挥使施文、知府范中重修城隍庙	
宣德六年	1431	社稷坛	知府彭远重建社稷坛、风云雷雨山川坛	
		风云雷雨山川坛		
景泰元年	1450	府文庙	教授鲍旻礼劝士民出资绘塑两庑贤像	
天顺六年	1462	社稷坛	知府杨昶重建社稷坛、风云雷雨山川坛	
		风云雷雨山川坛		
天顺七年	1463	郡厉坛	知府杨昶重建郡厉坛	
天顺八年	1464	城隍庙	知府杨昶礼劝义民常彦斌重建城隍庙	
成化三年	1467	府文庙	知府杨昶礼劝富民陈智等再新文庙,饰贤像。乡绅金铣竖石棂星门	
成化五年	1469	乡贤祠	知府杨昶建祠	祀韩信等乡贤木主
		马神庙	通判薛準重修马神庙	
弘治十五年	1502	府文庙	义官徐昶重新圣贤像	
正德十一年	1516	府文庙	知府薛鏊毁戟门外梓潼祠建忠孝祠、文节祠	
		督抚名臣祠	知府薛鏊于旧城东南隅一里许建祠	祀奉历代总漕巡抚都御史
天启元年	1621	楚元王庙	把总蔡时春重修庙宇,宋统殷重建大门	
天启五年	1625	督抚名臣祠	于府学内瑞莲池北另建督抚名臣祠	

参考文献

[1][明]薛瑄修．[明]陈艮山纂．荀德麟，陈凤雏，王朝堂点校．正德淮安府志．北京：方志出版社，2009．

[2][明]郭大纶修．[明]陈文烛纂．万历淮安府志．天一阁藏明代方志选刊续编（八）．上海：上海书店，1990．

[3][明]宋祖舜修．[明]方尚祖纂．荀德麟，刘功昭，刘怀玉点校．天启淮安府志．北京：方志出版社，2009．

[4][清]牟廷选修．[清]吴怀忠纂．（崇祯）淮安府实录备草．清顺治六年抄本．

[5][清]高成美，胡从中等纂修．康熙淮安府志，清康熙刻本．

[6][清]卫哲治等修．[清]叶长扬等纂．荀德麟等点校．乾隆淮安府志．北京：方志出版社，2008．

[7][清]何绍基等纂．重修山阳县志，清同治十二年刊本．

[8]王光伯原辑，程景韩增订，荀德麟等点校．淮安河下志．北京：方志出版社，2006．

[9][清]李元庚著．[清]李鸿年续．汪继先补．刘怀玉点校．山阳河下园亭记（附续编、补编）．北京：方志出版社，2006．

[10][清]张廷玉等撰．明史．上海：上海古籍出版社，1986．

[11][明]宋濂等撰．元史．上海：上海古籍出版社，1986．

[12]曹婉如编．中国古代地图集·明代．北京：文物出版社，1995．

[13][明]杨宏，谢纯撰．荀德麟，何振华点校．漕运通志．北京：方志出版社，2006．

[14][美]黄仁宇．明代的漕运．北京：新星出版社，2005．

[15]高岱明．淮安园林史话．北京：中国文史出版社，2005．

[16]沈旸，王卫清．大运河兴衰与清代淮安的会馆建设．南方建筑，2006（9）：71-74．

[17]郭华瑜，李长亮，张金坤．淮安府衙建筑形制研究．南京工业大学学报（社会科学版），2009（9）：25-29．

[18][清]吴玉搢．山阳志遗．民国11年（1922）刊本．

作者单位：清华大学建筑学院

从嘉靖《北岳庙图》碑初探
明代曲阳北岳庙建筑制度 [1]

杨 博

提要

　　河北省曲阳北岳庙现存的明代嘉靖时期的《北岳庙图》碑是研究明代北岳庙建筑制度重要资料。本文将对这块碑进行重点研究，同时参考明清时期曲阳地方志、恒山山志以及北岳庙所存历代碑文中明代北岳庙的文献记载，并加以分析，试图将图碑上的具体尺寸复原出来，将其与北岳庙现状平面加以比较，借此来分析明代北岳庙的基址规模和建筑形制，将明代曲阳北岳庙的建筑制度展现出来。

关键词：明代曲阳北岳庙，嘉靖《北岳庙图》碑，基址规模，建筑形制

　　河北曲阳北岳庙，始建于北魏宣武帝景明、正始年间，历经唐宋元明，直到清初一直都是官方和民间祭祀北岳恒山的庙坛所在，建筑规模宏大，大殿巍峨壮观。从刘敦桢先生在 1935 年《河北省西部古建筑调查记略——曲阳县北岳庙》中的调查随笔中即可看到曲阳北岳庙的历史沿革：

　　　　曲阳，自汉武帝以来，至清初顺治间，前后千七百余年，为历代遥祀北岳的地点。不过现在北岳庙的位置在文献上，只能追索至唐代为止。唐以前者，全属不明，尤以北魏前，县治不在今处，更无法穷究。庙在县城西南隅，据《县志》：旧有东、西、南三门，规模异常宏巨。其南门亦称神门，就是县城的西南门，西门亦即县城的西门。自神门以内，有牌坊、大门、敬一亭、凌霄门、三山门、钟楼、鼓楼、飞石殿、德宁殿、望岳亭等，共占面积二顷六十余亩，见明刻《北岳庙图》。自清世祖顺治十七年，改北岳祀典于山西浑源州后，此庙遂归废弃。现在庙址一部，荡为民据，仅德宁殿保存稍佳，其余门殿，或全圮，或经后代改修，因陋就简，不是原来情状。[2]

　　由以上资料可知，曲阳北岳庙在明代中后期北岳改祀前正是其建筑制度最完善的阶段，庙内所藏明嘉靖二十六年的《北岳庙图》碑细致地保留了这些宝贵的历史信息，本文正是基于这一点将对此碑进行深入研究，试图对曲阳北岳庙的建筑形制和基址规模进行历史还原。

一、试析明嘉靖二十六年《北岳庙图》碑

　　始于明嘉靖朝的晋冀北岳祭祀之争，给曲阳北岳庙带来极大影响，由于曲阳地理位置的原因不合礼制的要求，于是曲阳北岳庙面临因北岳移祀山西浑源而庙祀随之衰败的问题。嘉靖二十六年仲夏，曲阳县令周寅为了防止日后因改祀而被人侵占庙址，命人详细勘测北岳庙的详细尺寸，其中包括整个建筑群南北总长度，东西总宽度以及重要建筑之间的距离，并详细地刊石于大殿之前。同时，图碑中建筑形象清晰明确，与现存北岳庙建筑相吻合，同时还有一些现已无存的明代建筑布局也在碑中留存下来，为本文的研究留下了宝贵的线索。

1. 本文为国家自然科学基金资助项目"明代建城运动与古代城市等级、规制及城市主要建筑类型、规模与布局研究"之子项目。项目批准号：50778093。
2. 刘敦桢. 河南省西部古建筑调查记略 // 中国营造学社汇刊. 北京：知识产权出版社，2006：5（4）：43。

1. 明嘉靖二十六年《北岳庙图》碑简介

现存于北岳庙德宁之殿月台之前的《北岳庙图》碑，刻于明嘉靖二十六年（1547年），碑中不仅详细标记出重要建筑的名称及其所在位置，更重要的是还明确记录了北岳庙庙域内每一分区的步长和面积，由于今之庙址废弃大半，明代曲阳北岳庙庙域基址多被蚕食，仅剩下内庙中轴线的主要建筑，所幸刻于嘉靖二十六年的《北岳庙图》碑保留至今，成为本文研究明代曲阳北岳庙建筑制度最重要的研究对象。

此碑额书"北岳庙图"，左侧题款"嘉靖丁未岁秋七月吉旦知曲阳县事金乡周寅重刊"，说明了刻碑的时间和组织刻碑人的身份。碑两面均有题刻，正面刻有《明北岳庙图记》，是对立碑的背景和缘由进行详细的记载。时任曲阳县知事的周寅于嘉靖二十一年（1542年）上任，初到曲阳，旋即拜谒北岳庙，"始至，谒恒祠，遂遍观之时缮修未远，殿廊门庑，规制宏大，而彩绘壮丽，独昭福门圯倾，朝岳门坊为风雨所摧折，厥明年咸修葺之"[1]，并对北岳庙适当修葺。嘉靖二十五年，户部官员以"飞石之诬，奏罢曲阳庙祀，仍举于浑源州之恒山"[2]，曲阳百姓遂以为"毁兹庙而无所祷焉"[3]，县令周寅向百姓阐明朝廷罢庙祀之意，"今之议罢庙之祀，而非毁庙之制也，其罢庙之祀也，乃朝廷秩祀之典，而非有司之常祭也"[4]。同时，周寅命人丈量庙址、立碑刻文，依此来保护北岳庙的建筑基址免遭破坏。

碑阴刻有《北岳庙图》（图1），其上所记载的并不局限于对建筑名称进行标注，文中还着重标注出庙域内各个地块的南北、东西长度以及占地面积大小，体现了当时曲阳县知事周寅立碑的用意——"庙之址在于邑城之西内，南西北三面俱距城之垣，而东临居民，日改月易，墙垣倾颓，或有假罢祀之说以侵之者，因绘图于石阴，并记庙之器物、基址丈数、闲田之亩，可田可蔬者，每岁计其所获，复择其人以掌之，少有损坏资以修理，一以省财用，一以崇庙貌。"[5]

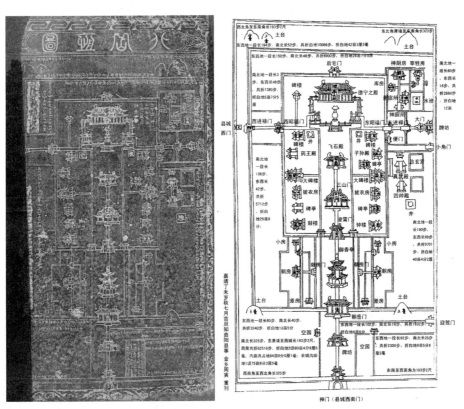

图1 明嘉靖二十六年《北岳庙图》碑

（左图：曲阳北岳庙现存明嘉靖二十六年《北岳庙图》碑，自摄；右图：根据现存碑刻所作示意图，自制）

1. 周寅. 嘉靖二十六年《明北岳庙图记》引自《北岳庙集》// 北京图书馆古籍珍本丛刊（据明万历刻蓝印本影印），北京：北京书目文献出版社，1938。
2. 同上。
3. 同上。
4. 同上。
5. 同上。

2. 明嘉靖二十六年《北岳庙图》碑中所载内容分析

在碑中，负责丈量的人将北岳庙庙域分为9区，首先在碑中北岳庙外垣内侧四角分别记下各自东西、南北总长度，其次按照自西向东、自上而下的顺序将庙域的9区分别标注。笔者在对碑上数据整理的时候，发现碑中有5处尺寸记载存在问题，现将图碑中具体尺寸数据以及校勘后的内容罗列如下（表1）：

嘉靖二十六年《北岳庙图》碑所载建筑规模尺寸及部分内容校勘   表1

位置	东西长度	南北长度	面积	面积折合亩数	内容校勘
西北角至东南角（有误）	193步2尺				位置应为"西北角至东北角"
东北角萧墙至东南角		323步			
西南至西北角		325步			
东南至西南角	193步2尺				
庙域1	194步	52步	10088步	42亩3厘3毫	
庙域2	150步	46步	6900步	28亩7分5厘	
庙域3	46步	3步（有误）	1380步	5亩7分5厘	南北长度应为30步
庙域4	16步（有误）	80步	2880步	12亩	东西长度应为46步
庙域5	42步	136步	5712步	25亩8分	
庙域6	89步	190步（有误）	9701步	40亩4分2厘	南北长度应为109步
庙域7	80步（有误）	40步	3240步	13亩5分	东西长度应为81步
庙域8	102步	16步	1632步	6亩8分	
庙域9	92步	25步	2300步	9亩5分8厘3毫	
合计	东萧墙至西城长193步2尺	南北长325步	62516步	2顷60亩4分8厘6毫；内庙共占地84亩6分5厘1毫；余城沟田地1顷75亩8分3厘5毫	

由上表数据可知，碑上所刻庙址尺寸可谓详尽，其大致内容与现今的古建测绘图如出一辙，当时北岳庙占地规模在图碑中一目了然，进一步反映了明嘉靖时期曲阳保护北岳庙的良苦用心。经过研究还发现，碑中9个分区所测数据部分存在谬误，也为还原其历史面貌带来一定的干扰信息，下节将会对其仔细研究。

同时，以庙图与现状相对照，其御香亭、凌霄门、三山门、飞石殿、德宁之殿等与现状大致吻合，还可从中直观地发现嘉靖时期曲阳北岳庙详细建筑布局。

北岳庙由三重垣墙围合，其外垣之西墙、南墙即曲阳县城西、南城垣，形成三城相套的格局，在其他岳庙如岱庙、西岳庙等都有相同形制布局。

中轴线上，前为"神门"，即曲阳县城垣南门，为重檐式单孔台门。神门以北，牌坊三间。再北及中垣南门，额题"二山门"，及今之朝岳门。二山门以北，有一座三重檐八角亭，即今之"御香亭"。亭左右为东西朝房。御香亭之北，即"凌霄门"，为北岳庙内垣之正门，其左右有东西掖门。凌霄门之北，有一门屋座，额题"三山门"，台阶下有甬道直通北端大殿。凌霄门、三山门之间，甬道东西两侧还设置有钟鼓楼，如泰山岱庙规制。甬道两侧还设置有大小碑楼四座、碑亭三座，披衣房两座、药王殿、子孙殿各一座。再北为飞石殿，建于明初嘉靖朝初期[1]，为曲阳北岳庙飞石崇拜所建殿宇。再北即为主殿，德宁之殿，前为宽阔的露台，露台前由东西侧阶而上，与今之台阶南北直上不同。大殿西侧设置一座碑楼。再北，为内垣北门，即"后宅门"。

库房、神厨房、斋宿所、宰牲房等功能性建筑在殿之东侧，自成一区。在朝岳门、凌霄门之间，御香亭两侧设有东西朝房两院，为当时朝廷祭祀官员办公之所。小角门南侧还有一处道士修行之所，为总玄宫，有真武殿、四帅殿以及道院两处，厢房一座，体现了当时山岳崇拜与道教的关系。

东、西昭福门、进禄门、大门、牌坊以及曲阳县城西门东西贯通，形成北岳庙东西轴线。由于庙东靠

---

1. 吕兴娟. 北岳庙建立飞石殿的年代及原因初考. 文物春秋. 2005，5：35-40页。

近城内民宅，因此在北岳庙东垣还多设两门，一处在大门南侧稍许，为小角门，与内垣便门相通；另一处在庙址东南角，名为迎驾门，与朝岳门相连。

在图碑中，还可发现中垣四角旁边有土台的设置，体量大小不一，可能是岳庙城垣角楼之制，与现存泰山岱庙、华山西岳庙四隅角楼相似。神门至朝岳门两侧，图中标为空园，现状为两处水塘，名为东、西莲花汪，说明在明代时这两处空地可能是供百姓进庙游玩之所。

二、明代曲阳北岳庙建筑制度研究

现有的嘉靖二十六年《北岳庙图》碑、万历十七年《北岳庙集》中的《曲阳北岳庙图》以及嘉、万两朝对曲阳北岳庙两次大规模修复的碑刻记载，和曲阳北岳庙的现状，都为研究明代曲阳北岳庙的建筑制度提供了翔实的依据。

1. 明代曲阳北岳庙的建筑基址规模研究

经过上节对《北岳庙图》碑的分析，同时由吴承洛《中国度量衡史》可知，明代尺长折合今尺为 0.32 米，1 步为 5 明尺[1]，由此推算可知明嘉靖二十六年时北岳庙的建筑基址规模：东垣南北长为 325 步（约合 516.8 米），西垣南北长为 325 步（合 520 米），东西长为 193 步 2 尺（合 308.8 米），周长共 1036.8 步（合 1658.9 米），即周 2 里 316.8 步，占地面积为 261.90 清营造亩。内庙占地 84.651 亩；余城沟田地占地 175.835 亩。

同时，还有一些具体的文献资料可以佐证这一数据：撰于嘉靖十五年的杜承文《重修北岳庙题名记》中记有"县制五里十三步而庙居半焉，其规制大势亦甚，宏伟壮丽"[2]，同时清康熙十一年刘师峻编纂的《曲阳县新志》中也记载了，曲阳县城"周五里一十三步，高三步，阔三丈五尺，池深一丈，阔二尺"[3]，说明明末清初时期曲阳城的规模未加改变，北岳庙周回的 2 里 316.8 步，基本上是县城周回"五里一十三步"的一半面积，从这里可以看出北岳庙之于曲阳县城有至关重要的影响。

在曲阳县文管所吕兴娟所作的研究《北岳庙建立飞石殿的年代及原因初考》也可发现类似结论，"北岳庙凌霄门西侧现存一通刻于明代洪武十四年的《北岳恒山之图》"[4]，图中（图 2）可以发现明初洪武朝北岳庙

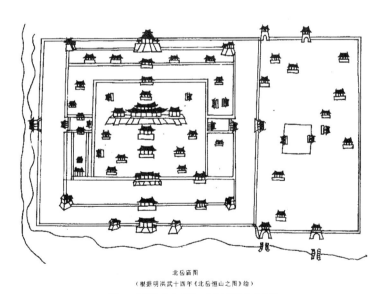

北岳庙图
（根据明洪武十四年《北岳恒山之图》绘）

图 2　明洪武十四年《北岳恒山之图》

1. 吴承洛. 中国度量衡史. 上海：上海书店，1984：242。
2. 明 杜承文. 重修北岳庙题名记 // 薛增福，王丽敏. 曲阳北岳庙. 石家庄：河北美术出版社，2000：162-163 页。
3. 清 刘师峻.《曲阳县新志》. 康熙十一年。
4. 吕兴娟. 北岳庙建立飞石殿的年代及原因初考. 文物春秋.2005,5：35-40 页. 北岳庙凌霄门西侧有一通明代的《北岳恒山之图》石刻，此图由两部分构成，上半部为大茂山的地形，下半部是北岳庙。……，此刻石虽部分字迹已模糊难辨，但在碑侧仍可辨认出"临川朱坚谨题"。据清光绪《曲阳县志》载："朱坚，临川人，洪武十三年任曲阳知县，考岳庙图碑，为十四年辛酉朱坚刻。"可知《北岳恒山之图》刻于洪武十四年。

的基址规模特点：北岳庙位于曲阳城的西侧，庙域面积基本上占了整个县城的一多半，在形象上直接印证了明初北岳庙"庙居半焉"的宏大的建筑规模。

2. 明代曲阳北岳庙的建筑形制研究

经上节对嘉靖《北岳庙图》碑的仔细分析，可以得出明代曲阳北岳庙建筑布局大致特点，罗列如下六点：

（1）岳庙的外廓一般施有城墙及角楼，北岳庙的东边以萧墙为界，南、西、北三面以曲阳城为外廓，即为此用意。这种"三城相套"的格局大概是从宫城制度中借用移植而来，在同为五岳岳庙的泰山岱庙、华山西岳庙、衡山南岳庙以及金元时期的中岳庙中基本都可以看到外、中、内三道城垣的布局，从北宋绍圣年间王易所撰的《北岳大殿增建引檐记》中的记载，"庙居体抚，放于宫城，以尽壮丽"[1]，即可发现明代曲阳北岳庙的城垣形制可能引自北宋的宫城制度，帝王为了显示对北岳山神的敬意，故将北岳庙形制与皇城类似，发展到明代可能这一制度仍在保留。

图碑中北岳庙庙内垣四角的土台可能就是早先庙墙角楼的遗存，可能角楼已经残毁，仅余的夯土台子充分表明角楼这一庙庙建筑形制的基本要素依然存在。同时，庙内现存的明洪武十四年的《北岳恒山之图》清晰地表明了四角角楼的存在。

（2）北岳庙中轴线建筑以主殿德宁之殿为中心，其前设有三山门、凌霄门、朝岳门及神门共计四门。神门及朝岳门为台门形式，三山门为三连门形制，在建筑形象上统领整个北岳庙南北主轴。

同时，德宁之殿南侧东西向的两组昭福门、进禄门、大门及牌坊也形成了三重门阙的形制，成为北岳庙东西向的次轴线，东侧由于紧挨内城，遂成为百姓上香主要入口，甬道北侧的宰牲房、神厨等服务性用房和南侧的道观总玄宫错落有致，突出了北岳庙的山岳崇拜和道教信仰的功用。

（3）在院落的划分上，曲阳北岳庙以大殿为中心的院落南自凌霄门，北至后宅门，西、东至西昭福及东昭福门，面积很大，构成祭祀主场所。此院落内还设有钟、鼓楼，历代祭告、重修等众多的碑刻也集中在这一院落内。自凌霄门以南至朝岳门构成以御香亭为中心的院落，两侧各设一组朝房。朝岳门前置有牌坊，神门前设登岳桥于护城河上。

（4）由庙图上看，德宁之殿左右没有东西廊与之连接，殿之后亦无宋金祠庙中不可或缺的寝宫设置。依据清光绪《重修曲阳县志》中记载"宋有后殿，移塑'安天元圣帝'尊像，与靖明后并置（北岳有后，布置所始，宋大中祥符五年，封号靖明）"[2]，而在《北岳庙图》碑中并未发现寝宫的存在，说明宋代设立的寝宫之制在明代中后期已经消失，殿后仅存后宅门，北部成为大片空地。

（5）岳庙一般还有遥参亭的设置，由于曲阳北岳庙向北遥祀大茂山，所以曲阳北岳庙的遥参亭可能不像其他岳庙位于庙址正南方，而位于庙址的正北，"旧有望岳亭，在殿北"[3]以及《恒山志》中引用北宋沈括《梦溪笔谈·卷二十四·杂志一》中对北岳恒山的记载："岳祠旧在山下，祠中多唐人故碑。晋王李存勖灭燕，还过定州，与王处直谒岳庙是也。石晋之后，稍迁近里，今其地谓之神棚。新祠之北，有望岳亭，新晴气清，则望见大茂山。沈存中《笔谈》（按此亦指上曲阳而言）。"[4]都印证了望岳亭的存在，但在碑中已无存在，说明明代在曲阳北岳庙大殿之后发生过很大改动，可能是自元代重修以来一直都未修复，具体缘由因为历史文献不足，还存有很多疑惑。

（6）由于五岳诸神被纳入道教的神祇系统，所以五岳名山道教活动兴旺，这又使得岳庙与道教产生了密切的联系。在岳庙建筑上表现在主体建筑的两侧常置有一些道观之类建筑，北岳庙的布局也是如此。在德宁之殿的东侧东昭福门至东大门的南边设有总玄宫，其中有真武殿、四岳殿等。更为特别的是在大殿之前中轴线的两侧曾建有子孙殿、药王殿等，现已无存。由以上道教建筑的设置来看，道教在山岳崇拜中，特别是五岳祭祀体系中的作用可见一斑。

综合以上六点特征，以明嘉靖二十六年《北岳庙图》碑的内容为基础，再结合曲阳北岳庙的现状，笔者根据现场调研的简单测绘数据以及曲阳县文管所提供的资料，对碑中存在争议的占地尺度的数据暂时搁

1. 宋王易. 北岳大殿增建引檐记 // 薛增福，王丽敏. 曲阳北岳庙. 石家庄：河北美术出版社，2000：126-127页。
2. 清周斯亿. 《重修曲阳县志》光绪三十年。
3. 同上。
4. 清乾隆 桂敬顺. 恒山志. 太原：山西人民出版社，1986：78页。

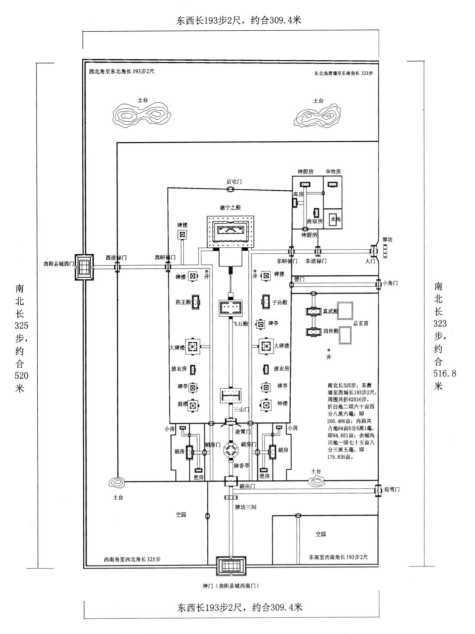

东西长193步2尺，约合309.4米

西北角至东北角长193步2尺　　　东北萧墙至东南角长323步

土台　　　土台

南北长325步，约合520米

曲阳县城西门　　西进禄门　西昭禄门

后宅门

德宁之殿

碑楼

碑楼

井

井

碑楼

药王殿

子孙殿

飞石殿

碑亭

大碑楼

大碑楼

披衣房

披衣房

碑亭

碑亭

鼓楼

钟楼

三山门

小房

凌霄门

小房

朝房

朝房

朝房

御香亭

差房

差房

朝岳门

牌坊三间

空园

空园

土台

西南角至西北角长325步　　　东南至西南角长193步2尺

神门（曲阳县城西南门）

神厨房　宰牲房

库房

斋宿所

水池

神坊所

神坊

牌坊

东进禄门　东进禄门

大门

便门

小角门

真武殿

四帅殿

总玄宫

井

南北长325步，东萧墙至西城长193步2尺，周围共折62516步，折白地二顷六十亩四分八厘六毫，即260.486亩；内庙共占地84亩6分5厘1毫，即84.651亩；余城内田地一顷七十五亩八分三厘五毫，即175.835亩。

迎驾门

南北长323步，约合516.8米

东西长193步2尺，约合309.4米

图3　明嘉靖曲阳北岳庙平面复原推测图（自绘）

置，尝试将明代曲阳北岳庙的建筑布局还原，对其占地规模尺度、主要建筑位置布局等重要历史信息进行表达，从而得以将明代中后期曲阳北岳庙的基址规模和建筑规制复原出来，如图3所示。

三、结语

　　明嘉靖二十六年刻《北岳庙图》碑、洪武十四年的《北岳恒山之图》碑以及其他重修碑刻记载都表明曲阳北岳庙的建筑形制在明代中期已经基本成熟，布局严整，在长长的中轴线上布置有不同形式、不同功能的建筑，以烘托祭祀活动的气氛，用几进院落构成不同的建筑空间，使北岳祭祀场所得十分隆重。

　　同时，庙图碑中虽详记每一分区的步长及面积，但讹舛颇多，加之现存北岳庙址废弃大半，对历史已无存的建筑物的具体定位还需要深入分析。不过，庙中所存的这通嘉靖《北岳庙图》碑有其相当重要的意义，可以为研究曲阳北岳庙历代建筑变迁提供至关重要的历史信息，这也是本文的用意之一，以后若有机会发现更详尽的文献资料，及时拿来补充，即可对明代曲阳北岳庙的建筑制度进行更深入的研究。

参考文献

[1] 周寅 . 嘉靖二十六年《明北岳庙图记》引自《北岳庙集》// 北京图书馆古籍珍本丛刊（据明万历刻蓝印本影印），北京：北京书目文献出版社，1938.

[2] 周寅 . 嘉靖二十六年《明北岳庙图记》引自《北岳庙集》// 北京图书馆古籍珍本丛刊（据明万历刻蓝印本影印），北京：北京书目文献出版社，1938.

[3] 周寅 . 嘉靖二十六年《明北岳庙图记》引自《北岳庙集》// 北京图书馆古籍珍本丛刊（据明万历刻蓝印本影印），北京：北京书目文献出版社，1938.

[4] 周寅 . 嘉靖二十六年《明北岳庙图记》引自《北岳庙集》// 北京图书馆古籍珍本丛刊（据明万历刻蓝印本影印），北京：北京书目文献出版社，1938.

[5] 周寅 . 嘉靖二十六年《明北岳庙图记》引自《北岳庙集》// 北京图书馆古籍珍本丛刊（据明万历刻蓝印本影印），北京：北京书目文献出版社，1938.

[6] 吕兴娟 . 北岳庙建立飞石殿的年代及原因初考 . 文物春秋 . 2005,5:35-40.

[7] 吴承洛 . 中国度量衡史 . 上海：上海书店，1984:242.

[8] 明 杜承文 . 重修北岳庙题名记 // 薛增福，王丽敏 . 曲阳北岳庙 . 石家庄：河北美术出版社，2000：162-163.

[9] 清 刘师峻 . 《曲阳县新志》. 康熙十一年 .

[10] 吕兴娟 . 北岳庙建立飞石殿的年代及原因初考 . 文物春秋 . 2005,5:35-40. "北岳庙凌霄门西侧有一通明代的《北岳恒山之图》石刻，此图由两部分构成，上半部为大茂山的地形，下半部是北岳庙。……，此刻石虽部分字迹已模糊难辨，但在碑侧仍可辨认出"临川朱坚谨题"。据清光绪《曲阳县志》载："朱坚，临川人，洪武十三年任曲阳知县，考岳庙图碑，为十四年辛酉朱坚刻。"可知《北岳恒山之图》刻于洪武十四年"。

[11] 宋 王易 . 北岳大殿增建引檐记 // 薛增福，王丽敏 . 曲阳北岳庙 . 石家庄：河北美术出版社，2000：126-127.

[12] 清 周斯亿 . 《重修曲阳县志》光绪三十年 .

[13] 清 周斯亿 . 《重修曲阳县志》光绪三十年 .

[14] 清乾隆 桂敬顺 . 恒山志 . 太原：山西人民出版社，1986：78.

作者单位：清华大学建筑学院

附 录

《景定建康志》"青溪图"复原研究

［俄罗斯］玛丽安娜

提要

宋代园林的平面格局是研究宋代建筑规制的一个难题。目前国内没有保留完整的宋代园林，虽然古代文献中多见有关于宋代园林的文字记载，但是缺少详细的图像资料。《青溪图》是仅存的为数不多的详细描绘宋代园林的图，因此《青溪园》是研究宋代园林的不可多得的珍贵资料。此外青溪园中几乎所有的建筑都同一时期所建造，并在马光祖的筹划下建成，因此青溪园具有相对完整的园林布局与建筑规制，对青溪园的研究也就具有特别重要的意义。

关键词：《青溪图》，南宋园林，南京，复原

《景定建康志》是记载宋代南京著名的历史景点青溪的重要文献。《景定建康志》是现存最早的南京官修志书。南宋乾道（1165-1173 年）、庆元（1195-1200 年）年间建康两次修志（《乾道建康志》、《庆元建康续志》），但这两版志书体例均不完备，且无详细舆图。因此，景定二年（1261 年），马光祖[1]设局钟山阁，聘周应合修志，是为《景定建康志》，同年刻版。然而景定二年所刻的版本不久便毁于火，现存《景定建康志》均为明清版本，所附地图均为清代翻刻或抄写。[2]

本文以《宋元方志丛刊》与《四库全书》的《景定建康志》为研究基础资料。这两版《景定建康志》书中所记载的《青溪图》（除非特别指明，下文所述的《青溪图》是指《宋元方志丛刊》中的《青溪图》），所描述的内容有所不同，图中表达的信息也可以相互印证（图1、图2）。《景定建康志》对青溪的相关记载，

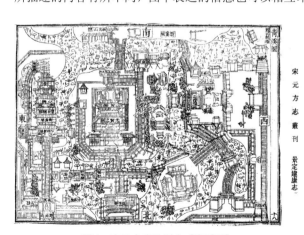

图1　宋元方志丛刊本《青溪图》

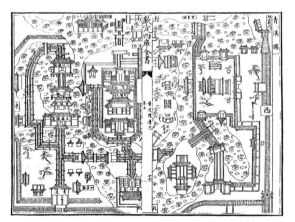

图2　四库本《青溪图》

---

1. 马光祖（约 1201-1270 年），字华父，一字实夫，号裕斋。马宅（一说城西）人。宋理宗宝庆二年（1226 年）进士。历知徐干县、高邮军、处州、临安府、建康府。从真德秀学。宝佑三年（1255 年）以沿江制置使、江东抚使等衔出任建康知府。开庆元年（1259 年）再任建康知府。三知建康，共 12 年，建康郡民为其建生祠 6 所。咸淳三年（1267 年）六月，拜参知政事，五年进枢密使兼参知政事，以金紫光禄大夫致仕。卒谥"庄敏"。《宋史》卷四一六有传。
2. 袁琳，《南宋建康府府廨空间形态及基址规模研究》硕士学位论文，清华大学，2009。

除了直观的图像资料《青溪图》外，还有一些关于青溪园的文字记述。这些图像与文字资料都是本论文对宋代青溪进行复原研究的珍贵资料。

本文在研究过程中，还参考了元代《金陵新志》、明代《明一统志》、清代《江南通志》、清代《大清一统志》与清代《读书纪数略》中对青溪园与建康府的记载，并以宋代绘画中的建筑形象为重要的参考资料。此外，本论文对青溪园单体建筑的复原研究，主要依据宋代建筑典籍《营造法式》，并参考了傅熹年的中国古代建筑布局研究[1]。

一、青溪的历史

《景定建康志》卷18对青溪的起源进行了详细的记载：“吴大帝赤乌四年（241年）凿东渠名青溪。通城北堑潮沟，阔五丈，深八尺以洩玄武湖水，发源钟山而南流经京出。”吴大帝开凿青溪，是为了玄武湖的排洪。而且，青溪还沟通了城市东北边的燕雀湖与南边的淮河。书中的“舆地志”部分也记载，青溪发源于钟山而入于淮，连绵十余里。

除了开凿水系，吴大帝还沿着河岸建造了一系列行宫、寺庙以及著名的青溪七桥。因此，在当时青溪就是皇宫贵族们的休憩游览之处。后来在青溪附近，又陆续修建了大量的贵族宅院。

公元589年，隋军灭陈之后，将建康城邑宫苑全部毁坏，青溪附近的建筑受到严重的破坏，以至于废弃。然而青溪的水系与桥梁却得到了比较完整的保存。自唐代以来，青溪美丽的自然景观与两岸的废墟建筑，开始逐渐吸引诗人与画家的注意。据《景定建康志》所载当时的盛况，“青溪每溪一曲作诗一首，谢益寿闻之，曰青溪中曲复何穷尽盖谓此也。”[2]五代南唐时期，由于建康城的扩建，青溪的南段并入了城市内部，然而青溪的北段仍然位于城外，保留了城郊公共园林的功能。到了宋代，建康城内的青溪沿岸又新建了许多贵族的住宅与园林。乾道五年（1170年）为了更好地欣赏青溪美丽的风景，修建了青溪阁。

南宋时，由于经济繁荣，建康府城进行了大规模的扩建。城内青溪的水系与建筑格局也发生了较大的改变。马光祖浚而深广青溪九曲，“建先贤祠与诸亭馆于其上，筑堤飞桥以便往来游人泛舟其间，自早至暮，乐而忘归，详见先贤祠及亭馆下”[3]，“又修辟青溪阁前为飞梁，缭以朱栏，深迢汪洋，尘迹莫能到也”[4]。宋代的青溪园甚至被时人称为“小西湖”[5]。以上几段文字材料中保存的历史信息，在《景定建康志》的《青溪图》中也有所体现（图1、图2）。

二、青溪园在现代南京地图的位置

《景定建康志》中的《青溪图》没有尺寸标注。因此为了确定青溪园的真实尺度，必须在现代的南京地图上，找出青溪园具体的位置与范围。

参考两版《景定建康志》中的图像资料，《宋元方志丛刊》的《府城之图》描绘了城墙与护城河，而《四库全书》的《府城之图》只描绘建康府城墙以内的部分。这两张图都记载了青溪园的建筑，分别是武胜坊、青溪坊与先贤祠。其中，武胜坊、青溪坊对于确定青溪园的范围最为重要，因为它们分别位于青溪园的东北角与西北角（图3、图4）。

现代的《南京建置志》，将《景定建康志》所载的南宋府的城坊的位置，对应到现代的城市地理位置之中。其中，离青溪园最近的有4座城坊，分别是：

> 经武坊在宋府治以东，今太平南路四象桥以南一带。
>
> 武胜坊在府治东北，城东门大街以南。即今四象桥东北，太平南路以东，白下路以南，西八府塘以西一片。八府塘本青溪古道，宋时仍为陂塘所在，以西为武胜坊，东侧则为青溪坊。武胜

1. 傅熹年．中国古代城市规划、建筑布局及建筑设计方法研究．北京：中国建筑工业出版社，2001。
2. 周应合．《景定建康志》卷18．宋元方志丛刊第二册．北京：中华书局，1990。
3. 同上。
4. 张铉．《至正金陵新志》卷19．宋元方志丛刊第四册．北京：中华书局，1990。
5. 张铉．《至正金陵新志》卷12上．宋元方志丛刊第四册．北京：中华书局，1990。

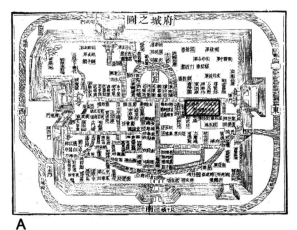
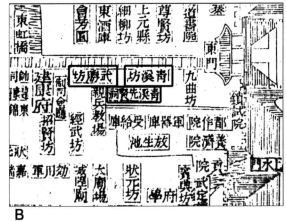

图3　宋元方志丛刊本《府城之图》上青溪园的位置（A. 全图；B. 局部图）

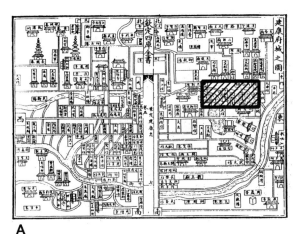
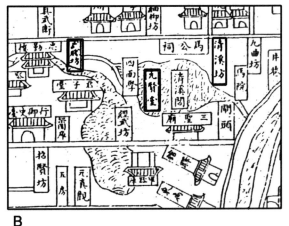

图4　四库本《府城之图》上青溪园的位置（A. 全图；B. 局部图）

坊南河对岸为亲兵教场。

　　青溪坊在武胜坊以东，东门大街以南，九曲坊以西。即今白下路以南，东八府塘以西锅底塘及其以西一带。其南有青溪先贤祠。

　　九曲坊在城东门内西南，青溪坊以东、东门大街以南一片。今大中桥在宋代称白下桥，亦称上春桥，是城东门外跨城河大桥。九曲坊当在其西南，即今白下路东头以南，建康路东端及文思巷、东井巷一片。[1]

　　根据上文可以判定武胜坊与青溪坊的位置，然后可以推测青溪园的大致范围与尺度。青溪园的北边界是白下路，即宋代的城东门大街。城东门大街开始于府城中央的行宫，经过建康府与青溪园，抵达府城的东门。《景定建康志》的建康府舆图表明，城东门大街形成了宋代南京的城市东西轴线（图3、图4）。

　　由图5可见，从16世纪至20世纪，青溪园范围内水面的位置与形态并没发生较大的变化。据此可以推测出宋代青溪园的水面形态。据《青溪图》，青溪园以南为一条河流，河的南岸为万柳堤。笔者推测，这条河就是沿着现在致和街由西北流向东南的水系。

　　将不同时代的南京地图（图5）进行比较，可以推断，始于武胜坊的青溪园西侧的道路，位于如今的太平南路偏东。这也符合上文关于南宋府城坊位置的记载。

　　青溪园东侧的情况最难以确定。原来青溪坊的位置为20世纪所修建的长白街，但是明清时期的地图表明，青溪园东侧并无道路，而且在宋代《府城之图》之中，青溪坊以东则是马院。因此，很难证明青

1.《南京建置志》，南京市地方志编纂委员会编纂，深圳 1999，p. 117.

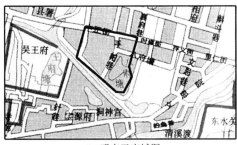
A. 明应天府城图

B. 清江宁省城图

C. 南京 1936 年地图

D. 南京现代地图

图 5　青溪园基址在南京地图中的范围定位

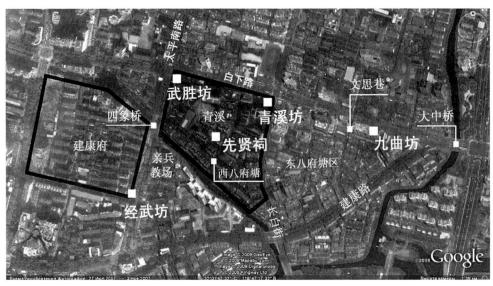

图 6　青溪园基址在 google earth 中的范围定位

溪园东侧曾经存在过一条道路。值得注意的是，青溪园的北侧、西侧与南侧都设置了两个入口，但是东侧却只是围墙，没有设置大门。

上文所推测的建筑、道路以及水系的位置，放到 Google earth 的地图中，可以看到两者基本吻合。见图 6。

三、青溪园文献记载的若干问题

《景定建康志》中对青溪园记载最详细的是 22 卷"青溪诸亭"一节：

东自百花洲而入，临水小亭曰放船。入门有四望亭曰天开图画，环以四亭，曰玲珑池，曰玻璃顷，曰金碧堆，曰锦绣段。其东有桥曰镜中，由此而东为青溪庄与清如堂相望。南自万柳堤而入为小亭三。桥之南旧万柳亭改曰溪光山色。自桥而北亭临水曰撑绿。其径前曰添竹，后曰香远。尚友堂之西曰香世界，先贤祠之东曰花神仙。清如堂之南，渌波桥之西曰众芳，曰爱青。其东曰割青。

青溪阁之南，清风关之北有桥曰望花随柳。其中曰心乐，其前曰一川烟月。

在《金陵新志》与《江南通志》之中，也有类似的记载。但这些记载尽管相似，却存在着一处重要的差异，其差异在于第一句。《金陵新志》记载"始自百花洲而入，临水小亭曰放船"[1]说法，而《江南通志》记载"西自百花洲入，临水小亭曰放船"[2]。可见，《景定建康志》与《江南通志》的记载出现了矛盾。然而《青溪图》所载，青溪园西侧设门，而东侧是围墙。此外，本段资料记载建筑的顺序是从西到东，由此可以判断，《景定建康志》的记载有误。

与《景定建康志》相比，《金陵新志》与《江南通志》对"青溪诸亭"记载更为详尽：

自清风关东折而北亭出溪东二曰竹，曰苍雪。其后则清溪阁之余地也为静庵。庵后有石山亭曰最高山。后跨梁陟径为堂二，前曰闲暇，后曰近民。[3]

四、《青溪图》的平面布局分析

《青溪图》按传统的上南下北方位绘制，图上的四个方位均标有文字说明，重要建筑均标注了建筑名称。《青溪图》中所标注的单体建筑，尤其是主要建筑，与《景定建康志》"青溪诸亭"中的文字描述基本相符。本论文研究，对《青溪图》进行了详细的平面布局分析，见图7。然而，《青溪图》中仍然存在若干与《景

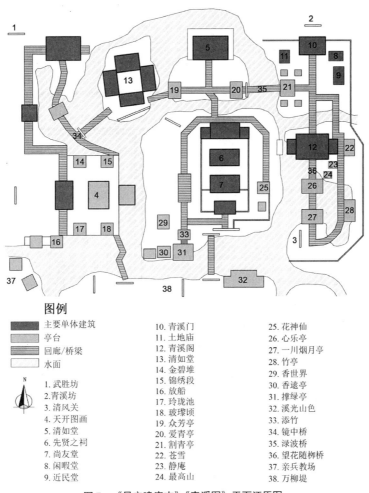

图例

图例			
■	主要单体建筑	10. 青溪门	25. 花神仙
▨	亭台	11. 土地庙	26. 心乐亭
▥	回廊/桥梁	12. 青溪阁	27. 一川烟月亭
□	水面	13. 清如堂	28. 竹亭
		14. 金碧堆	29. 香世界
	N	15. 锦绣段	30. 香逺亭
	1. 武胜坊	16. 放船	31. 撑绿亭
	2. 青溪坊	17. 玲珑池	32. 溪光山色
	3. 清风关	18. 玻璨顷	33. 添竹
	4. 天开图画	19. 众芳亭	34. 镜中桥
	5. 清如堂	20. 爱青亭	35. 渌波桥
	6. 先贤之祠	21. 割青亭	36. 望花随柳桥
	7. 尚友堂	22. 苍雪	37. 亲兵教场
	8. 闲暇堂	23. 静庵	38. 万柳堤
	9. 近民堂	24. 最高山	

图7 《景定建康志》《青溪图》平面还原图

1. 张铉．《至正金陵新志》卷12上．宋元方志丛刊第四册．北京：中华书局，1990。
2. 《江南通志》，卷30。
3. 张铉．《至正金陵新志》卷12上．宋元方志丛刊第四册．北京：中华书局，1990。

定建康志》未能图文互见之处，比如某些建筑文中提及，但图中未画出；或者图中标明，但文中未提及。这些建筑多为次要的附属建筑，笔者一并标注在图7中。《青溪图》中所绘的建筑与园林形象比较简略，而且建筑单体与院落空间的比例误差很大，尤其是院落进深的尺度明显失真。

《青溪图》并不是按现在的俯瞰透视视角来绘制，而是绘制建筑朝向的主要立面。如坐北朝南的建筑，按上南下北的平面布置，俯瞰视角应该看到的建筑的北立面，但是图上却绘制建筑主朝向的南立面；而坐南朝北的建筑，则绘制其主朝向的北立面。此外，青溪西门以内的一组庭院与建筑，其朝向为坐东向西，其庭院南北两侧的附属建筑，均绘制了面向庭院的正立面。因此，对于庭院之中的附属建筑如廊庑，可以根据其立面方向，判断出其所属的庭院，从而获得较为明确的建筑群轴线与院落关系。

由于青溪园本来是公共园林，因此园林的整体结构呈现出开放的特征：园林的规模虽然不大，却在西面与北面设置了四座门，而且南面还设置了两座桥。此外，青溪园的北面与南面都不设围墙，而是采用水面形成了天然的隔离。然而，园内的少数建筑群根据各自的需要设置院墙，比如先贤祠与青溪庄（图1、图2）。

本论文采取宋代营造尺（简称"宋尺"）宋尺与宋丈作为青溪园复原研究的尺度单位。关于宋尺与现用公制米之间的长度换算，存在几种不同的说法：《中国古代里亩制度简表》1 宋尺 =0.3091 米；《中国历代度量衡单位量值表》1 宋尺 =0.314 米；刘敦桢先生的《中国建筑史》附录三中提到 1 宋尺为 0.309-0.329 米；傅熹年先生根据现存古建筑实测数据反推："北宋尺长在30-30.5 厘米之间；南宋建筑仅存一孤例，亦沿用北宋尺长"；在《中国古代城市规划建筑群布局及建筑设计方法研究》一书中，傅先生是以 1 宋尺 =30.5 厘米为参考。因此，本文采取 1 宋尺 =30.5 厘米，1 宋丈 =10 宋尺 =3.05 米。

根据傅熹年《中国古代城市规划、建筑布局及建筑设计方法研究》的研究，宋代建筑群的平面尺度通常以 5 丈为基数，因此本文的总图复原选取了 5 丈的轴网。

青溪园在平面格局上可以划分为若干分区（图8）。有的分区以建筑群为主，如先贤祠；有的分区则以具有某种特定的庭院景观为主，如万柳堤。如下是对青溪园中各个分区的详细介绍。

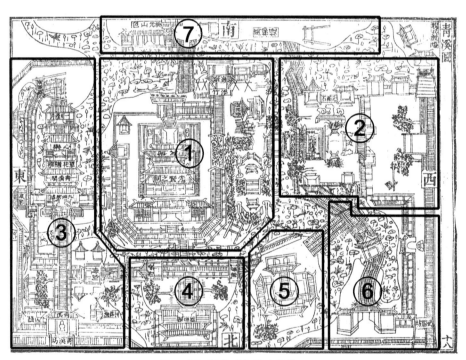

图8 《青溪图》中机构分布情况
（1. 先贤祠组；2. 天开图画庭院；3. 东路建筑群；4. 清如堂庭院；5. 青溪庄庭院；6. 西北组；7. 万柳堤组）

1. 先贤祠组

先贤祠是青溪园中最重要的建筑群，也是整座园林的核心（图9）。先贤祠是一组南北向的三进院落，中轴线上从南至北的建筑分别为南门、尚友堂、先贤之祠和北门。本文中，先贤祠的总平面尺寸假定为30（宋丈）×15（宋丈），即91.5（米）×45.75（米）。

从《青溪图》上可以看出，先贤祠的北门东西两侧设置了两座耳房。从尚友堂到北门之间的两组庭院东西两侧都设置了回廊，而从南门到尚友堂之间庭院则在两侧设置了围墙。在南门东西两侧的围墙之上，各有一个椭圆形的物体。初步推测，这是围墙上的石雕或砖雕。

先贤祠的南门之前画了很长的台阶，可能先贤祠位于山坡之上。连接台阶南侧的是一条围绕先贤祠建筑群的步行道。《青溪图》上这条步行道的描绘方法与北边的桥相同，而且图上所绘此路两侧栏杆的望柱明显地高出寻杖，类似做法也可见于宋代绘画（图10）[1]，由上推测，这是一条步行道，而不是回廊。

步行道的西侧中间一段难以判断。从《青溪图》上可以看出，步行道这段的画法跟其他部分完全不同，不仅缺少栏杆，而且路面的画法与其西边庭园的局部极为相似。假设此段路面是用天然的石块砌成的台阶，那么画法与其相似的西边庭园的局部则为叠石假山，而且假山与此段路面的石砌台阶连为一体。此外，极有可能这段台阶也是通往西边庭园的入口。既然此段路面判定为台阶，也就是路面出现高差变化，推测为道路北部高于南部（图11）。《青溪图》所描绘先贤祠北门与南门前连接步行道的台阶具有不同的长度：前者较短，而后者较长，证明了步行道的北部地势较高，从而证实了台阶高差的推测。步行道在台阶以北的部分，在步行道的内外两侧均画有栏杆，而台阶以南的部分却只在内侧画有栏杆，这也说明步行道的北段与步行道外侧地面高差较大，而南段与步行道外侧地面高差较小，也证明了北段高于南段。

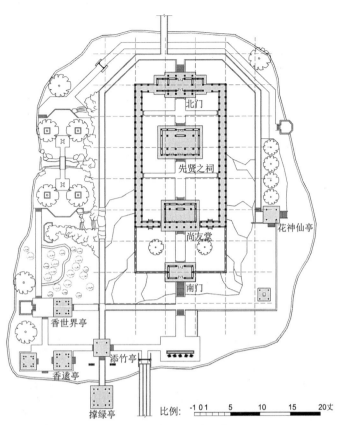

图9　先贤祠组平面复原图

图10　[南宋]刘松年《四景山水图页》（局部）

与步行道西南角相连接的添竹亭的东侧，以及步行道南段的南侧，均画出台阶，而且，连接添竹亭的步行道的东侧与步行道南段的南侧都设置了栏杆，这说明步行道的西南角与其南边的地面之间存在较大的高差。先贤祠院落以南的台阶前设置了较长的影壁，影壁以南设置了连接万柳堤的桥。在《青溪图》中，

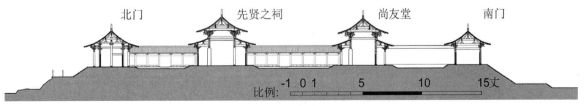

图11　先贤祠剖面复原图

1. 刘松年《四景山水图页》；李嵩《月夜看潮图》。

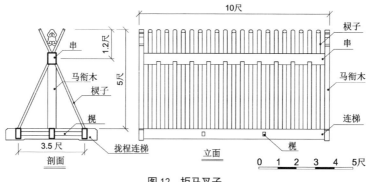

图12　拒马叉子

图13　[南宋] 李嵩,《焚香祝圣图》（局部）

在桥的西北角，添竹亭东西两侧，均有一组由两个 X 字形构成的物体。这可能是拒马叉子，又称行马。这是设置于先贤祠前的障碍物，防止人马闯入。据《通雅·宫室》:"行马，宫府门设之，古赐第亦门施行马……宫阙用朱，官寺用黑，宋以来谓之权"[1]。《营造法式》对行马的做法缺乏详尽的记述，难以确定其下部构造，潘谷西先生推测如图12所示。

先贤祠的东南侧设置了一个平台，平台的标高与步行道的南段相一致。平台外围设有围墙或女儿墙。平台的东南角建有一座亭子。图上没有标注亭子的名字，《景定建康志》中也没有文字记载。由于亭子的尺度较小，可以推测为碑亭。碑亭的东北侧是花神仙亭，亭子北侧连接先贤祠周围的步行道东端。根据所处的位置可以推测，通过亭子的台阶，花神仙亭连接了南边的平台与东边的湖岸。如果花神仙亭的东侧设有台阶，则水面的沿岸应该设有小路。根据岸边的一排树与树北边的观景平台，可以推测可能存在这条小路。水边观景平台的位置刚好位于青溪阁的东西轴线上。在宋代园林之中，为了更好地欣赏园林风景，往往会设置类似的平台。这个平台的形象可以参考宋代绘画《焚香祝圣图》（图13）。从花神仙亭到这座平台的小路，很可能沿着岸边一直往北延伸，穿过渌波桥之下，经过先贤祠西北角的牌坊，直到先贤祠院落西侧的庭园北部。

为了便于下文的描述，把先贤祠院落西侧的庭园称为先贤祠附属庭园。先贤祠附属庭园可以分为南北两部分。庭园北部的布局比较规整，整体由南北两座平台组成，平台之间用小拱桥进行联系。由于这两座平台高于周围的地面，因此平台外侧均设置了栏杆。这两座平台的中间均设有圆形石桌，石桌的东西两侧种有两棵大树。此外，平台的东侧设置了上文提到的假山。这组假山一直往南延伸到庭园的中部，形成先贤祠附属庭园南北两部分的分界线。

与庭园北部不同，先贤祠附属庭园南部的平面布局比较灵活。庭园中部的假山南侧假设是一片小竹林，竹林以南设置了"添竹亭"。"添竹亭"与小竹林之间设置了"香世界亭"与观景平台。观景平台南北两侧各描绘了一棵大树。据《青溪图》，"香世界亭"与观景平台均位于环绕先贤祠的步行道南段往西的延长线上。先贤祠附属庭园以南的湖岸设置有两座亭子：位于东边的为"香远亭"，而西边的亭子名称则没有记载。在这两座亭子以南的水面木桩上修建了"撑绿亭"。在"撑绿亭"与"添竹亭"之间，假定设置了木桥，宋代绘画中出现了较多类似的做法（图10）。

总体来讲，先贤祠建筑群具备了完整的结构布局与明显的功能分区。

---

1. 潘谷西、何建中,《营造法式》解读, 南京, 2007, p131。

2. 天开图画庭院

　　天开图画庭院建筑群位于先贤祠建筑群的西南侧，处于青溪园的西部（图14）。这组建筑西侧的院墙中开辟了一座三间的大门，为青溪园的西门。西门以西，正对着西门为一座单间的牌坊，牌坊两侧各有一棵大树，而且牌坊与西门之间形成了长方形的入口广场，因此笔者推测这是青溪园的主入口。入口广场的东侧是青溪园的西墙，沿着西墙的外侧设置了一圈外廊。广场的南侧设置了两座亭子，亭子的西侧为通往亲兵教场的拱桥，桥头设置了一座乌头门。

　　西门以内是一座对称的东西向长方形庭院。庭院的中央，正对着西门，是"天开图画亭"，其屋顶形式奇特，为重檐十字脊，类似建筑形式也常见于宋金绘画。在"天开图画亭"的前面，庭院的南北两侧各设有两座亭子。《景定建康志》列举了这四座亭子的名字，却没有描写各座亭子在庭院里的具体位置。但是，根据《景定建康

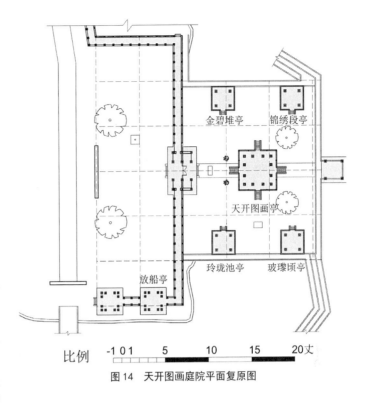

图14　天开图画庭院平面复原图

比例　-1 0 1　　5　　　10　　　15　　　20丈

志》中文字记述的行文习惯，对建筑的记载遵循从南到北的原则，以此推测庭院南侧的是"玲珑池亭"与"玻璃顷亭"；而庭院北侧的是"金碧堆亭"与"锦绣段亭"。此外，在"天开图画亭"以东，庭院的中轴线东部，设置了一座水上凉亭。

　　据《青溪图》，除了西侧的院墙，天开图画庭院的其他三面并没有设置封闭的围墙，而是采用了较为低矮的护栏，从而在庭院中可以看到外面的水面与桥。因此，天开图画的庭院成为从规整的城市到自由的园林的过渡空间。这个庭院的复原尺寸也符合5丈见方的轴网，西门外的入口广场的尺度大约为30（丈）×10（丈），西门内的庭院尺度大约为15（丈）×20（丈）。《青溪图》中除了建筑以外，还有一些景观小品，如"天开图画亭"前面的左右两侧布置了两个花盆；在西门内以及庭院南侧两座亭子前面，各设置了一张长条形的石桌，上面立有一组怪石，其中亭子前面的怪石标有名字"元祐石"。此外，在入口广场上，西门外的西北角，立有一根旗杆。

3. 东路建筑群

　　东路建筑群位于青溪园的东部，先贤祠建筑群的东侧（图15）。这组建筑通过步道与木桥，将青溪门、青溪阁、望花随柳桥以及数座水上的凉亭贯穿起来，形成较长的南北轴线，其长度推测为80丈。轴线的北端起始为青溪坊。青溪坊之内设置了青溪门，类似的做法可见于天开图画建筑群。青溪门以南的小半岛形成了小型的入口空间。

　　青溪门以内的道路东侧，即青溪门的西南角，为三开间的土地庙；与土地庙相对应的道路西侧，则描绘了两座尺度较小的三开间房屋。其中北侧的房屋朝南，图上有建筑的名称，第一个字是"厨"，第二个字则写得不清楚，在文字记载中也没有其描写，极有可能是具有祭祀功能的神厨。南侧的房屋朝西，很可能是神库，存放祭祀活动所用的器物。然而元代《金陵新志》记载道："后跨梁陟径为堂二，前曰闲暇，后曰近民。"[1]《金陵新志》撰写晚于宋代的《景定建康志》，所以很可能这两座建筑到了元代，其功能发生了改变，因此建筑名称也随之改变。土地庙的南侧为"割青亭"，"割青亭"通过渌波桥通往园子的西侧。"割青亭"的南北侧各设置了两座一样的凉亭，可能是与土地庙相关的祭祀碑亭。

　　在青溪门内轴线上的步道的南端，连接了一座木桥，木桥的南侧就是东路建筑群的中心——青溪阁。青

1. 张铉．《至正金陵新志》卷12上．宋元方志丛刊第四册．北京：中华书局，1990。

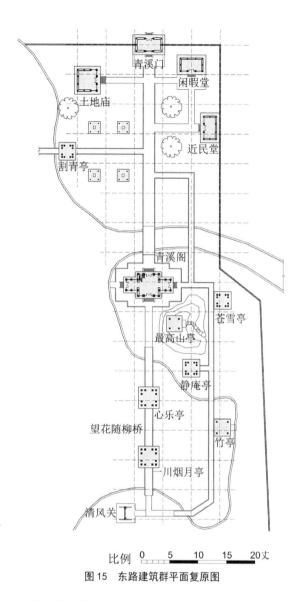

图15 东路建筑群平面复原图

溪阁与割青亭都建成于乾道五年（1170年），是整座青溪园中最早的建筑，园中其他建筑则是13世纪中期马光祖所建。[1] 青溪阁为三开间的两层楼阁，底层题匾为"九曲胜处"，二层题匾为"青溪阁"。青溪阁东西两侧各附建有一间耳房，增加了青溪阁轮廓的丰富性。青溪阁的南北侧与西侧三面临水，东侧则是"苍雪亭"。据《金陵新志》青溪阁的南侧设置了"静庵亭"与位于假山上的"最高山亭"，但是《青溪图》上却没有描绘这两座建筑。青溪阁以南为"望花随柳桥"，桥上设置了两座凉亭，分别是"心乐亭"与"一川烟月亭"。

在"一川烟月亭"以南，"望花随柳桥"与北侧的步道相连接。北侧步道往南延伸至"清风关牌坊"。"清风关牌坊"为东西向的单间牌坊，为本建筑群的最南端的建筑。步道穿过"清风关牌坊"之后，折向东南，沿着青溪园的东墙，一直往北延伸至"苍雪亭"。其中间的一段为架设在池塘上的木桥，木桥上设置了一座凉亭，名为"竹亭"。步道在"苍雪亭"北侧继续延伸往北至神库南侧，折向西连接至割青亭，从而形成了本建筑群的循环游览路线。在《四库全书》的《青溪图》中，这条东部的步道与"望花随柳桥"的距离较大，而且在青溪阁的东侧，往北的步道先折向西再折向北，折向西的距离较大。但是《宋元方志丛刊》的《青溪图》中，折向西的距离则很小（图1、图2）。

4. 清如堂庭院

清如堂庭院位于东路建筑北入口的西侧，先贤祠建筑群的北侧。清如堂庭院的核心建筑为清如堂。清如堂为重檐三开间建筑，位于长方形的平台之上（图16A）。平台以南为南北向与东西向十字交叉的步道，

南北向的步道北端为清如堂平台，南端则通过木桥，连接到先贤祠建筑群的外围的步行道；东西向的步道则在两端各设置了一座凉亭，西为"众芳亭"，东为"爱青亭"。"爱青亭"以东则是上文提到的连接"割青亭"的渌波桥。

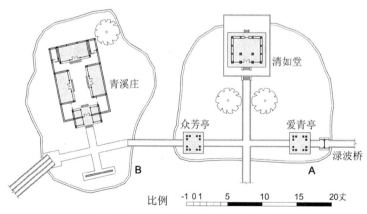

图16 清如堂组与青溪庄组平面复原图
（A. 清如堂庭院；B. 青溪庄庭院）

1. 苏则民，南京城市规划史稿．古代篇－近代篇．北京：中国建筑工业出版社，2008，p.129。

平台以北为开阔的池塘，池塘中开满了莲花，池塘的北边界为青溪园外面的白下路，因此从白下路上也可以观赏到清如堂与池塘的景色。清如堂的功能没有文字记载，很有可能是一座祠堂。据《四库全书》的《建康府城之图》，在清如堂的位置上为马公祠，是祭祀马光祖的祠堂，很可能13世纪马光祖去世后，清如堂改成了马公祠。

5. 青溪庄庭院

青溪庄庭院位于"清如堂"的西侧，四周临水，是一座独立的小岛（图16B）。青溪庄的平面格局是典型的四合院，入口朝南，主要建筑位于北侧，形成南北向的中轴线。中轴线的两侧设置了对称的东西厢房。主入口的前面描绘了一座较长的墙壁，可能是一座影壁。据《青溪图》，青溪庄的单体建筑都为三开间，可见建筑群的尺度比较小。由于青溪庄设置在小岛上，因此形成了幽静的环境气氛。在青溪庄入口前的东西两侧各设置了一座木桥，往东通往"清如堂"，往西则通往"天开图画"。

6. 西北组

在"青溪庄"以西，"天开图画"以北的区域，暂称为"西北组"。这个小院落采取了自由灵活的布局方式，与上述院落较为规整的格局稍有不同（图17）。西北组的主要建筑有青溪园的西北门，以及西北门内的"镜中桥"。"镜中桥"往南通往南侧的"天开图画"，并与"青溪庄"西侧的木桥，形成"丁字形"的平面格局。因此，"镜中桥"就把青溪园西北角的西北组、天开图画组与青溪庄组这三座庭院连接到一起。"镜中桥"在"丁"字的相交处描绘了一座牌坊，而且桥的北段还设置了一座亭子，只是文字记载与图上都对于亭子名称没有详细描述。另外，这座亭子的造型也不确定，《宋元方志丛刊》与《四库全书》的《青溪图》中，这座亭子的造型有所差异。《宋元方志丛刊》的《青溪图》描绘了比较复杂的屋顶形式，推测为六角亭。而《四库全书》的《青溪图》则描绘了十字形的屋脊（图1、图2）。本复原研究以前者为准，即六角亭。

本组西边的青溪园西院墙中设置了一座门，暂称为西侧门。西侧门的造型非常特殊，在《宋元方志丛刊》的《青溪图》中，西侧门为拱券门。类似的拱券门一般用砖石来建造，多见于明代以后，但在宋代却极为少见。西侧门外设置了圆形的水井。

值得注意的是镜中桥的画法跟青溪园东北部的桥的画法不一样。镜中桥比较宽，因此桥面在纵向上分成三路。镜中桥的两侧并没有描绘栏杆，可能是由于桥面较为宽，为了在桥面上更容易接触到莲花与水面，因此没有设置栏杆。也可能设有栏杆，只是其形式与青溪园东北桥的栏杆不同，栏杆高度较低矮，造型更简单，图面上没有表达出来。

7. 万柳堤组

青溪园的南部，与"先贤祠"隔水相望的是狭长的万柳堤（图18）。万柳堤的北边设置了东西两座桥与

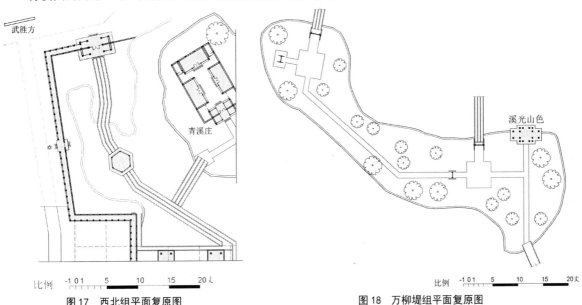

图17 西北组平面复原图　　　　　图18 万柳堤组平面复原图

青溪园的其他部分相联系，西侧的桥连接"天开图画"，东侧的桥连接"先贤祠"。万柳堤的东北角临水设置了规模较大的"溪光山色亭"。此外万柳堤上还布置了四座牌坊：两座桥的桥头附近各设两座，从而形成桥前的小广场。笔者推测，万柳堤的沿岸种植了茂盛的柳树，每逢春季，绿柳如烟，柳条轻垂，如同"万条垂下绿丝绦"，从而得名"万柳堤"。

《青溪图》没有描绘万柳堤以南的情景，但是对青溪园周围的水系进行复原后（图18），可见万柳堤的南边存在一片开阔的水面。根据《景定建康志》的《府城之图》，此水面名为"放生池"。由于万柳堤以南的情况不清楚，因此很难判断万柳堤以南如何与城市形成联系。上文已经提到，万柳堤东侧的桥的北侧桥头附近，即先贤祠的南门之外的西南侧设置了拒马叉子，因此可以推测万柳堤以南存在与城市相联系的桥梁。由于《青溪图》图面表达的区域有限，万柳堤以南的部分是否存在东南侧或西南侧的桥梁与城市相连接尚不明确。万柳堤的西南侧为亲兵教场，青溪园与亲兵教场之间并无必然的联系，因此相比之下，东南侧存在桥梁的可能性更大。因此，推测万柳堤的东南侧设置了木桥，作为东南入口，与城市形成联系。

图19是青溪园的总平面复原图。青溪园及其周边水系的平面形态复原以明清地方志的舆图为依据。《青溪图》图面上青溪园的东侧与南侧描绘了几条溪流（图1、图2），这几条溪流正好与明清城市地图中描绘的城市水系相吻合，由此可以判断青溪的水系在13至20世纪，基本没有发生较大的变化。

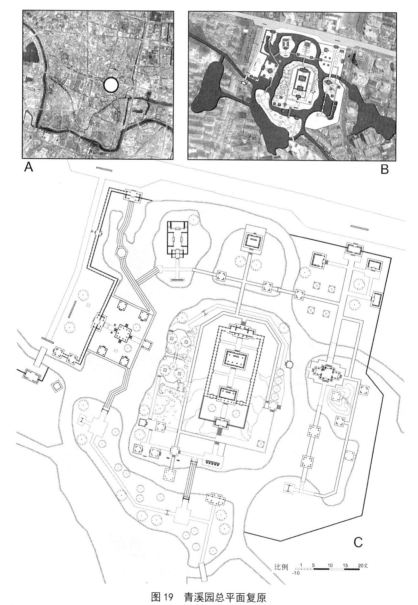

图19　青溪园总平面复原
（A. 青溪园在现代南京城中的位置；B. 青溪园复原平面及其周边环境示意图；C. 青溪园总平面复原图）

五、青溪园单体建筑复原

南宋定都临安不久，即于绍兴十五年（1145 年）重刊《营造法式》，可见《营造法式》对南宋的建筑制度仍然有着重要的影响，因此本文的单体建筑复原以《营造法式》为主要依据。

《营造法式》提出了殿堂、厅堂、亭榭三类房屋的名称，并按照这样的分类方法制定材分标准。《〈营造法式〉解读》中将其总结为：殿阁[1]、厅堂[2]、余屋[3]。但是这三者的差异主要体现在建筑等级与结构上，尤其是前两者在功能上并没有非常分明的界限。根据《景定建康志》卷二十一城阙志，青溪园的主要单体建筑均归类为"馆阁"，相当于厅堂式建筑，因此按照厅堂建筑进行复原，廊屋、亭子等则按照余屋复原。

屋顶式样则根据《青溪图》所绘的屋顶式样。图中表述不清的，参考图中相似的建筑或其他的文字描述。根据《青溪图》，青溪园中最高等级的屋顶形式为重檐歇山。材等由建筑类型和正面开间数而定。根据"法式用材等级"表[4]（表1），厅堂用四或五等材，小厅堂与亭榭则用六至八等材。

法式用材等级　　　　　　　　　　　　　　　　　　　　　　表1

用材等级	断面尺寸	适用于何种建筑物
第一等	9寸×6寸	殿身九至十一间者用之。副阶及殿挟屋比殿身减一等，廊屋（两庑）又减一等
第二等	8.25寸×5.5寸	殿身五至七间者用之。副阶、挟屋、廊屋同上减一等
第三等	7.5寸×5寸	殿身三间、殿五间、堂七间用之
第四等	7.2寸×4.8寸	殿三间、厅堂五间用之
第五等	6.6寸×4.4寸	殿小三间、厅堂大三间用之
第六等	6寸×4寸	亭榭、小厅堂用之
第七等	5.25寸×3.5寸	小殿、亭榭等用之
第八等	4.5寸×3寸	殿内藻井、小亭榭施铺作多者用之

正面开间数主要根据《青溪图》所绘来确定。绘有完整立面的，取其所绘开间数；没有绘出完整立面的，根据立面大小及比例进行推测，并按照建筑的等级关系，参考相邻其他建筑，相互印证。

《青溪图》及其相关文字资料中没有详细记载单体建筑的间广与屋架情况。《营造法式》亦未对间广和屋架作出丈尺或材分的规定。[5] 一般认为间广并非固定常量，或者是完全由其他因素决定的被动变量，其本质是一个主动设计变量。本文在判断单体建筑的间广与屋架的尺度时，主要参考了傅熹年先生的《中国古代城市规划建筑群布局及建筑设计方法研究》。

《营造法式》未对檐柱高度及屋架高度作出规定，按照经验，"殿阁柱高为294-450分，厅堂柱高为252-360分。"[6] 此外，殿阁柱径为42-45分，厅堂柱径为36分，余屋为21-30分。[7]

铺作主要由建筑的等级和尺度等变量直接决定其布置方式与出跳数等，因此，按照规律布置即可，"……厅堂用斗口跳到6铺作，用昂或不用昂，昂尾露明于室内时作必要的形象处理，用材稍小；余屋用柱梁作、单斗只替及斗口跳等简单的斗栱。"[8]

据《营造法式》，殿阁类建筑屋顶正脊的两头设置鸱尾，以表示此类建筑的主要地位。而厅堂、亭榭建筑正脊上则采用兽头，"殿、阁、厅、堂、亭、榭转角，上下用套兽。"[9] 因此可以设定在《青溪图》的建筑中，

---

1. 包括殿宇、楼阁、殿阁挟屋、殿门、城门楼台、亭榭等。这类建筑是宫廷、宫府、庙宇中最隆重的房屋，要求气魄宏伟、富丽堂皇。
2. 括堂、厅、门楼等，等级低于殿阁，但仍是一组官式建筑群中的重要建筑物。
3. 上述二类之外的次要房屋，包括殿阁和官府的廊屋、常行散屋、营房等。其中廊屋为与主屋相配，质量标准随主屋而高低。其余几种，规格较低，做法相应从简。
4. 潘谷西、何建中，《营造法式》解读，南京，2007，p45。
5. 同上，p60。
6. 同上，p58。
7. 同上，p51。
8. 同上，p59。
9. ［宋］李诫，《营造法式》，卷十三，用兽头等志，人民出版社，北京，2007。

青溪阁采用鸱尾，而其他建筑则采用兽头。鸱尾的尺度见于"两层檐者，鸱尾高五尺至五尺五寸"[1]。复原的鸱尾与兽头的形状以宋代绘画[2]为依据。

本文的复原设计过程是，以《景定建康志》与《金陵新志》为主要参考资料，首先搜集图中出现的主要单体建筑的文字记载与相关描述，然后推测出其规模尺度与建筑形式，按法式绘制其复原图。

如下是青溪园几个主要单体建筑的复原图。

(1) 先贤祠南门（图20）。据《青溪图》，先贤祠南门的面阔三间。假定南门的构架为四架椽厅堂，分心用三柱。《青溪图》描绘了南门的南立面，明间设置了门扇，而两个尽间则设置直棂窗。南门屋顶形式为单檐，极有可能是九脊屋顶。

由于先贤祠是青溪园中最重要的建筑群，因此其中轴线上的建筑应该等级较高。假定先贤祠南门用五等材，材高6寸，则1分 =0.4寸。建筑的平面尺寸主要参照了北宋的少林寺初祖庵与榆次雨花宫，以及独乐寺山门[3]，面阔三间，设定为明间375分，约15宋尺；尽间315分，约12.5宋尺；进深两间，每间深240分，约9.6宋尺。此外，铺作形式假定为五铺作重栱出单杪单下昂，里转五铺作重栱出两杪，并计心。

(2) 先贤之祠是先贤祠组群中最重要的建筑（图21）。

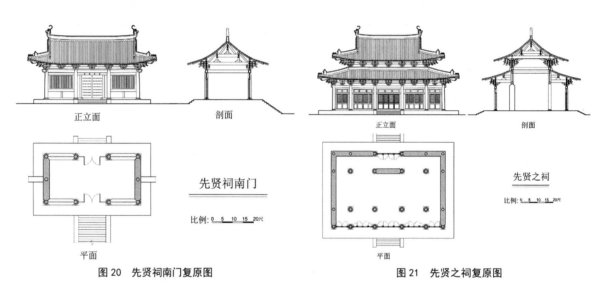

正立面　　　　　剖面　　　　　　　　正立面　　　　　　剖面

先贤祠南门
比例：0　5　10　15　20尺

先贤之祠
比例：0　5　10　15　20尺

平面　　　　　　　　　　　　　　　　平面

图20　先贤祠南门复原图　　　　　　图21　先贤之祠复原图

据《青溪图》，先贤之祠的身内三间，副阶周匝。根据《青溪图》描绘的先贤之祠的北立面，可以判断，北立面的明间设门，而次间与副阶则为墙，并不设门窗。根据宋代的做法，先贤之祠的南立面的各间很可能设置了木门扇。假定先贤之祠是重檐厅堂，身内四架椽，副阶二架椽。其等级应该比南门高一等，用五等材，材高6.6寸，则1分 =0.44寸；副阶用六等材，如南门。先贤之祠的开间尺寸假定为明间360分与次间320分，约合宋尺分别为16与14宋尺。进深两间皆为240分，即10.5宋尺。另外，副阶面宽与进深为240分，合10宋尺。先贤之祠的屋顶假定是九脊屋顶。下檐铺作定为五铺作，形式如南门；上檐铺作为六铺作重栱出单杪双下昂，里转五铺作重栱出两杪，并计心。

(3) 尚友堂位于先贤祠南门与先贤之祠之间（图22）。

《青溪图》中的先贤祠南门几乎全部挡住了尚友堂的屋顶以下部分。但是从《青溪图》中还是可以判断尚友堂的面阔尺度接近于先贤之祠，因此可以判断尚友堂也是五开间的厅堂。根据建筑的等级关系，尚友堂的进深可能比先贤之祠稍小。假定身内四架椽，副阶一架椽。其材分等级与先贤之祠一致，用五等材，副阶六等材。尚友堂的开间尺寸假定为明间285分与次间260分，约合宋尺分别为12.5与11.5宋尺。进深为480分，即21宋尺。另外，副阶面宽与进深为200分，合8宋尺。副阶尚友堂的屋顶形式与先贤之祠一致，即重檐九脊屋顶。尚友堂与先贤之祠之间的庭院设置了回廊，而尚友堂的南立面带有前廊，与庭院的回廊相连接。尚友堂南北立面的形式假定与先贤之祠一致。

1. ［宋］李诫，《营造法式》，卷十三，用兽头等志，人民出版社，北京，2007。
2. 北宋：赵佶《瑞鹤图》；南宋：李嵩《月夜看潮图》，李嵩《水殿招凉图》，李嵩《焚香祝圣图》。
3. 傅熹年．中国古代城市规划、建筑布局及建筑设计方法研究．北京：中国建筑工业出版社，2001，p.198。

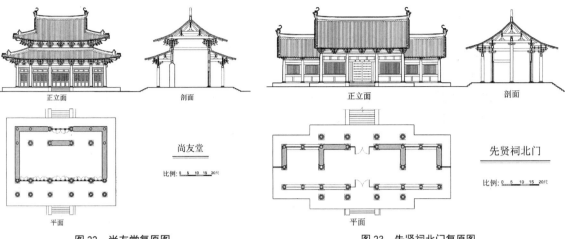

图 22　尚友堂复原图　　　　　　　　　　　图 23　先贤祠北门复原图

（4）先贤祠的北门（图23）。据《青溪图》可知，此门的形体较为复杂：中央的三开间主体，东西两侧附有两开间的耳房。耳房的高度比中间的主体稍矮，说明耳房的进深较小：假设北门的主体是六架椽的厅堂，耳房则是四架椽的厅堂。假设北门的等级与南门一致，即用六等材，材高6寸，则1分=0.4寸。就像南门，北门主体的面阔尺寸假定为明间375分、次间315分，约合宋尺分别为15、12.5宋尺；进深为四间，其尺寸分别120分、240分、240分、120分，约合4.8、9.6、9.6、4.8宋尺。耳房的面阔两间尺寸假定都为225分，即9宋尺，进深两间尺寸假定都为240分，即9.6宋尺。《青溪图》描绘了先贤祠北门的北立面，中央主体的明间描绘了门扇，次间则描绘了墙，而耳房的开间内描绘了直棂窗。很可能主体南立面的次间也设置了跟南门相似的窗。由于北门是先贤祠的后门，其屋顶等级可能低于南门的等级，假设采取了悬山屋顶。假定北门主体部分的铺作形式如南门，耳房铺作低一等，为四铺作。

（5）青溪阁（图24）。《青溪图》上的青溪阁的形体比较复杂，青溪阁中间的主体部分为面阔三开间的两层楼阁，主体两侧为附属的两开间单层耳房。根据现存的宋代楼阁平面布局可以推测，青溪阁主体部分的平面形式为正方形。根据法式，青溪阁可能用四等材，材高7.2寸，合1分=0.48寸。青溪阁主体部分的面阔尺寸假定为明间375分、次间187分，约合宋尺分别为18、9宋尺。据《青溪图》，青溪阁的一层明间设置了门扇，次间设置了直棂窗。青溪阁的二层设置了栏杆，明间也设置了门扇，次间则没有设直棂窗。此外，一二层之间设置了类似善化寺普贤阁的平座。

青溪阁的东西耳房面阔为两开间，而进深可能为一开间。耳房两开间的尺度假定分别为187、250分，即9、12宋尺。耳房的进深尺度很可能与青溪阁主体的明间一致，即18宋尺。耳房的南北两个立面都设置了窗，而不设门。因此，推测东西耳房与青溪阁主体之间设置了内部的小门，而且东西耳房的外侧则设有东西小门，从而把青溪阁与周边连接起来。

由于青溪阁是青溪园里唯一一座属于殿阁类的建筑物，因此青溪阁的屋脊两头可能设置了琉璃的鸱尾，其余建筑的正脊则采用了等级较低的兽头。

铺作的形式上，青溪阁的上檐采用六铺作，下檐采用五铺作，铺作形式与先贤之祠相似，平座层采用了五铺作。

（6）清如堂（图25）。据《青溪图》，清如堂为重檐三开间的厅堂，身内四架椽，副阶一架椽。清如堂的等级很可能与先贤之祠一样，所以假定清如堂采用五等材。清如堂的开间尺寸假定为明间400分、次间270分，约合宋尺分别为17.6与12宋尺，而进深三间尺寸假定均为240分，即10.6宋尺。《青溪图》描绘了清如堂的南立面，明间与副阶都设置了门扇。清如堂的屋顶形式为重檐九脊屋顶。清如堂的下檐假定采用五铺作，上檐用六铺作。

（7）"天开图画亭"。据《青溪图》，"天开图画亭"的屋顶形式比较特殊，采用了重檐十字脊屋顶。而且，"天开图画亭"的台明很高。南宋李嵩的《水殿招凉图》描绘了形式非常接近的凉亭（图26），因此"天开图画亭"的复原，此画是主要参考依据（图27）。据《水殿招凉图》，亭子外柱的直径明显小于内柱，而且外柱的平面位置与内柱不对齐。由于"天开图画亭"有十字脊的屋顶，因此凉亭的平面应该为正方形。"天开图画亭"的等级可能较低，假定用六等材，材高6寸，1分=0.4寸。"天开图画亭"的内柱之间的尺寸假设为

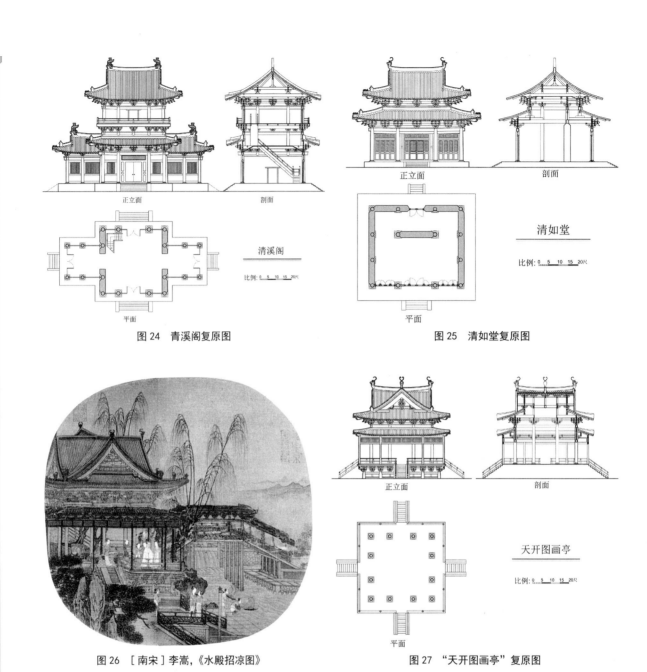

图 24 青溪阁复原图

图 25 清如堂复原图

图 26 ［南宋］李嵩，《水殿招凉图》

图 27 "天开图画亭"复原图

240、300、240 分，即 9.6、12、9.6 宋尺。"天开图画亭"的上檐假定为五铺作，下檐则没有设置铺作，而且《水殿招凉图》中，下檐的结构很可能被外柱之间类似照壁版的构件挡住。

"天开图画亭"的四面都设有台阶，台明的结构可能也采用了宋代景观建筑常见的永定柱的做法。

青溪园所有建筑的基本尺度与结构见表 2 "青溪图所示的建筑复原数据表"。

六、结论

根据上述的复原研究，可以总结出青溪园有以下几个特点：

从园林与城市的关系看，青溪园的总平面布局与建康府的城市结构形成很好的联系：青溪园的主入口朝西设置，朝向青溪园西侧的建康府廨，而且，主入口的西北侧不远处即为建康府城行宫，因此青溪园与上述两座建筑形成了便捷的交通联系；沿着建康府的东西向主要城市道路，即白下路，设置了青溪园的西北入口与东北入口；青溪园的南侧前面的万柳堤以南设置了放生池，因此万柳堤通过木桥与周围的城市地区连接。

青溪图所示的建筑复原数据表

表 2

宋尺 = 30.5 cm　比例　-1 0 1　5　10　15　20丈

组名	单体建筑物	《营造法式》用材等级		面阔 副阶	面阔 尽	面阔 次	面阔 次	面阔 明间	面阔 次	面阔 次	面阔 尽	面阔 副阶	进深 副阶	进深 尽	进深 明间	进深 尽	进深 副阶	柱高(尺)	柱高:柱经	铺作 下檐	铺作 上檐	材寸	分寸
先贤祠组	先贤祠南门 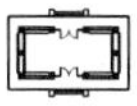	第六等	分		315			375			315			240		240		11.5	1:8	五铺作		6 x 4	0.4
			宋尺		12.5			15			12.5			9.6		9.6							
	尚友堂 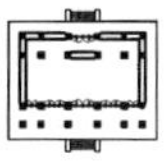	第五等	分	200	260			285			260	200	200		480		200	11.5	1:8	五铺作	六铺作	6.6 x 4.4	0.44
			宋尺	8	11.5			12.5			11.5	8	8		21		8						
	先贤之祠 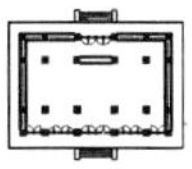	第五等	分	240	320			360			320	240	240	240		240	240	13	1:9	五铺作	六铺作	6.6 x 4.4	0.44
			宋尺	10	14			16			14	10	10	10.5		10.5	10						
	先贤祠北门 (主体) 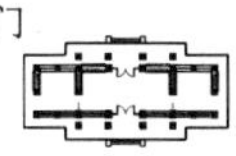	第六等	分		315			375			315		120	240		240	120	13	1:9	五铺作		6 x 4	0.4
			宋尺		12.5			15			12.5		4.8	9.6		9.6	4.8						
	撑绿亭 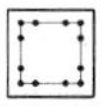	第六等	分		160			320			160			160	320	160		11.5	1:8	五铺作		6 x 4	0.4
			宋尺		6.4			12.8			6.4			6.4	12.8	6.4							
	香远亭 香世界亭 	第七等	分		120			300			120			120	300	120		11.8	1:8	五铺作		5.25 x 3.5	0.35
			宋尺		4.2			10.5			4.2			4.2	10.5	4.2							
		第七等	分		100			250			100			100	250	100		11.8	1:8	五铺作		5.25 x 3.5	0.35
			宋尺		3.5			8.8			3.5			3.5	8.8	3.5							
	添竹亭 花神仙 	第七等	分					460							460			10.3	1:7	五铺作		5.25 x 3.5	0.35
			宋尺					16							16								
	碑亭 ? 	第八等	分					465							465			8.8	1:7	四铺作		4.5x 3	0.3
			宋尺					14							14								

宋尺 = 30.5 cm　比例　-1 0 1　5　10　15　20丈

组名	单体建筑物	《营造法式》用材等级		面阔 副阶	面阔 尽	面阔 次	面阔 次	面阔 明间	面阔 次	面阔 次	面阔 尽	面阔 副阶	进深 副阶	进深 尽	进深 明间	进深 尽	进深 副阶	柱高(尺)	柱高:柱经	铺作 下檐	铺作 上檐	材寸	分寸
东路建筑群	青溪门 	第五等	分		320			365			320			240		240		12.7	1:8	五铺作		6.6 x 4.4	0.44
			宋尺		14			16			14			10.6		10.6							
	土地庙 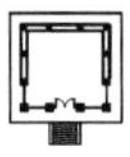	第五等	分		250			300			250			250	250	250		12.7	1:8	五铺作		6.6 x 4.4	0.44
			宋尺		11			13.2			11			11	11	11							
	闲暇堂？ 近民堂？ 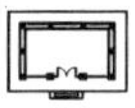	第五等	分		275			320			275			240		240		12.7	1:8	五铺作		6.6 x 4.4	0.44
			宋尺		12			14			12			10.6		10.6							
	割青亭 	第七等	分		120			300			120			120	300	120		11.8	1:8	五铺作		5.25 x 3.5	0.35
			宋尺		4.2			10.5			4.2			4.2	10.5	4.2							
	碑亭 ? 	第八等	分					465							465			8.8	1:7	四铺作		4.5x 3	0.3
			宋尺					14							14								
	青溪阁 (主体) 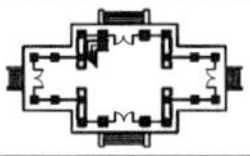	第四等	分		187	250	187	375	187	250	187			187	375	187		16.8	1:9.7	五铺作	六铺作	7.2 x 4.8	0.48
			宋尺		9	12	9	18	9	12	9			9	18	9							
	心乐亭 一川烟月亭 	第七等	分		180			360			180			180	360	180		11.8	1:8	五铺作		5.25 x 3.5	0.35
			宋尺		6.3			12.6			6.3			6.3	12.6	6.3							
	苍雪 静庵 	第七等	分		120			300			120			120	300	120		11.8	1:8	五铺作		5.25 x 3.5	0.35
			宋尺		4.2			10.5			4.2			4.2	10.5	4.2							
	竹亭 	第六等	分					480							480			11.5	1:8	五铺作		6 x 4	0.4
			宋尺					19.2							19.2								
	最高山亭 	第七等	分					460							460			10.3	1:7	五铺作		5.25 x 3.5	0.35
			宋尺					16							16								
清如堂庭院	清如堂 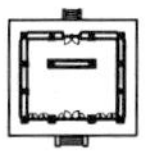	第五等	分	270				400				270	240		240		240	14.2	1:9	五铺作	六铺作	6.6 x 4.4	0.44
			宋尺	12				17.6				12	10.6		10.6		10.6						
	众芳亭 爱青亭 	第七等	分		120			300			120			120	300	120		11.8	1:8	五铺作		5.25 x 3.5	0.35
			宋尺		4.2			10.5			4.2			4.2	10.5	4.2							

宋尺 = 30.5 cm　　　比例　-1 0 1　5　10　15　20丈

组名	单体建筑物	《营造法式》用材等级		面阔	进深	柱高(尺)	柱高:柱经	铺作	材 寸	分 寸
天开图画庭院	西门	第五等	分	240　450　240	240　240	12.7	1:8	五铺作	6.6 x 4.4	0.44
			宋尺	10.5　19.8　10.5	10.6　10.6					
	天开图画	第六等	分	240　300　240	240　300　240	11.5	1:8	五铺作	6 x 4	0.4
			宋尺	9.6　12　9.6	9.6　12　9.6					
		第六等	分	480	480	11.5	1:8	五铺作	6 x 4	0.4
			宋尺	19.2	19.2					
	玲珑池亭 玻璃顷亭 金碧堆亭 锦绣段亭	第七等	分	460	460	10.3	1:7	五铺作	5.25 x 3.5	0.35
			宋尺	16	16					
	放船亭	第七等	分	120　300　120	120　300　120	10.3	1:7	五铺作	5.25 x 3.5	0.35
			宋尺	4.2　10.5　4.2	4.2　10.5　4.2					
青溪庄庭院	庄门	第五等	分	275　320　275	240　240	11.1	1:7	五铺作	6.6 x 4.4	0.44
			宋尺	12　14　12	10.6　10.6					
	正房	第五等	分	320　365　320	480	11.1	1:7	五铺作	6.6 x 4.4	0.44
			宋尺	14　16　14	21.1					
	厢房	第五等	分	320　365　320	440	11.1	1:7	四铺作	6.6 x 4.4	0.44
			宋尺	14　16　14	19.4					
西北组	西北门	第五等	分	275　500　275	240　240	12.7	1:8	五铺作	6.6 x 4.4	0.44
			宋尺	12　22　12	10.6　10.6					
		第七等	分	460	460	11.8	1:8	五铺作	5.25 x 3.5	0.35
			宋尺	16	16					
万柳堤组	溪光山色亭	第七等	分	360　180　360　180　360	180　360　180	11.8	1:8	五铺作	5.25 x 3.5	0.35
			宋尺	12.6　6.3　12.6　6.3　12.6	6.3　12.6　6.3					

　　青溪园的整体结构呈现出开放的特点：园林的规模虽然不大，却在西面与北面设置了四处入口，而且南面还设置了两座桥。此外，青溪园的北面与南面都不设围墙，而是利用水面形成了天然的隔离。

　　青溪园整体上可以分成几组相对独立的建筑群，每组建筑群有自己的核心空间。而且，这些建筑群之间利用水系进行分隔，因此各组建筑群基本上都位于独立的小岛或半岛上。

　　为了形成青溪园的各组建筑群之间的联系，设置了多座形状与结构都不一样的木桥。木桥与步行道共同构成了比较复杂的游览路线系统。这个路线系统主要包括以下两条游线：一条游线是沿着青溪园的南北中轴线，从南部的万柳堤，到中部的先贤祠，再到北部的清如堂；另一条游线可以称之为环线，沿着青溪园的内边界，将东路建筑群、清如堂、青溪庄、天开图画庭院与万柳堤等景点联系起来，并形成游览的环路。

　　青溪园中最重要的建筑群即先贤祠，设置在青溪园的平面格局的几何中心，而且位于地势最高的岛上。

　　除了青溪阁采取了殿阁式造型，青溪园中其他的主要建筑并没有采取殿堂式，而是采取了厅堂式。

　　青溪园建筑的规模相对较小：规模最大的建筑物是殿身三开间、副阶周匝的先贤之祠，其尺寸为64（宋尺）×41（宋尺），约合21（米）×13.4（米）。

　　为了园林风景的营造，青溪园中设置了大量的凉亭与碑亭。

　　在青溪园中景色最优胜之处，设置了观景的平台。

　　除建筑物之外，青溪园还设置大量的树木、假山、怪石、花盆等。

　　宋代园林的平面格局是研究宋代建筑规制的一个难题。目前国内没有保留完整的宋代园林，虽然古代文献中多见有关于宋代园林的文字记载，但是缺少详细的图像资料。《青溪图》是仅存的为数不多的详细描绘宋代园林的图，因此《青溪图》是研究宋代园林的不可多得的珍贵资料。此外青溪园中几乎所有的建筑都是同一时期所建造，并在马光祖的筹划下建成，因此青溪园具有相对完整的园林布局与建筑规制，对青溪园的研究也就具有特别重要的意义。

参考文献

[1] [北宋] 李诚，《营造法式》，人民出版社，北京，2007.

[2] [南宋] 周应合 .《景定建康志》. 宋元方志丛刊第二册 . 北京：中华书局，1990.

[3] [南宋] 周应合 .《景定建康志》. 文渊阁四库全书电子版 .

[4] [元] 张铉 .《至正金陵新志》. 宋元方志丛刊第四册 . 北京：中华书局，1990.

[5] [清]《江南通志》， 文渊阁四库全书电子版 .

[6] 马伯伦，《南京建置志》，深圳：海天出版社，1999.

[7] 苏则民，南京城市规划史稿 . 古代篇 - 近代篇 . 北京：中国建筑工业出版社，2008.

[8] 傅熹年 . 中国古代城市规划、建筑布局及建筑设计方法研究 . 北京：中国建筑工业出版社，2001.

[9] 潘谷西、何建中，《营造法式》解读，南京，2007，p131.

[10] 袁琳《南宋建康府府廨空间形态及基址规模研究》：[硕士学位论文]. 北京：清华大学，2009.

作者单位：北京清华城市规划设计研究院

"苏城好，城里半园亭"

——乾隆《姑苏城图》中园林用地规模及分布研究

梅　静

提要

　　明清苏州古城内的园林无论在营造数目还是艺术水平上都达到了历史最高峰。根据魏嘉赞《苏州古典园林史》统计，清代苏州府城内及临近城边的园林总数约有 100 处，诚如康熙朝进士沈朝初诗中所言："苏城好，城里半园亭。"刻绘于乾隆十年（1745 年）的《姑苏城图》是继《平江图》之后又一次对苏州城市面貌的详细描绘。图中以文字形式标注有耕地、园地百余处，池塘数十座，对苏州古城内园林用地的研究具有重要意义。本论文尝试通过粗略研究图中园林用地的规模及分布情况，来管窥清中前期苏州古城内园林建设概况及其对于苏州古城的影响。

关键词：苏州园林，乾隆《姑苏城图》，园林用地规模，园林与城市

一、研究背景

（一）清中前期苏州府城内园林建设的情况

　　苏州园林是我国江南私家园林的典型代表，它滥觞于汉晋，发展于隋唐，兴盛于五代两宋，而到明清时期，府城内园林营建的数目达到了历史最高峰。根据魏嘉赞《苏州古典园林史》统计，明代苏州府城内有园貌记载的园林大致有 80 多处，而到了清代，府城内及临近城边的园林总数约有 100 余处，其分布比明代还要密集。此外，还有大量分布在街巷中的庭园，更是不可胜计。明清苏州府城面积即今苏州古城区面积，大约 14.2 平方公里，而众多的园林构置其中，可谓星罗棋布。康熙朝进士沈朝初诗中所言"苏城好，城里半园亭"，正是这一时期苏州园林总体数量与规模的写照。在清中前期，历康雍乾三朝盛世，国力渐盛，全国人口有了大幅度的激增，苏州府城内用地亦随着经济人口的发展日渐紧张，城内园林的规模相对于前代大大减小，详见笔者论文——《明清苏州园林基址规模及其与城市变迁之关系研究》的相关论述。此外，在清中前期，康熙和乾隆两位皇帝都曾六巡江南，并游踪姑苏城内诸多名园，这对苏州的园林建设产生了重要的影响。

（二）乾隆《姑苏城图》及相关研究

　　苏州古城的历史舆图十分丰富，早在南宋绍定二年就有刻绘精准的《平江图》。明代刻绘苏州府城的舆图虽较为简略，但刊于明末的《苏州府城内水道总图》对此时古城内水道、桥梁的情况绘制颇为详细。清乾隆年间的《姑苏城图》（后文简称《城图》）则是继《平江图》之后，又一次对苏州城市面貌的详细描绘，此图堪称苏州历史地图中信息最为全面丰富的孤品，曾长时间佚失，直到上世纪末才复见于国内，具有重要的研究价值。据学者张英霖考证，此图刻绘于清乾隆十年（1745 年），在乾隆四十八年（1783 年）曾重新刻绘印制，其作者为绘制《盛世滋生图》的著名画家徐扬[1]，清道光年间的《吴门表隐》一书中亦称此图为"地名最详备者"。本文即是以此图为主要研究对象，对图中园林性质的用地进行测量研究，并据测量结果展开进一步的分析，因此《城图》自身绘制的精准性直接影响着本文研究成果的真实性。此图是否可以作为测量研究的依据？具体分析如下：

---

1. 张英霖. 对乾隆姑苏城图的一些探索. 转引自：中国古代地图集（清代）. 北京：文物出版社，1997。

首先，《城图》中详细绘有街巷、桥梁、寺庙、学校、官署、会馆、池塘、园林等，并以文字标注耕地、园地百余处，池塘数十座。其中绘制和标注的街巷数目在苏州古城历史舆图中最多，图中标绘信息也最为详尽。

其次，《城图》方位正确、比例匀称，其精确程度在苏州古城地图中堪称首位。学者张英霖将近期测绘的《苏州市地图》（1/25000）与乾隆《城图》中古城轮廓对照，可以看出两图的平面轮廓非常近似，方位也基本相同，因此认为此图较之现代测绘的城市地图亦毫不逊色，通过大量核算得其平均比例尺为1：5000左右。

二、乾隆《城图》标注分析及测量研究的方法

在正式对乾隆《城图》中园林用地进行测量研究之前，笔者需要对图中的标绘情况进行说明。首先，图中表示园林用地性质的标注有"园地"、"园池"、"大片园地"等多种类型，数量很多，成片或孤立散布在图中不同区域。而对于测量研究而言，最为复杂的是标注边界的模糊性。为实现对《城图》中园林用地规模的研究，笔者大致将图中园林用地的边界情况归纳为两种，并根据具体情况设定了相应的测量或估算的方法，分析如下：

情况一：园林用地轮廓清晰，可以通过大致测量得其基址规模。

这种情况是指在园林用地性质的"标注"周边有城市道路肌理围合形成的明确轮廓。笔者此处暂且认为图中道路肌理所围合的形状即是园地范围，然后通过大致测量得出其面积。这种情况多出现在靠近城市中部的建设用地中。当然，根据历史的实际情况，我们知道城市道路肌理所围合的区域中，还可能包括临街的店铺，以及普通民宅等其他构筑，而"园地"基址有可能只是其中的一部分，甚至可能只是较小的一部分。因此，对此种情况的园地基址测量可能大于实际规模。

情况二：园林用地轮廓模糊，只能通过粗略估测得其基址规模。

这种情况是指在园林用地性质的"标注"周边没有城市道路肌理围合的明确轮廓。这种情况多出现在《城图》中的城市边缘用地中，并且园林用地的标注常与田地标注掺杂融合在一起，不能够明确分辨园林用地的基址范围，这为论文的测量研究工作带来了较大的困难。通过对照园记等文献中的描述，笔者以为此种情况正是当时实际情况的反映，即在清中前期，位于城内边缘用地的园林多为开敞的形式，园中构筑较少，且常与周边的田地融为一体，以取其自然淳朴的农田景致。在对历史情况进行分析之后，笔者为图中此种情况下园林用地规模的研究设定了粗略估测的方法，即以图中表示园林用地的标注为中心，画出"适度"的圆形范围（注：此处"适度"的标准是不侵犯临近田地的空间），然后通过测量这些大概勾绘的圆形范围得出"田、园融合区"中园林用地的大致规模。显然，相对于情况一的误差而言，情况二的粗略估测就更为概括和大胆。

总体而言，本文对于《城图》中园林基址规模的测量研究具有一定的概括性，甚至是冒险性。然而，这些测量数据虽十分粗略，但对于我们了解渐渐隐去的历史城市及城市中园林的整体面貌仍具有十分重要的意义。

在下文对《城图》园林用地规模的测量研究中，笔者首先将根据方志文献中对苏州古城的划分方式，以城市中部的"乐桥"为中心，东西以护龙街（今人民路）为界，南北以城内水系"三横四直"中的第二横为界，将苏州古城区划分为东南、东北、西南、西北四隅。然后再对图中各隅所绘园林用地分别进行测量研究和分析，划分方式如（图1）所示。

这里需要特别说明：本文用于测量的基础图纸为苏州博物馆所藏《城图》的复制品印刷品，通过与原图对比核算（原图板框尺寸：108cm×81cm，本人所用印刷品板框尺寸：86cm×66cm），本文所用《城图》的平均比例尺约为1：6150，面积比例约为1：37822500。

三、乾隆《城图》中园地的规模及分布研究

（一）《城图》西南隅园林基址规模及分布情况

根据上述对苏州古城的分区标准，西南隅为苏州古城四隅中面积最小的分区，笔者通过粗略测量乾隆《城图》中西南隅城市用地，得其总面积约为3500清亩。

图1　苏州古城四隅分区示意
（底图为乾隆《城图》）

图2　乾隆《城图》中园基址分布情况
——西南隅

在苏州西南隅城市用地中，属于情况一的园林用地，即轮廓清晰者共有6处，笔者对其进行了大致测量，分别为19亩、21亩、14亩、103亩、39亩、113亩，总面积约为309清亩（注：这些数据不一定是指一座园林的基址规模）。再看园林用地的分布：首先，三处规模较大、轮廓清晰的园林用地都集中于五代南园基址区；其次，在本隅南部一带，靠近盘门的城市边缘用地中，尚有10余处园林用地的标注与周边田地融为一体，根据前文所述方法，笔者也对这些园林用地规模进行了大致估测，得其总面积约为256清亩。

综合上述两种情况的统计，苏州古城西南隅内，约有565清亩的用地为园林基址，约占此隅城市总面积的16%。此外，本隅内另有"池""塘"等标识4处（图2）。

（二）《城图》西北隅园林基址规模及分布情况

同上，笔者通过大致测量乾隆《城图》中西北隅城市用地，得其总面积约为4760清亩（根据苏州历史文献的划分传统，本文此处对西北隅用地的测量不包括北寺在内——笔者注）。

在苏州西北隅城市用地中，属于情况一的园林用地，即轮廓清晰者共有12处，笔者对其进行了大致测量，总约为360清亩。每一处园林用地的测量情况如表1所示。此外，在本隅北部，靠近阊门和北城的桃花坞一区内，尚有16处园林用地字样的标注，与情况二的分析相同，这些标注与周边的田地融为一体，根据历史文献分析，图中此一区园林多为明中后期桃花坞园林的延续或改建。如明代唐寅的"桃花庵"，在清顺治年间为医师沈明生购得，增构"长宁池"，池中种荷花，并跨塘作"芙蓉亭"，池侧建有"梦墨楼"、"六如亭"等，人称"沈太翁园"。再如图中此区域所标绘的"北园"，据宣统《吴县志稿》，本为明末御史苏怀愚所筑"苏家园"（又称北园），后为御史李模园，乾隆《城图》绘制之时，呼之为"北园"，此地为郡中菜花最盛处。对于城北这些基址轮廓模糊的园林用地，笔者亦采用前文所述方法，对这些园林用地规模进行了大致估测，得其总面积约为400清亩。

乾隆《城图》中西北隅园林基址规模统计表　　　　　　　　　　　　　　　　　　　表1

分类	区域／园林名称	面积（单位：清亩）
区域范围	城北桃花坞区	20、22、21、27
	北寺西侧区	48、78

分类	区域/园林名称	面积（单位：清亩）
标注名称	陈庄	24
	长鱼池一区	44
	杨家园子	10
	慕家花园	30
	如意堂	21
	布政司西隅园	15

注：根据文中分析可知，表中所列园林用地不能确指一座园林的基址规模。

当然，根据方志、园记等历史文献记载可知，在清中前期，此隅内还应该有秀谷、艺圃等大量历史名园，但其基址却未标绘于图中。综合上述两种情况的统计，苏州古城西北隅内，大概约有大于760清亩的用地为园林基址，且多集中于西北隅桃花坞一区。因此，笔者以为园林用地所占城市西北隅总面积的比例应大于16%。此外，本隅内另有"池"、"塘"等标识共11处（图3）。

（三）《城图》东南隅园林基址规模及分布特征

同上述分区标注，笔者测得图中东南隅城市用地总面积约为6223清亩。其中，属于情况一，即轮廓清晰的园林用地共有21处，这些园林用地多集中于城市中心地区，即原宋子城基址内部和周边，以及沧浪亭一区。根据前文所述方式，笔者对其进行了大致测量，总面积约610清亩，对其具体测量结果如（表2）所示。

乾隆《城图》中东南隅园林基址规模统计表　　　　　表2

分类	区域/园林名称	面积（单位：清亩）
区域范围	宋子城内区	35、33、12、15、20、28、49
	宋杨园基址区	11、12、12、18
	双塔寺南区	26、41、18
	东城下靠近葑门一区	17、40
标注名称	近山林	60
	沧浪亭	54
	朱家园	37
	李家园	52
	□□书院	20

注：根据文中分析可知，表中所列园林用地不能确指一座园林的基址规模。

此外，在城市东南隅的边缘用地中，园林用地的分布与其他几隅有着不同的情况。在乾隆《城图》中，本隅南部及靠近葑门的东部一带，大面积的用地标有"田"或"此一大片皆田"等字样，通过大致测量，此隅内田地总面积约为3510清亩，田地占东南隅城市用地总面积的56%。转言之，苏州古城内东南隅用地中一半以上为田地，这一比例远远超过了其他三隅中田地所占比例。另外，在东南隅大片的田地中间，园林用地的标注极少，并且仅有的几处也是分布在田地与建设区的交接区域，这也与其他三隅城市边缘用地中园地、田地相融合的情况不同。根据前文所述具体方法，笔者对这几处园林用地也进行了粗略估算，得其总面积大约有100清亩。

根据历史文献的记载，在清中前期，此隅内还建有"葑溪草堂"、"墨池园"等多处名园，其基址未标绘于图中。综合上述几种情况分析，苏州古城东南隅内约有710清亩的用地为园林基址，其所占城市此隅总面积的比例大致为10%，远小于本隅田地所占的比例。此外，本隅内另有"池"、"塘"等标识11处（图4）。

图 3 乾隆《城图》中园林基址分布情况——西北隅

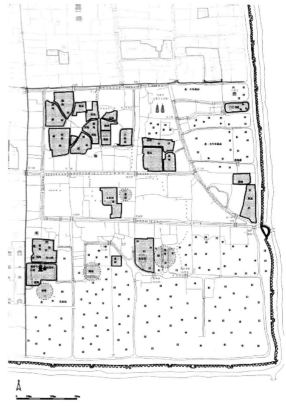

图 4 乾隆《城图》中园林基址分布情况——东南隅

（四）《城图》东北隅园林基址规模及分布特征

同上述分区标准，笔者通过测量乾隆《城图》东北隅城市用地，得其总面积约为 6655 清亩（包括北寺在内），本隅是苏州四隅中面积最大的分区。

在苏州东北隅城市用地中，基址轮廓较为明确的园林用地 21 处，这些园林多分布于齐门内北城下，通过大致测量，其总面积约 688 清亩。每一处园林用地的测量情况如（表 3）所示。此外，与西南、西北两隅情况类似，在本隅北部空地中亦有多处园林用地与田地相互交织，根据前文所述方法，笔者通过粗略测算，得其面积共约 390 清亩。

乾隆《城图》中东北隅园林基址规模统计表　　　　　　　　　　　　　　　　表 3

分类	区域 / 园林名称	面积（单位：清亩）
区域范围	北寺东区	37、41、16、11
	拙政园周边	27、37、17
	城中散布的园林	65、12、6、11
标注名称	新庄	34
	王家花园	42
	蒋家花园	75
	归田园居	31
	□□园	12
	狮子林、五松园	21
	金□园	20
	管家园	7
	姚家阁	38

分类	区域／园林名称	面积（单位：清亩）
标注名称	孙家园	4
	凤池园（西部）	55
	凤池园（东部）	18
	薛娘园	9
	顾家园	42

注：根据文中分析可知，表中所列园林用地不能确指一座园林的基址规模。

根据方志、园记等历史文献记述，在清中前期，此隅内还应有"月驾园"、"有怀堂"等多处名园，其基址未标绘于图中。综合上述几种情况分析，苏州古城东北隅内约有大于1078清亩的用地为园林基址，其所占城市此隅总面积的比例大致为16%。另外，本隅中另"池"、"塘"等标识11处（图5）。

四、总结

（一）《城图》中园林基址的总体规模和比例

根据前文测量研究，在乾隆《城图》中，苏州古城西南隅内约有565清亩的用地为园林基址，大概占此隅总面积的16%；古城西北隅内，约有760清亩的园林用地，大概占此隅总面积的16%；古城东南隅内约有710清亩的园林用地，大概占此隅总面积的11%；古城东北隅内约有1078清亩的用地为园林基址，大概占此隅总面积的16%。总体来看，苏州古城内的园林用地面积超过3000清亩，约占古城总面积的14.5%（注：图中古城总面积测量约21000清亩，见图6）。此外，根据历史文献记载，在清中前期，还有大量历史名园并未标绘于图中，因此，此时苏州城内园林用地规模有可能超过上述比例数据。

（二）《城图》中园林基址密集区的分布特征

根据前文分析，在乾隆《城图》中，苏州古城西南隅内的园林基址主要分布于五代南园基址一区，以

图5　乾隆《城图》中园林基址分布情况——东北隅　　**图6　乾隆《城图》中园林基址分布情况——总体**

及南部、西部城墙下的城市边缘用地中；古城西北隅园林基址主要分布于宋桃花坞基址一区，即阊门内西北城墙下的城市边缘用地；古城东南隅园林基址主要分布于唐宋子城基址一区，以及东部城墙下的城市边缘用地中；东北隅园林基址主要分布于宋"东北园"、明"拙政园"周边一区，以及北部、东部城墙下的城市边缘用地中。

对照乾隆《城图》再综合上述情况，可看出图中园林基址的密集区域具有如下分布特征：

首先，园林基址的密集区主要分布在苏州古城的东部一区，以及南北两端的城市边缘用地中。转言之，在城市中部的建设区域中，东西两城区园林基址的密集程度不同，产生这种差异的原因主要是明清以来，苏州城市功能分区变迁所带来的"西狭东旷"的用地情况所致。而在城市边缘用地中，南北两端园林基址密集的原因，主要由于苏州古城平面呈南北狭长的不规则矩形，使其南北两城下的用地较为宽裕，根据图中情况来看，此一区中亦分布有大片田地与园林用地相互交织、融合。

其次，在府城中部的建设用地里，园林密集区多分布在早期大型园林的基址区域范围内，可以说是对前代园林基址的分割所建，如东北隅内的"凤池园"、"拙政园"等大型园林，在图中已被分解为几座中小型园林。而在城四周的边缘用地里，园林基址则是拓展了更多新的发展空间，如"秀谷"、"涉园"、"怡老园"等。在园林内部的造景方面，前者多因循早期园林遗址的典故，而后者则多借用苏州老城墙为景致。

最后，在子城范围内，唐宋时期的宏丽构筑自元末以来皆为废墟，文献及《城图》信息均反映出此时的子城为多处园林用地所分割占据，这使得明清苏州古城内园林基址分布的密集区域呈现出逐渐向城市中心区内迁的趋势。

参考文献

[1] [明] 卢熊. 苏州府志. 据明洪武十二年（己未 1379 年）刻本拍摄，胶片.
[2] [明] 王鏊. 姑苏志. 据明正德元年（丙寅 1506 年）刻，嘉靖间增刻本拍摄，胶片.
[3] [清] 李铭皖，谭钧培，修. 冯桂芬，纂. 苏州府志. 据清光绪八年（1882 年）刻本影印.
[4] 王謇. 平江城坊考. 南京：江苏古籍出版社，1985.
[5] 邵忠，李瑾，选编. 苏州历代名园记·苏州园林重修记. 北京：中国林业出版社，2004.
[6] 魏嘉瓒. 苏州历代园林录. 北京：燕山出版社，1992.
[7] 魏嘉瓒. 苏州古典园林史. 上海：上海三联书店，2005.
[8] 陈宝良. 明代社会生活史. 北京：中国社会科学院出版社，2004.
[9] 何炳棣. 明初以降人口及其相关问题：1368—1953. 葛剑雄译. 北京：三联书店，2000.
[10] [美] 施坚雅，编. 中华帝国晚期的城市. 叶光庭等译. 北京：中华书局，2000.
[11] [法] 米歇尔·柯南. 城市与园林：园林对城市和文化的贡献. 陈望衡编. 武汉大学出版社，2006.
[12] 汪前进. 《平江图》的地图学研究. 自然科学史研究，1989，8（4）.
[13] 廖志豪，陈兆弘. 苏州城的变迁与发展. 苏州大学学报，1984（3）.
[14] 张英霖. 对乾隆姑苏城图的一些探索. 见：中国古代地图集（清代），北京：文物出版社，1997.

作者单位：中国建筑设计研究院

第四篇　城市衙署建筑

明代山东城市之衙署建筑
平面与规制探析 *

李德华

提要

在明代大规模的城池建造运动中，也建造了大量建筑物。而在分等级的明代地方城市中，居于城市中心地位的建筑物往往是代表地方行政管理之中心地位的衙署建筑。在明代制度重建的过程中，衙署建筑的等级分划、建筑布局、建筑平面格局无疑具有一定的意义。本文以山东地区的明代城市为例，对史料中出现的不同等级的地方城市衙署进行了分析，并根据史料的记录对这些衙署建筑的平面格局进行了复原研究，以期对明代城市中衙署建筑的平面格局与建筑规制进行探索。

关键词：明代城市，山东地区，衙署建筑，平面格局，建筑规制

明代城市是按照行政等级分划的，因而，每一座地方城市的权力中心，往往位于这座城市最高行政长官的驻在机构及第宅中，而这也正是古代地方衙署建筑的所在，除了京师中散布的各种不同等级的衙署外，各地的衙署，从府衙、州衙，到县衙，与城市等级相平行而分为若干个不同的等级。因而，一座城市中的衙署建筑，往往是这座城市中最为重要的建筑组群之一，故对衙署建筑的研究有助于更好地理解明代城市的基本形态。

关于衙署一词的来源，参照相关的史料分析，很可能是从唐宋时期的城中之城"牙城"一词演变而来，牙城之名来源于唐代节度使的治所大门前所悬挂的"牙旗"，悬挂有牙旗的地方治所之所在地也就被称为了"牙城"，也称"子城"，这是相对于其外城——"罗城"而言的。因此，牙城应该是一座城市的权力中心所在，或因后世"牙"与"衙"音义相通，遂渐以"衙城"而称之，后又转称为"衙署"。[1] 在明代的地方志书中仍然可以看到"牙城"或"衙城"的字样，如：濮州城的州衙"缭以垣墉，其前则筑牙城"[2]，还有范县城的县衙"缭以高垣，牙城也"[3]。在城墙般的围墙的保护下，衙署建筑似乎俨然成为了城中之城。

衙署建筑的基本规制在明代应该有一定的规制，或称为"式"，至少在山东地区的相关文献中可以看出这一点。在嘉靖版的《兖州府志》中常常能见到这样的记载，如峄县的县治"厅堂、耳室、幕厅、东西司房、架阁库，俱如式"，郯城县的县治"厅廊、两廊、库室、祠狱俱治如式"，单县的县治"堂库、司房、舍祠、禁俱照式建"。不仅县治有固定的"式"，而且州城也有"式"。如济宁州的州治"正厅、耳房、吏舍、幕厅、架阁库，俱修葺如式"。由此推知，各个等级衙署的建筑，可能存在一些基本的规式，只是这些规式已经不见于相关的记载。故而通过若干案例的分析和比较，将有关山东明清衙署建筑中可能存在的某种规式加以归纳推演，或能从中发现一点规律性的东西，以加深我们对明代建城运动中所可能涉及的建筑物的制度性理解。

此前已经有一些学者对明代衙署建筑的基本特征作过研究，如姚柯楠和李陈广撰写的《衙门建筑源流及规制考略》一文认为，明代衙署建筑大体遵循以下五条原则：

（1）坐北朝南。即以一条南北向的主体甬道为中轴线，主要建筑如照壁、大门、仪门、戒石坊以及主体建筑如大堂、二堂、三堂依次排列在这条中轴线上；

---

* 本文属国家自然科学基金支持项目，项目名称：《明代建城运动与古代城市等级、规制及城市主要建筑类型、规模与布局研究》，项目批准号为：50778093。

1. 引自明清时期山西地方衙署建筑的形制与布局规律初探，太原理工大学，硕士学位论文，张海英，2006年。
2. 《濮州志·嘉靖》，卷一，公署，天一阁藏明代方志选刊。
3. 第764页，《范县志·县治》，嘉靖，天一阁藏明代方志选刊续编，卷61。

（2）左尊右卑。衙署建筑布局以左为尊。如在县衙中，县丞宅居东，主簿宅居西。又如在府衙中，同知宅居东，通判宅居西；

（3）左文右武。衙署六曹俱处大堂之前，其排列按左右各三房，东列吏户礼，西列兵刑工，然后再分先后，即吏、兵为前行，户、刑为中行，礼、工为后行；

（4）风水影响。明清衙署监狱多设在西南，仪门之外。东南为巽地，寅宾馆、衙神庙多设在建筑群的东南方位；

（5）前衙后邸，迎合皇宫的前朝后寝。衙署的大堂、二堂为行使权力的治事之堂，二堂之后则为长官办公起居及家人居住之所。[1]

上述的诸原则可以大致简化为最为重要的三条基本原则：一、中轴对称；二、左尊右卑；三、前衙后邸。这一原则不仅对理解明代衙署建筑，甚或对理解古代一般建筑群，如官员邸宅、佛道寺观、孔庙孔学等，也有一定的意义。

为了深入的研究，这里将衙署分成府衙、州衙和县衙三种等级类型，从地方志书的相关记载入手，对每一种衙署建筑类型及其特点进行归纳总结与个案分析，以期探求明代衙署建筑中可能存在的某种规制性内涵。

一、府衙建筑

要对府衙有进一步的了解，有必要先分析一下与府衙相关的官员设置情况。根据相关史料及研究可知，明代府一级政府机构中设置的主要官员有：

（1）知府（正四品）；（2）同知（正五品）；（3）通判（正六品）；（4）推官（正七品）；（5）经历（正八品）；（6）知事（正九品）；（7）照磨（从九品）。

这些等级分明，且分工详细的官员办公机构及房间，分布在府衙建筑群之中，组成了一个具有一定规模的集办公与居住为一体的建筑组群。

从文献中可见的史料及相关的附图中，我们可以看出，明代山东府衙建筑的基本架构是将建筑群分为东、中、西三路，从而也形成了以主要厅堂与院落为主的中轴线部分，及以次要辅助性功能房屋及院落为主的左右两个辅轴线部分。这并列布置的三路建筑及院落分别是：

（1）由礼仪性的大堂庭院和知府宅院组成的中路建筑群；

（2）由土地祠、寅宾馆、吏舍、推官宅和同知宅及其院落组成的东路建筑群；

（3）由府狱、经历宅、照磨宅和通判宅组成的西路建筑群（图1）。

其中推官宅、经历宅和照磨宅的位置比较灵活，或者在东路，或者在西路，视实际情况而有不同的布局方式。下面以文献中记载较为详细的几座府衙建筑为例，对明代山东府衙建筑规制加以探讨。

1. 兖州府衙（图2）

根据嘉靖版《兖州府志》的记载：

> 由大门而入，东寅宾馆，土地祠，西阴医亭，轻监。仪门左右竖四碑，一五岳图，一题名记，一修府治记，一李白壮观二字。由仪门而入，曰军器库，仪仗库，司狱司，左右吏科，甬道中立戒石亭，有扁曰德教坊。大堂五楹，两挟设经历、照磨二厅，由穿堂入后堂，扁曰五美堂。堂两傍各设库，东洪备西架阁，堂之后郡伯廨。由东马道门入经历廨，北清军同知廨。由西马道门入照磨廨，北至分署坊，督粮通判廨，管马通判廨，理刑推官廨，左右科吏后吏舍数十楹，周围缭以墙垣。[2]

据此记载及文献中其他相关资料，可以对明代兖州府衙建筑群作如下分析：

（1）中路建筑：中轴线最南端是大门前面的石坊（东鲁明郡坊），石坊以北是府衙大门。大门与石坊

---

1. 衙门建筑源流及规制考略，姚柯楠，李陈广，中原文物，2005年第三期。

2. 参考《兖州府志·嘉靖》，卷二十二，公署。

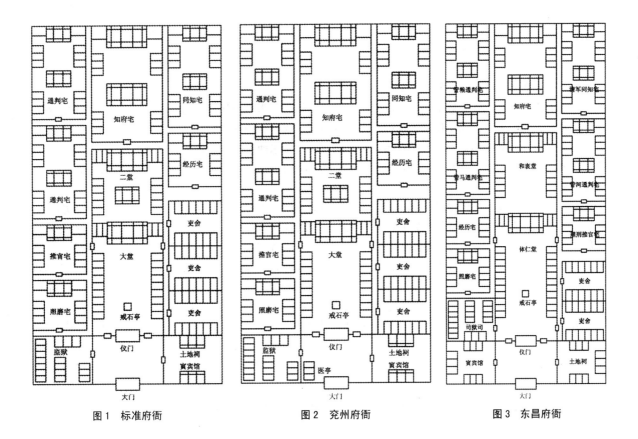

图1　标准府衙　　　　　　图2　兖州府衙　　　　　　图3　东昌府衙

之间有泗水河横穿，架桥河上。大门以北是仪门庭院，仪门东西有两便门。仪门前竖有四块碑记，分别刻有五岳图、题名记、修府治记和李白题写的"壮观"二字。仪门以北是大堂庭院，庭院中有戒石亭，亭内立有刻着"公生明"三字的石碑。大堂庭院的东西厢房是书吏房，书吏房除了六房书吏，还有架阁库、仪仗库和军器库等。大堂庭院正北就是府衙的中心——大堂，东西掖房分别设有经历廊和照磨廊。大堂以北有穿堂（又称川堂），穿堂以北是后堂（五美堂），大堂与后堂组成的庭院也有东西厢房，东厢房是洪备库，西厢房是架阁库。后堂以北是中轴线的结束部分——知府宅。

　　（2）东路建筑：东路的最南端，即在仪门庭院以东，是寅宾馆和土地祠。土地祠以北，即书吏房以东，有数十间吏舍。吏舍以北是经历廊。再往北是清军同知廊，清军同知廊在知府宅的东向。这组建筑与中路建筑之间有南北向马道联系这两路建筑群。

　　（3）西路建筑：西路的最南端，即在仪门庭院以西，是医亭和监狱。监狱以北，即书吏房以西，也有数十间吏舍。往北是照磨廊，继而理刑推官廊，继而管马通判廊。最北端是督粮通判廊，督粮通判廊在知府宅的西向。这组建筑与中路建筑之间也有南北向马道。

　　兖州府衙建筑的规模和布局与其兖州府官员的设置情况直接相关。兖州府设有知府一员，同知三员，通判三员，推官一员，经历一员，照磨一员。在佐贰官中，三位同知分别是管黄河同知、管运河同知和清军同知，三位通判分别是督粮通判、管马通判和管泉河通判。这些佐贰官的衙署不全在府衙之中，其中主管黄河事务的同知署在单县，主管运河事务的同知署在济宁州，主管泉河事务的通判署在安平镇。所以，衙署中的佐贰官廊屋只有三组。

2. 东昌府衙（图3）

　　根据万历版《东昌府志》的记载：

> 东曰承流坊，西曰宣化坊，中为东郡坊，大门内东为土地祠，西为寅宾馆。仪门内有甬道，中为戒石，东为仪仗库，左碑亭一，右井亭一，两廊为各吏科。大堂五间，榜曰体仁。两掖设经历、照磨二厅。退堂五间，榜曰和衷。西为架阁库，东为思过阁。最后为知府宅，东夹道北为清军同知衙，

南为管河通判衙，又南为理刑推官衙。西夹道北为管粮通判衙，南为管马通判衙，又南为经历照磨衙，又南为司狱衙，为吏舍数十楹。[1]

综合相关文献，对东昌府衙的分析如下：

（1）中路建筑：中轴线最南端是大门前面的三座石坊，东为承流坊，西为宣化坊，中为东郡坊。石坊以北是府衙大门。大门以北是仪门，仪门以北是戒石亭。戒石亭两侧左有碑亭，右有井亭。戒石亭庭院的两廊是各吏科房。庭院的正北为大堂（体仁堂）五间，大堂东西两掖设有经历、照磨两厅。大堂以北有退堂（和衷堂）五间。大堂与退堂之间的庭院有东西厢房，东为思过阁，西为架阁库。退堂以北是知府宅，形成建筑群中轴线的结束。

（2）东路建筑：东路的最南端，即在大门与仪门组成的庭院以东，是土地祠。土地祠北，即书吏房以东，有数十间吏舍。吏舍以北是理刑推官廨，再往北是管河通判廨，最后是清军同知廨，清军同知廨在知府宅的东向。这组建筑与中路建筑之间有南北向夹道联系这两路建筑群。

（3）西路建筑：西路的最南端，即在大门与仪门组成的庭院以西，是寅宾馆。寅宾馆北，即书吏房以西，也有数十间吏舍。再往北是司狱司，继而照磨廨，继而经历廨，继而管马通判廨，最北端是管粮通判廨，管粮通判廨在知府宅的西向。这组建筑与中路建筑之间也有南北向夹道。

东昌府衙和兖州府衙在建筑布局上比较相似，核心办公区以大堂为中心，由大堂、书吏房、戒石亭、仪门组成核心庭院。前有大门和仪门组成的第一进庭院，后有川堂、退堂及其东西厢房组成的第三进庭院。退堂之后还有知府宅院。重重深入的院落充分体现了中国传统建筑的特征。再者，佐贰官员的廨舍庭院在布局关系基本上遵循左尊右卑的原则。值得注意的是，东昌府衙的佐贰官廨也称为"衙"，例如，同知廨，称为同知衙，通判廨称为通判衙等。这些廨舍院落通过大堂左右的南北向夹道与核心院落中的大堂联系在一起。

3. 青州府衙（图4）

根据嘉靖版《青州府志》的记载：

府治在城东北。东西相夹为库，后为川堂，为后堂，堂后有亭。东为架阁库，库南为读律堂，西为军器库，库南为资深堂。北为知府宅，正堂南为箴石亭，东西列曹吏房凡十五（东吏房、杂科、收科、总科、礼房、将盈库、架阁库；西兵北、兵南、刑北、刑南、工房、承发司、经历司、照磨所），正堂东为经历厅，循东有夹道，北为同知宅，为经历、照磨宅；正堂西为照磨厅，西为銮驾库，循西有夹道，北为通判宅，推官宅，由南为通判宅，为点校知事宅，直西为理刑厅，为司狱司。仪门外东为土地祠，为清军厅，西为寅宾馆，捕盗厅。[2]

依据文献对青州府衙的分析如下：

（1）中路建筑：中轴线最南端是府衙大门。大门以北是仪门，仪门以北为箴石亭，应与前述"戒石亭"意义相近。箴石亭庭院的东西厢房为书吏房，共有15间，分别是东吏房、杂科房、收科房、总科房、礼房、将盈库、架阁库；西兵北房、兵南房、刑北房、刑南房、工房、承发司、经历司、照磨所。庭院正北是大堂，大堂东为经历厅，大堂西为照磨厅和銮驾库。大堂以北是川堂，川堂以北是后堂，川堂和后堂之间的东西厢房是读律堂和资深堂，后堂东西有架阁库和军器库。后堂以北是知府宅，也是中轴线的终端。

（2）东路建筑：东路的最南端，即在大门仪门组成的庭院以东，是土地祠和清军同知宅。再往北是照磨宅，继而经历宅，最北端是同知宅，同知宅在知府宅以东。这组建筑与中路建筑之间有一条南北向的夹道。

（3）西路建筑：西路的最南端，即在大门仪门组成的庭院以西，是寅宾馆和捕盗通判衙门。再往北是司狱司，继而知事宅，继而推官宅，最北端是通判宅，通判宅在知府宅以西。这组建筑与中路建筑之间也有南北向夹道。

---

1. 参考《东昌府志·万历》，卷三，公署。
2. 参考《青州府志·嘉靖》，卷八，官署。

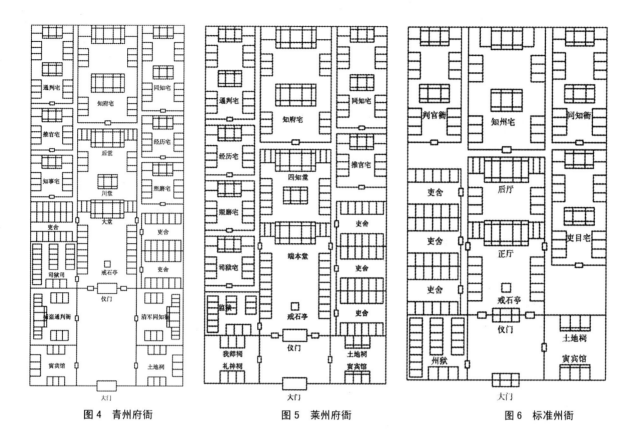

| 图4 青州府衙 | 图5 莱州府衙 | 图6 标准州衙 |

这里的记载中，将同知、经历等佐贰廨舍建筑都称为"宅"，似乎在这座府衙中，不仅知府大员的官邸就设在府廨之中，其余佐贰官员也将办公的廨舍与家居的宅屋合而为一。这是否就是当时的真实情况，抑或仅仅是称谓上的混淆，即这里的"宅"仅仅是指这些职能性官员的办公廨舍，而并非是指其家宅，这一点仍然是需要存疑的问题。

青州府衙和东昌府衙相似的是寅宾馆在仪门以西而不在东边。由此可知，除了组群中轴线在布置上，要用仪门、大堂、府宅依序布置，以代表官署的威严之外，相关职能性附属建筑，在布局上则可以有比较灵活的处理。

4. 莱州府衙（图5）

根据万历版《莱州府志》的记载：

> 府署在城中。中为正堂，名曰端本堂，两翼为库，左为经历厅，右为照磨厅。正厅后新增川堂，名三事轩。后为和衷坊，四知堂。左右为耳房，东为銮驾库，西为尊贤堂。正北为知府宅，东北为同知宅，东为推官宅，前为吏廨。西北为通判宅，前为照磨宅，为经历宅，南为狱，有司狱宅，西为射圃。正堂东西列曹吏房，东为吏房、收支科、课程科、杂科、礼房、架阁库，卷房偏南为军器房。西为承发司、兵北科、兵南科、刑北科、刑南科、工房、匠作房，卷房偏南为军器房。厅前为露台，围以石栏，前为御箴坊，又前为仪门，门外东西各便门一，左为土神祠，偏东新增州县官厅，南迎宾馆。右为我师祠，礼神祠。前为大门，又前为古东莱坊。[1]

对莱州府衙的分析如下。

（1）中路建筑：中轴线最南端是大门前面的石坊（古东莱坊），石坊以北是府衙大门。大门以北是仪门，仪门以北为戒石亭。戒石亭庭院的东西厢房为书吏房，东有吏房、收支科、课程科、杂科、礼房、架阁库，

1.《重刊万历莱州府志》，卷三，城池。

西有承发司、兵北科、兵南科、刑北科、刑南科、工房、匠作房，东西书吏房以南的卷房是军器库房。庭院的正北是大堂（端本堂），大堂东为经历厅，大堂西为照磨厅。大堂以北是川堂（三事轩），川堂以北是后堂（四知堂），后堂有左右耳房。大堂与后堂组成的庭院有东西厢房，东厢房为銮驾库，西厢房为尊贤堂。后堂以北是知府宅，是中轴线的终端。

（2）东路建筑：东路的最南端，即在大门仪门组成的庭院以东，是寅宾馆，寅宾馆以北是土神祠。土神祠以北是吏舍，吏舍以北是推官宅。再往北是同知宅，同知宅在知府宅以东。这组建筑与中路建筑之间有南北向夹道。

（3）西路建筑：西路的最南端，即在大门仪门组成的庭院以西，是我师祠和礼神祠。再往北是监狱和司狱司，继而知事宅，继而推官宅，最北端是通判宅，通判宅在知府宅以西。这组建筑与中路建筑之间也有南北向夹道。

从形制上看，莱州府衙与前面的三个案例没有太大的区别，且其职能官员的廨署与宅舍似也是合一的。从布局上看，其主要的区别是在仪门前增加了两座地方性的祠庙，而且司狱宅和监狱是分开的宅院。还有，莱州是这几个府城之中城池规模最小的，因而，其府衙的规模也相对比较小。

二、州衙建筑

州衙和府衙的建筑规制比较相似，只是在等级上比府衙要略低一些，因此规模也比府衙要小。明代的州一级政府主要设有的官员有知州、同知、判官和吏目，而且上述官员一般都只设一员。所以州衙的规模要小于府衙，而且建筑群体也比府衙要简单一些。

州衙建筑的基本构架也是东中西三路建筑，中路由大堂庭院和知州宅院组成，东路由土地祠、寅宾馆、吏舍、吏目宅和同知宅组成以及西路由州狱、吏舍和判官宅组成（图6）。下面就对几个州衙进行个例分析。

1. 宁海州州衙（图7）

根据嘉靖版《宁海州志》的记载：

> 州治在城内。正厅六楹，穿堂四楹，后厅六楹。后厅北中知州衙，东同知衙，西两判官衙。后厅东，库楼四楹，西斋戒亭四楹。正厅前为轩四楹。正厅右吏目厅四楹，右巡风官吏房三楹。正厅左贮龙亭库，旧为土地祠，知州李光先嫌以神人杂处，移于仪门左。左军器库，三楹。吏卷房各十二楹，同知衙门南为马房，马神祠四楹。南督粮厅，东吏目衙，东射圃厅四楹，判官衙南为吏舍，南囚狱。仪门四楹，内训辞坊，东小门，左土地祠五楹，西小门，右架阁库五楹。东总铺，西狱。小门，在大门西十丈许，久为居民隐匿，死囚由大门出，知州李光先查出，复旧。大门谯楼四楹。[1]

对宁海州衙的分析如下：

（1）中路建筑：中轴线最南端是州衙大门，大门上建有谯楼3间。大门以北是仪门3间，仪门东西有两小门，仪门前左有土地祠4间，右有架阁库4间。仪门以北有训辞坊。仪门内东西厢房为书吏房，东西各11间。仪门以北是州衙的核心建筑正厅5间，正厅前有轩3间。正厅东为贮龙亭库和军器库各3间，西为吏目厅3间和巡风官吏房两间。正厅以北是穿堂3间，穿堂以北是后厅5间，后厅以南东厢房是库楼3间，西厢房是斋戒亭3间。后厅以北是知州宅，是中轴线的终端。

（2）东路建筑：东路的最南端，即在大门仪门组成的庭院以东，是总铺。总铺以北是督粮厅，再往北是马房，马房中有马神祠3间。马房以东是吏目宅，再往北是最北端的同知衙门，同知衙门在知州宅以东。这组建筑与中路建筑之间应该有南北向夹道连接。

（3）间数不详。吏舍以北是最北端的判官衙门，两判官衙门并排，在知州宅以西。这组建筑与中路建筑之间也有南北向夹道连接。

宁海州衙的特点是土地祠并不设在仪门东边与州狱对称的位置，而是在仪门庭院内。与州狱对应的是

1.《宁海州志·嘉靖》，建置三，州治，天一阁藏明代方志选刊。

总铺。还有，州衙中马房的设置也比较特殊，其位置在同知衙门以南，督粮厅以北。知州宅以西，两判官宅并排设置，从而使州衙的总平面变得不很规则，根据复原平面的推测，两判官衙应该是南北布置，否则，在吏舍和判官衙之间将出现一大片空白地段，这在平面布置上似不很合理。

2. 平度州衙（图8）

根据万历版《莱州府志》对平度州衙的记载：

> 在城内正北。正德六年毁于流贼，知州雷子坚重建。中为正堂，东为库藏，西为銮驾库。堂后为退堂，又后为知州宅，左为同知宅，右为判官宅。同知宅东为吏目宅。堂前为箴石亭，左右列曹吏房，中为仪门，门外西为狱，东为土神祠，前为寅宾馆，大门上为谯楼。[1]

对平度州衙的分析如下：

（1）中路建筑：中轴线最南端是州衙大门，大门上有谯楼。大门以北是仪门，仪门以北有箴石亭。箴石亭北是核心建筑正堂。大堂前东西厢房为曹吏房。正堂东耳房为库藏，西耳房为銮驾库。正堂以北是退堂。退堂以北是知州宅。

（2）东路建筑：东路的最南端，即在仪门前以东，是寅宾馆。寅宾馆以北是土神祠，往北是吏目宅，再往北是最北端的同知宅，同知宅在知州宅以东。

（3）西路建筑：西路的最南端，即在仪门前以西，是州狱。州狱以北是吏舍。吏舍以北是最北端的判官宅，在知州宅以西。

这组州衙的建筑布置得比较整齐，而且建筑组群规模不大，但是建筑群体关系与标准州衙极为相近。

3. 胶州州衙（图9，图9a）

根据万历版《莱州府志》对胶州州衙的记载：

> 在城内西北。中为正堂，两翼为库，后为思补轩，又后为知州宅，堂东为同知宅，西为州判官宅，又东为吏目宅。堂前为箴石亭，列曹吏房于左右，中为仪门。门外左为寅宾馆，为土神祠，为马神祠，右为狱。外为大门。[2]

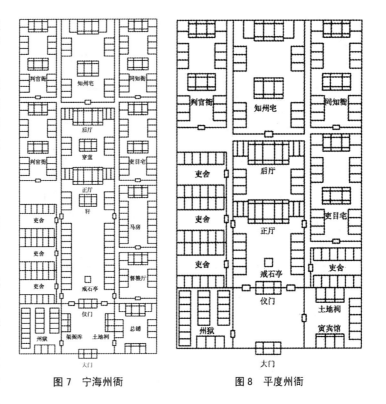

图7 宁海州衙   图8 平度州衙

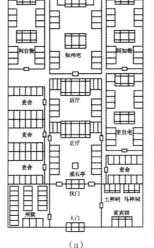

（a）

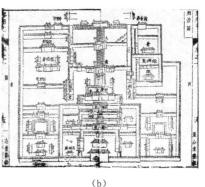

（b）

图9 胶州州衙

1.《重刊万历莱州府志》，卷三，城池。
2. 同上。

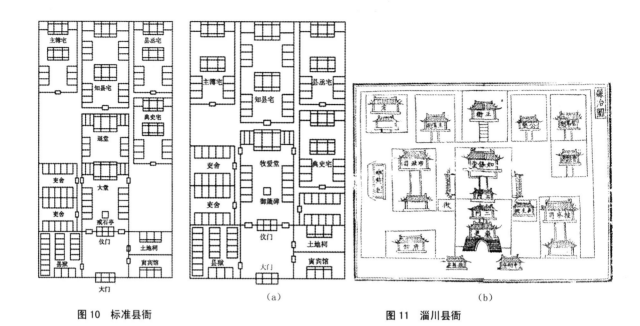

图 10　标准县衙　　　　　　　　（a）　　　　　　　　　图 11　淄川县衙　　　　（b）

对胶州州衙的分析如下：

（1）中路建筑：中轴线最南端是州衙大门。大门以北是仪门，仪门以北有籤石亭。籤石亭北是核心建筑正堂。大堂前东西厢房为曹吏房。正堂东西耳房都是库藏。正堂以北是思补轩。思补轩以北是知州宅。

（2）东路建筑：东路的最南端，即在仪门前以东，是寅宾馆。寅宾馆以北是土神祠和马神祠，往北是吏目宅，再往北是最北端的同知宅，同知宅在知州宅以东。

（3）西路建筑：西路的最南端，即在仪门前以西，是州狱。州狱以北是吏舍。吏舍以北是最北端的判官宅，在知州宅以西。

从规模和建筑布置来看，胶州州衙与平度州衙比较相似，唯一不同的是前者在土神祠旁边多了一座马神祠。

三、县衙建筑

与府衙和州衙相比，县衙的规模最小，建筑组群构架也最简单。明代的县一级政府主要设有的官员有知县正七品，县丞正八品，主簿正九品和典史，典史属于幕官，未入流。上述官员视具体情况而定，佐贰官县丞和主簿不一定都设。

县衙最主要的是中轴线上的建筑，从南至北分布有大门、仪门、大堂、退堂和知县宅。加上仪门左右的土地祠和县狱，大堂前的戒石亭和左右的书吏房，还有西书吏房以西的吏舍，构成了县衙的基本框架。还有，知县宅东可能有县丞宅，西可能有主簿宅，县丞宅以南可能有典史宅，这些就组成了县衙的基本规制（图10）。然而，由于各个县官员的设置情况不尽相同，县衙的具体形式也应该有所区别。

1. 淄川县衙（图 11，图 11a）

根据嘉靖版《淄川县志》的记载：

> 县治在县内东北隅。牧爱堂，在县治中。大门，上有严更楼。鼓楼三间，土砖为基，高一丈许，下为大门。仪门，鸾架库，牧爱堂东。币藏库，牧爱堂西。御箴碑，堂前。吏户礼房承发司，堂东。兵刑工房架阁马科，堂西。土地祠，仪门东。狱，堂西南。吏廨，东傍。知县宅，牧爱堂后。县丞宅，知县宅东南。管马县丞宅，在公塾东。主簿宅，在知县宅西。典史宅，在堂东南。公塾，在知县宅东。[1]

1.《淄川县志·嘉靖》，卷三，建设志。

对淄川县衙的分析如下。

（1）中路建筑：中轴线最南端是县衙大门，大门上建有严更楼、鼓楼三间。大门以北是仪门，仪门以北有御箴碑。御箴碑北是核心建筑正堂（牧爱堂）。大堂前东曹吏房为吏、户、礼、房和承发司，西曹吏房为兵、刑、工房、架阁和马科。牧爱堂东为銮驾库，西为币藏库。正堂以北是思补轩。退堂以北是知县宅。

（2）东路建筑：东路最南端，在仪门庭院以东，是土地祠。土地祠以北是吏廨，吏廨以北是典史宅。典史宅以北，西是公塾，东是县丞宅。

（3）西路建筑：西路最南端，在仪门庭院以西，是县狱。县狱以北是主簿宅。

淄川县衙的规模虽然小，规制却很齐全。而且，在县衙中还有公塾，这在由文献中所看到的山东明代县衙中是比较少见的。

2. 乐安县衙（图 12）

根据万历版《乐安县志》的记载：

> 中为正堂，后退食堂，正堂东为幕次，西官库，前为箴石亭，左右列吏曹房。中为仪门，门内为狱，外东为土地祠，祠前为寅宾馆。仪门前为大门，门内东西为收粮所。退食堂北为知县宅，东北县丞宅，西北主簿宅，前为典史宅，主簿宅前为吏舍。鼓楼在县大门上。万历三年建仪门、两角门、大门、退堂。大堂之后建川廊三间，由东夹道建耳房一间，由西夹道建耳房一间，左右翼如，二门迤东建大门一，西向，入门而南折而东，土地祠在焉。后则宾馆，以示先神后人之义。馆内有仪门。[1]

对乐安县衙的分析如下：

（1）中路建筑：中轴线最南端是县衙大门，大门上建有鼓楼。大门以北是仪门，仪门以北有戒石亭。戒石亭北是核心建筑正堂，正堂前建有抱厦。正堂前有东西曹吏房。正堂东为幕次房，西为官库房。正堂以北是退堂。退堂以北是知县宅。

（2）东路建筑：东路最南端，在仪门庭院以东，有收粮所。收粮所以北是寅宾馆。寅宾馆内有仪门，正厅三间，东西厢房各三间。寅宾馆以北是土地祠，土地祠以北是典史宅。典史宅以北是县丞宅，县丞宅在知县宅以东。

（3）西路建筑：西路最南端，在仪门庭院以西，也有收粮所。收粮所以北是县狱。县狱以北是二十八间吏舍，吏舍以北是主簿宅，主簿宅在知县宅以西。

乐安县衙与其他的县衙有一点不一样，它的寅宾馆规模比常见的要大，寅宾馆由正房厢房和仪门组成庭院。而且东西路建筑的最南端都是收粮所，收粮所由县丞来管理，似应设在县丞宅附近才更为恰当。

3. 范县县衙（图 13）

根据嘉靖版《范县志》的记载：

> 范县治在城中稍北，避民居也，缭以高垣，牙城也。正厅三楹，题曰德政堂，之前露台，台之前戒石亭，圆小仅容石，亭之前曰仪门三间，仪门之前曰谯楼，盖台门也。堂之左曰库楼，堂之右曰典史厅，三楹，制小于德政。东西吏舍一十间，堂之后曰退思堂，三楹，厢房各三间。退思之后曰知县宅，正房三间，正房之后勤政楼一座，高二丈。厢房三间，厨房三间，前客堂三间，左书房三间。县丞宅在知县宅东，主簿宅在知县宅西。县丞宅南典史宅也。正房三间，厢房厨房三间，客堂三间，堂左书房三间。吏廨在西吏舍后，二十四间。土地祠在典史宅南。[2]

对范县县衙的分析如下：

（1）中路建筑：中轴线最南端是县衙大门，大门上建有谯楼。大门以北是仪门三间，仪门以北有戒石亭。

1.《乐安县志·万历》，卷八，公署。
2.《范县志·嘉靖》，天一阁藏明代方志选刊续编。

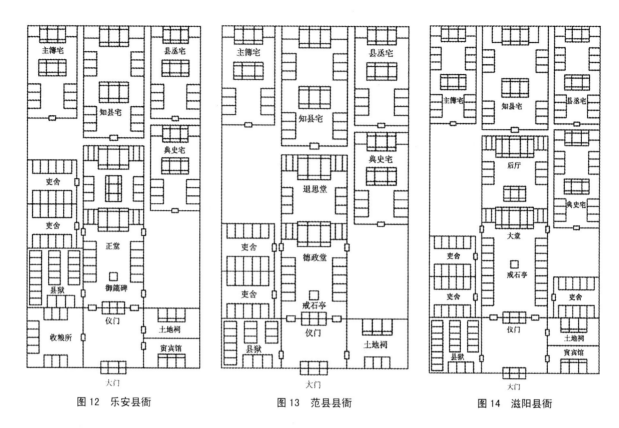

图12 乐安县衙　　　　　　图13 范县县衙　　　　　　图14 滋阳县衙

戒石亭北是核心建筑正厅（德政堂），正堂前建有抱厦。正堂前有东西曹吏房各十间。正堂东为库楼三间，西为典史厅三间。正堂以北是退思堂三间。退思堂前东西厢房各三间。退思堂以北是知县宅。知县宅有两进，第一进院落正北是正房三间，前有东书房三间，西客堂三间。第二进院落正北是勤政楼一座，东厨房三间，西厢房三间。

　　（2）东路建筑：东路的最南端，在仪门庭院以东，是土地祠。土地祠以北是典史宅。典史宅以北是县丞宅。县丞宅只有一进院落，正房三间，堂左右分别是书房和客堂，各三间。堂前东西分别是厨房和厢房，各三间。县丞宅在知县宅以东。

　　（3）西路建筑：西路的最南端，在仪门庭院以西，是县狱。县狱以北是吏舍二十四间，吏舍以北是主簿宅，主簿宅在知县宅以西。

　　按照嘉靖《濮州志》的记载，范县县衙东西曹吏房各为六间，似乎更为合理。而且，书中记载，吏舍为二十间，濮州其他各县的吏舍都为二十间，所以吏舍二十间应该是当时县衙的基本规制。

4. 滋阳县衙（图14）

根据康熙版《滋阳县志》的记载：

> 县治。在府治东南，旧制：大门三间，二门三间，大堂五间，穿堂三间，东西库房各三间，东西卷房各九间……嘉靖四十三年，添东西出角门二座，东区吏、户、礼、承发司、铺长司。西区兵、刑、工、架阁库、马政科，赞政厅三间，于大堂之东披，供事所三间于大堂之西披，今俱不存。旧制有两门于堂南之左右，由左入县丞廨，由右入主簿廨，俱毁。今由左入典史宅，由右入里马厩。土地祠在二门外，东首寅宾馆，在土地祠前带。[1]

　　这里的记录，应该是清初时期的情况，似也应存有明代县衙的基本格局，这里对滋阳县衙作如下具体分析：

1.《滋阳县志·康熙》，县治。

（1）中路建筑：中轴线最南端是县衙大门。大门以北是仪门三间，仪门左右各有角门一座，仪门以北有戒石亭。戒石亭北是核心建筑大堂五间，大堂东西耳房分别是赞政厅和供事所各三间。正堂前有东西曹吏房各九间，东为吏房、户房、礼房、承发司和铺长司；西为兵、刑、工、架阁库和马政科。正堂以北是川堂三间，川堂以北为后堂五间，后堂前东西库房各三间。后堂以北是知县宅。知县宅有两进，第一进院落正北是正房三间，前有东西厢房各三间。第二进院落正北是寝房三间，东书房三间，西茶厅三间。

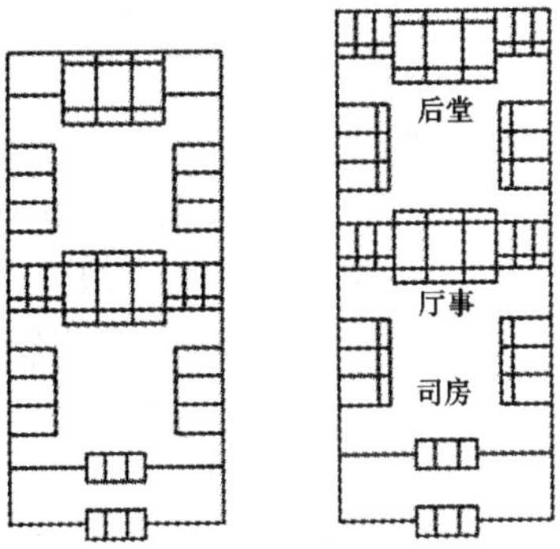

（2）东路建筑：东路的最南端，在仪门庭院以东，是寅宾馆。寅宾馆以北是土地祠，土地祠以北是典史宅。典史宅以北是县丞宅。县丞宅有两进院落，正房三间为治事厅，其东西厢房各三间。治事厅以北是寝房三间，东西各有厨房和厢房，各三间。县丞宅在知县宅以东。

图15　按察分司的两种模式

（3）西路建筑：西路的最南端，在仪门庭院以西，是县狱。县狱以北是吏舍，吏舍以北是主簿宅，主簿宅在知县宅以西。

滋阳县衙的规模比较大，是因为滋阳县城也是兖州府的府城所在，府城规模比较大，故而滋阳县衙的规模似也比一般县衙的规模为大。例如，滋阳县衙的知县宅和范县县衙的知县宅都是两进院落，不同的是前者的第二进正房是楼阁，而后者的第二进正房是厅堂。

此外，与县治相配套的衙门还有布政分司和按察分司。这两个办公机构常常分列县治东西，建筑规制基本相似。其规制通常前为两重门，大门以北为二门，二门之内有大堂，大堂东西有耳房，堂前有左右厢房，大堂后有退食堂，退食堂前东厢为厨房，西厢房是书房（图15）。因此构成了完整的围合院落。[1]

除了一般行政官员的衙署宅舍之外，察院也应归于衙署建筑的范畴。从文献上所看到的一般察院建筑群，通常布置有三进院落。中轴线上的主要建筑是大门三间、二门三间、大厅三间和寝堂五间。第一进院落，大门与二门之间，东有府官厅三间，西有县官厅三间。第二进院落，二门与大厅之间，东西各有皂隶房三间。第三进院落，大厅与寝堂之间，东有厨房三间，西有书吏房三间。[2]这样就组成了前中后三个空间层次，分别承载不同的使用功能。

四、结语

从明代山东城市中的情况来看，城内按等级设置的府衙、州衙和县衙建筑，在建筑群体的布置规划上，其基本规制上是十分接近的，其平面格局既反映了中国传统政治文化的等级礼仪和官阶尊卑，又表现了不同等级政府部门的各个职能机构及其生活附属设施的设置。

综合如上的分析，这三类衙署建筑的中路建筑群，在格局上比较接近，基本是由仪门院、大堂院、二堂院和主官宅院依序组成的，其差别所在，应该是随着官阶等级的差别而决定的庭院面宽与进深的差别。如果说，一座衙署建筑群的基址规模，基本是由沿中轴线布置的这四组庭院的规模所决定的，似并不为过。而中路建筑的规模，亦取决于这四组庭院的面宽和进深，而这四组庭院中最具有变化性的是位于前部的仪门院和位于中心的大堂院，这两个院落的进深变化也决定了整个中路建筑的进深，亦即整座衙署建筑群的进深。在东路和西路建筑中，虽然佐贰官的宅院变数比较多，但是都是在由中轴线所框定的总体进深和与中轴线庭院面宽相协调的面宽范围里加以调整而得出的。至于其中所设置的同知宅、判官宅、经历宅和典史宅等宅院，在数量与分布上的差异与变化，似并不能构成对衙署建筑群整体规模的直接影响。

在明代山东衙署建筑规制的研究中，由于文献的不足，及实例的缺失，无疑仍然存在着一些不足以确证的内容，例如：

（1）如前面已经提到的，在衙署建筑群中，是仅有主要地方长官的住宅及佐贰官员的办公廨署，还是其中也

1.《乐安县志·万历》，卷八，公署。原文："按察分司，在县治东。中为大堂，有二夹室。前列东西厢，迤南为中门三，又南为大门，堂后为川堂、退食堂，东为厨房，西为书吏房。布政分司，在县治西。制同上。"
2. 参《滋阳县志·康熙》，县治。原文："察院。大门三间，二门三间，东西角门各一座，大厅三间，东西皂隶房二间，穿廊三间，寝堂五间，东厨房三间，西书吏房三间，二门外东府官厅三间，西县官厅三间，厢房三间。"

包括了部分职能官员的住宅,还不十分清楚。部分行文中,对这些部分的用词是"廨",另外一些文献中用词则为"宅"。但从一般逻辑上推测,这些职能官员应该还另有宅舍,各级衙署中只需设置他们的办公廨署就可以了。这一点仍令人存疑。

（2）如上所有的衙署建筑群推测,都是基于文献描述及部分原文附图推测绘制而成,由于文献中对每一建筑群的长宽尺度记载缺失,所以,这里所绘平面图也只是一个大约的推算,无法对其基址规模与建筑尺度做出判断,仅能够对其大致的空间关系有一个了解。

（3）若根据史料中记载的线索,对每一衙署建筑群的平面布置进行还原时,我们会发现,在一些州衙和县衙建筑群中,会出现一些空白而不知其所用的地块。从一些实例来看,这些布置不详的空白地块,大多出现在东西两路建筑佐贰官宅院与吏舍,或土地祠之间,比如,在西路建筑的主簿宅与吏舍之间等,其位置大致相当于二堂庭院正西的位置,文献及附图中,这些地方都处于空置状态。这些未见于文献中详细描述的空白地块是由于文献过于简略,还是原本就是一些未设建筑物的空地,还不十分清楚,或有待于下一步的研究中,再做进一步的分析与推测。

然而,尽管有这样一些不很明确的地方,但总体上看来,作为明代城市空间构成中的一个重要组成部分,这些等级不同的衙署建筑,在其所在的城市中仍然是具有十分重要的地位的。这些建筑大略处于一座城市的中心,代表了政府的权威,其建筑等级,除了当地可能存在的王府建筑,或比较重要的寺庙建筑之外,应该是处于其所处城市或城镇中最高等级的位置。因此,这一探索性研究对于我们了解明代地方城市中的建筑布局与建筑空间形式,仍然具有十分重要的意义。

作者单位：北京清华城市规划设计研究院

明代地方治所衙署之建置
与规模等级初探[*]

胡介中

提要

明代自国家向下，分有省、府、州、县等政区；以此为基础，设立了各级别治所衙署，为古代城市中的重要建筑。透过文献资料，本文对明代地方治所衙署的建置背景及数量做出梳理、统核。并就洪武朝施行的钦定公廨制度，进行了有关基址规模的初步验证性考察，试图找寻各级别治所衙署间的等级关联与共性。

关键词：明代地方衙署，钦定公廨制度，基址规模，建筑等级制度

一、地方衙署的研究价值

衙署泛指古代官吏办理公务的处所。有关"衙署"一词，是经过演化而来，数部探讨衙门文化的专书及衙署相关研究已为我们进行梳理。[1] 官署概念的出现，最早见于《周礼》中大宰之职"以八法治官府"[2] 的记述，汉代学者郑玄将之注解为"百官所居曰府，弊断也。"汉代将官署称为寺，至唐代才普遍出现衙署、衙门的说法。并且"衙"最初作"牙"，唐人封演的《封氏闻见录》、清代学者赵翼的《陔余丛考》对此皆有考据。[3]

衙署是古代城市中的主要建筑，对城市规划和城市景观有着重要影响。其在历史上扮演的角色亦十分特殊，自古国家命脉必须倚赖庞大的官僚机器才能维系，而衙署正是大小官僚办公的实体空间，实有研究之必要。国家都城中的衙署多属于中央政府机构，为中央衙署；地方城市中则主要是地方政权机构，为地方衙署。

地方衙署与中央衙署相较，虽然整体级别较低，但却具有一些鲜明的特点。首先，地方衙署处于国家官僚机器的末端，向上要听从中央所下达的指示，向下则要直接面对普通百姓执行其政令，可以说是国家与基层社会间不可忽视的结合点。此外，在都城外的一般城市中，由于不存在帝王起居之宫殿，衙署多为当地等级最高的建筑，不似都城内的中央官署只是伴随在皇宫附近的辅助性建筑，而是地方城市规划上的重心。因而对地方衙署的研究，除了具有完善衙署建筑类型研究的价值外，更对探讨古代地方城市等级、规制及布局具有特殊意义。

---

* 本文属国家自然科学基金项目，项目名称"明代建城运动与古代城市等级、规制及城市主要类型、规模与布局研究"，项目批准号：50778093。

1. 如郭建《帝国缩影——中国历史上的衙门》，学林出版社，1999 年；刘鹏九《内乡县衙与衙门文化》，中州古籍出版社，1999 年；林乾《清代衙门图说》，中华书局，2006 年等。

2. 《周礼·天官冢宰》："大宰之职，掌建邦之六典，以佐王治邦国⋯⋯以八法治官府。一曰官属，以举邦治。二曰官职，以辨邦治。三曰官联，以会官治。四曰官常，以听官治。五曰官成，以经邦治。六曰官法，以正邦治。七曰官刑，以纠邦治。八曰官计，以弊邦治⋯⋯"

3. 封演《封氏闻见记》卷五"公衙"条："近代通谓府建廷为公衙，公衙即古之公朝也。字本作牙，《诗》曰：'祈父予王之爪牙。'祈父司马掌武修，象猛兽以爪牙为卫，故军前大旗谓之牙旗。出师则有建牙、祃牙之事，军中听号令，必至牙旗下，称与府朝无异。近俗尚武，是以通呼公府为公牙，府门为牙门。字谬讹变，转而为衙也，非公府之名。或云公门外刻木为牙，立于门侧，象兽牙。军将之行置牙，牙首悬于上，其义一也。"赵翼《陔余丛考》卷二十一"衙门"条："衙门本牙门之讹。《周礼》谓之旌门。郑氏司常注所云巡狩兵车之会，皆建太常是也。其旗两边刻缯如牙状，故亦曰牙旗。后世因谓营门曰牙门。《后汉书·袁绍传》：'拔其牙门。'牙门之名始此⋯⋯"

二、明代政区、治所及其衙署的设置情况

政区，即因行政区划而产生的行政区域。其不等同于国家，而是指各级政府所掌控的区域范围，故任何一个具有有效政权的行政区域都可称作"政区"。每个政区政府的驻地，即为"治所"，如府治、州治、县治等，而治所最高行政官员办理公务的空间场所，便是地方治所衙署，一般称为府衙、州衙、县衙等。

中国各个朝代对政区的设置都非常重视，因为政区划分是否得当，将会影响国家的稳定与兴衰，如西汉的郡国并行导致"七国之乱"，宋代的复式路制造成国家过度强干弱枝等，均是政区划分失当所造成。有鉴于此，明代中央政府在政区设置上，吸取了前代的经验和教训，其制度对清代乃至现今的中国行政区划体系均有着延续性影响。明代政区为三、四层并存的复式结构，以下分别就各层及其最高地方行政机构进行简述。

（一）第一层：省级政区

明代从"国家"向下，分有省、府、州、县等大小级别政区。省级政区包括两直隶、十三布政司（俗称"省"），它们共同构成了全国 15 个正式高层政区[1]（即京师、南京及山东、山西、河南、陕西、四川、江西、湖广、浙江、福建、广东、广西、云南、贵州等布政司。其中京师和南京，历史上又称为北直隶、南直隶）。

明初对高层政区的改革，首先是将元代的行省划小。这个变化主要发生在元代中书省辖区和河南江北、江浙、江西、湖广四个行省：其中元代中书省和河南江北行省因管辖面积过大，不利于管理，在明初被分为几个部分；而江浙、江西、湖广三行省则是管辖范围的南北距离太长，忽视"山川形便"[2]之原则，亦造成施政上的不便，也各自被切分成几块（表1、图1）。[3]

由表1及图1，可直观地了解元、明两代高层政区间地域的变化。从中发现明代15个高层政区中，仅有少部分（云南、四川、陕西布政司）是直接在元代行省基础上继续沿用其名，且相较其他区域无过大的分割与合并情况。此外，除去北、南直隶因地位特殊，另有一套专用制度，其余十三省之治所均选设在该省最重要的"府城"，为一省的政治、经济与文化中心，称"省治"或"省城"，即今日所说的省会。明代各省省治基本与现今相对应的省之省会设置一致[4]，由此可见明代高层政区规划对后世的影响。

明代各省之省治衙署，即该省最高行政机构，称作"布政使司衙门"，类似今日各省省政府，属于从二品衙门，下设正官左、右布政使各一人。进一步我们可将明代十三省之布政使司衙门的分布情形绘成示意图（图2）。

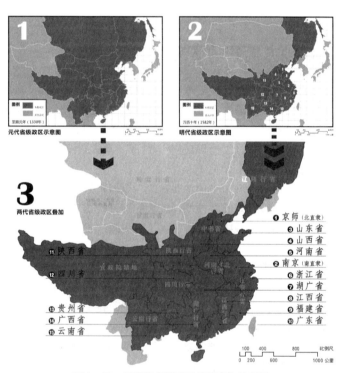

图 1　元、明两代省级政区地域变化示意图

（本文意在表达明代政区变化和衙署关系，故未涉及衙署建置的地区在本文的图中只是示意，而未完整显示）

---

1. 明代正式的高层政区在洪武初年历经了行省与分省并存、行省、承宣布政使司的变化过程。"行省"的名称沿袭自元代，"分省"是元末朱元璋政权将元代一些面积较大的行省划小而产生的政区名称，两者在洪武二年（1369 年）前曾并存，后分省之名渐废，只用行省。洪武九年（1376 年）行省改为"承宣布政使司"（即布政使司，或简称布政司），明代高层政区的名称最终确定。明代共出现过 15 个布政司，在洪武朝设置之 13 个布政司的基础上，永乐元年（1403 年）改北平布政司为为京师，永乐五年（1407 年）、永乐十二年（1414 年）分别加设交阯布政司（宣德初年废）、贵州布政司，此后未有更动。从宣德三年（1428 年）至明末，全国一直保持为 13 个布政司，加上北京（北直隶）、南京（南直隶），共有 15 个高层政区。
2. "山川形便"是古代行政区域划界的基本原则之一，该原则主张以天然山川作为行政区划的边界，使行政区划与自然地理区划相一致。与之相对的是"犬牙相入"原则，元代因行省幅员过大，且大小政区层级复杂，为防止分裂割据，采取了犬牙相入的方式，使任何一个行省都不能成为完整的形胜之区。
3. 参见：郭红，靳润成. 中国行政区划通史·明代卷[M]. 上海：复旦大学出版社，2007：9.
4. 河南、湖广、广西三处布政司省治，与今日相对应的省之省会略有不同。其中湖广布政司较特殊，其范围约为今日湖北、湖南两省，湖北省省政府现设于武汉市武昌区，与明代湖广布政司省治衙署位置相同。

図中标注（由上至下，右侧）：
山东省·布政使司衙门
山西省·布政使司衙门
河南省·布政使司衙门
浙江省·布政使司衙门
湖广省·布政使司衙门
江西省·布政使司衙门
福建省·布政使司衙门
广东省·布政使司衙门

左侧：
陕西省·布政使司衙门
四川省·布政使司衙门
贵州省·布政使司衙门
云南省·布政使司衙门
广西省·布政使司衙门

● 省级治所衙署所在地
■ 本朝高层政区

明万历十年（1582年）

比例尺 100 400 / 0 200 600 公里

图2　明代十三省之省治衙署分布示意图

元、明两代高层政区主要地域变化[1]　　　　　　　表1

元代高层政（行省）	明代高层政区（两直隶、十三布政使司）	明代省治	治所今址
中书省	北直隶（曾称北平布政使司，永乐十九年始定为"京师"，顺天府为京府）		
	山东布政使司	济南府	山东省济南市
	山西布政使司	太原府	山西省太原市
江浙行省	浙江布政使司	杭州府	浙江省杭州市
	福建布政使司	福州府	福建省福州市
	南直隶（南部）⇒南直隶（正统六年正式由京师改为"南京"，应天府为京府）		
河南江北行省	南直隶（中北部）		
	河南布政使司[2]	开封府	河南省开封市
	湖广布政使司（中北部）⇒湖广布政使司[3]	武昌府	湖北省武汉市武昌区
湖广行省	湖广布政使司（南部）		
	广西布政使司	桂林府	广西壮族自治区桂林市
	贵州布政使司[4]	贵阳军民府	贵州省贵阳市[5]
江西行省	江西布政使司[6]	南昌府	江西省南昌市
	广东布政使司[7]	广州府	广东省广州市
陕西行省	陕西布政使司[8]	西安府	陕西省西安市
四川行省	四川布政使司[9]	成都府	四川省成都市
云南行省	云南布政使司	云南府	云南省昆明市
（参考文献：1996年《中国历史地图集》重印版、1997年《明代政区沿革综表》、2007年《中国行政区划通史·明代卷》等。）			据文献整理

1. 表1"元、明两代高层政区主要地域变化"参考谭其骧先生主编《中国历史地图集》第七册，以元后期文宗至顺元年（1330年）和明后期万历十年（1582年）为基准，当作两代高层政区地域范围的比较时间点。
2. 明代河南布政司之地域范围，尚包含了元代中书省辖下的少部分区域，因所占比重甚小，表中予以简化。
3. 明代湖广布政司之地域范围，尚包含了元代四川行省辖下的少部分区域，因所占比重甚小，表中予以简化。
4. 明代贵州布政司之地域范围，尚包含了元代四川、云南行省辖下的少部分区域，因所占比重甚小，表中予以简化。
5. 明代贵州布政司之驻地——贵阳军民府，最初设于今贵州省惠水县。隆庆二年（1568年）移治贵阳市。
6. 明代江西布政司之地域范围，尚包含了元代江浙行省辖下的少部分区域，因所占比重甚小，表中予以简化。
7. 明代广东布政司之地域范围，尚包含了元代湖广行省辖下的少部分区域，因所占比重甚小，表中予以简化。
8. 明代陕西布政司之地域范围，尚包含了元代甘肃、四川行省辖下的少部分区域，因所占比重甚小，表中予以简化。
9. 明代四川布政司之地域范围，尚包含了元代湖广、云南行省辖下的少部分区域，因所占比重甚小，表中予以简化。

（二）第二层：府、直隶州

除上述将元代行省划小外，明初政区改革的重心是"减少层级"。如何使政区体系更加简化，很重要的一步便是撤销元代"路"之建置，以省直接来管辖府一层政区，使地方行政效率得以提高（图3）。[1]

经过精简，明代政区呈现三、四层并存的复式结构。府、直隶州，同为省以下的第二层政区。一府的政治、经济与文化中心，称"府城"；其最高行政机构——府治衙署，即"府衙"，属于正四品衙门[2]，下设正官知府一人。直隶州较特殊，同样直辖于省，地位视同府，但品秩比府低三级，其治所衙署为从五品衙门。据现存史料文献与今人研究，我们可将明代15个省级政区下的府、直隶州数量，以及相对应之治所衙署构成情况进行整理（表2、图4）。

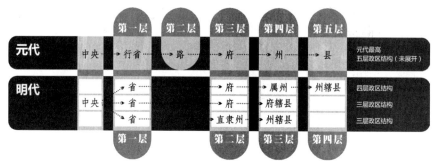

图3 元、明两代复式政区结构比较图

明代各省辖下政区数量统计表[3]　　　　　　　　　　　　表2

	第一层政区（省级）	第二层政区		第三层政区			第四层政区	政区合计
	两京、十三省	府	直隶州	属州	府辖县	直隶州辖县	属州辖县	
1	北直隶（京师）	8	2	17	72	1	43	143
2	南直隶（南京）	14	4	13	70	8	18	127
3	山东布政使司	6	0	15	55	0	34	110
4	山西布政使司	5	3	16	40	8	30	102
5	河南布政使司	8	1	11	63	4	29	116
6	浙江布政使司	11	0	1	74	0	1	87
7	湖广布政使司	15	2	14	76	9	25	141
8	江西布政使司	13	0	1	77	0	0	91
9	福建布政使司	8	1	0	55	2	0	66
10	广东布政使司	10	1	8	63	2	12	96
11	陕西布政使司	8	1	20	56	6	34	125
12	四川布政使司	13	6	16	57	24	30	146
13	贵州布政使司	10	0	9	13	0	1	33
14	广西布政使司	11	9	37	36	2	13	108
15	云南布政使司	22	4	38	23	0	8	95
	政区合计	162	34	216	830	66	278	1586

（参考文献：［清］《明史·地理志》、［清］《读史方舆纪要》、1996年《中国历史地图集》重印版、1997年《明代政区沿革综表》、2007年《中国行政区划通史·明代卷》等。）	据文献整理

---

1. 郭红，靳润成. 中国行政区划通史·明代卷［M］. 上海：复旦大学出版社，2007：10。
2. 明代北直隶下的顺天府，与南直隶下的应天府，为南北两京中央机构所在地，负责外城的地方事务。由于地位特殊，两府等级较一般外府高，设为正三品，称"京府"。
3. 关于明代大小政区的具体数目，《明史》记载较为混乱。《明史·地理志》卷首称终明之世"府百有四十，州百九十有三，县千一百三十有八。羁縻之府十有九，州四十有七，县六。"，与其后所载15个省级政区的府州县数目不一致，近年许多明史研究者都指出此情况。本文为明确研究对象——治所衙署之数量，亦对明代各级政区进行统计。以《明史》为本，配合表2所列其他参考文献及今人研究成果，互为对照。

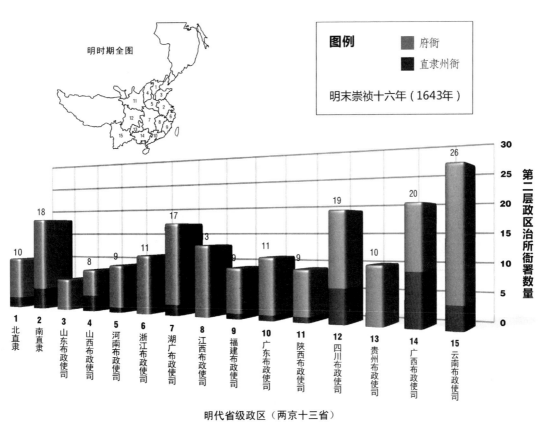

图例　■ 府衙　■ 直隶州衙

明末崇祯十六年（1643年）

图 4　明代各省第二层政区之治所衙署构成示意图

明代省级政区（两京十三省）

（纵轴）第二层政区治所衙署数量

（数值标注）1 北直隶 10；2 南直隶 18；3 山东布政使司 8；4 山西布政使司 9；5 河南布政使司 11；6 浙江布政使司 17；7 湖广布政使司 13；8 江西布政使司 9；9 福建布政使司 11；10 广东布政使司 9；11 陕西布政使司 19；12 四川布政使司 10；13 贵州布政使司 20；14 广西布政使司 26；15 云南布政使司

（三）第三层：属州、县级政区（府辖县、直隶州辖县）

州级政区分有直隶州、属州两类，直隶州在上一层中已经表述。属州（亦称散州），直属于府，地位虽较直隶州低，但品秩与其相同[1]；一州的最高行政机构——州治衙署，称"州衙"，属于从五品衙门，下设正官知州一人。

第三层政区中还包含府辖县、直隶州辖县，分别直属上一层的府与直隶州。两者品秩比属州低三级，其治所衙署为正七品衙门，与下一层"属州辖县"无异。

（四）第四层：县级政区（属州辖县）

依层级结构来看，县级政区可细化为府辖、直隶州辖与属州辖三类，前两者在上一层中已经表述。如图 3 所绘，第四层政区为"属州辖县"。

县是明代官僚体系中最低一级的地方政权，为省以下的第三层或第四层政区。一县的最高行政机构——县治衙署，称"县衙"，属于正七品衙门[2]，下设正官知县一人。据现存史料文献与今人研究，可将明代 15 个省级政区下属州、府辖县、直隶州辖、属州辖县的数量进行统整（表 2）。

（五）小结

经由文献梳理（见注释 19），得知明代正式政区[3]共 1601 处（表 3）。进一步可对明代地方治所衙署的数量进行归纳，计有布政使司衙门 13 个，府衙 162 个，州衙 250 个（其中直隶州 34 个、属州 216 个），县衙 1174 个（其中府辖县 830 个、直隶州辖县 66 个、属州辖县 278 个），配合衙署等级制表图如下（表 4、图 5）。

---

1. 《明史·职官志四》："凡州二：有属州，有直隶州。属州视县，直隶州视府，而品秩则同。"
2. 顺天、应天两京府下均设有附郭县。顺天府之附郭县为宛平、大兴二县，应天府之附郭县为上元、江宁二县，此四县称为"京县"，等级较其他县为高，属于正六品。
3. 明代两直隶、十三省及下辖府州县为明代正式的地方行政区划。本文忽略明代特殊的"军管型政区"——都司卫所的建置，以及宣德朝以后开始设置的总督巡抚辖区。

明代全国正式政区之数量统计表　　表3

省级政区		府		州		县					全国正式政区总数
两直隶	十三省	京府	外府	直隶州	属州	府辖县		直隶州辖县	属州辖县		
						京县	其他				
2	13	2	160	34	216	4	826	66	278		
合计	15		162		250		1174				1601
						据正文及表2整理					

明代地方治所衙署之数量统计表　　表4

布政使司衙门	府衙		州衙	县衙		地方治所衙署总数
从二品	正三品	正四品	从五品	正六品	正七品	
13	2	160	34 + 216	4	826 + 66 + 278	
合计	13		162	250	1174	1599
				据正文及表3整理		

三、规模的初步探讨

关于明代地方治所衙署的大致规模与规制，目前仅见于明代地方志与文人笔记，尚未在正史中搜寻到有关记载。近年经研究者努力[1]，现已确知明洪武初年曾颁有钦定公廨制度。

（一）明初钦定公廨制度

目前最早的记载见于明人陆容的《菽园杂记》。该书卷十三记载："公廨正厅三间，耳房各二间，通计七间。府州县外墙高一丈五尺，用青灰泥。府治深七十五丈，阔五十丈。州治次之，县治又次之。公廨后起盖房屋，与守令正官居住，左右两旁，佐贰官首领官居之。公廨东另起盖分司一所，监察御史、按察分巡官居之。公廨西起盖馆驿一所，使客居之。此洪

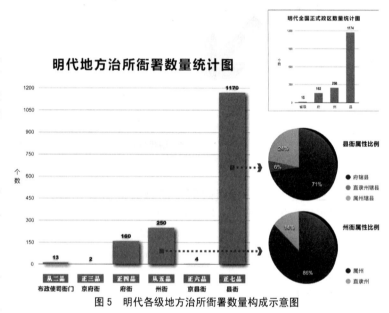

图5　明代各级地方治所衙署数量构成示意图

武元年十二月钦定制度，大约如此。见《温州府志》。"[2] 此段文字与清初查继佐（1601—1676年）《罪惟录》所述"钦定公廨制"几无二致（见注释23）。惟多出末尾"此洪武元年（1368年）十二月钦定制度，大约如此。见《温州府志》。"一句。

陆容（1436—1494年），字文量，明南直隶苏州府太仓人，成化二年（1466年）进士，官至浙江布政使司右参政（从三品，相当于今日的副省长级别），平生嗜书籍，多著述。[3] 其人颇有文名，作为地方高级官员，

1. 笔者目前所检索的文献资料中：1988年，傅熹年先生最早于《中国大百科全书·建筑园林城市规划卷》"衙署"词条中提出"明洪武时官方曾颁行全国性官署图式"的看法；2001年，其根据明洪武《苏州府志》所记载："苏州府治在吉利桥东，元故庸田司也。……旧治在子城内。……元末张士诚据郡城以为江浙分省，乃移治于今所，本朝因之。洪武二年，奉省部符文，降式各府州县改造公廨，遂辟广其地，而新之，府官诸局及各吏舍皆置其中。"之文字，及数部明代地方志内官图的建筑布局相似程度，继续阐述了该看法。2004年，李志荣在博士论文《元明清华北华中地方衙署个案研究》中以8处衙署实例研究，进一步说明"明初衙署范式的推广确是全国范围内的大行动，且在华北和华中地区，所谓的'依式创建'实为依式改造"。2007年，白颖在博士论文《明代王府建筑制度研究》中与其他等级建筑群进行比较时，搜索出了明末清初查继佐《罪惟录》中记载的关于明代衙署占地规模之规定："钦定公廨制：公廨三间，耳房左右各二，府州县外墙高一丈五尺，府治深七十五丈，阔五十丈，州县递减之。公廨后房屋，正印官居之，左右佐贰首领官居之。公廨东盖分司一所，监察御史按察司官居之。公廨西一所，使客居之。"并据该条史料上下文的时间推断，认为当是洪武朝的规定，应该是当时"衙署范式"的一部分。
2. ［明］陆容. 菽园杂记 [M]. 北京：中华书局，1985：163.
3. ［民国］王祖畬. 太仓州志 [M]. 卷十八. 人物二. 古今人传，民国8年刊本. 与陆容同时代的名臣王鏊（1450—1524年，官至户部尚书、文渊阁大学士）曾言："本朝记事之书，当以陆文量为第一。"（转引自［清］《四库全书提要》，中华书局版《菽园杂记》点校说明）.

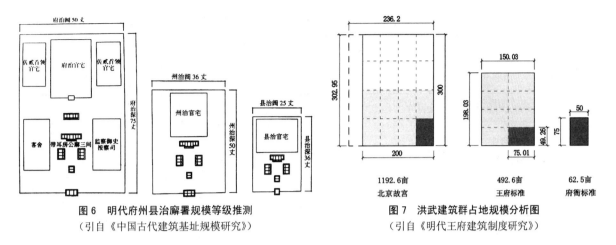

图6 明代府州县治廨署规模等级推测
（引自《中国古代建筑基址规模研究》）

图7 洪武建筑群占地规模分析图
（引自《明代王府建筑制度研究》）

所录文字应十分可信，可视作明代开国后确有全国公廨制度的又一个辅证，且将颁行时间确定于"洪武元年"。文中所提及的《温州府志》，笔者查找相关资料，得知在陆容卒年（弘治九年）以前，明代温州府修有志书2部：洪武《温州府图志》、正统《温州府志》，可惜均已散佚，无法得知更多明初公廨制度的记载。其后再修的明、清温州府志书亦无所引用。[1]

（二）假设：基址依 1/2 递减

就目前所掌握的明洪武初年钦定公廨制叙述中："府治深七十五丈，阔五十丈。州治次之，县治又次之。"一句，最引研究者注意（《罪惟录》版作"府治深七十五丈，阔五十丈，州县递减之。"）。这是因为其表明了明代官方对地方治所衙署基址的一个基准尺度，及以此"基准尺度——府衙"划定州、县两级衙署基址的参考原则。

基于明代府衙官定规模"75丈×50丈"的确定，王贵祥先生在针对一系列不同类型建筑的基址规模研究中，对明代府、州、县三等级衙署做出推测："以其府廨长广为75丈×50丈计，约合用地为62.5亩。……而这里所谓'州县递减之'，若以前面所推测之每级递减1/2的规则（此处指明代在规制上的等级系列，多呈相邻等级间近1/2的比例递减关系，如'茔地'规制等），则府属州之治所衙门署廨的基址规模应该在30亩左右，而一般县治衙门署廨的基址规模应该在15亩左右。"[2]提出了府州县三级衙署的规模，可能存在彼此间向下递减1/2的关联性，即"明代府衙面积=州衙面积×2=县衙面积×4"（图6）。此外，白颖博士在论文中亦对"75丈×50丈"这个特殊尺度进行探讨，建立起了明代府衙规模与"最高等级建筑群——天子宫殿"间的联结，提出"明代府衙面积=1/8亲王府面积=1/16天子宫殿面积"的观点[3]（图7）。

综上所述，结合两者观点：若"明代天子宫殿面积=亲王府面积×2=府衙面积×16=州衙面积×32=县衙面积×64"的等级关系假设成立，成果将是惊人的，亦是论文所属研究课题欲探讨的。故如何将假设带入明代浩瀚的地方志书中去验证，显得十分必要与迫切。

（三）一些实例验证

在代入假设的过程中，首先必须在地方志中搜寻治所衙署基址的详细尺寸。然而这项必要工作，在操作中遇到了实际困难，即明代地方志中治所衙署记载之内容主要集于空间配置上的描述，极少关注基址的尺寸与面积，如此便限制了能取得的有效样本数目，故本文仅就目前所能掌握的明代治所衙署基址数据进行列表（表5）。表5中灰色块，代表地方志或相关参考资料所能提供的数据，其余均是在已知数据的基础上演算所得。[4]

假设"明代府衙面积（50丈×75丈）=州衙面积×2=县衙面积×4"，其中府衙基准尺度=50丈×75

1. 明、清两代共修有温州府志书8部：明洪武《温州府图志》（仅存序）、正统《温州府志》（无存）、弘治《温州府志》、嘉靖《温州府志》、嘉靖《温州府续志》（无存）、万历《温州府志》；清康熙《温州府志》、乾隆《温州府志》。现存版本均无记述明初颁行之公廨制度。
2. 王贵祥等．中国古代建筑基址规模研究 [M]．北京：中国建筑工业出版社，2008：107-109。
3. 参见：白颖．明代王府建筑制度研究 [D]．清华大学博士论文，2007：236-238。
4. 明代长度单位：1丈=2步=10尺；面积单位：1亩=1/60平方丈。

地方治所衙署等级与名称			周长相关数据（长度单位：丈）				面积		备注
品级		衙署名	广 (a)	深 (b)	周长 (2a+2b)	广深比 (a：b)	平方丈 (ab)	亩 (ab)/60	备注
省级	从二品	山东布政使司衙门	44.50	90.00	269.00	1：2.02	4005	66.75	已知数据2
		云南布政使司衙门	37.28	54.72	184.00	1：1.47	2040	34.00	已知数据2
府级	正四品	池州府衙（南直隶）	—	—	＞270.00	—	—	—	已知数据1
		济南府衙（山东省）	43.00	90.00	266.00	1：2.09	3870	64.50	已知数据2
		南阳府衙（河南省）	47.20	75.00	244.40	1：1.59	3540	59.00	已知数据2
州级	从五品	泗州州衙（南直隶）	—	—	157.50	—	—	—	已知数据1
		建水州衙（云南省）	—	—	—	—	—	20.00	已知数据1
		六安州衙（南直隶）	—	—	120.80	—	—	—	已知数据1
县级	正七品	江阴县衙（南直隶）	52.00	66.00	236.00	1：1.27	3432	57.20	已知数据2
		新泰县衙（山东省）	—	—	—	—	—	40.00	已知数据1
		崇义县衙（江西省）	39.00	60.00	198.00	1：1.54	2340	39.00	已知数据2
		安阳县衙（河南省）	24.56	43.24	135.60	1：1.76	1062	17.70	已知数据2
		昆明县衙（云南省）	25.34	29.36	109.40	1：1.16	744	12.40	已知数据2
		南康县衙（江西省）	26.00	27.00	106.00	1：1.04	702	11.70	已知数据2
		历城县衙（山东省）	21.21	28.29	99.00	1：1.33	600	10.00	已知数据2
		咸宁县衙（陕西省）	18.00	29.00	94.00	1：1.61	522	8.70	已知数据2
		赵城县衙（山西省）	20.00	22.50	85.00	1：1.13	450	7.50	已知数据2

注：灰色块数据为所列参考文献所能提供的数据。
（参考文献：[明]万历《池州府志》、万历《帝乡纪略》、万历《六安州志》、嘉靖《江阴县志》；白颖《明代王府建筑制度研究》、李德华《明代山东城市平面形态与建筑规制研究》等）　　　　　　　　据文献整理

丈 =62.5亩，可推得州衙、县衙规模的理想数值分别为 31.25 亩、15.625 亩。以下将依表中样本衙署之等级排序，进行基址面积（亩数）比较。

（1）布政使司衙门

此处择取：山东布政使司衙门、云南布政使司衙门，2例。

从第一节归纳可知，各省布政使司衙门为府衙的上一层行政机关，就官等来看，两者相差二品四级。然明初钦定公廨制中未提及布政使署，据现所掌握山东、云南布政使司衙门之规模数据，两者面积分别为 66.75 亩、34亩；前者基本与钦定的府衙基准尺度 62.5 亩相差无几，后者则仅为府衙基准尺度的 0.54 倍。两例从基址规模来看，均不能很好地体现布政司衙门与府衙间的等级关系。

（2）府衙

此处择取：南直隶池州府、山东省济南府、河南省南阳府，3例。其中"池州府衙"在方志中仅有基址周长数据。[1]

根据明初钦定公廨制所设定的：府治基址"深七十五丈，阔五十丈"，即基址的面阔长度为 50 丈（后文与图表中将以"广"来表述面阔）、进深长度为 75 丈（后文与图表中将以"深"来表述进深），进一步可得出理想府治基址的"面阔与进深之比"（后文以"广深比"来表述）为 2：3（=1：1.5）。

如上述，由于衙署基址的详细尺寸较难获得，对于表 5 中只有周长、面积值的治所衙署，为使已知数据能体现价值的最大化，将假设其基址广深比为 2：3，进一步推测其他尚缺漏的相关数据，以供研究参考。以南直隶池州府为例，在仅知基址周长为 270 丈（记载为二百七十余丈，取 270 丈）的前提下，假设其"基址广深比为 2：3"，经演算可获得广（面阔）、深（进深）及面积的参考值，分别为 54 丈、81 丈及 72.9 亩（表6）。表6中灰色块，即代表推测出之参考值。

---

1. [明]万历《池州府志》卷2："国朝洪武二年，知府王祖顺肇建正堂，并后堂及东西两廊、仪门、谯楼，皆如制。……弘治十三年，知府祈司员重修并筑周围墙二百七十余丈，高丈余。"

明代部分府衙样本规模进一步推测数据　　表 6

地方治所衙署等级与名称		周长相关数据（长度单位：丈）				面积		备注
品级	衙署名	广（a）	深（b）	周长（2a+2b）	广深比（a：b）	平方丈（ab）	亩（ab）/60	
府级 正四品	池州府衙（南直隶）	54	81	270.00	假设2：3	4374	72.90	部分推测
	济南府衙（山东省）	43.00	90.00	266.00	1：2.09	3870	64.50	确知数据
	南阳府衙（河南省）	47.20	75.00	244.40	1：1.59	3540	59.00	确知数据

注：灰色块数据为假设基址广深比为 2：3，演算得出的推测数据。　　　　据内文及表 5 整理

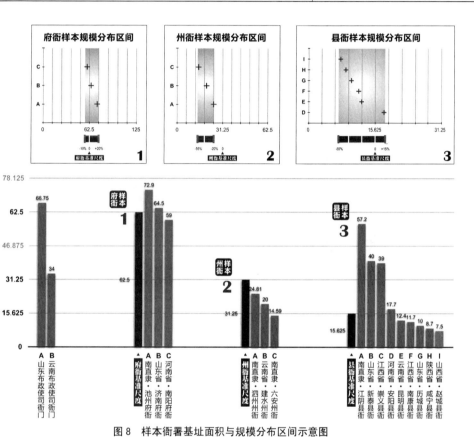

图 8　样本衙署基址面积与规模分布区间示意图

据现所掌握池州府衙、济南府衙、南阳府衙之规模数据，三者面积分别为 72.9 亩（参考值）、64.5 亩、59 亩。比较钦定公廨制所设定的府衙基准尺度 62.5 亩，数值均可落于"（府衙基准尺度 -10%）～（府衙基准尺度 +20%）"的区间中，整体规模尚算均衡（图 8、图 9）。

（3）州衙

此处择取：南直隶泗州州衙、云南省建水州衙、南直隶六安州衙，3 例。三者的基础数据都不完整，其中"泗州州衙"、"六安州衙"仅有周长数据，"建水州衙"仅有面积数据。将同样采取上述池州府假设"基址广深比为 2：3"的推测方式，经演算所得参考值列表如下（表 7）。

据现所掌握泗州州衙、建水州衙、六安州衙之规模数据，三者面积分别为 24.81 亩（参考值）、20 亩、14.59 亩（参考值）。依照钦定公廨制所设定的府衙基准尺度再递减 1/2 的假设，州衙基准尺度为 31.25 亩；将三者面积与之进行比较，整体数值落于"（州衙基准尺度 -55%）～（州衙基准尺度 -20%）"的区间中，规模差异较大（图 8、图 9）。

（4）县衙

此处择取：南直隶江阴县衙、山东省新泰县衙、江西省崇义县衙、河南省安阳县衙、云南省昆明县衙、江西省南康县衙、山东省历城县衙、陕西省咸宁县衙，及山西省赵城县衙，共 9 例。其中"新泰县衙"仅有面积数据。将同样采取上述池州府假设"基址广深比为 2：3"的推测方式（表 8）。

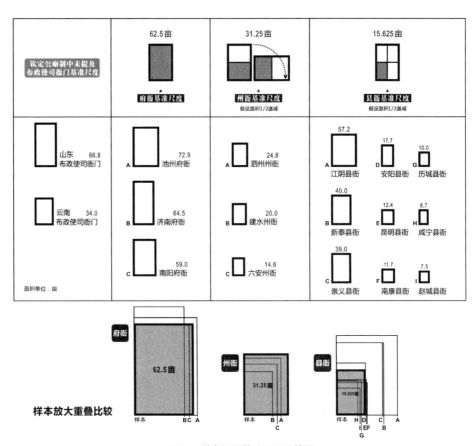

图 9 样本衙署基址面积比较图

明代部分州衙样本规模进一步推测数据 表 7

地方治所衙署等级与名称			周长相关数据（长度单位：丈）				面积		备注
品级		衙署名	广（a）	深（b）	周长（2a+2b）	广深比（a：b）	平方丈（ab）	亩（ab）/60	
州级	从五品	泗州州衙（南直隶）	31.50	47.25	157.50	假设2：3	1488	24.81	部分推测
		建水州衙（云南省）	28.28	42.43	141.42	假设2：3	1200	20.00	部分推测
		六安州衙（南直隶）	24.16	36.24	120.80	假设2：3	876	14.59	部分推测
注：灰色块数据为假设基址广深比为2：3，演算得出的推测数据。								据内文及表5整理	

明代部分县衙样本规模进一步推测数据 表 8

地方治所衙署等级与名称			周长相关数据（长度单位：丈）				面积		备注
品级		衙署名	广（a）	深（b）	周长（2a+2b）	广深比（a：b）	平方丈（ab）	亩（ab）/60	
县级	正七品	江阴县衙（南直隶）	52.00	66.00	236.00	1：1.27	3432	57.20	确知数据
		新泰县衙（山东省）	40.00	60.00	200.00	假设2：3	2400	40.00	部分推测
		崇义县衙（江西省）	39.00	60.00	198.00	1：1.54	2340	39.00	确知数据
		安阳县衙（河南省）	24.56	43.24	135.60	1：1.76	1062	17.70	确知数据
		昆明县衙（云南省）	25.34	29.36	109.40	1：1.16	744	12.40	确知数据
		南康县衙（江西省）	26.00	27.00	106.00	1：1.04	702	11.70	确知数据
		历城县衙（山东省）	21.21	28.29	99.00	1：1.33	600	10.00	确知数据
		咸宁县衙（陕西省）	18.00	29.00	94.00	1：1.61	522	8.70	确知数据
		赵城县衙（山西省）	20.00	22.50	85.00	1：1.13	450	7.50	确知数据
注：灰色块数据为假设基址广深比为2：3，演算得出的推测数据。								据内文及表5整理	

据现所掌握江阴、新泰、崇义、安阳、昆明、南康、历城、咸宁、赵城九处县衙之规模数据，对应面积分别为57.2亩、40亩、39亩、17.7亩、12.4亩、11.7亩、10亩、8.7亩及7.5亩。依照钦定公廨制所设定的府衙基准尺度递减1/2后，再递减1/2的假设，县衙基准尺度为15.625亩;将九处面积与之进行比较，前三者数值明显特异，不仅多于县衙基准尺度，且呈基准尺度的2.5-3.7倍。剩余六处的面积分布显得较和缓，但整体数值落于"（县衙基准尺度-55%）-（县衙基准尺度+15%）"的区间中，规模差异仍较大。若以此六处为整体样本，可计算出基址平均数约为11.34亩，还是可以观察出明代最低级别治所衙署——县衙的规模，多集中在10-15亩之间（图8、图9）。

（四）基址的广深比例

明洪武初年钦定公廨制:"府治深七十五丈，阔五十丈。州治次之，县治又次之。"除了表明中央政府对地方所衙署订立的一个基准规模外，亦对构成此矩形基址的长、短两边做出了一种说明与看法。如制度所设定:府治基址面阔为50丈、进深为75丈，进一步我们可知基址的"广深比"（面阔∶进深）为2∶3，可视为明代治所衙署的理想长宽尺度比。然而各地兴建时，由于基址上的各类现实因素，恐非如此容易达成。以下将就目前掌握之基址数据，尝试检验是否符合钦定公廨制度中的理想广深比，并制图说明当中差异（表9、图10）。

明代部分地方治所衙署之基址广深比　　　　　　　　　　　　表9

地方治所衙署等级与名称		周长相关数据（长度单位：丈）				近似钦定公廨制（2∶3）
品级	衙署名	广（a）	深（b）	广深比（a∶b）		
省级 从二品	山东布政使司衙门	44.50	90.00	1∶2.02	2∶4.04	
	云南布政使司衙门	37.28	54.72	1∶1.47	2∶2.94	☑
府级 正四品	济南府衙（山东省）	43.00	90.00	1∶2.09	2∶4.18	
	南阳府衙（河南省）	47.20	75.00	1∶1.59	2∶3.18	☑
县级 正七品	江阴县衙（南直隶）	52.00	66.00	1∶1.27	2∶2.54	☑
	崇义县衙（江西省）	39.00	60.00	1∶1.54	2∶3.17	
	安阳县衙（河南省）	24.56	43.24	1∶1.76	2∶3.52	
	昆明县衙（云南省）	25.34	29.36	1∶1.16	2∶2.32	
	南康县衙（江西省）	26.00	27.00	1∶1.04	2∶2.08	
	历城县衙（山东省）	21.21	28.29	1∶1.33	2∶2.66	
	咸宁县衙（陕西省）	18.00	29.00	1∶1.61	2∶3.22	☑
	赵城县衙（山西省）	20.00	22.50	1∶1.13	2∶2.26	

注：a简化为1，a简化为2。

据正文及表5整理

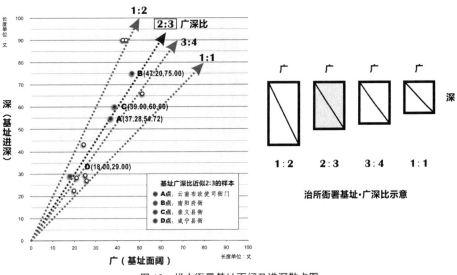

图10　样本衙署基址面阔及进深散点图

从表、图中我们发现：有 4 例基址之广深比较为接近"2 ∶ 3"的理想尺度，分别是云南布政使司衙门、河南省南阳府衙、江西省崇义县衙、陕西省咸宁县衙。其余 8 处衙署基址的"广深比"基本分布于"1 ∶ 2"－"1 ∶ 1"的区间范围中（即图 10"散点图"中，最外侧两条箭头虚线间的范围）。

尝试进一步说明，我们可假设：明代地方治所衙署的基址规模，纵使其面积数值不能很好地对应"所处的行政层级体系"中的上下等级关系（指面积值可能过大或过小，明显不符合衙门等级的特殊情况），但作为一块供衙署建筑使用的基地，为满足衙署建筑类型的空间使用特性，其面阔与进深的长度基本是在"1 ∶ 2"－"1 ∶ 1"的比例间浮动，当中包含"2 ∶ 3"与"3 ∶ 4"两个在古代合院建筑群中较常使用且合理的比例。

（五）小结

从明洪武初年钦定公廨制："府治深七十五丈，阔五十丈。州治次之，县治又次之。"的规定，得知"府衙基准尺度 =62.5 亩"，进一步推测"州衙基准尺度 =31.25 亩"、"县衙基准尺度 =15.625 亩"；并将此假设带入地方志中验证。根据以上数小节的演算、比较，尝试归纳初步结果：

（1）公廨制中未提及的省级布政使司衙门，从现有的两组数据来看，面积值仅与"府衙基准尺度 62.5 亩"相当或较小，不能很好地在基址规模上体现其比府衙高出一个行政级别的关系。

（2）地方志所提供的府衙规模，从现有的三组数据来看，面积值均分布于"（府衙基准尺度 -10%）－（府衙基准尺度 +20%）"的区间中，整体规模尚算均衡。

（3）地方志所提供的州衙规模，从现有的三组数据来看，面积值均分布于"（州衙基准尺度 -55%）－（州衙基准尺度 -20%）"的区间中，规模差异较大。

（4）地方志所提供的州衙规模，不计三组数值明显特异的例子。从其余的六组数据来看，面积值均分布于"（县衙基准尺度 -55%）－（县衙基准尺度 +15%）"的区间中，规模差异较大。进一步计算得出六处基址平均面积为 11.34 亩，大致定义了最低级别治所衙署——县衙规模的分布倾向，多集中于 10-15 亩之间。

综上所述，基于目前掌握的有效样本，并不能完全符合我们关于"府、州、县三级地方衙署基址规模间，存在依 1/2 递减关联"的看法，但亦不能据此武断地否定这一假设。在目前所掌握的明代地方史料中，多数对治所衙署基址规模甚少记载，以致本文进行数据验证时，部分级别衙署的样本量稀少，难免造成结果的偏差；若仅以此为结论，难免以偏概全。

同时，部分文献中只记载了衙署基址的总周长，未提及面积、基址面阔或进深长度。为使数据价值最大化，如前文所述，我们假设此类"缺少完整数据的基址"之广深比为 2 ∶ 3，进而可推知广、深长度（面阔、进深），并最终取得基址面积数据。然而"广深比 =2 ∶ 3"为钦定公廨制度中的理想情形，实际运用中肯定会有部分样本碍于各种无法预知的客观因素，最终与此比例不符。当"广深比"发生改变，文中基于"广深比 =2 ∶ 3"所演算得到的基址面积数据亦会有所不同，这也给我们今后的研究工作留下了想象空间，还有待日后进行更多积极、可行的设想与尝试。

参考文献

[1] ［明］胡广等. 明太祖实录 [M]. 台北："中央研究院"历史语言研究所，1962.

[2] ［明］李东阳. 大明会典 [M]. 台北：文海出版社，明万历刊本.

[3] ［明］陆容. 菽园杂记 [M]. 北京：中华书局，1985.

[4] ［明］王瓒，蔡芳. 弘治温州府志 [M]. 上海：上海社会科学院出版社，2006.

[5] ［明］（嘉靖）江阴县志 [M]. 天一阁藏明代方志选刊（13）.

[6] ［明］（嘉靖）建平县志 [M]. 中国方志丛书. 华中地方（703）.

[7] ［明］（万历）六安州志 [M]. 日本藏中国罕见地方志丛刊（11）.

[8] ［明］（万历）帝乡纪略 [M]. 中国方志丛书. 华中地方（700）.

[9] ［明］沈榜. 宛署杂记 [M]. 北京：北京古籍出版社，1980.

[10] ［明］不着撰人. 大明一统文武诸司衙门官制 [M]. 台北：台湾学生书局，1970.

[11] ［清］顾祖禹. 读史方舆纪要 [M]. 北京：中华书局，2005.

[12] ［清］查继佐. 罪惟录 [M]. 杭州：浙江古籍出版社，1986.

[13] ［清］张廷玉. 明史 [M]. 北京：中华书局，1995.

[14] ［清］龙文彬. 明会要 [M]. 北京：中华书局，1998.

[15] ［清］毕沅. 续资治通鉴 [M]. 北京：中华书局，1999.

[16] ［民国］王祖畬. 太仓州志 [M]，民国 8 年刊本.

[17] 侯仁之．历史地理学的理论与实践 [M]．上海：上海人民出版社，1979．
[18] 谭其骧．中国历史地图集（第二版）[M]．北京：中国地图出版社，1996．
[19] 王天有．明代国家机构研究 [M]．北京：北京大学出版社，1992．
[20] 牛平汉．明代政区沿革综表 [M]．北京：地图出版社，1997．
[21] 周振鹤．中国地方行政制度史 [M]．上海：上海人民出版社，2005．
[22] 郭红，靳润成．中国行政区划通史 [M]．明代卷．上海：复旦大学出版社，2007．
[23] 瞿同祖．清代地方政府 [M]．北京：法律出版社，2003．
[24] 吴吉远．清代地方政府的司法职能研究 [M]．北京：中国社会科学出版社，1998．
[25] 韩大成．明代城市研究 [M]．北京：中国人民大学出版社，1991．
[26] 陈国平．明代行政法研究 [M]．北京：法律出版社，1998．
[27] 刘双舟．明代监察法制研究 [M]．北京：中国检察出版社，2004．
[28] 袁刚．中国古代政府机构设置沿革 [M]．哈尔滨：黑龙江人民出版社，2003．
[29] 韦庆远．中国政治制度史 [M]．北京：中国人民大学出版社，2001．
[30] 方志远．明代国家权力结构及运行机制 [M]．北京：科学出版社，2008．
[31] 陈庆江．明代云南政区治所研究 [M]．北京：民族出版社，2002．
[32] 王天有．中国古代官制 [M]．北京：商务印书馆，2004．
[33] 柏桦．明清州县官群体 [M]．天津：天津人民出版社，2003．
[34] 何朝晖．明代县政研究 [M]．北京：北京大学出版社，2006．
[35] 臧知非，沈华．分职定位：历代职官制度 [M]．长春：长春出版社，2005．
[36] 郭建．帝国缩影中国历史上的衙门 [M]．上海：学林出版社，1999．
[37] 中国大百科全书总编辑委员会本卷编辑委员会 [M]．中国大百科全书．建筑园林城市规划卷．北京：中国大百科全书出版社，1988．
[38] 傅熹年．中国古代城市规划、建筑群布局及建筑设计方法研究 [M]．北京：中国建筑工业出版社，2001．
[39] 王贵祥．中国古代建筑基址规模研究 [M]．北京：中国建筑工业出版社，2008．
[40] 成一农．古代城市形态研究方法新探 [M]．北京：社会科学文献出版社，2009．
[41] 王贵祥．明代城池的规模与等级制度探讨 [J]．// 贾珺 主编．建筑史（第 24 辑），北京：清华大学出版社，2009：86-104．
[42] 王贵祥．明代建城运动概说 [J]．// 王贵祥 主编．中国建筑史论汇刊（第壹辑），北京：清华大学出版社，2009：139-174．
[43] 李志荣．元明清华北华中地方衙署个案研究 [博士学位论文]．北京：北京大学考古文博学院，2004．
[44] 白颖．明代王府建筑制度研究 [博士学位论文]．北京：清华大学建筑学院，2007．
[45] 包志禹．明代北直隶城市平面形态与建筑规制研究 [博士学位论文]．北京：清华大学建筑学院，2009．
[46] 牛淑杰．明清时期衙署建筑制度研究—以豫西南现存衙署建筑为例 [硕士学位论文]．西安：西安建筑科技大学，2003．
[47] 李德华．明代山东城市平面形态与建筑规制研究 [硕士学位论文]．北京：清华大学建筑学院，2008．

作者单位：清华大学建筑学院

南宋江南地区府州治所的规模和布局之初探
——以《宋元方志丛刊》中方志地图为研究对象

袁　琳

提要

《宋元方志丛刊》共收录了现存所有的 42 本宋元时期地方志，其中部分方志存有一些高质量的城市和府治地图，图量所占比重较大，占有比较重要的地位，这对建筑史相关研究是极为难得的资料。本文选取南宋时期江南地区建康、临安、常州、建德四个府州级的城市，基于《宋元方志丛刊》中对应的志书地图，主要是城市地图和府治地图，对府治、州治进行位置、规模以及院落布局的相关研究。研究工作从城市的各级城墙入手，首先定位和考证罗城、子城、内子城相对的位置，结合图文，推算出较为准确的面积；然后对府治的分布规模进行归纳总结，得到南宋江南地区府州治所的规模和布局的一般规律；最后，选取府治的中轴线部分进行了建筑单体层面的比较分析。

关键词： 方志地图，府州治所，规模，布局

一、引言——《宋元方志丛刊》中的地图

《宋元方志丛刊》[1]共收录了现存所有的 42 本宋元时期地方志。在地理分布上，江浙地区（江苏、浙江、上海）地方志在总数中占绝大多数，共 32 本，甚至一些城市有多本不同时期纂修的方志，如建康、临安、镇江、严州等。在舆图的数量和质量上，含舆图的地方志有 10 本，绘制的城市有：长安、建康、毗陵、临安、赤城、洛阳等，这些舆图以政区图、地理形势图及宫室官廨图为主。在上述 10 本含舆图的方志中，含有府廨布局图的只有临安、建康、毗陵、严州和赤城四府（州）三县的六本地方志。

本文选取建康、临安、毗陵、严州四个府州级的城市，对其府治、州治进行位置、规模以及院落布局的相关研究。临安和建康都曾做过南宋的行在，为府级别的城市，毗陵、严州为州级别的城市。这四本方志的编纂时间集中在南宋（1127-1279 年）的百年中，其中《淳熙严州图经》稍早，另外三本集中在 1261-1286 年的几十年内；地域上，这四个城市南宋时均属两浙西路。因此其府治应具有同时同地域的一些共性，具有一定程度的代表性，对其做综合和比较研究也是有意义的。本文所研究的方志地图见表 1。

二、志书地图的特点

志书地图有其鲜明的特点。首先，志书地图的数学基础极其薄弱，绝大部分志书地图不采用"计里画方"和"制图六体[2]"法则，更多地运用中国传统山水画的某些绘画法则，因此对其量化分析的研究存在着很难突

---

1. 宋元方志丛刊. 北京：中华书局，1990. 本文所用方志如未注明，皆用《宋元方志丛刊》版本。
2. 见《晋书》所引裴秀"制图之体有六焉：一曰分率，所以辨广轮之度也；二曰准望，所以正彼此之体也；三曰道里，所以定所由之数也；四曰高下，五曰方邪，六曰迂直，此三者各因地而制宜，所以校夷险之异也。"

书名	修书年代	地图数量	所属城市	府治地图	城市地图	备注
景定建康志	景定二年 公元1261年	19幅[1]	南宋建康，今南京	"府廨之图"	"建康府城之图"	现存版本均为明清版本，所附地图均为清代翻刻或抄写，以嘉庆本为佳
咸淳临安志	咸淳年间 1265-1275年	13幅	南宋临安，今杭州	"府治图"	"皇城图"、"京城图"	以清道光十年（1830年）钱塘汪氏振绮堂仿宋重刊本较为完备
淳熙严州图经	淳熙十三年 1186年	9幅	建德府，今建德市梅城镇	"子城图"	"建德府内外城图"	经文中有晚于淳熙，而早于咸淳年间之事，所以现存《严州图经》是增订过的，非陈公亮等纂修的原本
咸淳毗陵志	咸淳四年 1268年	7幅	毗陵，今常州	"常州府治官吏公廨图"		仅存于世的《咸淳毗陵志》宋代原刻孤本，今被收藏于日本静嘉堂文库

破的瓶颈。其次，志书地图的描述对象大多为山川境域、城池、宫城、官府，其主观色彩强烈的表述却能给政治、制度方面的研究带来一些启示。

本文主要研究每本方志中的两类地图：城市地图和府治地图（图1）。它们均为属于不画方的平面地图类，城市地图的主要绘图要素有城墙、山水、府治、府学、社稷坛庙、坊厢的位置、边界和拓扑关系，府治地图则以建筑物作为主要制图要素，主要表示建筑布局，多用立面和平面相结合的绘制方法绘制。

这些府治地图在多大程度上能反映实际的情况，其规模和等级是否有有趣的共性？这是我们从建筑史研究的角度迫切想知道的，那么研究从何入手？

这些府治地图在绘制手法和所表达的空间形态上，具有一些直观上的相似性：秩序是作者（统治者、城市和官署的建设者）着重强调的，城墙、院墙是绘制的重点内容，因而在对环境、民居等不重要的内容的描述上，则是能省则省，只求意象不求准确；大量的文字标示，暗示了衙署建筑的院落和机构的组织方式。作者们毫不例外的想表达这个大方向上的意图：即使环境千差万别，城市和公署的建造，也要尽可能地遵循一定的规则和秩序。这些规则和秩序在地图里得到了极有力的放大和强调。因此，要对这些地图进行选址、规模、院落、布局方面的研究，必须首先对图中城墙院界进行分析。

三、城墙院界的定位和考证

在城市选址上，都基本是因袭前朝，沿袭唐末甚至更早的罗城、子城（建德府罗城为本朝睦州刺史修建），衙署则基本沿袭唐末的子城、内子城。临安、建康因皇帝驻跸，府治位置有所变动，因为有考古资料的支持，能找到较为准确的位置，进而推算出较为准确的面积。毗陵和严州则需要结合方志的图文与现代地图进行粗略的概算。考证结果见图2。

1. 临安府府治

北宋临安府府治的位置应在凤凰山之右的唐子城[2]，而《咸淳临安志》中所绘制的地图为南宋建炎四年驻跸后以净因寺故基改建的府治（含教场）[3]，结合今人研究及考古资料[4]，"到南宋末年，府治……西面包括今荷花池头至西城边，东面临西河至凌家桥，南到今流福沟的宣化桥，北与州学相邻，方圆达三至四里。"[5]其北面界限较为模糊，仅能推测在丰豫门（涌金门）以南，但丰豫门以南应还有转运司。[6]若按北面边界到丰豫门，以google earth地图软件计算，推测其基址面积在300亩，但此面积应包含转运司和部分府学。

1. 孙星衍"重刊景定建康志后序"："宋印本止存七图，余皆补画本。黄氏影钞本较多，共十九图。今据补入。"
2. 《咸淳临安志》卷一·宫阙一：在凤凰山即杭州州治，建炎三年二月诏以为行宫。
3. 《咸淳临安志》卷五十·志三十七·官寺一·府治：（府治）旧在凤凰山之右，自唐为治所子城。……中兴驻跸因以为行宫，而徙建州治于清波门北，净因寺故基。……"
4. 杜正贤，梁宝华《杭州发现南宋临安府治遗址》。《中国文物报》2000年11月22日第001版。
5. 徐吉军著《南宋都城临安》，杭州出版社，2008。
6. 《咸淳临安志》卷四十七·志三十七·官寺一·两浙转运司：两浙转运司旧在双门北为南北两衙今在丰豫门南有东西二厅。

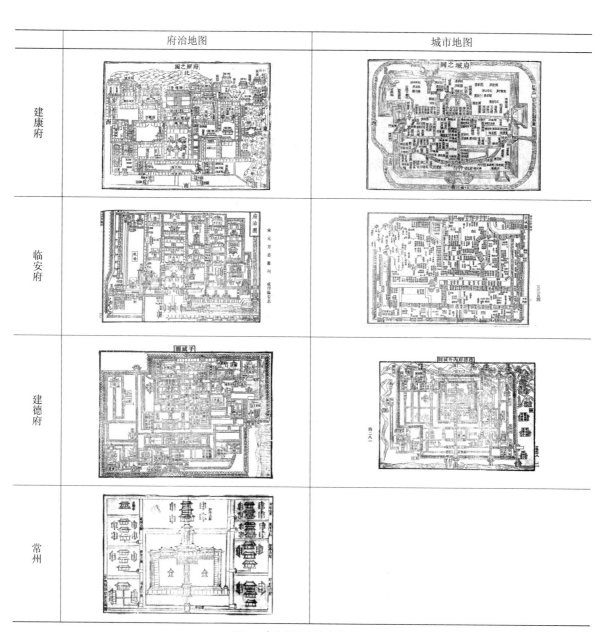

	府治地图	城市地图
建康府		
临安府		
建德府		
常州		

图 1　本文所研究的方志地图

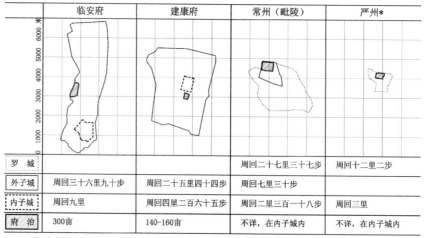

	临安府	建康府	常州（毗陵）	严州*
罗　城			周回二十七里三十七步	周回十二里二步
外子城	周回三十六里九十步	周回二十五里四十四步	周回七里三十步	
内子城	周回九里	周回四里二百六十五步	周回二里三百一十八步	周回三里
府　治	300亩	140～160亩	不详，在内子城内	不详，在内子城内

*历史上建德府城墙变迁较多，宋代城墙位置须结合历代方志进行实地考证方能确定，本文仅作面积和周长的示意，不深究具体形态。

图 2　四府州之各级城墙位置及形态图

2. 建康府府治

　　建康府的情况与临安有相似之处。北宋时期其府治在子城中，子城在外城的中央，外城周回二十五里四十四步，子城周四里二百六十五步[1]，"绍兴三年，以府治建为行宫。"[2]《景定建康志》有"宋建康行宫之图"，详细描绘了子城改为行宫后的布局。府治迁到原子城前公署区中的转运司衙内，在此的机构除了府治，南宋期间还有江东安抚司、沿江制置司、淮西总领所、江东转运司、江淮提领所、江淮都督府、御前马步军、行宫留守司等。[3] 这期间许多机构变更、建筑更迭都可以从图中读出。可以说这建康府"府廨之图"是本文所研究府治图中信息量最大的。根据今人研究[4] 和已有的考古发现，[5] "南宋新府治位于旧府治建康行宫的东南、西临南唐御街。北沿青溪。即今内桥东南，中华路以东，东锦绣坊巷、慧园街以北，王府园小区一带。"[6] 府廨的基址是一块略方的四边形，东西向约为 80 丈，南北向约为 100 丈，面积在 140-160 亩左右。

3. 常州府府治

　　毗陵府治（州治）因袭的是唐末的内子城（今老体育场一带），时有增葺，但"仍其旧制"[7]，其中，"子城[8] 周回七里三十步，内子城周回二里三百一十八步。""鼓角楼白露屋今为郡治"[9]。南宋时外子城毁于战火。据"常州城垣变迁及城厢图"[10]，内子城占据了外子城的西北角，形状规整，正中为常州府。根据唐末州治规模为"六百楹"、"国朝有增葺"来看，其规模应比临安、建康府小。

4. 建德府府治

　　建德府府治在子城内正北，为宣和三年重建[11]，应袭用了子城的北城墙[12]，由"子城图"看亦是如此。罗城周回十二里二步，子城周回三里。[13] 建德府位于今建德市梅城镇，因历史上城墙变迁较多，《民国建德县志》及《光绪严州府治》有城墙沿革的记录及地图，但 google earth 上城市肌理并不容易看出。本文暂不深究。

四、府州治所的分布特点和规模

　　由以上相关史料和推断，总结出南宋江南地区的府州治所在位置和规模上的一些特点。

　　在空间形态上，城市一般由两到三圈城墙构成，分别为罗城－外子城－内子城。没有政治或军事相关原因则大多因袭前朝，内子城是衙署所在位置，甚至城门谯楼即府治鼓角楼、府治依靠部分城墙而建。内子城内，府治周围往往有府学、仓库、官庙以及转运司等其他公共建筑和行政机构。

　　城市的规模往往用"周回"来计量，"周回"即周长，一定程度上反映了其面积和规模的大小。这四座城市中，内外子城的周回最大的均为临安府，外子城周回三十六里九十步，内子城周回九里，最小为常州府，外子城周回七里三十步，内子城周回二里三百一十八步，而常州府还有更外一圈的罗城，周回亦达到了二十七里三十七步。

　　为何用周回作为计量参数来控制城市的规模，而不用面积或者边长，笔者认为这和城市的建造成本控制有一定关系，城墙的修筑需要耗费大量的人财物力，城墙大都坏于战争或大水，天灾人祸后财政往往也

1. ［宋］周应合. 景定《建康志》卷二十 城阙志一 今城郭. 宋元方志丛刊第二册. 北京：中华书局，1990。
2. ［宋］周应合. 景定《建康志》卷二十四 官守志 府治. 宋元方志丛刊第二册. 北京：中华书局，1990。
3. ［元］张铉. 至正《金陵新志》卷二十四 官守志 府治. 宋元方志丛刊第四册. 北京：中华书局，1990。
4. 胡邦波《景定〈建康志〉中的地图研究》。
5. 2007 年 3 月《南京晨报》：2007 年在南京内桥北侧王府园小区考古工地："考古队员对宋代地层出土的砖路进行了考古分析……这处宋代遗址很有可能是宋代南京最高政权机构——建康府治的核心区域。"
6. 南京市地方志编纂委员会编纂. 南京建置志. 深圳：海天出版社，1994，P110。
7. 《咸淳毗陵志》卷第五·官寺一·州治：州治在内子城，……建谯楼、仪门、正厅、西厅、廊庑、堂宇、甲仗军资等库余六百楹，至南唐郡归我朝，因旧增葺，建炎中毁俞守俟兴复后谩以备。
8. 五代吴顺义元年（921）刺史张伯的惊增筑外子城，城垣西沿玉带河，东至迎春桥，南沿迎春路，白云渡、惠民桥，甘棠桥、觅渡桥至西水关。城周 7 里 30 步，城高 2 丈 8 尺，厚 2 丈，内外筑以砖石，方直雄固，号为"金斗城"。东南西北分设迎春、金斗、迎秋、北极四门。
9. 《咸淳毗陵志》卷第三·城郭·州。
10. 常州市地名委员会编《江苏省常州市地名录》，1983。
11. 《淳熙严州图经》卷一·城社："旧制屋宇甚备经方腊之乱荡然无遗宣和三年知州周格重建"。
12. 《淳熙严州图经》卷一·馆驿（楼阁亭榭）：紫翠楼在州宅，北子城下……。
13. 《淳熙严州图经》卷一·城社。

并不宽裕，在许多方志中能看到详细的修葺城墙的记录，可见城墙的修筑是当时城市建设的重点和难点。用周长可以很好地控制修筑成本，而周回也可以对城市的面积有所控制。由上表可见，各级别的城墙周回相差不大，面积也较为接近。外子城周回在二十五里上下，内子城周回则在三里左右，南宋都城临安府较此标准有所增加；临安和建康府府治的面积，由临安府和建康府推算，大概在百亩左右。

五、府治中轴线的布局特点

将四张府治图及书中文字进行整理和对比，得到中轴线上的主要单体建筑的秩序列表，如表2。

四府州之府治中轴线单体建筑比较表　　　　　　　　　　　表2

	常州府	建德府	建康府	临安府
礼仪宣教之所				州桥
	手诏亭（东）、班春亭（西）	颁春亭（西）、宣诏亭（东）	颁春亭（西）、宣诏亭（东）	颁春亭（西）、手诏亭（东）
	谯楼	鼓角楼	鼓角楼	府治门
	仪门	仪门	仪门	正厅门
	戒石铭	戒石铭	戒石铭	
治事之所	设厅	设厅	设厅	设厅
			清心堂	简乐堂
		坐啸堂	忠实不欺之堂	清明平轩
				见廉堂
				中和堂
				听雨轩
宴息之所	平易堂			
	桂堂	潇洒楼	静得堂	
	月台			

从对比中可以发现，衙署建筑的中轴线是有一定规制的，中轴线上的大体布局原则为坐北朝南，前衙后邸。其中，礼仪宣教之所：颁春宣诏亭－鼓角楼－仪门－戒石铭；治事之所：设厅（大堂）－（中堂）等；宴席之所：后宅（后堂），建康府和临安府府治的主要府宅部分另有两路以上的院落，及相当规模的衙署花园。另外在中轴线两侧及周围，有吏攒办事之所，如安抚司，转运司，吏舍，左右局，通判厅等。从表中看，礼仪宣教之所对应的建筑往往是固定的，礼仪性质的，而治事之所和宴席之所则稍有变通，数量上似无严格的规定，建康府、临安府稍多，而常州、建德府稍简，但基本遵循大堂－中堂－后堂的"三大殿"模式。

建筑匾名的来历、含义，在方志中记载甚详。大堂、二堂的名字大都含清明、简朴之意，形成独特的清官文化。如建德府之坐啸堂，出自东汉南阳太守成瑨，以清名见，用岑晊（字公孝）为功曹，公事悉委岑办理，民间为之谣曰"南阳太守岑公孝，弘农成瑨但坐啸。"[1]后因以"坐啸"指为官清闲或不理政事。再如临安府之简乐堂，"光宗皇帝以青宫领尹奏疏有讼简刑清百姓和乐之语后二年郡守胡与可乃为堂撮二字扁曰简乐"[2]；再如清明平轩，为"安抚潜说友因得平章贾魏公三字之褒归而揭诸便坐以为训故名。"[3]

至于中轴线之外的转运司、府学、各类仓库等，也具备一定的分布规律，因篇幅所限，本文不一一深究，以及寺庙、公共建筑等，一并构成内子城，形成"城中之城"的形态。

---

1. 见《后汉书．党锢传序》。
2. 《咸淳临安志》卷五十二·志三十七·官寺一·府治。
3. 同上。

参考文献

[1] 宋元方志丛刊 . 北京：中华书局，1990.

[2]［宋］潜说友 . 咸淳临安志 .

[3]［宋］周应合 . 景定建康志 .

[4]［元］张铉 . 至正金陵新志 .

[5]［宋］史能之 . 咸淳毗陵志 .

[6]［宋］陈公亮修 刘文富纂 . 淳熙严州图经 .

[7] 徐吉军著《南宋都城临安》，杭州出版社，2008.

[8] 南京市地方志编纂委员会编纂 . 南京建置志 . 深圳：海天出版社，1994，P110.

[9] 常州市地名委员会编《江苏省常州市地名录》，1983.

[10] 胡邦波 .《景定〈建康志〉中的地图研究》.

[11]《南京晨报》2007 年 3 月 .

[12] 杜正贤，梁宝华 . 杭州发现南宋临安府治遗址 . 中国文物报，2000 年 11 月 22 日第 001 版 .

作者单位：清华大学建筑学院

明代城市与建筑

附录　南宋江南地区府州治所的规模和布局之初探

南宋建康府府廨建筑复原研究
及基址规模探讨[1]

袁　琳　王贵祥

提要

《景定建康志》是研究宋代城市及建筑群空间布局的珍贵资料。书中的"府廨之图"详细绘制了南宋时期建康府（今南京）府治及其他相关政治机构的总体布局。本文以"府廨之图"以及书中相关文字记载作为基础，对该图中的建康府府治进行空间形态和基址规模的初步探讨。

关键词：《景定建康志》，府廨，建康府，基址规模，复原研究

地方志作为一种综合性资料文献，为建筑史学研究提供了许多珍贵的历史信息，志书地图是地方志中珍稀而重要的组成部分，对以图形学为基础的建筑学相关研究则具有更为重要的意义。现存于世的完整和较为完整的宋元方志大约有四十余种。今以《景定建康志》一书中的"府廨之图"为例，展开对建康府衙署建筑群的平面布局研究，考察其规模、等级并进行相关的复原研究。

一、《景定建康志》及书中的"府廨之图"

1.《景定建康志》版本研究

景定二年（1261 年），马光祖[2]设局钟山阁，聘周应合修志，同年刻版。刻版后不久便毁于火。现存版本均为明清版本，所附地图均为清代翻刻或抄写。最早为明影宋抄本，之后有清《四库全书》本、清钱大昕抄本、清嘉庆六年（1801 年）孙星衍《岱南阁丛书》刻本和嘉庆六年金陵孙忠愍祠刊本[3]、1990 年中华书局《宋元方志丛刊》影印本（据金陵孙忠愍祠刻本影印）等版本，以嘉庆本为佳。图 1 为笔者根据所搜集到的版本绘制的版本图。

本文研究所涉及的图主要有"府城之图"和"府廨之图"。图 2 为四库版"府廨之图"，图 3 为中华书局《宋元方志丛刊》版"府廨之图"，两图图幅一致，所反映的建筑空间关系基本一致，但有不少图注图符不同，在后文的深入分析中发现这两个版本各具备一些独有的细节，可能更早有已佚的版本。从绘图质量上看，四库版较为清晰，中华书局本稍有漫漶，许多标识文字无法识别；从绘图手法来看，四库版笔法简单，细节丢失较多，中华书局本细节保留更多，两者表述院落交接的方式不尽相同，也产生了一些互补和矛盾之处；从版本图上看，后者的版本更具有可靠性。综上，本文在图形上是两者

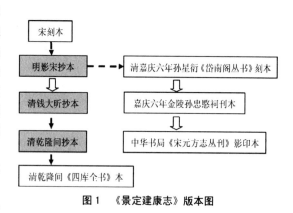

图 1　《景定建康志》版本图

---

1. 本文属国家自然科学基金资助项目"合院建筑尺度与古代宅田制度关系对元大都及明清北京城市街坊空间影响研究"中的子项目，编号：50378046。

2. 马光祖（约 1201-1270 年），字华父号裕斋。宋理宗宝庆二年（1226 年）进士。历知馀干县、高邮军、处州、临安府、建康府。宝佑三年（1255 年）以沿江制置使、江东抚使等衔出任建康知府。开庆元年（1259 年）再任建康知府。三知建康，共 12 年，建康郡民为其建生祠 6 所。咸淳三年（1267 年）六月，拜参知政事，五年进枢密使兼参知政事，以金紫光禄大夫致仕。卒谥"庄敏"。《宋史》卷四一六有传。

3. 笔者未有亲见孙星衍《岱南阁丛书》刻本，但将曹婉如等编《中国古代地图集 战国—元》转引的孙本"皇朝建康府境之图"、"沿江大阃所部图上 / 下"、"府城之图"、"上元县图"，与中华书局版《宋元方志丛刊》版相应图进行对比，两部分图完全一致。因而认为嘉庆年间的孙星衍《岱南阁丛书》刻本和金陵孙忠愍祠刊本所用图版为同一刻版。

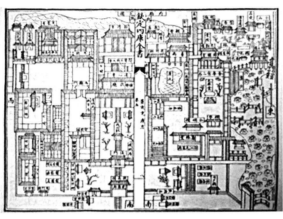

图2　四库本"府廨之图"

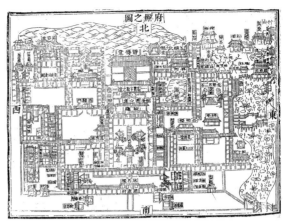

图3　宋元方志丛刊本"府廨之图"

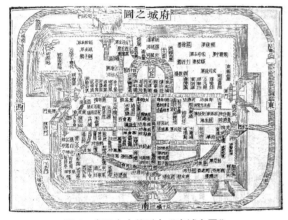

图4　宋元方志丛刊本"府城之图"

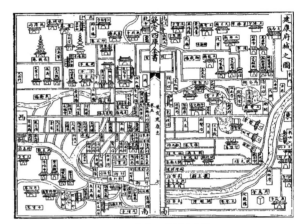

图5　四库本"府城之图"

兼顾的，以中华书局《宋元方志丛刊》本图为主，四库本图为辅。本文所引文字及图皆用中华书局《宋元方志丛刊》第二册本（影印孙忠愍祠刊本）。图4和图5分别为宋元方志丛刊版和四库本"府城之图"，两幅图内容差异较大，四库本"府城之图"应流传自《至正金陵新志》"府城之图"，对城市格局的描绘更加详细，给本文的诸多地理坐标定位提供许多信息。

2. "府廨之图"的绘制手法

（1）地图方位。根据胡邦波的研究[1]，《景定建康志》中的"府城之图"、"府廨之图"均按上北下南绘制，图中四个方位均标有文字说明。"府城之图"以建康府城南面城墙的走向作为正东正西方向。实际上这两者仍存在一定的角度，说明这两幅图的绘制者对方位有一些主观的诠释。

"府廨之图"中所出现的建筑立面方向亦为多向的，所有主要建筑均以正立面形象坐北朝南出现，另外，位于画面东侧的院落和建筑为坐西向东，位于画面西侧的院落和建筑则坐东向西，位于主要道路两侧的建筑被面向道路绘制立面。这可能和中国古代绘画的散点透视手法相关，可以据此猜测出绘制者的行走流线，对于院落之间的廊庑，可以根据其面朝方向判定其所属院落，从而获得较为明确的轴线和院落关系。

（2）图符图注。根据邱新立的研究[2]，对于出自同一作者的方志地图，图注字体的种类、大小、注字的位置等都有统一的规格，字体一般明晰、整洁、美观，常用正楷书写。注字的字体大小依景物大小而定；字的位置与排列都恰到好处，注字大都在物体上方或右方。"实际上，有关距离和大小的信息，通常是先写在纸条上，然后再贴在地图上的。"[3]

1. 胡邦波. 《景定建康志》中的地图研究. 自然辩证法通讯，1988.01。
2. 邱新立. 民国以前方志地图的发展阶段及成就概说。
3. ［美］余定国著，姜道章译. 中国地图学史. 北京：北京大学出版社，2006，P35。

图中的文字图注，有的是对整个院落范围的定义，有的是对单个建筑的定义。前者如"府廨之图"中的西厅、三圣庙、西花园、青溪道院、左院、右院、沿江大幕府，后者如君子堂、静得堂、忠实不欺之堂等。有的文字是建筑的名字，即楼阁的牌匾，比如君子堂、忠实不欺之堂，有的则是建筑或者院落的功能注释，比如青溪道院、戒石铭、制置司金厅等。

（3）比例。"府廨之图"和大多数志书地图一样，并没有采用"计里画方"的准则，书中和图中也没有提及比例。另外根据笔者基于"府廨之图"绘制平面关系图的过程来看，该图中建筑和院落比例存在着失调的问题，建筑大而院落小，甚至平面立面透视同时出现。所以可以肯定该图没有严格准确的比例关系，仅存在基本正确的拓扑关系。

二、南宋建康府及府治历史沿革

1. 建置

宋初承袭唐代后期之制，地方实行道—州—县三级建制。太宗时改道为路[1]，实行路—州（府、军、监）—县三级建制，终宋一代不变。尽管不是都城，南宋朝廷对建康府的重视远超过其同级别政区，在同级的地方政区中往往享有最高的等级，甚至高一级别的一些政治机构也设置在此。

北宋期间，开宝八年（975 年），"平江南，复为升州节度"[2]；宋真宗元禧二年（1018 年），真宗赵恒并下封制，以年仅 9 岁的六皇子、寿春郡王赵崇仁行江宁府尹，充建康军节度、管内观察处置等使，加太保，晋封昇王。昇州被诏为江宁府并升为建康军节度，置建康军，旧领江南东路兵马钤辖。同年九月，赵祯被册封为皇太子，四年后继皇帝位，是为仁宗。作为龙兴之地，建康府一直是江南东路下唯一的府，其影响范围包括江东淮西两路。

靖康之难后，高宗南渡，政治中心随之南移，建康府成了多次迁都的备选，战略地位彰显重要。

> （建炎元年）五月丙辰，诏改为建康府，节镇旧号如故。[3]
> 建炎元年，以江宁府、洪州并升帅府。[4]
> 建炎元年，宰相李纲议以建康为东都，命守臣葺城池、治宫室、……[5]
> （建炎）三年，复为建康府，统太平、宣、徽、广德。五月，高宗即府治建行宫。[6]
> 绍兴八年，置主管行宫留守司公事；三十一年，为行宫留守。乾道三年，兼沿江军，寻省。[7]

综上，从南唐到南宋时期，建康府驻留过多位不同级别的国家或地区元首，李后主，仁宗皇帝，以及后来的高宗等，虽然驻留建康的原因和方式各不相同，但建康府地位的重要性和特殊性一直是显而易见的。

2. 机构

建康府城的子城在外城的中央，周四里二百六十五步[8]，"绍兴三年，以府治建为行宫。"[9]《景定建康志》有"宋建康行宫之图"，详细描绘了子城改为行宫后的布局。府治改作行宫后，府衙便迁到原子城前公署区中的转运司衙内，见图 6。在此的机构除了府治，南宋期间还有江东安抚司、沿江制置司、淮西总领所、江东转运司、江淮提领所、江淮都督府、御前马步军、行宫留守司等。

建康府的建置比较明确，机构和官职也存在较为清晰的对应关系，但是机构所对应的建筑的选址、形态、面积等差别较大。作为除其都城临安以外最重要的政治中心和军事重镇，寓治多种、多级司衙，名称和执

1. 路起初并非作为行政区划设置，它的出现与唐的转运使有关。
2. 《宋史》卷八十八，志第四十一，地理四。
3. ［宋］周应合. 《景定建康志》卷二十四. 官守志. 府治. 宋元方志丛刊第二册. 北京：中华书局，1900。
4. ［元］脱脱等. 宋史 卷八十八. 志第四十一. 地理四. 北京：中华书局，1977。
5. ［宋］周应合. 《景定建康志》卷十四. 建康表十. 宋元方志丛刊第二册. 北京：中华书局，1900。
6. ［元］脱脱等. 宋史 卷八十八. 志第四十一. 地理四. 北京：中华书局，1977。
7. 同上。
8. ［宋］周应合. 《景定建康志》卷二十. 城阙志一. 今城郭. 宋元方志丛刊第二册. 北京：中华书局，1990。
9. ［宋］周应合. 《景定建康志》卷二十四. 官守志. 府治. 宋元方志丛刊第二册. 北京：中华书局，1990。

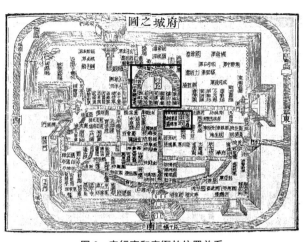

图6 宋行宫和府衙的位置关系

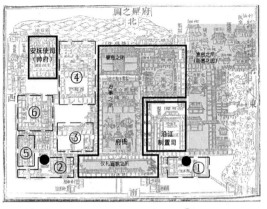

图7 "府廨之图"中南宋政治机构的分布情况

建康府府治内重要机构、建筑、官职对应关系表 表1

	机构	位置	官职	图文中标示的机构名	图文中标示的建筑名
政治机构	府衙	中路	江宁知府	拨务房，拨骖房，教头房，将佐房，杖直房	颁春、宣诏亭，鼓角楼，府门，仪门，戒石铭，设厅，清心堂，忠实不欺之堂，日思斋，云瑞斋、航斋，静得堂
		东路北侧		客位，茶酒司，鞍辔库	静得堂、玉麟堂，喜雨轩、静斋，学斋、有竹轩
	安抚使司（帅府）	安抚使金厅	江南东路安抚使	安抚司金厅	芙蓉堂
	沿江制置司	沿江大幕府	制置使	提振房，提举员舍，总□舍，客将司，总辖房，书奏房	公明楼，筹胜堂
监察机构	通判厅	仪门两侧	通判	通判东厅	
			通判	通判西厅	

其他官署机构列表 表2

	院落	机构名
1	鼓角楼东侧院落	通判东厅，金判厅，察推厅，司户厅
2	鼓角楼西侧院落	夏税务宝场[1]，通判西厅，节推厅，知银厅，□计司，鬼门关
3	府都金厅	直司，茶酒司，排军房，虞候司
4	西厅	礼尚库
5	右院，左院	即左司理院、右司理院，属犴狱
6	六局	都钱库，常平库，军资库，节制库，修造库，节用军经总制库，公使库，制司库，军需库，安抚司库，桩备库
	府廨周围	惠民药局、军装局，三圣庙、西花园等

掌前后变化很大，"府廨之图"所包含的机构不仅是简单的府治，还同时包含形形色色的官衙。

"府廨之图"中机构的分布情况如图7所示，以府衙为中心，两侧有安抚使司等数个机构。"府廨之图"中只标识了少数的机构名和建筑名，参考《景定建康志》"官守志"相关章节，将图中没有标识出的机构一一搜罗列在表1中。各个机构内的建筑以及官职的对应关系如表1和表2所示。

三、府廨位置考证及基址规模推测

《景定建康志》中的"历代城郭互见之图"与至正《金陵新志》中的"建康府城之图"中，"大宋宫城"和"建康府治"的位置是完全吻合的；"建康府城之图"中出现的"君子堂"、"忠勤楼"又在"府廨之图"中出现并且位置关系完全吻合。

1. ［宋］周应合.《景定建康志》卷二十三. 城阙志四. 务场："夏税物实场在府治设厅侧". 宋元方志丛刊第二册. 北京：中华书局，1990。

古地名[1]	今地名	考证
建康府城	南京城	南宋建康府城主要在今南京城南半部，即北门桥以南，中华门以北，大中桥以西，汉西门以东
御街	中华路	为南宋建康府城和今南京城的中轴线，自南唐至今一千多年来没有改变
东虹桥	升平桥	古今同点
秦淮河	秦淮河	南宋时，秦淮河自九龙桥迤西一分为二，城外的通称"外秦淮"，城内的通称"内秦淮"。内秦淮自东水关入城，入城后分南北两支，南支经武定桥、镇淮桥、新桥，从西水关出城；北支经内桥、鼎新桥、仓巷桥，从涵洞口出城
行宫		南至内桥，北至羊皮巷和户部街，东至升平桥，西至羊市桥
东锦绣坊	锦绣坊	古今同点
武胜坊	广艺街	古今同点

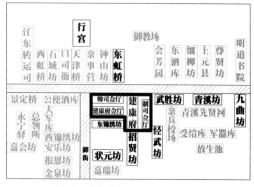

图8　根据《建康志》"府城之图"府治定位

参考胡邦波的研究，建康府周围可以定位的地点见表3[2]，再参照嘉庆本《建康志》"府城之图"（局部加摹及简化见图8，此张图没有画出秦淮河的位置）以及《建康志》中相关文字，可以确定府治的大致位置，在宋行宫东南方向，御街东侧，招贤坊、经武坊、武胜坊等坊厢之间。

招贤坊在府治南，经武坊在府治左，武胜坊在府治东北……青溪坊九曲坊并在府治东[3]……东虹桥在行宫之左府治之北。[4]

元刻本《金陵新志》的"集庆府城之图"更加详细的绘制了府治和周围环境主要是街道和秦淮河的关系。局部加摹及简化如图9。

府治北部和东部边界即秦淮河内河（青溪）；南部边界较为模糊，仅能确定与锦绣坊相隔；西部边界为御街，由"看窗二所，一在西花园东南，临御街"[5]可知临御街的建筑为图中的西花园和三圣庙。秦淮河、御街均能在表3中找到今之对应地点。而南部横向街道位置待定，结合"府廊之图"，府治的入口应该开在这条道路上。

根据2007年在南京内桥北侧王府园小区考古工地上的发现："现场的考古队员对宋代地层出土的砖路进行了考古分析……经过判断，他们认为这里是一处宋代建筑物，根据史料判断，这处宋代遗址很有可能是宋代南京最高政权机构——建康府治的核心区域。"[6]根据《南京建置志》的文字描述："南宋新府治位于旧府治建康行宫的东南，西临南唐御街。北沿青溪。即今内桥东南，中华路以东，东锦绣坊巷、慧园街以北，王府园小区一带。"[7]按照这两个说法，现今的锦绣坊巷、慧园街所在道路即府治南界限定线。因此得到府治现今的大致范围如图10、图11。

因为方志中的府治地图本身并没有反映出正确的比例关系，用不带比例尺的地图反推府治基址面积是极其不准确的，仅能从上文得到的府治定位和范围描述，参考古今同名的地点，参考现代带有比例尺的地图和google earth软件，府廊的基址是一块略方的四边形，东西向约为80丈，南北向约为100丈。由此可以得到府治的粗略面积。

---

1. 《景定建康志》和至正《金陵新志》两幅府城之图中所出现的地名。
2. 该表引自胡邦波《景定〈建康志〉中的地图研究》中"古今地名地物对照表"。该表所用依据主要有：《宋史·地理志》、谭其骧主编：《中国历史地图集》第六册；蒋赞初：《南京地名与文物古迹》；南京市地名委员会《南京市地名录》；蒋赞初：《南京地名探源》等。
3. ［宋］周应合.《景定建康志》卷十六. 疆域志二. 镇市. 宋元方志丛刊第二册. 北京：中华书局，1990.
4. 同上.
5. ［宋］周应合.《景定建康志》卷二十四. 官守志一. 府治. 宋元方志丛刊第二册. 北京：中华书局，1990.
6. 2007年3月南京晨报.
7. 南京市地方志编纂委员会编纂. 南京建置志. 深圳：海天出版社，1994，P110.

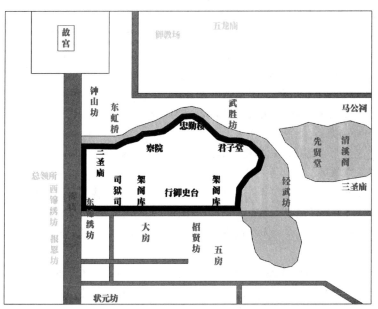

图10　府治基址
在 google earth 中的范围定位（一）

图11　府治基址
在 google earth 中的范围定位（二）

图9　根据《金陵新志》"集庆府城之图"（加摹）
推测的府治定位

图12　据"明应天府城图"
（加摹）推测的府治基址范围

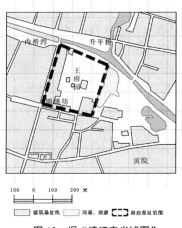

图13　据"清江宁省城图"
（加摹）推测的府治基址范围

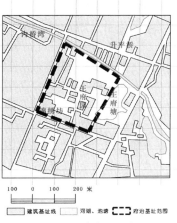

图14　据"南京民国地图"
（加摹）推测的府治基址范围

　　以"明应天府城图"[1]为底图，得到的府治的推测基址面积为91655平方米约合160亩[2]；根据"清江宁省城图"[3]得到府治的推测基址面积为82135平方米，约合144亩（清尺按34.3cm换算）；根据"南京民国地图"[4]得到府治的推测基址面积为92098平方米，约合160亩，见图12、图13、图14。综上，府治的基址面积大约在140-160亩左右。

四、府廨院落布局复原研究

1. 整体院落复原

　　《景定建康志》卷二十四"官守志一　府治"中有描写府治的一段文字：

---

1. 加摹自《南京建置志》附录。原图见本文附录，下同。该地图没有比例尺，笔者按照城墙外轮廓与今地图对比缩放后得到大致比例。
2. 宋亩，下同。
3. 《南京建置志》附录。该图比例尺单位为清工部尺。
4. 该图比例尺单位为公里。

设厅居中，左右修廊；戒石亭在设厅之前；仪门在戒石亭之南；府门在仪门之南；鼓角楼在府门之旁；清心堂在设厅之后；忠实不欺之堂在清心堂之后……前有斋，左曰云瑞，右曰日思。静得堂在忠实不欺之堂后，玉麟堂在忠实不欺之堂之左，后瞰青溪，前临芙蓉池。喜雨轩在前，恕斋在后。有竹轩在旁，静斋在右，学斋在左。锦绣堂在玉麟堂之左，上为忠勤楼，堂名楼名皆宸翰所赐。庭中左右植金华二石，屋之其前为木犀台，又其前为碑亭，有堂在左右曰水乡。（原文阙）在忠实不欺之堂之右，安抚司金厅在西厅之西（详见安抚司），制置司金厅在仪门之东。（详见制置司）府都金厅在仪门之西。院木犀亭，曰小山菊亭，曰晚香牡丹亭，曰锦堆芍药亭，曰驻春，皆在堂之左，迭石成山，上为亭，曰一丘一壑，下为金鱼池亭，曰真爱，其南为曲水池亭，曰觞咏，又其西为杏花村桃李蹊亭，曰种春竹亭，曰深净梅亭，曰雪香海棠亭，曰嫁梅，皆在堂之右。清溪一曲环其前，左有桥通水乡，名小垂虹，右有桥通锦绣堂，榜曰：藕花多处，皆郡圃也，其堂之奥，榜曰缃书。景定修志其中故名。堂之东便门通清溪道中。西花园在安抚司金厅右，马光祖改为惠民药局。看窗二所，一在西花园东南，临御街，榜曰 [缺]，马公光祖改为军装局，其一在嫁梅亭后，临东虹。[1]

这段文字基本和"府廨之图"的描绘相符，在此基础上得到图 15。有一些图文不能互相照应的地方：多为文中提及，但图中未有画出，或者图中有标明但文中未提及的，多为次要、不重要的建筑，一并标注在图中。在对原图进行初步整理后，得到一些初步的推断和猜测。

（1）原图院落和建筑比例失衡，建筑大而院落小，尤其是院落进深方向距离明显不够，最失衡者为核心院落设厅、清心堂和忠实不欺之堂，这三个单体几乎完全叠在一起；另外位于图面四角的院落失真严重，尤其以东北角的衙署花园、西北角的三圣庙、西花园缩小尤甚，类似使用放大镜后的效果。原图的长宽比约为 1.36，而由上文得出府治实际范围的长宽比约为 0.74。应是原图为页面及图版所限之故。

（2）中路为府门 - 仪门 - 中堂（即清心堂）- 静得堂，这组空间序列最为清晰；左右各有若干小院落，布局和之间的关系较为复杂，可能是由转运使司衙改建导致。

（3）图中出现多处"穿堂"。"宋代凡重要建筑多采用工字殿形制"[2]，静得堂、忠实不欺之堂、芙蓉堂以及西厅后的屋舍中均出现龟头殿形式的穿堂。有的类似廊屋把两组主要厅堂从中间穿连起来，有的形式上更接近檐屋。甚至有穿堂将多组主要厅堂穿连起来的形式，形成"王"字形平面。

在确定整个府廨的大致范围及规模的基础上，展开对院落的逐一复原设计。选取"府廨之图"绘制的时间点，即景定年间的布局，按照院落大致关系，府廨沿东西方向基本有五路，按照使用功能的不同，将府廨划分为中、东路的府衙，西路的制置司西厅、建康府都厅、安抚司厅，东路的沿江制置司及其他规模较小的院落。图 16 和图 17 是对《景定建康志》"府廨之图"的整体复原图（屋顶平面图和平面图）。

2. 中心院落复原

府衙包括中轴线及东路北侧相关院落，府治中轴线的建筑群有比较规整的分布和序列，从南往北依次为鼓角楼、仪门、戒石铭、设厅、清心堂、忠实不欺之堂、静得堂。其中府门至忠实不欺之堂为府衙的"治事之所"，静得堂为后堂，和其东侧的两进院子组成两路院，根据《景定建康志》的介绍顺序"设厅居中左右修廊，戒石亭在设厅之前"可知设厅是中轴线上最重要的单体建筑，设厅、清心堂、忠实不欺之堂组成类似故宫三大殿的布局。中轴线东侧的两路建筑群，北侧院落均为府宅，府廨东北角为郡圃，即衙署花园。中轴线建筑群的剖面设计如图 15。

鼓角楼和府门的位置关系，两本方志的描写略有差异："府门在仪门之南，鼓角楼在府门之旁，清心堂在设厅之后，忠实不欺之堂在清心堂之后"[3]；"府门在仪门南，鼓角楼在府门左，时避行宫不建谯门。"[4] 而图中"鼓角楼"三字明明标于中轴线"建康府"之上，府门则没有文字标示。可见比较合理的解释是：鼓角楼偏于中轴线，图中仅表明位置没有画出具体形象，府门为中轴线第一进门。鼓角楼前四座四角攒尖顶的建筑散布，分别是颁春、宣诏亭，拨务、拨骏房。

1. ［宋］周应合.《景定建康志》卷二十四. 官守志一. 府治. 宋元方志丛刊第二册. 北京：中华书局，1990。
2. 郭黛姮. 中国古代建筑史. 第三卷. 宋、辽、金、西夏建筑. 第三章. 北京：中国建筑工业出版社，2003 年，P101。
3. ［宋］周应合.《景定建康志》卷二十四. 官守志一. 宋元方志丛刊第二册. 北京：中华书局，1990。
4. ［元］张铉. 至正《金陵新志》卷一. 行台察院公署图考. 宋元方志丛刊第四册. 北京：中华书局，1990。

图例
━ 回廊 / 廊屋
▆ 主要单体建筑
▆ 亭台
░ 水面

北

1. 府门	18. 学斋	33. 驻春亭	提举员舍	61. 看窗（后改为军装局）
2. 鼓角楼	19. 客位	34. 锦堆勺药亭	总□□舍（原图不清）	62. 都钱库
3. 将佐房	茶酒司	35. 晚香牡丹亭	48. 客将司	（常平库、军资库、节制库、
4. 杖直房	鞍辔库	36. 钟山楼 / 镇青堂	总辖房	修造库、节用军经总制库、公
5. 仪门	20. 莲池	37. 觞咏亭	49. 书奏房	使库、制司库皆附）（侧亦有
6. 戒石亭	21. 锦绣堂	38. 杏花村亭	50. 制军司金厅	军需库，即安抚司库、桩备库）
7. 设厅（侧有夏税务实场）	22. 忠勤楼	39. 桃李蹊亭	51. 府都厅	63. 六司
8. 清心堂	23. 木犀台	40. 一丘一壑亭	（直司在门里）	64. 建康府吏舍
9. 忠实不欺之堂	24. 碑亭	41. 小垂虹	52. 茶酒司	65. 右院
10. 云瑞斋	25. 水乡堂	42. 公明楼	53. 挑军房	66. 左院
11. 日思斋	26. 嫁梅亭	43. 筹胜堂	54. 虞候司	67. 通判西厅（后改为左司理院）
12. 静得堂	27. 种春亭	44. 君子堂	55. 西厅门	68. 节推厅
13. 默堂（庖湢）	28. 竹亭	45. 通判东厅	56. 西厅（含礼尚库）	69. 知银厅
14. 玉麟堂	29. 雪香亭	金判厅	57. 芙蓉堂	70. □计司（原图不清）
15. 喜雨轩	30. 清溪道院	察推厅	58. 安抚司金厅	71. 鬼门关
16. 有竹轩	31. 真爱亭	46. 司户厅	59. 三圣庙	72. 青溪
17. 静斋	32. 小山菊亭	47. 提振房	60. 西花园（后改为惠民药局）	

图15 《景定建康志》"府廨之图"平面还原图

仪门一般为官府的第二道正门，是为礼仪之门，即衙门、戟门。"仪门即戟门，在戒石亭南，左右列戟[1]，惟郡守出入则开。"[2]

作为府治的大堂，设厅是中轴线上最重要的建筑，从"府廨之图"上看，仪门到设厅的甬道比较长，在原图中占了一半的总进深，可见这条空间序列是非常隆重的。设厅前左右各有一未表名称的建筑，应为钟鼓楼。设厅前两侧的廊庑，《宋元方志丛刊》版西侧画了十间，似敞廊，东侧七间，似廊屋；四库版西侧画了七间，东侧被版心遮挡，和仪门两旁所画廊庑相比，开间比例明显不一致，这样的开间数显然有问题，若按照十间敞廊、7.5 尺一开间计算，院落纵深为 75 尺，若按七间廊屋、14 尺为一开间的极限计算，院落纵深也不超过 100 尺，院内还有钟鼓楼、戒石铭，若都按照通檐二柱的最小尺寸，也应有开间 16 尺的规模，再加上仪门、设厅本身的进深，这样的院落纵深是偏小的，所以猜测原图应是示意性画法，院落尺寸应根据原图中院落和建筑单体比例来定。原图中仪门 - 设厅院落的开间与进深比约为 3：4，一方面考虑到处于画面最中心，其比例应该最接近真实情况；另一方面根据本文第三章的推断，原图的长宽比偏小，所以院落的进深需要酌情增加。设厅为五开间殿堂，长约七八十尺，加上两侧廊子，院落的开间定为 150 尺是较为合适的，仪门台基南侧到设厅台基南侧的进深设为 250 尺。

---

1. 维基百科：戟是一种中国古代的兵器，为戈和矛混合的兵器，兼有勾、啄、撞、刺四种功能，装于木柄或竹柄上，在柄前有直刃和横刃，因此可作为矛进行刺杀，同时亦可作为戈用于车战。戟在汉朝仍作为重要的武器，魏晋南北朝以后渐被枪取代，较少使用于战场上，转而为仪仗、卫门的器物。
2. ［元］张铉. 至正《金陵新志》卷一. 行台察院公署图考. 宋元方志丛刊第四册. 北京：中华书局，1990.

图16　府廨屋顶平面复原图（自绘）

图17　府廨平面复原图（自绘）

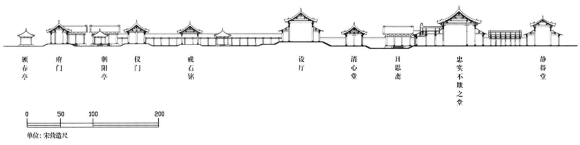

图18　中轴线剖面设计复原图（自绘）

设厅前有三座礼仪性质的亭台建筑，分别为两侧的钟鼓楼、中间甬道上的戒石铭。两宋时期地方官署均立"戒石铭"于仪门之后、正堂（即设厅）之前的甬道上，并覆以碑亭。"癸巳，颁黄庭坚所书太宗御制戒石铭于郡县，命长吏刻之庭石置之坐右"[1]文中未表戒石铭的建筑形式，似为穿过式的碑亭。因行行不便，碑亭在明清时期多以牌坊的形式出现。

设厅两侧的廊屋为夏税务实场，《景定建康志》卷二十三"城阙志四　务场"条中有："夏税物实场在府治设厅侧"[2]。另有虞候司，也标在设厅一侧。

设厅后的清心堂、忠实不欺之堂及两旁的云瑞斋和日思斋和之后的静得堂一起构成一个紧凑的院落。忠实不欺之堂和静得堂为马光祖在宝祐五年一批建成的建筑，前者为府治中堂，后者为府治后堂，也是府宅。从图中可以看出，忠实不欺之堂前有龟头殿、檐屋，后有穿堂，另两侧有接廊连接左右的斋轩，这些建筑通过廊子全部串联起来，这是非常典型的宋代庭院内建筑的布局方式。

在静得堂、忠实不欺之堂东侧的一路院落分为南北两进，由南往北，第一进以莲池为中心，主要建筑有喜雨轩、有竹轩、秋水芙蓉轩，第二进以芙蓉池为中心，有玉麟堂、恕斋、静斋、学斋等。其中恕斋、学斋在图中没有名字标识，仅能根据文字描述推测大致位置在喜雨轩东北。玉麟堂后为青溪，旁边还有对外使用的改为惠民药局的看窗，因此推测玉麟堂应该是府治的最后一进院落，有院墙包围和通向青溪的后门。

另外图中一单独小屋出现在静得堂和玉麟堂后，图名"默堂"（《四库》版"府廨之图"中出现在静得

1.［元］宋史全文　卷十八（上）. 宋高宗五. 哈尔滨：黑龙江人民出版社，2005。
2.［宋］周应合.《景定建康志》卷二十三. 城阙志四　务场. 宋元方志丛刊第二册. 北京：中华书局，1990。

堂东侧，另有"庖湢"出现在默堂的位置）。默堂在佛教用语中一般指禅刹的浴室、僧堂及西净（厕堂）三处，在此三堂中须严守缄默，故名。而"庖湢"中"庖"意为厨房，"湢"为浴室，可知静得堂侧后方应有厨房、浴室、厕所等居住性质的功能用房。这两个院落的平面布局和中轴线相比，随意性更大，尺度比较小，应该是知府起居的宴息之所。

玉麟堂东侧是以忠勤楼和钟山楼为主要单体建筑的衙署花园，"府廨之图"对建筑的方位绘制得非常不清晰，比例失衡，文字却又极为简单。文中和图中共出现十五个亭子（牌匾）的名字：木犀，小山菊，晚香牡丹，锦堆芍药，驻春，一丘一壑（金鱼池亭），真爱，曲水池，觞咏，杏花村，桃李蹊，种春竹，深净梅，雪香海棠，嫁梅。这些亭子一部分在锦绣堂左，一部分在锦绣堂右，然而图文不能全然互相印证；青溪由此通过，而图中没有表达溪水在花园中与建筑的位置关系。因此平面复原过程中，更注重平面的合理性，以及作为一个衙署花园的游览路线的趣味性。

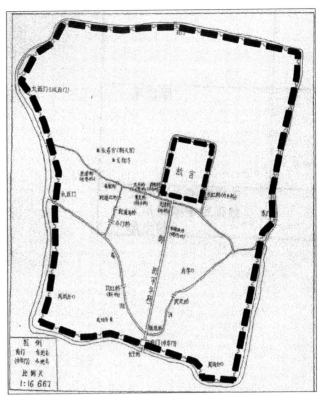

图 19　建康府城城墙及行宫轮廓示意图

五、结语

建康府府衙建筑群在建筑和城市两个尺度方向和研究层面上呈现出一些特点，比较有代表性地展现了宋代府州级别衙署的特点。

1. 空间布局

建康府府衙的布局具有前后朝官署布局的一般规律性。

建康府府衙以一条南北向的主体甬道为中轴线，主要建筑如府门、仪门、戒石铭以及主体建筑大堂、中堂、后堂依次排列在这条中轴线上，然后由这条中轴线向左右排开，保持基本对称格局。两侧展开有两路其他公署机构院落。

总轴线上的大堂、中堂为知府行使权利的治事之堂，中堂之前的区域是衙署官吏发布政令、举行仪式及正式办公的行政区，后堂和后堂东侧的院落为长官办公起居处理一般公务及家人的居住之所。此外，衙署内还设有仪门、廊庑、仓库、军械库、监狱、庙堂等。许多院落的主要建筑往往呈现工字厅、王字厅的形制，这也是宋代官式建筑的特点之一。

其次，建康府"府廨之图"保留了许多历史变迁的信息。许多建筑布局图在绘制时，常带有模式化特征、强烈的主观性，难以看到历史、政治在图上留下的痕迹，研究往往只能浅尝辄止，止步于法式、规制研究。而《景定建康志》"古今牧守更代已具年表，皇朝诸司置使或兼守，或以守兼领，或不兼守而寓治于府，或非寓治而府。遥隶之以某年置以某年省以某年复官制，沿革皆宜有考，图之左方，如指诸掌各司大要志于图后。"[1]

最后，建康府府廨并没有统一清晰划一的边界和边墙，临御街的一侧边界线是曲折，说明府廨并不是直接临御街的。唯有中轴线上的府衙保持了较为清晰的序列排布，周围的大小机构呈现并不整齐的排布。本文认为这和宋代里坊制度的瓦解有一定的关系。一般认为宋代是一个里坊制度逐渐瓦解的过渡时期，和隋唐相比，宋元城市公宇的边界限定模糊了许多，仁宗景祐年间，宋廷允许临街开设邸舍。此标志着里坊

1. ［宋］周应合.《景定建康志》卷二十五. 官守志二 诸司寓治. 宋元方志丛刊第二册. 北京：中华书局，1990。

制度的彻底崩溃。《资治通鉴》介绍了城市规划的执行方式："其标内，俟县官分画街衢、仓场、营廨之外，听民随便筑室。"[1] 这里并没有像隋唐长安那样先筑好了坊和市的围墙，只是分划好街巷范围而听任随便营造。这在府廨之图上充分地体现出来。

2. 基址规模

建筑规模的等级存在相对性，在多数实际情况中，建筑规模是各种等级相互协调后得到的，应变性很强，比如南唐宫城－府城的变化，转运使司－府治的变化，都是因为政治机构等级的变化带来的建筑等级上的变化。

选取一定的时间范围做静态的研究，在某个时间点或者时代，不同等级的基址规模具有什么规律，同等级的建筑群是否具有相同的规模呢？以建康府城为例做简单分析。

建康府城"城周二十五里四十四步"[2]，按其城墙的实际轮廓[3]（图 19），在 CAD 中得到正确的比例，计算其面积为 19620 亩；图中的"故宫"，即子城，也就是后改行宫的原府治，"周四里二百六十五步……绍兴二年即旧子城基增筑"[4]，得其面积为 734 亩。

以宏观的角度，用道路、构筑物标示作为参考，得出建康府府治的面积约在 140-160 亩左右，以微观的角度，用"府廨之图"为基础完成复原设计完成后，反推其面积约为 750 尺见方，合 124 亩，基本是一致的。这样，我们能清晰地看到宋代建筑群基址的等级排列和大致规模：一个宋代规模在周回二十五里左右的府州城市，其子城核心区的规模在周回四里，即 700 亩左右，对于次一级的重要公署，规模约为周回 750 尺，面积则是百亩左右。

作者单位：清华大学建筑学院

1. ［宋］司马光. 资治通鉴 卷二九二. 北京：中华书局，1956。
2. ［宋］周应合.《景定建康志》卷二十. 城阙志一 今城郭. 宋元方志丛刊第二册. 北京：中华书局，1990。
3. 以胡邦波《景定〈建康志〉中的地图研究》一文中"府城之图古今对照图"作为底图。
4. ［宋］周应合.《景定建康志》卷一. 大宋中兴建康留都录 行宫记载. 宋元方志丛刊第二册. 北京：中华书局，1990。

第五篇

明代城市中的孔庙、儒学与城隍庙

明代不同等级儒学孔庙建筑制度探[1]

王贵祥

提要

　　中国历代统治者十分重视教育与教化，明代建城运动中，涉及一系列与城市建筑有关的制度重建，作为儒家正统象征并且能够起到教化作用的孔庙与儒学建筑，是各地方城市最为重要的建设项目之一，特别受到了地方官吏的重视。据当代人根据历史文献中所记载的资料统计，明代时，全国有府、州、县三级儒学所附之文庙约 1560 所，清代时这一数字增加到了 1800 多所。[2] 现存各种等级的儒学与孔庙建筑遗存，已经在寥寥可数之列（有一说为 30 多处了）。本文的目标是将明代地方城市中的儒学与孔庙作为一种建筑现象，从建筑史学的角度，对明代建城运动中，各地方建设中曾占有重要地位的儒学与孔庙建筑的等级制度做一个综览性的梳理与分析，以期对不同等级的城市建筑制度，收到一种管窥之理解效果。

关键词：明代城市，儒学与孔庙建筑制度，大成殿，两庑，国学与府州县学等级

一、明以前儒学与孔庙建设沿革

　　为了厘清明代学校与孔庙的制度，需要对历史上的学校与孔庙的设置情况做一个简单的梳理与回顾。

1. 汉代

　　中国是一个礼仪之邦，历史上一直十分重视教育。有所谓："建国，君民教学为先，故家有塾，党有庠，州有序，国有学，所以兴礼乐，砺贤能，厚人伦，美风俗也，教化之行，首善自京师始。"[3] 在由国家兴办的学校自上古三代的周代就已经开始。《史记》中记录了一段孔子的话中就提到了这种学校——太学：

> 子曰："……散军而郊射，左射狸首，右射驺虞，而贯革之射息也；裨冕搢笏，而虎贲之士税剑也；祀乎明堂，而民知孝；朝觐，然后诸侯知所以臣；耕籍，然后诸侯知所以敬：五者天下之大教也。食三老五更于太学，天子袒而割牲，执酱而馈，执爵而酳，冕而总干，所以教诸侯之悌也。若此，则周道四达，礼乐交通，则夫武之迟久，不亦宜乎？"[4]

　　孔子这里除了谈及一般的礼仪教育之外，特别提到了天子在太学中以身执教的情况。显然，太学是天子讲学授课之处的概念，至迟自春秋时代就开始了。但周代的太学究竟是怎样的，既没有相关的考古发现，也缺乏文字的进一步记录。汉代是中国典章制度的一次全面确立的朝代，特别是汉武帝实行罢黜百家，独尊儒术的政策以来，国家开始了兴办太学：

> 汉承百王之弊，高祖拨乱反正，文、景务在养民，至于稽古礼文之事，犹多阙焉。孝武初立，卓然罢黜百家，表章《六经》。遂畴咨海内，举其俊茂，与之立功。兴太学，修郊祀，改正朔，定历数，协音律，作诗乐，建封禅，礼百神，绍周后，号令文章，焕焉可述。[5]

---

1. 本文属国家自然科学基金支持项目，项目名称：《明代建城运动与古代城市等级、规制及城市主要建筑类型、规模与布局研究》，项目批准号为：50778093。
2. 统计数字来自网址：http://www.3ktrip.com/info-detail-250.html
3. 畿辅通志. 卷二十八. 学校。
4. ［西汉］司马迁. 史记. 卷二十四. 乐书第二.二十五史. 第一册. 第 160 页. 上海古籍出版社. 上海书店。
5. ［东汉］班固. 前汉书. 卷六. 武帝纪第六.二十五史. 第一册. 第 386 页. 上海古籍出版社. 上海书店。

汉宣帝本始二年（公元前72年），又下诏："建太学，修郊祀，定正朔，协音律；封泰山，塞宣房，……"[1]对太学的建造做了进一步的强调。然而，汉代京师似乎并不仅仅是一座太学，可能还有东学、西学、南学、北学之类的学校，教授的内容可能也不尽相同，如贾谊曾经谈到：

> 《学礼》曰："帝入东学，上亲而贵仁，则亲疏有序而恩相及矣；帝入南学，上齿而贵信，则长幼有差而民不诬矣；帝入西学，上贤而贵德，则圣智在位而功不遗矣；帝入北学，上贵而尊爵，则贵贱有等而下不逾矣；帝入太学，承师问道，退习而考于太傅，太傅罚其不则而匡其不及，则德智长而治道得矣。此五学者既成于上，则百姓黎民化辑于下矣。"[2]

这里的东西南北之学及太学，似乎都是国家所兴办的学校，而且都是以教授统治者为主要目的。当然，除了对天子的教育之外，更有培养官吏士夫的功能，所谓："故养士之大者，莫大乎太学；太学者，贤士之所关也，教化之本原也。"[3]而在汉代时，也已经有了地方性的学校，被称为"庠序"：

> 古之王者明于此，是故南面而治天下，莫不以教化为大务。立太学以教于国，设庠序以化于邑，渐民以仁，摩民以谊，节民以礼，故其刑罚甚轻而禁不犯者，教化行而习俗美也。[4]

显然，在汉代初立制度的时候，已经将京师的太学与地方性的学校做了区分，"立太学以教于国"，太学是为了治理国家而设置的。"设庠序以化于邑，渐民以仁，摩民以谊，节民以礼，"地方学校是为了民众的教化而设置的。至迟到了东汉时代，地方学校中已经出现了"郡学"，如《后汉书》中提到了上党人鲍永之孙鲍德任南阳太守时："时郡学久废，德乃修起横舍（横，学也。字又作黉），备俎豆黻冕，行礼奏乐。又尊飨国老，宴会诸儒。百姓观者，莫不劝服。"[5]

2. 南北朝与隋

南北朝时，地方郡学的制度似已趋于完备。如北魏南安王王桢之子王英曾向皇帝上奏章曰："诸州郡学生，三年一校所通经数，因正使列之，然后遣使就郡练考。……是以太学之馆久置于下国，四门[6]之教方构于京濂。"[7]另外，太和年间（477-499年）人封轨也曾"奏请遣四门博士明经学者，检视诸州学生。"[8]这里所说的"诸州郡学生"、"诸州学生"，应该是指地方学校的生员。其中似乎已经有了"州学"的设置。

如果说北朝"州学"之设，还不十分清楚，则南朝已经设置了州学，及与州学并置的孔子庙，则是无疑的。这一点见于《南史》的记载，梁元帝萧绎在任荆州刺史时，曾"起州学宣尼庙。尝置儒林参军一人，劝学从事二人，生三十人，加廪饩。帝工书善画，自图宣尼像，为之赞而书之，时人谓之'三绝'。"[9]这恐怕是将地方学校与孔庙并列而置的最早实例之一了。而且，这时的孔庙中既非明清时代所供奉的孔子等圣贤的牌位——"木主"，也非像唐宋时代在孔庙中供奉孔子及诸先哲的雕像的做法，较大的可能似乎是供奉了孔子的画像。

从史料中看，汉魏南北朝的地方学校中似乎仅有郡学与州学之设，而没有有关县一级学校设立的记述。但这并不是说在隋唐以前没有县学。据《隋书》中的记载，隋仁寿元年（601年）六月曾有诏曰：

> "……儒学之道，训教生人，识父子君臣之义，知长幼尊卑之序，升之于朝，任之以职，故能赞理时务，弘益风范。朕抚临天下，思弘德教，延集学徒，崇建庠序，开进仕之路，伫贤隽之人。

1. ［东汉］班固. 前汉书. 卷八. 宣帝纪第八. 二十五史. 第一册. 第389页. 上海古籍出版社. 上海书店。
2. ［东汉］班固. 前汉书. 卷四十八. 贾谊传第十八. 二十五史. 第一册. 第576页. 上海古籍出版社. 上海书店。
3. ［东汉］班固. 前汉书. 卷五十六. 董仲舒传第二十六. 二十五史. 第一册. 第600页. 上海古籍出版社. 上海书店。
4. ［东汉］班固. 前汉书. 卷五十六. 董仲舒传第二十六. 二十五史. 第一册. 第599页. 上海古籍出版社. 上海书店。
5. ［南朝宋］范晔. 卷五十九. 申屠鲍郅传第十九. 鲍永传（子昱）. 二十五史. 第二册. 第894页. 上海古籍出版社. 上海书店。
6. 四门学，应指设置于四门处的小学，见《魏书》卷八，正始四年（507年）六月诏曰："今天平地宁，方隅无事，可敕有司准访前式，置国子，立太学，树小学于四门。"
7. ［北齐］魏收. 魏书. 卷十九下. 列传第七下. 景穆十二王. 南安王. 二十五史. 第三册. 第2227页. 上海古籍出版社. 上海书店。
8. ［北齐］魏收. 魏书. 卷三十二. 列传第二十. 封懿传. 二十五史. 第三册. 第2257页. 上海古籍出版社. 上海书店。
9. ［唐］李延寿. 南史. 卷八. 梁本纪下第八。

而国学胄子，垂将千数，州县诸生，咸亦不少。……今宜简省，明加奖励。"于是国子学唯留学生七十人，太学、四门及州县学并废。……秋七月戊戌，改国子为太学。[1]

由这里可知，隋初时应有太学、四门小学及州、县之学。仁寿元年时，仅留下了国子学，后又改为太学。又一说废州县学之举是发生在这之前的一年："开皇二十年（600年），废国子、四门及州县学，唯置太学博士二人，学生七十二人。"[2]这两个史料说的应该是一回事情，也就是说，在公元600年前，曾有国子学（太学）、四门学及州县学，而在这一年，则仅留下了国子学（太学），学校中仅有学生70余人。

到了唐代时，应该又恢复了这些学校的建置，据《旧唐书》："黑介帻、簪导、深衣、青襈领、革带、乌皮履。未冠则双童髻，空顶黑介帻，去革带，国子、太学、四门学生参见则服之。书算学生、州县学生，则乌纱帽、白裙襦，青领。"[3]说明唐代不仅恢复了国子学、太学与州县学，还恢复了北魏时所始设的四门小学及唐代新设的书算之学。

3. 唐代

唐代尚未立国之时，高祖李渊就明确规定了不同学校的生徒数量："以（隋恭帝杨侑）义宁三年（619年）五月，初立国子学置生七十二员，取三品已上子孙；太学置生一百四十员，取五品已上子孙；四门生一百三十员，取七品已上子孙。上郡学置生六十员，中郡五十员，下郡四十员。上县学并四十员，中县三十员，下县二十员。武德元年（618年），诏皇族子孙及功臣子弟，于秘书外省别立小学。"[4]显然，在唐初，国子学是等级最高的，然后是太学，其次是四门学、郡学与县学。这里虽然没有提到州学，但唐代时已经有了州学之设，却是没有疑问的，而且州学是唐代学校中地方学校的主要组成部分。

> 其国子、太学、四门、三馆，各立五经博士，品秩上下，生徒之数，各有差。其旧博士、助教、直讲、经直及律馆、算馆助教，请皆罢省。……其有不率教者，则槚楚扑之。国子不率教者，则申礼部，移为太学。太学之不变者，移之四门。四门之不变者，归本州之学。州学之不变者，复本役，终身不齿。虽率教九年而学不成者，亦归之州学。[5]

这条史料是对唐代学校等级的一种印证。国子学是最高等级的，唐代的国子学，有天子讲学之处的意思。而据《旧唐书》，国子学之设始自晋代：

> 《礼记·王制》曰，天子学曰"辟雍"。又《五经通义》云："辟雍，养老教学之所也。"……后汉光武立明堂、辟雍、灵台，谓之三雍宫。至明帝，躬行养老于其中。晋武帝亦作明堂、辟雍、灵台，亲临辟雍，行乡饮酒之礼。又别立国子学，以殊士庶。永嘉南迁，唯有国子学，不立辟雍。北齐立国子寺，隋初亦然。至炀帝大业十三年，改为国子监。[6]

其次是太学，再其次是四门学，这三种学校都应该是设在京师之地。地方学校中则有郡学、州学与县学之别，是唐代国家教育体制的基本组成部分之一。上面提到的三馆，究竟是指律馆（音乐教育）、算馆（数学教育）之属，还是指京师的三个学校：国子、太学、四门，这里并不清楚。因为上面的这段话或可断作："其国子、太学、四门三馆，各立五经博士。"唐代学校的这种等级制度，还可以透过学校释奠礼仪中的祭献者的身份来加以判断："请国学释奠以祭酒、司业、博士为三献，辞称'皇帝谨遣'。州学以刺史、上佐、博士三献；县学以令、丞、主簿若尉三献。"[7]显然，国学释奠礼是代表皇帝去的，而州学与县学中的释奠礼，则是由地方最高长官来出席的。

---

1. 隋书. 卷二. 帝纪第二. 高祖下。
2. 隋书. 卷七十五. 列传第四十. 儒林. 刘炫。
3. 旧唐书. 卷四十五. 志第二十五. 舆服。
4. 旧唐书. 卷一百八十九上. 列传第一百三十九. 儒学上。
5. 旧唐书. 卷一百四十九. 列传第九十九. 归崇敬传。
6. 同上。
7. 新唐书. 卷十五. 志第五. 礼乐五。

这里所谓的释奠祭献，无疑不会是在学校举行的，这说明唐代的学校中应该是设置了孔子之庙的。而结合学校建立孔子庙，可能是始自南北朝时，但至唐代已渐成制度：

> 武德二年（619年），始诏国子学立周公、孔子庙；七年（624年），高祖释奠焉，以周公为先圣，孔子配。九年（626年）封孔子之后为褒圣侯。贞观二年（628年），左仆射房玄龄、博士朱子奢建言："周公、尼父俱圣人，然释奠于学，以夫子也。大业以前，皆孔丘为先圣，颜回为先师。"乃罢周公，升孔子为先圣，以颜回配。四年（630年），诏州、县学皆作孔子庙。十一年（637年），诏奠孔子为宣父，作庙于兖州，给户二十以奉之。[1]

初唐时代作庙于兖州，当是将山东兖州的曲阜阙里之孔庙建设纳入国家性建设的开始。而在国子学、州、县学中并设孔子庙显然也是始自初唐时代。至盛唐时，这似已经成为惯例，如《旧唐书》所记载的："倪若水，恒州藁城人也。开元初，历迁中书舍人、尚书右丞，出为汴州刺史。政尚清静，人吏安之。又增修孔子庙堂及州县学舍，劝励生徒，儒教甚盛，河、汴间称咏不已。"[2]

4. 宋代

据宋范成大《吴郡记》："郑仲熊《重修大成殿记》略云：'郡邑置夫子庙于学，以岁时释奠，盖自唐贞观以来，未知或改。我宋有天下因其制而损益之。'"[3] 由此可以知道，孔庙与学校并置，作为一种制度性做法，肇始于南朝，规范于唐代，沿用于宋代，元、明、清时则成为定制。

宋代是一个人文鼎盛的时代。地方学校制度有了进一步的完善。如哲宗绍圣元年（1094年）："五月乙巳，命蔡卞详定国子监三学及外州州学制。"[4] 徽宗崇宁三年（1104年）："丙午，增诸州学未立者。壬子，置书、画、算学。"[5] 崇宁三年九月："壬辰，诏诸路州学别置斋舍，以养材武之士。"[6] 大观三年（1109年）九月："己未，赐天下州学藏书阁名'稽古'。"[7] 政和三年（1113年），"颁辟雍大成殿名于诸州学。"[8] 南宋宁宗庆元五年（1199年），又曾"诏诸路州学置武士斋，选官按其武艺。"[9]

宋代时的学校亦分为太学、州学与县学三等："天下州县并置学，州置教授二员，县亦置小学。县学生选考升诸州学，州学生每三年贡太学。"[10] 从这一描述中可以推测，在宋代时，大致是分太学、州学与县学三个等级。在州学与太学之间，似无郡学之设。或用郡学泛指地方州学，如："凡在外官同居小功以上亲，及其亲姊妹女之夫，皆得为随行亲，免试如所任邻州郡学。其有官人愿学于本州者，亦免试。"[11] 另外，宋代名臣范仲淹守苏州时，"首建郡学，聘胡瑗为师。瑗立学规良密，生徒数百，多不率教，仲淹患之。……尽行其规，诸生随之，遂不敢犯，自是苏学为诸郡倡。"[12]

但是，宋代时实际上已经有了比州之学高一个等级的"府学"之设。只是宋代府学最初似仅指设置在京师之地的学校，如京兆府学、开封府府学、临安府学。但后来在府城之中，亦专有府学之设，如绍兴府学、江陵府学、建康府学、嘉兴府学、德安府学、成都府学等。据《宋史》："元丰元年（1078年），州、府学官共五十三员，诸路惟大郡有之。军、监未尽置。"[13]

5. 元代

元代建立之初，世祖忽必烈采纳汉臣的意见，对孔庙与学校的设立还是采取了积极的态度的。至元六

1. 新唐书. 卷十五. 志第五. 礼乐五。
2. 旧唐书. 卷一百八十五下. 列传第一百三十五. 良吏下. 倪若水传。
3. ［宋］范成大. 吴郡志. 卷四. 学校。
4. 宋史. 卷十八. 本纪第十八. 哲宗二。
5. 宋史. 卷十九. 本纪第十九. 徽宗一。
6. 同上。
7. 宋史. 卷二十. 本纪第二十. 徽宗二。
8. 宋史. 卷一百五. 志第五十八. 礼八。
9. 宋史. 卷三十七. 本纪第三十七. 宁宗一。
10. 宋史. 卷一百五十七. 志第一百十. 选举三。
11. 同上。
12. 宋史. 卷三百一十四. 列传第七十三. 范仲淹传。
13. 宋史. 卷一百六十七. 志第一百二十. 职官七。

年（1269 年）:"己巳，立诸路蒙古字学。癸酉，立国子学。"[1] 至元八年（1271 年）:"命设国子学，增置司业、博士、助教各一员，选随朝百官近侍蒙古、汉人子孙及俊秀者充生徒。"[2] 至元二十四年（1287 年）:"设国子监，立国学监官:祭酒一员，司业二员，监丞一员，学官博士二员，助教四员，生员百二十人，蒙古、汉人各半，官给纸札、饮食，仍隶集贤院。"[3] 至元二十六年（1289 年），"己亥，设回回国子学。"[4]

除了建立国子学、国子监之外，元代也在京师大都城内建造孔子庙，元成宗大德六年（1302 年）五月"甲子，建文宣王庙于京师。"[5] 大德十年（1306 年）:"营国子学于文宣王庙西偏。"[6] 同一年的八月，"丁巳，京师文宣王庙成，行释奠礼，牲用太牢，乐用登歌，制法服三袭。"[7] 元代大都城中的这两座紧相毗邻的建筑群——国子学与文宣王庙，就是明清北京城内的国子监与孔庙的前身。

元代时大致沿用了宋代的政策，许多地方仍有府学、州学、县学之设。如《新元史》中记载:"儒学提举司，秩从五品。各行省皆置，统诸路、府、州、县学校祭祀教养之事，及考校呈进著述文字。"[8] 其中提到的路学，与府学是怎样的关系尚不很清楚。如至元二十四年（1287 年），"立尚书省，遣詹玉、杨最等十一人分往江淮、荆湘、闽广、两浙等处理算各路赡学田租，专以刻核聚敛迎合桑哥之意，逼吉州路学教授刘梦荐自刭，淮海书院郑山长、杭州路王学录自缢。"[9] 武宗至大元年（1308 年）时，"近臣奏分国学西序为大都路学，帝已可其奏，野谓国学、府学同署，不合礼制，事遂寝。"[10] 由这里或可以看出，元代的路学，可能与宋代的府学是一个等级。有些地方称府学，有些地方称路学。如《新元史》记载，颍州人许有壬曾被授开宁路学正。[11] 而世祖至元十六年（1279 年），济南人张炳改任"镇江路总管府达鲁花赤，谢病归。购书八万卷，以万卷送济南府学。"[12] 以济南与开宁、吉州相比，城市等级应该不会逊于后两者，而济南称府学，开宁、吉州则被称为了路学。

二、明代国子学孔庙的建筑制度

1. 洪武诏定国子学与孔庙建筑制度

至迟到了宋代，传统中国社会自国子学，到府学、州学、县学的分等级的学校制度已基本趋于完备。元代基本上沿袭了这一制度。而明代则是在这一制度基础上，对受到元末战争影响的城市、建筑及与之相关的各种社会制度进行重建与完善的过程。先来看一看明代建国之初在孔子祭祀方面的一些具有象征意义的做法:

元末战争中，朱元璋进入镇江（江淮府），拜谒城中的孔子庙，其时为丙申年（1356 年），即元惠宗至正十六年。

洪武二年（1369 年），朱元璋下诏，以太牢祀孔子与国学，并遣使诣曲阜致祭。同年定制，每岁仲春、秋上丁日，皇帝降香，遣官祀于国学，从制度上将遭到战争阻滞与破坏的孔庙祭祀礼仪重新确定了下来。

洪武十五年（1382 年），"新建太学成。庙在学东，中大成殿，左右两庑，门左右列戟二十四。门外东为牺牲厨，西为祭器库，又前为灵星门。"[13]

值得一提的是，明初的太学，或国子学，是在元代集庆路学的基础上建立起来的:明初，即置国子学。"乙巳（1365 年）九月置国子学，以故集庆路学为之。洪武十四年（1381 年），改建国子学于鸡鸣山下。……洪武八年（1375 年），又置中都国子学，……十五年（1382 年），改为国子监，……中都国子监制亦如之。"[14]

1. 元史. 卷六. 本纪第六. 世祖三。
2. 元史. 卷七. 本纪第七. 世祖四。
3. 元史. 卷十四. 本纪第十四. 世祖十一。
4. 元史. 卷十五. 本纪第十五. 世祖十二。
5. 元史. 卷二十. 本纪第二十. 成宗三。
6. 元史. 卷二十一. 本纪第二十一. 成宗四。
7. 同上。
8. 新元史. 卷六十二. 志第二十九. 百官八。
9. 新元史. 卷六十九. 志第三十六. 食货二. 田制。
10. 新元史. 卷一百九十一. 列传第八十八. 尚野传。
11. 新元史. 卷二百八. 列传第一百五. 许有壬传。
12. 新元史. 卷一百七十三. 列传第七十. 张炳传。
13. 明史. 卷五十. 志第二十六. 至圣先师孔子庙祀。
14. 明史. 卷七十三. 志第四十九. 职官二. 国子监。

图 1　北京国子监孔庙大成殿

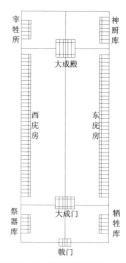

图 2　洪武三十年所颁国子学孔庙平面示意图

洪武十七年（1384 年），敕每月朔望，祭酒以下行释菜礼，郡县长以下诣学行香。

洪武二十六年（1393 年），颁大成乐于天下。

洪武三十年（1397 年），"以国学孔子庙隘，命工部改作，其制皆帝所规画。大成殿门各六楹，灵星门三，东西庑七十六，神厨库皆八楹，宰牲所六楹。"[1] 可知明初洪武时就对儒学与孔庙的建筑制度加以肇划与制定。

洪武制度中特别提到了国子学（太学）与京师孔庙的建筑制度，结合后来的北京国子监孔庙（图 1），我们可以推知明洪武所颁国学孔庙的建筑制度（图 2）：

庙前有棂星门为 3 间。

大成门 5 间（六楹），崇基石栏，门左右列 24 戟。

大成殿亦为 5 间。

在棂星门与大成门之间，左右分设牺牲厨（东）与祭器库（西）。

大成殿前有东、西两庑共 76 间，每侧庑房各有 38 间。

另有神厨库 7 间（八楹），宰牲所 5 间（六楹）。

如上的洪武孔庙建筑制度中，有一个基本要素，十分令人生疑，即其国子学孔庙大成殿的开间数。由所谓"大成殿门各六楹"来看，则其大成门为 5 间，大成殿亦为 5 间。但从其所设东西庑房为 76 间来看，若以 5 间大殿置于庭院的终点，其大殿前的空间会显得过于狭长。这两者之间似有一些矛盾之处。

2. 永乐至弘治间北京国子学与孔庙建筑制度

永乐定鼎北京后，在京师庙学制度上，很可能既要沿袭洪武制度，又要参照当时尚存的原大都城中的元代国子学及孔庙建筑，故而在建筑制度上会有一些调整。

永乐初，建庙于太学之东。"永乐元年（1403 年），置国子监于北京。"[2] 同年，"又诏天下通祀孔子，并颁释奠仪注。凡府州县学，笾豆以八，器物牲牢，皆杀于国学。三献礼同，十哲两庑一献。其祭，各以正官行之，有布政司则以布政司官，分献则以本学儒职及老成儒士充之。每岁春、秋仲月上丁日行事。"[3] 这说明永乐帝也同样十分重视儒学与孔庙的教化作用。

如果假设京师国子学孔庙与孔子家乡的曲阜孔庙，在建筑制度等级上，很可能是处在同一个最高等级的地位上，我们或可以从明代曲阜孔庙的一些制度变迁上来反观北京国子学孔庙的建筑制度。

（1）曲阜孔庙在明代的变迁

唯一能够与京师国子学孔庙略可相齐的是曲阜孔庙。而曲阜孔庙也经过了一系列变迁。其正殿大成殿在唐代时仅为 5 开间，宋代天禧五年（1021 年），在进行重修时，对大殿基址曾有所迁移，并改建为 7 开间。而

---

1. 明史. 卷五十. 志第二十六. 至圣先师孔子庙祀。
2. 明史. 卷七十三. 志第四十九. 职官二. 国子监。
3. 明史. 卷五十. 志第二十六. 至圣先师孔子庙祀。

"大成"之名亦始自宋徽宗时代，徽宗赵佶以《孟子》语有："孔子之谓集大成。集大成者，金声而玉振之也。金声也者，始条理也；玉振之也者，终条理也。"[1] 始而更孔庙正殿之名为"大成"。元代时，仍然沿用了宋代大成殿之 7 开间的制度。

> 元成宗大德六年，修庙殿七间，转角复檐，重址基高一丈有奇，内外皆石柱，外柱二十六，皆刻龙于上，神门五间，转角周围亦皆石柱，基高一丈，悉用琉璃，沿里碾玉装饰，焕然超越前代。明弘治重建大成殿九间，前盘龙石柱，两翼及后檐俱镌花石柱。[2]

但是，这里有一个问题，从建筑结构的角度来观察，元代曲阜孔庙大成殿制度中的"庙殿七间，转角复檐，……外柱二十六"的制度，从"复檐"一语，可知是"重檐"屋顶，而从"外柱二十六"，可知其下檐副阶柱有 26 棵。试想一下，如果是副阶周匝，外檐柱为 26 棵，且有 7 间之多。那么只有两种柱子的排列方式可以达到，一种是面广 7 间，进深 6 间的格局，其柱网简图为（插图 1）：

但是，以这样一种平面格局，几乎近于方形，而一般中国古代木构建筑中，平面近方形者，多为面广 3 开间，至多 5 开间的建筑；而以面广 7 开间，若再使其接近方形，则建筑的进深会显得过大，这不符合一般中国古代木结构建筑的建造逻辑，因此，我们可以尝试着另外一种排列方式，即面广 9 间，进深 4 间，副阶周匝的格局，其柱网简图为（插图 2）：

这样一种布置，可以形成殿身 7 间，周匝副阶的平面格局，其殿身内没有内柱，可以用四椽栿或六椽栿的大梁，形成殿身结构，而周匝副阶则以乳栿或丁栿将副阶檐柱与殿身柱联系在一起，在结构上很合乎逻辑，室内空间也比较空敞，适合祭祀性的礼仪空间。这样一种平面格局与元大德曲阜孔庙大成殿"庙殿七间，转角复檐，……外柱二十六"的记载恰相吻合。故由此我们或可推测：元代曲阜孔庙大成殿是一座殿身 7 间，副阶 9 间的绿琉璃瓦顶重檐大殿。[3]

以此来看，明代弘治年间的"重建大成殿九间"之做法，并非是将元代的 7 开间，提升到了 9 开间，而很大的可能是继续沿用了元代"殿身七间，副阶周匝"，即副阶外檐为 9 开间的格局，这也是现在尚存的清雍正二年（1724 年）所使用的格局。不同的是，雍正二年曲阜孔庙大成殿虽然也是"殿身七间，副阶周匝"的格局，但其平面为面广 9 间，进深 5 间，似有与所谓"九五之尊"相合的内涵。但其特点是在进深方向上的中间一间的开间特别的大，几乎相当于其柱网中普通柱间距的两倍，就好像在元大德曲阜孔庙大成殿的前后檐各加了一排柱子，形成新的副阶檐柱，再将殿身部分扩展为"面广七间"，然后将其两山的殿身与副阶中柱都减去，形成殿身"进深三间"，副阶"进深五间"的格局，其柱网简图为（插图 3）。

从这一柱网平面，也可以看出我们在前面所推测的元大德六年所建曲阜孔庙大成殿之平面柱网是完全合乎这一结构演进的逻辑进程的。元大德曲阜孔庙大成殿建成之后，很可能遭到了元末兵火的焚毁，入明以来"凡三修焉；明洪武初，奉诏重修。永乐十四年，又撤其旧而新之；成化十九年，始广正殿为九间，规制益宏。弘治十二年灾，奉诏重进（建？）"[4]

曲阜孔庙的三次大修，有可能经历了三次不同的建筑制度变化。最初，可能因为曲阜孔庙在元末兵火中的毁圮，洪武初，

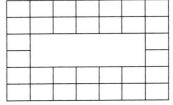
插图 1 推测外檐柱为 26 棵的元大德曲阜孔庙大成殿柱网示意图之一

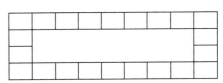
插图 2 推测外檐柱为 26 棵的元大德曲阜孔庙大成殿柱网示意图之二

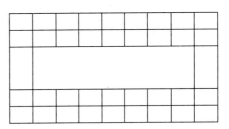
插图 3 清雍正曲阜孔庙大成殿柱网平面示意图

1. 孟子. 卷十. 万章下。
2. 钦定四库全书. 史部. 政书类. 仪制之属. 幸鲁盛典. 卷七。
3. 钦定四库全书. 史部. 地理类. 都会郡县之属. 山东通志. 卷十一之四. "庙自明弘治十三年始用绿色琉璃瓦，今特改黄瓦，由内厂监造，运赴曲阜。"
4. 钦定四库全书. 史部. 地理类. 都会郡县之属. 山东通志. 卷十一之六。

应该是按照洪武诏定的国子学孔庙的制度进行了重修，其大成殿有可能是 5 间（六檩），但其两庑则可能是 76 间（每侧 38 间）。

永乐十四年（1426 年），在仅仅过了数十年之后，又"撤其旧而新之"。这说明永乐改建并非因为旧建筑的毁圮重建，而是一次主动的新建过程。其原因很可能正是因为洪武制度中的 5 间大成殿规制偏低，故撤其旧而新之，这一次新建，其开间等级应该是有所提高的，例如，有可能是 7 开间。

到了明成化十九年（1483 年）"始广正殿为九间"，即进一步将永乐曲阜孔庙大成殿的平面扩展为 9 开间。应该说是恢复到了元大德六年所建大成殿的规制。到了明弘治十二年（1499 年），"阙里孔庙毁，敕有司重建。十七年（1504 年），庙成，遣大学士李东阳祭告，并立御制碑文。"[1] 这一记载与前面所引"明弘治重建大成殿九间"的记载相吻合，说明弘治曲阜孔庙大成殿，进一步延续了成化曲阜孔庙大成殿 9 开间的制度。只是，在宋元建筑术语中，殿身 7 间，副阶 9 间的建筑，被称为"七间殿"，而在明清建筑术语中，则不再强调殿身的开间，而以实际的柱网平面来称呼，如果副阶为 9 间，即称为"九间殿"。故现存清雍正二年所建曲阜孔庙大成殿，其殿身 7 间，副阶 9 间的格局，仍被称为"九间殿"。

关于现存曲阜孔庙总体布置格局中，除了沿用了元大德六年与明成化十九年及明弘治十二年的"九间殿"格局外，还有一个特别醒目的特点，即其大成殿前东西两庑的总数为 80 间，每侧有庑房 40 间。这不禁令我们想起了明初洪武所颁之"东西庑七十六"的制度规定。也就是说，现存曲阜孔庙东西庑房间数，是与洪武制度最为接近的。另外一个比较接近的孔庙大成殿前庑房间数，是明中叶所建的西安府文庙，其大成殿为 7 开间，而殿前东西两庑为 60 间，每侧有庑房 30 间。

这两个例子是否透露出了一个信息，即在明代永乐之后，对位处最高等级的国子学孔庙和曲阜孔庙的建筑制度，有了一个新的调整，一方面要继续遵循太祖朱元璋所制定的规制，在棂星门（3 间）、大成门（5 间）的前提下，沿袭了大成殿前两庑的开间数量。另一方面，为了使新建的孔庙大成殿与元代制度中的大成殿相匹配，则改变了洪武制度中大成殿仅为 5 开间的较低的平面格局，而改成了与元代国子学及曲阜孔庙大成殿相当的 9 开间的平面格局。也就是说，早在明成化与明弘治的两次重修中，曲阜孔庙就已经是大殿 9 开间，东西两庑各 38 间，大成门 5 间，棂星门 3 间的格局了。而雍正二年的曲阜孔庙重建，不仅沿用了大成殿 9 开间的格局，而且也沿用了其东西两庑接近 76 间（每侧接近 38 间）的格局。其每侧 40 间的平面格局，很有可能是在明代之 38 间庑房的旧基上，因为清代时所用木料较为短小，而在原 38 间的庑房旧基上，稍稍加密柱间距，增加为 40 间的结果。

（2）北京永乐国子学孔庙的制度探讨

这里出现了一个新的疑问：明代永乐时初建北京国学孔庙时，是否也沿用了元人的旧基。关于这一问题的回答是肯定的，据《五礼通考》引《明世宗正孔子祀典说》："亦或当时创制，未暇钦至，我皇祖文皇帝始建北京国学，因元人之旧，塑像犹存，盖不忍毁之也。"[2] 显然，明初永乐定鼎北京后，北京国子监孔庙，侧身明代孔庙中的最高等级之列，而其建筑，甚至雕塑，基本沿用了元代的制度。

那么问题就集中在了，元大都城国子学孔庙的制度又是怎样的呢？据元人吴澄《贾侯修庙学颂》：

> 至元二十四年，设国子监，命立孔子庙……而工部郎中贾侯董其役，庙在东北纬涂之南，北东经涂之东。殿四阿，崇十有七仞。南北五寻，东西十筵者三，左右翼之，广如之，衡达于两庑。两庑自北而南七十步。中门崇九仞有四尺，修半之。广十有一步。门东门西之庑，各广五十有二步。[3]

另有一记，见于元人程钜夫《国子学先圣庙碑》：

> 至大元年冬，学成。庙度地，顷之半。殿四阿，崇尺六十有五，广倍之。深视崇之尺加十焉。[4]

这两条记录的时间相差 20 余年，说明了这一建造工程的复杂，大都国子监孔庙的建设，首倡于至元

1. 明史. 卷五十. 志第二十六. 至圣先师孔子庙祀。
2. 钦定四库全书. 经部. 礼类. 通礼之属. ［清］秦蕙田. 五礼通考. 卷第一百二十. 吉礼一百二十. 祭先圣先师。
3. 钦定四库全书. 史部. 地理类. 都会郡县之属. 畿辅通志. 卷一百十四。
4. 钦定四库全书. 史部. 地理类. 都会郡县之属. 畿辅通志. 卷一百七。

二十四年（1287 年），最终建成于至大元年（1308 年），其间还穿插有大德六年（1302 年）的曲阜孔庙建设。而大德曲阜孔庙与至大京师国子学孔庙之间，在时间上的距离比较近。而从上述两组数据记录上，至大京师孔庙的数据，也比较接近最终建成的情况：其高 65 尺，其广130 尺，其深 75 尺。以 1 元尺为 0.3168 米计，其高为20.592 米，其总面广为 41.184 米，其总进深为 23.76 米。

我们可以将这一组数据与现存的两组孔庙大成殿木结构加以比较：

其一是现存清雍正二年（1724 年）所建曲阜孔庙大成殿（图 3），据梁思成先生所引《曲阜县志》，其基本尺寸为：

图 3　曲阜孔庙大成殿

　　　　大成殿九间；高七丈八尺六寸，阔十有四丈二尺七寸，深七丈九尺五寸。而其实测的数据为：其主要尺寸，高度由殿内砖面至正脊上皮高 24.80 公尺，合营造尺（按 31.35 公分计）7 丈 7 尺 7 寸，面阔 45.78 公尺，合营造尺 14 丈 3 尺，进深 24.89 公尺，合营造尺 7 丈 8 尺。这三个尺寸，高度及面阔与《县志》所载相差甚微，可称符合。[1]

其二是西安府学文庙大成殿，这座现已不存的府学文庙大成殿是一座七开间大殿，建于明成化十一年（1475 年），据这一年所撰《重修西安府学文庙记》云：

　　　　扩其旧址，首建大成殿七间，崇四丈有五、深五丈，袤九丈有二。两庑各三十间，崇深视殿半之，袤且数倍。次作戟门，又次棂星门，又次文昌祠，七贤祠、神厨、斋宿房、泮池。[2]

也就是说，这是一座明代时所建的 7 开间孔庙大成殿，其高 45 尺，其广 92 尺，其深 50 尺。以 1 营造尺为 0.32 米计，其高 14.4 米，其总面广 29.44 米，其总进深 16 米。这样我们就有了三组数据（表 1）：

9 开间与 7 开间孔庙大成殿主要尺寸比较　　　　　　　　　　　　　表 1

序号	大成殿位置	开间	殿高 单位：尺（折合米）	总面广 单位：尺（折合米）	总进深 单位：尺（折合米）
1	清曲阜孔庙	9 间	78.6（24.8 米）	142.7（45.78 米）	79.5（24.89 米）
2	元京师孔庙	不详	65（20.592 米）	130（41.184 米）	75（23.76 米）
3	明西安孔庙	7 间	45（14.4 米）	92（29.44 米）	50（16 米）

从这三组数据中，我们看得很清楚，元至大元年（1308 年）所建的京师国学孔庙大成殿，其尺寸更接近一座 9 开间的大殿。与这座建筑时间最为接近，尺寸与规制也可能是最为接近的，就是比之早了 6 年的元成宗大德六年（1302 年）所建之曲阜孔庙大成殿。这是一座殿身 7 间，副阶 9 间，有外柱 26 棵，推测为面广 9 间，进深 4 间之平面格局的建筑物。以建造时间及规制尺寸相比较，我们或可推测，至大元年（1308 年）所建京师孔庙大成殿与比之略早建造的大德六年（1302 年）元代曲阜孔庙大成殿很可能采取了十分接近的建筑制度。

这样一种平面，显然会比雍正曲阜孔庙的面广 9 间（实际亦为殿身 7 间，副阶 9 间），进深 5 间的尺度会略小一些。其面广比雍正曲阜孔庙小 4.596 米，而其进深比之仅小 1.13 米，其屋脊高度则小 4.208 米。这样一些微小的尺寸差，不足以使大德曲阜孔庙大成殿或至大京师孔庙大成殿，比雍正曲阜孔庙大成殿在面广尺寸上减少 2 间，或在高度尺寸上减少一重屋檐。

1. 梁思成全集. 第三卷. 第 75-76 页，曲阜孔庙之建筑及其修葺计划。
2. 转引自西安博物馆网. http://www.xabwy.com

插图 4　元至大京师孔庙大成殿平面柱网示意图

由此，我们可以尝试着将其总面广 130 尺分配到 9 个开间中，若其当心间广 20 尺，其左右次间 15 尺，再次间及稍间均为 14 尺，两尽间为 12 尺，其总面广就恰好是 130 尺。而这样一种间广分配，与宋元时期一般建筑的间广柱距还是相当吻合的。这或也从另外一个侧面证明了，元代大都城国子学孔庙大成殿应为 9 开间的格局。但因至大京师孔庙大成殿的进深与进深 5 开间的雍正曲阜孔庙大成殿的进深数据十分接近，由此推测，至大京师孔庙很可能也是采用了进深 5 开间的平面格局，以其总进深为 75 尺计，在进深方向上，则将前后副阶檐柱间距定为 12 尺，中间的三间殿身柱定为 17 尺，亦恰好是 75 尺。这虽然是一个概念性的大略柱间距分布，但与古代木结构的一般规则与尺寸是完全吻合的。见插图 4。

元至大京师国子学孔庙大成殿在建筑制度上显然高于早于其 6 年建造的大德曲阜孔庙大成殿。其原因似也可以理解，元统治者应该是将其京师大都城国子学孔庙视为最高等级的孔庙，而将曲阜孔庙定在同一个等级上，又略加损折，使其在规制上，略显低于京师国子学的地位，才是一种合乎历史逻辑的选择。那么，永乐定鼎北京之后，北京国子学孔庙又发生了一些什么变化呢？

前面已经谈到，据《明世宗正孔子祀典说》："我皇祖文皇帝始建北京国学，因元人之旧，塑像犹存，盖不忍毁之也。"[1]也就是说，永乐北京国学孔庙大成殿等，直接沿用了元代既有的建筑与塑像。那么，由此可以得出一个结论：在永乐帝建立北京国学孔庙时，在大成殿的建造制度上，不是沿用的洪武制度之"大成殿门各六楹"，即大成殿与大成门都是 5 开间的制度，而是沿用了元代国学孔庙大成殿之殿身 7 间，副阶 9 间的制度。

如果这一推测可以得到确认，就比较容易理解明代弘治年间，为什么会将曲阜孔庙大成殿的规模定为 9 开间了。因为无论是大德六年的曲阜孔庙大成殿，还是至大元年的大都国学孔庙大成殿，以及明代永乐时所沿用的北京国学孔庙大成殿，原本都是殿身 7 间，副阶 9 间的格局。只是，元代时人们仍然沿用宋时对于殿堂开间的称谓，将殿身 7 间，周匝副阶的殿堂称为 7 间殿。而明代时，已经按照实际的平面开间数来称谓殿堂，即殿身 7 间，周匝副阶，平面实际为 9 间的大殿，就直接被称为 9 间殿了。这里其实也反映了时代变迁对于建筑间架称谓的变化。

基于这样一种观点的分析，我们甚至可以推测，宋代时的孔庙大殿实际亦应为殿身 7 间，副阶 9 间的格局。因为按照宋《营造法式》，殿身 7 间，副阶 9 间的大殿，一般仍称为 7 间殿。同理，唐代 5 开间大成殿，抑或可能也是殿身 5 间，副阶 7 间的格局。除非唐代采用的是单檐大殿的形式。当然，这一问题仍属一个难解的历史悬疑。

由此，我们是否就可以得出一个结论：明永乐北京国学孔庙，实际上是将元代之正殿为 9 开间的制度，与洪武制度中两庑为 76 间（每侧 38 间）的制度结合为一体，重新制定了大明朝从国子学，到府、州、县学等不同等级儒学之孔庙的建筑等级制度。

明代一些重要的府城儒学孔庙大成殿，采用了 7 开间的格局，而其前的两庑建筑，开间数量也特别多，如前面已经提到的西安明代儒学孔庙，其正殿大成殿为 7 开间，而其东西两庑为每侧 30 间，总数为 60 间的格局。若将这一建筑格局，放在洪武制度建筑等级中，就会出现京师的国子学大成殿为 5 开间，两庑为 76 间，而地方府城儒学孔庙，大成殿却为明显高于国子学等级的 7 开间，两庑则为略低于国子学规制的 60 间，这样一种令人难以理解的局面。

但是，若将之放在我们所推测的永乐制度中，其京师国子学孔庙大成殿为 9 开间，两庑为 76 间，则明显高于西安府学的等级，在当时严格的等级制建造制度中是完全合乎逻辑的。

从记载中看，有明一代，对于曲阜孔庙有过多次重修。第一次是洪武年间，其正殿可能是按照洪武国子学孔庙之大成殿为 5 间的制度建造的。但永乐以后，制度有变，故以后的修建中，又以永乐制度为准，如成化十九年（1483 年），"始广正殿为九间"；弘治十二年（1499 年），"阙里孔庙毁，敕有司重建。十七年，

1. 钦定四库全书. 经部. 礼类. 通礼之属. ［清］秦蕙田. 五礼通考. 卷第一百二十. 吉礼一百二十. 祭先圣先师。

庙成，遣大学士李东阳祭告，并立御制碑文。"[1] 又"重建大成殿九间"，两次都是沿用了最高等级的大成殿为 9 开间的制度。而从后来的清雍正二年重修中，其两庑为 40 间，或也可以反证，其两庑的制度，在有明一代，也一直沿用了洪武制度中国子学东西庑各为 38 间的制度。

现存曲阜孔庙大殿，是清雍正二年（1724 年）重建的，为重檐歇山式黄琉璃瓦顶，面广 9 间，进深 5 间。这显然是比元代大成殿面广 9 间，进深 4 间的格局又有所提升的结果，在制度上似乎更接近永乐北京国子学孔庙大成殿。其间是否有什么延续性，我们尚不可得知。

（3）嘉靖九年的制度性厘革

那么，从上面的分析中，是否可以得出结论说，明代北京国子学孔庙一直沿用了永乐制度之大成殿为 9 间，两庑为 76 间的最高等级制度呢？事实显然不是这样。清代皇太极未入关前，曾在盛京模仿明代，建造了一座孔庙，其制度不详，但入关后的顺治帝在北京国子监孔庙所建的大成殿，则明确地采用了 7 开间的格局。

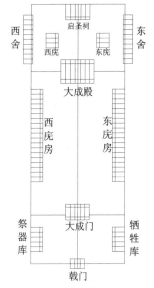

图 4　清顺治京师国子学孔庙平面示意图

崇德元年（1636 年），建庙盛京，遣大学士范文程致祭。奉颜子、曾子、子思、孟子配。定春秋二仲上丁行释奠礼。世祖定大原，以京师国子监为大学，立文庙。制方，南乡。西持敬门，西乡。前大成门，内列戟二十四，石鼓十，东西舍各十一楹，北向。大成殿七楹，陛三出，两庑各十九楹，东西列舍如门内，南乡。启圣祠正殿五楹，两庑各三楹，燎炉、瘗坎、神库、神厨、宰牲亭、井亭皆如制。[2]

顺治皇帝在北京的文庙，其基本的格局是（图 4）：

前大成门，内列戟 24。

大成殿 7 楹（间），陛 3 出。

两庑各 19 楹（间）。

启圣祠正殿 5 楹（间），两庑各 3 楹（间）。

东西舍各 11 楹。

这里的大成殿与东西两庑，似乎比我们前面所提到的明代国子学之大成殿为 9 开间，东西两庑各为 38 间的建筑制度，有意识地降低了一等。其正殿为 7 开间，正是降低一等的做法；而其两庑各 19 间（总 38 间），恰好是洪武制度中东西庑各 38 间（总 76 间）的一半，似也恰好低了一等。而其后所设启圣祠，及祠前的两庑，则是洪武制度与永乐制度中所没有的。那么，清初为什么会自降等级呢？这肯定是不符合历史逻辑的一种做法。

如果说曲阜孔庙大成殿自明成化、弘治始，已经明确为 9 开间的制度，而元至大京师国学孔庙可能也是殿身 7 间，副阶 9 间的做法，由此推测的明永乐北京国学孔庙亦为 9 开间。而且，既然明成化、弘治曲阜孔庙大成殿更加明确为 9 开间，没有理由说明，明成化、弘治间的北京国学孔庙大成殿会采用低于 9 开间的建筑制度。那么为什么，清初建北京国子监大成殿，其制度却为"大成殿七楹，陛三出，两庑各十九楹"[3] 呢？事实上，清初所沿用的无疑应当是明末北京国子学孔庙的制度。那么，明末制度为什么会比永乐、成化及弘治制度降低了一等呢？

较大可能是，明末北京国子监中的孔庙大成殿亦为 7 开间的制度。那么，从弘治时的 9 开间，到明末的 7 开间，期间究竟发生了什么呢？据笔者的推测，其原因很可能启于明代嘉靖年间对孔庙及祀孔制度的一次贬抑性的厘革。明代嘉靖年间，对各种祭祀礼仪与制度有过一系列的改革与厘定。而这些改革与厘定有许多恰是与弘治朝的政策相反的。如弘治九年（1496 年）曾将京师国子监的乐舞增为 72 人，如天子之制。[4]

1. 明史 . 卷五十 . 志第二十六 . 至圣先师孔子庙祀。
2. 清史稿 . 卷八十四 . 志第五十九 . 礼三（吉礼三）。
3. 同上。
4. 钦定四库全书 . 经部 . 礼类 . 通礼之属 .［清］秦蕙田 . 五礼通考 . 卷第一百二十 . 吉礼一百二十 . 祭先圣先师。

这说明弘治朝是将国子监孔庙等制度等同于天子的制度的。这时重修的曲阜孔庙大成殿亦恰为 9 开间。

嘉靖九年（1530 年），大学士张璁议："先师祀典，有当更正者。"嘉靖帝以为然，认为时祭孔礼仪等同祀天仪，亦非正礼。璁亦附和，曰："祀宇宜称庙，不称殿。祀宜用木主，其塑像宜毁。"并改大成殿为先师庙，大成门为庙门。制木为神主。仍拟大小尺寸，著为定式。其塑像即令屏撤。嘉靖命悉如议行。[1] 这一年的"冬十一月辛丑，更正孔庙祀典，定孔子谥号曰至圣先师孔子。"[2]

这一厘革无疑会牒及作为孔庙祭祀礼仪之载体的孔庙建筑配置，即嘉靖时很可能对孔庙祀典采取了贬抑的态度。如将原来大成殿中供奉的孔子像等加以毁撤，并改为木主。嘉靖九年（1530 年）的"冬十一月辛丑，更正孔庙祀典，定孔子谥号曰至圣先师孔子。"[3] 而在同一年的"六月癸亥，立曲阜孔、颜、孟三氏学。"[4] 同是在这一年，嘉靖帝以孔子王号为僭，"于是礼部会诸臣议：'人以圣人为至，圣人以孔子为至。宋真宗称孔子为至圣，其意已备。今宜于孔子神位题至圣先师，去其王号及大成、文宣之称。改大成殿为先师庙，大成门为庙门。'"这样，首先从名称上降低了孔庙之门、殿的等级。那么，在这样一种情势下，专属于皇家建筑之 9 开间的大殿平面格局，在被明显贬抑的孔庙中，仍然可以沿用吗？按照古代建筑逻辑，这一点似乎是不被允许的。

那么，是否有这样一种可能：永乐北京国学与弘治曲阜孔庙采用的大成殿为 9 开间，及洪武国学孔庙建筑中的东西两庑为 76 间（每侧各 38 间），大成门 5 开间，棂星门 3 开间等制度，在嘉靖年间的厘正祀殿，将相应的大殿及两庑的制度与规格都降低了一等，从而改成了大成殿 7 开间，两庑数量也明显减少了呢？

这一祭祀礼仪的厘革，无疑会影响到建筑制度的变化。比如，有可能降低了大成殿的规制，如将国子学大成殿由 9 开间，降低为 7 开间；将两庑的数量由 76 间，降低为 38 间。更重要的是，在大成殿后面，又增加了对孔子父亲等进行祭祀的建筑——启圣祠。这一做法与出身于亲王之家，为彰显自己的正统，希望将其父亲之牌位纳入太庙之中，且在一系列朝廷礼仪问题上举动乖张的嘉靖帝，与大臣们之间那纠葛不清的复杂矛盾与缠绵悱恻的晦暗心理是分不开的。经过厘革之后的北京国子学孔庙，被改称为先师庙：

> 先师庙在安定门内太学左，南向。街门西为持敬门，西向。大成门崇基石阑，前后三出陛。门左右列戟二十有四，石鼓十，右石鼓音训碣一。左右各一门，门内东西列舍北向。大成殿崇基石阑，三出陛。两庑东西向，殿东西列舍南向。西庑南燎炉一，西北瘗坎一，甬道左右御碑亭。大成门外东为神厨、宰牲亭、井亭各一，西为神库、致斋所、更衣亭。每科进士题名碑分列左右。凡正殿、正门、碑亭，皆覆黄色琉璃。后为崇圣祠。[5]

这里没有提及大成殿之开间，与两庑的间数。但这里所提的崇圣祠，正是这一次孔庙制度厘革以后才出现的建筑配置。其最初的名称为"启圣祠"，清代时改称"崇圣祠"。启圣祠位于大成殿后，祠之正堂前两侧还有庑房，加上正堂所占的空间，必然会将其前大成殿及两庑的空间大大地挤压。因此，我们有理由相信，在嘉靖年间的孔庙制度厘革中，在中轴线后部增加了启圣祠及两庑后，在既有的孔庙用地范围内，在将其前的大成殿降低一等的同时，也不得不将大成殿前的庑房数量大规模减少，如从每侧 38 间，减少到每侧 19 间，从而为其后所拟加建的启圣祠正堂及堂前两庑留出足够的空间。

因此，很可能在这一次大规模礼制度厘革中，北京国子学孔庙与曲阜孔庙大成殿的等级都被降低了一等，而改建为 7 开间。而曲阜孔庙的用地比较宽裕，在这次改动中，没有将殿前两庑的数量减下来，而北京国子学孔庙则因在有限的用地范围内，必须增加大成殿后的启圣祠及两庑，而将其大成殿和殿前两庑都降低了一个等级。

（4）清初国学孔庙与明代孔庙等级制度

我们注意到，清初北京国学的孔庙制度：大成殿为 7 开间，东西两庑各 19 间。如前所述，这一布局，使其正殿比起 9 开间殿降低了一等，而其东西两庑间数恰好是洪武制度之东西两庑间数（各 38 间，总 76 间）

---

1. 明史. 卷五十. 志第二十六. 至圣先师孔子庙祀。
2. 明史. 卷十七. 本纪第十七. 世宗一。
3. 同上。
4. 同上。
5. ［清］朱彝尊、于敏中. 日下旧闻考. 卷六十六. 官署。

的一半，似乎也是按照降低一等的建筑制度配置的。

那么，我们就出现了两种彼此似乎有联系的国学孔庙建筑制度：

第一种是明洪武制度：其正殿大成殿为 5 开间；但其殿前东西两庑总为 76 间，每侧分别为 38 间（图 2）。

第二种是明成化、弘治曲阜孔庙制度，其正殿大成殿已经确定为 9 开间，而其两庑的情况不详，但从后来的雍正曲阜孔庙两庑为各 40 间推测，成化、弘治曲阜孔庙两庑的数量也不会少，而且很可能与雍正制度中的每侧 40 间庑房有所关联，比如，可能是最为接近雍正之 40 间的洪武制度中的 38 间（图 5）。

第三种是清初北京制度：其正殿大成殿为 7 开间；其殿前东西两庑总为 38 间，每侧分别为 19 间，在大殿制度上，低于成化、弘治曲阜孔庙，在两庑制度上，亦低于洪武孔庙制度（图 4）。

实际上，从史料的角度进行分析，在明初的制度重建中，建筑制度的等级化是十分严格的，《明史》中提到了这方面的一些规定：

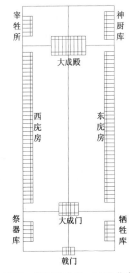

图 5　推测明成化、弘治曲阜孔庙（或国子学？）平面示意图

> 明制，皇子封亲王，授金册金宝，岁禄万石。护卫甲士少者三千人，多者至万九千人，隶籍兵部。冕服、车旗、邸第，下天子一等。[1]
>
> 皇孙车，永乐中，定皇太孙婚礼仗如亲王，降皇太子一等，而用象辂。[2]
>
> 明制，天下官三年一入朝。……天顺三年，令凡方面官入朝，递降京官一等。[3]

从史料中透露出来的这样一些明确的等级差异，是按照等第，递增与递降的。车辂、舆服、礼仪，莫不如此。而亲王邸第，下天子一等。依序可以到各级品官，应该都有相应的规定。而且，这种等级之间应该存在某种相互的联系。因此，我们也可以想象孔庙建筑，从京师国子学孔庙，到地方府学孔庙，从府学孔庙，到州学孔庙，再从州学孔庙，到县学孔庙，彼此之间应该有明确而清晰的等级制度关系。从洪武国子学两庑及成化、弘治曲阜孔庙大成殿等制度性要素，到清初国子监孔庙大殿与两庑制度之间存在的这样一种明显的级差关系，似乎不会是一种偶然的巧合。

可以说，在孔子的崇奉与祭祀上，有明一代经历了一些起起落落的变化。太祖朱元璋时代，国家初立，百事待兴，其孔庙制度似乎是参照了当时南方可以见到的衢州孔子家庙的制度而制定的，因衢州孔庙的制度比较简单，则明初国子学孔庙的建筑制度也比较简约，如其大成殿仅为 5 开间，但出于对国家性礼仪的重视，其用于祭祀礼仪的两庑多达 76 间。永乐时代，北京国子学已经可以沿用元代国子学之大成殿为 9 间的制度，并结合洪武制度，从而使儒学与孔庙制度得以完善。因此，明代地方府、州、县及成化、弘治两次对国子学孔庙的大规模重建，都应该是按照永乐时将元代制度与洪武制度加以综合而形成的这一制度展开的。按照明代文献中的规定，这时的祀孔礼仪等同于祀天，各府、州、县，也都必须要建造制度略低于京师的孔庙与学校。从而形成了由国子学，到府、州、县学孔庙的等级系列。

那么，清初北京国学孔庙之大成殿 7 开间，两庑各 19 间，是否会是曾在明代弘治间明确下来的孔庙等级制度中，占有一个等级的孔庙制度呢？以成化、弘治曲阜孔庙为大成殿 9 间，东西两庑可能亦为总 76 间，两侧各 38 间计，则若用大成殿为 7 开间，东西两庑总 38 间，两侧各 19 间，则恰好比成化、弘治曲阜孔庙降低了一个等级。而弘治曲阜孔庙，很可能与同一时期的北京国学孔庙是处在同一个等级上的。

我们总不能认为，清初是自降等级吧。唯一的可能是，明代北京国学孔庙，在明代中叶的嘉靖改制过程中，将孔庙等级都刻意地降低了一等。因而，嘉靖之后的京师国子学孔庙，其实应该采用的是洪武制度中下国子学一等的府学孔庙的制度。

由明初洪武年间颁布的国子学孔庙制度中的两庑数量，到清初北京国子监孔庙中的两庑数量，以及明成化、弘治间曲阜孔庙大成殿的开间数与清初北京国学孔庙大成殿开间数，这样两组制度性建筑数据之间，

1. 明史. 卷一百十六. 列传第四. 诸王。
2. 明史. 卷六十五. 志第四十一. 舆服一。
3. 明史. 卷五十三. 志第二十九. 礼七. 诸司朝觐仪。

图6　北京国子监孔庙大成殿及两庑全景

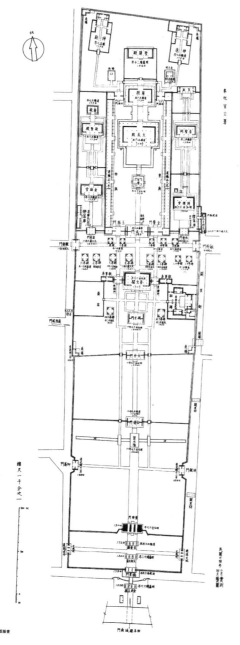

图7　曲阜孔庙平面图

所透露出的很可能是明代孔庙等级制度的一个反映。即明代自永乐以后，京师国学孔庙大成殿已为9开间，东西两庑可能仍保持了洪武制度中的各38间的做法；如此，则若降其一等，则大成殿为7开间（清末改回为9开间），东西两庑间数减半，为19间（图6）。

清代北京国学孔庙直到光绪三十二年（1906年）时，才将大成殿重新恢复到9开间的等级上，而且，很可能在清代的大部分时间中，北京国子监孔庙都沿用了清初的制度。只是在雍正二年重修曲阜孔庙时，也许因为当时曲阜孔庙仍然保持了明嘉靖以前旧有制度的殿庑基址，特别是台基；为了表达出一种强烈的尊孔姿态的雍正帝，就将其大殿恢复到了9开间的格局。而且，由于用地基址充裕，其两庑也就原来38间的基础上，增加到了40间（图7）。

我们知道，现存9开间的曲阜孔庙大成殿是清雍正二年重建时的遗物。也就是说，如果我们所推测的明嘉靖九年所立曲阜孔庙大成殿，是按照当时的政策而有意对孔庙采取了贬抑的措施，那么，至清雍正二年（1724年）曲阜孔庙大火遭焚并重建时，又恢复到了其旧有的大成殿为9开间，东西两庑各为40间的格局，而这一格局也最为接近永乐及弘治国学孔庙的大成殿制度，及洪武所定国学孔庙的东西两庑间数制度。

现存北京国子监孔庙的大致格局是在保存了清初这一基本空间格局的前提下，于清末光绪年间仅仅将正殿大成殿加以重建与扩建后的结果。其正门为先师门，3开间（相当于洪武制度棂星门3间的制度），门内两侧为东为神厨，西为神库，并致斋所、宰牲所、井亭等建筑。第二道门为大成门，5开间（与洪武国学孔庙大成门制度相同），门内即正殿大成殿，9开间（与明弘治曲阜孔庙大成殿同，可能与明永乐国学大成殿制度亦相同），殿前两翼为东西两庑，各19间。殿后另有一进院落，其内为崇圣祠，5间，两侧厢房各3间，门亦为3间。大成殿后的崇圣祠不在我们这里所论的建筑制度性范畴之中，因此，我们将注意点集中在大成殿与其前的庑房，及庙门、戟门、棂星门等方面。

北京国子监孔庙大成殿的建造时代，与大约相近的时间，由占领了南京的湘军头领们，将旧朝天宫改建为孔庙，其大成殿亦成为了明清历史上唯一一处将地方孔庙大成殿建造为最高等级的9开间之建筑格局的孤例，这两件事恐怕不会是偶然的巧合，正说明处于风雨飘摇中的晚清政府，希望通过抬高尊孔之力度的姿态，来挽救大清国日渐颓败之困境的内心挣扎。

当然，还有一个特例，即现存济南府文庙大成殿，采用了明显较高等级的单檐9开间格局，其中的原因，尚不清楚。有一种说法是，该大殿似重建于明初洪武二年（1369年），其后虽曾经过多次大规模修葺，但保持了明洪武时的建筑规模与布局。假如我们先认定这一说法是真实的，那么，只能得出一个推测：这座大成殿的建造在时间上先于洪武八年（1375 年）所颁布的南京国子学孔庙制度，且有就近的元大德六年（1302 年）所建之曲阜孔庙重檐 9 间大殿的先例（即使遭元末战争焚毁，但恐怕也是当时距离曲阜不远的济南人所熟知的事情）为参照，因此，在这样一种时间与地理背景下，将这座府学一级文庙大成殿建造成为最高等级的 9 开间大殿，是完全可能的。

三、明代地方儒学孔庙建筑制度

由如上的分析可知，嘉靖时的一系列举措，如降低孔庙祀典，毁拆孔子等圣像，改为木主，并增加启圣祠建筑组群等，其结果是将明代国子学孔庙的制度降低为大成殿 7 开间，东西两庑各 19 间的格局。如果我们将这一建筑制度推测为永乐帝时，整合洪武制度与元代制度而重新制定的国子学、府学、州学、县学孔庙建筑制度等级系列中的一个等级，那么，与之最为贴切的就是明代府学孔庙制度。也就是说，从这一被嘉靖帝刻意降低了一个等级的北京国子学制度中，我们反而可以还原明永乐、成化、弘治间地方府学孔庙的建筑制度，从而进一步推测出更为低一级的州、县学孔庙的建筑等级制度，及各等级制度下的相应建筑配置。

其可能的建筑等级序列是：永乐、成化、弘治时的地方府学孔庙建筑，一般应为大成殿 7 开间，东西两庑各为 19 间的格局。州、县以下的儒学孔庙，制度会递减，如大成殿为 5 开间，东西两庑各为 9 间（如直隶州、大县等）；大成殿为 3 开间，东西两庑各为 5 间（府辖州或县）等。从而有可能还原明代永乐至嘉靖间，从京师国子学，到地方府、州、县学的孔庙建筑等级制度。

为了进一步探索这一制度性结构的内在关联，我们对明代地方儒学及孔庙的建筑制度再做一些梳理。

1. 顺天府学文庙

据清代《畿辅通志》：明清北京城内有顺天府学，学在府治东南，教忠坊内。明洪武初，因元大和观旧址建造了大兴县学，并将元国子监改为府学。永乐元年设立顺天府，仍将府学改为国子监，而将大兴县学改为顺天府学。清代沿用了顺天府学，大兴、宛平二县的生员都隶属于府学。

我们先来看一看这座顺天府学的建造始末与基本规制，及在清代修缮重建的情况，由此或可以推测出明清时代顺天府学的基本情况：

永乐九年（1411 年），建明伦堂、东西斋舍。

永乐十二年（1414 年），建大成殿，又建学舍于明伦堂后。由这里的建造内容来看，明代人是将府学与府文庙结合在一起进行建造的。

宣德三年(1428 年)、正统十一年(1446 年)及成化年间(1465-1487 年)，先后经历了 4 位知府的相继修建，规制始备。"内建大成殿，两庑、神库、戟门、泮池、棂星门、明伦堂，进德、修业、时习、日新、崇术、立教六斋，尊经阁、敬一亭、文昌祠、奎星楼、庖舍、牲房、射圃、廪庾、会馔堂、左右斋舍，及学官衙署。门外牌坊二，额曰：育贤，东西对峙。（其规制各府州县大略皆同，或庙学有左右前会不同者，则各因地便耳。）"[1] 但是，作为木结构的府学建筑，岁久渐颓，清顺治年间，"筑立崇垣，重修大成殿及两庑，泮桥。"康熙四年（1665 年），"补修大成殿、大成门、棂星门，儒学大门、二门、奎星楼、明伦堂，并启圣、名宦、乡贤各祠。"[2]

据《明史》：宣德三年（1428 年），在一些儒生的提议下，追封了孔子的父亲叔梁纥为启圣王，"创殿于大成殿西崇祀。"[3] 这应该就是孔庙中启圣祠（及崇圣祠）的建造之始。从其他史料中可以知道，启圣祠作为一种建筑制度加以明确，应是嘉靖十年（1531 年）以后的事情。明代亦开启了由官方统一在各级孔庙中建造名宦祠与乡贤祠的传统。明清畿辅地区府州城市中均设立了名宦祠与乡贤祠。顺天府中的二祠设在府文庙戟门左右两侧。

以上是明代顺天府学的大致规制，及其在清代被修缮的情况。但是，这里没有记载北京顺天府学大成门与大成殿的开间数量，及两庑的间数等。仅知道府学中有棂星门、大成门、大成殿及两庑的设置。

《日下旧闻考》中收入了商辂所撰《重修顺天府学记》：

---

1. 畿辅通志. 卷二十八. 学校。
2. 同上。
3. 明史. 卷五十. 志第二十六. 至圣先师孔子庙祀。

　　　　顺天府学，永乐初改建，至是七十年，虽数加葺治，率因陋就简，未有能侈前规者。成化改元，府尹张君谦相旧斋庑逼近堂庙，辟东西地广之。堂之北创后堂五间，左右房各九间。庙之外，戟门、棂星门皆撤而新之。学之门，树育贤坊二，东西对峙，示壮观也。……择前后隙地建号房五十余间，学后拓为射圃。崇墉广厦，焕然一新，尹之功大矣。[1]

　　这里所透露出来的信息仍然有一点模糊，如左右房是否就是殿前的两庑。堂之后创后堂5间，那么正堂是否也是5间呢？另外，其前除了戟门与棂星门外，是否还有大成门之设呢？明代的资料虽不易查找，但现存清代府学的基本规模还在，其位置在北京东城区的府学胡同内，最初是在元代太和观的基础上改建而成的，初为大兴县学，后永乐定都北京后，将原府学改为国学，则大兴县学亦升格为府学。

　　现存顺天府学为东西两路，西路为祭祀孔子的文庙，东路为儒学。其中西路前为棂星门3间，门内为泮池及3座石桥。两厢为乡贤与名宦祠，这种将乡贤祠与名宦祠附于地方文庙中的做法，始自明代，清代亦沿袭了下来。

　　其北为大成门，3开间。门内即为正殿大成殿5间。然而其东西两庑，亦各5间。这显然与上面所引明代顺天府中堂前"左右房各九间"的情形大不相同了。如果我们可以将明代记载中的顺天府学制度想象为大殿5间，东西两庑各9间，则恰与前面所假设的明代孔庙制度中的第三个等级，即介乎府学与县学之间的州学的制度比较接近。而顺天府学附郭于京师，离京师国子监及孔庙又十分近，比之地方府学降一个等级也是可能的。

　　另据《日下旧闻考》：

　　　　永乐元年，升北平府为顺天府，则大兴县儒学例不得设矣，遂以为府学。九年，同知甄仪建明伦堂东西斋舍。十二年府尹张贯建大成殿，又建学舍于明伦堂后。岁久颓毁。……遂撤故新之，为大成殿，翼以两庑，前为戟门，以祠先师先贤。……为六斋于明伦堂东西，附以栖生之舍，会馔有堂，有厨有库，而蔽之重门焉。[2]

　　从这里可以知道与顺天府学文庙相邻的府学的大致情况：府学在文庙之东，前为大门3间，内有二门3间，二门北为仪门1间，仪门以内为明伦堂5间，两侧即东西6斋。明伦堂后有崇圣祠、尊经阁等建筑。此外还应有厨库，以及生员的屋舍等房间。

2. 河南地方儒学与文庙（自《河南通志》）

　　对于如上所推测的地方儒学文庙建筑的基本等级规制，只是一种逻辑性判断，实际建造中，情况要复杂而多变得多。我们可以先从地方史料中做一些梳理，以河南为例。在《河南通志》关于学校一节，特别谈到了各个府州县学的规制问题：

　　　　其规制各府州县学大略皆同，或庙学有左右前后不同者，则各因地便耳。[3]

　　这里大约给出了一个基本概念，即河南地方庙学的规制是大略相同的。其间似乎没有什么等级的差别。我们可以来看一看：

（1）开封府学

　　　　开封府儒学旧在府治东南，以宋国子监故址建，为汴梁路学。明洪武改为开封府儒学。三十三年夏圮于水，永乐五年徙于丽景门西北，即今所也。内建大成殿。殿之前列两庑、神库、戟门、泮池、棂星门。东列庑舍、牲房、名贤祠、射圃；西列明伦堂、四斋、尊经阁、廪庾、会馔堂，后列官廨，分置号舍于左右。……嘉靖十年建明伦堂于学东，建敬一亭于学北（各府州县同）。[4]

1.［清］朱彝尊、于敏中. 日下旧闻考. 卷六十五. 官署。
2. 同上。
3. 钦定四库全书. 史部. 地理类. 都会郡县之属. 河南通志. 卷四十二. 学校上。
4. 同上。

> 皇清顺治九年，知府朱之瑶建大成殿七楹，东西庑各七楹，戟门三楹，棂星门三楹，及泮池、启圣祠。戟门外建名宦、乡贤祠，东西各三楹。东西竖牌楼两座。西建儒学大门、仪门，各三楹；明伦堂五楹，东库、西厨各三楹；东西斋房各五楹。后建尊经阁，东西耳房各九楹。

可以知道，清代时的开封府学，其文庙之大成殿为 7 间，东西庑各 7 间。其在大殿前两庑的数量（东西各 19 间）上，与我们前面所推测的制度，相差甚远。

（2）卫辉府学

> 而文庙仍存，……以庙之东为府学，西为汲县学，而庙处其中，两学共之。……遂大兴作，益治堂，堂迤南为二门，为大门，门皆三楹，翼堂东西各两斋，东曰进德、日新；西曰修业、时习；相向俱十楹。东斋之南为名贤祠，西斋之南为神库、宰牲房。四斋之后，诸生肄业号舍。堂北为后堂，其东西为会馔、储书二堂，又东西为馔库，为吏牍房。而庙与后堂之北，则职教之居列焉。益北为外舍，以居诸生有家室者。又为镴庚、为射圃、观德之亭。凡为屋一百六十余楹，而学之所宜有者，备已为地，东西三十有五丈，南北五十五丈有奇。垣其四周廉隅秩如。[1]

这里比较详细地记录了儒学的情况，特别是其基址的大小规模，但对于其文庙制度几未提及。而从两校共享一座文庙的情况看，一是每所学校必须有一座文庙，以为释奠之所；二是两所学校是可以共享一座文庙的。

（3）辉县儒学

> 地东西广十丈许，凿石于山，为柱为础，伐木于林，为栋为楠，新立棂星门三楹，中戟门三楹，列两庑十八楹。斋号厨库凡四十楹，文庙讲堂悉如旧制。[2]

上面所引是明弘治时县令车玺所撰《辉县儒学碑记》中的内容，其中所列两庑，是在由棂星门与中戟门形成的中轴线两侧，应该属于大成殿前的两庑，而其 18 楹，应当符合前面所推测的大成殿为 5 间，东西两庑每侧 9 间的州学制度。其前戟门、棂星门皆如制。

（4）河内县学

> 出帑藏银六百有奇，市材鸠工，委义官萧钦督之。正殿旧四楹，广为六楹，两庑旧二十楹，广为二十四楹。戟门、棂星门皆撤而新之。棂星门三座，皆易以石柱，门内泮池，亦甃以砖石。[3]

此为明正德（1506-1521 年）时人何瑭所撰碑记，所记怀庆府河内县学，初建于洪武十五年（1382 年），旧制为大成殿四楹（3 间）、东西两庑 20 楹（各 9 间）。已历经 140 余年，此次改建，将大成殿改为六楹（5间），东西两庑 24 楹。这里可以窥见，洪武时县学大成殿当为三开间，但其东西两庑仍各为 9 间。

（5）汝阳县学

> 遂相地度基，得之府学之右。顾帑竭赋殚，赀无从出。乃以义倡之，有国子生陈宁者，馈五十金，继馈者绁属，……创大成殿五间，东西庑各如其数，中外门各三间，殿后创明伦堂暨东西斋，间数皆如殿而规制，以此成矣。堂后创师生寝舍及庖廪之属总四十一间。四周以垣。[4]

撰此记者为明成化间人，所记为成化七年至八年间（1470-1471 年）事。这里的叙述方式颇有意趣，如其大成殿为 5 间，而其东西庑"各如其数"，中外门各 3 间，而其明伦堂、东西斋，"间数皆如殿而规制"。由此透露出来的消息说明，至少在明代初年时，国学与地方府州县学及文庙建筑，确实存在着某种十分确定的规制。一如其大成殿规制确定，其余如两庑、门殿，及学校堂斋，均应"各如其数"，"间数皆如殿而规制"。

由此也可以得出一个推论，自嘉靖九年（1530 年）对孔庙制度采取了一些贬抑的厘正做法之后，明初

1. 钦定四库全书. 史部. 地理类. 都会郡县之属. 河南通志. 卷四十二. 学校上。
2. 钦定四库全书. 史部. 地理类. 都会郡县之属. 河南通志. 卷四十二. 学校上. 明车玺辉县儒学碑记。
3. 钦定四库全书. 史部. 地理类. 都会郡县之属. 河南通志. 卷四十二. 学校上. 明何瑭河内县儒学碑记。
4. 钦定四库全书. 史部. 地理类. 都会郡县之属. 河南通志. 卷四十二. 学校上. 明杨守陈汝阳县儒学碑记。

洪武帝所制定的孔庙等级制度也就名存实亡。各地府、州、县学也就各因其立而建造之。相应的制度性规则，亦似乎只能从嘉靖以前的一些历史文献中去窥悉。

（6）伊阳县学

> 庀材鸠工，始创圣殿五楹，两庑各七楹，次戟门、棂星门，各三楹。后明伦堂三楹，东西两斋各五楹。退食有堂，肄业有所。[1]

明代时的伊阳县学孔庙，其大成殿为5间，东西两庑各7间。戟门、棂星门各3间。

（7）荥阳县学

> 为殿五楹，为祠三楹，文昌始营，两庑乃构，然后缭以高墉，闿以重扉，轮焉焕焉，诸好备矣。[2]

此记为清代人所撰，说明清代重建的荥阳县学文庙大成殿为5开间，两庑的情况不详。这里的"为祠三楹"应当是指明代时开始的在文庙前两侧所分别建造的名宦祠与乡贤祠，抑或可能是崇圣祠。

3. 山西地方儒学与文庙（自《山西通志》）

（1）猗氏县学

> 相基之旧，以步武计，纵九十五，衡二十五。邑人荆鑑，施东偏地，共得亩三十，构正室二筵，广轮十一宇，庙曲回计二十架。春秋二仲三献，各有其位。丽牲登歌，各有其所。应门居中，皋门居外，大小异制，壮伟宏耀。明洪武三年重修，嘉靖三十三年，知县韩应春复修。[3]

这里给出了一座县学的占地规模大小。而其所谓应门、皋门，只是将孔庙比作古代宫室的一个譬喻，实际上应门，当为大成门，皋门为外门，或是棂星门，或是戟门。从其带有文学性的描述中，我们很难判断这座庙学的建筑配置情况，及文庙正殿、庑房的间数设置情况。

（2）万泉县学

> 金太和三年，主簿刘从谦修，张邦彦记曰，为屋八十间，正殿在前，讲堂在后，堂之左右翼以两斋，有为两庑，直接贤堂，为库房、为尉室。贤堂二室分设正殿前，又于其南起四贤堂。[4]

这里记载了一座金代山西地方县学的情况，庙学建筑总数有80间之多，但其孔庙建筑的制度情况，仍然不知其详。

（3）天宁县学

> 元大德二年修，……记曰：南北四十举武，东西二十五举武。外垣中基立正殿五间。缭楹层檐，前为应门，缩直相望。后徙今址。明洪武八年，知县郁杰更建，天顺四年，知县王溥撤而新之。[5]

从这里透露出来的信息，可以知道，在元代时，山西省地方县学文庙正殿（大成殿）的规模亦为5间。两庑的情况则不详。

此外，从《山西通志》中，我们还可以注意到一些与地方庙学有关的建筑配置情况，即在地方庙学中，除了文庙之大成殿、两庑及其前的门殿，以及学校的明伦堂及斋堂、库房之外，一般常见的建筑还有：崇圣祠、文昌祠（或文昌阁）、名宦祠、乡贤祠、尊经阁、奎星楼，以及射圃等。每座建筑的位置，虽然也有一些规律可寻，如名宦祠多在戟门左，乡贤祠多在戟门右。文昌阁多在大成殿东（或左），崇圣祠多在正殿（大成殿）后，亦可能在大成殿东，尊经阁也可能在先师殿（大成殿）后，也有将尊经阁与文昌阁合而为一的，奎星楼在儒学的东南隅，射圃则可能在大成殿西。而从城市的整体布局上看，大部分地方儒学，都在地方治所的东、东南或东北，当然，也不排除个别的例外。

---

1. 钦定四库全书. 史部. 地理类. 都会郡县之属. 河南通志. 卷四十三. 学校下. 明车玺伊阳县儒学碑记.
2. 钦定四库全书. 史部. 地理类. 都会郡县之属. 河南通志. 卷四十三. 学校下. 皇清沈荃荥阳县重修儒学碑记.
3. 钦定四库全书. 史部. 地理类. 都会郡县之属. 山西通志. 卷三十六. 学校.
4. 同上.
5. 同上.

4. 陕西地方儒学与文庙

（1）西安府学

学制，大门三间，前有"誉髦斯士"坊，门内为泮池。仪门内当甬道为魁星楼，正中上面为明伦堂五间，两旁为四斋，曰志道、曰据德、曰依仁、曰游艺，各三楹。东西号舍，各三十六间，堂后为尊经阁五间，上贮书籍。阁旁碑亭两座，阁后神器库六间。敬一亭在殿后，射圃在长安县学右。[1]

这里十分清晰地记录了西安府学的基本建筑格局，而与其相毗附的府学文庙：

府学文庙，岁久颓散，成化戊子（1468年），副都御史马文升巡抚是邦，意图恢拓未果。越壬辰（1472年）秋仲释奠，适大风雨，殿庑倾圮，乃谋诸巡按蒹盛布政朱英，按察宋有文，撤而新之。令西安知府孙仁出公帑羡余，扩其旧址，首建大成殿七间，两庑各三十间。次作戟门、棂星门、神厨、斋房、泮池，及殿后唐石刻之属。旧覆亭宇，咸增新之。经始于癸巳（1473年）春正月，至秋八月讫工。[2]

明成化十一年（1475年）《重修西安府学文庙记》亦云："扩其旧址，首建大成殿七间，崇四丈有五、深五丈，袤九丈有二。两庑各三十间，崇深视殿半之，袤且数倍。次作戟门，又次棂星门，又次文昌祠，七贤祠、神厨、斋宿房、泮池……。"更进一步印证了《陕西通志》中的这一记载。

我们在这里注意到两点：一是这座府文庙是建于明嘉靖之前的，其制度上应该更接近洪武时所提出的制度；二是这里的大成殿为7开间，但是两庑为60间，每侧各30间。这一做法显然是在洪武制度之两庑76间的基础上，降低了一些规格，但却与我们所分析的不同。而若洪武制度中，国学孔庙大成殿为9开间的话，这里将大成殿定为7开间，也是为了降低一等。目前，这座明代建造的府文庙，除了大成殿于20世纪50年代遭雷电而毁外，其余如两庑、戟门、棂星门、泮水桥、太和元气坊、碑亭等建筑尚保存完好。如其面阔3间，进深两间的戟门，为单檐歇山顶，上覆绿琉璃瓦，仍然反映了较高的府学文庙规制。

（2）长武县学

明万历十一年（1583年）割宜禄为长武邑，治既兴，学宫鼎建，左为庙，右为明伦堂，两庑、两斋，各如制。庙北为启圣祠，戟门之旁为名宦、乡贤祠。堂北为尊经阁。迤西为敬一亭。宫墙之外，东为社学，西为射圃，期月告成。[3]

明代陕西地方府、州、县学的情况，除了西安府略有记载之外，其余则需进一步的发掘。但西安府学及文庙，应当是明代地方府学建筑制度的一个重要案例。

5. 江南地方儒学与文庙（自《江南通志》）

（1）江宁府学

国朝顺治九年（1652年）总督马国柱题，以明国子监改为江宁府学，重修圣殿，旁设两庑，前立棂星门、戟门，后改彝伦堂为明伦堂，旁设志道、据德、依仁、游艺四斋，以官署为启圣祠，以国子监坊为江宁府学坊，其后祠庑渐散，……（康熙）十九年（1680年），知府陈龙岩重修两庑七十二楹。二十一年总督于成龙倡修，同知朱雯署府篆，捐俸修整四斋亭及两庑、门栏。二十二年知府于成龙、教授谢允抡、训导邹延屺开濬泮池，筑屏墙。四十五年，织造使曹寅、五十五年布政使张圣佐，相继修葺。雍正十三年，总督赵弘恩重修。[4]

清江宁府学，是由明国学及孔庙改建而成的，因此在改建中既有沿袭，也有鼎革。如其大成殿前两庑仅为72楹，比之明洪武国学孔庙两庑76间的规制降低了一些，但仍然是比较多的。这里没有谈及其大成

---

1. 钦定四库全书. 史部. 地理类. 都会郡县之属. 陕西通志. 卷二十七. 学校。
2. 同上。
3. 同上。
4. 钦定四库全书. 史部. 地理类. 都会郡县之属. 江南通志. 卷八十七. 学校。

殿的间数，但以其两庑 72 间，每侧 36 间所围合的纵长方形庭院看，其大成殿的规制应该不会少于 7 开间。

现在保存较好的南京夫子庙，是于清同治八年（1869 年）重建的，其大成殿为 7 开间，而其前大成门清代时仍为 5 开间，现存晚近重建的为 3 开间。这说明地方府学用 5 开间门与 7 开间殿，仍是明清时比较常见的规制。由此或也可推测，顺治九年（1652 年）重修的江宁府学，其大成殿也应该是 7 开间，其前两庑为 72 间，两者都略低于洪武制度之大成殿 9 开间，两庑 76 间的规制。

清末同治五年（1866 年），因旧府学已毁，将南京保存尚好的道教古建群朝天宫改为府学及文庙（东为府学，中为文庙，西为卞壶祠）。其文庙大成殿为 9 开间重檐歇山顶大殿（殿身为 7 开间），其外戟门为 5 开间，东西两庑各 12 间。其大成殿规制，显然是在清末时，已缺乏统一的制度性规定的结果。朝天宫大成殿后为先贤殿（亦称崇圣祠）。先贤殿后为敬一亭。亭东是飞云阁、飞霞阁和御碑亭。应当是在组群制度上，保存比较完整的清代府学文庙的建筑群。

除了江宁府学之外，南京旧有上元县学与江宁县学。据史料，在清初将明代国学及孔庙改为府学后，遂将原江宁府学改为上元与江宁两县的县学："国朝顺治六年（1649 年），以旧国子监改府学，遂以府学为上、江两县学，其规模制度俱从府学制。"[1] 从这里知道，明清时代从国学，到府、州、县学，确实存在具体的规模制度。只是由于岁月久远，多有变迁，既无法找到原始的规定性文本，也缺乏足够充分的历史建筑案例加以辨析。

在上元与江宁县学中，曾建有尊经阁，与青云楼。其中的青云楼似不见于其他地方的儒学建筑群中。其余大成殿、两庑、明伦堂，及各祠在清代都有重修，但制度不详。

（2）苏州府学

> 明洪武初知府魏观即旧址建明伦堂，辟地又新之。宣德间，知府况钟重建大成殿，又建至善、毓贤堂于后，附以四斋、两廊。学舍前有范公手植古桧，后有尊经阁。天顺间知府姚堂构道山亭。成化四年，知府贾奭创立游息所。十年，知府邱霽改作先师庙，门庑桥池悉备。正德元年建东西二门，曰耀龙、曰翔凤。嘉靖十年，制增启圣祠。建敬一亭，贮六箴碑。各州县如之。[2]

关于苏州府学的详细制度，我们从这里无法厘清。但仍可以从中得出一些信息：
孔庙中设启圣祠（或崇圣祠）、敬一亭等，应是嘉靖十年（1531 年）后新增的制度。

苏州府学在一些建筑处理上，有苏州园林的影响，如建造道山亭，及增加东西两门，都使其空间比较灵活而有变化。而在大成殿后建至善、毓贤两堂，也是别处的府学中所未见的。说明儒学建筑，在一个基本的规模制度规定下，会作一些变通、灵活的处理。

现存苏州府学，虽然已不及历史上的规模，但仍可从其遗存中略窥其建筑制度。如其文庙大成殿为面广 7 间，进深 6 间的规模，重檐庑殿顶，有柱 50 棵，据说是楠木柱。似为明代知府况钟重修时所留之物。其前棂星门（亦为大成门）为 5 开间，是为明成化间的遗物。其前有石造棂星门为 6 柱 3 间。另有崇圣祠（启圣祠），当是按嘉靖十年的制度建造的。庙西府学部分的主要建筑明伦堂为 5 开间。

（3）常熟县学

常熟县学有宋淳熙十年（1183 年）《魏了翁重建大成殿记》，其中可以看出宋代时儒学与孔庙的一些建筑做法：

> 庆元三年，县令孙应时以言游里人也，始祠于学。……宝庆三年祠迁于学之左。……邑士胡洽、胡淳，庞其役，以孔庙居左，庙之南为大门，北为言游之祠。又东北为本朝周子、张子、二程子、朱文公、张宣公祠，以明伦堂居右。东西为斋庐四以馆士，为塾二以储书。凡祭器祭服藏焉。西以居言氏之裔，通为屋一百有二十楹，而为垣以周之。[3]

显然，宋代时的儒学与孔庙，并非明清时代那样制度严谨而明确。这一点也使我们对明代儒学与孔庙的建筑制度之探索，显得更具意义。

1. 钦定四库全书. 史部. 地理类. 都会郡县之属. 江南通志. 卷八十七. 学校.
2. 同上.
3. 同上.

（4）南汇县学

购民地若干亩，于县之东南境，择其址之爽垲者培之，建大成殿五楹，旁列两庑，前设大门。门以外为泮池。施桥于上，桥之前则棂星门树焉。缭以崇垣，百堵皆作，即其后为崇圣之宫、讲堂、斋舍，计日告成丹艧炳焕，阶陛砥平。宫墙之旁，翦其荆榛，易之以桃李松桧，嘉树有阴，碧沼涟漪，互相掩映，山川秀灵之气，于是乎萃。[1]

从这里可以知道，江苏县学的大成殿可能以 5 开间为一个定则。比之江宁府学之 7 开间的大成殿，降低了一个等级。其两庑的情况，我们仍然无法得其详。

（5）扬州府学

扬州府儒学在府治后儒林坊，宋建，明洪武中知府周原福因旧规重建，东有成贤坊，西有育才坊，及藏书楼、射圃、观德亭、颐贞堂、玩易亭、祭器库、文昌楼，并官廨。正统间，知府韩宏因藏书，改建崇文阁，即今尊经阁也，又建更衣、采芹两亭。……（嘉靖）十年，奉诏建启圣祠及敬一亭，贮六箴碑，各县如之。[2]

扬州府学中的建筑，也颇多自己的个性，有许多一般儒学建筑群中不见的建筑配置，如玩易亭、颐贞堂之属。但其于嘉靖十年奉诏所建启圣祠与敬一亭，进一步说明了，儒学或孔庙中的这两座建筑是自嘉靖十年之后，才成为儒学与孔庙建筑中的制度性规定的。类似的材料，还见于《江南通志》卷八十八中有关"徐州府学"的记载："嘉靖十年，制增启圣祠，建敬一亭，贮六箴碑，各县如之。"卷八十九中有关"宁国府府学"、"庐州府学"、"凤阳府学"、"颖州府学"等的描述中亦有相同的记载。

（6）滁州州学

滁州儒学在州治东，……元吴澄记：……经始于癸卯（1363 年）之夏，落成于甲辰（1364 年）之秋。庙四阿，崇六仞有二，南北五筵，东西五筵，两庑崇三仞有五寸，东十有七楹，其修十筵，西亦如之。门之崇如庑，深丈有四尺，广五寻有一尺，东、中、西凡六扉，列二十有四戟。左塾之室三，右塾之室三。外三门之楹六。[3]

这里明确记录了滁州州学之孔庙前两庑，分别为 17 楹（17 间？16 间？），其庙四阿顶，规制还是比较高的。大成门似为 3 间（六扉），但其外戟门（外三门），似为 5 间。这是目前我们找到的唯一一座州学的建筑规制。但其大成殿间数并不详，以其前两庑各为 17 间记，其正殿似不会少于 5 开间。但以其接近方形的平面（"南北五筵，东西五筵"），则亦不像是 7 间的格局。故很可能是面广 5 间，进深 5 间的格局。其州学亦于嘉靖十年增启圣祠、敬一亭。

（7）桐城县学

安徽安庆桐城县学，宋元祐初建，明洪武初迁于县治东南。其文庙建筑尚存，为明清时遗物。文庙部分建筑较完备，略可见其规制。大成殿为 5 间重檐歇山顶。其前大成门为 3 间。东西有长庑，其庑间数不详，但似为 9 间。大成门外为泮池、石桥，及棂星门（石牌坊），其外为戟门，似亦为 3 间。这里可以看出江南县学文庙的大致规制。泮池两旁另有庑房各 5 间。

6. 四川地方儒学与文庙（自《四川通志》）

《四川通志》卷五中，记载了四川府、州、县文庙的情况，但对其制度语焉不详。只有一些与建筑等制度相关的简单描述。如简州儒学：

在州旧城东北，宋开宝初建，明正德八年迁州，移新城，明末毁。国朝知州王孙盛重建。康熙九年知州杨登山复迁旧城东北故址。匾额、碑祠，与府制同。[4]

---

1. 钦定四库全书. 史部. 地理类. 都会郡县之属. 江南通志. 卷八十七. 学校。
2. 同上。
3. 钦定四库全书. 史部. 地理类. 都会郡县之属. 江南通志. 卷八十九. 学校。
4. 钦定四库全书. 史部. 地理类. 都会郡县之属. 四川通志. 卷五中. 学校。

　　这里的一个有趣的信息是，明清时代府学及孔庙似乎确实存在着府、州、县制度上的规定，而这座简州儒学在制度上与府制采取了相同的做法。在这本通志的记录中，凡成都府下辖的各州、县儒学，如成都县儒学、崇庆州儒学、灌县儒学、金堂县儒学、崇宁县儒学等也都采取了"与府制同"的做法。但这里并没有给出成都府的详细制度。

　　重庆府的情况也是一样，各州、县儒学"匾额、碑祠，与府制同"。但在昭化县儒学中提到了其大成殿的情况：

　　　　昭化县儒学，在县西一里，宋时建，明永乐中重修，仅存大成殿三间。国朝增修。匾额、碑祠，与府制同。[1]

　　这是唯一明确提到了县级儒学文庙之大成殿仅为 3 开间的实例。但其后的描述，仍然用了"与府制同"等语，说明，上文中的"府制"其实并不包括建筑大小规模等制度，只是包括匾额的题名与祠宇的名称而已。

　　在《四川通志》中记载的"直隶资州"、"直隶绵州"、"直隶茂州"、"直隶达州"等条目下，在州之下所辖的各县学中，几乎都有其"匾额、碑祠与州制同"的相关描述。但对其"州制"究竟如何，我们也无法确知。

7. 广东地方儒学与文庙（自《广东通志》）

　　《广东通志》中关于地方儒学的记载同样是语焉不详。但从肇庆府学的记录中，我们略可见到一点建筑物之间的布置关系及其他一些相关信息。

肇庆府学

　　　　嘉靖……十年（1531 年），易大成殿曰先师庙，建启圣祠、敬一亭。……十二年（1533 年），都御史吴桂芳建尊经阁。隆庆三年（1569 年），同知郭文通凿庙之左为明伦堂。……（嘉靖）四十四年（1565 年），庙学圮于洪水。……（万历）三十一年（1602 年）……周嘉谟重修，庙左为明伦堂，为四斋。东曰居仁、曰立礼，西曰由义、曰广智。前仪门，列号房。又前为儒学门堂，后为讲堂，即教授署。东、西为训导署。四十二年（1614 年），改建尊经阁于明伦堂后，而以庙后旧址为启圣祠。东名宦，西乡贤。敬一亭在后山顶，甃以石，周以墙。[2]

　　这里对肇庆府儒学制度有比较明确的描述。学位于文庙之左（东）。学之主要建筑为明伦堂，堂前有四斋。东为居仁、立礼二斋；西为由义、广智二斋。之外为仪门，仪门两侧为号房。再外为学校的门堂。仪门以内似为讲堂，即教授署。其两侧为东、西训导署。明伦堂后是尊经阁。府学之右（西）为文庙，当有棂星门、戟门、泮池、大成门、大成殿，及两庑之属，但制度不详。大成殿后，则按照嘉靖十年后所颁制度，建启圣祠。一般文庙中布置在戟门两侧的名宦、乡贤二祠，在这里似乎是布置在了启圣祠的两侧。启圣祠之后堆山，甃石，上建敬一亭。

　　这里虽然对各种建筑的开间规模不得其详，但各座建筑物之间的相互关系还是比较清楚的。除了名宦、乡贤二祠的位置与我们所熟知的做法不同，及敬一亭特别放在了庙后堆山上之外，基本的布置方式，应该与各地的府、州、县学相差无几。

　　另外，在雷州府学的记载中特别提到了"雍正元年，改启圣祠为崇圣祠。"[3] 在琼州府学的记载中提到了"嘉靖十年（1531 年），改大成殿为先师庙，建敬一亭，刻箴文七通于石。创启圣祠。……万历七年（1579 年）……开凿泮池于前，改建大门于左，建尊经阁于明伦堂后。"[4] 这里更为详细地记述了嘉靖十年对孔庙建筑制度上加以鼎革的一些具体做法，如在敬一亭中刻制箴文石碑七通，与前《江南通志》中所记，敬一亭中"贮六箴碑"事相合，只是碑之数量略有差异。另外，这里也具体提出了其建造"尊经阁"的具体时间，是在万历初年。从史籍中看，尊经阁之设，虽然早在元代即已出现，但在地方庙学中究竟何时开始成为一种制度性规定，

---

1. 钦定四库全书. 史部. 地理类. 都会郡县之属. 四川通志. 卷五中. 学校.
2. 钦定四库全书. 史部. 地理类. 都会郡县之属. 广东通志. 卷十六. 学校.
3. 同上.
4. 同上.

无从可知。这里给出的一个时间点是万历七年，那么是否是从明代中叶以后，各地儒学对应于在大成殿后建"启圣祠"，而在儒学之明伦堂后建"尊经阁"，渐成一种制度性规定，亦未可知。

另在连州儒学的记载中，再一次出现了："雍正元年，改启圣祠为崇圣祠"的记载，说明这次名称改变，也是一次国家性的行为。故各地文庙大成殿后所设崇圣祠，应当都是于雍正元年（1723年）由启圣祠改名而来，其最初的设立年代应当是明嘉靖十年（1531年）。

四、明代城市中的儒学与孔庙建筑制度

（一）一个推测

透过明代史料，以及清代文献中记录的有关明代儒学与孔庙的记载，加之如上的分析，我们或可以通过建筑制度等级差的方式，初步推测出明代永乐年间对于孔庙建筑的一般性制度的可能性规定：

（1）京师国子学孔庙制度

综合洪武国学制度与成化、弘治曲阜孔庙制度，并结合永乐时所沿用的元至大京师国子学孔庙大殿制度，可以推知：明代国学孔庙可能的建筑制度应该是：大成殿9间，大成门5间，棂星门3间，大成殿两翼东西两庑总76间，每侧各38间（图5）。

目前，仅曲阜孔庙之9开间的大成殿前有东西两庑各40间，是与这一制度性规定最为接近的实例（图3）。

（2）地方府学文庙

大成殿7间，大成门3间，棂星门3间，大成殿两翼东西两庑总38间，每侧各19间（图8）。

现存实例中，北京清代国学孔庙为大成殿9间（清初为7间），东西两庑各19间的格局，与这一制度最为接近。

（3）地方州学文庙（包括直隶州之州学及重要县之县学）

大成殿5间，大成门3间，棂星门3间，大成殿两翼东西两庑总18间，每侧各9间（图9）。

（4）一般地方县学文庙（包括府辖州之州学文庙）

大成殿3间，大成门3间，棂星门1间，大成殿两翼东西两庑总10间，每侧各5间（图10）。

这样一种推测是否有一定的可能性，则需要我们做进一步的分析。

（二）对明代地方儒学与文庙建筑制度推测的补充

1. 大成殿

（1）大成殿为9开间

目前，曾经建造过的且保存尚好的最高等级的文庙大成殿只有两座：

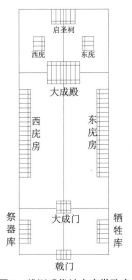

图8　推测明代地方府学孔庙
平面示意图

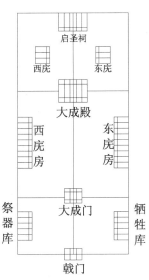

图9　推测明代地方州学孔庙
平面示意图

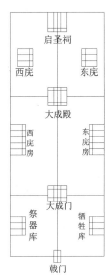

图10　推测明代地方县学孔庙
平面示意图

图 11　9 开间的济南府学文庙大成殿

图 12　福州府学文庙（大成殿 7 间）

图 13　韩城文庙大成殿（7 开间）

图 14　南京夫子庙大成殿（7 开间）

一座是曲阜孔庙大成殿。这是一座建立在两层丹陛之上的 9 开间重檐歇山顶大殿。现存曲阜孔庙大成殿的建造年代是清雍正二年（1724 年）。

另外一座是北京国子监孔庙大成殿，是清光绪三十二年（1906 年）改建而成的。而清初时的北京国子监孔庙大成殿仅为 7 开间。明初洪武南京国学孔庙与永乐国学孔庙，应当也取了 9 开间的建筑形式，而后来北京国学孔庙 7 开间的制度，可能是明嘉靖十年厘革孔庙建筑制度的结果。

另有 2 个例外，即重檐 9 间殿的南京朝天宫大成殿，及单檐庑殿 9 开间的山东济南府学文庙（图 11）。南京朝天宫大成殿，是清末占领南京的湘军头目在古道教建筑的基础上改建而成，其时的清王朝已是风雨飘摇，或有僭越，也是无可无不可之事。济南府学文庙的建造沿革不是很清楚，很可能亦是清末，甚至更晚时所为之物，似亦不能纳入明代洪武制度的范畴。

（2）大成殿为 7 开间

如果确认了清初北京国子监孔庙大成殿定为 7 开间并非明初的制度性规定之延续，则暂将其排除在外，那么，前面所提到的大成殿为 7 开间的孔庙，均为府一级城市，分别是：开封、苏州、西安。此外，现存实例中大成殿为 7 开间者，仍然都是历史上的府一级城市。如：开封府、苏州府、西安府。现存实例中，还有浙江杭州府学文庙（其新近复建的制度为 7 开间，当有其原始的依据）、福建福州府文庙（图 12）、福建泉州府学文庙、陕西韩城文庙大成殿（图 13）、南京夫子庙大成殿（图 14）等，亦为 7 开间。河北保定的地方文献中记载，明代改保定州学为府学时，"先增大成殿七间，两庑原各增九间"，"木主为塑像"，"大加修饰，益恢前度"。[1] 也从一个侧面证明了当时确实存在着某种制度性规定，这些府一级文庙大成殿的等级与我们所推测的洪武制度是相吻合的。

开间为 7 间的大成殿中，有一个奇怪的例子是清代畿辅地区安州州学文庙大成殿：

---

1. 转引自 http://www.douban.com/group/topic/9112807/

图 15　四川德阳文庙大成殿（7 开间）

图 16　苏州文庙大成殿（5 开间）

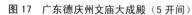

图 17　广东德庆州文庙大成殿（5 开间）

图 18　洛阳河南府文庙大成殿（5 开间）

图 19　江西上饶府文庙大成殿（5 开间）

安州学，元时在州治东。明洪武八年，知县王思祖移建州治西。正统中知州陈纶金铎、成化中知州王钦、弘治中知州宋经相继重修。正德中知州孙鑑，增广大成殿七间。嘉靖中知州张寅、李应春、曹育贤各有增修。[1]

　　另外，四川德阳县学文庙大成殿（图 15），亦是 7 开间的例子。从这里我们不仅得到一个信息，即使在既有的制度规定之下，仍然可能有一些超越制度等级的做法，而传统社会对于在儒学与孔庙方面上的制度性僭越，似乎采取了比较宽容与默认的态度。另外，从这里也可以看出，在明代城市中，地方儒学与文庙的建设，几乎是历代地方官所特别关注的建设事项。

（3）大成殿为 5 开间

　　实例中大成殿为 5 开间的例子是比较多的。如明清两代的顺天府学文庙大成殿，清代重建的苏州文庙大成殿（图 16）等。目前，在一般性史料中能够找到的州一级儒学文庙中，只有《江南通志》中记载的滁州州学文庙大成殿为 5 开间。现存实例中还有广东德庆州州学文庙（图 17），洛阳的河南府文庙（图 18），江西上饶府文庙（图 19），其大成殿亦为 5 开间。另外还有一些县一级儒学文庙的大成殿，亦为 5 间，如前面提到的，河南地区有：辉县儒学文庙、河内县学文庙、汝阳县学文庙、伊阳县学文庙；山西地区有：天宁县学文庙；江南地区有：桐城县学文庙（图 20）。现存实例中，如河北正定县学文庙（据说为明代所立，其建筑实为五代时的遗物，疑是明代地方官将古代建筑遗存加以改建利用的结果）、云南建水县学文庙、天津蓟县儒学文庙大成殿、台北文庙大成殿（图 21）等。

　　另外，从文献中还可以注意到的 5 开间大成殿有浙江象山县学大成殿，其元代时的规制是 5 开间（见《延祐四明志》，卷十三）；清代热河州文庙大成殿，其殿为 5 开间，其前的大成门，及其后的崇圣祠、尊经阁亦为 5 开间。而其大殿前两庑各为 11 间（见《钦定热河志》，卷七十三）；明代的江西万安县学文庙大成殿（殿为 5 间，高 4.5 丈。见《江西通志》，卷一百二十九；并见明·王直撰《抑菴文集》，后集卷四）；明代的福建永春县学文庙大成殿（"大成殿五间，高深各四十尺，而广倍之。建两庑各五间。视殿制高减十尺，深减十五尺，而广减其四十有一尺。戟门高广与两庑并棂星门高二十尺，而广与戟门并。"见明·蔡清撰《虚

---

1. 钦定四库全书. 史部. 地理类. 都会郡县之属. 畿辅通志. 卷二十八. 学校。

图20　桐城文庙（大成殿5开间）

图21　台北文庙大成殿

图22　3开间大成殿举例——汀州文庙大成殿

图23　3开间大成殿举例——衢州孔庙大成殿

斋集》，卷四）。

由此，我们可以推测，大成殿为5开间，或者并不仅仅限于州学文庙中，那些直接受辖于府的县一级儒学文庙，似也应该仅仅低于府文庙一个等级，即由7间降为5间即可。

（4）大成殿为3开间

开间为3开间的例子几乎全是县级儒学文庙大成殿，如重建之前的河南河内县学大成殿，明代所建的四川昭化县儒学文庙大成殿都是3开间。

见于文献中的大成殿为3开间的例子还有：

广西柳州马平县学大成殿（见清·《世宗宪皇帝硃批谕旨》，卷二十九上）。

元代昌国州（今浙江舟山地区）宋代所建儒学文庙大成殿（见元·《昌国州图志》，卷二，并元·《延祐四明志》，卷十三）。

元代浙江奉化州学文庙（"大成殿三间，从祀东西廊各六间"。见元·《延祐四明志》，卷十三）。

清代辽宁海城县学文庙大成殿为3开间，其棂星门、及东、西庑亦各为3开间（见清·《钦定盛京通志》，卷一百二十七）。

清顺治时所建广西天河县学文庙大成殿（清·《广西通志》，卷三十八）。

浙江嘉定县大场镇义塾文庙（"教事经营，规画市材，命工修大成殿三间，明伦堂五间，两庑各十二间，仪门如堂之数。以正统八年八月兴工，越月而落成。"明·陈暐《吴中金石新编》，卷七；另见明·《抑菴文集》，后集卷二）。这种义塾文庙应该是一个值得注意的特殊例子。

从现存实例来看，清代以降在文庙建筑的等级上已经没有严格的控制，各地根据自己的财力与物力进行建造。随着经济的发展，比较富庶的县城中，往往将代表其地方文化象征的文庙大成殿提高一个等级来建造，故县级文庙中也多见5开间的大成殿。现存为3开间大成殿的文庙建筑实例，反而是寥寥可数，而且不一定是县一级的文庙（图22、图23）。

2. 东西两庑

在正殿前设东西庑房是中国古代祭祀性建筑所特有的组群做法，其庑房的间数，亦成为一种建筑制度性的标志，如清代规定：

祈谷坛大享殿：其制12楹，中四楹饰以金，余饰三采，殿前为东西庑32楹。

山川坛：正殿7间，东西庑各15间。

太庙，正殿9间，东西庑各5间；

亲王世子郡王家庙：正殿7间，东西庑各3间；

品官家庙：一品至三品官，庙5间，东西庑各3间；四品至七品官，庙3间，东西庑各1间；八、九品官，庙三间，无庑房，等等。

故而可知，孔庙大成殿前东西两庑的开间数量在制度上也可能具有一定的意义，可惜，由于东西庑房的等级更低，建造得也比较简单，历史上的修改也比较频繁，故其最初的制度性规定，是很难还原出来的。我们再从文献中寻找一些蛛丝马迹：

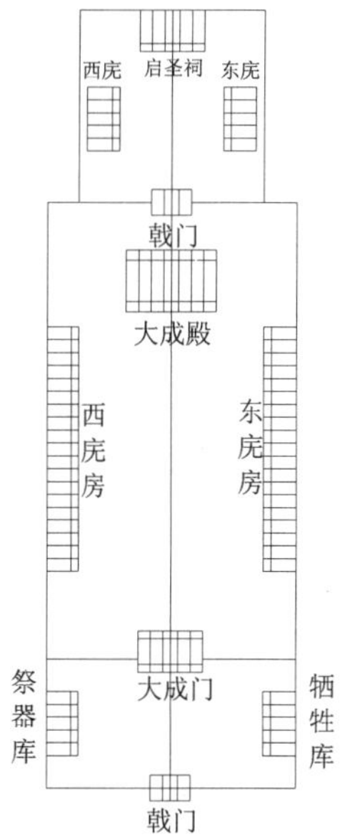

（1）国子学

明代洪武国子学孔庙

"大成殿门各六楹，灵星门三，东西庑七十六，神厨库皆八楹，宰牲所六楹。"

明代永乐北京国子学孔庙的可能规制

综合了元至大京师国子学孔庙大成殿与洪武所颁国子学孔庙制度的明永乐北京国子学孔庙应为大成门5间，棂星门3间，大成殿9间，东西庑总76间，每侧各38间。

嘉靖以后的北京国子学孔庙

大成门5间，棂星门3间，大成殿7间，东西庑各19间，大成殿后有启圣祠，其堂5间，其两庑各5间（图24）。

清代国子监孔庙

大成殿："殿凡七楹，高七丈六尺三寸，中广一丈八尺五寸，次二楹各广一丈六尺，又次二楹各广一丈五尺。深八丈。基高七尺，围廊重檐，覆黄琉璃瓦。"

东西庑："东西庑各十九楹，高三丈一尺八寸，各广一丈二尺五寸，深二丈九尺，两庑之南东西列舍各十二楹。"（见清·《钦定国子监志》，卷九）

图24 明嘉靖以后的北京国子学孔庙平面示意图

（2）府学

河南开封府学文庙

清顺治九年（1652年）："建大成殿七楹，东西庑各七楹，戟门三楹，棂星门三楹。"（见《河南通志》，卷四十二）

江西德安府学文庙

"两庑旧各七间，今以其隘，各增为一十五间，每间为一坛，塑先贤、先儒像，居其位。"（明·王直《抑菴文集》，后集卷四）

湖南衡州府学文庙

顺治十八年（1661年）："建大成殿凡五间，东西庑各三间，前设庙门，后建启圣祠三间。"（见《湖广通志》，卷二十三），其建筑等级似相当于直隶州州学文庙的建筑等级。

（3）州学

辽宁辽阳州儒学文庙

原为明代所建之大成殿三楹，康熙四十九年（1710年）增至五楹，康熙五十年（1711年）增建东西庑各三楹，五十一年（1712年），又增两庑至十楹（见《钦定盛京通志》，卷四十三）。

这种增建的做法，显然出于与其城市等级相匹配的考虑。其增建后的大成殿制度合乎前面所推测的直隶州州学文庙大成殿之制，但其两庑则低于这一制度，而相当于县文庙大成殿两庑制度。

宁远州儒学文庙

为大成殿五楹，东西庑各十楹，同辽阳州。与直隶州州学建筑等级相匹配。

广西永宁州学文庙

清代"建正殿三楹，东西庑、启圣祠、明伦堂各三楹。名宦、乡贤祠各一楹。"（见《广西通志》，卷一百十五）。

（4）县学

辽宁营口盖平县学文庙

清制：大成殿三楹，东西庑各三楹（见《钦定盛京通志》，卷四十三）。

其余，辽宁开原县学文庙、复州儒学文庙、海城县学文庙、锦州府学文庙、锦县儒学文庙、广宁县学文庙、义州儒学文庙、吉林儒学文庙，其清代所建之制度均为：大成殿三楹，东西庑各三楹（见《钦定盛京通志》，卷四十三）。

河北庆都县学

河北庆都（今望都）县学，明洪武九年（1376年）重修，其东西庑为十五楹（是每侧15楹，还是两侧共15楹，并不详。见《畿辅通志》，卷二十八）。

河南辉县儒学文庙

棂星门3间，中戟门3间，两庑18间。由其叙述看，可能是每侧9间。

（5）卫学

（明）广宁左中屯卫学文庙

"乃构正殿五楹，作翼道周围石栏，凡二十余丈，东西庑各五楹，戟门一楹，棂星门楼三楹。"（见《钦定盛京通志》，卷一百十三）。

（6）元代文献中与文庙两庑制度有关的史料

如：《江阴重修学记》，记录了皇庆改元（1312年）时所建江阴州学："凡东西庑四十有六间，重茸而新之。"（见元•陆文圭《墙东类稿》，卷七）其庑每侧当为23间。

元代江西万载县学文庙，其"两庑十有八间"（见元•赵文《青山集》，卷五）。其庑每侧为9间。

元代广州香山县夫子庙，"东西庑七檩各十一室"（元•吴澄《吴文正集》，卷三十六）。其庑每侧似为11间。

由此我们似可得出一个结论：元代时，孔庙大成殿前两庑，在间数上似比较多，如江阴州学文庙两庑总46间（每侧23间）；广州香山县学文庙两庑总22间（每侧11间）；江西万载县学文庙两庑总18间（每侧9间）。这可能是明初洪武初立制度时，特别将国学孔庙大成殿前两庑的数量规定为76间（每侧38间）的一个原因。

现存北京国子监孔庙大成殿两庑总38间（每侧19间），恰好是洪武制度庑房间数的一半，尚不及元代江阴州学文庙的规模，亦不及明代西安府学文庙两庑（各30间，两庑总60间）的规模。故这一两庑规模，很可能是明代嘉靖十年厘革孔庙制度的结果。而嘉靖十年以后，在大成殿后加启圣祠（清代为崇圣祠）、敬一亭，及启圣祠前两庑，从而将其前大成殿及两庑的用地大大地缩短。这很可能是造成嘉靖以后，特别是清代国子监孔庙大成殿前两庑仅有38间（每侧19间）的主要原因。而国子监孔庙两庑的规模与制度的降低，势必带来整个国家各地方城市（府、州、县）儒学与孔庙两庑的间数规模明显地减少。故现在很难真正还原明代洪武年间所确定的国学、府学、州学与县学的两庑间数等级了。

3. 明伦堂与东西斋

在各地方城市中，与孔庙（文庙）相并置的是儒学建筑，儒学建筑也是按照城市等级来确定的。其中与洪武制度联系比较密切的，当属明伦堂与斋舍。

（1）府学
顺天府学

位于庙西，前后大门3间，内有二门3间，再内有仪门1间，仪门内为明伦堂5间，两侧则为东西六斋。

开封府学

位于庙西，大门、仪门各3间，明伦堂5间，东西四斋，斋房各5间。东库、西厨各3间。

西安府学

位于庙西，大门3间，仪门不详，仪门内当甬道为魁星楼，正中上面为明伦堂，两旁为四斋，各3间。东西号舍36间。

卫辉府学

明伦堂间数不详，堂迤南为二门，为大门，门皆3间，翼堂东西为四斋，每侧各两斋，每斋5间，相向俱10间。

苏州府学

明苏州守况钟重建明伦堂5间，左右四斋及两廊，明伦堂后又建至善（原名止善）、毓贤二堂。

另外，清代热河儒学，为明伦堂5间，东西斋房各7间（《钦定热河志》，卷七十三）。江西德安儒学，明伦堂5间，东西四斋各3间。前凿石甃泮池，周回30丈（明•王直《抑菴文集》，后集卷四）。

低于府学的儒学，也有将明伦堂建为5间的，如息县儒学"旧有明伦堂五间"（清•毛奇龄《西河集》，卷六十二）。而浙江嘉定县大场镇义塾，"修大成殿三间，明伦堂五间，两庑各十二间，仪门如堂之数。"（明•陈瞕《吴中金石新编》，卷七)，即其仪门、明伦堂俱为 5 间。这应该是一个特例。

（2）州、县学

顺天府大兴县学

顺天府学在明洪武时为大兴县学，西为学宫，东为文丞相祠。仪门内为明伦堂，堂 3 间，东北为魁星阁，明伦堂后为崇圣祠，阁后为敬一亭，亭后为尊经阁，阁西为教授署，崇圣祠西为训导署。永乐元年（1403 年）改成顺天府学，明伦堂改为 5 间。

河南伊阳县学

学在文庙后，有明伦堂 3 间，东西两斋各 5 间。

广西永宁州学

建正（大成）殿 3 间，东西庑、启圣祠、明伦堂各 3 间。

广西柳城县学

（雍正）十年（1732 年）"建明伦堂三间，仪门一座。凡殿庑墙垣复皆修整。"（《广西通志》，卷三十八）

广西（今属广东）怀集县学

"捐金作明伦堂三间，以为众倡。"（《广西通志》，卷八十一）

（清）盛京学宫

"（康熙）三十二年（1693 年），重修学宫，增建崇圣祠三间，明伦堂三间，东西斋房各三间，学署六间，库房六间，大门、仪门、东西角门各一间。"（钦定大清会典则例，卷一百三十九）

五、结语

在明代城市重建过程中，不同等级城市中相同类型建筑的等级制度差别，无疑是存在的，这从明代规定亲王邸第制度下天子一等，以及明初规定的亲王王府正殿为 9 开间，而弘治间为了贬抑地方王权势力而重新颁布的亲王王府之正殿仅为 7 开间[1] 这一史实中也可以看出，明代统治者是很注意建筑等级制度的差别的。本文对明代城市中从京师国子学，到地方府、州、县学孔庙大成殿建筑群及儒学明伦堂建筑群的等级制度探索及还原的研究，从一个侧面反映了这种建筑等级制度的存在。这一研究或可以为明代不同等级城市中其他由政府为主导因素而建造的相同类型建筑，如衙署、城隍庙、其他地方祠祀建筑，以及城门与城楼等建筑之可能存在的建筑等级制度之整体研究做一个探索性的铺路之石。

说明：文中所引部分网上图片主要来源：http://images.google.com.hk/images?gbv；图 7（曲阜孔庙平面）引自中国建筑工业出版社出版的《梁思成全集》第三卷；其余线图为自绘。

作者单位：清华大学建筑学院

---

1. 王贵祥等. 中国古代建筑基址规模研究. 上编. 第七章. 第 95-97 页. 中国建筑工业出版社. 2008。

明代河南府、州、县庙学
建筑平面与规制探析

周　瑛

提要

　　地方庙学建筑是对古代城市平面和空间具有重要影响的建筑类型之一，也是中国古建筑中比较规范的地方建筑式样，具有一套独特的建筑文化表达。就"庙"与"学"空间合置的意义，庙学建筑在明代获得了非常充沛的发展，形成较为完备的庙学建筑群空间制度，以往的地方庙学研究偏于教育发展史和文化史层面，缺乏建筑视野下深入和专门的研究。本文以明代河南府、州、县庙学建筑为切入口，分析庙学建筑的平面格局特点，对明代城市中庙学建筑的平面格局和建筑规制进行探讨。

关键词：明代，府州县，河南，庙学，建筑规制

一、引言

　　在明代城市中，文庙儒学和衙署是最基本的公共建筑，一般位于城市的中心地带，对城市的平面和空间营造具有重要的影响。一般地方志都重点描述这两组建筑的情况。作为对古代城市空间具有重要影响的建筑类型之一，地方庙学建筑，也是中国古建筑中比较规范的地方建筑式样，其平面规制、空间格局、单体构成以及门坊匾额的内容设置诸方面，受制于政治制度、儒家思想、地方文化与经济，以及风水观念的综合影响，形成一套独特的建筑文化表达，值得我们去深入思考和发现。庙学建筑的研究却相对稀少，以往对它的研究偏于教育发展史和文化史层面，缺乏建筑视野下深入和专门的研究，尤其对于地方庙学建筑更缺乏专门的资料挖掘和整理。本文以河南地方庙学建筑为切入口，以期更好理解庙学建筑在明代的发展及其规制特点。

　　所谓庙学，是孔庙和儒学建在一起，设学于孔庙之中的学校。从相关史料分析，中国是先有孔庙，后于孔庙设学，形成庙学合一的建筑群格局。中国最早的孔庙，是公元前478年，鲁哀公将孔子的故居作为"寿堂"，"立庙旧宅，置卒守，岁时奉祀"。从此，"后世因庙"。[1]另有文献记述："鲁哀公十七年，立庙于旧宅，守陵庙百户，即阙里先圣之故宅，而先圣立庙，自此始也。"[2]当时的"庙屋三间"，是不足100平方米的建筑。至汉代，尊儒活动日盛，汉章帝到曲阜孔庙用礼乐讲学也使孔庙开始具有学校的功能，153年，汉桓帝下诏修建孔庙，孔庙的春秋祭祀活动也被固定下来，还确立了守庙官，使孔庙的管理由孔子后裔的个人行为改为统治者行为。一些郡国也出现了具有学校功能的孔子祭祀场地，或在学校中专辟祭孔场地。孔庙从开始只是祭祀孔子的地方，慢慢变成地方官学祭孔习礼之地。唐贞观四年（630年），皇帝下诏"州、县皆特立孔子庙"，此为地方城市遍立孔庙之始。唐代州县孔庙的主殿格局仍按"庙屋三间"修建，各地因学设庙或因庙设学的庙学合一格局逐渐形成。但唐代完整的庙学数量依然有限，有庙无学的现象非常之多。北宋景祐年间（1034-1038年），范仲淹任苏州知府时，奏请设学立庙，创立了苏州文庙府学，这一创举得到朝廷嘉许，庆历四年（1044年），朝廷诏示全国州县仿效，定制"左庙右学，庙学合一"。大量州县是宋代以后才开始出现孔庙与儒学合置的现象，以学宫明伦堂相对于孔庙大成殿所在位置，有的左庙右学，有的左学右庙，有的前庙后学。学宫、学庙、庙学乃是地方官学的泛称。[3]元朝，统治者深谙儒学的教化作用，颁诏

1.《兖州志·历代襃崇孔圣典礼》、《史记·孔子世家》。
2.（金）孔元措. 孔氏祖庭广记. 上海：商务印书馆，1936.
3. 司雁人. 学宫时代. 北京：中国社会科学出版社，2005.

免除全国儒士差役，效法前代庙学建筑模式，大德三年（1299年）大都新城按"左庙右学"格局兴建孔庙、国子学，至大元年（1308年）建成，建筑基址被明清两朝沿用。[1] 各地庙学在前朝基础上，也形成了风格自成体系的建筑群。

明清是庙学发展的鼎盛时期。明洪武元年，带刀舍人周宗上疏，请天下府州县开设学校[2]，国家初建，急需人才，朱元璋于明洪武二年颁诏天下立学，"学校之教，至元其弊极矣……朕恒谓治国之要，教化为先；教化之道，学校为本。今京师虽有太学，而天下学校未兴，宜令郡县皆立学……此最急务，当急行之。"[3] 由此形成全国性庙学建筑的重建与展拓。洪武十五年（1382年），朱元璋令天下通祀孔子，无疑又促进了庙学的发展。嘉靖七年（1528年），明世宗敕工部于翰林院盖敬一亭，开启地方庙学兴建敬一亭之滥觞，嘉靖九年（1530年），诏各地庙学又建启圣祠，祭祀孔子父亲。可以说，明代诸多政治因素促进着庙学建筑在全国各地的发展与完善，就"庙"与"学"空间合置的意义，庙学建筑在明代获得了非常充分的发展，形成较为完备的庙学建筑群空间制度。

清代，由于统治者对儒学的推崇，在庙学建筑礼制上作了新的统一规范，在建筑的形式、命名、色调、陈设、祭祀活动规格及程序都有了统一的标准尺度。到了清末，文庙在建筑的礼制等级上进一步提高，学的功能却逐渐退化，有民国文献《世载堂杂忆》刘成禺记之："降及晚清，奉行故事。学官无教学之举，秀才视学官如无物……"，"（国子监）监生亦可由捐纳得之，不必入监读书矣"。"学"的空间逐渐退化，"庙"逐渐成为官学的中心，庙学建筑的整体发展趋于衰败。

综上所述，庙学建筑的发展在明代进入鼎盛。自洪武二年（1369年）颁诏天下立学，明朝各地都创办、重建府州县学，从官府到民间都普遍关注对庙学建筑的兴修重建。另外，"府、州、县学诸生入国学者，乃可得官，不入者不能得也"[4]，科举必由学校，而学校起家可不由科举的制度，也促进了各地庙学的发展。明代逐步形成一个完整的官学教育系统。"明府、州、县、卫所皆建儒学，教官四千二百余员，弟子不算。又凡生员入学始得应举，则学校与考试两制度已融合为一，此实唐宋诸儒所有志而未逮者。"[5] 明史记载，"此明代学校之盛，唐宋以来所不及也。"[6] 另一方面，明代地方学校即府学、州学、县学的教师，都是"儒官"，由政府委派，府学设教授（从九品），州学设学正，县学设教谕，各一，俱设训导，府四、州三、县二。[7] 学校里的教官，教授、学正、教谕通常只负责学校具体事务，训导负责辅助以上教师，学校的直接主管领导，则是各府、州、县的正职官员，明初有规定"守令每月考验生员"，守令需要督促生员进学，还要检查监督教官。如果学校管理不够敬职，守令和教官都会受到处罚，可见明代学校与政治的密切关系，成为明代学校制度的重要特点。天顺六年（1462年），明英宗在给提学官的教谕中指出："府、州、县提调官员，宜严束生徒，不许游荡为非，凡殿堂斋房损坏，即办料量工修理，若恃有提督宪职，将学校一切合行之事推故不行用心整理者，量加决罚惩戒。"[8] 因此，明代学校的改建修缮成为地方上的经常之举，这使学校的建筑和设施不断得到修整与完善。从地处中原的河南各府、州、县庙学建筑记载情况，我们确实可以看到这一点。

河南地方城市的庙学建筑，大多创建于宋、金、元时期，前代庙学是明代庙学发展的基石。从顺治《河南通志》记载的情况统计，明初河南的庙学建筑，大部分严重毁坏于元末兵火，或者"礼殿虽存，梁栋摧挠，日就倾仆"[9]。自洪武二年朝廷诏郡县立学后，各地庙学陆续开始复建。河南8所府级庙学和12所州学建筑全部于洪武初年进行了首次重建。另外，据《明一统志》和顺治《河南通志》记载作统计，自明洪武元年（1368年）至洪武十四年（1381年），河南辖区原有87县，其中有79所县学进行了首次重建或大规模的整修，其中洪武三年为河南庙学的重建高峰。可见，明初虽然天下甫定、国力凋敝，地方庙学兴建却可谓盛况空前，为响应兴学崇教之诏令，河南各级城市都投入了一定的人力、物力和财力。

为更深入研究，本研究将数量众多的河南庙学建筑[10]分成府学、州学、县学三种等级类型，分别进行

1. 姜东成. 元大都城市形态与建筑群基址规模研究［博士论文］. 清华大学，2007。
2. 孟森. 明史讲义. 北京：中华书局，2009. 第49页。
3.《明太祖实录》卷四六（洪武二年十月）辛巳，上谕中书省臣曰条。
4.《明史》. 卷六十九志第四十五"选举一"。
5. 钱穆. 国史大纲［M］. 北京：商务印书馆，2007. 第682页。
6.《明史. 选举志三》。
7.《明史》卷六十九。
8. 明英宗实录卷三三六天顺六. 年正月已酉。
9.《河南郡志》（弘治）卷之十九艺文《宜阳县兴学记》。
10. 明代河南有府学建筑8所，州学建筑12所（其中直隶州一所），县学建筑96所。

建筑平面形制的讨论。以庙学建筑的方志舆图资料、文献文字记载与相关遗存建筑的实测数据为基础，采用统计法、图表法和比较分析的方法，选择各级庙学在平面形制、空间形态具有典型性、对照性的个案实例进行剖析，总结其共有特点及重要特征，以期对河南庙学建筑的明代规制风貌取得有足够覆盖面的有效考量。

二、府学建筑

明初河南的府学建筑都沿袭于前代旧学，其中开封府学、归德府学、彰德府学沿址于宋金元三代旧学，河南府学沿于金元旧学，卫辉府学、怀庆府学、南阳府学、汝宁府学和汝州学则因袭元学旧址。河南的府学建筑大多于洪武初年因为政权更迭和战乱兵燹进行了重建。开封府学和归德府学后因圮于水还分别于永乐五年和正德初年迁建。因此，这两所迁而重建的府学建筑应更能代表明代对府学建筑的规制要求。

明代河南府学建筑规制一览表　　　　　　　　　　　　　表1

庙学名称	重建年代	城市方位	大成殿（间）	明伦堂（间）	堂后建筑	魁（星）楼/奎楼/文昌阁	平面规制
开封府学	洪武三年重建，永乐迁建	东南	5	5	尊经阁	府学东南	左庙右学
归德府学	洪武六年重建，正德迁建	东	5	5	会馔堂	不详	左庙右学
彰德府学	洪武三年	西	5	5	尊经阁	在学东	前庙后学
卫辉府学	洪武三年	西北	5	5	不详	文庙东南	前庙后学
怀庆府学	洪武六年	东南	5-7	5	御书楼	在庙东南	前庙后学
河南府学	洪武二年	东南	5	5	尊经阁	在府学门东南	右庙左学改左庙右学或前后
南阳府学	洪武初	原城东，永乐迁城外	不详	不详	不详	不详	不详
汝宁府学	洪武六年	东南	不详	不详	敬一亭	棂星门东	前庙后学

（资料来源：顺治《河南通志》、《如梦录》、嘉靖《归德志》、嘉靖《彰德府志》、万历《卫辉府志》、嘉靖《怀庆府志》、顺治《河南府志》、弘治《河南郡志》、顺治《南阳府志》、康熙《汝宁府志》、正德《河南汝州志》、《明一统志》等。）

从表1可见，明代河南八所府学，除南阳府学格局不确，只有开封府学、归德府学、河南府学为左庙右学格局（河南府学亦有后来改为前庙后学的可能），其余皆为前庙后学格局。前庙后学平面格局的府学建筑，明伦堂后多为尊经阁，也有设为敬一亭和文会堂的。而教官住宅，并不如顺治《河南通志》[1]所云，全在庙学建筑群的后部，而是因地制宜，位置灵活，经常设于明伦堂旁侧。河南各府级庙学的核心建筑大成殿和明伦堂，明代以五间为多（除南阳和汝宁府学不详），只有怀庆府学的大成殿原为五间，弘治年间扩增为七间[2]，是一个例外。

从河南省的府城方志记载来看，庙学建筑群在选址、营建过程中，风水意识或多或少发生着作用。据顺治《河南通志》，卫辉府学于崇祯八年迁建，就是听从风水行家的建议，"以形家言迁西关衡河之北岸，基用旧都院行署"，卫辉府学文昌阁的兴建，则始于"看得文庙西有潞藩殿宇而东无崇台，于堪舆家不相称，捐赠各三十两（2人）……汲县知县、辉县知县、淇县知县各备木石银二十两"[3]。

明代河南府学建筑的方志文献中，开封府学、河南府学、归德府学和彰德府学的记载较为周详，其格局布置也各有特点，能基本体现明代府级庙学的平面风貌，具有较强的参考和研究价值，笔者选取这四所府学建筑做平面规制分析。

---

1. 《河南通志》（顺治）卷十六对开封府庙学的平面规制有如下记载："开封府：内建大成殿，殿之前列两庑神库戟门、泮池、棂星门，东列庖舍牲房名贤祠射圃，西列明伦堂四斋尊经阁廪庾会馔堂，后列官廨分置舍号于左右（其规制各府州县学大略皆同，或庙学有左右前后不同者则各因地便耳……）。"
2. 《怀庆府志》（嘉靖）："弘治乙丑十月材聚工集乃次第撤而新之，殿旧六楹增之为八，左右庑二十四楹，增之为四十有二。"
3. 万历《卫辉府志》艺文，《大学士傅瀚记》。

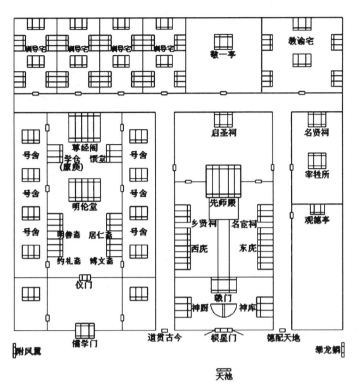

图1　明代河南开封府学平面格局示意图

（资料来源：自绘）

1. 开封府学（图1）

开封府学在洪武三年由元代汴梁路学改成。顺治《河南通志》（卷第十六·学校志）中对开封府学有如下记载：内建大成殿，殿之前列两庑。神库、戟门、泮池、棂星门，东列庖舍牲房名贤祠射圃，西列明伦堂四斋尊经阁廪庾会馔堂，后列官廨分置舍号于左右。

笔记体方志性著作《如梦录》对开封府学有更为详细的描述：

> （府学宫）前有东西石牌坊二座，左书攀龙鳞，右书附凤翼，两马道口有小木牌坊座，东是德配天地，西是道冠古今，中有棂星门一座石狮子一对，内墙上左是河出图，右是洛出书，俱是琉璃砖砌就，两边下马牌书文武官员至此下马。南有天地牌坊一座，棂星门内石子甬路直至泮池，周围石栏杆。向北戟门一座上有竖牌一面，书文庙二字，大殿五间（按当是九间）正座夫子，左右四配十哲，两庑七十二贤。东是名宦祠西是乡贤祠，后殿是启圣祠。西邻是学署大门，四斋及明伦堂，堂后敬一亭，内有碑记（于少保谦撰）碑今无存。有教授一员、训导四员。

根据开封府学的以上文献资料，本人推测开封府学为东中西三路建筑，以马道相隔：中路设置棂星门、戟门、先师殿、启圣祠、敬一亭，形成四进院落。东路设置射圃、观德亭、宰牲所、名贤祠和教授宅。西路设置儒学门、仪门、明伦堂、尊经阁和训导宅。这种平面格局在功能区划分上十分鲜明，祭祀区、教学区、住宅区三部分各自集中而又结合紧凑，形成典型的左庙右学、前庙后宅的建筑布局，庙学前导空间的处理也比较丰富，庙前及左右皆立琉璃砖牌坊，庙学主体马道口立小木牌坊，形成一个完整的庙学呼应前庭，渗透进所在街区。总之，开封府学体现出比较高的建筑平面处理水平，是庙学建筑在处理公共性空间和私密性空间的一个组织范例。

2. 河南府学（图4）

据《洛阳县志》和《金元洛阳城池图》等资料推测，河南府学始建于金、元时期。顺治《河南通志》记载，河南府学"旧在洛水南，金正隆初徙建水北，元末兵毁，明洪武二年重建，嘉靖六年重修，十年奉诏建启圣祠又建敬一亭。"

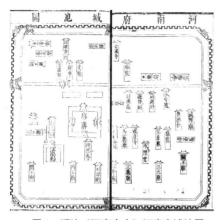

图2 顺治《河南府志》河南府城池图

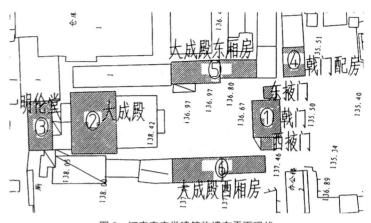

图3 河南府庙学建筑物遗存平面现状
（资料来源：河南省文物建筑保护设计研究中心）

顺治《河南府志》对河南府学的记载："明伦堂五楹，元末毁，明洪武二年建，嘉靖六年修，崇祯间再毁；尊经阁，初名御书楼，明伦堂后，明弘治七年建；敬一亭，三楹，明嘉靖十年建；教授宅，在尊经阁侧，旧制颇称弘丽，乱后草创仅蔽风雨耳。居仁斋明善斋博文斋约礼斋，四训导宅错置明伦堂甬道旁；大门三楹，仪门，旧三楹，今一楹。文庙：至圣先师庙，五楹，前正隆塑像，明嘉靖九年始为木主，改大成殿曰先师庙，殿门曰庙门，东庑，旧十五楹，今五楹；西庑，亦十五楹；启圣祠，三楹，明嘉靖十年奉诏建；名宦祠三楹，在戟门右；乡贤祠三楹，在名宦祠右；文昌阁三楹，在泮池左，四贤堂，三楹，在先师庙右。明景泰建；戟门三楹，泮池，戟门外棂星门内，砌用砖砻石……棂星门，三楹，奎光阁，在府学东南。"

上述文献并未明确说明河南府学之庙与学，是前后格局还是左右格局，但有弘治《河南郡志》[1]卷之十八艺文《河南府学四贤堂记》刘定之的记载："河南府儒学明伦堂在大成殿东，都御史王公暹以为堂东而殿西，则是师生讲习之处尊而圣哲祀飨之处卑也。乃于殿西隙地复构新堂以夹殿于其中……"说明在弘治年间，河南府学的平面格局曾经为了强调对孔子的尊崇，从右庙左学改为左庙右学格局。从顺治《河南府志》城图（图2）来看，河南府学则为文庙与儒学分别自成体系，即文庙在左，府学在右。另一方面，洛阳市的河南府学遗存（图3），目前却是前庙后学的格局现实。遍查明清及后世对河南府庙学的文献记载，笔者均无法看出河南府学（图4）在弘治年间做出庙学格局的改动之外，何时曾再施平面格局的前后调整。如果顺治《河南府志》城图标示河南府学的左庙右学格局为真，明一代的河南府学，极大可能就是自弘治以后，一直保持着左庙右学的平面格局。而考虑到古代城图在建筑物标示上只为一般性方位示意而有细节不实的可能，则明一代的河南府学，平面格局也可能于弘治以后的大修年间，已经改为跟目前遗存现实贴合的前庙后学格局。明代河南府学究竟为何种平面布局方式，笔者认为不妨做出两种假设，再探讨其可能性。

第一种假设，明代河南府学为前庙后学格局。根据前述文献记载，可推出河南府学平面格局推测图［图4（a）］，可以看出，此假设平面的规制分为东中西三路，以中路为轴线，左右基本对称。中路设置棂星门、泮池、戟门、大成殿、明伦堂、尊经阁（初名御书楼）、敬一亭，形成五进院落；在东路设置文昌阁、号舍、教授宅；在西路设置四贤堂、启圣祠和训导宅。这种有着强烈轴线感和空间序列感的平面布局，把祭祀空间均放到东中西三路的前端，而把教学空间和居住空间集中设置于三路末端，在平面格局中把尊圣崇贤的表达体现到了极致。这是一种前庙后学、前庙后宅的基本格局。另外，教授宅和训导宅分居学宫左右的安排，跟民国文献《世载堂杂忆·清代之科举》刘成禺所言相合：府学教授，最初例选进士出身者为之，曰东斋，居府学宫之东。府学训导，例以贡生为之，曰西斋，居府学宫之西。

由于文献记载并未提及庙学棂星门前通常设置的门坊，也未提及号舍和射圃的设置，但从平面复原推测，河南府学的东路，有设置号舍或射圃的空间。在前庙后学的府学格局假设之下，河南府学建筑规制尚属完备，

1. 弘治《河南郡志》目前只遗卷15-22，27-38。

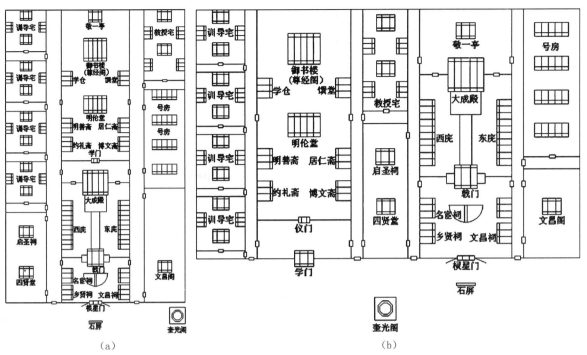

图4　明代河南的河南府学平面格局推测图

（资料来源：自绘）

比较简洁。在中路大成殿为核心的祭祀空间之外，东西两路的前端分别又设立祭祀庭院的做法，充分体现庙学建筑在空间处理中对象征语言的高度重视。

第二种假设，明代河南府学为左庙右学格局，根据前述方志记载，可推出河南府学平面格局推测图［图4（b）］。这种平面格局，与顺治《河南府志》城图对府学建筑的标示非常接近，文庙和儒学各自相对独立，左右并置以甬道相连。基于左庙右学的格局推测，文庙和儒学各分三路，文庙的前端，有名宦祠、乡贤祠、四贤堂、启圣祠、文昌阁等形成庙学前沿的小祭祀院落；而儒学中轴线以明伦堂为核心的教学空间两侧，则分列教官住宅。河南府学的推测平面格局［图4（b）］，是庙与学各自分立的庙学建筑的一种平面处理典型。

现存洛阳市河南府庙学建筑，有戟门、大成殿和明伦堂及旁侧厢房，其中，明伦堂距大成殿不足10米，明伦堂前几乎没有设置文献中确凿描述的四斋的空间，笔者推测，此现状应该为清代或民国后世对庙学建筑反复改建挪移的结果。

3. 归德府学（图5、图6）

归德府学在明初为州学，弘治年间圮于水，迁于州治东，嘉靖中改为府学。嘉靖《归德志》记载：

> 明伦堂，文庙西，正德十年修；进德斋，堂左；修业斋，堂右；日新斋，堂左；仓库，堂右；会馔堂，堂后；号房，东西各十七间；仪门，三间；大门，原在仪门东南，杨□西徒于仪门，对外树壁屏之，今重修。学仓，旧有三间今废。射圆亭，在文雅台西。李应奎买民宋经徐钺地一段，东界文雅台徐钺地，南界大路西，北界宋经地广拾七步长七十步共五亩为圆，为亭率诸生习射于内。今上皇帝敬一亭，先师庙后有垣有门……启圣公祠，敬一亭左……学正宅；明伦堂后，训导宅，学正宅东西各一；御制碑，左壁；御制敬一碑：亭中凡七通。

又有顺治《河南通志》记载：

> （归德府学）在府治东……弘治中圮于水迁今地，正德初，建明伦堂五楹，左右斋舍六十楹，大门、仪门各三楹，馔堂五楹，嘉靖十年奉诏建启圣祠，又建敬一亭，内立敬一箴及注释视听言动心五箴碑。州县学皆有。

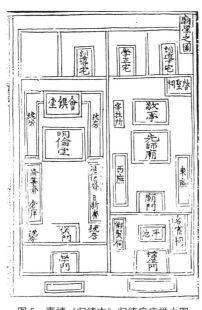

图5 嘉靖《归德志》归德府庙学之图

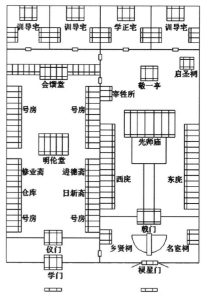

图6 明代河南归德府学平面格局示意图
（目前遗存：泮池、先师庙、明伦堂）
（资料来源：自绘）

从以上文献资料可以确定，归德府学为左庙右学格局，只有两路，文庙和儒学东西并置，合成一体，用两条看起来相当对等的轴线组织庙学空间，左路为棂星门、泮池、戟门、先师庙、敬一亭和启圣祠；右路为学门、仪门、明伦堂、会馔堂；庙学的后部，则为教官住宅。归德府学后来添设的5亩射圃，显然是在庙学院墙之外。可以说，归德府学用地不大，规制比较简单，但建筑群的结构相当紧凑，从明伦堂前配备4斋，堂后两侧号房各17间，合起来，教学与居住用房共"六十楹"，体现此庙学在平面处理上对庙学之"学"实用空间的真切重视，将有限空间充分利用于教与学，是庙学建筑一种平面处理的典型。

4. 彰德府学（图7）

彰德府学，北宋至和中建，元末毁，明洪武三年复建。嘉靖《彰德府志》记载：

> "弘治九年作明伦堂五楹，尊经阁五楹，阁之前建两厢房各三楹，阁后作四教亭，东斋南立明贤祠，乡贤祠在西斋南。"

又有康熙《彰德府志》卷之七学校记载：

> "……两庑列于庙之东西，戟门之前为棂星门，又前曰宫墙，万仞，再前曰业郡人文，（棂星门）外为泮池跨石桥于上左右二坊，曰崇道曰育贤，庙之后为明伦堂，东西斋房，堂之后为尊经阁，阁之后为昭文楼，东西号房。奎楼在左，射圃在右。"

从彰德府学宫图看，彰德府学规制比较完备，跟一般庙学将泮池设于棂星门内不同，彰德府学将泮池设于棂星门外，体现庙学建筑对泮池意义的引申，即泮池为文水，宜显不宜藏，营造文化风气让庙学圣域之外的俗世更可相触相闻的意境。而且，在泮池两侧立坊、在尊经阁后作楼（亭）这种细致的处理，使彰德府学的空间处理情趣增添，是为地方庙学建筑在人性化空间处理的典型手法。

从以上三所推测的河南府学建筑平面看，开封府学基址规模大约为40亩；河南府学的两种可能格局均约在35亩左右；归德府学的用地规模较小，布局相当紧凑，为21亩；而方志记载，卫辉府学规模大于32.1亩[1]。由此或可下一个粗略的判断：明代河南的府学基址规划，一般为35亩左右。

1.《河南通志》（文渊阁四库全书电子版）卷四十二·学校，卫辉府《明傅瀚卫辉府儒学敬一亭碑记》：南北五十五丈有奇，东西三十有五丈。

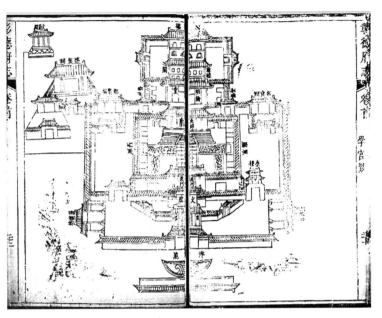

图7　康熙《彰德府志》彰德府学图

三、州学建筑

明代河南的州学建筑共 12 所（表2），多数沿用始创于宋金元三代的庙学建筑，12 所河南州学全部于洪武三年（1370 年）至五年间（1372 年）进行过首次重建。其中郑州文庙始创于汉永平年间，元代兵毁而于明洪武三年重建，睢州学为洪武三年创建，这两所分别于明初重建和新建的州学应该比较能代表明代河南州学的建筑规制。

明代河南州学建筑规制一览表　　　　　　　　　　　　　　　　　表2

庙学名称	重建年代	城市方位	大成殿（间）	明伦堂（间）	射圃	堂后建筑	平面规制
汝州学	洪武三年	西北	5	5	不详	文会堂	左庙右学或前学后庙
许州学	洪武三年	东南	7	7	有	诚敬堂	前庙后学
陈州学	洪武四年	东南	5	5	有	尊经阁	左庙右学
禹州学	洪武三年	东北 - 西南	7	不详	不详	不详	左庙右学
郑州学	洪武三年	东	7	5	有	尊经阁	前庙后学
陕州学	洪武三年	东	5	不详	不详	敬一亭	不详
睢州学	洪武三年创建	西北	7	5	有	敬一亭	前庙后学
信阳州	洪武四年	东南	5	5	有	敬一亭	前庙后学
光州学	洪武初年	正北	不详	不详	有	不详	前庙后学
邓州学	洪武五年	东南	不详	不详	有	敬一亭	前庙后学
裕州学	洪武三年	南 - 西	7	5	有	馔堂	前庙后学
磁州学	洪武五年	东北	5	5	有	尊经阁	前庙后学

（资料来源：正德《汝州志》、嘉靖《许州志》、顺治《陈州志》、乾隆《郑州志》、顺治《河南府志》、嘉靖《睢州志》、顺治《重修信阳州志》、康熙《光州志》、嘉靖《邓州志》、嘉靖《裕州志》、万历《重修磁州志》等。）

值得注意的是汝州学，汝州为明代河南唯一的直隶州，汝州学原为元代忠襄王祠堂，规制宏大桧柏百余株，洪武三年因祠堂旧址改建为汝州学宫。据正德《河南汝州志》：

　　"大成殿五间，东西庑各九间，戟门三间，棂星门三座，泮池桥（以上正统丁巳重修），明伦堂五间正统乙巳重建，日新斋三间在堂前左，崇德斋三间在堂前右，广业斋三间在日新斋南，祭器库三间在崇德斋南，俱知州高礼重修，卧碑一通置堂之东北壁，号房十三间在明伦堂东西，文会堂五间在明伦堂北，馔厨三间在文会堂之左，馔库三间在文会堂之右，学仓四间明伦堂西南，学门三间自号房至此，弘治庚申重建学门马道，□□狭隘买民地开广。神厨、神库、宰牲房，射圃明伦堂西北，观德亭三间在射圃内，文昌祠学门内东偏，土地祠文昌祠左，教官宅四所，三所在学门内东偏之北，一所在南与三宅相对，正德丙寅买民地创建。名贤祠门西内祀。"

可见，明代汝州学的规制比较完备，从大成殿和明伦堂的开间数俱为5间看，跟府学规制更为相近。正德《汝州志》记载中，庙学格局不明确，从顺治《汝州志》汝州学图看，汝州庙学为左庙右学格局，而从汝州学宫2004年的总平面图（河南省文物局提供）看，学宫为前学后庙，即明伦堂于大成殿南，空间上增加大成坊、文明坊等院落。前学后庙的平面格局在明代河南庙学方志记载中并无先例，在中国其他地区庙学建筑中也较为少见。目前汝州学宫遗存的前学后庙格局面貌是否为清代后期或民国改建，为本文疑问，有待后续研究。

大致说来，州学建筑的平面规制与府学相似。明代河南12所州学建筑，除陈州、禹州为左庙右学，汝州学和陕州学的格局目前不确，其余皆为前庙后学格局；半数州学的大成殿开间为7间，明伦堂开间仍多数为5间，仅许州州学的明伦堂开间同大成殿开间数，即7间。从分别于明初重建和新建的郑州学和睢州学看，大成殿7间，明伦堂5间应为明代河南州学建筑的典型规制。河南各州庙学明伦堂后的建筑，绝大多数为敬一亭和尊经阁，也有以馔堂和诚敬堂收束庙学建筑中轴线尽端的。

明代河南州学建筑的方志文献中，许州学、睢州学、郑州学的记载较为周详，其平面形制、空间形态也较为具有典型性和对照性，能基本体现明代州级庙学的平面规制特点，笔者选取这三所州学建筑做平面规制分析。

1. 许州学（图8、图9）

明嘉靖《许州志》记载，沿元代旧址，许州学于明洪武三年重修，天顺六年知州再次修葺，明成化间扩建学宫。嘉靖《许州志》：礼殿，东西以"庑、戟门、灵星门、宰牲房、神厨、神库、明伦堂、三斋（存心养性志道），学舍、馔堂、厨、廪、仪门。尊经阁。诚敬堂，杏坛在尊经阁前，因旧有杏树，严师堂，在杏坛前。品士亭，在启圣公祠后。射圃观德亭，在品士亭右。"

明代许州学建筑分为东中西三路，以中路为轴线，左右对称。中路设置大成坊、仪门、棂星门、戟门、大成殿、明伦堂、诚敬堂，形成四进院落。东路设置乡贤祠、名宦祠、宰牲亭、严师堂、杏坛、尊经阁，西路设置号舍馔厨等附属用房，庙学后部为教官住宅和射圃等。许州学的主要祭祀和教学空间都设置在中路轴线上，西路集中设置厨馔和射圃等庙学附属用房，东路则前部为辅祀空间，后为辅学空间。东路建筑

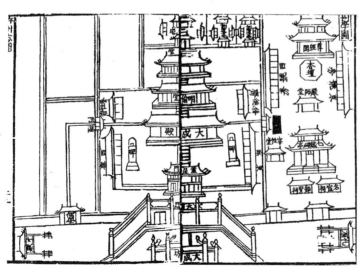

图8　嘉靖《许州志》许州学图

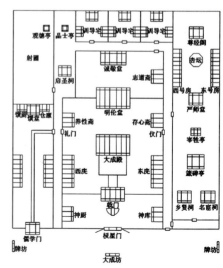

图9　明代河南许州学平面格局示意图

（资料来源：自绘）

在功能上是对中路建筑的强化和补充，在空间形态上是一种调剂和缓和，是比较亲切的可居住可游观所在。可以说，许州学的规模虽然不大，但功能分区明确，在空间区隔上比较讲究宜人趣味，体现了较高的建筑平面处理水平。

2. 睢州学（图10）

睢州学于明洪武三年创建，后来迁建，又由于水患而相继重修，直至正德十年，才又经改建、增修形成比较完备的格局（表3）。睢州学是明一代重修次数最多的州学。其建筑规制见于嘉靖《睢州志》："旧在城西……文庙七间居中，东庑九间，西庑九间，戟门三间，旧称左有碑亭……棂星门一座，宰牲亭三间，神厨三间，库房三间，明伦堂五间，左壁有卧碑右有题名记，志道斋三间，据德斋三间，依仁斋三间，号房若干联今废。御制敬一碑亭，在明伦堂北，内有敬一箴碑注。启圣公祠，在正殿东南，名宦祠在御制亭西，祭器库，在据德斋南，内书籍祭器若干。学正宅在明伦堂西，训道宅在学正宅南。射圃，旧在学之西南，后水淪没。嘉靖二十三年提学葛守礼通行习射，知州改建于襄台之右。"

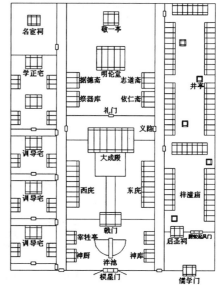

图10　明代河南睢州学平面格局示意图
（资料来源：自绘）

睢州庙学建筑在明代的改建或重修记录　　　　　　　　　　　　　　　　表3

时间	改建或重建的原因
洪武三年	创建于州治西，梓潼祠基规制简陋
洪武八年	县并之州，洪武八年知州杨时敏始迁学州治西北乾隅
正统五年	永乐十三年厄于水，拓旧基增修之……暂移南关，水退复旧
天顺、成化	相继增修，号房更而大之
成化十四年	又厄于水，水退知州泰和邓拆山阴，徐□创造圣殿东西庑堂斋馔
正德十年	儒学门南旧有居民数十家，逼塞嚣尘……拆小而大，革敝以新

（资料来源：嘉靖《睢州志》等）

又有艺文志中《睢州重修儒学记》记载："梓潼庙由儒学门直北，折东为门，三楹，扁曰腾蛟起凤，南北为屋各七楹，左三十楹右翮之少二楹，凿井其中，庇以亭圆方如星罗棋布，此诸生藏修之所也。西为义路，正北为礼门，旋而北为明伦堂，稍西为小门筑路，自北而南分官宅置四区……"

睢州学建筑也分东中西三路，以中路为轴线，左右基本对称。中路设置棂星门、泮池、戟门、大成殿、礼门、明伦堂、敬一亭，形成五进院落。西路前端分四区置教官宅，末端为名宦祠；东路为学门、启圣祠和梓潼庙，梓潼庙内号舍林立、井亭棋布，并由义路门和礼门与明伦堂相接，构成"诸生藏修之所"。睢州学的平面格局有以下特点：其一，庙学主要建筑在中轴线上，方向性非常明确；其二，师生住宅分设于中轴线两侧，师生居住区的分隔相当明确；其三，作为文昌灵应祠的梓潼庙成为庙学建筑的一部分，内部的生员住宿区布置非常有人情味，特设井亭"圆方如星罗棋布"的效果。

3. 郑州学（图11、图12）

据乾隆《郑州志》记载，郑州学最早创建于汉明帝永平年间，初建时规模宏大。元代兵毁后，明代于洪武三年重建，位于郑州城东。后又于明洪武二十八年（1395年）、明宣德八年（1433年）、明正统九年（1444年）、明成化八年（1472年）、明成化十三年（1518年），以及明嘉靖十一年（1532年）相继重修。清代又于顺治六年（1649年）、顺治十五年（1658年）不断重修，以至庙貌巍然，"大成殿七楹，东西两庑二十楹，戟门三楹，东角门一间，西角门一间，泮池半规，棂星门一座，启圣祠三楹，土地祠三楹，明伦堂五楹，敬一亭三楹，尊经阁五楹，名宦祠三楹，乡贤祠三楹。按：旧志尚有金声玉振坊、居仁门，由义门，祭器库，乐器库，神厨，育德仓，义仓，射圃厅，宰杀厅，进德斋，修业斋，存诚斋，年久倾废无存。"

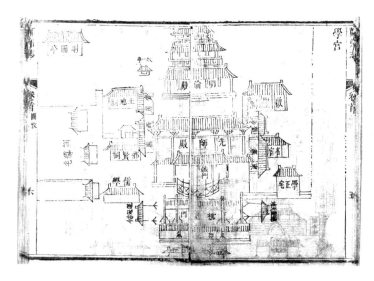

图 11　乾隆《郑州志》郑州学宫图

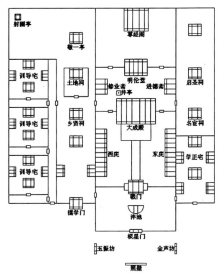

图 12　明代河南郑州学平面格局示意图
（资料来源：自绘）

参考学宫图，可知郑州学建筑分东中西三路，在棂星门内并排三院。主要建筑在中路，为前庙后学格局，中路设照壁、棂星门、泮池、戟门、大成殿、明伦堂、尊经阁，东西路并非完全对称。学正宅居东路前端，后为名宦祠和启圣祠，西路为训导宅和乡贤祠、土地祠等。郑州学规制完备，平面处理比较紧凑，功能分区灵活，平面处理特点在于比较注重庙学前导空间的营造，借以突出中轴线的方向性，并且为出入庙学更为经常的教官提供交通方便，将官廨设于庙学两侧的前端。

明代河南州学建筑的基址规模记载不详，从根据方志及舆图做出的许州学、睢州学和郑州学的平面格局示意图，推算出州学建筑规模为 30 亩左右，与前面统计方志详细记载的明代河南县学建筑规模相仿。

四、县学建筑

本研究选择开封府、河南府、汝州的辖县庙学，以及明代新建县学共 62 所，列表做出庙学的建筑规制分析（表4、表5、表6、表7），以期对河南县学建筑的明代规制风貌取得有足够覆盖面的考察。

通过方志文献和舆图的对照阅读，对以上 62 所县学的建筑规制进行统计可得出一个结论，明代河南县学的建筑格局以前庙后学为主流。前庙后学的县学建筑，南起棂星门，一般有五进院落，明伦堂后建筑的设置跟府、州学相仿，主要是尊经阁、敬一亭或教谕宅，少量县学以馔堂和学仓或退讲堂、后堂等收束中轴线末端。

明代河南县学的大成殿大部分为 5 间，少量县学大成殿为 3 间，但也有太康、阳武、封丘、兰阳、孟津等县学大成殿为 7 间。河南县学明伦堂多为 5 间，也有 3 间为设。河南县学，大多都有射圃，无论是在前代庙学基础上进行重建的县学，还是明代新建县学，射圃之设仍是明代庙学的常例。

相比于府学和州学，河南县学一般而言建筑规模稍小，到了万历年间，很多县学的规制已相当完备。总体而言，虽然经常受限于经济条件，各地县学建筑都处于持续不断地增修、改建之中，趋求建筑规制的完善。

从表8可见，县学建筑的兴建重修，除一般性兵毁重建、立县新建、房屋倾颓补其敝漏、用地湫隘挪位徙建，还有因为知县意识到庙学建筑的朝向未循常例，如夏邑县学，"易兑卦曰相见乎离，离也者，明也，万物皆相见，南方之卦也，圣人南面而听天下，向明而治盖取诸此也……学校文明之地西其门阴开可乎！"[1] 而对庙学建筑大力改建，令"儒门皆得朝阳，而泮水两庑斋号神厨神库一皆重修"。也有因庙学生员"两科皆乏选"[2]，思及庙学格局不合古制，将庙学从左右格局改为前庙后学格局的。总之，明代河南地方官员莅政之后，往往将庙学视为"首善之地"，将庙学兴衰与守土者责任紧密关联，视庙学倾圮为"守土者之过也，吾将有以新之"，

---

1. 嘉靖《夏邑县志》卷之八艺文，《重修儒学记》（高陵吕）。
2. 嘉靖《夏邑县志》卷之八艺文，《重修明伦堂》（彬阳、曹琏）。

明代开封府县学建筑规制一览表（30 所）　　　表 4

庙学名称	重建年代	先师殿（间）	明伦堂（间）	射圃	堂后建筑	平面规制
祥符县学	洪武五年	5	5	有	尊经阁	前庙后学
陈留县学	洪武三年	不详	不详	有	会馔堂	前庙后学
杞县学	洪武三年	5	5	有	尊经阁	前庙后学
通许县学	洪武三年	5	3	有	尊经阁	前庙后学
太康县学	洪武三年	7	5	有	尊经阁	右庙左学
尉氏县学	洪武三年	5	5	有	讲道堂	前庙后学
洧川县学	洪武三年	5	5	不详	不详	前庙后学
鄢陵县学	洪武三年	3	3	有	集贤书馆	前庙后学
扶沟县学	洪武三年	5	5	有	会馔堂	前庙后学
中牟县学	洪武三年	5	5	有	敬一亭	前庙后学
阳武县学	洪武二十三年	7	3	有	尊经阁	不详
原武县学	洪武四年	5	5	有	启圣祠	前庙后学
封丘县学	洪武五年	7	5	有	尊经阁	前庙后学
延津县学	洪武三年	7	5	有	馔堂	前庙后学
兰阳县学	洪武三年始建	7	5	有	教谕宅	前后改右庙左学
仪封县学	洪武二十二年	不详	5	有	学仓	前庙后学
新郑县学	洪武三年	5	5	不详	不详	前庙后学
商水县学	洪武三年	5	3	有	启圣祠	右庙左学
西华县学	洪武三年	5	5	有	不详	左庙右学
项城县学	洪武三年	5	5	有	后厅	前庙后学
沈丘县学	洪武十一年始建	5	5	有	教谕宅	前庙后学
临颍县学	洪武三年	5	3	有	后堂	前庙后学
襄城县学	洪武二年	5	5	有	教谕宅	前庙后学
郾城县学	洪武三年	5	3	有	膳堂	前庙后学
长葛县学	洪武三年	5	5	有	不详	前庙后学
密县学	洪武二年	5	5	有	敬一亭	不详
萦阳县学	洪武三年	5	不详	有	敬一亭	前庙后学
荥泽县学	洪武三年	5	5	不详	不详	前庙后学
河阴县学	洪武三年	5	5	有	教谕宅	前庙后学
汜水县学	洪武三年	5	5	有	敬一亭	前庙后学

（资料来源：顺治《河南通志》、顺治《祥符县志》等）

明代河南府县学建筑规制一览表（13 所）　　　表 5

庙学名称	重建年代	先师殿（间）	明伦堂（间）	射圃	堂后建筑	平面规制
洛阳县学	洪武五年	5	5	有	教谕廨	前庙后学
偃师县学	洪武三年	5	5	有	馔堂	前庙后学
巩县学	洪武三年	5	5	有	不详	前庙后学
孟津县学	洪武三年	7	5	不详	不详	前庙后学
宜阳县学	洪武三年	5	3	不详	无	右庙左学
登封县学	洪武七年	5	3	不详	教谕宅	前庙后学
永宁县学	洪武元年	5	不详	有	教谕宅	左庙右学
新安县学	洪武三年	不详	不详	有	夹堂	前庙后学
渑池县学	洪武五年	5	5	不详	尊经阁	不详
嵩县学	洪武三年	5	5	不详	敬一亭	左庙右学
卢氏县学	洪武元年	5	5	不详	会馔堂	前庙后学
灵宝县学	洪武三年	5	不详	不详	不详	前庙后学
阌乡县学	洪武二年	5	不详	有	不详	前庙后学

（资料来源：顺治《河南通志》、顺治《河南府志》、弘治《河南郡志》、顺治《洛阳县志》、弘治《偃师县志》等）

明代汝州县学建筑规制一览表（4 所）　　　　表 6

庙学名称	重建年代	先师殿（间）	明伦堂（间）	射圃	堂后建筑	平面规制
鲁山县学	洪武八年	7	5	有	不详	左庙右学
郏县学	洪武三年	5	5	有	尊经阁	前庙后学
宝丰县学	成化十二年始建	5	3	有	不详	前庙后学
伊阳县学	成化十二年始建	5	3	有	不详	前庙后学

（资料来源：康熙《汝州全志》、正德《汝州志》）

明代河南新建县学建筑规制一览表（15 所）　　　　表 7

庙学名称	重建年代	先师殿（间）	明伦堂（间）	射圃	堂后建筑	平面规制
祥符县学	洪武五年	5	5	有	尊经阁	前庙后学
兰阳县学	洪武三年	7	5	有	教谕宅	前庙后学改右庙左学
沈丘县学	洪武十一年	5	5	有	教谕宅	前庙后学
商丘县学	万历元年	5	3	不详	训导宅	左庙右学
柘城县学	洪武三年	5	不详	不详	不详	前庙后学
河内县学	洪武十四年	5	5	不详	教谕宅	不详
洛阳县学	洪武五年	5	5	有	敬一亭	前庙后学
唐县学	洪武三年	5	3	不详	尊经阁	前庙后学
南召县学	成化十二年	5	5	无	不详	前庙后学
桐柏县学	成化十二年	5	5	不详	不详	前庙后学
淅川县学	成化十二年	5	5	不详	启圣祠	前庙后学
真阳县学	正德二年	5	5	有	敬一亭	前庙后学
商城县学	成化十二年	3	3	有	退讲堂	前庙后学
宝丰县学	成化十二年	5	5	有	尊经阁	前庙后学
伊阳县学	成化十二年	5	3	有	不详	前庙后学

（资料来源：顺治《河南通志》、嘉靖《兰阳县志》等）

明代河南县学建筑改建原因例举　　　　表 8

县学	重建、改建原因	资料来源
获嘉县学	洪武三十年，辟灰烬重建之……嘉靖壬辰，学之址稍移东十余丈以避冲逼	万历《获嘉县志》：《获嘉县重修庙学记》、《修学碑记》
汝阳县学	入夏以来水潦为患，异时道路化为陂波。成化七年春，学废而师生散，行道者恻焉而有司以构	康熙《汝阳县志》：《汝水涨溢记》、《重建儒学记》
济源县学	嘉靖十三年……旧明伦堂在圣人殿后，前甚促后近街，乃移于圣人殿西……（万历）修葺革虫坏为鼎新，易湫隘为爽垲，而又加之黝垩饰之	乾隆《济源县志》：《重修济源庙学记》
夏邑县学	夏邑之学居邑巽隅，时有沟水泛涨，其前遂成□池……步履由难，因改门北面历岁既久……嘉靖乙酉之夏知县……莅政乃谓诸士子曰，学校文明之地西其门阴开可乎……及儒门皆得朝阳，而泮水两庑斋号神厨神库一皆重修	嘉靖《夏邑县志》：《重修儒学记》、《重修明伦堂》
	堂居庙后古制也，今偏安一隅无乃支离不可况，自堂斋西徙跅踰两科皆乏选，是不协吉审矣……于是仍于夫子庙后赎隙地以广旧基……鼎建明伦堂五间，东西斋各五间，敞其牖牖崇其砖级……又从而更儒门以通其街衢，凿泮池以宏其规模，勉励之心有体有度，士风翕然不变	

　　"居年余月筹月计始克经营，鸠工抡材取厉陶甓先之"[1]。明代河南县学建筑不断趋于格局完整，跟国家政策倡导，当地官员对儒教态度的热衷可谓相辅相成。

　　同一所县学，从明初重建开始，通明一代，常常历经多次修建。有些县学在受到天灾影响后，穷于补修，仍不断将庙学完善，比如汜水县学，屡圮于水、栋宇将倾，在 230 余年之中反复兴修，至万历二十九年（1601 年），庙学规制又至巍然（表 9）。

---

1. 乾隆《济源县志》，《重修济源庙学记》（万历乙卯·范济世）。

建设时间	建设内容
洪武三年（1370 年）	元至大三年为河水冲圮，遂迁于东十里遵义保。元兵毁，重建
洪武十一年（1378 年）	水患既息，复徙于故址
景泰二年（1451 年）	岁久倾颓，重修
天顺七年（1463 年）	建大成殿东西两庑明伦堂东西两斋
成化三年（1467 年）	造所有诸堂并斋号房屋
弘治九年（1496 年）	昔被风雨损坏，重修
嘉靖九年（1530 年）	遇例撤去圣像，止设神主奉祀
嘉靖十九年（1540 年）	大水将学两庑两斋讲堂号房尽行漂没。所存者惟先师殿、明伦堂、棂星戟门而已
嘉靖二十二年（1543 年）	修棂星等门
嘉靖二十五年（1546 年）	重修明伦堂两斋
嘉靖二十七年（1548 年）	重修先师殿及两庑，其讲堂号房尊经阁
万历十八年（1590 年）	就其基筑台七尺起架重修
万历二十九年（1601 年）	迎先师旧像于其中，修两庑、棂星门，刱建三坊前曰金声玉振，东曰礼门，西曰义路，与棂星四面配合，一时规制巍然改观

（资料来源：嘉靖《汜水县志》、顺治《汜志八卷》）

当县城迁置，县学建筑也往往随新县徙建，如柘城县于嘉靖三十三年改建新城，柘城县学即迁入新城，孟津县于嘉靖十六年迁县，孟津县学也"改置新城内……建于县治东南"[1]。嵩县学是个例外，原在城内，因为明洪武二年（1369 年）降州为县，改筑新城，而被遗于城外："明洪武二年指挥任亮镇嵩州，始议改筑，三年……就东北一隅结砖为城，遗学宫西门外。"[2]

明代河南县学建筑的方志文献中，襄城县学、真阳县学、商丘县学、郏县学、内乡县学的记载较为周详，其平面形制和空间形态也比较具有典型性，能基本体现明代县级庙学的平面规制特点，以下选取这五所县学建筑做平面规制分析。

1. 襄城县学（图 13）

据顺治《襄城县志》，襄城县学创始于宋代，文庙创建于唐贞观二年（628 年），金元频遭兵燹而明代自洪武三年始重为整饬，重建大成门、大成殿两庑、明伦堂、神库及馔堂，万历十三年（1585 年）间移泮池于大门外南，建奎壁，拓壁南之地为杏坛，万历十七年（1589 年）又建尊经阁于明伦堂后，终至规模弘丽：

大成殿五楹，东西翼以两庑，各七楹；前曰庙门又前曰棂星门外曰泮池，池南曰奎壁，壁之外道南相者为杏坛，其近而峙于棂星门左右两坊以亲其出入者，东为杏园春色，西为桂苑秋香，远而标于左右之通衢者，东曰德配天地，西曰道冠古今……去坊百步而北从于十字之冲者文昌阁也，殿之东北为启圣祠为名宦祠（在启圣左），为乡贤祠（在启圣右），殿后为明伦堂五楹，堂东厢为克己斋五楹，西为复礼斋五楹，堂后为尊经阁，敬一亭在启圣祠前。宰牲所在文庙西北，神库在庙东南，射圃在教谕宅后，二贤祠，在射圃东；奎井，在文昌阁北，教谕宅，在明伦堂西，训导宅在明伦堂东，总计儒学地基东至奎井巷，西尽射圃亭，宽共六十九步半，南至街北至生员冯生虞地，共一百一十五步，杏坛在外。

又有襄城《古汜城记》：

儒学：教谕宅在文庙明伦堂西，训导宅在文庙明伦堂东，创始莫详，大抵与庙同建者……尊经阁在文庙明伦堂后，明万历十四年创建，文昌阁在学宫左，明天启五年创建，奎壁，学宫东偏

---

1. 顺治《河南府志》卷之十二学校。
2. 乾隆《嵩县志》卷十城垣。

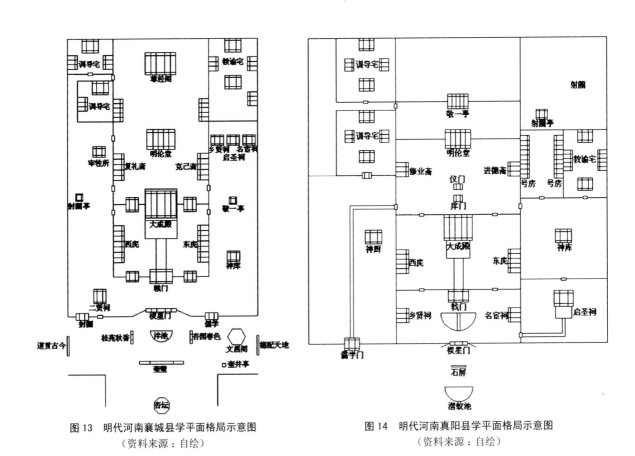

图13　明代河南襄城县学平面格局示意图
（资料来源：自绘）

图14　明代河南真阳县学平面格局示意图
（资料来源：自绘）

为儒林巷，其北旧无衢以壁障之，曰奎壁，后壁坏，万历四十四年即旧址重建，重造悬故奎壁二字于巅。天启二年以壁碑建文昌阁北趾……

襄城县学建筑也分东中西三路，中路前庙后学，东路前为神库、敬一亭、名宦祠、启圣祠和乡贤祠，后端为教谕住宅。西路前为射圃，并设置二贤祠和宰牲所，后端为训导住宅。从方志和舆图看，襄城县学相当重视庙学前导空间的设计，棂星门南设泮池、奎壁，泮池两侧竖小牌坊，东西两侧又远置大牌坊，棂星门东南，在东侧牌坊之内，设建文昌阁、奎井。奎壁之南还设有杏坛。可以说，襄城县学跟街道接邻的区域，布置琳琅满目，以丰富的小品和匾额文化，提示过往之人，此处为庙学的圣域空间，而又"亲其出入"，借助大大小小的构设，使得空间尺度份外体贴。棂星门之北，戟门两旁并置对称的建筑提示戟门之后有空间上纵深地发展，而院落内东西横向并不设置围墙或建筑，构成一个左中右尚属贯通的庙学"内前导空间"，在这个渐次肃穆而依然横向开阔的区域，大概内中松柏成列，延续庙学"外前导空间"亲近于人的处理思想，同时为戟门后空间的收束、围合，为进入大成殿院落更为肃穆的空间氛围进行铺垫和过渡。相比于其他府州县学建筑，襄城县学内外两重前导空间，是一种更细致、灵活和宜人化的处理。

2. 真阳县学（图14）

真阳县隶属汝宁府，县学为明代新建，比较能反映明代县学的平面规制。《大明一统志》记之为弘治间建，顺治《河南通志》记之为正德二年建。平面规制见嘉靖《真阳县志》记载：

> 儒学：在迎薰街东广五十步，衰一百二十步，正德二年创置后惟兵火。正德建风久圯，嘉靖二十八年重修……于是自殿庑祠亭以至堂斋廊舍，莫不轩明严惷焕然一新，视诸初建倍轮奂焉。始于嘉靖巳酉五月十有五日而告成，实以八月十有九日也……明伦堂，五楹，在文庙后；进德斋，三楹，堂左；修业斋，三楹堂右；号房，东西各九楹在堂东。仪门，堂前；库门，仪门前；教谕宅，明伦堂东；训导宅，仪门内西。庙亭：先师庙，明伦堂前五楹，正德建、修，并设圣贤像，嘉靖十年云圣贤像易以木主。旧称文宣王今曰先师，旧曰大成殿今曰先师庙。嘉靖二十八年重修并添

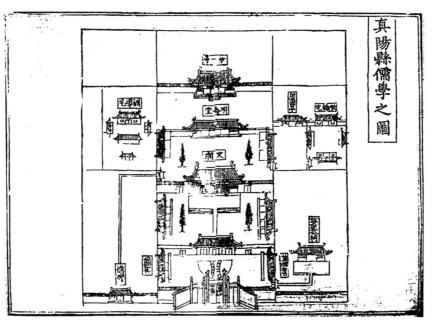

图15　嘉靖《真阳县志》真阳县儒学之图

设先师及四配十哲各神龛帐幔。东庑，五楹；西庑，五楹；神库，三楹庙左；神厨，三楹庙右；戟门，三楹，庙前；泮池，戟门前砖甃，上建石桥；灵星门，泮池前旧水为之，正德二年易之以石，有记见艺文志。石屏，灵星门前长三丈高一丈五尺，起凤基，在石屏南；潜蛟池，在基南；启圣祠戟门外东。乡贤祠戟门外西，名宦祠戟门外东，俱嘉靖巳酉新建，御制敬一箴碑亭，在明伦堂后嘉靖九年奉诏立；御制学规卧碑，在文庙内立。射圃，在明伦堂东。

　　真阳县学建筑分东中西三路，中路棂星门前有照壁、凤基和潜蛟池，棂星门后为泮池、戟门和名宦乡贤二祠、大成殿及两庑、庠门、仪门、明伦堂及二斋，中轴线末端为敬一亭；东路建筑为启圣祠、神库、号房和教谕宅，末端为射圃和射圃亭；西路建筑为神厨等辅助用房及训导宅。

　　从方志儒学之图（图15）看，真阳县学的平面格局似乎按某种平面网格原则进行用地规划：其一，中路占据用地的正中央，而东西侧路用地的面宽均为中路用地面宽的2/3；其二，南北方向，以庠门所在位置将用地总进深一分为二，并以此为界前后各辟二院。这种网格定位原则究竟体现庙学建设实貌，反映其真实规划意图，还是仅仅为舆图作者为画图之便而设计，难以考量，有待进一步的发现。

　　根据文献和舆图作出真阳县学建筑平面示意图，可知，记载中"广五十步，袤一百二十步"之广，仅仅为中路核心建筑群的用地面宽，并无法包括东西两路的附属用地。按照明代度量衡1丈=2步，60平方丈=1亩进行尺度转换，可算出真阳县学的中路用地为25亩，按儒学之图所示，如果东西两路均为中路的2/3，则整个庙学用地可算出为58亩左右。

　　作为明代新建县学之一，真阳县学对反映明代县学平面规制比较具有代表性。它的平面格局反映出如下特点：1）前庙后学的格局，借助庙学前导空间的南向延伸，强调中路核心建筑群的纵向轴线；2）前庙后宅，教官住宅分布于明伦堂两侧，教谕宅在堂左，训导宅在堂右，以左为尊，反映教官的等级；3）在大成殿和明伦堂之间，设置重门，庠门和仪门，作为祭祀空间和教育空间的衔接。庠门院落解决了从东西两路借助侧门直接进入明伦堂院落的交通问题。仪门，则成为生员不按中路的轴线行进，即日常并不经由大成殿而从西侧儒学大门进入，到达明伦堂藏修院落时所应具有的仪式感的一个提示；4）庙学平面可能按照某种网格规律进行布局，体现模数规划的布局思想，跟"平格网法"[1]之关系，有待深究。但因县志附图一般不体现规划思想，此图也很难视为例外。

1. 傅熹年.《明代宫殿坛庙等大建筑群总体规划手法的特点》。

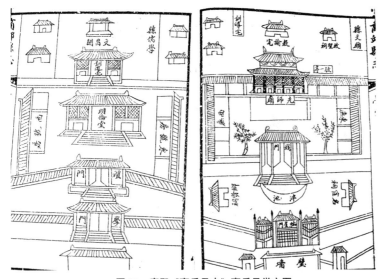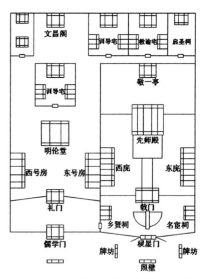

图16 康熙《商丘县志》商丘县学之图　　　　图17 明代河南商丘县学平面格局示意图

（资料来源：自绘）

3. 商丘县学（图16、图17）

据康熙《商丘县志》，商丘县设自嘉靖二十四年(1545年)归德升州为府之后，县学则新建于万历元年(1573年)，位于归德府城内西北隅，其平面规制"县儒学在北门内，四牌楼西。明万历元年知县何希周建明伦堂三间，东西号房各五间，教谕宅在明伦堂东北，训导宅在明伦堂后。"[1]又有艺文《新设商邱县儒学记》(明)："……明年二月，郡太守郑公曼邑何侯希周始卜筑郡治之乾……释菜盖为文庙五楹，学之堂三楹也，其余凡庙学宜有者一切如制而又为文昌阁三楹于堂之直北。"

从上述文献可知，商丘县学为左庙右学、前庙后宅的平面格局，规模较小，却"凡庙学宜有者一切如制"，文庙部分为照壁、棂星门、泮池、戟门、先师殿、敬一亭，形成三进院落，先师殿的东北方向独辟一区设置启圣祠；儒学部分为照壁、礼门、明伦堂，训导宅、文昌阁，为四进院落，其中教谕宅设在先师殿的正北。

从归德府城图看，归德府城的内街道网格比较密，如果建设用地的进深不足以在满足庙学建筑群前庙后学格局的同时，也能较好地营造院落空间，则建筑往往会采取左庙右学的布局。作为明代后期的新建庙学，商丘县学没有采用庙学建筑一般采用的前庙后学格局，而是左庙右学，可能与归德府城特定的用地条件有关。

商丘县学建筑的平面布局特点，在于其儒学部分教学空间和师生的生活空间比较连通一体，体现出在用地较小的情况下，追求功能齐全而紧凑处理平面的能力。值得注意的是，从商丘县志舆图可明确看出，县学棂星门两侧的墙垣为内八字形，对外显示出一种强调而拒绝的姿态，而礼门两侧的墙垣为外八字形，似有迎宾入门的怀抱之意，庙与学的前墙，出于什么考虑做出如此特异的安排，有待进一步分析。

4. 郏县学（图18、图19）

郏县学于金太和六年创建，明洪武三年重建，在县城东南。其平面规制"文庙五间，两庑各七间，戟门三间，棂星门一座，明伦堂三间，斋二东进德，西修业，号在明伦堂东南，会馔堂在明伦堂西，学仓在堂东北，射圃在学门内。"[2]又有顺治《郏县志》卷之三建置志·学宫记载："先圣殿五间，顺治三年重修；东庑七间，顺治五年建；西庑七间，名宦祠，在戟门左；乡贤祠，在戟门右；戟门三楹，顺治四年建；棂星门三楹，柱拱方皆以石为之，嘉靖间创建；泮池桥，棂星门外；文昌奎星楼，在泮池东；启圣祠三间，在儒学门内东；明伦堂五间……堂高，堂高者堂成于学宫也，曰明伦。"目前郏县文庙的院落内散放石碑数块，其一为嘉靖二十九年（1550年）六月知县熊凤仪的庙学重修记："明伦堂五间，进德斋三间，修业斋三间，棂星门石坊叁座，化龙石坊壹座，儒林石坊壹座，学海石坊壹座，进贤门楼壹座……射圃地二亩，南北长六十步，东西阔八步……"

---

1. 康熙《商丘县志》卷之三学校。
2. 正德《汝州志》卷之四学校。

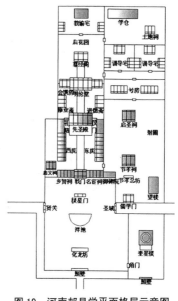

图18 同治《郏县志》郏县学宫图

图19 河南郏县学平面格局示意图
（色块标示为现有遗存）

（资料来源：自绘）

据方志和舆图以及现状测量看，庙学东南方位有魁星楼，郏县学建筑分为两路。中路前庙后学，依轴线方向依次布置照壁、泮池、棂星门、戟门、大成殿、明伦堂、尊经阁、后花园、教谕宅。东路前端为儒学门、节孝祠、启圣祠和射圃，末端为学仓和土地祠，东路的后部空地没有明确记载有何建筑物，笔者猜测为号舍和训导宅。由于郏县学目前遗存的单体较多，庙学前导空间及周边街道的分布比较明了，县学建筑群仍有一个相对直观的整体风貌。郏县学的平面特点在于，庙前广场空间非常大，庙学的中轴线从戟门向外，设棂星门、泮池、牌坊到照壁，向南延伸60米左右，并在照壁之南，辟有神路。而前导广场棂星门两侧，设圣域、贤关二门，接通县城东西向道路。如此大尺度的学前广场，极大加强庙学建筑的庄严肃穆，烘托出县学在城市空间中的重要地位。

5. 内乡县学（图20、图21）

按成化《内乡县志》卷之三记载，内乡县

> "儒学在县治东南，元大德八年始创建，天历间相继修，国朝洪武七年修，天顺七年重建大成殿两庑戟门文昌祠土地庙而余成未及备。成化十五年拓基址建明伦堂及两斋号房馔堂文卷库房射圃。大成殿三间东庑七间，西庑七间，戟门三间，棂星门三间，文昌祠三间，土地祠三间，神库三间，神厨三间，宰牲房三间；明伦堂三间，博文斋三间，会馔堂三间在明伦堂东。约礼斋三间文卷库房三间在明伦堂西，东西号房三十间在两斋南，射圃亭三间，旧在明伦堂西，今改为西斋训导宅，别建于明伦堂东北隅。学仓六间，教谕宅在明伦堂后，前厅三间，后屋三间，两夹房六间，东斋训导宅在博文斋东，前厅三间，后屋三间，两夹房六间，西斋训导宅在约礼斋西前厅三间，后屋三间，两夹房六间。"

从方志和舆图可知，内乡县学经过历代整修规制相当完备，建筑分东中西三路，以中路为轴线，东西路接近对称。中路前庙后学，轴线上依次坐落儒林坊、棂星门、泮池、戟门、至圣先师庙、明伦堂和教谕宅；东路前端有东学门、土地祠、文昌祠、敬一亭，中部有启圣祠、东号房，后部为训导宅和尊经阁、射圃；西路为西学门、宰牲所、西号房、训导宅。庙学前导空间也东西各立牌坊，东南方位设建奎楼。

内乡县学的平面分区相当明确，围绕中路的核心建筑群，训导宅和号舍对称地分置两侧，各自成院。宰牲所、启圣祠和尊经阁也设置门楼，专辟小院，祭祀和生活的区域用围墙区隔开后，大院之内留出的空间大概可以种植花草树木而不失庙学功能的严肃性，因此，内乡县学的整体布局显得紧弛有度，别具一格。

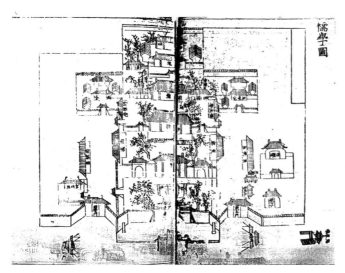

图20　成化《内乡县志》内乡县儒学图

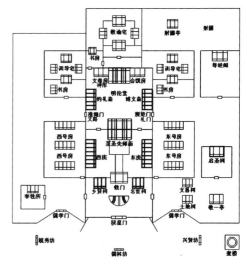

图21　明代河南内乡县学平面格局示意图
（资料来源：自绘）（粗线标示为清代改建部分）

　　将清代内乡县学的记载与上述记载进行比较，可以发现，从明成化十五年（1479年）到清康熙二十六年（1687年）历时200年间，内乡县学的建筑格局并没有发生太大的变化。明末至清，较大的改建仅为：戟门两侧增名宦、乡贤二祠；大成殿和明伦堂从三楹改为五楹；殿前两庑增建；堂前两斋由三楹改五楹；启圣祠的专祠院落挪位；规矩门和准绳门改称礼门、义路。

五、结语

　　通过上述对府、州、县各级庙学进行分析，并对遗存建筑实物进行实地测量和研究，明代河南庙学建筑的平面格局具有以下重要特征：

　　（1）尽量以方正的总平面形态塑造对称性的建筑院落，以形成庙学建筑群庄严肃穆的空间氛围（图22）。

图22　明代河南府学建筑格局三维示意图（一）[1]
（资料来源：自绘）

---

1. 本文中的庙学建筑三维示意图皆为本研究自绘。相关单体建筑样式参考于目前河南庙学的遗存建筑：洛阳市河南府文庙戟门、大成殿、明伦堂；开封市开封府文庙棂星门；郑县文庙奎楼。以下皆同。

（2）庙学建筑群以大成殿和明伦堂为核心，庙学前端往往设置祭祀空间，生活区放于后部，类似于宫殿建筑的"前朝后殿"布局，用以强调庙学崇圣尊贤的精神传统。

（3）多采取前庙后学格局，以尽量营造较长的中轴线，增强庙学建筑空间的深邃与神秘（图23）。

（4）空间的功能和等级分区比较明显，庙学建筑群以祭祀空间为尊，祭祀空间居庙学前端或左侧（东侧）；教官住宅以教授（学正／教谕）住宅为尊，常位于主要轴线的正后方，训导宅居于旁侧。如果官宅置于庙学主体建筑的东西两侧，则往往教授（学正／教谕）宅居左（东侧），训导宅居右（西侧）。

（5）庙学建筑非常注重前导空间的营造，通过棂星门外的泮池、远近牌坊、照壁以及奎楼等不同尺度景观元素的错落设置，将圣域氛围积极扩散到所在街区，形成具有强烈暗示和空间引导作用的边界（图24）。

（6）庙学的棂星门和儒学门两侧，常常设置八字闪墙，以一种既拒又迎的姿态面对外部区域。

（7）庙学建筑的东南方位，即巽方，常常就近设有一座楼亭式建筑，即祈求本地文人辈出、文风昌盛的奎星楼，或称作魁楼、聚奎楼、奎光阁、八卦楼（图25）。

图23　明代河南府学建筑格局三维示意图（二）

（资料来源：自绘）

图24　庙学建筑前导空间三维示意图

（资料来源：自绘）

图 25　庙学建筑临街构设三维示意图

（资料来源：自绘）

图 26　明代河南开封府学建筑格局三维示意图

（资料来源：自绘）

（8）名宦祠、乡贤祠、敬一亭和启圣祠为明代庙学新增的建筑单体，是明代庙学构成明显区别于元代的特点。名宦、乡贤祠往往成对建于戟门前左右，最早见于嘉靖年间，开始将以前零散设置的名（乡）贤祠改建，增建名宦祠，使之对称布局于庙学空间。河南地方庙学在嘉靖七年（1528 年）之后，出现敬一亭，在嘉靖十年（1531 年）以后，出现启圣祠（图 26）。

（9）明代河南府学建筑基本以大成殿 5 间、明伦堂 5 间为规制，总体格局极其方正严整。州学建筑近半数出现大成殿 7 间、明伦堂 5 间，其中直隶州汝州学的大成殿和明伦堂皆 5 间，规制与府学接近。县学建筑大多为大成殿 5 间、明伦堂 5 或 3 间。

图 27　明代河南襄城县学建筑格局三维示意图
（资料来源：自绘）

（10）在实现庙学基本规制前提下，明代河南县学建筑往往根据用地条件适度灵活地处理内部流线，功能组织之外也注重情趣（图 27）。

参考文献

[1]　［明］李濂. 汴京遗迹志. 明嘉靖二十五年（1546）刻本.
[2]　［清］张廷玉. 明史. 北京：中华书局，1974.
[3]　［明］李东阳. 明会典. 文渊阁四库全书电子版.
[4]　［元］庙学典礼（外二种）. 王颋点校. 杭州：浙江古籍出版社，1992.
[5]　［明］瞿九思. 孔庙礼乐考. 四库全书存目丛书，济南：齐鲁书社，1996.
[6]　［明］陶宗仪. 南村辍耕录. 元明史料笔记丛刊本，北京：北京中华书局，1997.
[7]　［明］李之藻. 頖宫礼乐疏. 文渊阁四库全书本.
[8]　［清］顾炎武. 日知录. 上海：商务印书馆，1929.

作者单位：清华大学建筑学院

苏州庙学建筑规制略考 [1]

敖仕恒

提要

　　北宋景祐元年（1034 年），范仲淹采用"左庙右学"的庙学规制创立苏州府学，实施"苏湖教法"。自宋始，历元、明、清，苏州庙学建筑的扩建、重建、改建活动历代不辍；至明代，其规制逐渐完善和定型，成为古代地方官学中的成功案例。本文通过对苏州庙学相关的地方志文献资料的爬梳，结合实地调研，力图翔实地梳理出苏州庙学规制的基址规模和平面布局发展、定型的历史过程，并配以图示研究成果加以说明，以供相关研究参考。

关键词：苏州，文庙，府学，建筑规制

引言

　　庙学，是中国古代文庙与儒学的合称。苏州庙学最早由范仲淹于景祐元年（1034 年）奏请创立，是宋代教育史上著名的"苏湖教法"最早实施地，在今后的地方官学教育中，苏州庙学为国家培养了大批人才 [2]。由于范仲淹、胡安定、朱长文、王鏊等众多相关历史文化名人的影响及历代持续不断的完善，苏州庙学成为古代地方官学的成功范式。苏州庙学等级为府学，建筑规制完备，对江南一带的府州县学的规制形成存在着不同程度的影响，具有可贵的研究价值。明人王鏊《苏郡学志序》赞云"*大成之殿，明伦之堂，尊经之阁，高壮巨丽，固已雄视他郡。期间方池旋浸，突阜错峙，幽亭曲榭，穹碑古刻，原隰鳞次，松桧森郁，又他郡所无也*" [3]。自唐代确立的"庙学合一"官学制度 [4]，为宋、元、明清各代沿用，并逐步发展完备和模式化。苏州庙学为了适应办学的需求，建筑规制的发展亦经历了此过程。本文采用文献研究与实物对照的方法，重点探讨基址规模及平面布局的历史变迁问题，试从创立期、发展期、定型期三个阶段来把握苏州庙学建筑规制的演变。

一、苏州庙学基址规模的变迁

　　据《吴郡志》载，景祐元年（1034 年），"*范仲淹守乡郡二年，奏请立学，得南园之巽隅以定其址。*"南园是五代广陵王钱元璙的故园，位于苏州子城外西南方位，临近盘门交通要道。学者魏嘉瓒研究认为，南园四至大致为：北起书院巷附近，南达文庙南，西到东大街，东至人民路。 [5] 借助 google earth 工具量得此范围，北侧长 538.59 米，南侧长 489.97 米，南北长 615.17 米，折合面积约为 514 亩。 [6] 那么，苏州庙学创立时，取南园的巽隅（东南一角）定其址，若按九宫格划分，其基址规模至少应为南园的 1/9，即约 57 亩。

　　苏州庙学创立之后，基址规模不断扩充。北宋元祐四年（1089 年），"*复得南园隙地以广其垣*" [7]；南宋宝

1. 本文属清华大学建筑学院王贵祥教授主持的国家自然科学基金项目，项目名称：明代建城运动与古代城市等级、规制及城市主要建筑类型、规模与布局研究；项目批准号：50778093。
2. 据不完全统计，仅有宋一代就培养了 486 名进士；苏州历史上除唐代以外的 43 名状元，有一半出自府学。参见张晓旭. 恢复苏州文庙府学规模势在必行. 南方文物. 2002,（4）：103。
3. 转自苏州市沧浪区政府网：http://www.szcl.gov.cn/, 2009, 8。
4. 李德华. 明代山东城市平面形态与建筑规制研究. 清华大学硕士论文.2008, 5, 第 122 页。
5. 魏嘉瓒. 苏州古典园林史. 上海：上海三联书店, 2005.11, 第 103 页。
6. 为便与明代的亩数比较，在此取 1 丈 =10 尺 =3.2 米作为换算单位，以下同。
7. （宋）范成大. 吴郡志. 四库本，卷四，学校。

祐三年（1255 年），"学士赵与𫘤拓地凿池"[1]；元延祐间，"又增置垣外地五百四十丈"[2]。钱氏南园在元代易主为寪氏，庙学屡次欲拓展其土地，没有结果，"至正间，郡守六十公乃以学廪之羡贸其地于寪开，得其三之一暨入"[3]，但庙学前仍为寪开余地。至此二百多年间，虽有拓地的记述，但仍不足以明确其基址规模。不过，宋濂《苏州府重修孔子庙学碑》[4]载，明洪武六年（1373 年），郡守蒲圻魏公"尽以其（寪开）地六百尺入于学宫，始获辟门于前，用正地势"[5]；而《姑苏志》又载："展灵星门以临南衢"，这说明庙学南侧的寪氏园此时已完全并入庙学范围。此后至正德王鏊修《姑苏志》前，文献中未见有明显的南北方向的拓地记载。至于成化六年（1470 年），为使府学的正门由东向改为南向，与棂星门并列，成为独立的入口，以避免进入学宫之前须跨越文庙神道，故而"仍厚价售居民地拓之"[6]，此应为对地块西南缺角、即学宫正前方用地的补充，并未改变整个地块的南北总长度。正德《姑苏志·学校》开篇云："府学在城南，延袤一万九千丈，周一百五十亩"，这里的 150 亩当为正德间修志时确定的规模。现利用此数值，扣除洪武六年拓展的 600 尺地和成化六年西南方向的拓地面积，即可估算出元代后期至洪武六年前庙学的基本规模。根据对庙学前区东西边界的推定，借助地图测得边界间距约为 125 米，进而得出此规模大致在 111 亩左右。

在明正德 150 亩的规模基础上，据查同治《苏州府志》，清顺治十五年（1658 年），"提学张能鳞、巡按御史王秉衡、副使宫家璧出俸金修学，稍买民地拓外垣"[7]，其规模并不大。除此之外，未见基址规模的更大变动。因此，可认为 57 亩为创立时期的规模，111 亩为发展时期的规模，150 亩为定型时期的规模（表 1）。

苏州庙学基址规模　　　　　　　　　　　　　　　　　　　表 1

年代	规模（亩）	数据来源	时期划分
宋景祐元年（1034 年）	57	推算	创立时期
至明洪武六年（1373 年）	111	推算	发展时期
至明正德间	150	正德《姑苏志》	定型时期
清代	接近 150	推算	

二、苏州庙学平面布局的变迁

1. 创立时期：庙学创立至南宋建炎四年（1034—1130 年）兵毁

历史上所见的"庙学合一"建筑规制主要有"左庙右学"和"前庙后学"两种，而"右庙左学"的实例不多见。《吴郡志·朱长文记》："始，姑苏郡城之东南，有夫子庙，所处隘陋。方文正公以天章阁待制守是邦，欲迁之高显，相地之胜，莫如南园。南园者，钱氏之所作也，高木清流，交荫环匝。乃割其巽隅以建学。广殿在左，公堂在右，前有泮池，旁有斋室。"[8]广殿，即宣圣殿（《吴郡图经续记》提及），大成殿的前身，文庙的核心建筑；公堂，即讲堂、明伦堂的前身，为府学的中心场所；泮池为学宫的象征，《诗·鲁颂·泮水》："思乐泮水，薄采其芹"；斋室为斋戒之所。此正是"左庙右学"的格局，且庙学的基本要素已具备。嘉祐中，刑部郎中富严建六经阁于公堂之前，泮池北沿，张伯玉有记："直公堂之南，临泮池构层屋"[9]，既解决庙学藏书的困难，又符合"苏湖教法"崇尚经义的理念。元祐中，在范纯礼"奏请诏给"的帮助下，庙学大修，建筑规模增加 1/3，功能更为完善，朱长文有记："公堂廊如也，廊庑翼如也，斋堂凡二十二，而始作者十。为屋总百有五十楹，而初建者三之一。立文正、安定祠宇。迁校试厅于公堂之阴，榜曰传道。庖厨、溞室莫不严洁，穹然而深旷。然而明其处也宽，其容也众，南窗引风，咸通其宜矣。"据此，可推测出庙学平面布局示意图，如图 1a。

1.（明）王鏊纂修．姑苏志．四库本，卷第二十四，学校．
2. 同上．
3.（明）王彝《苏州府孔子庙学新建南门记》，载于文献（明）陈暐编．吴中金石新编．四库本，卷一．
4.（明）宋濂《苏州府重修孔子庙学碑》，载于（明）陈暐编．吴中金石新编．四库本，卷一．
5. 同上．
6.（明）王鏊纂修．姑苏志．四库本，卷第二十四，学校．
7.（清）李铭皖等修，冯桂芬等纂．同治苏州府志（清光绪九年刊本影印）// 江苏省苏州府志．台北：成文出版社有限公司，1970，卷第二十五，学校一．
8.（宋）范成大．吴郡志．四库本，卷四，学校．
9. 同上．

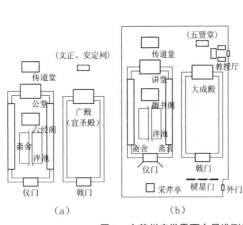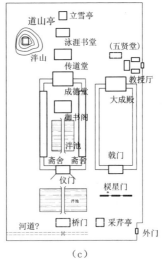

图1　宋苏州庙学平面布局推测示意图（自绘）　　　　图2　《平江图》中的庙学图[3]

（注：图中虚线表示推测）

2. 发展时期：南宋绍兴元年至元末（1131—1368年）

南宋《平江图》是建炎兵毁、苏州城重建后，知州李寿明于南宋绍定二年（1229年）描绘的成果。该图中可看到"左庙右学"的庙学格局（图2）。此外，东北角有教授厅，文庙南有棂星门，入口在东南角；学宫外有亭，是东南入口至学宫大门的转折点，此亭当为乾道四年（1168年）所立采芹亭。图中未见六经阁，或为省略，或因毁坏而漏画。因为按《姑苏志》记载，建炎后庙学有大规模的复建活动：绍兴十一年（1141年）直学士梁汝嘉建大成殿；淳熙十四年（1187年），修撰赵彦操即六经阁址建御书阁，藏高宗所书石刻六经。堂左建五贤堂，祀陆贽、范仲淹、纯礼、胡瑗、朱长文；其间，其他房舍不同程度地得到修缮一新。但是，"宝庆三年（1227年）大风，殿阁坏"[1]，其中应包括御书阁的损坏。所以，《平江图》所示庙学为大致格局，但不是庙学的全部。将此图结合方志记述，推测该阶段的平面布局示意如图1b。不过，其中的教授厅、棂星门在建炎兵毁之前应当已有，而五贤堂无法明确其具体方位。此外，射圃是练习射箭的场所，位于府学的西侧，南宋淳祐间在其中建，悬挂郡守赵与𥱼所书"观德"匾[2]。

此外，"宝祐三年（1255年），学士赵与𥱼拓地凿池，作桥门，建斋九。……阁后建堂曰成德、曰传道。堂后建泳涯书堂、立雪亭。又建道山亭。"[3]另，洪武《苏州府志》载："宝祐三年，学士赵与𥱼……移采芹亭与外门相映，显敞又过于前。御书阁之阴有堂曰成德，即公堂也。又有传道堂，堂后曰泳涯，而立雪亭书堂又在其后。右上阜上有道山亭。"表明此时府学成德堂后的建筑布局作了调整，不难理解。但"拓地凿池，作桥门"、"移采芹亭与外门相映"则说明庙学前区有所扩大，布局有改动。所凿池应为明代所谓仪门外的泮池，现今此池尚存。如果桥门不是指该泮池上的桥梁，那么这次拓地应当有河流包括其内，很可能就是明洪武王彝《苏州府孔子庙学新建南门记》中提到的注入来秀池之溪水。该阶段平面布局推测如图1c。

有元一代，苏州庙学布局的改动主要有：（1）延祐间重建六经阁，更名尊经阁，并移到传道堂之后、泳涯书堂的位置，使成德堂（明伦堂）前空间开阔而不局促。"阁凡三间，两翼三檐，二十八楹，为高八十尺，东西一百尺，南北五十六尺"[4]；（2）至正二十六年（1366年），总管王椿在大成殿露台上建乐轩，扩大使用面积，满足礼乐仪式的需求。周伯琦记："学之有殿，以崇祀也；殿之有轩，以合乐也。……露台伉南，戛而增作新轩。……其制三间，中广二丈，左右各杀三尺四寸，栋隆二丈七尺六寸，深杀隆一丈一尺。"[5]

至此，左文庙、右府学，核心庭院并排列置，前有一定的前导空间，后有山池花木，亭宇楼榭，集祭祀参拜、六艺修学和日常休闲功能为一体的苏州庙学建筑规制逐渐臻于成熟。

1.（明）王鏊纂修. 姑苏志. 四库本，卷第二十四，学校。
2.（明）卢熊纂修. 苏州府志. 洪武刻本，卷首图说。
3.（明）王鏊纂修. 姑苏志. 四库本，卷第二十四，学校。
4. 同上。
5. 同上。

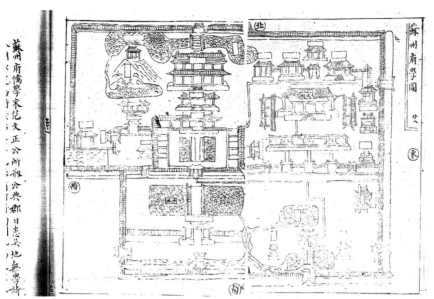

图3 洪武府志中的苏州府学图 [5]

3. 定型时期：明代（1368—1644 年）

洪武二年（1369 年），太祖诏令天下郡县皆设儒学，促进了地方官学的发展。苏州庙学在洪武年间有两次大规模的修建活动，奠定了庙学规制进一步完善、丰富、定型的基础。

其一，洪武六年（1373 年），除了重修明伦堂以外，如前所述，郡守蒲圻魏公化得庙学南端寓氏园 600 尺土地，兴建南门，用正地势，使文庙和府学间的交通流线有所改善，"人神有别"。亦如王 《苏州府孔子庙学新建南门记》载："国朝前国子祭酒魏公，以正学硕德出守兹土。政修令行，大修庙学，而宏博壮丽实瑜旧贯。未几开说公化，尽以其地归焉。公因命教授贡颖之绘图而经营之。郡人士愿出私钱以助，乃通道自棂星门以极于南城之涂，凡若干丈，故有洗马池，适当其前。又有状元、画锦两坊，遂拱左右，遂表文庙之道于洗马池南，而架梁以入其道。南北之半，故又有假山。山之阴有池曰来秀，其水自太湖入南城之池，注之来秀。自来秀南流，则汇之洗马而止；其北流则归学之泮池而止。又即来秀池南辟假山遗址为门，以正南面焉。至是，而庙也学也出入之道殊矣。故入其门，则循池之东以趋于庙；出其门，则折而西，又折而北为梁渠，上者再以达泮池之梁始趋于学，示神人之不可杂也。"

另据此记，新修南门起于洪武六年正月，竣工于十月。对照洪武十二年（1379 年）钞本卢熊纂《苏州府志》中的《府学之图》，与以上二碑记所述的南门位置、来秀池、洗马池、庙前区的交通流线基本相符（图3）。然而，苏州碑刻博物馆藏有题有"洪武六年夏六月初吉教授□贡颖之识"字样的《府学之图》碑刻，其庙前区虽然绘有大面积空地范围，其中亦有与来秀、洗马二池关系相似的水体，但并没发现南面辟门、架桥通往来的迹象；而且仪门、戟门之前区域道路关系与王彝所记不符（图4、图5）。仔细考察其建筑布局，反而与方志所载洪武以前的建筑规制相似。从成图时间上看，洪武六年六月，南门工程尚未竣工，不可能是竣工图。王彝《记》中提到"公因命教授贡颖之绘图而经营之"，与碑刻署名相同，故此图当为教授贡颖之对庙学现状描绘基础上、有一定场地规划内容的设计图。因此，洪武府志中的府学图，能够反映洪武六年庙学修建后的成果；而《苏州府学之图》碑，除了表达出府学建筑、布局特征，有助于了解元代府学规制以外，却还具有研究中国古代建筑图学的史料价值。

其二，洪武十五年（1382 年），郡守况钟对府学部分主要建筑单体做了较大规模改造和重建。具体是，重建明伦堂 5 间；建斋室四个，斋上下建两廊学舍；堂后重建止善堂，更名为"至善"；又建毓贤堂于其后。[1]

先前，范公、先贤、文昌三祠均在大成殿后面（图4、图5）；天顺四年（1460 年），郡守姚堂迁范公、先贤二祠于泮池南侧，撤去文昌祠。成化二十三年（1487 年），将先贤祠分为名宦、乡贤二祠；弘治三年（1490 年），郡守孟俊，建范公祠在府学轴线左边，专祀安定于右侧[2]。嘉靖十一年（1532 年），"诏庙称先师庙，

1.（明）王鏊纂修. 姑苏志. 四库本，卷第二十四，学校。

2. 同上。

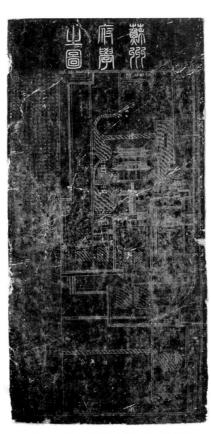

图 4 洪武《苏州府学之图》碑 [8]

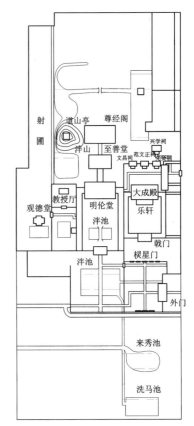

图 5 洪武《苏州府学之图》碑摹本（自绘）

庙后建启圣祠”[1]。从此，苏州庙学的祠堂就形成分处大成殿后和府学泮池南侧的格局，似乎与“人神不相杂”的理念相悖，抑或有其他原因。

大成殿自宋元以来，几经改建，从碑刻《苏州府学之图》看，为五间单檐歇山前出抱厦殿堂，规制不算高，与右侧的府学规制不相称。成化十年（1474 年），“邱守霁乃大规度之。建殿重檐五间、三轩，两庑四十二间。撤旧材作戟门七间，掖门二间。学门故东向，历庙道折而南入，仍厚价售居民地拓之，与灵星门并，由是基趾方整，规制大备”[2]。另，吴宽记云：“改作大成殿于旧址之北而侵西者五丈有奇。复作灵星门南与殿直。”[3] 由此看来，洪武年间对庙学前期的改造并未完全解决人流须经过神道才可进入府学的状况，此次将学门与棂星门并列，设置独立入口，才算完全解决。既然是“复作灵星门南与殿直”，此时应当共有两道棂星门，但名称可能不同。新改建的大成殿位于旧址的西北方，说明文庙的中轴线有西移的趋势。

此外，成化二年（1466 年），移射圃于府学后侧。其余辅助建筑如杏坛、嘉会厅、休息所等，限于篇幅不赘述。总的来说，成化年间的改建，最终使苏州庙学建筑规制趋于定型化。现存文物中戟门、棂星门、大成殿基址等为成化十年的遗物。

根据对明清苏州府志的对照分析，明代晚期至清乾隆时期，庙学总体格局差别不大。为了推定明代晚期的庙学平面布局，可在注意其差别的条件下，借助《乾隆苏州府学图》[9] 来反推明代晚期的庙学平面情况。其次，崇祯《苏州府城内水道图》[18] 可用以考察明晚期水道、桥梁、道路与府学标志性建筑的关系；乾隆《姑苏城图》[19] 可以配合乾隆苏州府学图使用。另外，苏州当地有关部门反映，现保存于苏州文庙戟门内的棂星门，因故于 1980 年北移 300 余米[4]。因此，若将现今棂星门位置南移 300 余米，即可确定原来府学南边界位置。其他如大成殿位置和基址平面、明伦堂基址、尊经阁遗址、戟门、泮池、七星池、道山亭、泮山、碧霞池、春雨池等遗存现状均是推定的依据。

1. 苏州碑刻博物馆藏. 乾隆苏州府学之图（木刻摹本），卷第二十五，学校一。
2. （明）王鏊纂修. 姑苏志. 四库本，卷第二十四，学校。
3. 同上。
4. 苏州市沧浪区政府网：http://www.szcl.gov.cn/，2009，8。

基于此，重点参照《姑苏志》关于庙学布局的归纳："左庙外为灵星门，郊之当门处垒土为小岗隐起，入门则洗马池（上有石桥，钱氏故迹也），为神道。道左右有碑亭二：一宋濂修学记，一旧庙学图。又北为红门，为神厨省牲所、省牲亭。又北为戟门，门西为神库，置祭器（铜器一千五百六十，竹器三百四十，木器六十五）、乐器（琴瑟等九十有六，乐舞生冠带六十有六，衣二百八十）。门内广庭高陛，历露台始至殿。右学外为嘉会厅，与学门相直。门之前为泮宫坊，入门东则杏坛，直北为来秀桥。入锺秀门，路左右名宦、乡贤二祠；又北范公、文定祠；又北泮池（上有石桥）；又北仪门。门内有大池跨以长桥，石洞凡七（名七星桥）。过桥始上露台（台上有范公手植柏二今存其一），登明伦堂。堂后至善堂，又后毓贤堂，又后尊经阁。阁后过众芳桥至游息所，左采芹亭（有小池），右道山亭（前有大池），直北射圃，中有观德亭，教官之廨宇，诸生之庾厨，布分画列其后。又有池沼、畦圃、长松、古桧，望之不见其际云。"[1]

同时，注意到同治《苏州府志》中记载的"弘治十二年，知府曹凤建嘉会厅学门外，为师生迎候之所；增建会元坊。正德元年，知府林世远建东西二门，东曰耀龙，西曰翔凤，移嘉会厅于东门外，改旧厅为安定书院。……嘉靖二年……改耀龙曰龙门，改翔凤曰凤池。……三十七年……就旧休息所改建敬一亭……"[2] 等信息，复原推想明代晚期的苏州庙学平面示意图如图6。

三、结语

综上，苏州庙学在北宋至明代中晚期近 500 年的历史进程中，经历了创立、发展和定型阶段。在基址规模方面，由最初的 50 多亩，发展到后来的 150 亩，增长为原来的三倍。在苏州这个历来宅地金贵的城市里，实属难能可贵，这与其浓郁的人文背景是分不开的。在明代 150 亩的基础上，清代近 300 年的历史中，并没有较大幅度的增加，至少可以说明一点，在古代的官学教育体制和社会背景下，此规模代表苏州府学发展的一个极限。当然，若对比其他府学的规模，可能会得出更有意义的结论。

在庙学布局方面，苏州庙学的核心空间布局、制度，实际上在宋代就已经奠定基础，南宋晚期以及元代的改建活动，是在进行核心空间的必要调整和完善。其后，明代的两大贡献，一是庙前区用地的拓展，使得文庙、府学两条并列轴线的空间序列能够继续向外延伸，进而为中国封建社会晚期官学教育体制逐渐走向程式化的条件下，苏州庙学建筑规制逐渐走向定型化提供可能。二是成化年间对文庙中路建筑的大规模改造和整个庙学前区的改造，基本完成规制定型化任务，明末及有清一代再未见大规模的改动。

（感谢苏州碑刻博物馆的帮助！）

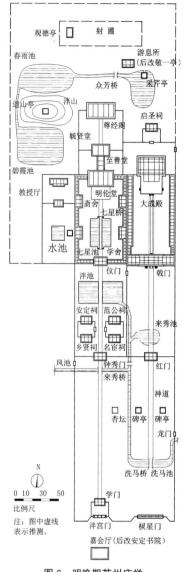

图 6　明晚期苏州庙学平面推想示意图（自绘）

参考文献

[1]（宋）范成大. 吴郡志. 四库本.

[2]（宋）朱长文. 吴郡图经续记. 四库本.

[3]（宋）李寿明. 平江图. 宋绍定二年//张英霖主编. 苏州古城地图. 苏州：古吴轩出版社，2004.6.

[4]（明）卢熊纂修. 苏州府志. 洪武刻本.

[5]（明）卢熊纂修. 苏州府志（据明洪武十二年钞本影印）//江苏省苏州府志. 台北：成文出版社有限公司，1983.

[6]（明）王鏊纂修. 姑苏志. 四库本.

[7]（明）陈暐编. 吴中金石新编. 四库本.

1.（明）王鏊纂修. 姑苏志. 四库本，卷第二十四，学校。

2. 苏州碑刻博物馆藏. 乾隆苏州府学之图（木刻摹本），卷第二十五，学校一。

[8] 苏州碑刻博物馆藏．洪武苏州府学之图．洪武六年碑刻．

[9]（清）雅尔哈善等修，习寯等纂．乾隆苏州府志．清乾隆十三年（1748）．

[10] 苏州碑刻博物馆藏．乾隆苏州府学之图（木刻摹本）．

[11]（清）李铭皖等修，冯桂芬等纂．同治苏州府志（清光绪九年刊本影印）// 江苏省苏州府志．台北：成文出版社有限公司，1970.

[12] 陈其弟．苏州地方志宗录．扬州：广陵书店，2008.2.

[13] 魏嘉瓒．苏州古典园林史．上海：上海三联书店，2005.11.

[14]（唐）吴兢．贞观政要．长沙：岳麓书社，2000.9：228.

[15] 李德华．明代山东城市平面形态与建筑规制研究．清华大学硕士论文．2008，5.

[16] 张晓旭．恢复苏州文庙府学规模势在必行．南方文物．2002，（4）：103.

[17] 苏州市沧浪区政府网：http://www.szcl.gov.cn/，2009，8.

[18] 苏州府城内水道图．明崇祯十二年 // 张英霖主编．苏州古城地图．苏州：古吴轩出版社，2004.6.

[19] 姑苏城图．清乾隆十年 // 张英霖主编．苏州古城地图．苏州：古吴轩出版社，2004.6.

作者单位：清华大学建筑学院

第六篇　明代城市中的一般祠庙建筑

明清地方城市的坛壝与祠庙[1]

王贵祥

提要

坛壝与祠庙建筑是与中国古代礼制规范与祠祀制度密切相关的一种建筑类型。这类建筑以其将儒家传统与民间信仰综合在一起的方式，在明清地方城市信仰体系中居有重要与不可或缺的地位，从而在明代城市的空间布局中，也居有一席之地。其中一些坛壝与祠庙，还有其在城市中确定的位向与位置，成为明代城市中必不可少的组成部分。而一些更具民间信仰性质的祠庙，不仅成为地方宗教信仰体系的一个组成部分，也成为一种特殊的类宗教建筑，并成为城市类型建筑构成与城市空间组成方面的一个重要组成部分。本文从文献与史料出发，对明清地方城市中的坛壝与祠庙建筑的基本构成及在城市中的分布位置，以及每一种坛壝或祠庙的建筑平面与空间构成的制度性层面，进行了系统的梳理、分析与推证，基本厘清了这类建筑中一些基本类别坛壝祠庙的建筑组成、等级制度和空间特征，从而对明清时代城市建筑组成有了一个更为深入的认识。

关键词：明清地方城市，祠祀制度，坛壝与祠庙，位向，建筑组成

明代是一个制度重建的时代，不仅出现了史上少见的大规模城市兴建运动，特别是用砖石重新构筑或甃砌旧有城池的建造活动，而且还出现了大规模的城市祠祀性坛庙建筑的建造活动。而其城市坛庙建筑又与明王朝在礼祀制度上的一系列鼎新革故的措施密切相关。清代在城市建设上则几乎是全盘沿用了明代既有的城市，及城市中的坛壝与祠庙规制。对明清地方城市坛壝与祠庙制度的探讨，亦是对明代大规模建城运动中出现的地方城市坛壝与祠庙建筑的类型、建筑规制及其城市布局中的空间位向等方面的一个深入探究。

明以取代元蒙统治阶层而起，而来自漠北的元统治者，对中原的既有礼祀传统并非全盘接受，因而元代城市中的坛庙在数量上与内容上，甚至形式上与其前的宋或其后的明都有很大的差别。《新元史·礼一》中对元代的礼祀制度有一个简单的描述：

> 蒙古之礼，多从国之旧俗，春秋所谓狄道者也。世祖中统四年，始建太庙。至元元年，有事于太庙。……盖吉礼、宾礼、嘉礼，秩秩可观矣。蒙古不行三年之丧，无所谓凶礼之。其人以田猎为俗，无所谓搜苗狝狩也。其战胜攻取，无所谓治兵、振旅、献俘、告庙也，故军礼亦缺而不备焉。至于宗庙之祭享，世祖尝命赵璧等集议矣。然始以家人礼祔皇伯术赤、察合台，既而摈太宗、定宗、宪宗不预庙享之列，当时议礼诸臣未有言其失者，其诸所谓离乎夷狄，未能合乎中国者欤！[2]

遍览元代的礼祀制度，规定比较详细的主要是与皇家礼祀活动有关的京师中的坛庙，如南郊之礼中的祭祀昊天上帝的圆坛，祭祀祖宗的太庙，以及社稷坛、先农坛之祭。这些都是历史上中原地区最为基本的礼祀仪典。再扩而广之，又沿袭了中原地区的传统而设立了宣圣庙、岳镇海渎之庙、风师雨师之庙。并沿用宋制而有了七祀的做法，分别祭祀户、司命、灶、中霤、门、历、行，但是这些祭祀似没有专设的庙坛，而是"附祀神位于庙庭中街之东西向，其分为四时之祭，并与宗同。宋制：立春祭户、祭司命；立夏祭灶；季夏土王日祭祀中霤；立秋祭门、祭厉；立冬祭行。"[3]此外，则有三皇庙、武成王庙、前代帝王庙、周公庙、城隍庙等。这些祭祀礼仪及其庙设在一些地方城市中无疑也是会设立的。如：

---

1. 本文属国家自然科学基金支持项目，项目名称：《明代建城运动与古代城市等级、规制及城市主要建筑类型、规模与布局研究》，项目批准号为：50778093。
2. 柯劭忞.《新元史》. 卷八十一. 志第四十八. 礼一. 郊祀上。
3. 柯劭忞.《新元史》. 卷八十七. 志第五十四. 礼七。

三皇庙：至元十二年，立伏羲、女娲、舜、汤等庙于河中、绛州、洪洞、赵城、元贞元年，初命郡县通祀三皇，如宣圣释奠礼。太皞伏羲氏以勾芒氏之神配，炎帝神农氏以祝融氏之神配，轩辕黄帝氏以风后氏、力牧氏之神配。黄帝臣俞跗以下十人，姓名载于医书者，从祀两庑。[1]

在元末战争废墟上建立起来的明王朝，在建国伊始，因"书缺简脱，因革莫详"[2]，因此，明太祖在定鼎之初就开始着手新王朝的礼乐制度的建设：

明太祖初定天下，他务未遑，首开礼、乐二局，广征耆儒，分曹究讨。[3]

而在礼祀制度的因革上，明代也不是一味因袭前人的做法，而是有所取舍：

若夫厘正祀典，凡天皇、太乙、六天、五帝之类，皆为革除，而诸神封号，悉改从本称，一洗矫诬陋习，其度越汉、唐远矣。又诏定国恤，父母并斩衰，长子降为期年，正服旁服以递而杀，斟酌古今，盖得其中。……其更定之大者，如分祀天地，复朝日夕月于东西郊，罢二祖并配，以及祈谷大雩，享先蚕，祭圣师，易至圣先师号，皆能折衷于古。[4]

这里的"厘正祀典，凡天皇、太乙、六天、五帝之类，皆为革除"，恰是说明了明代对汉晋、唐宋的礼祀制度有大的改进，如汉祀之五帝，宋祀之太乙，悉已革除，而不同于汉晋、唐宋的分祀天地、礼祀日月于东西郊的做法，也使明代礼祀制度，颇有了一些新意。经过了这样一系列汰旧与革新的措施，一套新的礼祀制度，使明代的城市与坛庙，凸显出一种与汉晋、唐宋迥然不同的风貌。如在京师的南、北、东、西四郊，分设天、地、日、月四坛，并在天坛中分别设圜丘坛与祈谷坛等，从而使城市中的礼祀建筑的空间分布更趋逻辑化。

这些汰旧革新的措施，主要体现在由皇帝主持或参与的国家祭祀层面上，其相应的坛庙建筑，也主要集中在京城的城市空间上。那么，对于地方城市而言，有明一代的地方政府究竟保留或创造了怎样一些礼祀制度，这些礼祀制度又是怎样影响了明代地方城市中礼祀性坛庙的设置与分布格局，从而对明代及晚近城市空间格局产生了怎样的影响，是我们要关注的重点。

我们先来看一个明代州城地方官到任之初从事营建的例子：

诏升亳为州，时东鲁王侯沂实来知州事。始至，喟曰："兹维殷故都，明诏所升进，而规橅庳陋弗饰，其何以称。"乃鸠工聚材，以兴坏起废。为任先事学宫，重新大成殿，饰孔子及诸贤像，建明伦堂，辟射圃，缮黉舍。已乃筑郡厉坛于城之北，社稷坛于城之西，风云雷雨坛于城之南。又作城隍庙、东西二十四司，又以分司不足以贮使节，乃建总司于分司之东，府馆于州治之左。又作预备仓若干，连官厅、公廨各一。然后曰，吾亦有所休乎，乃作二库楼，重门固鐍，用戒不虞。经始丁巳之冬，迄辛酉而落成焉。教学有次，亨献有所，宾至有归，食有高廪，货有深藏，听断承委，各有宁宇。其所建又皆高广壮丽，入其境巍然、焕然，毫非旧日之亳矣。[5]

这里生动地再现了一位明代州官进行地方城市建设的过程。在地方官的眼里，最重要的营建活动是教化之庙学，然后是祠祀之坛壝，接着是接待之府馆与施政之廨舍，最后是储藏之仓廪。其中的祠祀性坛壝与祠庙，是明代城市空间中一个十分重要的组成部分。也是本文所关注的主题。

首先，让我们对明清时期畿辅地区的坛庙建筑做一个综览，来看一看地方城市中一般会设置怎样一些专门用于礼祀性的建筑。根据清代《畿辅通志》的记载，我们将畿辅地区主要府、州、县城出现频次最高的坛、庙、祠等建筑列表如表 1：

---

1. 柯劭忞.《新元史》. 卷八十七. 志第五十四. 礼七。
2. ［清］张廷玉. 明史. 卷四十七. 志第二十三. 礼一（吉礼一）。
3. 同上。
4. 同上。
5. ［明］王鏊. 震泽集. 卷十六. 亳州营建记. 自钦定四库全书. 集部. 别集类. 明洪武至崇祯. 震泽集。

北畿辅地区府州城市坛壝与祠庙设置简况　　　　表 1

城市	坛庙名称	祭祀时间	位向	备注
		北畿辅地区府州城市坛壝与祠庙一览		资料来源：《畿辅通志》
顺天府	社稷坛		社稷坛在午门右，北向，同坛同壝	各州邑祀同
	风云雷雨山川坛	每年冬至	每年冬至大祀天于圜丘，日月、星辰、云雨、风雷分四从坛	洪武二年诏风云雷雨合为一坛六年风云雷雨山川共为一坛八年又以城隍合祭于坛
	先农坛	每岁仲春亥日	先农坛在太岁坛西南，南向 各州邑俱在东郊	府尹督抚及府州县卫所等官
	郡厉坛	清明中元下元日祭	在各州邑北郊	乡厉坛乡父老祀
	都城隍庙	每年秋遣官致祭 清明中元下元专祭	都城隍庙在京城西隅	各州邑祀同
	关帝庙	春秋仲月戊日二祭五月十三日一祭 春秋祀典在地安门庙内	原关帝庙在正阳门月城之右， 按九门月城俱有关帝庙而士民香火之盛以正阳门为首（《钦定日下旧闻考》）	各州邑祀同
	旗纛庙	霜降日祭	山川坛西南有先农坛，东旗纛庙（《钦定日下旧闻考》）	各州邑庙多废同日于演武场迎祀
	火神庙	春秋仲月上旬戊日祭	按火神庙即唐火德真君庙，在北安门万宁桥北路西，湖之西南为西药王庙（《钦定日下旧闻考》）	
	龙王庙		位向详京师卷	各州邑祀同
	马神庙	春秋仲月上旬戊日祭	在府治西北	各州邑祀同
	都土地庙	春秋仲月上旬戊日祭	在府治西北	
	八蜡祠		在府治东北	
	文昌祠	春秋仲月上旬丁日祭	在府学内	
	魁星阁	春秋仲月上旬丁日祭	在府学内	
	刘猛将军祠	春秋仲月上旬戊日祭	在府治	
	药王庙		在府治南	
	东岳庙			
	名宦祠	春秋仲月丁日祭	在文庙戟门左右	各州邑祀同
	乡贤祠			
	忠孝祠	二祠俱春秋仲月戊日祭		各州邑祀同
	节义祠			
	三皇庙		在府治南	
永平府	社稷坛		在府城南	各州邑山海卫祀同
	风云雷雨山川坛		在府城南	各州邑山海卫祀同
	先农坛		在府城东	各州邑山海卫祀同
	郡厉坛		在府城北	各州邑山海卫祀同
	里社乡厉二坛		在各里	各州邑山海卫祀同
	城隍庙		在府治东南	各州邑山海卫祀同
	关帝庙		府城有二，一在县治东，一在南瓮城	各州邑祀同
	旗纛庙		各卫所皆有，今多废，每于演武场迎祀	惟昌黎县存
	火星庙（应为火神庙之误）		府二，一在府治北，一在教场左	各州邑山海卫祀同
	龙王庙		在府南十里	各州邑山海卫祀同
	马神庙		在府城南二里	各州邑山海卫祀同
	八蜡庙		在府东南	各州邑山海卫祀同
	文昌祠		在府东门内	各州邑山海卫祀同
	东岳庙		在府东郭外	

城市	坛庙名称	祭祀时间	位向	备注
永平府	名宦祠			二祠各州邑山海卫祀同
	乡贤祠			
	忠孝祠			二祠各州邑山海卫祀同
	节义祠			
	三皇庙		在府治北	
保定府	社稷坛		在府城北	各州邑祀同
	风云雷雨山坛		在府城南郭外	各州邑祀同
	先农坛		在府城东北	各州邑祀同
	郡厉坛		在府城北郭	各州邑祀同
	里社乡厉二坛		在各里	各州邑祀同
	城隍庙		在府治北	各州邑祀同
	关帝庙		府城凡五其一在南门内府学东	各州邑祀同
	旗纛庙		在府治西	各州邑祀同
	火神庙		在府治东	各州邑祀同
	马神庙		在府治北	各州邑祀同
	土地祠		在府治内	各州邑祀同
	雷神庙		在府城东郭外	本府无龙王庙各州邑祀同
	八蜡庙		在府治北	各州邑祀同
	文昌庙		在府北郭明万历年建	各州邑祀同
	东岳庙		在府治东北	元至正十年建
	刘猛将军祠		在府治东南	
	名宦祠			二祠各州邑祀同
	乡贤祠			
	忠孝祠			二祠各州邑祀同
	节义祠			
	三皇庙		在府治西南	明万历年建
河间府	社稷坛		在府城西	各州邑祀同
	风云雷雨山坛		在府城南	各州邑祀同
	先农坛		在府城东南	各州邑祀同
	郡厉坛		在府城北	各州邑祀同
	里社乡厉二坛		在各里	各州邑祀同
	城隍庙		在府治西	各州邑祀同
	关帝庙		一在府东门瓮城内 一在斜街 一在南关 一在馆驿后 一在西关外 一在府学后 一在县治东 一在南大街	各州邑祀同
	旗纛庙		在河间卫	各州邑祀同
	火神庙		在府治后	各州邑祀同
	龙王庙		在献县完固口	
	马神庙		在府治西	各州邑祀同
	土地祠		在府治内	各州邑祀同
	八蜡庙		在府治西	各州邑祀同

城市	坛庙名称	祭祀时间	位向	备注
河间府	文昌祠		一在府西关 一在南关 一在县学内	
	药王庙		一在府西门内 一在任邱县长桑君庙西	祀扁鹊
	名宦祠			二祠各州邑祀同
	乡贤祠			
	忠孝祠			二祠各州邑祀同
	节义祠			
	三皇庙		在府西门内迤南	
天津府	社稷坛		在府城西	各州邑祀同
	风云雷雨山川坛		在府城南	各州邑祀同
	先农坛		在府城西	各州邑祀同
	郡厉坛		在府城北	各州邑祀同
	城隍庙		在府城内西北	各州邑祀同
	关帝庙		另有武庙在府城内西北隅	各州邑祀同
	旗纛庙			各州邑祀同
	火神庙			各州邑祀同
	龙王庙		一在府城东关外闸口 一在府西关 一在青县东南卫河岸 一在庆云县鬲津河北岸	
	马神庙			各州邑祀同
	八蜡庙			各州邑祀同
	药王庙		在青县西	
	东岳庙		在青县治东南	
	名宦祠			二祠各州邑祀同
	乡贤祠			
	忠孝祠			二祠各州邑祀同
	节义祠			
	三皇庙		在青县东北	
正定府	社稷坛		在府城西北五里	各州邑祀同
	风云雷雨山川坛		在长乐门外	各州邑祀同
	先农坛		在府城东	
	郡厉坛		在府城永安门外二里许	各州邑祀同
	里社乡历二坛		在府各里	各州邑祀同
	城隍庙		在府治西南隅	各州邑祀同
	关帝庙		在府治阳和楼 又一在柳巷 一在顺城关	各州邑祀同
	旗纛庙			各州邑祀同
	火神庙		在府城长乐门外一里许	各州邑祀同
	龙王庙		在正定县北前有龙井遇旱祷雨辄应	
	马神庙		在府治西	各州邑祀同
	八蜡祠		在府社稷坛西北隅	各州邑祀同
	文昌祠		一在晋州学内 一在井陉县东三里	

城市	坛庙名称	祭祀时间	位向	备注
正定府	药王庙		在藁城县西郭 今移太宁门瓮城内	
	名宦祠			二祠各州邑祀同
	乡贤祠			
	忠孝祠			二祠各州邑祀同
	节义祠			
	三皇庙		在灵寿县西关外	
顺德府	社稷坛		在府城西郭外	各邑祀同
	风云雷雨山川坛		在府城南郭外	各邑祀同
	先农坛		在府城东	各邑祀同
	郡厉坛		在府城北郭外	各邑祀同
	里社乡厉二坛		在各里	各邑祀同
	城隍庙		在府治西北	各邑祀同
	关帝庙		在沙河县北郭外	各邑祀同
	旗纛庙		在府城百户所治内	各邑祀同
	火神庙		在任县东南隅	
	龙王庙		在广宗县东北	
	马神庙		在府西门内	各邑祀同
	土地祠		在府治内	各邑祀同
	八蜡祠		在府治北	各邑祀同
	文昌祠		在南和县文庙东	明万历八年建
	东岳庙		在南和县东门外	
	名宦祠			二祠各邑祀同
	乡贤祠			
	忠孝祠			二祠各邑祀同
	节义祠			
	三皇庙		在平乡县北旧赵村	元时建
广平府	社稷坛		在府城北门外	各州邑祀同
	风云雷雨山川坛		在府城南门外	各州邑祀同
	先农坛		在府城东	
	郡厉坛		在府城北门外	各州邑祀同
	里社乡厉二坛		在各里	各州邑祀同
	城隍庙		在府治西	各州邑祀同
	关帝庙		在府南瓮城	各州邑祀同
	旗纛庙		在广平营	各州邑祀同
	火神庙		在府南瓮城	曲周县在府馆
	龙王庙		在府城外黑龙潭	广平在东关外
	马神庙		在府预备仓前	各州邑祀同
	土地祠		在府治内	各州邑祀同
	八蜡祠		在府城北	各州邑祀同
	东岳庙		在府东瓮城	
	名宦祠			二祠各邑祀同
	乡贤祠			
	忠孝祠			二祠各邑祀同
	节义祠			
	三皇庙		在邯郸县丛台西	

城市	坛庙名称	祭祀时间	位向	备注
大名府	社稷坛		在府西郭	各州邑祀同
	风云雷雨山川坛		在府城南	各州邑祀同
	先农坛		在府城东	
	郡厉坛		在府北郭	各州邑祀同
	里社乡厉二坛		在各里	各州邑祀同
	城隍庙		在府治西南	各州邑祀同
	关帝庙		在府城内	万历二十一年建
	旗纛庙			各州邑祀同
	火神庙			各州邑祀同
	龙王庙		在大名县东十八里	
	马神庙		在府西北隅	各州邑祀同
	八蜡祠		在马神庙东	各州邑祀同
	文昌祠		在府学	各州邑祀同
	东岳庙		在大名县城内东北	
	名宦祠			二祠各邑祀同
	乡贤祠			
	忠孝祠			二祠各邑祀同
	节义祠			
宣化府	社稷坛		在府城西北	各州邑祀同
	风云雷雨坛		在府城东	各州邑祀同
	先农坛		在府城东	各州邑祀同
	郡厉坛			各州邑祀同
	里社乡厉二坛		在各里	各州邑祀同
	城隍庙		在府城内洪武二十八年建宣德元年重建	各州邑祀同
	关帝庙		在府城内明正统七年建	各州邑祀同
	旗纛庙		在府城内明永乐十七年建	各州邑祀同
	火神庙		在府城神仓库明永乐中建	各州邑祀同
	龙神祠		在府城弥陀寺街西明正统元年建	各州邑祀同
	马神庙		在府城东	各州邑祀同
	八蜡祠		在府城外东南明成化二年建	各州邑祀同
	文昌祠		在府学内明天顺四年建	各州邑祀同
	东岳庙		在府城	明正统五年建
	药王庙		在延庆州治北	
	名宦祠			二祠各邑祀同
	乡贤祠			
	忠孝祠			二祠各邑祀同
	节义祠			
易州	社稷坛		在州西关外一里	各邑祀同
	山川风云雷雨坛		在州东关外一里	各邑祀同
	厉坛		在州东关外	各邑祀同
	城隍庙		在州署东	各邑祀同
	马神庙		在州署仪门西南	各邑祀同
	旗纛庙		在州署东南	
	龙王庙		在州西关	

城市	坛庙名称	祭祀时间	位向	备注
冀州	社稷坛		在州城西里许	各邑祀同
	风云雷雨山川坛		在州城南里许	各邑祀同
	先农坛		在州城东	各邑祀同
	郡厉坛		在州旧城内东北隅	
	里社乡厉二坛		在各里	各邑祀同
	城隍庙		在州治西	各邑祀同
	关帝庙		一在州治东明永乐四年建 一在西关外本朝顺治十五年重修 一在西关瓮城内顺治十六年建	各邑祀同
	旗纛庙			各邑祀同
	火神庙			各邑祀同
	马神庙		在州治西北太仆寺右	各邑祀同
	八蜡祠		在州南关外	各邑祀同
	文昌祠			各邑祀同
	名宦祠			二祠各邑祀同
	乡贤祠			
	忠孝祠			二祠各邑祀同
	节义祠			
赵州	社稷坛		在州西郭	
	风云雷雨山川坛		在州南郭东隅	
	先农坛		在州东郭	
	郡厉坛		在州北郭	
	里社乡厉二坛		在各里	
	城隍庙		在城西北	
	关帝庙		在州治西	
	旗纛庙			各邑祀同
	火神庙			各邑祀同
	马神庙		在州南门外东隅	明成化二年建
	八蜡祠		在州南门外	
	文昌祠		在州南城	
	名宦祠			二祠各邑祀同
	乡贤祠			
	忠孝祠			二祠各邑祀同
	节义祠			
深州	社稷坛		在州西郭外南隅	各邑祀同
	风云雷雨山川坛		在州南郭外西隅	各邑祀同
	先农坛		在州东郭	各邑祀同
	郡厉坛		在州北郭外西隅	各邑祀同
	里社乡厉二坛		在各里	各邑祀同
	城隍庙		在州治东	各邑祀同
	关帝庙			各邑祀同
	旗纛庙			各邑祀同
	火神庙		在州南郭	各邑祀同
	马神庙		在州治西南隅	各邑祀同

城市	坛庙名称	祭祀时间	位向	备注
深州	八蜡祠		在州西郭外	各邑祀同
	文昌祠		在州学内	各邑祀同
	名宦祠			二祠各邑祀同
	乡贤祠			
	忠孝祠			二祠各邑祀同
	节义祠			
定州	社稷坛		在州城西	各邑祀同
	风云雷雨山川坛		在州城南	各邑祀同
	先农坛		在州城东	各邑祀同
	郡厉坛		在州北门外	各邑祀同
	里社乡厉二坛		在各里	各邑祀同
	城隍庙		在州治北	各邑祀同
	关帝庙		在州治南 洪武六年建	各邑祀同
	旗纛庙		在卫治东偏	各邑祀同
	火神庙			各邑祀同
	马神庙		在州治南	各邑祀同
	八蜡祠		在州城东门外明成化二十年建	各邑祀同
	文昌祠		在文庙左明宣德十年建 万历三十一年重修	各邑祀同
	名宦祠			二祠各邑祀同
	乡贤祠			
	忠孝祠			二祠各邑祀同
	节义祠			

这个表里的资料，主要采自清代雍正年间编纂的《畿辅通志》中的卷四十九与卷五十《祠祀》部分。其中的天津府，应是清代设府，其中的祠祀也应该反映了清代地方城市祠祀坛庙的设置。但从整体看来，仍可以看作是明清时代北畿辅地区城市祠祀坛庙的一个概观。

在实际的记载中，每一个府州城市的祠祀坛庙的设置都是不尽相同的。特别是一些古老的府州城市，其祠庙的数量，特别是地方性特殊祠庙的数量比这个表中所列要多出许多。但是，这个表中，将几乎是各府州城市都设立的祠庙与坛墠罗列了出来，而将纯粹地方性的，只在一座城市出现的祠庙或坛墠排除在外，从而给予我们明代及清初北畿辅地区府州城市祠庙与坛墠的一般情况。

一、明清畿辅地区府州城市坛墠、祠庙制度溯源

我们不妨先将这些祠庙与坛墠的主要祠祀对象及历史沿革加以分析，然后，再与明清时代其他地方的情况加以比较，以厘清明清城市中坛庙建筑的基本设置与分布特征。

1. 社稷坛

社稷之神，为国家与国土象征之神。社稷之祠祀，其来已久。在中国最为古老的典籍《尚书》中就有：

> 用命，赏于祖；弗用命，戮于社，予则孥戮汝。[1]

1.《尚书》. 夏书. 甘誓第二。

这里的祖，当指宗庙，而社，即指社稷。由此亦可以知道，早在远古时代，祖（宗庙）之前，即是进行封赏之地，而社（社稷）之前，则具有惩罚性意义。如《尚书》中又有：

先王顾諟天之明命，以承上下神祇。社稷宗庙，罔不祗肃。天监厥德，用集大命，抚绥万方。[1]

上古周时就有社稷之祀。如《春秋左传·庄公二十五年》有：

二十有五年春，……六月辛未，朔，日有食之，鼓，用牲于社。伯姬归于杞。秋，大水，鼓，用牲于社，于门。[2]

这里是说发生日食或洪水时，要祭祀于社。而其社有门，显然已是一个建筑空间。而将社稷与宗庙祭祀的坛墙设置在天子或国君宫室的左右两侧，也是自古即有的传统。如《周礼》中有："大司徒之职，……而辨其邦国、都鄙之数，制其畿疆而沟封之，设其社稷之壝，而树之田主，各以其野之所宜木，遂以名其社与其野。"[3] 而"小宗伯之职，掌建国之神位，右社稷，左宗庙。兆五帝于四郊，四望、四类，亦如之。"[4] 则可以知道，社稷与宗庙的祭祀场所都是有壝墙与社木之设的，而具有惩罚性仪式的社稷空间一般设置在宫室的右侧（西），具有奖赏性的宗庙空间一般设置在宫室的左侧。

历代帝王均有自己的社稷坛与太庙。而在许多情况下，社坛与稷坛又往往是在一座壝墙之内分别设立的。其位置大致在天子宫城之外的左右两侧。直到明太祖朱元璋，才为了祭祀的便捷，而将社稷坛与太庙分别设置在天子宫殿前的左右两侧，并将社坛与稷坛合而为一。

除了天子的社稷之外，封藩与地方政府也各有自己社稷坛的设置。明代封藩的社稷坛，与王府建筑结合在一起建造。因为不是本论文涉及的范围，这里略过。地方政府的社稷坛，则成为一座城市中最为重要的坛墙。表中所列明清两代畿辅地区的府州城市，几乎无一例外地将社稷坛放在地方城市祠祀建筑的首位。

地方城市社稷坛位向的设置上，除了顺天府依附于京师而没有单设社稷坛，仅有位于天子宫门之南右侧的社稷坛之外，其余地方府州社稷坛，大部分是设置在府城或州城的西郭外，也有设置在城外西北方向的。但也有一些例外，如永平府的社稷坛设在府城南，保定府的社稷坛设在府城北。但有一个共同点是，明清畿辅地区府州城市的社稷坛，几乎无一例外地设置在城郭以外。另外，从中国文化的逻辑上来分析，将社稷坛设置在城郭的西面，是最符合《周礼·考工记》王城规划中"左祖右社"的方位格局。因此，一些没有设在城西的社稷坛，应该是因为一些例外情况所致。

2. 风云雷雨山川坛

对风云雷雨山川等自然神合祀于一坛的制度，并不见于前代的记载中，从史料中可知，元代时仍继承前代做法祭祀风、雨、雷师，且在东北与西南二郊分祀：

风、雨、雷师之祀，自至元七年十二月，大司农请于立春后丑日，祭风师于东北郊；立夏后申日，祭雷、雨师于西南郊。仁宗延祐五年，乃即二郊定立坛壝之制，……[5]

风云雷雨山川诸神合为一坛而祭祀，应该是在明代制度重建过程中首创的礼仪制度。据《明史·礼一·吉礼一》：

洪武元年，命中书省暨翰林院、太常司，定拟祀典。乃历叙沿革之由，酌定郊社宗庙仪以进。礼官及诸儒臣又编集郊庙山川等仪，及古帝王祭祀感格可垂鉴戒者，名曰《存心录》。二年，诏诸

---

1. 《尚书》. 太甲上第五。
2. 《春秋左传》. 庄公二十五年。
3. 《周礼》. 地官司徒第二。
4. 《周礼》. 春官宗伯第三。
5. ［明］宋濂等.《元史》. 卷七十六. 志第二十七. 祭祀五. 郡县三皇庙.《二十五史》. 第 7453 页. 上海古籍出版社、上海书店. 1986 年. 上海。

儒臣修礼书。明年告成，赐名《大明集礼》。其书准五礼而益以冠服、车辂、仪仗、卤簿、字学、音乐，凡升降仪节，制度名数，纤悉毕具。[1]

说明明代对于国家祠祀礼仪重新进行了详细的修订。在经过修订的祭祀礼仪中，除了沿用前代已有的一些礼仪与规制外，还有所增加或调整：

> 明初以圜丘、方泽、宗庙、社稷、朝日、夕月、先农为大祀；太岁、星辰、风云雷雨、岳镇、海渎、山川、历代帝王、先师、旗纛、司中、司命、司民、司禄、寿星为中祀，诸神为小祀。若国有大事，则命官祭告。其中祀小祀，皆遣官致祭，而帝王陵庙及孔子庙，则传制特遣焉。[2]

显然，在明代对风云雷雨和山川的祭祀，都属于中祀的范畴。要遣官致祭。明初时，是将风云雷雨坛与山川坛分设，并放置在祭天的天坛坛壝之内：

> （洪武）二年，祀上帝于圜丘，以仁祖配，位第一成，西向。七年，更定内壝之内东西各三坛，星辰两坛，分设于东西，其次东则太岁、五岳；西则风云雷雨、五镇。内壝之外，东西各二坛，东四海，西四渎，次天下神祇，东西分设。十年秋，太祖感斋居阴雨，览京房灾异之说，谓人君事天地，犹事父母，不宜分处。遂改定为合祀，即圜丘旧制，以屋覆之，名曰大祀殿。……每岁正月中旬，择日合祭。奉仁祖配。从祀丹墀四坛：大明坛一，夜明坛一，星辰坛二；内壝外二十坛：五岳坛五、五镇坛五、四海坛四、四渎坛一、风云雷雨坛一、山川坛一、太岁坛一、天下神祇坛一、历代帝王坛一。凡二十四坛，大臣分献。[3]

由此可见，风云雷雨山川坛，在明代的祭祀序列中，是处于很高的位阶之上的。因而，在地方城市中专设风云雷雨坛，或风云雷雨山川坛，也成为一种惯例。此外，一些地方仅设风云雷雨坛，如宣化府，而大部分畿辅地区的府州城市，都是合在一处设立风云雷雨山川坛。在其坛壝设置的位向上，除了附于京师的顺天府是附在圜丘坛壝内，分设日月、星辰、云雨、风雷四从坛外，畿辅地区各府州，几乎全是在其府州城郭之南。只有易州城是设置在城东关外。因此，从制度层面上讲，地方城市的风云雷雨山川坛一般应该设置在城郭的南面。

3. 先农坛

古代中国是一个农业国家。对农业神的祭祀，无疑居重要地位。自上古周代就有籍田躬耕之制。此后历代则有天子籍田千亩，诸侯百亩的规制。先农坛之设始于唐代武则天时期，由此还引起了群臣关于籍田与社稷关系的一些争论。唐肃宗之后就有了帝王至先农坛礼祀的记录。宋太宗时，则将京城的先农坛设在汴京东门外七里的地方。元代于大都东南郊设坛祭先农，南宋时在临安城东南嘉会门外设有先农坛，明太祖则将先农坛设在京城的南郊。

但是，在地方城市中设立先农坛应是自明代才开始的事情。在畿辅地区府州城市坛壝中，除了顺天府先农坛附于京师先农坛，在太岁坛西南之外，顺天府各州邑的先农坛均在城东。而其他府州城市的先农坛，也多在城东，及东南或东北。也有例外，如天津府城的先农坛设在府城西。其原因可能因为天津于清代方设府，在制度上已没有明代府城中的坛壝制度那么严格了。

我们大致可以得出结论，明代时畿辅地区的地方城市中的先农坛，是设在府城或州城的东门之外的。

4. 郡厉坛

厉者，鬼魂也。《明史》中解释说："泰厉坛祭无祀鬼神"，并引《春秋传》云："鬼有所归，乃不为厉"。[4]

---

1. ［清］张廷玉.《明史》.卷四十七.志第二十三.礼一（吉礼一）。
2. 同上。
3. 《钦定四库全书》.史部.别史类.钦定续通志.卷一百十一.礼略。
4. ［清］张廷玉.《明史》.卷五十.志第二十六.礼四（吉礼四）.厉坛。

中国自古就有祭祀无家庭血祀的鬼魂的传统。据《礼记》：

> 王为群姓立七祀，日司命，日中霤，日国门，日国行，日泰厉，日户，日灶。王自为立七祀。诸侯为国立五祀，日司命，日中霤，日国门，日国行，日公厉。诸侯自为立五祀。大夫立三祀，日族厉，日门，日行。适士立二祀，日门，日行。庶士，庶人，立一祀，或立户，或立灶。[1]

这一方面说明了古代中国的祭祀礼仪是分为等级的，也说明对于厉鬼的祭祀，也是按照不同等级而分别祭祀的。如王祀"泰厉"，诸侯祀"公厉"，大夫祀"族厉"。普通士人和庶民就没有祭祀厉鬼的权利和义务了。

但是，从史料上来看，明以前诸代，并没有明确地设置厉坛的记录。明代时依据《礼记》中关于泰厉的祭祀，而将不同等级的厉坛设置与祭祀变成了一种国家祀典仪式，并把它列在了小祀的范围之中：

> 小祀八：孟春祭司户，孟夏祭司灶，季夏祭中霤，孟秋祭司门，孟冬祭司井，仲春祭司马之神，清明、十月朔祭泰厉，又于每月望祭火雷之神。[2]

按照明洪武三年（1370 年）的规定，在京师祭泰厉，先是在玄武湖中设坛，后檄至京城中的都城隍庙中。在祭祀的那一天，将都城的城隍神供于坛上，而在坛下的东西两侧供无祀鬼神之位，进行祭祀。此外，还规定了"王国祭国厉，府州祭郡厉，县祭邑厉，皆设坛城北，一年二祭祀如京师。里社则祭乡厉。后定郡邑厉、乡厉，皆以清明日、七月十五日、十月朔日。"[3] 由此可知，上表中所列畿辅地区府州城市中的郡厉，即是按照这一规定而设的。其中顺天府仅在其所属州邑之北门外设置，并不在京师设置外，其余府州城市也多在其城北郭之外。只有设在东关之外的易州与设在州旧城内东北隅的冀州两座州城是例外。

由此可知，按照规定郡厉坛的位向应该设在府州城市的北郭之外。

5. 里社乡厉二坛

其坛与郡厉坛一样，同属厉坛，只是等级更低。故其坛设均在各里。并有里社父老主持祭祀。在郡厉坛与里社乡厉坛之间，还应该有一个邑厉坛，一般应设在县城周围。

6. 城隍庙

隍的本意为城池，如《说文》："隍，城池也。有水曰池，无水曰隍。"《周易》泰卦："上六，城复于隍。"也都说的这个意思。

对于城隍神的祭祀，究竟始于何时，并没有定论。清人秦蕙田著《五礼通考》中谈到：

> 城隍之名见于易，若庙祀则莫究其始。唐李阳冰谓城隍神祀典无之，惟吴越有尔。宋赵与时辩其非，以为成都城隍祠，太和中李德裕建。李白作韦鄂州碑，有城隍祠。又杜牧刺黄州，韩愈刺潮州，鞠信陵刺舒州，皆有城隍之祭，则不独吴越然矣。而芜湖城隍祠建于吴赤乌二年，则又不独唐而已。记曰：天子大蜡八，伊耆氏始为蜡。注曰：伊耆氏，尧也。盖蜡祭八神，水庸居七，水则隍也，庸则城也。此正城隍之祭之始。《春秋传》，郑灾，祈于四鄘；宋灾，用马于四鄘，皆其证也。庸字不同古，通用耳。由是观之，城隍之祭，盖始于尧矣。[4]

从史料中看，宋时人已经不清楚城隍庙之由来。宋人罗愿撰《新安志》时，提到当时的新安城中有城隍庙："忠显庙之前则有岱岳庙，后有城隍庙。城隍在唐世，州县往往有之。李阳冰以为祀典所无，吴越则有。开成中，睦州刺史吕述以为，合于礼之八蜡祭坊于水庸者是。"[5] 此两说其实是一回事，对于城隍祭祀的起始，均缘于推测。

1.《礼记》. 祭法第二十三。
2. ［清］张廷玉.《明史》. 卷四十七. 志第二十三. 礼一（吉礼一）. 分献陪祀。
3. ［清］张廷玉.《明史》. 卷五十. 志第二十六. 礼四（吉礼四）. 厉坛。
4. ［清］秦蕙田.《五礼通考》. 卷四十五. 自《钦定四库全书》. 经部. 礼类. 通礼之属。
5. ［宋］罗愿.《新安志》. 卷一. 祠庙。

但是，可以确认的是，唐代地方城市中，就已经有了对城隍神的祭祀。宋代已有了城隍庙之设，元代曾先后在上都城与大都城中设城隍庙，封其神曰"祐圣王"，后又加封"护国保宁祐圣王"的称号。但是，至少在元代以前，城隍庙的设置还没有那么普及。明初对于城隍之祀仍存疑问，故洪武二年（1369 年），礼官言：

> "城隍之祀，莫详其始。先儒谓既有社，不应复有城隍。故唐李阳冰《缙云城隍记》谓'祀典无之，惟吴越有之。'然成都城隍祠，李德裕所建，张说有祭城隍之文，杜牧有祭黄州城隍文，则不独吴越为然。又芜湖城庙建于吴赤乌二年，高齐慕容俨、梁武陵王祀城隍，皆书于史，又不独唐而已。宋以来其祠遍天下，或锡庙额，或颁封爵，至或迁就附会，各指一人以为神之姓名。按张九龄《祭洪州城隍文》曰：'城隍是保，氓庶是依。'则前代崇祀之意有在也。今宜附祭于岳渎诸神之坛。"乃命加以封爵，京都为承天鉴国司民升福明灵王，开封、临濠、太平、和州、滁州皆封为王。其余府为鉴察司民城隍威灵公，秩正二品。州为鉴察司民城隍灵佑侯，秩三品。县为鉴察司民城隍显佑伯，秩四品。……三年，诏去封号，止称其府州县城隍之神。[1]

明代人的笔记中记述了宋代诗人陆游的一段话，并谈到了明代城隍祭祀的规则：

> 陆游云："唐以来，郡县皆祭城隍，今世犹谨。守令谒见，仪在他神祠上。社稷虽尊，特以令式从事。至祈禳报赛，独城隍而已，礼不必皆出于古，求之仪而得、揆之心而安者，皆可举也。"我朝洪武元年，诏封天下城隍神，在应天府者，以帝；在开封、临濠、太平府、和滁二州者，以王；凡府州县者，以公、以侯、以伯。[2]

显然，虽然宋代已经有了城隍信仰，但宋人仍有一些迷惑。无论如何，在唐宋之际，城隍之祀在一些地方城市中已经出现，元代甚至将城隍庙设在京城之中，然而，将城隍祭祀纳入正规国家祭祀，明确其爵秩等级，并在从京城到地方各个不同等级的城市中设立城隍庙的做法，应该是始于明代。清人笔记中谈到了这一点："洪武初年始封天下城隍庙神，在帝都者封为帝，在藩邸者封为王，府州县者封为公侯伯。"[3]

关于城隍庙在城市中的位向，顺天府是将都城隍庙设在城内偏西的地方。据《明史》记载："永乐中，建庙都城之西，曰大威灵祠。"[4] 而在明代北畿辅地区的府州城市中，城隍庙一般都设置在府或州的治所左近，以居其西者略多，亦有居其东、其南，或其北的。但一般都设在城内。

7. 关帝庙

关帝信仰在中国有一个发展过程。最初可能仅称"关公庙"或"关侯庙"，又称"武安王庙"。称"关侯"是因为三国时的关羽曾被封为"汉寿亭侯"。这还是以其本称而建庙。但是，到了宋代，关公已被称为"关王"。据《山西通志》，在山西临晋县，有一座关王庙，位于县治之东，始建于北宋开宝九年。南宋临安城中也有"关王庙"的建造。而关王庙的称谓直到明代仍有沿用。明初时，还没有明确关帝庙的地位，据《明史》，在明初南京神庙的建设中，最初仅有真武、都城隍、普济禅师宝志、五显、蒋庙、功臣庙等六庙，"后复增四：关公庙，洪武二十七年建于鸡笼山之阳，称汉前将军寿亭侯。嘉靖十年订其误，改称汉前将军汉寿亭侯。以四孟岁暮，应天府官祭，五月十三日，南京太常寺官祭。"[5] 显然，在明初时还有"关公庙"之称。则"关帝庙"之称至早也是始于明代的称谓了。据《茶余客话》，卷四，"关帝庙"：

> 关庙之见于正史者，惟《明史》有之。其立庙之始不可考，俗传崇宁真君封号出自宋徽宗，亦无据。按《元史·祭祀志》：每岁二月十五日于大殿启建白伞盖佛事，与众被除不祥，抬异监坛汉关某神轿。夫曰抬异神轿，则必塑像，有塑像则必有庙宇矣，然则庙始于元之先可知也。又《日下旧闻》谓，

1. ［清］张廷玉.《明史》.卷四十九. 志第二十五. 礼三（吉礼三）. 城隍。
2. ［明］何孟春.《余冬序录》.卷三. 外篇。
3. ［清］阮葵生.《茶余客话》.卷四. 城隍。
4. ［清］张廷玉.《明史》.卷四十九. 志第二十五. 礼三（吉礼三）. 城隍。
5. ［清］张廷玉.《明史》.卷五十. 志第二十六. 礼四（吉礼四）. 南京神庙。

慈源寺东数百武有关王庙，相传即崇恩万寿宫殿中塑像，甚古，疑是元时旧塑。又谓关帝庙在皇城北安门东者，曰白马关帝庙，隋基也。[1]

根据这篇清人笔记的记载，有关关帝封号的记录，始自明万历年间：

明万历四十二年甲寅十月十日，加封为三界伏魔大帝神威远镇天尊关圣帝君。四十五年丁亥五月，福藩常洵序刻《洛阳关帝庙签簿》曰：前岁予承命分封河南，关公以单岛伏魔于皇父宫中，托之梦寐间，果验。是以大隆徽号，由是敕闻天下，而尊显之云云。予见各省关庙，题旌皆同此号，殆始于明神宗时。[2]

至迟自明代始，关帝的祠祀已经变成地方政府的一件重要事务。如明世宗嘉靖皇帝曾有御制《关帝庙后殿祠祀三代碑》文："自古圣贤名臣，各以功德食于其土。其载在祀典，由京师达于天下，郡邑有司岁时以礼致祭者，社稷山川而外，惟先师孔子及关圣大帝为然。"[3]

由史料可见，在宋至明初，仅有关王庙或武安王庙的设置，关帝庙之称当始自明代中叶。从《畿辅通志》中看，一般城市未必仅有一座关帝庙。而关帝庙又都设在城门左近之处。如顺天府北京城，除了在内城正门正阳门月城（瓮城）之右者香火最盛外，在北京城九门月城中均有关帝庙的设置。此外，在皇城北门地安门西侧亦有一座"白马关帝庙"。地方府州城中，也有不止一座关帝庙的，如明代时冀州城有两座关帝庙，一座在府治东，一座在西关外，清代又在西关瓮城内加建了一座。正定府城中也有两座，一座在府治前的阳和楼处，一座在城内柳巷。而保定府城中有 5 座，河间府城中有 8 座。其位置也不十分确定，保定府的一座在府学之东，河间府一座在府学后，一座在县治东，此外在东门瓮城内，及南关、西关等锁钥之地也有设置。但也有州城中似不设关帝庙的，如易州城就是一例。

8. 旗纛庙

旗纛之祀是与军战有关的一种祭祀礼仪。春秋时，这一礼仪称之为"衅鼓"[4]，即在开始征战之时，要以敌军俘虏的血来浇洒战鼓。《春秋左传》中有"君以军行，衅社衅鼓，祝奉以从"的说法，就是说在举行军事行动之前，要在社稷坛举行衅礼，并做"衅鼓"之仪，以利征战。

据《史记》秦末刘邦起事时，亦曾"祠黄帝，祭蚩尤于沛庭，而衅鼓旗，帜皆赤。由所杀蛇白帝子，杀者赤帝子，故上赤。"[5]这恐是将战鼓与祭战旗结合起来的一个较早的例子。唐将李忠臣在安禄山反叛之后，起兵与叛军抗衡，曾攻破叛军所据之温泉山，"擒大首领阿布离，斩以祭纛衅鼓。"[6]因据《尔雅》："纛，翳也。"[7]翳者，一意为华盖，或舞者装饰用的羽毛，一意为士卒防御之器具。由此猜测，所祭之纛可能是指兵士的军器，但据《辞海》的解释，纛为古时军队或仪仗队的大旗，则在这里"祭纛"似仍应是指祭祀战旗的仪式。

据《宋史》："军前大旗曰牙，师出必祭，谓之祃。后魏出师，又建纛头旗上。"[8]

在后世的礼仪中，渐渐将以人血衅鼓，改为以动物血衅鼓。如《旧唐书》中有："凡亲征及大田巡狩，以羝羊、猪、雄鸡衅鼓。"[9]

然而，虽然衅鼓祭纛的仪式古已有之，但从史料上看，旗纛庙的设置主要见于明代。明代以前似并无专门为旗纛祭祀设置的庙宇，而清代地方城市中的旗纛庙也主要是明代旧有遗存。据《明史》："霜降日祭旗纛于教场，仲秋祭城南旗纛庙。"[10]霜降、仲秋都是肃杀之时日或季节，祭祀与杀伐有关的旗纛神是适当的时节。

《明史》中还详细描述了旗纛祭祀的规制：

1. ［清］阮葵生.《茶余客话》. 卷四. 关帝庙.
2. ［清］阮葵生.《茶余客话》. 卷四. 关帝封号.
3. ［清］朱彝尊、于敏中.《日下旧闻考》. 卷四十四. 城市. 内城中城二.
4. 《春秋左传正义》. 卷十七. 孔颖达疏曰："杀人以血涂鼓，谓之衅鼓."
5. ［汉］司马迁.《史记》. 卷八. 高祖本纪第八.
6. ［后晋］刘昫.《旧唐书》. 卷一百五十五. 列传第九十五. 李忠臣传.
7. 《尔雅》. 释言第二. 纛.
8. ［元］脱脱等.《宋史》. 卷一百二十一. 志第七十四. 礼二十四. 祃祭.
9. ［后晋］刘昫.《旧唐书》. 卷四十四. 志第二十四. 职官三. 武库.
10. ［清］张廷玉等.《明史》. 卷四十七. 志第二十三. 礼一（吉礼一）. 分献陪祀.

旗纛之祭有四。其一，洪武元年，礼官奏："军行旗纛所当祭者，旗谓牙旗。黄帝出军诀曰：'牙旗者，将军之精，一军之形侯。凡始竖牙，必祭以刚日。'纛，谓旗头也。……唐、宋及元皆有旗纛之祭。今宜立庙京师，春用惊蛰，秋用霜降日，遣官致祭。"乃命建庙于都督府治之后，以都督为献官，题主曰军牙之神、六纛之神。……其二，岁暮享太庙日，祭旗纛于承天门外。其三，旗纛庙在山川坛左。初，旗纛与太岁诸神合祭于城南，九年，别建庙。……天下卫所于公署后立庙，以指挥使为初献官，僚属为亚献、终献。仪物杀京都。[1]

由此可见，专门祭祀旗纛之神的祠庙始建于明洪武九年（1376年）。之后又有了地方旗纛庙的设置，特别是在卫所之地，更重视旗纛庙的祭祀礼仪。只是其规制都低于京都的旗纛庙。上面表中所列北畿辅地区的府州城市中都设有旗纛庙。其位置除顺天府在城南山川坛东之外，多未见详细记载。见于记载的几处，也都设在府署、州署或卫署的左近。

9. 火神庙

中国上古时期，就有对火神祝融的祭祀，如《春秋左传》中记载了"夔子不祀祝融与鬻熊，楚人让之，对曰：'我先王熊挚有疾，鬼神弗赦而自窜于夔。吾是以失楚，又何祀焉？'"[2]的故事。祝融者，火正之神。《春秋左传》中已经明确了"社稷五祀，是尊是奉。木正曰句芒，火正曰祝融，金正曰蓐收，水正曰玄冥，土正曰后土。"[3]并认为楚为祝融之后，而在星象分野中，郑为祝融之墟。

东汉时祭祀祝融的礼仪是在立夏之日的南郊："立夏之日，迎夏于南郊，祭赤帝祝融。车骑服饰皆赤。歌《朱明》，八佾舞《云翘》之舞。"[4]这实际上是将火神祝融看作五方帝中的南方赤帝而加以祭祀的。但是，到了唐代的祭祀中，祝融又被降格而成为赤帝的从祀："立夏，祀赤帝于南郊，帝神农氏配，祝融、荧惑、三辰、七宿从祀。"[5]

宋代时继承了唐人的祭祀礼仪，"立夏祀赤帝，以帝神农氏配，祝融氏、荧惑、三辰、七宿从祀。"[6]到了宋建中靖国元年（1101年），崇信道教的宋徽宗"因翰林学士张康国言，天下崇宁观并建火德真君殿，仍诏正殿以离明为名。"[7]而这时关于究竟应该将哪一位神灵作为火神来祭祀，已经产生了疑问：

> 太常博士罗畸请宜仿太一宫，遣官荐献，或立坛于南郊，如祀灵星、寿星之仪。有司请以阏伯从祀离明殿，又请增阏伯位。按《春秋传》曰：五行之官封为上公，祀为贵神。祝融，高辛氏之火正也；阏伯，陶唐氏之火正也。祝融既为上公，则阏伯亦当服上公衮冕九章之服。既又建荧惑坛于南郊赤帝坛壝外，令有司以时致祭，增用圭璧，火德、荧惑，以阏伯配，俱南向。五方火精神等为从祀。[8]

而且，宋代人甚至还有将火神与灶神相混淆的。当时人郑骒对此提出了质疑："祝融乃古火官之长，犹后稷为尧司马，其尊如是，王者祭之。但就灶陉，一何陋也？祝融乃是五祀之神，祀于四郊，而祭火神于灶陉，于礼乖也。"[9]元代时有将火神祝融的祭祀放在三皇庙中作为从祀之配神的，明代曾一度承袭元代的传统而在三皇庙中配祀祝融等神。但这并非说明元代时没有专门的火神庙设置。据《宛署杂记》："火神庙，一在北城日中坊，元至元十六年建。在大时雍坊者二：一正德年建，嘉靖丙午重修；一天顺年建。在鸣玉坊者一，嘉靖三十二年居民高凤建。在金城坊一，古刹。"不仅说明元时的宛平城中已有火神庙，而且还不止一处。最为有趣的是，竟然有平民自建火神庙的例子。这一方面说明，随着人口密集，对于火灾的防范越来越变得重要，另外一方面也说明在明代时，火神庙的建设不完全是地方政府的行为，一些火神庙很可能具有民间集资建造的性质。

---

1. ［清］张廷玉等. 《明史》. 卷五十. 志第二十六. 礼四（吉礼四）. 旗纛。
2. 《春秋左传》. 僖公二十六年。
3. 《春秋左传》. 昭公二十九年。
4. ［南朝宋］范晔. 《后汉书》. 志第八. 祭祀中。
5. ［后晋］刘昫. 《旧唐书》. 卷二十四. 志第四. 礼仪四。
6. ［元］脱脱. 《宋史》. 卷一百. 志第五十三. 礼三（吉礼三）. 五方帝。
7. ［元］脱脱. 《宋史》. 卷一百三. 志第五十六. 礼六（吉礼六）. 大火。
8. 同上。
9. ［元］马端临. 《文献通考》. 卷八十五. 郊社考十八。

从史料中看，火神庙的建造似自元代始，到了明清两代，火神庙无论在京师，还是在地方城市中，都是比较常见的祠庙。如明代北京城中就有多处火神庙。据明人的记载："后宰门火神庙，栋宇殊巍焕，……哈哒门火神庙庙祝，见火神飒飒行动，势将下殿，忙拈香跪告曰：火神老爷，外边天旱，且不可走动。……张家湾亦有火神庙，积年扃固不开，……"[1] 这里的"后宰门"，其实应该是指"厚载门"。明天启六年（1622年）"五月壬寅朔，厚载门火神庙红球滚出，前门城楼角有数千萤火，并合如车轮。"[2] 这些说法显然是基于民间信仰中，认为火灾之起，多是火神滋扰的结果，祭祀火神也是为了防止它耐不住寂寞而四处窜动。而上文中为了防止火神扰民，而将火神庙常年锁闭起来，则可能是民间火神庙的做法。

明代北畿辅地区各府州城市中都有火神庙的设置，其中永平府城的火星庙，也应该是火神庙。而且有的城市中会有不止一处火神庙。但火神庙在城市中的位向并不确定，或是在城外，或是在城门左近，抑或是在府州治署或政府仓廒的附近。还有一些火神庙的位置不见于记载，也从一个侧面说明，明代时对火神的祭祀，已经从宋以前由官方在南郊祭祀赤帝，而以火神祝融从祀的传统中脱离了出来，成为更加民间化的祠祀行为。

10. 马神庙

中国历史上对于马神的祭祀，最早的记录见于《周礼》：

> 校人掌王马之政。辨六马之属，种马一物，戎马一物，齐马一物，道马一物，田马一物，驽马一物。凡颁良马而养。……凡马，特居四之一，春祭马祖，执驹；夏祭先牧，颁马，攻特；秋祭马社，臧仆；冬祭马步，献马讲驭夫。凡大祭祀、朝觐、会同，毛马而颁之，饰币马，执扑而从之。[3]

然而，由帝王祭祀马神的较早记录见于辽代，据《辽史》的记载，辽圣宗统和十六年（998年）"五月甲子，祭白马神。"[4] 但地方建造祭祀马神的祠庙可能更早，如唐人尉迟枢的《南楚新闻》中引《太平广记》中的故事，谈到唐咸通年间（860-874年）有一位姓尔朱氏的人，"家于亚峡，每岁贾于荆益瞿塘之 ，有白马神祠，尔朱尝祷焉。"[5] 据《梦粱录》的描述，南宋临安城中也曾有过祭祀马神祠庙的遗迹："护国天王庙、白马神祠，在寿域坊，今迁粮料院巷口故基。"[6] 但作者将其归在"土俗祠"的范畴下，说明北宋时人是没有祭祀白马神的传统的。

明代时已将马神祭祀纳入了国家祭祀的范畴："洪武二年命祭马祖、先牧、马社、马步之神，筑坛后湖。"[7] 看来起初还没有马神庙之设，只是筑坛而祠。

但是，至迟在永乐年间，已经有了专门的马神祠："永乐十二年，立北京马神祠于莲花池。其南京马神，则南太仆主之。"[8] 而且，明代在地方城市中祭祀马神似乎已经成为通则，但究竟马神为何方神圣，往往连祭祀者自己也不十分清楚，如《菽园杂记》中记述：

> 《周礼》，春祭马祖，夏祭先牧，秋祭马社，冬祭马步。其文甚明。今北方府、州、县官凡有马政者，每岁祭马神庙，而主祭者皆不知所祭之神。尝在定州，适知州送马神胙，因问所祭马神何称？云："称马明王之神。"及师生入揖，问之，亦然。盖此礼之不讲久矣。[9]

清代仍有祭马神的传统，清人笔记中谈到了这一点：

> 今满洲祭祀，有祭马祖者，或刻木为马，联络而悬于祭所，或设神像而祀。按《周官》，春祭马祖，夏祭先牧，秋祭马社，冬祭马步，又胜国洪武二年诏祀马祖，皆此礼也。[10]

1. ［明］无名氏.《天变邸抄》。
2. ［清］张廷玉等.《明史》. 卷二十九. 志第五. 火异。
3. 《周礼》. 夏官司马第四。
4. ［元］脱脱.《辽史》. 卷十四. 本纪第十四. 圣宗五。
5. ［唐］尉迟枢.《南楚新闻》. 尔朱氏。
6. ［宋］吴自牧.《梦粱录》. 卷十四. 土俗祠。
7. ［清］张廷玉等.《明史》. 卷五十. 志第二十六. 礼四（吉礼四）. 马神。
8. 同上。
9. ［明］陆容.《菽园杂记》. 卷八。
10. ［清］福格.《听雨丛谈》. 卷十一. 祭马神。

明代北畿辅地区府州城市中都有马神庙的设置，但其位向并没有一定之规。有的设在城外西南，或城南，有的设在城内一隅，也有的设置在府州治署的附近。说明明代对马神的祭祀及其祠庙建筑的设置方位没有明确的规定。

11. 土地祠

土地祠，顾名思义是祭祀土地神的祠庙。而土地神，很可能是从古代后土神转义而来，但到了宋代，已经有了具体历史人物的附着，这一点见于《梦粱录》：

> 太学内东南隅，设庙廷，奉后土神祇，即土地神，朝家敕封号曰正显昭德孚忠英济侯。按赞书，相传为中兴名将，其英灵未泯，而应响甚著，盖其故居也。理或然与？自是遂明指为岳忠武鄂王，况鄂国已极于隆名，宜庙食增祀于命祀，谨疏侯爵，未正王封，仍改庙额曰忠显。神之父母妻子，下逮将佐，皆有命秩，华以徽号。[1]

这里显然是将宋代名将岳飞奉为了当地的土地神。这与岳飞曾经保家卫国的功勋是相匹配的。但以岳武鄂王为土地神，恐也仅仅是临安地方的做法，而土地神之祠祀，无疑应该与城隍神一样，是对一种地方性神明的祠祀。

明代时，土地神的祭祀甚至成为家居环境或一般建筑物室内的一种供奉性行为。如《明朝小史》中记述了太祖皇帝曾"微行里市，间遇一国子监生姚文英入酒坊，帝揖而问之曰：先生亦过酒家饭乎？对曰：旅次草草，聊寄食耳。帝因与之入。时坐客满案，唯供土地神几尚余，上移之在地曰：神姑让我坐。乃与生对席。"[2]这说明在明代城市中的酒馆中有专门供奉土地神的几案。

在城市中或有在里坊中设置供奉土地神的祠庙的。如《万历野获编》中描述了在吴城中的一位被顾姓主人拷掠而毙的仆奴，死后屡控之冥府，但一直得不到申冤，故常与一门客梦中诉之："寂然者数年，其人一日步吴城，晡晚之间，忽遇此仆，骇曰：'汝从何来？'则拊掌喜曰：'连年投牒，冥府大嗔，谓以奴告主，大逆不道，笞责良苦。近日，遇某坊土地神谩以告之，渠为我代申，已得请矣。'此客惊悸，归寻某坊，则此地故有社公庙，顾君欲拓为别业，已撤废月余矣。此客心知所谓，见顾方盛年丰硕，不以为然。居数日陡病，遂不起。盖社公公挟私仇，借仆以泄怒也。"[3]这个故事虽然荒诞，但可以知道，在明代地方城市中，还有更低一个等级的里社性土地神，称为"社公庙"，其建造很可能是一种民间的行为，所以拆除这种庙，地方政府似乎并不予限制。

既然土地祠具有很强的民间性质，一些府州地方似乎也就没有官方性质的土地祠了，从上表中明代畿辅地区府州县情况看，只有保定府、河间府、顺德府在府城及各州县邑城设立土地祠。其他府似乎没有，或者至少在府城中没有。

从一些方志中有关地方署廨的记录及其他文献中可以看出，在明代的一些地方公署建筑群内或附近，往往会有土地祠的设置。如："罗江县公署后有土地祠，前令所主，颇著灵异，今有事必祷焉，祭享无虚月。"[4]而在位于北京北安门之西的顺天府宛平县县署，"其外，东为土地祠，西为狱，又前为大门，以其面皇城而治也，故不敢树塞云。"[5]既是在大门以里，当仍是在其公署的范围之内。或正因土地祠庙常常会设在公署之内，故其方志中没有作为特别的祠庙而加以记录。

12. 龙王庙（雷神庙）

龙是中国祭祀礼仪中惟一的动物神。但有关龙王的传说恐是一种舶来物。据《洛阳伽蓝记》中谈到的波知国："其国有水，昔日甚浅，后山崩截流，变为二池。毒龙居之，多有灾异。夏喜暴雨，冬则积雪，行人由之多致艰难。

1. ［宋］吴自牧.《梦粱录》. 卷十五. 学校。
2. ［明］吕毖.《明朝小史》. 卷一. 洪武纪. 土地供地。
3. ［明］沈德符.《万历野获编》. 卷二十八. 果报。
4. ［明］蒋一葵.《尧山堂外纪》. 卷八十六. 国朝. 盛昶。
5. ［明］沈榜.《宛署杂记》，卷二. 署廨。

雪有白光，照耀人眼，令人闭目，茫然无见。祭祀龙王，然后平复。"[1] 另有乌场国，曾是佛说法处，而龙王则为了阻止佛说法而兴大风雨。雨后，佛曾晒衣，故其国都外有水，"水东有佛晒衣处。……水西有池，龙王居之。池边有一寺，五十余僧。龙王每作神变，国王祈请，以金玉珍宝投之池中，在后涌出，令僧取之。此寺衣食，待龙而济，世人名曰龙王寺。"[2] 显然，龙王最初的形象是一个凶神。唐代时一些佛道寺观中已经有了"龙王殿"，唐人所撰《酉阳杂俎》中描述的"龙宫状如佛寺所图天宫，光明迭激，目不能视。"[3] 宋代文献中有关"龙王庙"、"龙王祠"的记录就十分多了起来。这一传统在明代得到了进一步的延续，明代文献中，随处可见有关龙王庙的记述。如《宛署杂记》中有"龙王观音寺，先朝至正中建，旧名龙王庙。"[4] 而顺天府城中有"龙王庙，二，俱在阜财坊。"[5] 城外亦不少见，如"龙王庙，一在高店村，一在大峪村，一在琉璃局（嘉靖年重修），以上离城五十里。一在东杨家坨，一在盂窝村，一在军庄，以上离城六十里。一在龙门村，一在南各庄，一在赵村，以上离城八十里。一在黑垡村，一在军下庄，一在下草店，以上离城一百里。一在大台村（系古刹），一在东胡家林，一在火钻村，一在白虎头庄，一在牛站庄，一在北山庄，一在清水涧，一在西斋堂，以上离城二百里。"[6] 显然，龙王祠祀礼仪在明代已经成为一个十分民间化的礼拜仪式。

从上表中可以看出，在明代畿辅地区府州城市中，多有龙王庙的设置。即使表中未见记录者，或其府城与州城之外的县乡里村间，必有龙王庙的设置无疑，这从顺天府宛平县周围龙王庙的分布之密已经可见一斑。但在畿辅重镇保定府府城之中，却似没有设置龙王庙，而代之以雷神庙。

雷神之说最早见于《山海经》："雷泽中有雷神，龙身而人头，鼓其腹。在吴西。"[7] 北魏人郦道元《水经注》中提到了"雷公"，唐人徐坚《初学记》中解释为"雷神曰雷公。"唐代人的笔记中已经常见有关雷神或雷公的描述，如《云仙杂记》卷九："雷曰天鼓。雷神曰雷公。"但是，唐人有关雷神的描述，还是基于一些传闻，如《封氏闻见记》记："盛宏之《荆州记》亦载南中雷神，有洪五之事。然则俗传霹雳之石，其信然乎夫雷者，阴阳薄触之为耳。激怒尤盛，或当其冲，则谓之霹雳。若以为神道谴怒，而降之罚，又何待一拳之石，以成其威耶？"[8] 显然，唐人对雷神与霹雳之间的关系还存有疑问。

从史料中看，对于雷神祭祀的官方记录，至迟在唐代已经出现了。如在唐玄宗时颁布的《增定祀典诏》中曾明确提出："发生振蛰，雷为其始，画卦陈象，威物效灵，气实本于阴阳，功乃施于动植。今雨师风伯，久登常祠，唯此震雷，未登群望，已后每祀雨师，宜以雷神同祭。"[9] 到了北宋末年，对雷神的祭祀已经被纳入正式的官方礼仪。据《宋史》：

> 政和中，定《五礼新仪》，以荧惑、阳德观、帝鼐、坊州朝献圣祖、应天府祀大火为大祀；雷神、历代帝王、宝鼎、牡鼎、苍鼎、冈鼎、彤鼎、阜鼎、晶鼎、魁鼎、会应庙、庆历军祭后土为中祀；山林川泽之属，州县祭社稷、祀风伯、雨师、雷神为小祀。余悉如故。[10]

这里也可以看出，对雷神的祭祀也是分等级的。由皇帝在京都主持的对雷神的祭祀，属于中祀的范畴，而在州县由地方官主持的对雷神的祭祀，则属于小祀的范畴。在明代的史料中，关于雷神的描述已经十分多见了。人们祭祀雷神，一方面是防止受到雷击，另外一方面则是为了求雨。如明人笔记《菽园杂记》中云："夏德乾御史知新淦县，言本县一山有雷神，甚灵异。尝祈雨，雷雨大作，空中有物，形声如鸭，嘴爪如鹰考三，盘旋而飞。"[11] 显然，这里的雷神，很可能是以龙王的形式出现的。而从对龙王与对雷神的祭祀，都是基于祈雨这一点上，这两种祠庙在明代的民间祠祀礼仪上应该是十分接近的。

1. ［北魏］杨衒之.《洛阳伽蓝记》. 卷五. 城北。
2. 同上。
3. ［唐］段成式.《酉阳杂俎》. 卷十四. 诺皋记上。
4. ［明］沈榜.《宛署杂记》. 卷十九。
5. 同上。
6. 同上。
7. 《山海经》. 卷十三. 海内东经。
8. 《封氏闻见记》. 卷八。
9. 《全唐文》. 卷三十二. 元宗（十三）. 增定祀典诏。
10. ［元］脱脱等.《宋史》. 卷九十八. 礼志第五十一. 礼一（吉礼一）. 自《二十五史》.《宋史》（上）. 第336页. 上海古籍出版社. 上海书店. 1986年. 上海。
11. ［明］陆容.《菽园杂记》. 卷八。

13. 八蜡庙

蜡祭是古代年终时大祭万物的一种礼仪，其礼仪古已有之。如《周礼》中有："国祭蜡，则歙㘝颂，击土鼓，以息老物。"[1] 周代有专司蜡祭的职官，称"蜡氏"："蜡氏掌除骴。凡国之大祭祀，令州里除不蠲，禁刑者、任人及凶服者，以及郊野。"[2] 说明蜡祭在周代时就已经是一种很重要的祭祀礼仪。

《礼记》中提到了天子举行蜡祭的仪式：

> 天子大蜡八。伊耆氏始为蜡。蜡也者，索也，岁十二月，合聚万物而索飨之也。蜡之祭也，主先啬而祭司啬也。祭百种以报啬也。飨农及邮麦畷，禽兽，仁之至，义之尽也。古之君子，使之必报之。迎猫，为其食田鼠也；迎虎，为其食田豕也，迎而祭之也。[3]

春秋时期的蜡祭，可能是一个举国参与的大祭祀，如："子贡观于蜡。孔子曰：'赐也乐乎？'对曰：'一国之人皆若狂，赐未知其乐也！'子曰：'百日之蜡，一日之泽，非尔所知也。'"[4] 据《隋书》，在隋人的理解中，蜡祭几乎包括对所有自然神灵的祭祀：

> 故周法，以岁十二月，合聚万物而索飨之。仁之至，义之尽也。其祭法，四方各自祭之。若不成之方，则阙而不祭。后周亦存其典，常以十一月，祭神农氏、伊耆氏、后稷氏、田畯、麟、羽、裸、毛、介、水、墉、坊、邮、表、畷、兽、猫之神于五郊。五方上帝、地祇、五星、列宿、苍龙、朱雀、白兽、玄武、五人帝、五官之神，岳镇海渎、山林川泽，丘陵坟衍原隰，各分其方，合祭之。[5]

唐代时亦有"季冬寅日，蜡祭百神于南郊"[6] 的祭祀仪式。宋太祖乾德元年就有"诏蜡祀，庙、社皆用戌蜡一日"[7] 的记载。宋代将蜡祭纳入"岁之大祀三十"，其中包括"腊日大蜡祭百神"[8]。而据《宋史》的解释："大蜡之礼，自魏以来始定议。王者各随其行，社以其盛，腊以其终。"[9] 这显然是将蜡祭与社祭这两种礼仪等同视之。宋元丰年间（1078-1085年）已经有了祭祀"八蜡"的说法："元丰，详定所言：《记》曰：'八蜡以祀四方，年不顺成，八蜡不通。'历代蜡祭，独在南郊为一坛，惟隋、唐息民祭在蜡之后日。请蜡祭，四郊各为一坛，以祀其方之神，有不顺成之方则不修报。"[10]

明代一些地方蜡祭礼仪，如蜀地益都，还将八蜡的范围进行了明确定义：

> 八蜡祠，在城东南隅，有司春秋致祭。八蜡神者，先穑、先农、司穑、邮表辍、猫、虎、坊、水庸也。[11]

这一有关八蜡的定义，很可能是由国家所明确的，并由天子参加祭祀的，如明人笔记中有：

> 【八蜡】天子大蜡八：一先啬（神农），二司啬（后稷），三农（田畯），四邮表畷（田畔屋），五猫（食田鼠）虎（食田豕），六堵（蓄水，亦以障水），七水庸（沟受水，亦以泄水），八昆虫（螟螽之类）。[12]

1.《周礼》. 春官宗伯第三。
2.《周礼》. 秋官司寇第五。
3.《礼记》. 郊特牲第十一。
4.《礼记》. 杂记下第二十一。
5.《隋书》. 卷七. 志第二. 礼仪二。
6.《旧唐书》. 卷二十四. 志第四. 礼仪四。
7.《宋史》. 卷一. 本纪第一. 太祖一。
8.《宋史》. 卷九十八. 志第五十一. 礼一（吉礼一）。
9.《宋史》. 卷一百三。
10. 同上。
11.［明］何宇度.《益都谈资》. 卷中。
12.［明］张岱辑.《夜航船》. 卷九. 礼乐部。

这里所说的"八蜡"与前面提到的益都八蜡庙所祭祀的八蜡不尽相同,而这里的记述似乎更为准确一些。但无论如何,明代仍然延续了历史上的蜡祭礼仪,并将其纳入国家祭祀的范围之内,如上表可知,畿辅地区府州城市中,几乎都设有八蜡庙,就是一个证明。但是,这些城市中八蜡庙的位向却没有一定之规,既有城内,也有城外,在城外者,亦是或东或南或西或北,没有明显的规律。

需要提到的一点是,到了清代乾隆年间,延续了数千年的蜡祭礼仪最终被废除了,这一点见于《清史稿》:"高宗修雩祀,废八蜡,建两郊坛宇,定坛庙祭器,举废一惟其宜。"[1]

14. 文昌庙

文昌信仰来源于古代中国的星象学。早在汉代的《史记》中已经描述了星象中的"文昌宫":"斗魁戴匡六星曰文昌宫:一曰上将,二曰次将,三曰贵相,四曰司命,五曰司禄。在斗魁中,贵人之牢。"[2]后来的天象学家进一步重复了这一说法,如《晋书》中谈到:"文昌六星,在北斗魁前,天之六府也,主集计天道。一曰上将,大将军建威功。二曰次将,尚书正左右。三曰贵相,太常理文绪。四曰司禄、司中,司隶赏功进。五曰司命、司怪,太史主灭咎。六曰司寇,大理佐理宝。"[3]文昌宫的星象虽然与后世文昌信仰不尽相同,但在与人的命运有密切关联这一方面与后世文昌信仰是相通的。

然而,后世文昌祠祀并非简单地祭祀天界的文昌星,而是另有其人。据《明史》:

> 梓潼帝君者,记云:"神姓张,名亚子,居蜀七曲山。仕晋战没,人为立庙。唐、宋屡封至英显王。道家谓帝命梓潼掌文昌府事及人间禄籍,故元加号为帝君,而天下学校亦有祠祀者。景泰中,因京师旧庙辟而新之,岁以二月三日生辰,遣祭。"夫梓潼显灵于蜀,庙食其地为宜。文昌六星与之无涉,宜敕罢免。其祠在天下学校者,俱令拆毁。[4]

清人赵翼在《陔余丛考》中详细描述了梓潼帝君张亚子(又称张恶子)的前生后世。晋时战殒后,前秦将军姚苌入蜀,至梓潼岭遇张氏神,并因其语而为后秦主,故首为其立张相公庙。唐代玄宗与唐末僖宗先后两次入蜀,都曾经过张氏庙,亦有灵显,玄宗封其为左丞,僖宗封其为顺济王,故其香火日盛。明代嘉靖时,有人提出:"梓潼神,景泰五年始敕赐文昌宫,今宜祀于蜀,不宜立庙京师。至文昌星与梓潼无干,乃合而为一,诚出附会,所有前项祀典,伏乞罢免。"[5]其意是说文昌星与梓潼了不相涉。而赵氏则认为:"然世以梓潼为文昌,则由来已久。按叶石林《崖下放言》记蜀有二举人。行至剑门张恶子庙,夜宿,各梦诸神预作《来岁状元赋》,甚灵异。……然则张恶子之显灵于科目,盖自宋始,亦自宋之蜀地始。《朱子语类》所谓梓潼与灌口二郎两个神,几乎割据了两川也。世人因其于科目事有灵异,无时遂以文昌帝君封之,前明又以文昌额其宫,而张恶子之为文昌帝君遂至今矣。"[6]

这说明将梓潼张氏封为文昌帝君是明代的事情。但是,在明代中叶时,对于文昌祭祀,及是否应在学校设置文昌祠等,仍有争议。然而,据《清史稿》,明代北京城内的文昌帝君庙位于地安门外,是明成化年间因元代的文昌祠而建的,这说明元代大都城中亦有文昌祠的建造。

由上表中所见,明清时代畿辅地区府州城市中,除了广平府,及后来设立的天津府之外,几乎都有文昌祠或文昌庙的设置,有时一座城市中甚至设有不止一座文昌庙。从其设置的位向看,大多设置在府州学校或孔庙的附近,这与对其神祠祀的更多关切是在科考之事有着密切的关联。

15. 东岳庙

东岳泰山为五岳之尊,古代帝王封禅泰山的故事,自秦一统天下时就开始了。秦始皇二十八年:始皇"乃遂上泰山,立石,封,祠祀。"[7]汉武帝时则先"礼登中岳太室",然后"东上泰山,山之草木叶未生,乃令人

1. 赵尔巽等.《清史稿》. 卷八十二. 志五十七. 礼一(吉礼一)。
2. [汉]司马迁.《史记》. 卷二十七. 天官书第五。
3. [唐]房玄龄等.《晋书》. 卷十一. 志第一. 天文上. 中宫。
4. [清]张廷玉.《明史》. 卷五十. 志第二十六. 礼四(吉礼四). 诸神祠。
5. [清]赵翼.《陔余丛考》. 卷三十五. 文昌神。
6. 同上。
7. [汉]司马迁.《史记》. 卷六. 秦始皇本纪第六。

上石立之泰山巅。"[1] 至迟至西汉时代，就已经有了"望礼五岳"的仪式。并将望祀五岳及四渎定为常礼。

而且，至迟到了西汉时代，就已经认为泰山为五岳之长："泰山，岱岳，五岳之长，王者易姓告代之处也。"[2] 汉代以来，祠祀五岳、四渎已经成为常例。三国时已经开始在都城的郊区祭祀五岳，西晋时已经有了专门用于祠祀的"五岳祠"建筑，如晋人何琦《论修五岳祠》曰，其中谈到了祠祀五岳的缘由：

> 唐虞之制，天子五载一巡狩，顺时之方，柴燎五岳，望于山川，遍于群神，故曰，因名山升中于天，所以昭告神祇，缴报功德。是以灾厉不作，而风雨寒暑以时。[3]

唐代时已经有了五岳、四渎庙，庙各有令，其庙之令享正九品上，并有斋郎三十人，祝史三人。[4] 至迟在北宋时代，就已经设有专门祠东岳泰山之神的东岳庙。而且，宋代时不仅在京城设置东岳庙，也在一些地方城市中设东岳庙。如在常熟县福山镇，就有宋代修建的东岳庙。宋人在其庙中所立《重修岳庙记》提到："是故四方万里，不以道涂为劳，注奉祠事。往往规模岱岳，立为别庙多矣，然未有盛于姑苏之福山也。福山庙，经始于至和之中，垂六十年。楼殿门廊，并诸从舍，巍然而轮奂。"[5] 说明，在北宋时代，许多地方城市中都有了东岳庙的建造。

但是，宋代时在五岳之所在地建造祠祀之所的做法已经成为定式，这可能就是在五岳之地分别为其建立岳庙的较早记录：

> 东岳庙在兖州奉符县，封天齐仁圣帝；西岳在华州华阴县，封金天顺圣帝；南岳在潭州衡山县，封司天昭圣帝；中岳在西京登封县，封中天崇圣帝。唯北岳在大茂山，山大半陷敌境，移庙于中山府曲阳县，县在中山府北七十里，封安天元圣帝。[6]

宋代时已经有了在东岳庙中塑神像的做法，这一点也引起了宋元时期儒生们的反对：

> 朱晦庵曰："如今祀埴息山川神，塑貌像以祭，极无义理。"愚按《西汉·郊祀志》：天地合祭，位皆南向，同席共牢。高帝高后配于坛上西向，亦同席共牢。盖取乾父坤母之义，此时未有塑像，不敢设位尔。乃谓山川之神与天地神祇，本皆无形，今塑东岳庙为帝者像，又塑后夫人像以为之妻妾，则不知其娶何氏为妻，买何氏为妾也。[7]

然而，元代时的雕塑家刘元，曾在元大都南城东岳庙中塑像，"巍巍然有帝王之度，其侍臣者，乃若忧深思远者。"[8] 这不仅说明元代时的大都城中有东岳庙的设置，而且说明元代时在东岳庙供奉诸神塑像已成惯例。但是，在明代时，仍有人对已经在郊祀中祭祀了东岳神，还要在东岳庙中进行繁琐的祠祀是否有必要提出了质疑："东岳泰山既专祭封内，且合祭郊坛，则朝阳门外东岳庙之祭，实为烦渎。"[9] 然而，这种议论并挡不住明代各地，甚至在许多偏僻的乡野之地建造东岳庙的做法。

从明清时期文人的笔记中可以知道，这时的东岳神，已经是深涉世俗事务的判官，而且常常为冥界判案。清人笔记《履园丛话》中记录了一些东岳神为生人与死人判案的故事。在这些故事中，东岳神已经俨然是一位主持正义的包青天或阎罗王角色。而且，东岳神还有专治扰人之妖孽的法力。这或许是明清时代东岳神信仰及东岳庙建设日渐增多的原因所在。或也是当时社会趋于混乱，世事不平日多，百姓唯寄托于神灵的护佑与冥界的福报而别无他法。

由上表中看，明代畿辅地区府州城市中，并非都设东岳庙。一些府城中，似无东岳庙的设置。但这或

---

1. ［汉］司马迁.《史记》. 卷十二. 孝武本纪第十二。
2. ［东汉］班固.《汉书》. 卷二十七中之下. 五行志第七中之下。
3. ［唐］房玄龄.《晋书》. 卷十九. 志第九. 礼上。
4. ［后晋］刘昫.《旧唐书》. 卷四十四. 志第二十四. 职官三。
5. ［宋］范成大.《吴郡志》. 卷十三. 祠庙下。
6. ［宋］吕颐浩.《燕魏杂记》。
7. ［元］俞琰.《席上腐谈》. 卷上。
8. ［明］宋濂.《元史》. 卷二百三. 列传第九十. 工艺。
9. ［清］龙文彬.《明会要》. 卷十一. 礼六（吉礼）. 诸神祠。

许并不能说明在这些府州地区，没有东岳神的信仰或祠祀活动，因为，在明清时期的一些偏僻乡里，也都有东岳庙的设立。或许，这一时期的东岳庙，已渐渐成为较为常见的民间建造与祠祀行为，故一些地方城市中，就不需再由政府另设专门的东岳庙了，亦未可知。

16. 刘猛将军祠

中国是一个农业大国，又是一个灾难频发的国家，除了水旱灾害之外，对农业影响最大的就是蝗灾了，故而专司驱蝗的神灵也就应运而生。关于刘猛将军为何许人，史料中并没有一定之说，如清人笔记《庸闲斋笔记》中提到了两个人，一个引自《怡庵载录》所记："宋景定四年，旱蝗，上敕封刘武穆琦为扬威侯、天曹猛将之神，蝗遂殄灭。"[1]另外一个引自《畿辅通志》："刘猛将军名承忠，广东吴川县人，元末官指挥，有'猛将'之号。江淮蝗旱，督兵逐捕，蝗尽殄死。后因元亡，自沉于河，土人祠祀之。"[2]第二种说法似不确，因为早在宋代就已经有了刘猛将军的信仰，及其祠庙。如据《宋平江城坊考》中的记载，在平江城仁风坊中"又刘猛将军庙，在中街路仁风坊北"[3]。

另有一种说法，认为刘猛将军为南宋金坛人刘宰，但记录之人似也不相信此说：

> 南宋刘宰漫塘，金坛人。俗传死而为神，职掌蝗螟，呼为"猛将"。江以南多专祠。春秋祷赛，
> 则蝗不为灾，而丐户奉之尤谨，殊不可解。按赵枢密蔡作《漫塘集序》，称其学术本伊、洛，文艺过汉、
> 唐。身后何以不经如此，其为后人附会无疑也。[4]

刘宰者，为宋代金坛人，绍熙元年（1190年）中进士。平生无嗜好，惟书靡所不读，并有《漫塘文集》。这样一介书生，如何能够与刘猛将军联系在一起？且其本传中并未提及驱蝗之事，所以，其说似不确。但刘宰在任上，曾受命振荒邑境，多所全活，又曾"置义仓、创义役，三位粥以与饿者，自冬徂夏，日食凡万余人，薪粟、衣纩、药饵、棺衾之须，雁谒不获。某无田可耕，某无庐可居，某之子女长矣而未昏嫁，皆汲汲经理，如已实任其责"[5]。这样一位乐善好施、赈灾救荒之人，被地方百姓附会为驱蝗救灾的刘猛将军，似也在情理之中。

在明代畿辅地区府州城市中，仅有顺天府与保定府两座最重要的府城中建有刘猛将军祠，其他府州城市中，似没有设置这一祠庙。但是，从清人的记载中，清代皇家苑囿圆明园中也曾经建有刘猛将军庙[6]，这或许说明，驱蝗的刘猛将军虽然是一种地方性信仰，但作为一个农业国家的天子，在蝗灾发生之时，也不能不对其进行祭祀，故无论在皇苑之中，还是在作为京城的顺天都设有刘猛将军祠，较为重要的府城，如作为直隶府城的保定府，也设有刘猛将军祠，也是一种恰当的选择。

后世也有将八蜡庙理解为刘猛将军祠的，如清人《茶余客话》："八蜡庙，即将军祠，由来久矣。直省郡邑皆有刘猛将军祠，畿辅齐鲁之间祀之尤谨，究不知何神？"[7]其实是对这两类祠庙都不太清楚了。

17. 名宦祠、乡贤祠

对名宦与乡贤的祭祀，是中国文化传统中一个值得肯定的方面。将名宦与乡贤两祠合祀的传统大约始于明代。明以前多为功臣立祠，如唐代的凌烟阁，元代时在多个地方建有功臣祠，明初时，太祖朱元璋也曾在南京鸡笼山建有功臣庙，祠祀为大明立国建有功勋的功臣，庙中有正殿、东序、西序、两庑。[8]功臣者，多与定鼎天下的时代密切相关，而名宦则多与治国安邦的时代密切相关。据明人笔记中的记载：

1. ［清］陈其元.《庸闲斋笔记》. 卷十一。
2. 同上。
3. 王謇.《宋平江城坊考》. 卷二. 西北隅。
4. ［清］王应奎.《柳南随笔》. 卷二。
5. ［元］脱脱等.《宋史》. 卷四百一. 列传第一百六十. 刘宰传。
6. 见［清］朱彝尊、于敏中.《日下旧闻考》. 卷八十一. 国朝苑囿. 圆明园二："山高水长之北，度桥由山口入，梵刹一区为月地云居，殿五楹，前殿方式，四面各五楹，后楼上下各三楹。月地云居之东为法源楼，又东为静室，西度桥，折而北为刘猛将军庙。（《圆明园册》）"。
7. ［清］阮葵生.《茶余客话》. 卷四. 八蜡庙神为刘錡。
8. 见［清］张廷玉等.《明史》. 卷二. 本纪第二. 太祖二："（洪武）二年春正月乙巳，立功臣庙于鸡笼山。"又卷五十. 志第二十六. 礼四（吉礼四）. 功臣庙："太祖既以功臣配享太庙，又命别立庙于鸡笼山。……正殿：中山武宁王徐达……西序：越国武庄公胡大海……东序：郧国公冯国用……两庑各设牌一……"。

凡乡贤、名宦祠，毋得以势位及子弟为进退。功业气节则考之国史，文章则稽之传世，理学则定之言行。此外乡曲之小誉，时文之声名，讲章之经学，依附之事功，已经入祠者皆罢之。[1]

这里虽透露出明代名宦与乡贤祠的设置上有名不副实之处，但也明确了入祠名宦或乡贤之祠的任务包括功业气节、传世文章、理学言行。从史料中看，清代的文献中，有关名宦与乡贤之祠的记录更多。可知这一祠祀制度奠基于明，而衍盛于清。

明清畿辅地区府州城市中均设立了名宦祠与乡贤祠。顺天府中的二祠设在文庙戟门左右，这显然是为了方便士子们的祭祀。也使祭祀孔子的官吏能够顺便祭祀名宦与乡贤。两祠虽是分立，但又距离很近，便于同时祭祀。从清代史料中，我们知道甚至在远在边塞的新疆伊犁也建有名宦祠[2]，一些名宦祠可能是建立在府学或州学的附近，这与名宦多为文官有关，也起到一种教育的作用。[3]这种情况可能始自明代。

18. 忠孝祠、节义祠

忠孝祠与节义祠也是往往需要同时祭祀的两个祠庙。史料中见于记载的忠孝祠，最早也是在明代，但类似的祭祀性祠庙可能自宋代就开始了，只是原来可能称为"节孝祠"，如：

徐节孝祠凡数处，自宋迄今，兴废不一，惟县治东一祠存耳。考始建祠为宋守苗仲渊，与赵康州祠相邻，俱迤县治之东。所传世惟忠与孝。训俗知所止一诗是也，后遂并呼为忠孝祠。[4]

明人笔记中记载了将忠臣和孝子祠于忠孝祠的事例：

徐谦，字允高。荐官中书，升光禄寺丞。建文中，丁母艰，归吴会。诏勤王，谦募上数千，约姚善等集兵赴援。至仪徵，与燕兵战死。福王时，追谥忠烈，赠少卿。子道，字益津，博学励志，冒死求父骨归葬。奉母以孝，亦追谥仁孝，均崇祀忠孝祠。[5]

而忠孝祠往往也是由地方官所主持修造的，如明代理学家王阳明特别提到的：

据增城县申称："参得广东参议王纲，字性常，洪武年间因靖潮寇，父子贞忠大孝，合应崇祀；于城南门外天妃庙改立忠孝祠。"看得表扬忠孝，树之风声，以兴起民俗，此最为政之先务。[6]

节义祠之建，最早也见于明代，如《明史》：

段坚，字可大，兰州人。早岁受书，即有志圣贤。……创志学书院，聚秀民讲说《五经》要义，及濂、洛诸儒遗书。建节义祠，祀古今烈女。[7]

由此似也可以推知，忠孝祠主要祠祀忠臣孝子，而节义祠（又称节孝祠）主要祠祀古今烈女。但将忠孝祠与节义祠同时设置的做法似从清代开始：

雍正二年，遵旨议准顺天府、直隶各省府州县卫，分别男女每处各建二祠：一为忠义孝弟之祠，建于学宫内；一为节孝之祠，另择地营建。[8]

1. 黄宗羲.《明夷待访录》. 学校.
2. 见赵尔巽等.《清史稿》. 卷三百四十二："（道光）十四年，以都统衔休致。逾年，卒，年八十有二，赠太子太保，依尚书例赐恤，谥文清，祀伊犁名宦祠。"
3. 见［清］纽琇.《觚剩》. 卷七. 粤觚上："（康熙）庚申八月十七日，赐死于府学名宦祠，……"
4. ［清］阮葵生.《茶余客话》. 卷二十二. 徐积祠.
5. ［清］顾震涛.《吴门表隐》. 卷十五. 明.
6. ［明］王守仁.《王阳明集》. 卷十八. 别录十. 批增城县改立忠孝祠申.
7. ［清］张廷玉等.《明史》. 卷二百八十一. 列传第一百六十九. 循吏.
8.《钦定四库全书》. 史部. 地理类. 都会郡县之属. 畿辅通志. 卷四十九. 祠祀. 寺观附.

这里的"分别男女每处各建二祠"再明白不过地说明了，忠孝祠与节义祠是分别为祭祀男性忠孝者与女性节义者而建造的。类似的记载还见于《山东通志》[1]，并在清代的《钦定大清会典则例》载有明确的规则：

> 遵旨议准设立祠宇，应行顺天府、奉天府、直省府州县卫分别男女各建二祠，一为忠义孝弟祠，建于学宫之内，祠门内立石碑一通，将前后忠义孝弟之人，刊刻姓氏于其上，已故者设位祠中。一为节孝祠，别择地营建，祠门外建大坊一座，将前后节孝妇女，标题姓氏于其上，已故者设位祠中。八旗分左右翼择地，各建二祠，一应碑坊刊题，姓氏皆照此例，每年春秋二次致祭。[2]

但是，这种将忠孝祠与节义祠并列设置的做法，究竟是始于明代，还是清代才正式确定下来，似并不十分清楚。或这两种祠祀在明代已有，但责令地方府州同时设置，或自清雍正年间，亦有可能。从上表中可知，明清畿辅地区府州均设有忠孝祠与节义祠，且同时祭祀。其具体的位向，忠孝祠当在学宫内，而节义祠的位置似乎并不十分确定。

19. 三皇庙

三皇庙之前身当为三皇五帝庙。三皇五帝庙的设立始于唐代：

> 天宝三载，初置周文王庙署；六载，置三皇五帝庙署；七载，置三皇五帝以前帝王庙署；九载，置周武王、汉高祖庙署。[3]

元代始在地方郡县中设立专门祠祀三皇的三皇庙：

> 郡县三皇庙：元贞元年，初命郡县通祀三皇，如宣圣释奠礼。太皞伏羲氏以勾芒氏之神配，炎帝神农氏以祝融氏之神配，轩辕黄帝氏以风后氏、力牧氏之神配。黄帝臣俞跗以下十人，姓名载于医书者，次祀两庑。有司岁春秋二季行事，而以医师主之。[4]

这里不仅明确了三皇庙祠祀的对象：伏羲、炎帝、黄帝，及其臣属，而且还明确规定了，其臣属须是载于医书者，而主持祭祀者亦须是医师。究其原委，还不十分清楚。明代三皇庙是对元代制度的一种延续：

> 明初仍元制，以三月三日、九月九日通祀三皇。洪武元年，令以太牢祀。二年，命以勾芒、祝融、风后、力牧左右配，俞跗、桐君、僦贷季、少师、雷公、鬼臾区、伯高、岐伯、少俞、高阳十大名医从祀。仪同释奠。四年，帝以天下郡县通祀三皇为渎。礼臣曰："唐玄宗尝立三皇五帝庙于京师。至元成宗时，乃立三皇庙于府州县，春秋通祀，而以医药主之，甚非礼也。"帝曰："三皇继天立极，开万世教化之原，汩于药师可乎？"命天下郡县毋得亵祀。[5]

显然，在元代初创的三皇祭祀，在明初是受到了质疑，并规定地方郡县不得亵祀。但是，这一限制似乎并没有从根本上制止三皇庙的设立。至明嘉靖间，又恢复了三皇庙的祭祀：

> 嘉靖间，世宗修举旷典，无不明备。至诏修太医院、三皇庙，仍厘正祀典，正位以伏羲、神农、黄帝，配位以勾芒、祝融、风后、力牧四人，其从祀，僦贷季天师、岐伯、伯高、鬼臾区、俞跗、少俞、

1. 见《钦定四库全书》. 史部. 地理类. 都会郡县之属. 山东通志. 卷二十一. 秩祀志："令直省州县分别男女每处各建二祠，一为忠义孝悌祠建学宫内……一为节孝祠，另择地营建，祠门外建大坊一座……"
2. 《钦定四库全书》，史部. 政书类. 通制之属. 钦定大清会典则例. 卷七十一. 礼部. 仪制清吏司. 风教.
3. ［宋］欧阳修、宋祁等.《新唐书》. 卷四十八. 志第三十八. 百官三. 汾祠署.
4. ［明］宋濂等.《元史》. 卷七十六. 志第二十七. 祭祀五. 郡县三皇庙.《二十五史》. 第 7453 页. 上海古籍出版社、上海书店. 1986 年. 上海.
5. ［清］张廷玉等.《明史》. 卷五十. 志第二十六. 礼四（吉礼四）. 三皇.

少师、桐君、太乙雷公、马师皇十人，盖拟十哲。复增伊尹、神应王扁鹊、仓公淳于意、张机、华佗、王叔和、皇甫谧、抱朴子葛洪、巢元方真人、孙思邈药王、韦慈藏启玄子、王冰、钱乙、朱肱、刘完素、张元素、李杲、朱彦修十八人，从祀两庑，殿曰景惠，门曰咸济，牲用太牢，……遣大臣行礼，著为令。盖几与文宣庙并峙。[1]

而嘉靖年间重新兴起的三皇庙祭祀，仍然是与对历代名医的祭祀结合在一起的，且从祀配祀的人物与规制更为繁复，关于这一点也见于《明史》中的记载：

> 嘉靖间，建三皇庙于太医院北，名景惠殿。中奉三皇及四配。其从祀，东庑则僦贷季、岐伯、伯高、鬼臾区、俞跗、少俞、少师、桐君、雷公、马师皇、伊尹、扁鹊、淳于意、张机十四人，西庑则华佗、王叔和、皇甫谧、葛洪、巢元方、孙思邈、韦慈藏、王冰、钱乙、朱肱、李杲、刘完素、张元素、朱彦修十四人。岁仲春、秋上甲日，礼部堂上官行礼，太医院上官二员分献，用少牢。复建圣济殿于内，祀先医，以太医官主之。二十一年，帝以规制湫隘，命拓其庙。[2]

清代时人，似乎已经不知道三皇庙中应祭祀何方神圣。如清人笔记《茶余客话》在谈到盘古时提到："旧城南门内有三皇庙，亦不记其所祀何人。"[3] 将三皇庙祭祀与盘古联系在一起，说明清人已经完全模糊了元明时人设立三皇庙之本意。然而，同是在清人的笔记中，却也明确指出了，三皇庙与医生的关联：

> 【医生】《元典章》至元二十二年，设备路医学教授学正，训诲医生，照依降去十三科题目，每月习课医义一道，年终置簿，申覆尚医监，较优劣，但是行医之家，每朔望集本学三皇庙前，焚香，各说所行科业，讲究受病根由，诗月军气，用过乐饵，是否合宜，仍仰各人自写，曾愈何人，治去药方，具教授考较，备申擢用。[4]

这里是在考证元代三皇庙的制度，但亦可从中知道，元代时，三皇庙可能已经是一座行业性的祠庙，而其作用，除了为医师们提供一个精神寄托之外，似乎还是一个从事医学研究与交流的场所。这一点倒是颇值得人们去关注的。

从上表中可以知道，明清时代畿辅地区的府一级城市中，除了宣化府之外，均设有三皇庙，但是，在畿辅地区的州一级城市中却都未设三皇庙。这是否反映出明初先设而后废，州县一级城市再也未曾恢复三皇庙的设置，而明嘉靖间恢复三皇庙祭祀，顾及到明太祖曾嫌郡县三皇之祀太过亵渎，而仅仅恢复到府一级，亦未可知。至于三皇庙在城市中的位向，有的设在府治的附近，有的设在城门左近，亦有在城外某地设置的，其中似乎也没有定制可循。

二、明清地方城市祠祀坛庙的性质与位向

以上所列坛壝与祠庙，并非明清畿辅地方府州城市祠祀建筑的全部。在此表中所列之外，一些城市中还有其他许多不同的祭祀性祠宇，如在顺天府还有都土地庙、药王庙，以及轩辕黄帝庙、虞帝庙、唐崔府君祠、宋岳忠武庙等，在永平还有海神庙、蚕姑庙、烈女祠等，在保定有五岳庙、北岳庙、河神庙、龙女庙、禹王庙等，在河间有河神庙、禹王庙、武成庙、董子祠等，在天津有盐姥庙、海神庙、河神庙、五贤祠等，在正定还有赵武灵王庙、包孝肃祠等，每一地方城市中的祠庙数量都远比上表中所列为多。因此，只能说这里所涉及的只是在这些城市中出现频次最高的一些坛壝与祠庙。纵观这些祠庙，我们也可以大致了解，明清时期的中央与地方政府，及一般民众在交通鬼神、求祀神灵方面的基本精神取向。

---

1. ［明］沈德符.《万历野获编补遗》. 卷三. 兵部。
2. ［清］张廷玉等.《明史》. 卷五十. 志第二十六. 礼四（吉礼四）. 三皇。
3. ［清］阮葵生.《茶余客话》. 卷二十二. 盘古。
4. ［清］翟灏.《通俗编》. 卷二十一. 艺术. 医生。

1. 国家祭祀性坛壝

具有农业国家特征的祭祀性坛壝，包括社稷、风云雷雨山川、先农、郡厉、里社乡厉诸坛，主要是由地方官吏与士绅参与的正统祭祀场所。这些坛壝包括了象征国家与土地的神灵、象征自然现象的风云雷雨山川等神、象征农业国家先祖的先农神，以及散布各地的各种不同等级的厉鬼之神。因是用于露天祭祀的坛壝，其设置就有了明确的方位，如社稷坛一般设在城市之西，或西北方向；风云雷雨山川坛在城郭之南；先农坛在城市东门之外；郡厉坛一般在府州城郭之北。里社乡厉之坛应该是类似郡厉坛的一个更为低层的地方性祭祀等级。也就是说，在明代一般地方城市中，应该在城郭周围的东、南、西、北四个方向分别设立先农、风云雷雨山川、社稷、郡厉四坛，以时祭祀。

2. 地方护祐性祠庙

包括城隍、土地、关帝、八蜡、东岳诸庙，以及一些地方特有的祠庙，大都可以归在地方护祐性祠庙的范畴之内。城隍庙与土地庙是专司地方事务的地方保护神。城隍神可能是比土地神更高一层次的地方神。故几乎每一座城市中都有城隍庙之设，而一些城市更低一层阶的地区，也设有自己独立的土地神。在京师顺天府，则设都城隍庙、都土地庙。

关帝庙、东岳庙与八蜡庙都是祭祀内涵较为宽泛的神灵，明清时代关帝与东岳帝君有着十分广泛的信众，其被求助的范围也十分宽泛。关帝信仰更多关注现世的护祐，所以各地方城市中建造得很多，且多设在城门内，其作用或有阻吓魑魅魍魉作祟的功能。对东岳帝君的信仰，则更多在于人们对冥报的求助，其功能是在消除世间的不平。这里只有古老的八蜡庙，其功能比较复杂，与百姓日常的生活关联也不像其他祠庙那样密切，故对八蜡神的祠祀也渐趋衰微。

这些涉及了十分繁复的社会生活层面的祠庙，其在城市中的空间位向也变得十分复杂。因为城隍庙保护的一方土地，且更具官方性质，（有时也包括了土地祠）往往设立在府治或州治的附近，以便于府州长官的祭祀。关帝庙多设在城门内，既便于生民的礼祀，又起到护祐的功能。东岳庙关乎冥界报应与世事公正，其位置可能会布置在城市的某一任意地区。

3. 防灾驱祸性祠庙

中国是一个自然灾害频发的农业大国，与灾害有关的祭祀场所，自古以来就很多。明代地方祠庙中，除了前面提到的风云雷雨山川之坛外，还包括更具民间特征的火神庙、龙王庙（雷庙）、刘猛将军庙等，此外，一些地方的河神庙、海神庙也可以归在这一类祠庙范围之中。

火神庙、龙王庙、刘猛将军庙的设置，是与当时农业社会及城市环境密切关联的神灵祭祀。火神之祀，其意在防火；龙王之祀（雷神庙同），其意在祈雨；刘猛将军祠与驱蝗救灾有关。这些都是与农业社会所遇到的各种灾害密切关联的祠庙。

4. 地方教化性祠庙

地方教化性祠庙中最为主要的是各种不同等级的文庙（孔庙），这属于一个专门的论题，这里不做重复性论述。除了孔庙之外，一些地方的董子祠、曾子祠等，也都属于这一类的祠庙。而在明清两代地方府州城市中，还有两组在宋元以前似乎并不多见的祠庙，即两两相立的名宦祠与乡贤祠和忠孝祠与节义祠。

这两组祠庙，可以说是在孔庙祭祀基础上的一个补充，所反映的也是地方教化，从而也成为十分官方化的一种祠祀礼仪。名宦与乡贤，即是对本地方历史上出现的著名官宦勋臣的纪念与血祀，也是对地方生民与士子的教化与励志，其作用是通过对名宦与乡贤的祭祀，为社会培养更多的儒家精英。乡贤之祠抑或具有奖掖地方士绅的作用，以起到团结地方的作用。

忠孝祠与节义祠则更趋向于对底层民众的教化功能。这里区分男女设置祠庙的方式，既是传统社会男尊女卑之等级秩序的一种反映，也是将教化的目标投向普通的男女生民，以维系社会固有传统与道德体系的延宕。这两种祠祀建筑，更反映了明清社会渐趋平民化、世俗化的一些特征。

因其具有教化的功能，所以，名宦祠与乡贤祠有可能设在文庙戟门的左右两侧，或在学宫附近。忠孝祠也同样设置在府学与州学的附近。惟有节义祠，因其关乎女性的教育，则需另择位置，而不与孔庙与学宫相近，这一点或也反映出明清社会重男轻女的社会等级性特征。

此外一些地方还设有其他教化性祠宇，如冀州的贞烈祠、烈女祠、李孝子祠。

5. 专业护祐性祠庙

明代地方城市中渐渐完善了一些具有专门祭祀性质的祠庙，如旗纛、马神、文昌、三皇诸神的祭祀。旗纛神无疑是军事神，其设立位置多与卫所等军事机构紧密相邻。旗纛庙与军事和战争有关，其祭祀的时间，除了与凶杀之气相联系的秋季之外，主要是与可能发生的战事密切相关。

文昌庙则与一个地方的文运有关，是保证地方士子有可能金榜题名的一种信仰。与地方文运有关的文昌祠，则多设在府学、州学或孔庙的附近。马神庙与交通运输有关；而马神庙也正是与人口日益繁多，贸易与交通日益发展的明清社会密切相关的一种神灵祭祀活动。

各府州城市中都设的三皇庙，也是一种专业护祐性祠庙，从其供祠的情况看，应该是具有医疗性的神灵，还可能是医生职业的保护神。三皇庙中甚至还曾出现过医师交流医技的学术性活动，应该也是中国祠祀文化中一个有趣的现象。但是，在一些地方，三皇庙还可能被理解为是对上古圣王祭祀的一个场所。

一些地方的文昌祠（或魁星阁、五显祠等），因其与士子赴考取中有所关联，因而成为主要由进京赶考的地方士子们礼祀的场所，故也可以归在这一类祠庙之中。

此外，一些地方祠宇，如天津的盐姥庙，冀州的扁鹊庙，以及晚期一些城市中具有专业性商业会社功能的会馆建筑中专设的祠宇等，也属于这一类的祠庙。关于这些祠庙，其位向似乎没有明确的制度性规定。

三、地方府州城市坛壝与祠庙枚举

为了验证上表中所列明代地方城市坛壝与祠庙设置与分布的一般规则，我们在明清时代一些地方通志中所列的几个主要地区选出若干府州城市，看一看其坛壝与祠宇的设置情况，见表2。

地方府州城市坛壝与祠庙设置举例　　　　　　　　　　　　　　表2

城市	坛庙名称	祭祀时间	位向	备注
		南畿辅地区坛壝祠庙例举		资料来源：《江南通志》
江宁府	社稷坛		在府治北金川门外	
	风云雷雨山川坛		在府治东南双桥门内	
	敕建先农坛	岁以仲春亥日行耕藉礼	在府治聚宝门东	旁置藉田四亩九分
	郡厉坛		在神策门外	县曰邑厉
	里社乡厉二坛		在各乡	
	关帝庙		在府治西	祭于后殿
	城隍庙		一在石城门内，一在府治前	
	敕建八蜡庙			
	刘猛将军祠		在府城宝门外梅冈	以上坛庙所属县皆如制
	旗纛庙			各营俱如制
	福吴富农龙神庙		在府城钱厂桥	雍正五年遵建
	化龙王庙		在府治南雨花山后	
	龙王庙		在六合县山上	庙有井，相传云气出则立雨
	名宦祠		在学宫内	
	乡贤祠		在学宫内	
	忠义祠		在县学宫内	
	节孝祠		在府治三山门	以上四祠所属县俱如制
	先贤祠		旧在青溪东	宋制使马光祖建祀吴泰伯
苏州府	社稷坛		在府城盘门外	
	风云雷雨山川坛		在盘门外	
	敕建先农坛		在郡学之东	坛旁有藉田
	郡厉坛		在虎丘山前	县曰邑厉

城市	坛庙名称	祭祀时间	位向	备注
苏州府	里社乡厉二坛		在各乡保	
	关圣庙		在府制卧龙街武状元坊	祭于后殿
	城隍庙		在府治武状元坊	
	敕建八蜡庙		在府城	
	刘猛将军祠		在府城中街仁风坊	以上坛庙所属县皆如制
	旗纛庙		在府城齐门教场内	旧在苏州卫治
	福吴富农龙神庙		在府城元和县署西	雍正五年遵建
	顺济龙王庙		在吴江县长桥	
	忠义祠		俱在府城内	各县俱如制
	节孝祠			
		山东地区坛壝祠庙规制		资料来源：《山东通志》
山东地区祠祀制度	风云雷雨山川坛	每岁春秋仲月	设三神位，风云雷雨居中，山川居左，城隍居右	俱白色祭品
	社稷坛	每岁春秋仲月		明洪武初年颁设坛制，令府州县各设坛壝。（祭品）俱黑色
	先农坛		其东为藉田	择东郊洁地照九卿所耕藉田四亩九分之数建坛
	名宦祠	以仲丁致祭	定制设祠于学宫内	古今圣贤忠臣烈士名宦乡贤载在祀典者
	乡贤祠			
	城隍庙			洪武初……定制凡府州县新官莅任必先斋宿城隍庙，谓之宿三，每月朔望行香
	厉坛	每岁清明日、七月十五日、十月朔日	祭无祀鬼神于城北郭	府州为郡厉，县为邑厉坛，每祭以城隍神主之
	关圣庙	诏令天下郡县春秋祀关帝		
	火神庙	每岁六月十三日致祭司火之神		旧制祀大辰 大辰即大火星
	旗纛庙	每岁九月初一日致祭		祭军牙六纛之神
	马神庙	每岁九月初一日祭马王之神		周官牧人掌天马之属
	八蜡庙			郡县均设岁时致祭
	刘猛将军庙			各郡县均设专祠春秋致祭
	先医庙			各郡县间有立天医者，所祀互有不同
		山西地区坛壝祠庙例举		资料来源：《山西通志》
	先农坛	于雍正五年为始每岁仲春亥日	在城东门外大寺西	择洁净之地九卿所耕藉田四亩九分之数设立
	社稷坛		旧在东门内	
	风云雷雨山川城隍坛		旧在东门内	坛设三神位，风云雷雨居中，山川居左，城隍居右
	厉坛		在北门外新堡北	岁清明日七月望日十月朔日祭无祀鬼神迎城隍神主之
	龙王庙		在巡抚署东	
	城隍庙		在府治北，天下府州县皆有城隍之祭	明洪武三年五月诏定称本府州县城隍之神
	八蜡庙		在南郭官亭东	
	旗纛庙		旧在学道，今移新寺巷内	军牙六纛之神
	马神庙	春祭马祖，夏祭先牧，秋祭马社，冬祭马步	庙四 一在新堡 一在半坡街马厰内 一在铁匠巷 一在柴市巷	

城市	坛庙名称	祭祀时间	位向	备注
	牛神庙		在牛站	以上诸庙各州县胥建
	泰山庙		城内外胥建，在钟楼街者金碧焜耀	
	北极庙		在城十一所	北极佑圣真君者真武神也
	三皇庙	于春秋二季行事而以医师主之	旧在县治北，今在城隍庙西	前代祀为医师
	轩辕庙		庙三 一在阪泉山 一在布政司小巷南 一左南关	
	关圣庙		城内外乡村皆建	
	文昌庙		一在府学文明殿上 一在贡院西 一在前所街 一在镇远门瓮城内	其在顺城门外者尤巨
	火神庙		在西门外演武厅后	
	土地祠		在府西	痘疹多祷于此 州县胥建
	忠义祠		在学宫侧	
	节孝祠		在大南门步市街	规制祭祀与忠义祠同 以上二祠各州县胥建
	甘肃地区坛壝祠庙例举			资料来源：《甘肃通志》
临洮府	社稷坛		在北关内	
	风云雷雨山川坛		在府城南	
	先农坛		在城东	
	厉坛		在北关内	
	文昌祠		在府治后	
	关帝庙		在府东门外岳麓山	
	河神庙		在河州积石关外	
	城隍庙		在府治北	
	旗纛庙		在府署左	
	八蜡庙		在城东门	
	火神庙		兰州在城东北	
	马王庙		兰州在东郭外	
	崇圣祠		在学宫内东	
	名宦祠		在学宫内戟门左	各州县俱有
	乡贤祠		在学宫内戟门右	各州县俱有
	忠孝祠		兰州在学宫西	
	节义祠		兰州在学宫西右	
	四川地区坛壝祠庙例举			资料来源：《四川通志》
成都府	社稷坛		在府城南	余州县制同
	风云雷雨山川坛		在府城南	余州县制同
	先农坛		在府城东	余州县制同
	厉坛		在府城北	各州县俱有之
	文昌祠		祀梓潼帝君会城四隅俱有之	各州县多有祀者
	东岳庙		在府城内	各州县多有之
	江渎庙		在城内南门西	隋开皇二年建

城市	坛庙名称	祭祀时间	位向	备注
成都府	城隍庙		在府城东	各州县俱有之
	真武庙		在府城东	祀玄天大帝
	八蜡祠		在府东	按八蜡一曰先啬二曰司啬三曰农四曰邮表畷五曰猫虎六曰坊七曰水庸八曰百种
	火神庙		在府东	各州县俱有之
	药王庙		在府西	
	崇圣祠		在文庙东祀孔子五代	各州县制同
	名宦祠		在文庙门东	
	乡贤祠		在文庙门西	
	忠义祠		在明伦堂东	
	节孝祠		在明伦堂西	以上四祠各州县俱有之
云南地区坛壝祠庙例举				资料来源：《云南通志》
云南府	社稷坛		在府城西门外	明洪武元年令天下郡县置社稷坛
	风云雷雨山川坛		在府城南门外	明洪武元年令天下郡县置山川坛六年顶风云雷雨及境内山川城隍共一坛
	先农坛		在府城东门外	雍正五年奉旨建
	郡厉坛		在府城北门外	明洪武二年令郡县立厉坛祭无祀鬼神
	龙王庙		在府城西门内	雍正六年敕封福滇益农龙王内府造像辇送至滇建祠
	关帝庙		在府城南门外	敕封三代位于后殿春秋二仲月致祭各府知府主之
	城隍庙		在府城西门内	明洪武二年令有司祭城隍
	旗纛庙		在府城内总督箭道后	每岁春用惊蛰日祭秋用霜降日祭
	文昌宫		在府城大西门外	有司以时致祭
	八蜡祠		在宜良县城西左卫营	他州县亦有
	火神庙		一在府南门外教场 一在府北门外教场	
	东岳庙		在府城东	另有南岳庙（府城东南）中岳庙（府城南）西岳庙（府城西）北岳庙（府城南）
	名宦祠		在府学宫内	通省府属各州县皆与府同
	乡贤祠		在府学宫内	通省府属各州县皆与府同
	忠义孝弟祠		在府学宫内	通省府属各州县皆与府同
	节孝祠		在府学宫外	通省府属各州县皆与府同
	羊头神庙		在府城南	滇属井鬼分野故祀鬼祀

　　由表2中所枚举的明清时期各地府州城市坛壝与祠庙设置情况，可以大致了解明代以降地方城市中主要祠祀建筑的基本设置与北畿辅地区府州城市是十分类似的，一些基本的坛壝与祠庙在这些地方的重复出现率是很高的，其位向也大致符合一般的方位规制。

　　如各地城市中几乎都设置有社稷、风云雷雨山川、先农与郡厉等四坛。社稷坛一般在城西，风云雷雨山川坛一般在城南，先农坛一般在城东，郡厉坛一般在城北。除了在风云雷雨山川坛中同时祭祀城隍神外，大多数城市还都设有自己的城隍庙，城隍庙位向或在府治北，或在府城内某位向。另外，各地城市中不可或缺的祠庙是名宦与乡贤及忠义与节孝四祠。按一般的规制，名宦祠在学宫内戟门左，乡贤祠在学宫内戟门右，或将两祠直接设在学宫之内。忠义祠与节孝祠，因其涉及教化，也多设在学宫左近。

　　具有古老传统，主要以祭祀自然神灵为主的八蜡庙，在各地也多有建造，其位向并非十分明确。旗纛庙因涉及军事，多与府署、总督署、教场等地方有所关联。奇怪的是，四川成都地区无旗纛庙的设置，这可能是因为四川深居西南腹地，历史上较少战事，故可能不需要设置这种具有军事意义的祠庙。不见于四川成都地区的还有关帝庙。也说明更具有民间性的关帝信仰,可以不纳入地方官绅必须祠祀的神灵范畴之内。

其余的祠庙,如文昌祠、东岳庙等,各地方城市中也多有设置,但其位向却并不十分确定。在山西太原府未见东岳庙,却有泰山庙,而甘肃临洮府未设东岳庙,云南的云南府将五岳之庙都设在了自己的属地之内。

龙王庙的设置,可能和各地的河湖之神有关。如山东地区祠庙规制中,没有特别提到龙王庙,而甘肃临洮地区则仅设河神庙,这或许与甘肃自古缺雨,主要靠黄河灌溉有关。云南府的龙王庙供奉的是滇池中的龙神。成都地区或以河渎庙来替代河神庙或龙王庙。更为地方性的祠庙,如云南府的羊头神庙,是按照天象之滇地分野而设置的。

纵观每一地方城市的坛壝与祠庙,可以发现,其坛壝的设置比较确定,也有比较一致的位向,而祠庙建筑,除了城隍、名宦、乡贤、忠义、节孝、八蜡、旗纛等由地方官员主持祭祀的祠庙外,其余如东岳庙、关帝庙、火神庙、马神庙、文昌祠等,均取决于地方一般信仰的取向而设置。而龙王或河神庙,则与地方河湖及其神灵信仰有关。但是,需要特别提到的是,在这些重复率较高的坛壝与祠庙之外,各地方还有一大批非常地方性的祠祀建筑。其祭祀的对象,或是盘踞一方的自然神灵,或是地方历史上的忠勇与贤达之士。而且许多祠庙仅仅祭祀一位神灵,或几位神灵,因此,这些祠庙并不具有一般性与普世性。正是由那些在各地都可能建造的一般性祠庙与那些只在某地、某城建造的纯地方性祠庙汇合在一起,才构成了极其繁缛庞杂的各地城市的祠祀信仰系统。

与上面所列举的这些坛壝、祠庙并存于明清地方城市中的还有孔庙(文庙)、学宫和寺观。孔庙本应纳入本文的祠庙系统研究之中,但在传统中国社会,祀孔礼仪不仅贯穿从京师到地方的各个城市,而且,也是历代地方官员主要关注、建造与祠祀的庙宇。其规模往往也是所有祠庙中最为宏敞的。但孔庙与学校往往多并列而置,也多与一座城市的衙署邻近,是地方城市中更为常见,也更为重要的建筑,因此需要做专门的论述,故在本文中不再赘述。

此外,这些需要定期血祀并有严格等级规范的祠庙,与那些分布在各地城乡中更具宗教色彩的佛教寺宇与道教宫观,有着截然不同的命运。寺观建筑的建造与祠祀,一般并不一定被包括在地方官员的职责范围之内,因而具有更多民间信仰的倾向。但惟其是具有纯粹宗教色彩的寺观,而非官方性质与教化色彩的祠庙,故与一朝一代的政治牵连亦最少,且更容易融入一方民众的日常生活,故而更少受到政治的干扰。这或许是现代地方城市中,保存较多的是寺观建筑而非祠祀建筑的原因所在。

四、地方城市坛壝与祠庙的建筑组成

在初步明了了明清地方城市中坛壝与祠庙建筑的设置与分布之后,我们需要对这些坛壝与祠庙的形式与空间做一点梳理,由于坛壝与祠庙是一种十分庞杂的建筑类型,这里只能择其要者加以叙述与分析。

1. 坛壝

因坛壝是更具国家性质的祭祀建筑,其建造规制往往由国家统一制定,有关其规制的记录也比较多见,如:

(1) 社稷坛

按明洪武初年颁设坛制,令府州县各设坛壝,坛而不屋。……社稷坛高三尺,方广二丈五尺,四出陛,各三级。北向为前,前九丈五尺,后、旁各五丈,缭以周垣。出入以北门。库房、神厨、神牌等制,俱与风云坛同,惟坛南正中埋石主一座,高二尺五寸,方一尺,去坛南二尺五寸,下入土中,上露圆尖,并改望燎为望瘗,及供用矮案为异。皇清定制:社以石主,而稷仍同木。会典大社制:社主用石,半埋土中。今全埋,稷无主,仍用木,为二神牌,祭则设于坛上。[1](图1)

又奉部颁规制,阳曲令盛典奉文修造。坛制:横纵胥广二丈五尺,高二尺一寸,陛各三级,缭以周垣,西门红油,其石主长二尺五寸,方一尺,瘗于坛南正中,去坛二尺五寸,只露圆尖,神牌二,以木为之,朱漆青字,填写神号。[2](图2)

1.《钦定四库全书》. 史部. 地理类. 都会郡县之属. 山东通志. 卷二十一. 郡县通祀.
2.《钦定四库全书》. 史部. 地理类. 都会郡县之属. 山西通志. 卷一百六十四. 祠庙.

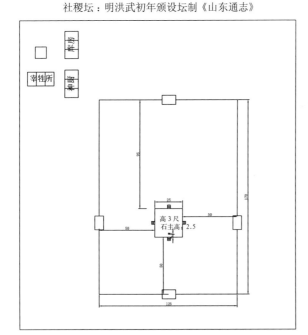

社稷坛：明洪武初年颁设坛制《山东通志》

社稷坛：《山西通志》

图 1　社稷坛，据《山东通志》绘　　　　　　　图 2　社稷坛，据《山西通志》绘

（2）风云雷雨山川坛

风云雷雨山川坛，高二尺五寸，方广二丈五尺，四出各有陛，南陛五级，东、西、北皆三级，四面各十五丈，缭以周垣，出入以南门。有库房、神厨、宰牲房、斋宿所等制。神牌各一，以木为之，高二尺三寸，广四寸五分，厚九分，趺高四寸五分，朱漆，青字，各书神号。[1]（图3）

（3）厉坛[2]

厉坛：府州为郡厉坛，县为邑厉坛，每祭以城隍神主之。前明洪武八年，令直省府州县各设无祀鬼神坛。坛制：于城之北郭，周围五丈五尺，高二尺四寸，前出陛，三级，缭以周垣，门南向，每岁致祭先期之三日，主祭官诣庙，焚发告文，至日设城隍神位，以主其祀。[3]（图4）

（4）先农坛

府州县于该地方东郊洁地，照九卿所耕藉田四亩九分之数建坛。坛制：高二尺五寸，宽二丈五尺，正厅三间。中奉先农神牌，东贮祭器农具，西贮藉田租谷。厢屋两间，东备祭品，西住农民。

1.《钦定四库全书》. 史部. 地理类. 都会郡县之属. 山东通志. 卷二十一. 郡县通祀。
2. 韩国博士留学生辛惠园为本文补充部分社稷坛、邑厉坛资料如下：
　正德朝临漳县坛壝：
　社稷坛在县西北几一里许，南北长一十七丈，东西阔二十六丈。坛高三尺，东西南北各二丈五尺。……风云雷雨山川坛在县南几一里许，南北长一十七丈五尺，东西阔二十七丈五尺。坛高三尺，东西南北各二丈五尺。坛制如社稷之数。……邑厉坛在县西北几一里许，南北长一十八丈，东西阔一十二丈。坛高三尺，东西南北各二丈五尺。外门一座，祭文碑一统。
　嘉靖朝获鹿县坛壝：
　社稷坛……地广：阔四十步，长四十八步，共地八亩。风雨雷雨山川坛，旧在县南郭外迤东，嘉靖二十九年知县孟经改建，鹿水东南西三十五步，南北三十七步，地四亩六分六厘七毫。厉坛县城北迤东，长三十五步，阔二十四步，地四亩九分五厘八毫。
　嘉靖朝翼城县坛壝：
　社稷坛在北门外西隅，周围一百六十步……风云雷雨山川坛在城南，周围一百八十步，……邑厉坛在城北，周围一百四十步。……乡厉坛在各里，多废。
　嘉靖威县坛壝：
　社稷坛在城西，坛崇三尺，东西二丈五尺，南北如之，四出陛，各三级，坛下前九丈五尺，周缭以垣，神厨宰牲房斋所各三间，俱在坛左。……风云雷雨山川坛在城南，崇二尺五寸，东西二丈五尺，南北如之，四出陛，各三级，惟午五级，周缭以垣，神厨宰牲房斋所各三间，俱在坛左。……邑厉坛在城北，崇二尺，延广各二丈，前出陛三级，周缭以垣，神厨宰牲房斋所各三间，亭一以覆御制厉坛祭文碑。
3.《钦定四库全书》. 史部. 地理类. 都会郡县之属. 山东通志. 卷二十一. 郡县通祀。

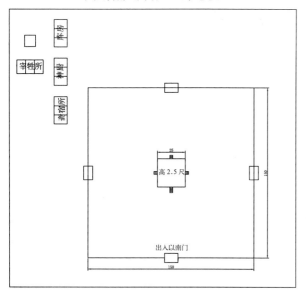

图3 风云雷雨山川坛，
据《山东通志》绘

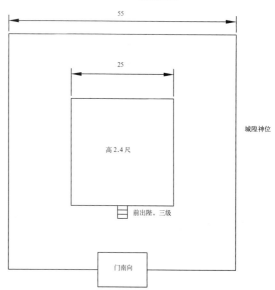

图4 厉坛，据《山东通志》绘

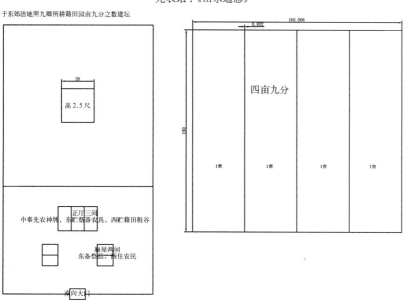

图5 先农坛，据《山东通志》绘

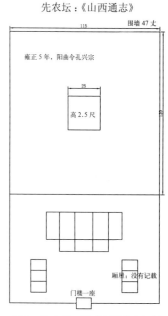

图6 先农坛，据《山西通志》绘

南向大门一座，四面缭垣，随坛田四亩九分。[1]（图5）

　　先农俱令动支正项钱粮，其所用数目，各该地方官报明户部查核。藉田所收之米粟，敬谨收贮，以供各该处祭祀之粢盛。雍正五年，阳曲令孔兴宗，建造大殿五间，卷棚三间，门楼一座，围墙四十七丈，坛制高二尺一寸，宽二丈五尺；神牌高二尺四寸，宽六寸；座高五寸，宽九寸五分，红牌金字。[2]（图6）

　　先农坛在府城东门外，本朝雍正五年奉敕建。坛高二尺一寸，方广二丈五尺，祠三楹，左右斋房各二，左贮农具藉谷，右为办祭所。田四亩九分。钦定日期，督抚率司道各官致祭。[3]（图7）

1.《钦定四库全书》. 史部. 地理类. 都会郡县之属. 山东通志. 卷二十一. 郡县通祀。
2.《钦定四库全书》. 史部. 地理类. 都会郡县之属. 山西通志. 卷一百六十四. 祠庙。
3.《钦定四库全书》. 史部. 地理类. 都会郡县之属. 云南通志. 卷十五. 祠祀（附寺观）。

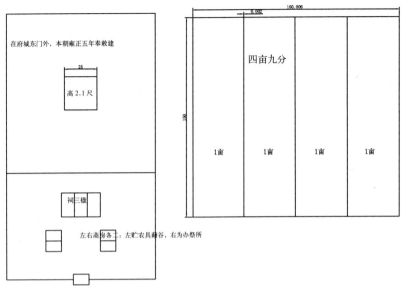

图 7　先农坛，据《云南通志》绘

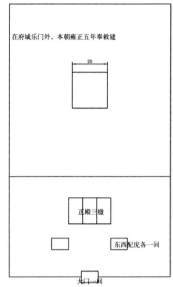

图 8　先农坛，据《盛京通志》绘

清代时，也有仅为先农坛设置祠庙的，如《盛京通志》：

（黑龙江各属：墨尔根）先农坛在城外东南二里，正殿三楹，东西配庑各一楹，大门一楹。[1]（图8）

2. 祠庙

地方性祠庙建造，除了孔庙，及名宦、乡贤、忠义、节孝等祠，似由地方官员建造，可能有一些规定性的制度之外，其余诸祠庙的详细规制，于一般地方文献中似并不多见。这里枚举一二见于清《皇朝文献通考》中记载之京师顺天府的一些祠庙，并补以见于记载的一些地方祠庙，或能聊补缺憾。

（1）关帝庙

（顺天府）地安门外之西，白马关帝庙，嗣是屡加崇修。庙南向，三门，正殿三间，三出陛，各五级。东、西庑。东庑南，燎炉一，庑北，各有斋室。后殿五间。东、西庑燎炉，如前殿。殿后祭器库、治牲所皆具。凡正殿、门庑，覆以绿琉璃。余均筒瓦。门楹丹雘，栋梁五采。围垣，周六十丈，前殿之西，有御碑亭一。[2]（图9）

（奉天府）关帝庙有三，一在地载门外城西五里教场，崇德八年敕建。正殿三楹，东西配庑各三楹，大门三楹。[3]（图10）

（锦州府）关帝庙有十六，一在东门街右，正殿三楹，配庑六楹，耳房六楹，大门三楹。一在西门街右，正殿六楹，配屋六楹，耳房十楹，大门三楹……[4]（图11）

（吉林各属：吉林）关帝庙有三，一在城外正西，距城里许，正殿三楹，配庑各五楹，大门三楹，钟鼓楼各一。一在城外东南隅，距城三里，正殿三楹，三代殿三楹，大门三楹，院左有文昌祠，正殿三楹，右有马神庙，正殿三楹。一在城西南，距城十里，正殿三楹，配庑各五楹，大门一楹。[5]（图12）

（黑龙江各属：黑龙江）关帝庙在北门外西北一里，正殿三楹，配殿各一楹钟鼓楼各一楹，东西庑各五楹，大门三楹。[6]（图13）

1.《钦定四库全书》. 史部. 地理类. 都会郡县之属. 钦定盛京通志. 卷九十九. 祠祀三。
2.《钦定四库全书》. 史部. 政书类. 通制之属. 皇朝文献通考. 卷一百五. 群祀考. 上. 京师崇祀。
3.《钦定四库全书》. 史部. 地理类. 都会郡县之属. 钦定盛京通志. 卷九十七. 祠祀一。
4.《钦定四库全书》. 史部. 地理类. 都会郡县之属. 钦定盛京通志. 卷九十八. 祠祀二。
5. 同1。
6. 同1。

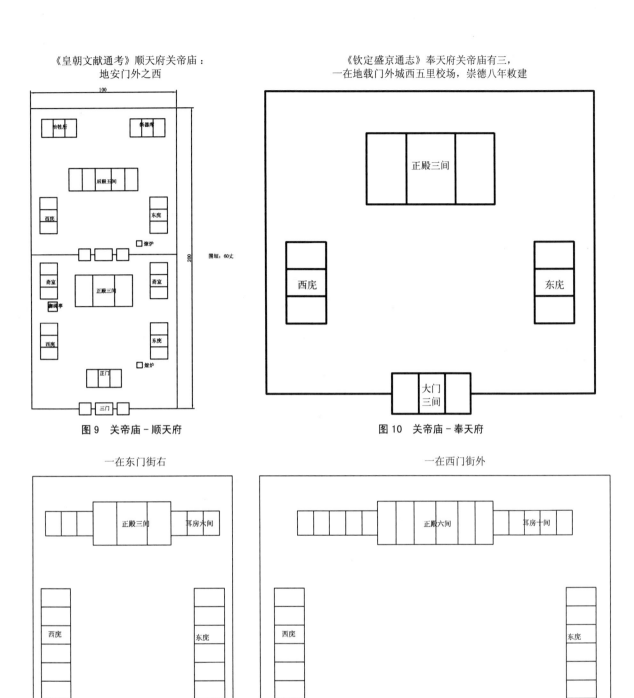

《皇朝文献通考》顺天府关帝庙：
地安门外之西

图 9 关帝庙－顺天府

《钦定盛京通志》奉天府关帝庙有三，
一在地载门外城西五里校场，崇德八年敕建

图 10 关帝庙－奉天府

一在东门街右

一在西门街外

图 11 关帝庙－锦州府

（黑龙江各属：墨尔根）关帝庙在城外东南隅一里，正殿三楹，后殿三楹，配殿各三楹，左右耳房各三楹，大门三楹。[1]（图 14）

由此可知，关帝庙的制度，似不十分确定，如同在一座城市中，有正殿三楹（三间）的，也有正殿六楹（疑为五间）。另外，有设钟鼓楼的，亦有不设的，还有在正殿后加设三代殿，或加后殿的，亦有将关帝庙与文昌祠、马神庙并列设置的。

1.《钦定四库全书》. 史部. 地理类. 都会郡县之属. 钦定盛京通志. 卷九十九. 祠祀三。

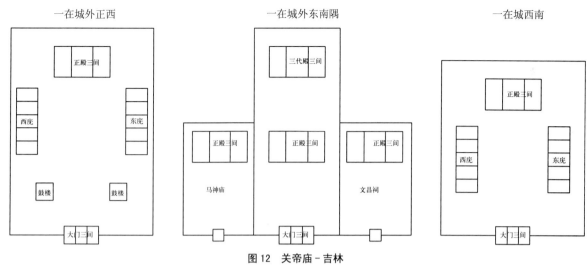

一在城外正西　　　　　一在城外东南隅　　　　　一在城西南

正殿三间　　　　三代殿三间　　　　正殿三间

西庑　　东庑　　正殿三间　正殿三间　正殿三间　　西庑　　东庑

鼓楼　　鼓楼　　马神庙　　　　　文昌祠

大门三间　　　　大门三间　　　　　大门三间

图 12　关帝庙 - 吉林

《钦定盛京通志》墨尔根关帝庙在城外东南隅

《皇朝文献通考》都城隍庙：在都城宣武门内，南向

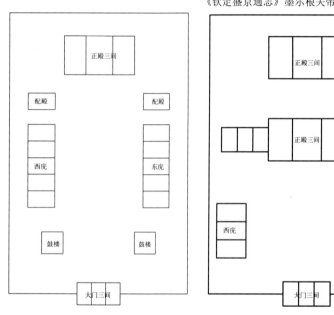

正殿三间

配殿　　配殿

西庑　　东庑

鼓楼　　鼓楼

大门三间

图 13　关帝庙 - 黑龙江

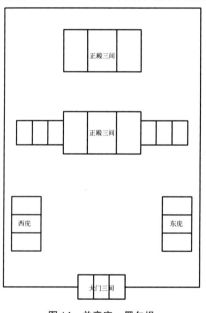

正殿三间

正殿三间

西庑　　东庑

大门三间

图 14　关帝庙 - 墨尔根

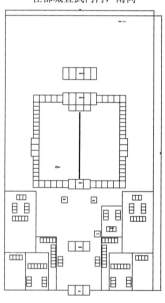

图 15　清北京都城隍庙，据《皇朝文献通考》绘

（2）都城隍庙

庙在都城宣武门内，南向。庙门、顺德门、阐威门，凡三重。左右有门。前殿五间，东西庑、回廊，连檐通脊。甬道西，燎炉一。后殿五间。阐威门外，东为治牲所、井亭。门之左右为钟鼓楼。周垣二百十有三丈。[1]（图 15）

在城内大街鼓楼东路北，旧沈阳城隍庙也。大殿五楹，配庑各三楹，耳房六楹，大门三楹。庙有元至正年碑及明洪武、弘治、万历年碑，皆记重修年月。[2]（图 16）

（3）城隍庙

在城内鼓楼西北隅，正殿三楹，左右配庑各三楹，耳房六楹，大门三楹，明洪武时建，嘉靖时重修。今移于南门外，府县同。[3]（图 17）

1.《钦定四库全书》. 史部. 政书类. 通制之属. 皇朝文献通考. 卷一百五. 群祀考. 上. 京师崇祀。
2.《钦定四库全书》. 史部. 地理类. 都会郡县之属. 钦定盛京通志. 卷九十七. 祠祀一。
3.《钦定四库全书》. 史部. 地理类. 都会郡县之属. 钦定盛京通志. 卷九十八. 祠祀二。

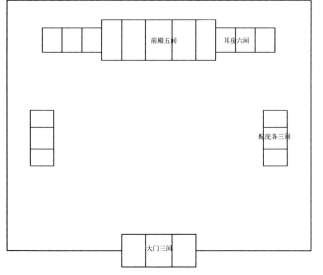

《钦定盛京通志》
在城内大街鼓楼东路北，旧沈阳城隍庙

图 16　清盛京都城隍庙，据《盛京通志》绘

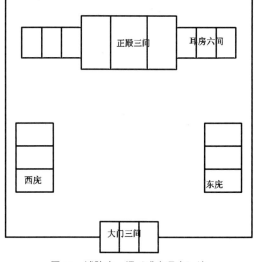

城隍庙
《钦定盛京通志》在城内鼓楼西北隅

图 17　城隍庙，据《盛京通志》绘

显然，地方府州城市的城隍庙比京城的城隍庙低一个等级，故其正殿仅为三间，且其余府县城隍庙亦同其制，当亦为正殿三间。而清时顺天府及盛京城内的都城隍庙正殿皆为五间。另：

（浙江：嘉善县）城隍庙　万历嘉善县志，在县治东，中为正殿，殿后为堂，堂右为大窨楼，左为求嗣神祠，祠后为三元楼，殿两翼对峙为六曹神阁，南为中门，外为庙门，门外有井泉。[1]（图18）

南方地区的城隍庙中，在正殿之后设堂，并且特别加设了多座楼阁建筑，并有外门与中门之设，其格局与北方地区又有很大的差别。

（4）土地祠

（锦州府各属：锦县）土地祠在府治大门内之左，正宇一楹，又土神祠在县治大门内之左，正宇一楹。[2]

（5）东岳庙

东岳泰山之神庙在朝阳门外，南向。康熙三十七年毁，重建。庙门、牌坊门，各三间。瞻岱门，五间。正殿七间，两庑各三间。回廊各三十六间，连檐通脊。左右御碑亭各一，燎炉二。后殿五间。东西庑、回廊外，三面环楼三十三间。庙门内，钟鼓楼具。门外石梁三，左右铁狮二，前建琉璃坊、东西牌坊。凡殿宇门庑，均覆筒绿琉璃。门楹梁栋崇饰如式。御碑亭覆黄琉璃，钟鼓楼均用绿琉璃。[3]（图19）

（6）火神庙

司火之神之礼庙，在日中坊，桥西。正门东向，左右各一门，门前巨坊，日离德昭明，正殿南向，有西庑，南殿旁有左右殿，东西庑设燎炉一，后阁五间，有东西阁，又后群楼，十有五间。庙门内有钟鼓楼。门楼覆黄绿琉璃，殿覆绿琉璃，余饰如式。[4]（图20）

（吉林各属：白都讷）火神庙在城外西北隅，正殿三楹，东西配庑各三楹，大门三楹。[5]（图21）

1.《钦定四库全书》．史部．地理类．都会郡县之属．浙江通志．卷二百十九．祠祀三。
2.《钦定四库全书》．史部．地理类．都会郡县之属．钦定盛京通志．卷九十八．祠祀二。
3.《钦定四库全书》．史部．政书类．通制之属．皇朝文献通考．卷一百五．群祀考．上．京师崇祀。
4. 同上。
5.《钦定四库全书》．史部．地理类．都会郡县之属．钦定盛京通志．卷九十九．祠祀三。

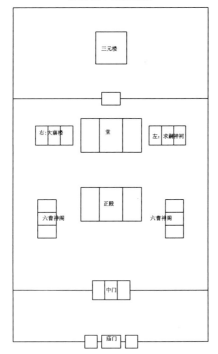

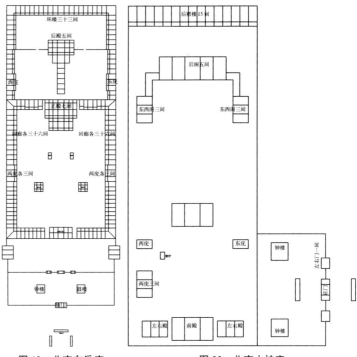

图18　嘉善县城隍庙，据《浙江通志》绘　　　图19　北京东岳庙　　　图20　北京火神庙

（7）龙王庙

黑龙潭龙神庙……其庙正殿东向，崇台朱栏，左设燎炉，前为庙门，缭以朱垣。御碑亭在门之外，又前为牌坊，东北为龙潭水，从山峡流出，绕潭回廊三十三间，其南小潭一，外为大门，自殿至门磴道五层。御碑亭、正殿、庙门、牌坊均覆以黄琉璃，余皆筒瓦。门槛丹臒，梁栋五采，神厨、治牲所在庙外之右。[1]（图22）

（山西太原）龙王庙在巡抚署东，雍正五年奉敕建造。正殿三间，东西两庑四间，牌楼一座，大门三间。中奉山西福晋宣泽王神位。神像法身由内府塑造，虔供庙中。每逢朔望，巡抚亲率同城各属，五鼓行香。凡有祈祷雨泽，熏坛步祷，甘澍立沛，灵应如响。[2]（图23）

（奉天府）护都丰农龙王庙在抚近门内路北，正殿三楹，龙王殿一楹，三官殿三楹，大门三楹，耳房八楹，雍正元年敕建。[3]（图24）

（8）三皇庙

（锦州府各属：锦县）三皇庙在城内西街北隅，正殿三楹，东庑三楹，耳房三楹大门一楹。康熙八年建。[4]（图25）

（9）马神庙

（锦州府各属：锦县）马神庙有二，一在城内西街北隅，正殿三楹，配庑二楹，耳房六楹，大门一楹。一在西门外，今废。[5]（图26）

（吉林各属：白都讷）马神庙在城内西北隅，正殿三楹，山门三楹，旁有城隍庙一座，正殿三楹，东西配庑，各三楹。[6]（图26）

1.《钦定四库全书》. 史部. 政书类. 通制之属. 皇朝文献通考. 卷一百五. 群祀考. 上. 京师崇祀。
2.《钦定四库全书》. 史部. 地理类. 都会郡县之属. 山西通志. 卷一百六十四. 祠庙。
3.《钦定四库全书》. 史部. 地理类. 都会郡县之属. 钦定盛京通志. 卷九十七. 祠祀一。
4.《钦定四库全书》. 史部. 地理类. 都会郡县之属. 钦定盛京通志. 卷九十八. 祠祀二。
5. 同上。
6.《钦定四库全书》. 史部. 地理类. 都会郡县之属. 钦定盛京通志. 卷九十九. 祠祀三。

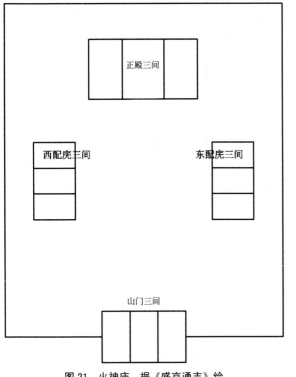

图 21　火神庙，据《盛京通志》绘

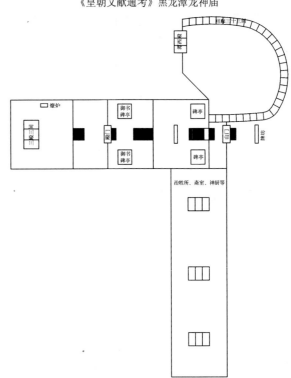

图 22　北京黑龙潭龙神庙，据《皇朝文献通考》绘

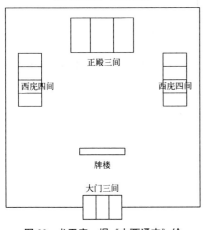

图 23　龙王庙，据《山西通志》绘

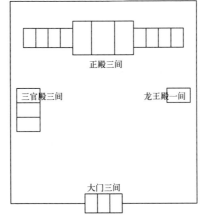

图 24　清盛京龙王庙，据《盛京通志》绘

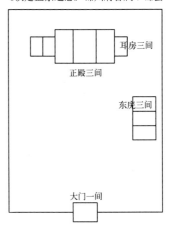

图 25　锦县三皇庙，据《盛京通志》绘

（黑龙江各属：齐齐哈尔）马神庙在城内西南隅，正殿三楹，后楼三楹，东配楼三楹，东西廊房各五楹，大门三楹。[1]（图 26）

（10）八蜡庙

（吉林各属：吉林）八蜡庙在城内东南隅，俗称虫王庙，正殿三楹，配庑大门共六楹。[2]（图 27）

（吉林各属：白都讷）虫王庙在城外东南隅，正殿一楹，大门一楹。[3]（图 27）

1.《钦定四库全书》. 史部. 地理类. 都会郡县之属. 钦定盛京通志. 卷九十九. 祠祀三。

2. 同上。

3. 同上。

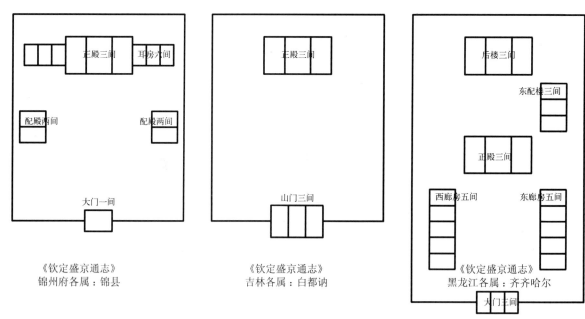

《钦定盛京通志》　　　　　　　《钦定盛京通志》　　　　　　　《钦定盛京通志》
锦州府各属：锦县　　　　　　　吉林各属：白都讷　　　　　　　黑龙江各属：齐齐哈尔

图 26　清代东北的几座马神庙，据《钦定盛京通志》绘

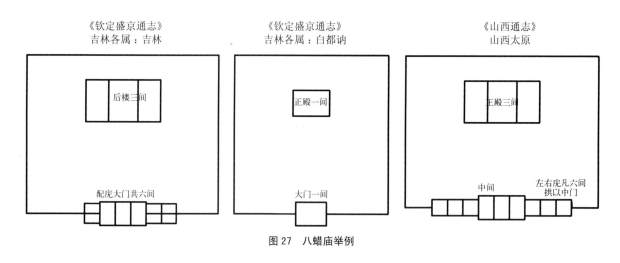

《钦定盛京通志》　　　　　　　《钦定盛京通志》　　　　　　　《山西通志》
吉林各属：吉林　　　　　　　　吉林各属：白都讷　　　　　　　山西太原

图 27　八蜡庙举例

　　（山西）平定旧有八蜡庙，在州郭门之东……为正堂三楹，龛如其蜡数，左右庑凡六楹，拱以中门，缭以周垣，规制隆然而起。[1]（图 27）

(11) 药王庙

　　（吉林各属：白都讷）药王庙在城内东南隅，正殿三楹，东西配庑各三楹，大门六楹。[2]（图 28）

(12) 名宦祠与乡贤祠

　　发库银四十余两，市材鸠工，计估不敷，议增八十余两，乃构正殿五楹，作翼道，周围石栏，凡二十余丈。东西庑各五楹，戟门一楹，棂星门楼三楹。戟门之东曰名宦祠，西曰乡贤祠，各五楹。明伦堂五楹，两斋房十楹，堂后敬一亭三楹，堂左启圣祠三楹。官舍号房，咸秩于理。先是棂星门近逼居民，树屏一面，乃令分守参将……完易民舍基地，南北约五丈余，东西倍之。始凿泮池一区，砖桥一座，中建石坊，外联石栏，又于通衢之东，去四十步，西去二十步，各建坊。[3]（图 29）

1.《钦定四库全书》. 史部. 地理类. 都会郡县之属. 山西通志. 卷二百六. 艺文二十五. 八蜡庙记。
2.《钦定四库全书》. 史部. 地理类. 都会郡县之属. 钦定盛京通志. 卷九十九. 祠祀三。
3.《钦定四库全书》. 史部. 地理类. 都会郡县之属. 钦定盛京通志. 卷一百十三. 历朝艺文. 修广宁左中屯卫学记. 明. 江奎。

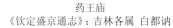

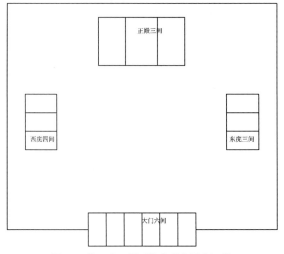

药王庙
《钦定盛京通志》：吉林各属 白都讷

图 28　药王庙，据《钦定盛京通志》绘

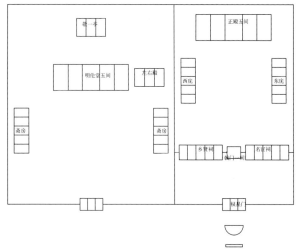

名宦祠与乡贤祠
《钦定盛京通志》修广宁左中屯卫学记

图 29　附属于地方庠校的名宦祠与乡贤祠

这里详细地记录了在一座学宫戟门左右对称设置的名宦祠与乡贤祠。显然，学宫、名宦祠、乡贤祠是一个完整的建筑组群。

(13) 忠义节孝祠

忠义节孝祠：忠义祠三间，碑一座，在学宫棂星门内西甬道侧；节孝祠三间，牌坊一座，在学宫外，泮池西。[1]

忠义节孝祠：忠义祠三间，碑一座，在学宫。节孝祠三间，石牌坊一座，在东门外馆驿基。[2]

由此可知，忠义祠一般建在学宫内，有祠屋三间。设碑一座。节孝祠则在学宫之外，其址并不确定，亦为祠屋三间，祠前必设牌坊一座。

从如上的分析中，我们大致可以了解明清时代地方城市坛壝与祠庙建筑的一些大致情况。尽管，这些资料不是明清地方城市坛壝与祠庙建筑的全貌，但亦可以看出其中存在的大致规制。如社稷、风云雷雨山川、先农、厉坛等坛壝，由于是按照国家统一颁布的规制建造的，其设置无论在方位上，还是在建筑形制上，都有规则可寻。当然，也有例外的情况，如黑龙江地区的先农坛，与内地先农坛已有明显的差别，反而更像是一个专门用来祭祀的祠庙，而非进行藉田礼仪的坛壝。这可能与黑龙江当时还不是一个典型的农业地区有关。

在祠庙建筑方面，制度性比较强的似乎主要是名宦、乡贤和忠义、节孝等祠，其位置有明确的规则，而其建筑制度上，也比较清晰。如名宦、乡贤和忠义祠，一般是附属在学宫建筑群中，仅设三间祠屋。而节孝祠则另择地而建，虽然仍是三间祠屋，但须在其前设置表忠旌节的牌坊。

规模较大的祠庙是城隍庙，但城隍庙表现为明显的等级差别。位于京师之地的城隍庙，一般称为都城隍庙，其规制亦较高，如正殿可有五间。而地方府州城市，则仅称城隍庙，其正殿一般都为三间。

在建筑形制上较为灵活多变的是关帝庙。无论其正殿、后殿，还是钟鼓楼，及相关配楼等，都表现了多样化特征。这说明关帝庙并不具有强烈的官方性质，因此，其随城市等级而变化的差别则不明显，其建造的制度，也可以随着地方人众的信仰，与资金投入的多少而有所不同。其余如东岳庙，也有类似的情况。其规制及分布规则，也不像一般坛壝或名宦、乡贤或忠义、节孝等祠那样，有着统一的规制。因此，各地多有各种创造性的设计。

说明：本文第四节所举实例中相关平面插图，由清华大学建筑学院博士研究生（韩国留学生）辛惠园根据本文所引文献绘制。在这里加以说明，并致谢意。

作者单位：清华大学建筑学院

1.《钦定四库全书》. 史部. 地理类. 都会郡县之属. 浙江通志. 卷二百十八. 祠祀二. 杭州府下. 海宁县。
2.《钦定四库全书》. 史部. 地理类. 都会郡县之属. 浙江通志. 卷二百十八. 祠祀二. 杭州府下. 富阳县。

明代北直隶城隍庙建筑规制 *

包志禹

提要

以北直隶为例，研究明代北直隶府州县的城隍庙建筑规制。

关键词：明代，府州县，北直隶，城隍庙，建筑规制

一、背景

城隍产生于中国古代祭祀而经道教演衍的地方守护神，唐以后其祭祀愈为普遍，宋代已经列于国家祀典，至明洪武朝初年，国家祀典中的城隍祭祀制度化，这种制度化又推动了城隍信仰、祭祀在民间的普遍化。

城隍神是明代以来官方和民间最有影响力的神祇之一。明初洪武改制，城隍神被封为王、公、侯、伯的爵位，并规定了都府州县城隍神不同的品级，朝廷下令各级行政单位建立城隍庙，城隍神信仰趋于极盛。[1]自上而下地推进民间信仰的传播从而加强对基层社会的控制，是行政手段之一，明初朝廷对城隍神的封赐亦如是。

朱元璋本着"国之所重，莫先庙社，遂定议以明年为吴元年，命有司营建庙社，立宫室"[2]，明朝初创之际就着手对国家礼制的重新整顿，首先以恢复祭天仪式和场所开始。洪武元年（1368 年），命"礼官及翰林、太常诸儒臣"稽考祭祀制度。二月壬寅，中书省左丞相李善长、翰林学士陶安等人分别考证了圆丘（天坛）、方丘（地坛）、郊社（社稷）、宗庙的历史，提出新的祭祀制度。[3]十月丙子，诏令地方郡县，将"名山大川、圣帝明王及忠臣烈士，有功于国家及惠爱黎民者"具体事迹上报，著录祀典。[4]十二月己丑，命府州县建造社稷坛并加以祭祀。[5]

二、城隍庙——官方祠庙

明代对于祭祀对象的规范化，有着不同于前代的鲜明特征。这一系列有关礼制改革的举措中，规定了明代城隍制度："洪武二年春，正月丙申朔，……封京都及天下城隍神。"[6]这一套王公侯伯的等级制度，表明城隍神被列入了国家祀典行列，在细节上则作出了相应的城隍神像章服规定（表 1）。[7]从此开始的历程，使得城隍庙成为惟一的明代每座城市必有的庙。

洪武三年再次颁诏，一方面否定前代祭祀制度："考诸祀典，如五岳五镇四海四渎之封起自唐世，崇名

---

* 本文属国家自然科学基金支持项目，项目名称：《明代建城运动与古代城市等级、规制及城市主要建筑类型、规模与布局研究》，项目批准号：50778093。

1. 关于洪武二年朱元璋对城隍神的赐封问题，日本学者滨岛敦俊有多篇专题论文，参阅《明清江南城隍考——商品经济的发达与农民信仰》（译文），沈中琦译，载《中国社会经济史研究》1991 年第 1 期；《明初城隍考》（译文），许檀译，载《社会科学家》，1991 年第 6 期；《朱元璋政权城隍改制考》，载《史学集刊》1995 年 04 期。国内学者赵轶峰对《明初城隍考》一文持异议，参见《明初城隍祭祀——滨岛敦俊洪武"三年改制"论商榷》，载《求是学刊》，2006 年第 1 期。张传勇、于秀萍认为赵轶峰对中国城隍信仰研究不足，并对滨岛的研究存在诸多误解，使得商榷本身存在许多值得探讨之处，参见《明初城隍祭祀三题——与赵轶峰先生商榷》，载《历史教学（高校版）》，2007 年第 8 期。
2. 胡广 等纂修. 明太祖实录. 卷二十一. 吴元年八月己未条. 台北：中央研究院历史语言研究所校印本，1962：311。
3. 胡广 等纂修. 明太祖实录. 卷三十. 洪武元年二月壬寅条. 台北：中央研究院历史语言研究所校印本，1962：507-514。
4. 胡广 等纂修. 明太祖实录. 卷三十五. 洪武元年十月丙子条. 台北：中央研究院历史语言研究所校印本，1962：632。
5. 胡广 等纂修. 明太祖实录. 卷三十七. 洪武元年十二月己丑条. 台北：中央研究院历史语言研究所校印本，1962：746-747。
6. 胡广 等纂修. 明太祖实录. 卷 38. 洪武二年春正月丙申条. 台北：中央研究院历史语言研究所校印本，1962：755。
7. 胡广 等纂修. 明太祖实录. 卷 38. 洪武二年春正月丙申条. 台北：中央研究院历史语言研究所校印本，1962：755-756。

洪武二年封京都及天下城隍神表

表 1

| 都府州县 | 洪武二年 | | | | 洪武六年 |
	明代地名	今地名	城隍神爵位	官秩	庙制
都城	应天府	南京	承天鉴国司民升福明灵王		其制,高广各视官署厅堂,
府城	开封府	开封	承天鉴国司民显灵王	正一品	其几案皆同,置神主于坐
	临濠府	安徽省凤阳县	承天鉴国司民贞佑王	正一品	
	太平府	安徽省当涂县	承天鉴国司民英烈王	正一品	
州城	和州	安徽省和县	承天鉴国司民灵护王	正一品	
	滁州	安徽省滁县	承天鉴国司民灵佑王	正一品	
其余府城			鉴察司民城隍威灵公	正二品	
其余州城			鉴察司民城隍灵佑侯	正三品	
其余县城			鉴察司民城隍显佑伯	正四品	

（资料来源：《明太祖实录》卷 38）

美号历代有加"，"在朕思之则不然。"[1]

另一方面再次申明本朝制度：夫礼所以明神人，正名分，不可以僭差……天下神祠无功于民不应祀典者即淫祠也。有司无得致祭。於戏，明则有礼乐，幽则有鬼神。其礼既同，其分当正，故兹诏示，咸使闻之。[2] 即以是否有功于国家，是否惠爱黎民，成为不可逾越的祭祀法规，否则就是"淫祠"。

城隍神作为"城"与"隍"的化身，职能是护城卫民、祛灾除患、惩治恶鬼、安抚厉鬼、护佑善者。因此，建城必有神为之主，有神必有祠庙以居之，在一座建有城池的城市中应有城隍神栖居之地，这成为建造城隍庙的基本依据。

对于城隍之神的礼从与城隍庙的建筑等级规制，体现了明代对于城池建造与防卫的重视。城隍一词最初并非指保护城市的神灵，而是泛指城市、城镇、城池等，出于安全事宜，每座城市请一位专有神灵作保护神。唐代文献中就偶尔出现关于城隍庙修造的记载，宋代迫于战事的压力，在各地兴建了城隍庙，元代也有城隍庙的建造。而明代则将城隍庙的建造制度化，一方面将城隍庙中的神像改为木主，一方面要求各府州县都要对各地的城隍礼拜祭祀。

三、城隍庙建筑规制

1. 建筑规制

明洪武三年（1370 年）制定了具体的城隍庙建筑之制——"高广视官署厅堂"，就是其建筑规制与所在城市的治所衙署建筑的等级与规制一致，这个规制更多的是针对建筑单体形制的。《明太祖实录》云：

> 洪武三年六月戊寅，诏天下府州县立城隍庙，其制高广，各视官府官署厅堂，其几案皆同。置神主于座。旧庙可用者，修改为之。[3]

《续文献通考·群祀考三》载："洪武三年，诏天下府子州县立城隍庙，其制高广各视官署正衙，几案皆同。置木主，撤塑像，取其泥涂壁绘以云山。"[4]《明史》记载了地方官的责任之一就是对其属地城隍神的礼拜与祭祀：

> （洪武）三年，诏去封号，止称其府州县城隍之神。又令各庙屏去他神。定庙制，高广视官署厅堂。造木为主，毁塑像异置水中，取其泥涂壁，绘以云山。六年，制中都城隍神主成，遣官赍香币奉安。京师城隍既附缋山川坛，又于二十一年改建庙。寻以从祀大礼殿，罢山川坛春祭。永乐中，建庙

1. 胡广 等纂修. 明太祖实录, 卷 53. 洪武三年六月癸亥条. 台北：中央研究院历史语言研究所校印本, 1962：1035.
2. 同上。
3. 胡广 等纂修. 明太祖实录, 卷 53. 洪武三年六月戊寅条. 台北：中央研究院历史语言研究所校印本, 1962：1050.
4. 清文渊阁《四库全书》版，《钦定续文献通考》卷七十九，第 19 页。

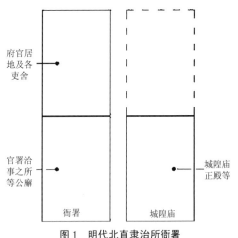

图 1 明代北直隶治所衙署
与城隍庙建筑组群的进深差异示意

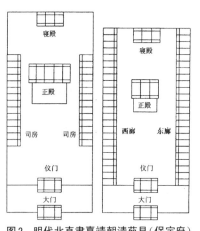

图 2 明代北直隶嘉靖朝清苑县（保定府）
城隍庙（左）与弘治朝易州城隍庙（右）
（资料来源：自绘）

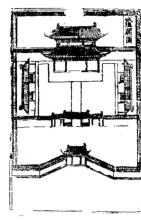

图 3 岳州城隍庙
（资料来源：弘治《岳州府志》
卷一）

都城之西，曰大威灵祠。嘉靖九年，罢山川坛从祀，岁以仲秋祭旗纛日，并祭都城隍之神。凡圣诞节及五月十一日神诞，皆遣太常寺堂上官行礼。国有大灾则告庙。在王国者王亲祭之，在各府州县者守令主之。[1]

明代治所衙署规制并不见于正史，只在方志和笔记中有零星片断。明初卢熊撰洪武《苏州府志》载："洪武二年（1369年），奉省部符文，降式各府州县，改造公廨，遂辟广其地，撤而新之，府官居地及各吏舍皆置其中。"[2]中国地方官衙的建筑格局到明代发生的一个变化是明洪武二年颁布了衙署规制，这一规制与前朝的不同，主要体现在"府官居第及各吏舍皆置其中"。[3]那么，既然是城隍神，自然就不再需要承载居住功能的建筑群落，因此城隍庙的建筑组群进深比治所衙署要小（图1）。

这个建筑规制也就是"式"，各地基本上都会依循。如关于北直隶河间府南皮县城隍庙："南皮县城隍庙，宣德元年知县张麟创造，正德四年知县陈毅重修。翰林寺讲学士曾鹤龄撰重修城隍庙记。天下郡县众矣而皆有城隍，城隍之神载在祀典，自守令而下始至则祀之，朔望则谒之，水旱疫疠则祷焉，其灵感昭格实能为民降福祥弭灾害，而庙貌庭宇门庑之制崇卑广狭皆有定式。"[4]

明代北直隶城隍庙的建筑规制零星见于地方志。以嘉靖年间清苑县为例，来看一下府级城隍庙。清苑县是保定府倚郭，嘉靖《清苑县志》记载的是保定府城隍庙。需要指出的是，文中明确指出嘉靖年间的府城保定府和倚郭清苑县使用同一个城隍庙：

城隍庙在县治北，洪武二年（1369年）知府任亨鼎建，成化七年（1471年）知府张律修。正殿五间，司房东西各十五间，寝殿三间，仪门、大门各三间。[5]（图2）

州级城隍庙以弘治年间易州为例："城隍庙，在州治东北五百步，永乐十四年同知裴琏修，景泰四年王铸重修，弘治十年知州周洪重建，工未就升去，戴敏继助完工。正殿三间，寝殿三间，两廊二十四间，二门三间，大门三间，瘟神祠一间，子孙神祠三间。"[6]由此可知弘治年间的易州城隍庙在中轴线上设置了大门、仪门、正殿、寝殿，形成了三进院落（图2）。

由于明代方志中所载城隍庙图稀少，现存北直隶方志中未见城隍庙插图。也为了可以更清楚地分析明代城隍庙，弘治《岳州府志》载有的湖南岳州城隍庙图殊为难得，可资比较（图3），是州一级的城隍庙。

县级城隍庙，则以北直隶洪武朝的威县与嘉靖朝蠡县为例（图4）：

1. 清文渊阁《四库全书》版，《明史》卷四十九，第28页。
2. 洪武《苏州府志》苏州府志图卷，第27页。
3. 李志荣. 元明清华北华中地方衙署个案研究（D）. 北京大学博士论文，2004年。
4. 嘉靖《河间府志》卷9《典礼》，第7页。
5. 嘉靖《清苑县志》卷三，第43页。
6. 弘治《易州志》卷三《神祀》，第10页。

（威县）城隍庙在县治西，大门三间，仪门三间，前殿三间，厦三间，后殿三间，洪武十三年（1380年）知县朱恒建。弘治十二年（1499年）知县刘镒修。正德十六年（1521年）知县崔节增建东西神宇各七间。嘉靖六年（1527年）知县钱木修。今知县胡容重修。[1]

（蠡县）城隍庙在县治西，崇基上前建门楼次串，厅塑神马，中为庙三楹重檐，设铜像，有东西序，有后寝，围以短垣。[2]

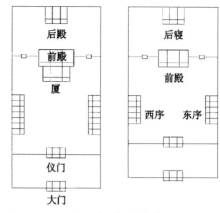

图4　洪武朝威县城隍庙（左）和嘉靖朝蠡县城隍庙（右）
（资料来源：自绘）

明代有一些城隍庙是从别的建筑改建而来。例如北直隶永平府的城隍庙原先是道观，弘治《永平府志》云："永平府的城隍庙在府治东南三百步，洪武九年（1376年）同知梅圭，改紫阳观建。永乐二十二年（1424年）民人肖宏等重建，成化七年（1471年）知府王玺增建香亭，弘治二年（1489年）知府王问重修。"[3]

综上所见，明代北直隶府州县级城隍庙的平面格局基本相似，都是在中轴线上布置大门、仪门、正殿和寝殿，并在正殿之前东西两侧设置廊屋，形成三进院落，其等级大小也许体现在面阔与进深的尺寸上。

2. 方位选址与数量

从文献来看，北直隶的城隍庙选址方位不一（表2），一般都设在城墙之内，但是也有在城墙之外的，如原良乡城隍庙在县西南隅，景泰二年（1451年）因为筑城而把庙隔在城墙之外，后来景泰六年又于择地城内西北隅兴建。[4]如定兴县城隍庙"在县治东南一里，元延祐五年邑人张伯祥等始创，元末庙宇已废，洪武八年（1375年）下礼起盖，碑文录于后。"[5]庆都县城隍庙"在县治西北，洪武十七年知县解本忠建。"[6]

明代北直隶顺德府坛庙方位一览　　　　　　　　　　　　　　表2

府州县	庙学	城隍庙	社稷坛	山川坛	厉坛
顺德府	儒学县治东南，宋大观间建。文庙府治西北	府治西北	旧在城北，成化五年知府黎永明卜徙西关外路南	在南关街东，成化间知府林恭改建南关外，万历十一年知府王守诚重修	城北关外
邢台（倚）	县治东南				
沙河	县治东南	县治西	县西，县西北	县东南	县北。县东北
平乡	县治东，洪武初建。县治东北	县治东北	北门外	县城南	县城北
南和	县治东南	县治东南	县西北	城南	县正北
广宗	县治东南，元代中统间建		县北关外	县南关外	县北关外
巨鹿	县治东南，元代元贞间建	县治东	城西，北关迤西	城南，南门外	城北，北门迤东
唐山	县治西元至正间建，洪武初知县刘安礼再建	县治南。县治西	旧在县西，成化间知县司员迁修于县北。县城西北	县城东南	县城北
内邱	治城西北隅，洪武初主簿彭焕建	县治东北，洪武年建	城西北，洪武间建，成化间重修	城东南，洪武间建，成化间重修	县北门外
任县	县治东，延祐间建，永乐间知县周升重修	东门里	城西北。县西北隅	城南。城东南隅	城东北。城北门外

（资料来源：根据明成化《顺德府志》和万历《顺德府志》整理）

---

1. 嘉靖《威县志》卷五，《文事志》祀典，第2页。
2. 嘉靖《蠡县志》，《建置第二》，第9页。
3. 弘治《永平府志》卷5《祠庙》. 引自董耀会 主编. 秦皇岛历代志书校注：永平府志（明·弘治十四年），北京：中国审计出版社，2001：70。
4. 清文渊阁《四库全书》版，《日下旧闻考》卷一三三，第20页："原良乡城隍庙旧在县西南隅，景泰二年（1451年）因筑城而庙遂隔于城外，浔阳郑智为主簿谋于知县贾襦，择地于城内西北隅建庙，以景泰六年二月兴役，明年七月工竣。《吕文懿集》。"
5. 弘治《保定郡志》卷20《祠庙》，第13页。
6. 弘治《保定郡志》卷20《祠庙》，第10页。

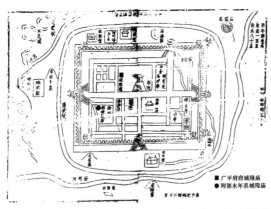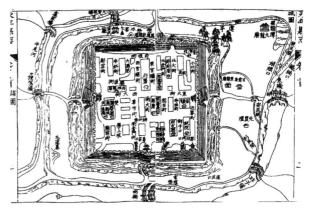

图 5　崇祯《永年县志》城池图上显示府城隍庙与县城隍庙　　　　图 6　清光绪三年（1877）永年县城图
（资料来源：崇祯《永年县志》）　　　　　　　　　　　　　　　　（资料来源：光绪《永年县志》）

　　查阅明代官方文献和地方志的过程中发现，北直隶府州县倚郭的城隍庙和坛壝一样，基本共用的是府城的城隍庙和坛壝，只有发现永年县拥有自己独立的城隍庙（图 5）；而且这个格局被清代传承，一直保留至清末光绪朝（图 6）。

　　明代都城隍庙有三，北京、南京及中都凤阳各有其庙，显示了都城隍庙的尊贵地位。北京的情形比较特殊，北京都城隍庙的历史始于元代。元至元四年（1267 年），元世祖开始兴建元大都。至元七年（1270 年），诸位大臣谏言，"大都城既成，宜有明神主之"，请求建立城隍庙，元世祖应允，并在城西南角选地建庙，封城隍为"佑圣王"。元文宗天历二年八月（1329 年），加封大都城隍神为护国保宁王，夫人为护国保宁王妃。[1]

　　明代永乐年间迁都北平后，重修都城隍庙，主殿为大威灵祠。[2] 其建筑序列载于《春明梦余录》："原都城隍庙，在都城之西，永乐中建。中为大威灵祠，后为寝祠，左右为斋，两庑为十八司，前为阐威门，门外左为钟鼓楼，又前为顺德门，又前为都城隍门。"

　　宣德五年（1430 年）六月命行在工部修北京城隍祠。[3] 正统十二（1447 年）年十一月重建城隍庙。明英宗重建城隍庙御制碑文详尽描述了建筑规制，纪略如下。

　　　　城隍庙在都城西南隅，城完之日令更造焉。中作正堂，后为神寝，堂之前为正门，自堂左右至门翼以周廊，如官司之职掌以案名者十二，廊东西中特起如堂者二，名左右司，正堂以祀城隍之神，而旁以居其辅相者各以序置。门之外为重门，东西置钟鼓楼，其后各有舍，以栖其守护之人。盖总为屋以间计者一百九十，其地以亩计者深七十一广四十一有奇。材出于官之素，具工役以力之常，供一无所预于民。成不浃旬而功倍于累月，孟子所谓不日成之或庶几焉。[4]

　　嘉靖丁未（二十六年，1547 年）都城隍庙遭火灾，翌年（1548 年）诏工部重建。[5] 万历三年（乙亥，1575 年）孟夏重修。[6]

1. 清文渊阁《四库全书》版，《道园学古录》卷二十三，第 9-10 页，（元）虞集撰《大都城隍庙碑》碑文："世祖圣德神功文武皇帝，至元四年，岁在丁卯，以正月丁未之吉，始城大都。立朝廷宗庙社稷、官府库庾，以居兆民，辨方正位，井井有序，以为孙子万世帝王之业。七年。太保臣刘秉忠、大都留守臣段贞，侍仪奉御臣呼图克斯、礼部侍郎臣赵秉温言，大都城既成，宜有明神主之，请立城隍神庙。上然之，命择地建庙，如其言得吉兆于城西南隅，建城隍之庙，设象而祠之，封曰佑圣王，以道士张志祥宝宫其旁，世守护之，自内廷至于百官庶人，水旱疾疫之祷，莫不宗礼之。尔来六十有余年，国家治民物繁阜日盛一日，而神之所依亦厚矣，祀典之载所谓有其举之而莫之敢废者欤，乃天历二年二月庚子，皇后遣内侍传旨中政院臣使言于上，曰城隍神庙世祖皇帝时所建，有祷必应，烜赫彰著而庙久弊弗葺，无以答神明之贶以继世祖之意，请出内帑宝钞五万缗以修制，曰可。命吉尹臣贾某董之太师以诹曰弗协请。俟其吉九月，中书参知政事臣赵世安等奉敕封曰护国保宁佑圣王，其配曰护国保宁佑圣王妃。"另参见，明·宋濂等编．《元史·本纪文宗二》。
2. （清）吴长元 辑．宸垣识略．卷九《内城三》．北京：北京古籍出版社，1983 年，第 136-138 页。下文后接明人朱国祯《涌幢小品》的记载："原北京都城隍庙中有石刻北平府三大字，此国初旧物。一老卒云：其石长可丈六尺，下有城隍庙三字，既建北京，埋而露其顶。仪门塑十三省城隍。皆立像。左右相对。每岁顺天府官致祭。"
3. 李时勉 等．明宣宗实录．卷六十七，宣德五年六月戊子条．台北：中央研究院历史语言研究所，1962：1583。
4. 柯潜 等．明英宗实录．卷一七一，正统十二年十一月壬辰条．台北：中央研究员历史语言研究所，1962：3108-3111。
5. 清文渊阁《四库全书》版，《日下旧闻考》卷五十，第 14 页，"嘉靖二十七年正月都城隍庙灾，诏工部重建。《嘉隆闻见纪》。"从下文 "赵符庚重修城隍庙碑略：都城西南隅，朝廷建祠以奉城隍神祀，嘉靖丁未毁于火，命工部尚书文明重建。" 判断，都城隍庙遭火灾应该是嘉靖丁未，即二十六年（1547 年）。
6. 清文渊阁《四库全书》版，《日下旧闻考》卷五十，第 14 页。

每年祭祀期间，都城隍庙附近逐渐形成庙会，后来更发展到每月初一、十五、二十五日开市，成为京师重要庙会之一。《帝京景物略》记："城隍庙市，月朔、望、廿五日，东弼教坊，西逮庙犀庑，列肆三里。图籍之曰古今，彝鼎之曰商周，匜镜之曰秦汉，书画之曰唐宋，珠宝象玉珍错绫缎之曰滇粤闽楚吴越者，集市族族行而观者云，贸迁者三，谒乎庙者一。"[1]

清代北京沿用明代都城隍庙建筑规制并屡加修缮，"今庙中殿庑门楼规制及殿门扁额，与春明梦余录所载符合。……都城隍庙历代以来敬礼崇饰，本朝雍正四年（1726 年），乾隆二十八年（1763 年），屡发帑兴修，恢宏巨丽视昔有加。"[2]

清《清史稿》说："都城隍庙有二：旧沈阳城隍庙，自元迄明，祀典勿替。清初建都后，升为都城隍庙，有司以时致祭。其在燕京者，建庙宣武门内。顺治八年仲秋，遣太常卿致祭，岁以为常。"[3]（图7）

明代宛平、大兴县倚郭北京城，那么宛平、大兴县是否设立自己专有的城隍庙呢？有三块碑文可以揭示这个问题。

第一，新建宛平县城隍庙碑记，额题："万古流芳"，阴额题："光垂日月"，清嘉庆十七年（1812 年）八月立，谷旦撰文，地点：西皇城根。

县之有城隍者，社稷之义也。宛平隶天子紫城，旧有府城隍庙，而县故别无专祀。尝考县署西有保安寺一所，久不葺，其东旁，真武殿三间亦日就颓圮，中有殿三楹，民人奉为城隍神殿，每届四月二十二日，旗民人等于兹集举城隍神会不下数十年，此无他，有其名而不察其义。所谓城隍会者，犹之成群置社秋冬报赛云尔，夫明则有赏罚、幽则有祸福之说，民尤敬而信之。古先王神道设教，有民人则有社稷以礼防民，而即使民自防之，祀事孔明义至重也。余宰是邑凡三载之岁举，神会者香火日盛而庙貌未新，寺僧清云立愿募修，余既嘉僧之志，且从民之欲捐资首倡，并集邑之老成人，鸠工集事，其目前后神殿以及廊庑门墙，不浃月而工毕，凡以顺舆情歙神也。后之君子因其旧而润泽之是又有厚望焉。

第二，新建宛平县城隍行宫山门碑记，额题："芳名不朽"，阴额："果行碑记"，清嘉庆十七年（1812 年）九月十一日立，地点：西皇城根。

盖闻城者城也，隍者池也，故凡有城池者皆有城隍之神。然考之古无专祀之典，自六朝而后始有专祀，迨夫宋元以来，其神之显应见于诸家之传，祀者不一而足，凡府州县各有其神，而各有其庙以祀之，比比然矣。惟兹宛平县治附辇毂而近府署，其城隍之神显应感化随身现身之处真不可思议，非言语得而罄也，但未建有庙宇。今附近保安禅寺主持，僧叩募众善，营建城隍行宫前后配殿，为每岁圣会起居之所，诸虽焕然而山门尚颓败未葺。今有北果市五城内外干鲜果行旗民众等捐资，鸠工竣事，使内外一新，神心安而人亦贴矣，因众善等预愿会议每逢天腊元宵二节，献供悬灯，永施不替。

北京"清移建昭显城隍庙碑记"，额题"万古流芳"，刘永怀志，同治十一年（1872 年）十二月立，碑阴题名，碑侧联语。

大兴者古蓟燕也，乃唐宋属之幽云十六州，隶入辽金至元，海内疆宇之广弗逾于斯盛。迨明永乐初元敕其少师姚道衍即广孝也，开拓故元城池，复宏宫殿，至十八年北迁已增是县，系在禁城东北隅，为京兆左翊。我圣朝定鼎以来，凡天下府厅州县、城隍府祠，莫不尊严优加庙貌，载在祀典。惟有我县神庙向在头门，西壁仅属一楹，由明迄今四百六十余年，所从来湫隘过甚。窃思都邑乃首善之区，殊不足以壮观瞻，时赖城隍尊神威灵昭应，境内御患捍灾，凡有忠孝节义无

1. 清文渊阁《四库全书》版，《日下旧闻考》卷五十，第 12-15 页。
2. 清文渊阁《四库全书》版，《日下旧闻考》卷五十，第 15 页。
3. 清史稿. 卷八四，《礼制三》. 北京：中华书局，1977。

图7 北京都城隍庙（西城区成方街33号）
（资料来源：自摄）

图8 清朝移建的大兴县之城隍庙，今存山门
（资料来源：笔者2009年11月摄于北京东城区交道口南大兴胡同18号）

不默护，斯以绅民感戴神贶。至我同人集议另奉启宇，倡率备资。余自庚午（1870年）冬在县之坤方置有空地一段，南北长廿六丈三尺，东西十三丈有奇，敬购采栋梁，禀请郑明府沂公为阳曲鲁南先生准修在卷。频承诸君令余视工各务敢不竭诚，矢勤矢慎，且誓愿在前，岂弛怠于后哉。旋于壬申（1872年）孟春鸠工兴建，大殿三间，东西耳殿二间，焚化宝库二座，东西配殿六间，东客堂二间，二层腰殿三间，山门五间，群房等宇葺造，岁余诸工毕竣，巍焕宏丽，夫数百年偏设之庙堂仰成。

因此，从清朝嘉庆十七年所立"新建宛平县城隍庙碑记"和"新建宛平县城隍行宫山门碑记"得知，明代宛平县没有城隍庙。而从"清移建昭显城隍庙碑记"可知，大兴县曾在永乐年间在一个叫"头门"的偏远之地建有城隍庙，清朝同治十一年移建至县衙对面，即今大兴胡同（图8）。如今仅存山门，门两旁有同治十年（1871年）刻的石楹联："阳世奸雄违天害理皆由己；阴司报应古往今来放过谁"。

在城隍神制度化的明代，并没有哪一个朝代明令附郭县修建或不建城隍庙。但是，北直隶之外的明代方志也曾提到附郭不立城隍庙，例如嘉靖《浙江通志》卷十九《祠祀志》亦云，城隍庙"各府州县俱设，……其县附府者不另立庙"。[1]那么，附郭不立城隍庙所依据的是什么呢？

《明太祖实录》记载，洪武十八年秋七月：

> 己卯，礼部议天下府州县先师孔子及社稷山川等祀，如县之附府者，府既祭，县亦以是日祭，诚为烦渎，自今县之附府者，府祭，县罢之。诏从其议。[2]

正是这一诏令，使得附郭县从前的社稷坛、山川坛等坛庙因为"烦渎"而被废祭。作为天下通祀诸神之一，城隍神也应在罢祭之列。但在明代，城隍无专祭，惟春秋附祀于山川坛。因而罢祭者当为坛祭之城隍神，至于城隍庙，无论从哪一方面讲，存与废都是两可的，因此可以说，如果有存留至此时的附郭城隍庙，或者会因此而废弃。

但是在北直隶之外，亦有例外。从明代中叶起，附郭县开始拥有自己的城隍庙，如苏州府首邑吴县于万历二十三年创建城隍庙，崇祯十三年知县牛若麟作记，以为"郡有神则县亦有神矣"，故吴县立庙"于义诚协"。[3]

一般说来，城隍庙位于城墙之内，但也有在城外的情形。例如浚县的城隍庙不在城内，位于城外浮丘山东麓。[4]有时候，一座城市的城隍庙不止一个，如北直隶束鹿县有4个："城隍庙，在县治西北，洪武三年

---

1. 嘉靖《浙江通志》卷十九《祠祀志》，第1页。
2. 胡广 等纂修. 明太祖实录，卷一七四. 洪武十八年秋七月己卯条. 台北：中央研究院历史语言研究所校印本，1962：2650。
3. 牛若麟《吴县城隍庙记》，崇祯《吴县志》卷十九《坛庙》。
4. 正德《大名府志》卷四《庙貌》，第16页。

八月知县李子仪建；一在县治南一里，洪武三年知县李子仪建；一在县治东北二十里北郭社至治，癸亥年民从礼等建；一在县治西南 30 里安吉社，元至正二年乡民李瑁建。"[1]

个别城隍庙选址是变化的，例如唐山县城隍庙，成化《顺德府志》卷八记："祠庙。城隍庙县治南"[2]；而万历《顺德府志》卷一记："城隍庙县治西"。[3] 对此有两种解释，一种是唐山县城隍庙移位了；另一种是记载有误。信仰是复杂的，有异例和例外也是正常的——上面所示的明代崇祯十四年（1641 年）和清代光绪三年（1877 年）《永年县志》中的社稷坛方位在北城墙的西侧，大体符合明代府州县社稷坛的方位规制，严格意义上却也不是最合乎规矩的。[4]

四、城隍庙之外的庙宇

作为一种显而易见的比较，明代北直隶还有很多庙宇，如北方地区多见的马神庙、关帝庙、八蜡庙、东岳庙、龙王庙等，这些祠庙也是北直隶民间信仰的一部分。明代北直隶的各级府州县是不同等级的文化交流中心，相对集中地分布了众多的宗教和民间信仰的祭祀庙宇、坛观。由于各地区的自然和历史状况差异，社会传统又往往不仅相同，从而形成各府州县之间的差异。但由于规模较小，布置零散，对于城市形态的影响不如城隍庙，并且由于缺乏足够翔实的研究资料，暂时难以深入。

本文的文献依据主要是以地方志、《明实录》为中心的古代官方文献。而散布中国乡村陌巷不获古代官方认可的祠庙甚多，因为只有得到朝廷赐额和加封的民间祠庙才为正祀，反之则是"天下神祠不应祀典者，即淫祠也，有司毋得致祭"[5]，所以它们一般不会被编入官方志书。偶尔也有例外，也会被编入代表官方身份的地方志，如明朝北直隶清苑县的嘉靖《清苑县志》卷 3《祠祀》中将"竹泽龙祠、龙王庙、东岳庙、北岳庙、三义庙、神应王庙、真武庙、三官庙、义勇武安庙、二郎庙"都列为淫祠。[6]

更早的南宋淳熙《三山志》则把何种祠庙可以编进方志的取舍标准交代得甚为清楚，这也是官方的态度："县祠庙，率里社自建立，岁月深远，一邑或至数百所，不可胜载也，姑取有事迹姓氏封爵庙额者记之。"[7] 正如斯波义信所指出的：在传统中华帝国残存下来有限的与城市有关的资料中，大多都带有浓厚的"官尊民卑"的色彩。[8] 所以本文得出的结论有可能接近于当时国家或士大夫胥吏安排下的、按照官方或正统礼制施行的城隍庙规制，未及民间祠庙。

在中国古代的日常社会中，普遍信仰多种神灵，各种神灵庙宇遍布广大的城镇和乡村，明代北直隶亦如此。直至清代，佛教、道教有所衰落，而其他多种信仰、崇拜与祭祀仍然兴盛，到了民国初期才有衰落的迹象。[9] 祠庙的功能，民国初期的方志编纂者曾经概括为三个方面："其一为崇德报功，即礼所云有功德于民则祀之之义，如近今之忠义祠、英烈祠及铸造铜像者是；其二为籍资景仰之义，如以前之文庙、关岳祠是；其三为利用神道设教，藉以维系人心，使之有所畏而不敢为恶，或有所希翼而勉于为善，如以前之城隍庙、佛寺等是。下乎此者，不足取也。"[10] 这是站在政府一面的士大夫而出发的立场，在民众信仰与崇拜的视角而言，所谓"下乎此者"的内容，则是民众信仰与崇拜的重要组成部分。

1. 弘治《保定郡志》卷二十《祠庙》，第 11 页。
2. 成化《顺德府志》卷八。此处引自，邢台市地方志办公室编. 成化《顺德府志》（明代两朝三部珍本），重印本，非公开发行，2007：139。
3. 万历《顺德府志》卷一《典祀志》。此处引自，邢台市地方志办公室编. 万历《顺德府志》（明代两朝三部珍本），重印本，非公开发行，2007：93。
4. 此处引用的版本分别是：明［崇祯］宋祖乙修，申佳胤等纂，明代崇祯十四年（辛巳 1641 年）刻本《永年县志》；（清）夏诒钰 等纂修，清光绪三年（1877 年）刊本《永年县志》。
5. 清文渊阁《四库全书》版，《明史》卷五十，第 21 页。
6. 嘉靖《清苑县志》卷 3《祠祀》，第 46-49 页。
7. 淳熙《三山志》卷 9《公康类三·诸县祠庙》，《华东师范大学图书馆藏稀见地方志丛刊七》影印明崇祯 11 年刻本. 北京：北京图书馆出版社，2005 年 10 月，第 166 页。
8. 斯波义信. 宋都杭州的城市生态. // 历史地理（第 6 辑）. 上海：上海人民出版社，1988。
9. 民国《邠州新志稿》卷 18《祠庙》："近今科学昌明，民智渐开，利用神权时代迷信之说已经渐渐失效，有心救世者，或以此改设学校，或以此辟为商场，事半功倍，亦未始非利用之一法也。至于淫词左道惑人，法在必禁，又或无裨社会，徒焉方外敛钱之资，将来亦终归淘汰。《传》曰：国将兴，听于人，将忘，听于神。有地方之责者，直知所取舍也。"民国《邠州新志稿》，1929 年铅印，台北：台北成文出版社，1969：169-170。
10. 民国《邠州新志稿》，1929 年铅印，台北：台北成文出版社，1969：169。

五、结语

明洪武三年（1370 年）制定了具体的城隍庙建筑之制——"高广视官署厅堂"，就是其建筑规制与所在城市的治所衙署建筑的等级与规制一致，其等级大小至少有都城隍庙与州县城隍庙之分。明代北直隶的城隍庙选址方位不一，平面格局基本相似，都是在中轴线上布置大门、仪门、正殿和寝殿，并在正殿之前东西两侧设置廊屋，形成三进院落，建筑形制根据等级划分，也许具体体现在面阔与进深的尺寸上，并且其建筑组群的进深小于同一等级的属地治所衙署。

作者单位：清华大学建筑学院

明代地方城市的坛庙建筑制度浅析
——以山东为例[1]

提要

  本文以山东为例，结合地方志史料，对明代地方城市的坛庙建筑制度进行分析。明代地方城市的坛庙建筑可以分为坛壝与祠庙，坛壝又分为社稷坛、风云雷雨山川坛与厉坛；祠庙则可分为官祀祠庙与民祀祠庙，前者包括城隍庙、关王庙、八蜡庙、旗纛庙与马神庙；后者包括真武庙、东岳庙、火神庙与三官庙等。这些坛庙的建筑制度与明代地方城市的府、州、县三种等级之间有一定的对应关系，本文分析这种对应关系，并试图证明其中存在"城市保护神"的城市理念。

关键词：明代，山东，坛庙建筑

一、概述

  具有祭祀功能的坛庙建筑是中国古代城市的重要组成部分。据研究，最早的城市坛庙建筑出现于原始社会末期[2]。到了秦汉时期，随着国家政权合法性的象征逐渐从九鼎等祭祀器物转移到祭祀建筑上来[3]，太庙、明堂等国家祭祀建筑在政治生活中的地位越来越重要，而重要性次于太庙与明堂的坛庙建筑，也逐渐成为古代城市的重要建筑群。

  汉代在都城外设立南北郊，祭祀天地，成为定制。隋唐时期，在都城外的城南设圆丘祀天，城北设方丘祀地，在皇城西设社稷两坛，基本形成了完整的国家坛庙建筑制度，并形成了祭祀五岳、四镇、四渎与四海之制。宋元时期，礼制建筑制度进一步完善。

  明代初年，朱元璋对国家各种制度进行重建，在唐宋两代礼制的基础上，制定了一套完整的礼制体系。作为礼制体系的重要组成部分，明代的坛庙建筑形成了从都城、府城、州城到县城的等级分明的一套完整制度。

  《中国古代建筑史·第四卷》对明代的重要坛庙建筑进行了详细的分析，其中包括设置在都城的天坛、日月坛、星辰坛、太岁坛、风云雷雨坛等天神坛，与地坛、社稷坛、先农坛、先蚕坛等地神坛，以及设置于各地的岳镇海渎庙与地方城市的城隍庙。[4]

  明代的坛庙建筑制度不仅在都城得到了充分的完善，而且也在地方城市中得到逐渐发展，形成了完整的制度体系。对于地方志资料进行梳理，可以将明代地方城市的坛庙建筑分成两种类型：坛壝与祠庙。台而不屋为坛，设屋而祭为庙。而且，一般说来，坛壝设置于城外，祠庙设置于城内。按照祭祀对象的不同，坛壝又分为社稷坛、风云雷雨山川坛与厉坛等。而按照祭祀主体的不同，祠庙也可以分为官府主祀的祠庙（简称为官祀祠庙）与民间主祀的祠庙（简称为民祀祠庙），前者主要包括城隍庙、关王庙、八蜡庙、旗纛庙和马神庙；后者主要包括真武庙、东岳庙、火神庙和三官庙等。

  本文以山东为例，结合地方志资料，对地方城市的这些坛庙建筑，分别从坛壝与祠庙这两种类型、府

---

1. 本文属国家自然科学基金资助项目，项目名称："明代建城运动与古代城市等级、规制及城市主要建筑类型、规模与布局研究"，项目批准号：50778093。
2. 傅熹年. 中国古代城市规划、建筑群布局及建筑设计方法研究. 北京：中国建筑工业出版社，2001：35。
3. 巫鸿. 中国古代艺术与建筑中的"纪念碑性". 上海：上海人民出版社，2009：127。
4. 潘谷西　主编. 中国古代建筑史（第四卷·元明建筑）. 北京：中国建筑工业出版社，2001。

州县这三种等级进行分析，总结明代地方城市坛庙建筑制度，并涉及这些建筑对城市空间的影响。明代山东布政使司（本文简称山东）共辖 6 府、15 州，以及 89 县（包括府城的附郭县），其坛庙建筑也相对应分为府州县三个等级[1]。

二、明代地方城市坛庙建筑概况

根据记载，坛庙建筑的设置与建设是官府工作的重要内容：

> 国之大事曰祀，以礼而祀有坛墠焉，以义而祀有祠庙焉，礼义行而幽明之道备。是故君子尽人以合天也，理明以格幽也，政莫大焉。[2]

可见，坛墠的功能是"以礼而祀"，祠庙的功能是"以义而祀"，坛墠与祠庙共同构成了地方城市的祭祀体系。

根据祭祀对象的不同，明代地方城市的坛墠有社稷坛、风云雷雨山川坛与厉坛。社稷坛祭祀的社与稷都是土地与农业相关的神祇；风云雷雨山川坛祭祀的主神分别为风云雷雨神与山川神；厉坛祭祀的则是无祀鬼神。

这三种坛墠的创立时间并不相同。地方城市设置社稷坛，至少在宋代就成为定制，"天下州、县社稷坛墠，大率皆不如法。乞按式作图，镂板颁下。"[3]元代颁布《至元州县社稷通礼》，用图式确定地方城市的社稷坛的建筑规制。根据研究，元代地方城市并未贯彻执行这一诏令，有些城市仍然没有设置社稷坛。[4]因此，洪武元年朝廷诏令地方城市创立社稷坛，"府州县社稷，洪武元年颁坛制于天下郡邑。"[5]值得注意的是，洪武元年（1368 年）创立的社稷坛，实际上是社坛与稷坛分设。

风云雷雨山川坛的创建经历了逐渐发展的过程。据《周官》则有风师与雨师之祀，唐代增祀雷祀，明代增祀云师，形成了明代的风云雷雨坛，后来与山川坛合祀，见于后文的讨论。明代地方城市创立风云雷雨坛与山川坛的时间，与社稷坛同时，也在洪武元年（1368 年）。万历《商河县志》记载道：

> 我太祖甫定天下，即命郡县各设坛墠以祀风云雷雨山川社稷等神，为民祈报，岂不称钜典哉![6]

又见于万历《安丘县志》的记载：

> 社稷坛在县治西北，洪武元年诏立。……洪武元年诏各县立境内山川坛。[7]

由于厉坛地位较低，洪武元年诏立社稷坛与风云雷雨山川坛，却不包括厉坛，直到洪武八年，才诏立地方城市的厉坛。据乾隆《山东通志》，"明洪武八年令直省府州县各设无祀鬼神坛。"[8]而且祀厉的传统非常悠久，可能在明代以前，有些城市已经建有厉坛，因此从洪武元年（1368 年）到洪武八年（1375 年）这段时间，这些城市沿用了前代的厉坛。

对明清地方志资料进行分析与总结，明代山东城市的坛墠创建大致存在三种情况：

第一，有些城市遵照洪武元年的诏令，在较短时间内，同时创建了社稷坛与风云雷雨山川坛，并沿用前代厉坛或按前代厉坛创建新厉坛，从而建立了健全的坛墠体系。如高唐州、临清州与莘县的三座坛墠都创建于洪武二年（1369 年），商河县与栖霞县则都创建于洪武三年（1370 年）。

---

1. 据《明史》，卷四十九，志二十五，礼三，在府城一级之上，设有王国社稷坛、风云雷雨山川坛与厉坛；而县城一级之下，则设有里社坛与乡厉坛。由于王国往往附设于府城或州城，其坛墠的讨论见于所附的城市，而里不属于城市，故本文也不加以讨论。
2. 夏津县志·嘉靖. 卷四. 学校志。
3. 淳熙三山志. 卷第八. 宫廨类二. 社稷坛. 转引自：包志禹. 元代府州县坛墠之制. 建筑学报，2009（03）：8。
4. 包志禹. 元代府州县坛墠之制. 建筑学报，2009（03）：10。
5. 明史. 卷四十九. 志二十五. 礼三。
6. 商河县志·万历. 坛墠。
7. 安丘县志·万历. 卷五. 建置考。
8. 山东通志·乾隆. 卷二十一. 秩祀志。

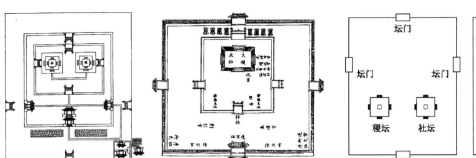
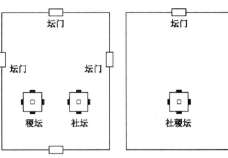

图1 《大明集礼》载明初社稷分坛图（左）
与《大明会典》载明嘉靖社稷合坛图（右）
[资料来源：中国古代建筑史（第四卷·元明建筑）[1]]

图2 明代地方城市洪武元年（左）
与洪武十一年（右）社稷坛规制示意图

第二，有些城市遵照洪武元年的诏令，在洪武初年创建了社稷坛与风云雷雨山川坛，在洪武八年的诏令之后，再遵照创建厉坛。如宁海州的社稷坛与风云雷雨山川坛创建于洪武三年，而郡厉坛设置于洪武八年。有些城市在洪武八年的诏令之后，并未立即创建厉坛，而是拖延了一段时间，如安丘县的社稷坛与风云雷雨山川坛均创设于洪武元年，邑厉坛则创设于洪武二十九年（1396年）。

第三，有些城市在洪武朝的诏令颁布之后，拖延了数朝，才开始设立坛壝。如邹平县的社稷坛、风云雷雨山川坛与邑厉坛都创建于成化十六年（1480年），也就是说，从洪武朝（1368—1398年）到成化朝（1465—1487年）的近百年间，邹平县城一直未建坛壝。

由此可见，明代山东城市坛壝建筑的设置并未严格遵照朝廷的诏令，体现了很大的灵活性。

洪武十一年（1378年），明代地方城市的坛壝制度发生了一次重大的变革。前文引用的洪武元年诏令中，其社稷坛的平面格局为社坛与稷坛分设，左稷右社。风云雷雨山川坛与之类似，风云雷雨坛与山川坛分设。洪武十年（1377年），诏令京师的社稷坛合为一坛（图1）。到了洪武十一年（1378年），则诏立地方城市的社稷坛也合坛而祀（图2）。据《明史》的记载，

（社稷坛）洪武元年颁坛制于天下郡邑，俱设于本城西北，右社左稷。十一年，定同坛合祭如京师。[2]

然而，史书中未见有将风云雷雨坛与山川坛合坛的记载，根据地方志，可能与社稷坛的合坛同时。参考康熙《蓬莱县志》，登州府的社稷坛与风云雷雨山川坛，"（俱）明洪武元年知州李思齐建。初为二坛，八年诏为一坛。"[3] 文中"八年"疑为"十一年"的笔误。此外，安丘县的风云雷雨山川坛却合坛于洪武二十六年（1393年），"洪武元年诏各县立境内山川坛，二十六年合风云雷雨山川为一坛。"[4] 可能是并未及时遵照诏令而设。

根据地方志资料，明代山东城市的官祀祠庙包括祭祀孔子的先师庙、祭祀国家名宦的名宦祠、祭祀本地乡贤的乡贤祠、祭祀土地神的土地祠，以及城隍庙、关王庙、八蜡庙、旗纛庙和马神庙。其中，先师庙、名宦祠与乡贤祠设置于庙学建筑，土地祠设置于衙署建筑，不是独立的建筑群，因此本文不展开讨论。这些官祀祠庙由官府进行建设与管理，并由官方派员主持日常的祭祀。明代山东城市官祀祠庙的创建时间没有明显的规律，城隍庙多设置于洪武朝，关王庙多创建于前代，八蜡庙与马神庙多设置于宣德朝，旗纛庙的创建时间则未见于地方志记载。可见，明代山东城市的官祀祠庙体系的建立是逐步完善的过程。

与官祀祠庙相比，明代山东城市的民祀祠庙大多数属于道教寺庙。尽管这些民祀祠庙在性质上属于民间信仰的范畴，但是也受到官府的扶持与监督。比较重要的民祀祠庙有真武庙、东岳庙、火神庙与三官庙。这些民祀祠庙建筑在山东的大多数城市皆有设置，而且其建筑规制有一定的规律性，并与官祀祠庙构成了城市的祠庙体系，从而对城市平面形态产生较大的影响。

1. 注：除了已经标注的图片，其他图片均为作者自绘。
2. 明史. 卷四十九. 志第二十五. 礼三。
3. 蓬莱县志·康熙. 卷一·学校。
4. 安丘县志·万历. 卷五. 建置考。

三、明代山东城市的坛壝

1. 社稷坛

《孝经纬》曰：

> 社，土地之主也，土地阔，不可尽敬，改封土为社，以报功也；稷，五谷之长也，谷众不可遍祭，故立稷神以祭之。社必以石为主，土，石之类也；稷无主，举社，则稷从之。社为土而至阴，阴北向，祭则南向，以答之不屋者，以受霜露风雨也，风雨至则万物生，霜露降则万物成。[1]

社稷祭祀表达了古代社会对土地和农业生产的尊重，而社稷坛的设立则是古代城市政权的象征。明代初年沿用了前代的社稷祭祀制度，诏令各地方城市创建社稷坛，祭祀本地社稷之神。明代地方城市社稷坛的祭祀由地方正官负责，即在府州县城由知府、知州或知县亲自主持，如果设有藩王的府州城，则由藩王主持。可见社稷坛在地方城市礼制体系中的重要地位。

《明会典》对明代地方城市社稷坛（图3）的基址规模有详细的记载：

> 坛制：东西二丈五尺，南北二丈五尺，高三尺，俱用营造尺。四出陛，各三级。坛下前十二又或九丈五尺，东西南各五丈，缭以周墙，四门红油，北门入。……神厨三间，用过梁通连……库房间架与神厨同，内用壁不通连；宰牲房三间。[2]

也就是，明代地方社稷坛的基址规模为东西面宽12丈5尺，南北进深17丈或19丈5尺，折合为3亩5分或4亩左右。可能前者为州县社稷坛，而后者为府社稷坛的基址规模。而且还规定了社稷坛的基本格局，院墙形态为南北向的矩形，祭坛设置在南北轴线的偏南，北门设置为正门，祭坛与北门之间轴线东西两侧设置神厨、神库与宰牲房等附属建筑。

对明清地方志资料进行分析，发现山东城市社稷坛的基址多数为南北向的矩形平面格局，面宽在15丈左右，进深在17丈左右，规模在三四亩左右，与《明会典》的规定比较接近。然而也有少数例外，有些社稷坛的规模较大，如夏津县社稷坛，规模达到6亩；而有些规模较小，如莘县与邹平县社稷坛，规模甚至不足2亩。

遗憾的是，明代山东的六座府城一级社稷坛，笔者没有找到相关文字资料或图像资料，没能对其进行进一步的分析。

在明代山东的州城一级社稷坛中，高唐州社稷坛（图3）的建筑规制较有代表性。其平面格局见于嘉靖《高唐州志》：

> 坛制：北向，东西二丈五尺，南北如之，高三尺，四出陛，各三级。石柱长二尺五寸，方一尺，埋于坛上正中近南。坛垣南北十七丈，东西十二丈五尺，神厨三间，库房三间，宰牲房三间，斋宿所三间。[3]

高唐州社稷坛基址规模完全符合《明会典》的规制，东西宽12丈5尺，南北长17丈。高唐州社稷坛基址四面设置围墙，北门设为正门，祭坛设于南北轴线的偏南，在祭坛以北的轴线两侧设置神厨、神库、宰牲房与斋宿所各三间，既满足了社稷坛的使用功能，又增加了祭坛前的空间层次，强化了轴线的方向性。

宁海州社稷坛（图3）的平面格局也有很强的参考价值，

> 坛高三尺，纵横各二丈五尺。神厨六楹，神库、宰牲房、坛门各四楹，斋宿所六楹，井一。坛垣东西一十七丈，南北一十二丈五尺。[4]

---

1. 昌乐县志·嘉靖. 祠典志。
2. 明会典. 礼部四十五. 卷八十六. 四库全书. 乾隆。
3. 高唐州志·嘉靖. 卷四. 政治述。
4. 宁海州志·嘉靖. 祠祀. 第四。

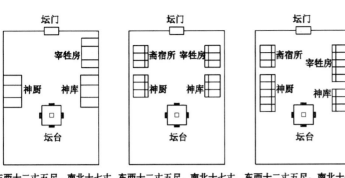

东西十二丈五尺，南北十七丈　东西十二丈五尺，南北十七丈　东西十二丈五尺，南北十七丈

图3　明代标准社稷坛（左）与高唐州（中）、宁海州（右）社稷坛平面示意图

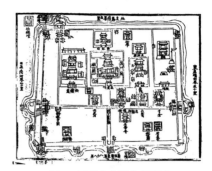

图4　明代山东武定州城图
（图片来源：《武定州志·嘉靖》）

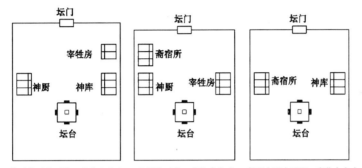

东西十五丈五尺，南北十八丈　东西十五丈五尺，南北十七丈　东西十五丈五尺，南北十七丈

图5　明代山东恩县（左）、商河县（中）与金乡县（右）社稷坛平面示意图

可见，宁海州社稷坛与高唐州基本相似，只是前者的神厨与斋宿所的建筑规模较大。由此判断，宁海州社稷坛的基址规模与高唐州相似，其平面基址为东西窄、南北长的长方形，地方志的记载"坛垣东西一十七丈，南北一十二丈五尺"应该是"南北一十七丈，东西一十二丈五尺"的笔误。

另外，嘉靖《武定州志》舆图（图4）所描绘的社稷坛，对于我们判断州社稷坛的平面规制也有一定的参考价值。

明代山东的县城一级社稷坛中，以恩县社稷坛（图5）较有代表性，其平面规制为：

> 坛高三尺，长阔各二丈五尺，石主长三尺五寸，方一尺。神厨二间，库房三间，宰牲房二间。宰牲池长七尺，阔三尺，深一丈。北为门三间，缭以周垣，高一丈七尺，南北长十八丈，东西阔十五丈五尺。[1]

恩县社稷坛的规模大于一般的州社稷坛，而且其平面格局较为简单，基址四面设置围墙，北门设置为正门，在祭坛以北东西两侧设置神厨、神库与宰牲房。除了神厨与宰牲房的规模稍小，其建筑规制与《明会典》的一般规制基本符合。

商河县社稷坛（图5）的建筑规制也有重要的参考价值，

> 周缭以垣，南北长十七丈，东西阔十五丈。台广二丈五尺，高三尺。神厨，宰牲，斋宿房各三间。[2]

商河县社稷坛的基址规模与平面格局都与恩县社稷坛极为相似，只是前者的基址规模稍小，而且未设置神库，而是设置斋宿房。此外，金乡县社稷坛（图5）的平面格局与商河县也很相似，

1. 恩县志·万历. 建置. 祠祀。
2. 商河县志·万历. 坛墠。

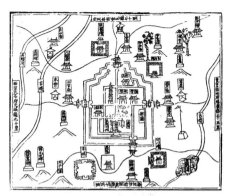

图6　明代山东莘县城图
（图片来源：《莘县志·正德》）

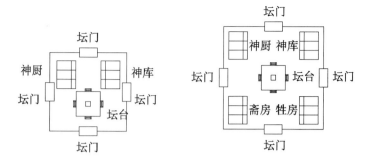

东西、南北各四十步　　　　　东西、南北各十丈五尺

图7　明代山东莘县（左）与邹平县（右）社稷坛平面示意图

坛高三尺许，东西二丈五尺，南北如之，石柱长二丈五寸。有神库、斋宿房各三楹，宰牲池长七尺，深二尺，阔三尺。外墙南北长一十七丈，东西一十五丈五尺，高一丈。[1]

只是金乡县社稷坛的附属建筑仅设置神库与斋宿房，而未设置神厨与宰牲房。

可见，明代山东州县社稷坛的平面格局与基址规模基本上符合《明会典》的一般规制。然而，也有少数社稷坛的平面格局比较特殊，如莘县社稷坛（图6、图7），

以砖砌坛，坛高三尺，阔三丈五尺，长三丈五尺。周围砖墙。坛地阔四十步，长四十步。旧有东西南北四门，今止北门。神牌二面，库房三间，厨房三间，门一间。[2]

明代40步折合8丈，与大多数县级社稷坛相比，莘县社稷坛的基址规模与平面规制有以下特点：一般县级社稷坛的平面形状为南北向的矩形，而莘县社稷坛却是正方形；一般县级社稷坛的基址规模为三四亩，而莘县社稷坛的规模则只有一亩多；一般县级社稷坛仅设北门为正门，莘县社稷坛却设置了四座门，后来才废除了东西南三门，仅剩北门；莘县社稷坛的附属建筑仅设置神厨与神库，未设置宰牲房。

邹平县社稷坛（图7）的平面规制也很特殊：

神门四座，神库三间，神厨三间，牲房三间，斋房三间。坛垣东西十丈五尺，南北十丈五尺。坛台高三尺五寸，广二丈五尺，袤二丈五尺。[3]

与莘县社稷坛相似，邹平县社稷坛的基址形状也是正方形，而且平面格局也是在院墙四面设置神门。邹平县社稷坛的基址规模较小，还不到二亩，与莘县社稷坛相似。但是邹平县社稷坛的平面格局却比莘县完善得多，不仅设置了神厨、神库，还设置了宰牲房与斋宿所。可以说，莘县与邹平县社稷坛是典型的小型县级社稷坛。

除了上述所分析的社稷坛，地方志史料中还有一些记载较为详尽的资料，见表1。《明会典》还对地方城市社稷坛附属建筑的规模尺度，做了详细的规定。

神厨三间，用过梁通连，深二丈四尺，中一间阔一丈五尺九寸，傍两间每一间阔一丈二尺五寸；库房间架与神厨同，内用壁不通连；宰牲房三间，深二丈二尺五寸，三间通连，中一间阔一丈七尺五寸九分，傍二间各阔一丈。[4]

1. 金乡县志·康熙. 卷四. 秩祀。
2. 莘县志·正德. 卷四. 坛壝。
3. 邹平县志·顺治. 卷二. 祠祀。
4. 明会典. 礼部四十五. 卷八十六. 四库全书. 乾隆。

明代山东城市社稷坛的建筑规制表 表1

城市	建筑规制
高唐州城	洪武二年创。坛制:北向,东西二丈五尺,南北如之,高三尺,四出陛,各三级。坛垣南北十七丈,东西十二丈五尺,神厨三间,库房三间,宰牲房三间,斋宿所三间
宁海州城	洪武三年创。坛高三尺,纵横各二丈五尺,神厨六楹,神库、宰牲房、坛门各四楹,斋宿所六楹,井一。坛垣东西十七丈,南北十二丈五尺
恩县城	坛高三尺,长阔各二丈五尺。神厨二间,库房三间,宰牲房二间。北为门三间,缭以周垣,高一丈七尺,南北长十八丈,东西阔十五丈五尺
商河县城	洪武三年知县叶安建。长阔高广同山川坛。神厨,宰牲,斋宿房各三间
金乡县城	明洪武十七年建。坛高三尺许,东西二丈五尺,南北如之。有神库、斋宿房各三楹,宰牲池长七尺,深二尺,阔三尺。外墙南北长一十七丈,东西一十五丈五尺,高一丈,垣内墙一遭,柏树百余株
莘县城	坛台一座,北向,神厨三间,斋舍三间,北向门一座,周筑垣墙
邹平县城	神门四座,神库三间,神厨三间,牲房三间,坛垣东西十二丈五尺,南北十七丈五尺。坛台高三尺,广二丈五尺,袤一丈五尺
平原县城	洪武三年建。坛高二尺,东西二丈五尺,南北一丈五尺。神厨、宰牲房、库房各三间,神门四座。土墙延袤,南北十二丈,东西各五丈
博平县城	以砖砌坛,坛高三尺,阔三丈五尺,长三丈五尺。周围砖墙。坛地阔四十步,长四十步,旧有东西南北四门,今止北门,神牌二面,库房三间,厨房三间,门一间
夏津县城	中为坛,方二丈五尺,高三尺。西为斋宿所,为神厨库,就为门于南,直神之背,今改而北。东西四十二步,南北三十三步,共地五亩七分七厘五毫

(资料来源:嘉靖《高唐州志》等)

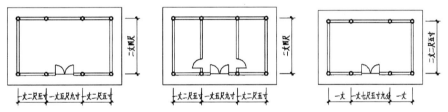

图8 明代社稷坛神厨(左)、神库(中)与宰牲房(右)平面复原图

按照这些尺度,基本上可以对社稷坛的附属建筑进行平面的推测复原(图8)。此外,这些附属建筑的规模尺度多以皇家专用的九、五之数为尾数,体现了社稷之神的尊贵地位,以及社稷坛在地方城市礼制体系中的重要地位。

2. 风云雷雨山川坛

风云雷雨丽乎,天以发育为功! 山川丽乎,地以滋利为功! 皆造化之迹,体物不可遗之验,民生仰赖,莫甚于此。春秋祀之,其坛置于南郊之左者,盖天神之类从阳位,故也。[1]

风云雷雨山川坛祭祀属于自然神灵崇拜,反映了中国古代对自然万物崇拜的朴素观念。在明代地方城市的礼制体系中,风云雷雨山川坛与社稷坛的祭祀等级基本相同,其建筑规制也较为相似。据嘉靖《高唐州志》记载,"风云雷雨山川坛在州城西南二百步,洪武二年创立,坛制如社稷坛。"[2]嘉靖《夏津县志》记载,"风云雷雨山川坛在迎薰门外少西,规如社稷坛。"[3]以及万历《齐东县志》,"风云雷雨山川坛在城南一里许,制度同社稷坛。"[4]

从地方志资料看来,风云雷雨山川坛的基址规模与建筑布局(图9),与社稷坛基本一致,但是两者之

1. 昌乐县志·嘉靖. 卷十二. 祠典志。
2. 高唐州志·嘉靖. 卷四. 政治述。
3. 夏津县志·嘉靖. 卷四. 祀典志。
4. 齐东县志·万历. 卷三. 建置。

城市	建筑规制
宁海州城	洪武三年创。坛高三尺，纵横各二丈五尺，神厨六楹，神库、宰牲房、坛门各四楹，斋宿所六楹，井一。坛垣东西十七丈，南北十二丈五尺。
商河县城	洪武三年知县叶安建。坛南向，周缭以垣。南北长十七丈，东西阔十五丈。台广二丈五尺，高三尺，神厨，宰牲，斋宿房各三间。
莘县城	以砖砌坛。坛高三尺，阔三丈五尺，长三丈五尺，周围砖墙。坛地阔五十步，长四十五步。成化二十二年邑民鞠祥栽柏树九十余株，桑枣榆柳七十余株，俱已成材。旧有东西南北门，今止西门。神牌三面，库房三间，厨房三间，门一间。
邹平县城	神门四座，神库三间，神厨三间，牲房三间。坛垣东西十二丈五尺，南北十七丈五尺。坛台高三尺，广二丈五尺，袤一丈五尺。
博平县城	坛台一座南向，神厨三间，斋舍三间，南向门一座，周筑垣墙
夏津县城	规如社稷坛。旧为门于北，直神之背，今改而南。制：东西四十三步，南北三十六步，共地六亩四分五厘

（资料来源：嘉靖《高唐州志》等）

间存在以下三点差别：（1）"社为土而至阴，阴北向，祭则南向"，社稷坛性质属阴，其正门朝北；"天神之类从阳位"，风云雷雨山川坛属阳，其正门朝南；（2）社稷坛的祭坛形制为"四出陛，各三级"；风云雷雨山川坛则"四出陛，各三级，惟正南五级"，强调了朝南面的等级；（3）少数县级风云雷雨山川坛的基址规模大于社稷坛，如夏津县风云雷雨山川坛规模为六亩五分，而社稷坛仅为五亩七分。而且，莘县与邹平县的风云雷雨山川坛的规模也都大于社稷坛。

明代山东城市风云雷雨山川坛平面格局的部分实例资料见表2，其基址规模与建筑布局的分析参见社稷坛，不再做详细的分析。

3. 厉坛

　　按韵书云，厉，本作禲，无后鬼也。春秋传曰：鬼有所归，乃不为禲。刘子曰：禲，灾也，先儒以为无所归，或为人害，故至今祀之。[1]

厉坛的祭祀对象是无祀的鬼神，它反映了中国古代社会对鬼神的尊敬。厉坛祭祀无祀鬼神，不专设主神，而是以城隍之神为祭祀的主神。根据城市等级的不同，府州厉坛称为郡厉坛，县厉坛称为邑厉坛。

明代山东城市厉坛一般与社稷坛、风云雷雨山川坛同时设置，或者单独设置于洪武八年。厉坛的建筑规制与社稷坛、风云雷雨山川坛相似，见于康熙《临清州志》，"厉坛在旧城北，创制并同社稷。"[2]以及《夏津县志》，"邑厉坛在拱辰门外少东，规如社稷坛。"[3]但是，与社稷坛、风雨雷雨山川坛相比，厉坛的基址规模与平面格局有以下特点：厉坛的基址规模一般在三亩左右，规模最小；厉坛的基址形状以方形居多；厉坛的附属建筑较少，一般仅设置神厨与神库；祭坛的形制最低，仅前出陛三级。

明代山东州城厉坛以宁海州郡厉坛为代表。

　　坛高三尺，纵横各二丈。神厨神库各四楹，坛门二楹，祭文碑一。坛垣南北、东西各一十三丈五尺。[4]

宁海州的坛壝设立情况为，洪武三年（1370年）设立社稷坛与风云雷雨山川坛，洪武八年（1375年）设立郡厉坛。宁海州郡厉坛（图10）的基址形状为方形，规模为三亩，设置附属建筑神厨、神库各三间，符合一般规制。

高唐州郡厉坛（图10）与其社稷坛、风云雷雨山川坛同时设置于洪武二年。

---

1. 昌乐县志・嘉靖．卷十二．祠典志。
2. 临清州志・康熙．卷二．庙祀。
3. 夏津县志・嘉靖．卷四．学校志。
4. 宁海州志・嘉靖．祠祀．第四。

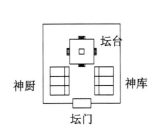

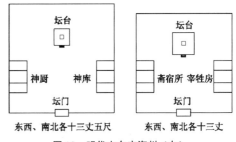

图9 明代山东社稷坛（左）与风云雷雨山川坛（右）一般规制平面示意图

东西、南北各十三丈五尺　　东西、南北各十三丈

图10 明代山东宁海州（左）与高唐州（右）郡厉坛平面示意图

东西、南北各四十步　　东西、南北各十三丈一尺　　东西、南北各十三丈一尺

图11 明代山东莘县（左）、邹平县（中）与安丘县（右）邑厉坛平面示意图

> 坛制：南向，东西三丈一尺，南北如之，高三尺，前出陛三级。坛垣东西十三丈，南北如之。宰牲房三间，客房三间，坛门一座。[1]

可见，高唐州郡厉坛的基址规模稍小，形状也为方形。附属建筑也仅设置两座，分别是宰牲房与斋宿所，有别于一般规制的神厨与神库。

明代山东县城邑厉坛的平面格局参考莘县邑厉坛（图11），其邑厉坛与社稷坛、风云雷雨山川坛同创设于洪武二年（1369年）：

> 以砖砌坛，坛高三尺，阔二丈五尺，长二丈五尺，周围砖墙。坛地阔四十步，长四十步，祭文碑一通，库房三间，厨房三间，门一座。[2]

可见，莘县邑厉坛的基址规模与其社稷坛相似，而且附属建筑的设置也相同。但是莘县邑厉坛的基址规模也只有一亩多，小于一般邑厉坛。

有些邑厉坛的规制更为简单，如邹平县邑厉坛（图11）：

> 坛台高二尺，广三丈一尺，袤三丈一尺。祭文碑一道，碑亭一座。垣门一座。坛垣东西十三丈三尺，南北十三丈一尺。[3]

这座邑厉坛的基址形状接近方形，其附属建筑仅设置碑亭一座，亭中设置祭文碑，而不是神厨或神库。碑亭可能设置于社稷坛的东侧，参考昌乐县邑厉坛，"洪武高文刻碑于坛之东"[4]。

此外，还有些厉坛的平面格局比较丰富，如安丘县邑厉坛（图11），"制：四面各广二丈，前出陛三级，各有神厨、神库、宰牲房。"[5]安丘县邑厉坛的附属建筑设置得比较齐全，设置了神厨、神库与宰牲房等。

1. 高唐州志·嘉靖. 卷四. 政治述.
2. 莘县志·正德. 卷四. 坛壝.
3. 邹平县志·顺治. 卷二. 祠祀.
4. 昌乐县志·嘉靖. 卷十二. 祠典志.
5. 安丘县志·万历. 卷五. 建置考.

由此可见，明代山东邑厉坛的建筑规制比较灵活，并不严格遵循一般规制。

关于明代山东城市厉坛平面格局的其他实例资料见表3，不再展开详细的分析。

明代山东城市厉坛建筑规制表 表3

城市	建筑规制
高唐州城	洪武二年立。坛制：南向，东西三丈一尺，南北如之，高三丈，前出陛三级。坛垣东西十三丈，南北如之，宰牲房三间，客房三间，坛一座
宁海州城	洪武八年修。坛高三尺，纵横各二丈，神厨神库各四楹，坛门二楹，祭文碑一。坛垣南北东西各十三丈五尺
金乡县城	洪武十七年建。亦有壝、有树、有垣、有门
莘县城	洪武二年建。以砖砌坛，坛高三尺，阔二丈五尺，长二丈五尺，周围砖墙。坛地阔四十步，长四十步，祭文碑一通，库房三间，厨房三间，门一座
邹平县城	坛台高二尺，广三丈一尺，袤三丈一尺，祭文碑一道，碑亭一座。垣门一座。坛垣东西十三丈三尺，南北十三丈一尺。成化十六年知县李兴建
博平县城	坛台一座，厉祭碑文一通，南向门一座，周筑垣墙
昌乐县城	缭以周垣，中为坛，东西二丈五尺，南北如之。洪武高文刻碑于坛之东
夏津县城	规如社稷坛。制：东西三十五步，南北二十五步，共地三亩六分四厘六毫

（资料来源：嘉靖《高唐州志》等）

四、明代山东城市的官祀祠庙

1. 城隍庙

城隍信仰是中国民间信仰体系中很重要的组成部分。城隍神即《礼记》天子八蜡中的水墉神，"水则隍，墉则城也"，水墉之神逐渐演化为城隍之神，具有保护城池的职能。至唐代，城隍神已有抗御水旱灾疫的职能，并主宰冥间。至宋代，城隍神还兼掌科名桂籍。到了明代，城隍神的职能进一步扩大，而且城隍神的神格地位与官方信仰达到了极盛。洪武二年（1369年），朝廷大封各地城隍神以王位，而且，府城隍封为威灵公，秩正二品；州城隍封为显佑侯，秩正三品；县城隍封为显佑伯，秩正四品。洪武三年（1370年）又定庙制，府州县城隍庙与各地官署正衙等级规格相当，这样各地城市就形成了阴阳两座衙门并置的建筑格局[1]。

根据明清地方志资料，明代山东城市的城隍庙多数设置于洪武年间，设置较早的有宁海州与高唐州城隍庙，俱创建于洪武二年（1369年）；东昌府、商河县、恩县、东阿县、邹县与金乡县城隍庙都设置于洪武年间。设置较晚的则有乐陵县城隍庙，建于正统七年（1442年），以及栖霞县城隍庙，建于成化十八年（1482年）。其余城市城隍庙创建时间未见记载，可能相当一部分城隍庙始建于前代。

明代山东城隍庙在城市中的位置，多数选择在城内的北部。根据明清地方志舆图中所记载的57座城市城隍庙进行分析，城隍庙位于城市西北隅的城市有26座，位于城市东北隅有13座，另外位于城市东南隅有8座，位于城市西南隅有5座。

明代山东的州县城一般都设置一座州县城隍庙，对应州县衙署。府城则设置府、县两座城隍庙，如济南府与兖州府城。参考康熙《济南府志》舆图，济南府城隍庙位于城市东北隅，而历城县城隍庙位于城市东南隅。参考康熙《滋阳县志》舆图（图12），兖州府城隍庙位于城市东南隅，而县城隍庙则位于城市西南隅。

然而，府城的城隍庙设置也有特殊个例，比如青州府城，设有内城府城隍庙与外城府城隍庙。据有关研究[2]，这是由于城市扩建，在城外修建了府城隍庙，后来城市扩建计划没有实现，于是在城内另建府城隍庙，而城外府城隍庙改称为旧城隍庙，与城内的新城隍庙一起使用，形成了两座府城隍庙并立的特殊格局（图13）。

明代地方城市城隍庙的建筑规制没有详细的史料记载，从明清地方志资料中，可以对其平面格局进行推测。府城隍庙缺乏相关的地方志资料。州城隍庙以高唐州城隍庙（图14）为例，"殿三间，寝室三间，东

1. 张泽洪. 城隍神及其信仰. 世界宗教研究，1995（01）：111。
2. 张传勇. 明清山东城隍庙"异例"考. 聊城大学学报（社会科学版），2004（6）：51。

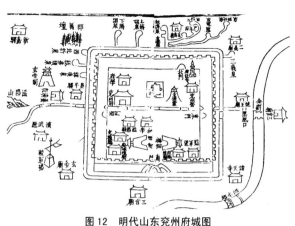

图12 明代山东兖州府城图
（图片来源：《滋阳县志·康熙》）

图13 明代山东青州府城图
（图片来源：《青州府志·嘉靖》）

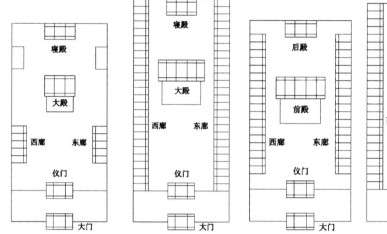

图14 明代山东高唐州（左）
与宁海州（右）城隍庙平面示意图

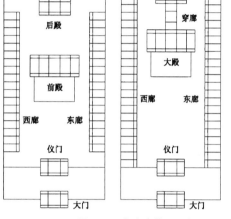

图15 明代山东莘县（左）、恩县（中）
与沾化县（右）城隍庙平面示意图

西房各一间，东西廊各五间。仪门三间，庙门三间。"[1] 高唐州城隍庙的轴线上设置了大门、仪门、正殿和寝殿，形成三进院落。此外，宁海州城隍庙（图14），"庙六楹，寝庙四楹，左右廊各二十六楹，两门各四楹。"[2] 可见宁海州城隍庙也是类似的平面格局，只是正殿的规格以及东西两廊的数量有所不同。

县城隍庙以莘县城隍庙（图15）为例。

> 东至儒学，西至民居，阔三十步；南至官街，北至民居，长六十二步。前殿五间，后殿三间，东廊十八间，西廊十八间，大门三间，二门三间。[3]

莘县城隍庙的轴线设置了大门、仪门、正殿与寝殿，而且建筑规格与宁海州城隍庙基本一致，只是东西廊屋的规模稍小。

另外恩县城隍庙（图15），

> 中为殿五间，后为厅三间，有穿廊。左右为廊二十四间，外为门三间。西端有坊，扁曰城隍祠。[4]

在正殿与寝殿之间设置穿廊，这是明代早期的建筑处理手法。还有沾化县城隍庙（图15），

1. 高唐州志·嘉靖. 卷四. 政治述。
2. 宁海州志·嘉靖. 祠祀. 第四。
3. 莘县志·正德. 卷四. 坛壝。
4. 恩县志·万历. 卷二. 建置。

有殿三间，穿堂三间，殿后寝三间。东西廊各五间，二门三间，大门三间。[1]

沾化县城隍庙与恩县基本相似，只是东西廊屋的数量较少。

可见，明代山东州县城隍庙的平面格局大致相似，都是在轴线上设置大门、仪门、正殿和后殿，以及在正殿前设置东西廊屋，形成三进院落。

值得注意的是，山东城市的城隍庙除了府州县三种等级，还有镇城隍庙，如济阳县仁风镇城隍庙、临沂县兰陵镇城隍庙、恩县历亭城隍庙、益都县金岭镇城隍庙、颜神镇城隍庙、张秋镇城隍庙等。据有关研究，这些城隍庙或者是由前代的县城隍庙沿用而成，或者由于镇城的地位较为重要而设。[2]

2. 关王庙

关王祭祀，即清代的关帝祭祀，是明代国家礼制体系的重要组成部分，关王庙也是明代地方城市中重要的祭祀建筑。关王崇拜最早源于南朝陈光大年间，湖北当阳人在关羽被害处建庙立祠，兴起了民间拜祭关羽的风潮。北宋崇宁元年（1102 年），宋徽宗追封关羽为"忠惠公"，开创了朝廷祭祀关羽的先河。崇宁三年（1104 年），关羽被晋封为"崇宁真君"，四年后又晋封为"武安王"，随后宣和五年（1123 年）又加封为"义勇武安王"，并建有武安王庙。至明代，关羽祭祀被列入国家祭典。万历十年（1582 年），关羽被封为"协天大帝"，万历十八年（1590 年）后加封为"协天护国忠义帝"，万历三十二年（1604 年）又被加封为"三界伏魔大帝神威远震天尊圣帝君"，关羽在官方信仰中的地位达到了顶峰。朝廷大力崇拜关羽的同时，明代地方城市修建了大量关王庙，进行祭祀。

与城隍庙相似，明代山东城市普遍设置关王庙。据嘉靖《山东通志》记载，除了登州府属于"州县多有"之外，山东其他 5 府都是"州县皆有"。将明清地方志中舆图的关王庙分布位置进行统计，一共 18 座城市的舆图绘有关王庙，其中 5 座城市的关王庙设置于城市西北隅、5 座设置于东北隅，4 座设置于西南隅（图16）以及 4 座设置于东南隅。可见，关王庙在城市的分布位置比较灵活，并无明显规律可循。

还有一些城市的关王庙设置于城市城门上，起到城市城门守护神的作用。如肥城县城，"关王庙在文安门上，真武庙在武安门上。"[3] 肥城县北门城楼设置为真武庙，南门城楼则设置为关王庙，南、北两座城楼，都设置了守护神灵，守护城市城门的安全。

从地方志舆图来看，明代山东城市的关王庙一般设置于城内，但是也有少数设置于城外，如莘县、青城县、城武县、阳信县与荏平县等。

明代山东通常一座城市仅设置 1 座关王庙，但是也有少数城市设置不止 1 座关王庙，如定陶县城共设置 4 座城隍庙，其中 2 座关王庙设置于城市东南隅，还有 2 座设置于城市西北隅。邹平县城与新泰县城也都设置 4 座关王庙，其中 1 座位于城市西北隅，3 座设置于城外。此外，设置 3 座关王庙的城市有济阳县城，设置两座关王庙则有登州府城。

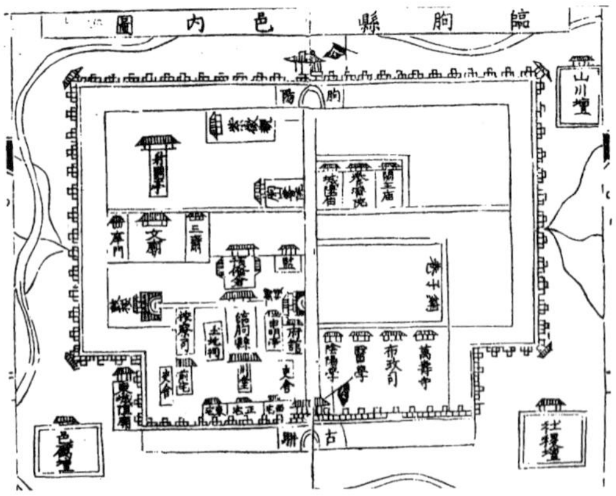

明清地方志对明代山东城市关王庙的建筑规制记载不详，再加上缺乏现存实物资料，因此很难对关王庙的规制与规模做进一步的研究。但是根据以上的分析，关王庙的平面格局可能与城隍庙相似，即轴线上设置大门、仪门、大殿与后殿的三进院落。

图 16　明代山东临朐县城图
（图片来源：《临朐县志·嘉靖》）

3. 八蜡庙

八蜡庙是祭祀农事诸神的祠庙。八蜡祭祀，源于远古的蜡祭。蜡祭的目的在于庆祝丰收，并祷告上苍，保佑来年风调雨顺，土地肥沃，昆虫不作，灾害不生。八蜡崇拜反映了中国古代传统农业文明信仰。《元史》就有地方官进行八蜡祭祀的记录，"秋七月，虫蝗生，民

---

1. 沾化县志·万历. 卷二. 建置.
2. 张传勇. 明清山东城隍庙"异例"考. 聊城大学学报（社会科学版），2004（6）：48，49.
3. 肥城县志·康熙. 学校志. 又建置志"门止二，南曰文安，北曰武定"。

患之,(刘)秉直祷于八蜡祠,虫皆自死。"[1]到了明代,设立八蜡庙,进行八蜡祭祀成为地方城市礼制体系的重要组成部分。

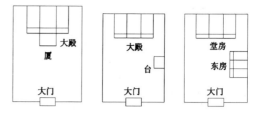

图17 明代山东高唐州(左)、海丰县(中)八蜡庙与莘县(右)太尉庙平面示意图

根据嘉靖《山东通志》,明代山东城市大多设置八蜡庙。万历《东昌府志》也记载:"八蜡庙,各州县皆立蜡庙。"[2]

明代山东八蜡庙在城市中的分布位置,在地方志资料中并没有详细的文字记载。分析绘有八蜡庙的14座山东城市的地方志舆图,4座城市的八蜡庙设置于城内,且都位于西城;其余10座城市的八蜡庙设置于城外,其中4座在城东郊;6座在城西郊。可见,明代山东城市的八蜡庙可能多数设置于城外的东西方向。

明代山东州城八蜡庙的建筑规制,可以参考高唐州八蜡庙(图17):"八蜡庙在州城外西南一里许,宣德六年建。庙三间,厦一间,门一座,缭以周垣。"[3]可见,高唐州八蜡庙的平面格局比较简单,轴线上设置大门与正殿,形成一进院落。而且,正殿仅三开间,前出一间抱厦,建筑规格并不高。

县城八蜡庙的建筑规制参考海丰县八蜡庙(图17),"庙三间,门一间,台高一丈五尺,近废。"[4]可见海丰县的八蜡庙也是简单的一进院落,轴线上仅设大门与大殿。与高唐州八蜡庙相比,海丰县八蜡庙正殿的建筑形式更为简单。

地方志中对明代山东城市八蜡庙的基址规模没有相关记载,不妨以另一座平面规制相似的明代山东祠庙为参考。明代莘县太尉庙(图17),"周围筑墙,阔十五步,长二十步。堂房三间,东房三间,门楼一座。"[5]莘县太尉庙也是一进院落,轴线上仅设大门与大殿,与一般的州县八蜡庙相似。莘县太尉庙建筑群基址面宽15步,进深20步,折合1亩有余。由此推测,明代一般八蜡庙的基址规模在一亩左右。

4. 旗纛庙

旗纛祭祀起源于古代军队出征的祭旗仪式。古代军中大旗叫"牙旗",古有"牙旗者将军之精,一军之形候"的说法。东汉以来,军队在出征前就先"建牙",即树立牙旗,然后"祃牙",即祭祀牙旗。唐宋后,礼书说天子有六军,实行六纛之制,一军有一旗。于是祃旗不仅祭牙旗,也祭六纛,并形成了一定的祭祀礼仪。明代,旗纛祭祀进一步发展,在卫所城市中修建了专门祭祀的旗纛庙,并成为城市的常设祠庙。

据嘉靖《山东通志》,明代山东六府的卫所皆设有旗纛庙。由于明代山东城市多附设卫所,因此城市多数设有旗纛庙。旗纛庙一般设置在卫所衙署附近,这可能与旗纛庙的主祭官员为卫所的正官有关。乾隆《山东通志》记载,明代山东十座主要的府州城,五座城市的旗纛庙设置于卫治或演武场附近;还有三座城市的旗纛庙则设置在演武场之内。

明代山东青州府的旗纛庙,"旧在青州卫治以北,嘉靖十六年徙东门外演武场,本卫每岁霜降日致祭"[6],嘉靖十六年(1537年)以前,青州府旗纛庙设置于卫治以北,嘉靖十六年以后,才迁建至城外的演武场。可以推测,明代早期的旗纛庙多数设置在城内,与卫所衙署相邻设置,以方便卫所长官前往致祭。

由于缺少相关资料,明代山东城市旗纛庙的平面格局以及基址规模都难以进行深入探讨。

5. 马神庙

马神信仰可上溯到先民的动物崇拜,最早有文字记载的马神崇拜出现在周代。据记载,

> 周官牧人掌天马之属。春祭马祖,夏祭先牧,秋祭马社,冬祭马步。马祖,天驷房星也。先牧,始养马者。马社,始乘马者。马步,谓神之灾害于马者。[7]

1. 四库全书·元史.卷一百九十二.列传第七十九.良吏二。
2. 东昌府志·万历.卷十.祀典志。
3. 高唐州志·嘉靖.卷四.政治述。
4. 海丰县志·康熙.卷五.建置。
5. 莘县志·正德.卷四.坛壝。
6. 青州府志·嘉靖.卷十.祀典。
7. 山东通志·乾隆.卷二十一.秩祀志。

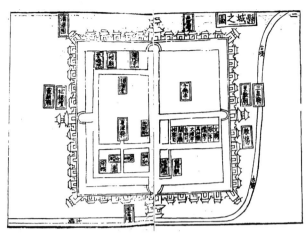

图 18　明代山东夏津县城图
（图片来源：《夏津县志·嘉靖》）

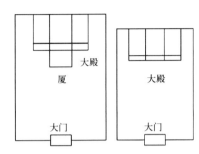

图 19　明代山东高唐州（左）
与海丰县（右）马神庙平面示意图

　　明代，马神祭祀纳入国家礼制体系，与马政制度推行有密切的关系。明代建立马政制度，马政负责军马的牧养、征调、采办与使用等。并在地方城市建立马神庙，供奉司马之神，以神力荫护军马的畜养。

　　嘉靖《山东通志》记载东昌府的马神庙设置情况，"马神庙，在府城、县治，养马州县皆有"[1]，万历《东昌府志》也有类似的记载：

　　　　马神庙，令甲府州县各立马神庙，以春秋仲月祀马祖、马步、马社、先牧之神，礼如社稷，各州县祭法同府。[2]

　　由于明代山东各州县城都负有畜养军马的责任，因此各州县多数设置马神庙。

　　根据明清地方志舆图，明代山东城市的马神庙一般设置于城市的北城。而且通常与负责马政的太仆分司相邻设置，这可能与马神庙的主祭官员为太仆分司的长官有关。如商河县，"马神庙在太仆行台之左。"[3]此外，参考地方志舆图发现，高唐州马神庙、夏津县马神庙（图 18）与东阿县马神庙，都是马神庙与太仆分司相邻设置，而且马神庙在东，太仆分司在西。这与建筑的性质有关，马神庙是祭祀建筑，太仆分司是行政建筑，祭祀建筑的地位比行政建筑高，根据左尊右卑的原则，马神庙在左，太仆分司在右。

　　还有一些城市的马神庙设置在州县衙中，如黄县城，"（赞治厅）迤西之北折为主簿衙，南折为马神庙"[4]，马神庙设置于县衙内大堂西南。还有莱州府的马神庙，"在府治仪门外西"[5]，也设置于衙署的西南。

　　明代山东州城马神庙的建筑规制以高唐州马神庙（图 19）为例，"庙三间，厦一间，门一座，缭以周垣。"[6]可见，高唐州马神庙的平面格局与其州八蜡庙基本一致。但与其太仆分司"正堂三间，后堂五间，东西厢房各三间，皂隶房东西各三间，仪门三间，正门三间"所形成的三进院落相比，马神庙虽然等级较高，建筑规制却较为简单，由此推测其基址规模较小。

　　另外海丰县马神庙（图 19），"庙三间"[7]，由此推测，其平面规制与其县八蜡庙相似。可见明代山东城市的马神庙一般是一进院落，轴线上设置大门与正殿。参考八蜡庙的基址规模，马神庙的规模也在一亩左右。

1. 山东通志·嘉靖. 卷十八. 祠祀。
2. 东昌府志·万历. 卷十. 祀典志。
3. 商河县志·万历. 坛壝。
4. 黄县志·康熙. 卷二. 建置志。
5. 山东通志·嘉靖. 卷二十一. 秩祀志。
6. 高唐州志·嘉靖. 卷四. 政治述。
7. 海丰县志·顺治. 卷五. 建置志。

五、明代山东城市的民祀祠庙

1. 真武庙

真武崇拜起源于古代的星辰崇拜。古人把二十八星宿分成四象，并命名为青龙、白虎、朱雀与玄武。玄武七宿位于北方，被奉为北方之神。宋真宗时，为避圣祖赵玄朗讳，始改称真武。至宋元明三代，因政治上的特殊需要，朝廷将其神格从北宫玄武提升至真武真君，再提高至玄天大帝（真武大帝）的地位。至明代，明成祖登基之后，为了酬谢真武的保佑，加封真武神为"北极玄天上帝真武之神"，真武大帝的宗教地位达到了顶峰，全国各地也随之建立真武庙，祭祀真武大帝。

明代山东城市普遍设置真武庙。明清地方志舆图所记载设置真武庙的明代山东城市至少有33座。其中13座将真武庙设置于城市北门之外；6座设置于北城墙上，如平度州城（图20）；3座设置于北门之上，以北门城楼兼为真武庙；此外还有6座设置于城内，而且全部位于城市的北部。由此可见，明代山东真武庙一般设置在城市的北门以及附近，成为城市北城门的保护神，以发挥其北方之神的宗教职能。

此外，还有少数城市的真武庙设置于城市城门的其他方向，如东昌府的真武庙设置于城市东门外，主要是因为京杭运河经过东昌府城东门外，在东门外设置真武庙以发挥真武大帝的水神保护神职能。还有济阳县的真武庙设置于城市南门之外，则主要是黄河流经济阳县城南门外。可见，真武庙的设置还受到城市周边河流的位置的影响。

明代山东城市真武庙的建筑规制见于地方志的记载。如莘县真武庙（图21），

> 周围墙，东至马文地，南至牛浩地，西至官街，北至常禹地；阔四十二步三尺，长十八步；正殿三间，二门三间，大门一间。[1]

莘县真武庙轴线上设置了大门、二门和正殿，形成两进院落。真武庙的基址规模为面阔42步3尺，进深18步，折合3亩有余，可见真武庙的规模大于八蜡庙、马神庙的一般规模，且真武庙的等级可能高于八蜡庙与马神庙等官祀祠庙。

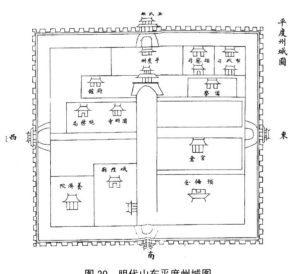

图20 明代山东平度州城图
（图片来源：《莱州府志·万历》）

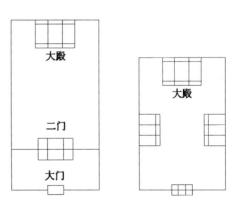

图21 明代山东莘县真武庙（左）
与清平县东岳庙（右）平面示意图

2. 东岳庙

至少在周代，皇帝祭祀岳镇海渎就成为国家礼制的一部分，这种祭祀制度至唐宋年代达到鼎盛。后来，东岳之神祭祀被道教吸收，东岳泰山之神成为道教大神。到了明代，东岳信仰逐渐成为全国性的民间信仰，许多城市都修建了东岳庙。明代山东城市普遍设置东岳庙，既受到民间道教信仰的影响，还表达了对本地

---

1. 莘县志·正德. 卷四. 坛壝。

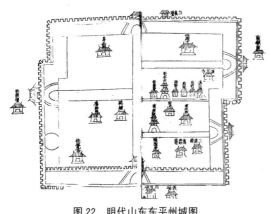

图 22　明代山东东平州城图
（图片来源：《东平州志·康熙》）

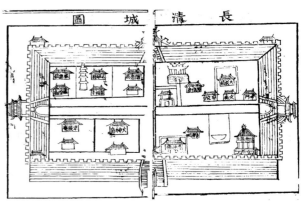

图 23　明代山东长清县城图
（图片来源：《长清县志·康熙》）

的神山东岳泰山的敬重之意。

明代山东城市普遍设置东岳庙，明清地方志舆图所记载设置东岳庙的明代山东城市至少有十六座。其中九座东岳庙设置于城市东门之外，如东平州城（图 22）；还有五座东岳庙设置在城内；一座东岳庙则设置在东门上，城市东门城楼兼为东岳庙。可见，东岳庙一般设置在城市的东门外，这与东岳庙的主神东岳泰山之神所代表的东方有关。东岳庙设置于东城门，为城市东城门的守护神。

根据民国《清平县志》舆图，发现清平县东岳庙（图 21）是一组一进庭院，平面格局为大门、正殿以及东西厢房。由此推测，明代东岳庙的平面规制可能与八蜡庙、马神庙等相似，基址规模在一亩左右。由于缺乏相关资料记载，对明代山东城市东岳庙的平面格局与基址规模难以进行深入探讨。

3. 火神庙

火神崇拜是一种古老的民间信仰，火是原始人类生存和生活的重要能源，对火的敬畏和对火的感激这两种情绪交织在一起，慢慢地形成了原始的火神崇拜。此外火神崇拜也有星辰崇拜含义，"会典，每岁六月十三日致祭，司火之神。旧制祀大辰，以阏伯配，按大辰即大火星。"[1] 因此，火神庙又称为火星庙。在明代，火神祭祀成为国家礼制体系的重要部分，而且还在民间形成大规模的庙会活动。火神庙举行中元法会，与城隍庙会相似，都是明代城市中重要的大型节日集会。

明代山东城市普遍设置火神庙，明清地方志舆图所记载设置火神庙的明代山东城市至少有十六座。其中七座火神庙设置于城市南门外或南门附近，如长清县城（图 23）；两座设置于城市西门外；七座设置于城内的其他位置，缺乏明显的规律。根据地方志舆图进行统计，火神庙设置在城市南门外的山东城市有济南府城、鱼台县城、泗水县城、栖霞县城、新泰县城、陵县城、登州府城等。由于火在五行方位中属阳性，位于南方，火神庙代表南方的保护神。因此明代山东城市火神庙多数设置在城市南门外，形成与北门真武庙相对应的城市保护神庙。

由于缺少相关文字资料，明代山东城市火神庙的建筑规制与规模难以进行进一步探讨。

4. 三官庙

三官信仰源自古代先民对天地水的自然崇拜，认为天、地、水是构成万物的三种基本成分。东汉以后，三官信仰被引入道教体系，三官之神成为道教最早奉祀的神灵之一。到了唐代，三官被道教封为上元天官帝君、中元地官帝君与下元水官帝君，其中上元天官统管天界诸神，中元地官统管五帝五岳诸真人，下元水官统管九江水府及水中诸神，三官之神的神格达到了顶峰。明代以后，三官之神的宗教职能有所缩小，但是三官作为民间信仰却更为普遍。而且，三官庙的三元节庙会与火神庙的中元法会、城隍庙的城隍庙会，构成了明代城市重要的节日集会，于是三官庙成为城市中重要的集会场所。

---

1. 山东通志·乾隆. 卷二十一. 秩祀志。

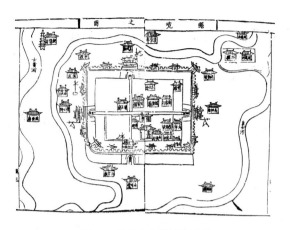

图 24　明代山东武城县城图
（图片来源：《武城县志·嘉靖》）

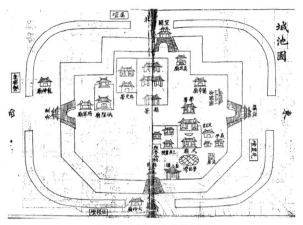

图 25　明代山东陵县城图
（图片来源：《陵县志·乾隆》）

明代山东城市普遍设置三官庙，明清地方志舆图所记载设置三官庙的明代山东城市至少有十八座。其中八座将三官庙设置于城市西门之外；六座设置于其他城门之外，如武城县城的三官庙，设于南门外的西侧（图 24）；四座设置于城内，而且都在北城。将三官庙设置于西门外的明代山东城市有兖州府城、莘县城、青城县城、济阳县城、齐东县城、邹平县城、汶上县城和沂水县城。可见，三官庙设置在城市西门之外，可能与三官之中的天官赐福，与西方守护神有一定的关联。因此三官庙设置于城市西门附近，以保护城市西门的安全，并形成与东门的东岳庙相对应的分布格局。

由于缺少相关资料记载，明代山东城市的三官庙的平面规制与规模难以进行进一步探讨。

六、结语

从以上分析可以看出，明代山东城市的坛壝建筑与祠庙建筑分别具有独特的平面规制，并分别形成了坛壝建筑体系与祠庙建筑体系，都对城市的平面形态产生了不同的影响。

明代山东城市的坛壝建筑体系由社稷坛、风云雷雨山川坛与厉坛组成。一般情况下，社稷坛位于城市西郊，风云雷雨山川坛位于城市南郊，厉坛位于城市北郊，形成了城市三个方位的祭祀坛壝。到清代雍正四年（1726 年），诏令在城市东郊设立先农坛，进一步完善了城市的坛壝体系，较有代表性的城市有陵县城（图 25）。明代山东城市的坛壝格局与明代都城设置天坛、地坛、日坛与月坛于城市四个方位的平面格局极为相似，体现了中国古代城市对天地自然万物的原始崇拜。明代山东城市的坛壝与城市的密切关系，使坛壝具备了对城市的保护职能，因此这些坛壝又成为城市保护神的象征。

明代山东坛壝分别设置于城市近郊的基本格局，仅适用于一般的府州县城，但是并不适用于设置有藩王的城市，如设置德王的济南府、设置鲁王的兖州府、设置齐王与衡王的青州府以及设置汉王的武定州城等。这些设置藩王的城市，其社稷坛与风雨雷雨山川坛设于藩王府之前，也就是在城市之内，而郡厉坛设于城外。如兖州府城的坛壝设置，"王宫之左为社稷坛，其右为风云雷雨山川坛"[1]，社稷与风云雷雨山川两坛设置于鲁王府之内，但是王府的社稷坛在东，风云雷雨山川坛在西，可见社稷坛的等级地位高于风云雷雨山川坛（图 26）。青州府城的坛壝设置受到了藩王废立的影响，

> 社稷坛，旧在城西北五里，国初徙齐府城内，逮齐庶人国除，永乐五年知府赵麟复移城外，
> 弘治十年封建衡藩，再移于端礼门内之右，与山川坛并。[2]

可见由于发生过两次藩王废立，青州府的社稷坛与风云雷雨山川坛也经过了两次迁建。

1. 兖州府志·万历. 建置志。
2. 青州府志·嘉靖. 卷十. 祀典。

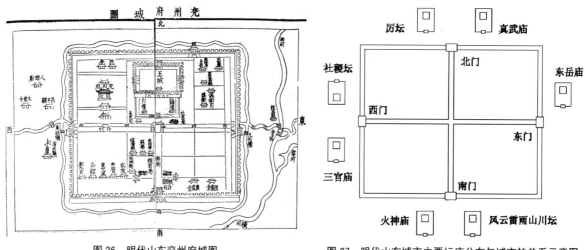

图 26　明代山东兖州府城图
（图片来源：《兖州府志·万历》）

图 27　明代山东城市主要坛庙分布与城市的关系示意图

"洪武十八年，定王国祭社稷山川等仪。"[1] 藩王所封城市的社稷坛与风云雷雨山川坛设置于藩王府前，这与明代藩王的府第、服饰与车旗等"下天子一等"的规制有关。天子府第——紫禁城前设置左祖右社，形成紫禁城前的前导空间；藩王府也设置社稷坛与风云雷雨山川坛，形成类似的前导空间，两者有一定的相似性。而且，设置藩王的城市，其社稷坛与风云雷雨山川坛由藩王亲自主祀，两坛设置于王府之内，也为了方便藩王的出行祭祀。

除了藩王的废立或者城址的迁移导致坛墠发生迁建，还有其他原因也会导致明代城市坛墠发生迁建，如坛墠受到了水灾的毁坏，或者原有坛墠的位置过于偏僻。因水灾毁坏而迁建的有莘县社稷坛与风云雷雨山川坛，

社稷坛旧在县治北官路南，屡有水患，洪武二年移置官路北……风云雷雨山川坛。旧在县治西南三里，屡有水患，洪武二年移置官路东。[2]

因坛址偏僻而迁建的有东阿县邑厉坛，"成化八年知县陈贵因其僻远，徙于北郭门外。"[3] 此外，坛墠的选址还要考虑交通条件，由此可知，坛墠设置在城门附近，还可能出自于方便主祭官员出行的目的。

明代山东城市坛墠建筑还有一些特殊的规制。由上文分析可知明代山东坛墠建筑的主要构成元素有坛墙、神门、祭坛以及附属建筑如神厨、神库、宰牲房、斋宿所与碑亭等，形成围合的南北向院落。此外，坛墠院落之中往往还种植大量树木，以营造祭祀的严肃气氛。如莘县的风云雷雨山川坛，

成化二十二年邑民鞠祥栽柏树九十余株，桑枣榆柳七十余株，俱已成材。[4]

还有金乡县的坛墠，

社稷坛……垣内墙一遭，柏树百余株；风云雷雨山川坛规制与社稷坛同，有墙有树有垣有门有神库有斋房有宰牲房；邑厉坛……亦有墙有树有垣有门。[5]

可见，在坛墠周边植树已经形成了一种不成文的规制。

明代山东的祠庙建筑体系由城外的真武庙、东岳庙、火神庙与三官庙等民祀祠庙，以及城内的城隍庙、关王庙、旗纛庙等官祀祠庙共同组成。

1. 明史. 卷四十九. 志第二十五. 礼三。
2. 莘县志·正德. 卷四. 坛墠。
3. 东阿县志·康熙. 卷二. 建置志。
4. 莘县志·正德. 卷四. 坛墠。
5. 金乡县志·康熙. 卷四. 秩祀。

通过上文的分析发现，真武庙等主要民祀祠庙与社稷坛等坛壝相结合，形成了一套与城市的方位相对应的坛庙建筑体系（图27），可以将这种坛庙格局称之为理想城市格局。参考明代地方志舆图发现，大致符合这种理想格局有登州府城、莘县城和馆陶县城等。这种理想的平面格局不仅充分表达祠庙本身的宗教内涵，而且充分表达了城市守护神的理念。玄武之神、泰山之神、火神与三官神，分别以其神力，守护城市城门的安全，并给城市带来福佑。

此外，大致符合这种格局的城市还有清平县城，

> 儒学在城东北隅。……东岳庙在儒学东。关王庙在东门内街北。真武庙在北门内街西。三官庙在西门外南。火神庙在南门外。[1]

此外，明代山东城市还设置有其他类型的民祀祠庙，如龙王庙、娘娘庙、天齐庙、三义庙等，这些祠庙也是地方城市民间信仰的一部分，但是由于规模较小，分布零散，对城市平面形态的影响有限，而且由于缺乏足够的研究资料，难以进行详细的论述。因此，本文不对其他祠庙以及佛教寺庙展开讨论。

综上所述，坛庙建筑对明代山东城市的平面形态产生了重大的影响，主要体现为以下三方面：

第一，坛庙建筑使城市城区的范围得到了扩大。通常的城市城区是指城墙以内的部分。明代以来，由于一些重要坛庙建筑分布于城门外近郊，不断围绕坛庙建筑出现了聚居和集市，从而在城门外形成城市的关厢地区，并造成城市城区的扩大。

第二，坛庙建筑使城市空间更加多样化与生活化。明代的城隍庙、火神庙与三官庙的庙会，成为城市公共生活的重要形式。宋代以来，城市的商业空间从唐代相对封闭的坊市逐渐演变为开放型的街市，但是城市中缺少大型的平民集会与休闲空间。明代城市的庙会以及庙市，满足了明代中期以来的商业贸易需求与休闲娱乐需求，使城市在行政、军事、居住等传统功能的基础上，增加了商业、贸易、休闲等新功能。

第三，坛庙建筑的设置，丰富了城市的文化与宗教内涵。明中后期，官祀祠庙逐渐从官方祭祀演变为民间祭祀。如城隍、关王与马神信仰等，渐渐变成民间信仰，城隍庙、关王庙与马神庙的基址规模不断扩大，或者在城市中不断修建新庙，从而满足市民不断增长的宗教需求。这也是明代宗教逐渐世俗化和生活化的标志。

坛庙建筑是明代地方城市中除了衙署与庙学最重要的建筑群之一，对坛庙建筑的基址规模与平面规制进行深入的探讨，有助于我们了解明代地方城市的基本形态。山东地区是明代十三个布政司之一，山东城市的基本形态有一定的代表性，其城市的坛庙建筑也有较强的代表性。因此，本文对山东城市坛庙建筑的分析与论述，对于明代建城运动及其相关课题的研究，有着重要的参考价值。

作者单位：北京清华城市规划设计研究院

---

1. 重修清平县志·康熙. 卷一. 学校。

第七篇

明代城市坛壝建筑

明代南直隶地方坛壝建筑初探 *

李 菁

提要

以影印本明代方志为基本资料，运用统计的方法，对明代南直隶地方坛壝建筑信息进行归纳整理，并与正史之记载相互对照，重点考察地方坛壝在兴建时间、方位设置、建筑制度方面的特点，以及国家政令在地方的推行程度。

关键词：明代南直隶，地方坛壝，兴建时间，方位，建筑制度

国之大事，以祀为先，因其"崇德报功以示勿忘也"[1]。一邑之当祭者众多，涉及生活方方面面，"司文运则祀之，关民社则祀之，御灾患则祀之，死疆场则祀之"[2]，从而形成了一个庞大的地方祭祀体系。中国古代承载祭祀活动的建筑包括坛和庙，台而不屋为坛，设屋而祭为庙。本文主要关注前者。

"坛"是中国古代主要用于祭祀天、地、社稷等活动的台形建筑，为了界定祭祀空间，常在坛周围筑墙，这些墙称为壝。在文献中"坛壝"常联合出现，共同指代"台而不屋"的祭祀建筑空间。

明朝"大正祀典，首严社稷、山川风云、厉鬼之祭。"[3]这三项也是朝廷规定地方必须举行的祭祀项目。

祭祀社稷是为了祈祷社稷神保佑一方丰衣足食，每年仲月、仲秋月上戊日举行，北向设二神位：左社右稷。祭祀风云雷雨、山川是为了祈祷任内雨阳时若，风调雨顺，祭祀活动在春、秋仲月上旬择日举行，南向设三神位：风云雷雨居中、山川居左、城隍居右。此两项祭祀，在正祭之前，有司均要前期斋戒二日。祭祀无祀鬼神，是为了安抚群鬼，使之不侵扰人间，以求地方安宁，于每岁清明日、秋七月十五日、冬十月初一日祭祀，"未祭前三日有司移牒城隍之神。祭之日，奉城隍神主于坛正中，南向，用羊一豕一，以主其祭。设无祀鬼神位于坛下左右。"[4]

分别承载这三项祭祀活动的社稷坛、山川坛、厉坛，为地方坛壝建筑[5]的重要内容，在各郡县内三坛多成组出现。

此类郡县坛壝，以地理城市为单位，并不一定与行政城市的设置数量相对应。如苏州府的长洲和吴县为二附郭，按设置的行政单位计算，一座城对应3个行政单位（1府2县），但由于其坛壝统摄于府，不另外设祭[6]，所以对应的城市坛壝就只有1组。又如应天府的地方社稷坛直到正统间才见有设祭，也是基于类似的原因，即"初以京都不能专祭，后车驾徙北都，许立社稷，始有祀"[7]。于是，在祭祀过程中，就形成了府官主祭，附郭县官陪祭，即不同等级官员在同一坛壝建筑中共同完成祭祀活动的现象。按此计算，南直隶地区的郡县坛壝建筑涉及110组。

除有司主持的郡县祭祀之外，明初还规定了乡里的祭祀："凡各处乡村人民，每里一百户内，立坛一所，祀五土五谷之神，专为祈祷雨旸时若、五谷丰登。"[8]相应的建筑称"里社坛"。"凡各处乡村人民，每里一百户内，立坛一所，祭无祀鬼神，祈祷民庶安康、孳畜蕃盛。"[9]相应的建筑称"乡厉坛"。不过，值得注意的是，里社

---

* 本文属国家自然科学基金项目"明代建城运动与古代城市等级、规制及城市主要类型、规模与布局研究"（项目批准号：50778093）。

1. 《（万历）兴化县新志》，卷4人事之纪，祠典。
2. 同上。
3. 《（弘治）重修无锡县志》，卷22坛壝。
4. 同上。
5. 南直隶方志中记载的坛壝还有：如松江府的"东海神坛"，定远的"大山祭祀坛"和"池河祭祀坛"等。本文中提到的坛壝专指祭祀社稷、风云雷雨山川、无祀鬼神的祭祀建筑。
6. 《（正德）姑苏志》，卷27坛庙上。
7. 《（嘉靖）南畿志》，卷5。
8. 《（万历）大明会典》，卷94，群祀四。
9. 同上。

乡厉作为基层祭祀建筑，并非局限于乡村范围，也分布在郡县城之内。如《（弘治）徽州府志》："府城内及歙各乡皆有社"[1]，又如《（洪武）苏州府志》："（乡厉坛）长洲县在城二所，乡都一百七十六所。"[2]

采用"里"作为里社乡厉的设置单位，是因为它是明初通过里甲制度由政府统一设置的唯一基层组织单位。但从地方志相关记载发现，里社乡厉的设置单位除"里"之外，在地方上还出现了乡、都、图、社、保等[3]，这些单位的具体含义未有统一规定，只是地方根据历史情况对于县与里之间各层级的不同称呼罢了。而这些单位的采用，使得各处里社乡厉的设置数量出现了从几所到几百所的较大差异。[4]可见，里社乡厉一方面遵从了基层设坛祭祀的宏观规定，又在具体的设置原则上有所变通。

本文的研究对象为地方坛壝建筑，包括府、州、县社稷坛、山川坛[5]、厉坛[6]，以及里社坛和乡厉坛。研究方法主要是通过对地方志记载的资料进行归纳总结，并与正史之记载相互对照，意在揭示地方坛壝建筑的某些事实。

由于方志中关于郡县坛壝的记载集中在兴建时间、方位设置、建筑形制方面，因此本文的考察也拟以此逐一展开。而基层坛壝则与之不同，在明中后期，明初所定之乡里祭祀制度多有荒废，相应的里社乡厉亦存者寥寥。由于本文所参考之地方志多为明代中后期所编纂，所以相关的建制信息也几乎不可查找。因此，对于基层坛壝建筑的考察多附在郡县坛壝之后略述，未能完全展开。

一、兴建时间

1.政策时间点

地方坛壝的兴建是在开国之初的大政策背景下推进的，因此有必要先弄清楚相关的政策时间：全国诏令地方设祭的时间、历次祭祀制度调整的时间。

关于颁制的时间："府州县社稷，洪武元年颁坛制于天下郡邑。"[7]"洪武三年定制，…王国祭国厉，府州祭郡厉，县祭邑厉，皆设坛城北。"[8]

在制度颁布的同时或之后，又颁布了全国府州县设立坛壝的诏令：社稷坛和山川坛均在"洪武元年"[9]，厉坛则在"洪武四年"[10]。

而在诏建命令颁布之后，祭祀制度又发生了几次调整。

以社稷坛为例，洪武十年，太社稷坛曾经历过一次由"社、稷分坛同壝（洪武初年之制）"到"同坛同壝"的改制。[11]据《明史》记载，在随后的洪武十一年，王国社稷和府州县社稷亦随之"定坛合祭如京师"[12]。关于此次改制，地方志中也有记载，不过在改制年代上，与正史存在差异。

> （徐州）社稷坛，在北门外三里。洪武二年，知州文景宗创建初分二坛。八年遵定制并为一。[13]
>
> （常州府社稷坛）国朝洪武三年，知府孙用移建今地。社稷分为二坛。八年遵定制并为一坛。
> 北向。[14]
>
> （无锡社稷坛）国朝洪武三年，徙今地。初为二坛。八年诏为一坛。[15]

---

1. 《（弘治）徽州府志》，卷5坛壝。
2. 《（洪武）苏州府志》，卷15祠祀，坛壝。
3. 如：据《（嘉靖）徐州志》："（砀山县乡厉坛）在各社，（丰县乡厉坛）在各保"。又如《（嘉靖）安庆府志》："（安庆府属县里社和乡厉坛）在各乡"。还有方志《（弘治）徽州府志》："（徽州府属县乡厉坛）在各都"。
4. 如《（嘉靖）安庆府志》：安庆府桐城县乡厉坛在各乡，共6所。而据《（弘治）上海志》：上海县乡厉坛在各里，共730所。
5. 南直隶方志中对于"山川坛"条目的名称记载不同，其中54种方志记为"山川坛"，64种记为"风云雷雨山川坛"，2种记为"风云雷雨境内山川之神坛"，还有1种记为"风云雷雨山川城隍坛"，本文以"山川坛"统称之。
6. 南直隶方志中对于"厉坛"条目的名称记载不同，其中114种记为"厉坛"，17种记为"无祀鬼神坛"，2种记为"总坛"，本文以"厉坛"统称之。
7. 《明史》，志第25，礼三（吉礼三）。
8. 《明史》，志第26，礼四（吉礼四）。
9. 《嘉靖）泾县志》，卷6祠典类，坛壝。"洪武元年，令府州县祭祀。"
10. 《嘉靖）太仓州志》，卷4祠典。"洪武四年，特命天下郡县以至于一乡一里，皆立无祀鬼神坛，颁降祭文，刻之于石。"
11. 《明史》，卷47，志第23，礼一（吉礼一）。
12. 《明史》，卷49，志第25，礼三（吉礼三）。
13. 《嘉靖）徐州志》，卷8人事志三，祠典。
14. 《（正德）重修毗陵志》，卷26坛壝；《（万历）常州府志》，卷2地理志，武进县境图说。
15. 《（万历）常州府志》，卷2地理志，无锡县境图说。

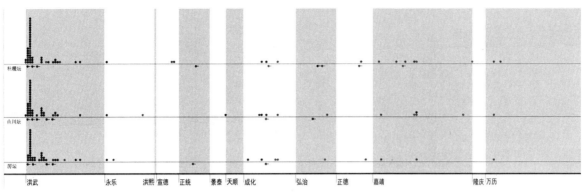

图1 坛壝兴建年代分布图

（宜兴社稷坛）洪武三年，令谢德清移置今地。初为二坛。八年诏为一坛。[1]

据此4条记载推测，南直隶郡县社稷坛的同坛合祭改制行为应源于"洪武八年"，而非洪武十一年的某次诏令。

再如山川坛，也经历了类似的制度调整过程，在祭祀原有神"风云雷雨"的基础上不断追加"山川"和"城隍"[2]，直至"（洪武）八年诏为一坛"[3]。

据此推断，"（洪武）八年诏为一坛"的诏令对于地方社稷坛和山川坛产生了不小的影响。

由此，我们得到了社稷坛和山川坛的两个时间点：诏建年代 - 洪武元年、改制年代 - 洪武八年（或洪武十一年），以及厉坛的两个时间点：颁制年代 - 洪武三年和诏建年代 - 洪武四年。

地方实际的建造活动中，与这些时间点对应吗？

2. 方志所载郡县坛壝修建时间

南直隶地方志中关于郡县坛壝兴建时间的记载虽然不多，但仍可以其对地区兴建情况有一个大致的了解。

在这些记载中，社稷坛，有明确兴建年代记载的有50处，模糊记载（只记有朝代没有年代的）有9处。山川坛，有明确记载45处，模糊记载7处。厉坛，明确记载43处，模糊记载6处。共涉及68郡县，占南直隶地方坛壝的62%。

为了更加直观的了解历代兴建情况，可将相关信息整理为图1。

由图可见，三坛的兴建年代都主要集中在洪武前期，以后历代间有修建，又以成化、弘治和嘉靖较多，但嘉靖时期主要是重建。即郡县坛壝样本格局主要形成于洪武年间。

我们重点放大洪武年修建部分（图2）。

可见，社稷坛和山川坛的修建年代都始自洪武元年，这与全国诏令的颁布时间相吻合。之后的洪武八年和洪武十四年也出现较为集中的小规模修建。若洪武八年的修建活动与"诏令同坛"的规定相关。那么洪武十四年的修建活动有何解释呢？

又，厉坛的修建年代是从洪武二年即已开始，并在洪武三年与社稷坛和山川坛一起形成了集中建设的显著高峰，也即发生在颁布全国诏建命令的"洪武四年"之前。如果洪武三年的兴建活动可以厉坛"定制"时间来解释的话，那么至少在定制之前，厉坛就已经在地方上开始修建了。

由此，似乎以政策背景来解释地方兴建的时间特点尚不充分。当然这也与用于分析的样本数量有限相关。

除此之外，地方坛壝兴建的时间，还有其他特点吗？

从图2可定性看出三坛兴建趋势具有同幅波动性，即同时出现兴建高峰，也同时出现平缓状态。那么在地方城市中，三坛之间的兴建顺序是否存在对应关系呢？

1.《（万历）常州府志》，卷3地理志，宜光县境图说。
2.《（嘉靖）泾县志》，卷6祀典类，坛壝："洪武二年，令有司于□南以风云雷雨师合为一坛用……至六年，以风云雷雨山川之神共为一坛。合祭后，又以城隍合祭于坛。"
3.《（万历）常州府志》，卷2，江阴县境图说，祠典。

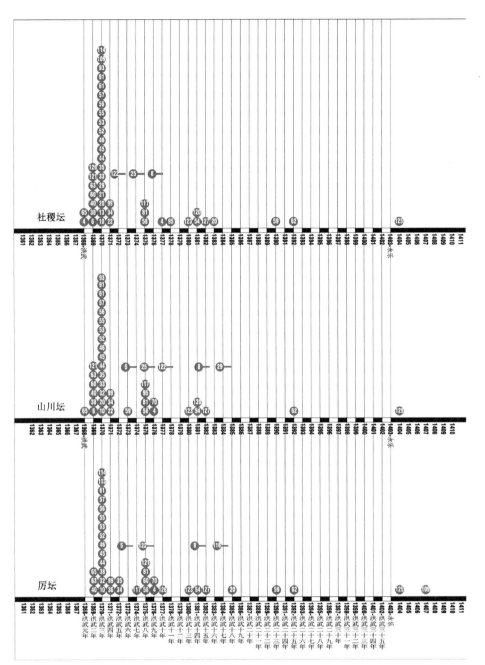

图 2　洪武年间坛壝兴建时间分布图

将已知信息重新整理列表。由表 1a 可知，三坛同时修建者有 27 例。二坛同时修建者有 21 例，其中社稷坛和山川坛同时修建为 17 例，山川坛与厉坛同时修建为 2 例，社稷坛与厉坛同时修建为 2 例。其他零散记载的涉及 18 例（表 1b）。

下面按照兴建时间是否具有同一性来分别考查：

1）关于同时修建的情况：

（a）三坛同时建立、一次性完成坛壝建造的郡县占样本的 40%，

（b）社稷坛与山川坛同时修建的郡县达样本的 70%。

可见社稷坛多与山川坛同时修建，而三坛同时创立的情况也不在少数。

2）关于不同时修建的情况：

（a）社稷坛与厉坛兴建年代不同者有 10 例。其中社稷坛早于厉坛兴建的 8 例，如苏州府吴江县和淮安府盐城县各早 1 年，苏州府嘉定县早 2 年，扬州府如皋县早 6 年，应天府句容县及和州各早 8 年，徽州府则早 37 年。而社稷坛晚于厉坛兴建的相反案例又有 2 例，如宁国府泾县晚 8 年，广德州建平县晚 1 年。

三坛同时修建的案例（21处）				其中两坛同时修建的案例［17+2+2（处）］				
编号	所属	三坛修建年代		编号	所属	社稷坛	山川坛	厉坛
8	六合县	—	洪武间立	6	溧水县	1369		—
10	凤阳府	1370	洪武三年	9	高淳县	弘治间立		—
32	昆山县	1370	洪武三年	20	泗州	1370		—
40	上海县	1369	洪武二年	22	天长县	1371		—
44	无锡县	1370	洪武三年	25	颖州	洪武初建		—
45	江阴县	1370	洪武三年	33	常熟县	1370		—
46	宜兴县	1370	洪武三年	34	吴江县	1371		1372
47	靖江县	1473	成化九年	35	嘉定县	1370		1372
52	扬州府	1370	洪武三年	38	松江府	1369		—
53	江都县	1370	洪武三年	60	如皋县	1369		1375
54	仪真县	1381	洪武十四年	65	盐城县	1368		1369
55	泰兴县	1370	洪武三年	91	太平府	1370		—
56	高邮州	1370	洪武三年	93	芜湖县	1370		—
57	兴化县	1370	洪武三年	98	泾县	1475		1467
58	宝应县	1375	洪武八年	117	建平	1375		1374
61	通州	1370	洪武三年	120	来安	1381		—
62	海门县	1392	洪武二十五年	121	徐州	1369		—
63	淮安府	1369	洪武二年	编号	所属	社稷坛	山川坛	厉坛
70	海州	1376	洪武九年	4	句容县	1368	1376	
73	宿迁县	1577	万历五年	5	溧阳县	—	洪武初建	
81	六安州	1375	洪武八年	编号	所属	社稷坛	厉坛	山川坛
99	宁国县	1371	洪武四年	59	泰州	1390		1373
115	绩溪县	—	成化间重修	114	黟县	1370		—
122	萧县	—	洪武初建					
123	砀山县	1380	洪武十三年					
125	沛县	1404	永乐二年					
127	含山县	1382	洪武十五年					

三坛修建零散记载									
编号	所属	社稷坛	山川坛	厉坛	编号	所属	社稷坛	山川坛	厉坛
1	应天府	正统	—	—	59	泰州	—	1373	1390
7	江浦县	1434	—	—	94	繁昌县	—	1457	—
13	怀远县	1370	—	—	95	宁国府	1378	1375	—
20	泗州	—	1370	1385	104	青阳县	—	—	1519（重建）
21	盱眙县	1370	—	—	109	徽州府	1370	—	1407
25	颖州	—	洪武初	—	113	祁门	—	—	1370
29	苏州府	1370	洪武间	—	116	广德州	—	—	洪武间
36	太仓州	—	—	1371	121	徐州	—	1369	1375
38	松江府	—	1369	1370	126	和州	1369	—	1377

　　（b）社稷坛与山川坛兴建年代不同者有3例。社稷坛早于山川坛的1例，即应天府句容县早8年。而社稷坛晚于山川坛的2例，如扬州府泰州晚17年，又如宁国府晚3年。

　　（c）厉坛的兴建年代与另两坛不同的案例有14例，其中12例的厉坛兴建均晚于另两坛，只有宁国府泾县早8年，广德州建平县早1年。

　　可见：在三坛的创立顺序上，山川坛或略早于社稷坛，厉坛则多晚于另两坛。

　　综上，通过对68个样本的考察，得出以下结论：（1）兴建年代上：在洪武三年时出现三坛集中修建的高峰，之后陆续有所修建。（2）修建顺序上：三坛同时修建的情况较多，最为常见的是社稷坛和山川坛同时修建，厉坛的修建年代则略晚。（3）地方兴建与国家政令颁布时间的吻合度：可以看到时间段和趋势上的大致符合，但没有看到时间点上的精确对应。而个别反例的存在也说明地方在兴建过程中拥有较大的灵活性。

上述结论只是基于 68 郡县不完全的记载而得出的，虽然不能代表南直隶 110 郡县的全部事实，但仍可据此形成该地区坛壝建筑兴建的部分印象。

3. 方志中所载里社乡厉设置时间

地方志中对于里社、乡厉设置时间的记载很少，仅见 11 条，如下（表 2）。

里社、乡厉设置时间表 表 2

城市名称		名称	建造年代	参考文献
松江府	松江府	五土五谷神坛	洪武十五年建	方志 30、31
	上海县	五土五谷坛	洪武十五年	方志 30、31、32
扬州府	仪真	里社祠	洪武十七年	方志 46
宁国府	泾县	里社坛	洪武八年	方志 64
应天府	句容县	乡厉坛	洪武九年	方志 3
苏州府	常熟县	乡厉坛	洪武三年建	方志 20
松江府	松江府	乡厉坛	洪武十五年建	方志 30
	上海县	乡厉坛	洪武十五年	方志 30、31、32
扬州府	仪真县	乡厉坛	洪武十七年	方志 46
	宝应县	乡厉坛	洪武八年	方志 49、50
广德州	广德县	乡厉坛	洪武初立	方志 73

由表 2 可见，修建时间也出现在洪武前期，但分布较为分散，与坛壝政令颁布的时间相差较大。值得注意的是松江府及其属县里社乡厉的设置时间在"洪武十五年"，而此前一年的"洪武十四年"，恰为全国颁行里甲制的时间，那么里社乡厉的设置是否与里甲制的颁行相关呢？资料有限，不敢妄论，待考。

4. 兴建时间小结

地方坛壝的兴建大概分两步进行，第一步是郡县坛壝体系兴建，时间集中在洪武三年前后，其中又以山川坛和社稷坛为先，厉坛略后。第二步是里社、乡厉的兴建，二者多同时修建，可能在洪武十五年前后。这两个时间基本符合坛壝诏建、颁制、改制的大体时段，但仅以坛壝政策背景来解释地方兴建的时间特点尚不充分。

也许另一个推测可以对这个问题做出较好的解答：在明代地方官的到任须知中，第一项即为祭神："到任之初、必首先报知祭祀诸神日期、坛场几所、坐落地方。周围坛垣、祭器什物见在有无完缺。如遇损坏、随即修理。"[1] 所以，在建国之初，各地行政机构和基层组织建立之时，地方有司即已自觉地开始修建。因此，在随后的政府诏建、颁制、改制的时间点并未能明确的体现在地方兴建的时间特征里。

二、方位设置

《明史》中明确列举了政府规定的社稷坛、山川坛和厉坛的方位"府州县社稷……俱设于本城西北"[2]，"府州祭郡厉、县祭、邑厉，皆设坛城北。"[3] "王国府州县亦祀风云雷雨师，仍筑坛城西南。"[4] 那么，地方坛壝在城市中的方位是否严格遵守这项规定呢？

地方志中关于坛壝信息记载最全的就是方位情况。但也正因如此，在某些郡县中也出现了同一坛壝在不同版本方志中记载迥异的情况。所以，在使用资料的时候，需要对文献进行甄别，分类处理。

---

1. 《（万历）大明会典》，卷 9，外官到任须知。
2. 《明史》，志第 25，礼三（吉礼三），社稷。
3. 《明史》，志第 26，礼四（吉礼四），厉坛。
4. 《明史》，志第 25，礼三（吉礼三），太岁月将风云雷雨之祀。

1.方志中所载之各坛主导方位

（1）社稷坛

　　将社稷坛的方位记载进行比对，发现有66县、10府属州，16府的记载略同。为方便统计，将其中的方位情况整理为表3。

　　由以上统计数据可知，南直隶郡县社稷坛方位中，东、南、西、北、东南、东北、西南、西北八个方位都有涉及，其中西占有一半以上，其次为北和西北，即地方社稷坛，尤其县社稷坛在方位选择上较为灵活。在等级较高的府社稷坛中没有出现《明史》中规定的"西北"，但西和北两方向共占94%的比例。

　　根据这些统计数据，我们还可以画出郡县社稷坛方位出现频率图（图3）。

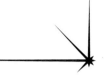

图3　社稷坛方位出现频率图

社稷坛方位记载中各版本记载相同的情况　　　　表3

县社稷坛（66/96）[1]

编号	方位	编号	方位	编号	方位	编号	方位	编号	方位	编号	方位
4	→西	22	西	46	→西	66	南	86	西	104	西
5	西	24	西北	47	东北	67	北	88	西北	105	西
6	→西	32	西南	50	西北	68	西	89	北	111	→西
7	西北	33	→北	51	西	69	西	90	西	112	→北
8	→西	34	→西	54	西	71	西	93	西北	113	西
9	西北	35	→北	55	西	74	西	94	西	114	→西北
14	北	37	西	57	西	77	西	97	北	115	西
15	西北	40	→西北	58	北	78	西南	99	西	117	→西
16	西北	41	南	60	西	80	东	98	东北	119	西北
19	西南	44	西	62	西北	82	西	101	西南	124	→西
21	西北	45	→北	65	西	83	东	100	北	127	西

府属州社稷坛（10/13）

编号	方位	编号	方位	编号	方位	编号	方位	编号	方位	编号	方位
25	西	36	西	59	西	70	北	79	西	—	—
28	西	56	西北	61	西	72	西	81	北	—	—

府（16/18）

编号	方位	编号	方位	编号	方位	编号	方位	编号	方位	编号	方位
1	北	38	→北	52	西	84	西	109	→北	121	北
10	东南	42	→北	63	西	91	北	116	西	—	—
29	西	48	西	75	西	95	→西	118	西	—	—

　　将上表的数据整理，得出表4。

社稷坛方位统计　　　　表4

城市等级	方位	数量	所占百分比	城市等级	方位	数量	所占百分比
县（66）	西	33	51%	城市总数（91）	西	49	54%
	西北	13	20%		西北	14	15%
	北	10	14%		北	18	19%
	西南	4	6%		西南	4	5%
	南	2	3%		南	2	2%
	东北	2	3%		东北	2	2%
	东	2	3%		东	2	2%
州（10）	西	7	70%		东南	1	1%
	西北	1	20%				
	北	2	10%				
府（16）	西	9	56%				
	北	6	38%				
	东南	1	6%				

之后，我们再对社稷坛方位记载不一致的文献进行梳理，共涉及18座城市。其中有5座社稷坛的位置在方志编修期间发生过变化，具体如下：[1]

淮安府宿迁县社稷坛迁址记录："旧在灵杰山南。万历五年，知县喻文伟改建新治北。"[2]若"灵杰山南"与"治西"同指一处，则《（嘉靖）南畿志》与《（万历）淮安府志》可能只记录了迁址前的情况，因此与《（万历）宿迁县志》的记载相异。

滁州来安县社稷坛迁址记录："洪武十四年，建于西北。正德十二年，知县孙镒迁于今城西门半里许。"[3]《（嘉靖）南畿志》记其位置"在县西北"可能只记录了洪武年间的修建情况，而没有及时更新正德迁址的情况。因此与《（天启）来安县志》的记载相异。

徐州萧县社稷坛迁址记录："在县西一里许。旧在县北二里，洪武初建。嘉靖十二年，知县朱同芳徙建今地。"[4]《（嘉靖）南畿志》记载其位置"在县北门外三里"可能只记录了洪武初的修建情况，而没有及时更新嘉靖迁址的情况。因此与《（嘉靖）徐州志》的记载相异。

徐州沛县社稷坛迁址记录："在西门外。旧在县治西北半里许。永乐二年，知县王敏建。嘉靖二十年，知县王治徙建今所。"[5]《（嘉靖）南畿志》记载其位置"在县治西北"可能只记录了永乐年间的修建位置，而没有及时更新嘉靖徙建的情况。因此与《（嘉靖）徐州志》、《（嘉靖）沛县志》、《（万历）沛志》的记载相异。

凤阳府泗州社稷坛迁址记录："洪武三年建州治西。洪武十六年，移创西门外。成化十六年，重修。万历八年，因水涂漫，改于禹帝庙后隙地，斩草已祭，而西门外旧基亦渐为民所侵占矣。"[6]此条记录不足以对《（嘉靖）南畿志》中"在城外西南"给予解释。

其余13座社稷坛记载相异的原因尚未找到。在18座社稷坛的相异记载中，有10座是《（嘉靖）南畿志》的记载与其他方志相异，可见，在地方建造细节上，府州县志要比地区通志更为可信。

另外，在18座方位记载相异的社稷坛中，除池州府建德县[7]以外，另17座社稷坛的方位虽有记载差别，但都不出西北方向，与之前的推论没有矛盾。

（2）山川坛

按照同样的方法处理关于山川坛的相关文献，有71县、12府属州，18府的方位记载各志略同。整理为表5。

山川坛方位记载中各版本记载相同的情况　　　　　　　　　　　　　表5

县山川坛（71/96）											
编号	方位	编号	方位	编号	方位	编号	方位	编号	方位	编号	方位
4	东南	22	南	50	西南	68	西南	89	南	107	南
5	南	24	南	51	南	69	西南	90	南	111	南
6	南	32	南	54	南	71	南	93	南	112	南
7	西北	33	→南	55	南	74	南	94	→南	113	南
8	南	34	→南	57	南	77	南	97	南	114	南
9	→东南	35	→南	58	南	78	南	95	南	115	南
13	南	37	南	60	东南	80	南	98	南	117	南
14	南	40	→南	62	南	82	南	101	南	119	东南
15	西南	41	南	73	→南	83	南	100	南	122	南
16	东南	44	南	65	东	86	南	104	南	123	南
19	东南	45	→西南	66	南	87	西南	105	南	127	南
21	南	46	→南	67	南	88	南	106	南	—	—

---

1. 括号内的数字：分母代表总数，分子代表表中所取样本量。如此表中66/96代表：南直隶县社稷坛共96座，记载略同的即为表中所列之66座。以下各表相同。
2. 《万历》宿迁县志，卷2建置志，坛壝。
3. 《天启》来安县志，卷2城池。
4. 《嘉靖》徐州志，卷8人事志三，祠典。
5. 《嘉靖》徐州志，卷8人事志三，祠典；《嘉靖》沛县志，卷5祠祀志；《万历》沛志，卷9秩祀志。
6. 《万历》帝乡纪略，卷4，祠祀志，坛壝。
7. 《嘉靖》南畿志记社稷坛"在县治南"。《嘉靖》池州府志、《万历》池州府志记社稷坛"在县治北"。

府属州社稷坛（12/13）											
编号	方位	编号	方位	编号	方位	编号	方位	编号	方位	编号	方位
20	南	25	南	36	南	59	南	70	南	79	南
23	南	28	南	56	南	61	南	72	南	81	南

府（18/18）											
编号	方位	编号	方位	编号	方位	编号	方位	编号	方位	编号	方位
1	东南	38	→南	52	南	84	东	102	→南	118	南
10	东南	42	南	63	南	91	南	109	→南	121	南
29	→南	48	南	75	东	95	→南	116	南	126	南

将上表的数据再整理，得出表6。

山川坛方位统计 表6

城市等级	方位	数量	所占百分比
县（71）	南	57	80%
	西南	6	9%
	东南	6	9%
	东	1	1%
	西北	1	1%
府属州（12）	南	12	100%
府（18）	南	14	78%
	东南	2	11%
	东	2	11%
全（101）	南	83	80%
	西南	6	9%
	东南	8	9%
	东	3	1%
	西北	1	1%

图4 山川坛方位出现频率图

由以上统计数据可知，南直隶郡县山川坛方位中，涉及5个方位，其中南占有80%以上，其次为东南和西南。没有出现东北、北和西的方位。

由此，我们又可以得出山川坛方位出现频率图，见图4。

之后，我们再对山川坛方位记载不一致的文献加以整理，共涉及8个城市。但未找到相应的山川坛迁址记录，因此方位记载差异的原因存疑。但这些山川坛的方位大都集中在南和东南方向，与之前的结论相合。

（3）厉坛

同样方法处理关于厉坛的文献，有63县、11府属州，18府的方位记载各志略同。整理为表7。

由以上统计数据可知，南直隶郡县厉坛方位中，涉及6个方位，其中北占有77%，其次为东北、东和西北。没有东南和西南的方位出现。

由此，我们又可以得出厉坛方位出现频率图，见图5。

之后，我们再对厉坛方位记载不一致的文献进行整理，共涉及18座城市。这18座厉坛也未见迁址记录，相应的原因待查。同样，这些厉坛的方位大都集中在北和东北、西北方向，与之前的结论相合。

（4）三坛主导方位小结

上述数据统计结果显示出三坛的方位特征分别为：社稷坛以西为主，其次为西北、北。山川坛以南为主，其次为东南、西南。厉坛以北为主，其次为东北、东。

县厉坛（63/96）											
编号	方位	编号	方位	编号	方位	编号	方位	编号	方位	编号	方位
4	东北	34	北	54	→北	77	北	99	北	115	东北
5	北	35	北	55	北	78	北	98	东北	117	北
6	东	37	北	57	北	80	北	101	东北	119	东北
8	北	40	北	58	东北	82	北	100	北	122	北
9	→北	41	北	73	→东北	83	西	104	北	123	北
13	西北	44	北	65	北	86	北	106	北	124	北
14	北	45	北	67	东北	87	北	107	北	125	→北
16	东北	46	北	68	东	89	北	111	北	127	北
24	北	47	西北	69	北	93	?	112	北	—	—
32	北	50	东	71	北	94	北	113	北		
33	北	51	北	74	北	97	北	114	北	—	—
府属州厉坛（11/13）											
编号	方位	编号	方位	编号	方位	编号	方位	编号	方位	编号	方位
20	北	28	北	56	东北	61	东	72	北	81	北
23	北	36	北	59	北	70	北	79	北	—	—
府（18/18）											
编号	方位	编号	方位	编号	方位	编号	方位	编号	方位	编号	方位
1	西北	38	北	52	北	84	北	102	北	118	南
10	东北	42	北	63	北	91	北	109	东	121	北
29	西北	48	北	75	北	95	北	116	北	126	北

将上表的数据再整理，得出表8。

厉坛方位统计　　　　　表8

厉坛			
城市等级	方位	数量	所占百分比
县（62）	北	48	77%
	东北	8	13%
	东	3	5%
	西北	2	3%
	西	1	2%
府属州（10）	北	9	80%
	东北	1	9%
	东	1	9%
府（18）	北	13	72%
	东北	1	5%
	东	1	6%
	西北	2	11%
	南	1	6%
全（91）	北	70	77%
	东北	10	11%
	东	5	6%
	西北	4	4%
	西	1	1%
	南	1	1%

图5　厉坛方位出现频率图

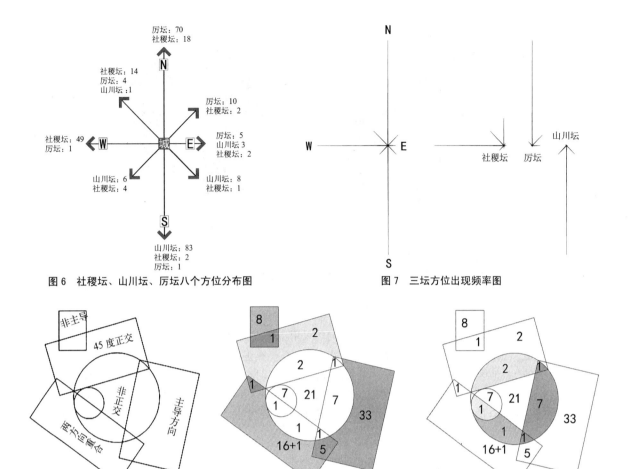

图6 社稷坛、山川坛、厉坛八个方位分布图

图7 三坛方位出现频率图

图8 抽象模型示意图

图9 抽象模型图

将统计所用之社稷坛、山川坛、厉坛各方位的样本数量整合到一起，可以得到各方向坛壝出现的数量分布图，见图6。

将各坛各方位出现频率整合，见图7，郡县社稷坛、山川坛、厉坛主导方位分别为南、西、北。与《明史》所载之西北、西南、北并不完全相同。这种地方选择并非随意产生，而是有其深刻的理由："夫坛壝之建，以为民兴利祛害，奉顺阴阳也。故建山川坛于南，取诸阳。建社稷坛于西，取诸阴，建厉坛于北者，阴之极。皆以佐赞造化，以成调燮之功。"[1] 从三坛方位的地方选择也可见，在古代社会，地方在八方位中对于正方位的关注显然要高于斜向方位。

2. 方志中所载三坛方位组合情况

社稷坛、山川坛、厉坛共同构成了郡县坛壝体系，由之前统计的兴建特点可知，三坛常同时建立。那么它们在方位设置上是否存在相互对应的组合关系呢？

将每个地理城市的三坛组成一组，重新对组合后的方位信息进行整理。整理后的组合方位大体呈现正交和非正交两种情况。细分还包括方向为主导方向、为非主导方向、为斜向以及两坛方向重合等各种复杂情况：

为了直观的表达，需要借助一个抽象模型，见图8。这个模型通过相互交叠可以囊括上述各种复杂情况。

将各种情况的样本量填入其中，得到图9。

图9左侧图显示的外围是组合方位呈正交关系的情况，有：33+8+2+17+7=67组，中间的三角形区域是呈非正交关系的情况，有：21+7=28组，两者相加共95组。图9右侧图显示的是正交和非正交关系同时记载在不同版本中的情况，有：11+2=13组。与左侧图的95组相加，共108组，即涉及108座地理城市。另外还有2座城市，因文献记载不清，无法归类，它们是"芜湖"和"寿州"。

1.《（嘉靖）宁国县志》，卷6祀典类。

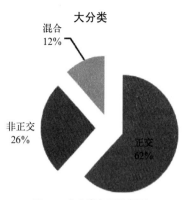

图10 大分类各项比例图

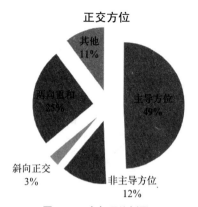

图11 正交各项比例图

对抽象模型中囊括的108组方位进行统计分析。

先看大分类：正交67组，非正交28组，不同情况混合记载13组。各部分所占比例见右图10。可见呈正交关系的占62%，即一大半。

再看正交情况：三坛均为主导方位33组，非主导方向8组，斜向正交2组，两向重合17组，其他7组。各部分所占比例见图11。可见，正交情况下，三向均采用主导方位的占一半。

由此可见，三坛组合方位具有如下特征：多呈正交关系，在正交关系中，又多采用三向主导方位。

在明代南直隶地区，符合《明史》中"社稷坛在西北，山川坛在西南，厉坛在北"组合方位的只有两例，即凤阳府五河县和安庆府潜山县，而这两地的文献记载又有一个共同点[1]：即分别有两个版本的方位记载，且只有其中之一是符合的，也就是说事实尚需再查。也即，在南直隶，没有找到完全符合《明史》中规定之坛壝方位的案例。

3. 方志所载里社乡厉的方位情况

地方志中未找到相关的方位记载，但却找到了涉及两坛关系的如下内容：

松江府乡厉坛"今附郭并于土谷坛寓祭"[2]，又如扬州府仪真县乡厉坛"即里社祠，各里俱有"。[3]

上述里社、乡厉祭祀建筑同一的现象究竟是个案还是常态？限于资料有限，不敢臆断。

4. 方位设置小结

社稷坛、山川坛、厉坛在南直隶地方城市中的方位设置多取西、南、北三个正向，也有临近的斜向出现，但仍以正向为主。

在三坛的组合关系上又较多地体现了对于正交关系的关注，其中社稷坛在西，山川坛在南，厉坛在北的组合方式最为常见。

未找到完全符合《明史》规定的案例。可见，在方位设置上，中央对于地方坛壝的控制度较小。

三、建筑制度

明代坛壝建筑作为重要的礼制载体，按照祭祀主持者的不同划分为若干等级，并在建筑制度上有所反应。以社稷坛为例："太社稷坛…王国社稷坛：高广杀太社稷十之三。府州县社稷坛：广杀十之五，高杀十之三。壝三级。后皆定同坛合祭，如京师。"[4]其强烈的等级观念自不必多言。

《大明会典》中详细记载了府州县社稷坛的建筑制度，包括坛制、石主、神号、神牌和房屋。其中前三项涉及祭祀空间，后一项为附属建筑。在此条目旁有小字注释："府州县同"。那么行政等级不同的府、州、

---

1. 《（成化）中都志》中的五河县坛壝和《（嘉靖）安庆府志》中的潜山县坛壝组合方位符合《明史》之规定，而两地在《（嘉靖）南畿法》中的记载则与此不同。
2. 《（正德）松江府志》，卷15坛壝；《（崇祯）松江府志》，卷20，坛壝庙祀。
3. 《（隆庆）仪真县志》，卷12祠祀考。
4. 《明史》，卷47，志第23，礼一（吉礼一）。

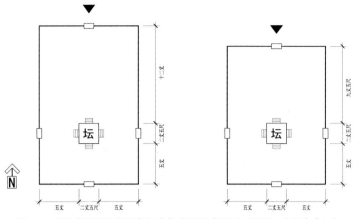

图12　明代府州县社稷坛祭祀空间推测图［据《（万历）大明会典》］

县社稷坛，建筑制度真的没有等级差别吗？存在哪些不为正史所载的事实呢？回答这个问题，同样需要借助地方志的帮助。

1. 祭祀空间

（1）社稷坛

（a）坛制

《大明会典》中规定有社稷坛的规模、坛下空间的大小，墙垣、门的设置以及入口方向："坛制：东西二丈五尺，南北二丈五尺，高三尺（俱用营造尺）。四出陛，各三级。坛下前十二丈、或九丈五尺，东西南各五丈，缭以周墙。四门红油。北门入。"[1] 据此可画出社稷坛祭祀空间推测图，见图12。

值得注意的是：坛下空间的规定有两个尺寸："十二丈"和"九丈五尺"，但没有指明分别适用于何种情况，这与行政等级相关吗？

为方便对照，将地方志中社稷坛的坛制信息整理如表9。

表9

方志中记载的社稷坛坛制（一）

城市等级	城市名称	坛			阶	坛下		参考文献
		高	东西	南北		前	东西南	
县9	句容县	三尺	阔二丈五尺		—	—	—	方志3
	天长县	三尺四寸	二丈五尺	二丈五尺	出各三级	—	—	方志18
	昆山县	三尺	二丈五尺	二丈五尺	三级	—	—	方志25、26
	无锡县	三尺	二丈五尺	如左	四出陛各三级	十二丈	各五丈	方志37
	江阴县	—	—	—	四陛三级	—	—	方志36、38
	宜兴县	尺四寸四分	二丈五尺	如左		—	—	方志36
	丹徒		二丈五尺			—	—	方志40
	仪真县	三丈	延袤各二丈五尺		为坛三陛	十二丈	各五丈	方志46
	宝应县	三尺	方阔二丈五尺		阶三级	—	—	方志49、50
州2	太仓州	—	方二十一步		—	—	—	方志24
	通州	三尺四寸	方阔二丈五尺			十三丈	各五丈	方志43、44
府5/12	凤阳府	三丈	二丈五尺	二丈五尺	四出陛各三级	十二丈	各五丈	方志8
	苏州府	四尺二寸	纵横俱三丈		凡三阶，阶三级	—	—	方志22、23
	常州府	尺四寸四分	二丈五尺	如之	出陛四，陛三级	九丈五尺	各五丈	方志34、36
	广德州	三尺四寸	二丈五尺	二丈五尺	阶各?级	十二丈或九丈五尺	各五丈	方志73
	和州	三尺	二丈五尺	二丈五寸	四出陛，各三级	九丈五尺	各五丈	方志80

1.《（万历）大明会典》，卷94，群祀四。

由表9可见，府州县社稷坛对于坛制规定大部分都能严格遵守，并未出现行政等级的差别。对于较为关注的坛下空间，大部分采用了"十二丈"，只有常州府、广德州、和州采用了"九丈五尺"，可见坛下空间两种数值的设定并不是用以区分行政等级的。

另外，墙壝作为限定祭祀空间的重要手段，其周长与祭祀空间的基址规模相关，那么地方墙壝的周长与行政等级相关吗？由《大明会典》中关于坛下空间的记载，可以推测出围绕祭祀空间的墙壝周长为64丈，或59丈[1]。

方志中记载的社稷坛坛制（二）　　　　　　　　　　　　　表10

城市等级	城市名称	墙壝记载	周长计算	参考文献
县5	句容县	六十一丈四尺	61.4丈	方志3
	昆山县	垣围五百五十五步	257.5丈	方志25、26
	江阴县	缭以周垣（东西五十三丈，南北三十二丈）	170丈	方志36、38
	仪真县	为地七十丈	70丈	方志46
	宝应县	缭以周垣一百二十步	60丈	方志49、50
州2	太仓州	基东西五十七步，南北四十八步	105丈	方志24
	通州	周垣二百四十五步	122.5丈	方志43、44
府1	苏州府	坛之内垣东西二十五步，南北三十三步。四面俱涂丹，外垣深六十四步，广六十二步	内：58丈 外：126丈	方志22、23

由表10可见，方志中记载的墙壝周长大概可分为两类，一类为60-70丈左右，基本符合坛制规定，另一类为100丈以上。但这两类均未与行政等级直接对应。

由苏州府的内、外垣两条周长记载可以推测，坛壝建筑可能包括两套墙壝系统，内壝界定着祭祀空间，外壝则可能是界定了包含附属建筑在内的辅助空间，所以才会产生相差2倍的周长尺寸。如果方志中同时记载有周长和坛下空间的规模，就可以推测相应文献所载的周长是内壝还是外壝了。据《（隆庆）仪真县志》卷12："坛下地前十二丈，东西南各五丈"，算得坛下空间周长64丈，与"为地七十丈"的周长记载接近，此周长可能指内壝。又据《（嘉靖）通州志》卷2："坛下前十三丈，东西南各五丈"，算得坛下空间周围66丈，与"周垣二百四十五步"（合122.5丈）差了1倍，推测该周垣应指外壝。由此可见，方志中的墙垣记载并不严格，有时指界定祭祀空间的内壝，有时指围合更大空间的外壝。内壝周长一般都符合坛制中的要求，而外壝的周长显然有较大的自由度，由表10可见，就有257.5丈，170丈，120丈多种情况。

此外，地方志中对墙壝上所开之门也有记载，大都北向开门，入口树坊圊坛名于上，或用棂星门。

（b）石主和神牌

这些部分虽不是建筑的重要组分，但却是装修的关键部分，关乎祭祀的对象和等级。《大明会典》中规定如下："石主，长二尺五寸方一尺。埋于坛南正中。去坛二尺五寸，止露圆尖，余埋土中。神号（各布政司寓治之所，虽系布政官致祭，亦合称府社府稷）：府、称府社之神、府稷之神，州、称州社之神、州稷之神，县、称县社之神、县稷之神。神牌二：以木为之。朱漆青字。身高二尺二寸、阔四寸五分、厚九分。座高四寸五分、阔八寸五分、厚四寸五分（临祭设于坛上、以矮车盛顿祭毕、藏之）。"[2]

地方志中此类记载也颇为详尽，基本与《大明会典》中的规定相同，且未见对应于行政等级的尺寸差异。

由上述分析可知，府州县社稷坛在实际坛制执行过程中确实遵循同一规制，并无对应于行政等级之差别。

（2）山川坛和厉坛

《大明会典》中对于山川坛和厉坛的坛制并没有详细记载，只是笼统的称其与社稷坛"制同"。地方志中也多见类似记载，如《（弘治）徽州府志》卷5"（山川坛）制同社稷坛"[3]，又如《（隆庆）仪真县志》卷12："（邑厉坛）其制略与社稷、山川同"。

下面详细比对地方志中关于山川坛和厉坛的坛制细节，看是否与社稷坛相同，并符合《大明会典》的规定。

比对发现，山川坛坛制的方志记载与表9的社稷坛情况完全一致，故此处从略。只看厉坛的坛制记载：

---

1. "坛下前"取十二丈时：周长=[(2.5+12+5)+(5+2.5+5)]×2=64丈，"坛下前"取九丈五尺时：周长=[(2.5+9.5+5)+(5+2.5+5)]×2=59丈。
2. 《（万历）大明会典》，卷94，群祀四。
3. 《（弘治）徽州府志》，卷5，祀典。

等级	城市	高	方阔	坛下	参考文献
县 3	句容县	三尺	阔二丈	—	方志 3
	昆山县	三尺五寸	—	—	方志 25、26
	宝应县	二尺五寸	方阔二丈五尺	—	方志 49、50
州 2	太仓州	二尺	方四十步	—	方志 24
	通州	二尺	方阔一丈八尺	—	方志 43、44
府 1	苏州府	四尺	纵横各三丈	—	方志 22
		三尺	—	—	方志 23
	和州	—	—	坛前三丈许	方志 80

厉坛比较接近《大明会典》的规定，但在规模数值的选取上较社稷坛更加灵活。

再看墙壝周长。由表 12 可见，山川坛墙壝周长也分为两类，一类为 50-60 丈左右，大致符合坛制。另一类为 200 丈左右。

等级	城市名	墙壝记载	周长计算	参考文献
县 5	句容县	四十八丈五尺	48.5 丈	方志 3
	昆山县	垣围五百十五步	257.5 丈	方志 25、26
	江阴县	东西五十二丈五尺，南北三十五丈	175 丈	方志 36、38
	仪真县	周垣五十余丈	50 丈	方志 46
	宝应县	缭以周垣一百二十步	60 丈	方志 49、50
州 1	太仓州	址东西二十五步，南北二十七步，高二丈	52 丈	方志 24
府 1	苏州府	坛之内垣，东西三十五步，南北二十六步。四面俱涂丹。外缭短垣，基凡二十四亩	内：61 丈 外：4 亩	方志 22、23

由表 13 可见，厉坛墙壝周长各异。

等级	城市	周围墙	计算	参考文献
县 6	句容县	周围墙垣四十一丈二尺	41.2 丈	方志 3
	昆山县	周围二十五步。垣围五十步	12.5 丈，坛围 25 丈	方志 25、26
	江阴县	缭以周垣。东西十九丈，南北二十七丈	92 丈	方志 36、38
	仪真县	方广八十余丈，重建垣基，树以坊扁	80 丈	方志 46
	宝应县	缭以周垣，一百五十步	75 丈	方志 49
		缭以周垣，三百五十步	175 丈	方志 50
	建平县	东西阔七十九步，南北长八十八步	83.5 丈	方志 74
州 2	太仓州	周围百步	50 丈	方志 24
	通州	周垣二百五十步	125 丈	方志 43、44

从上述比较可见，在遵守坛制规定方面，社稷坛最为严格，其次为山川坛，最为灵活的为厉坛。

在神主和神牌方面，由于祭祀对象的不同，三坛显然存在差异，地方志中也多有记载。如《（万历）宝应县志》卷 6："二坛（社稷坛与山川坛）制同，但此坛（山川坛）南向，不用石主。"[1]

2. 附属建筑

与坛制类似，山川坛、厉坛在附属建筑方面也与社稷坛"制同"。如《（弘治）重修无锡县志》卷 22："（山川坛）广袤与社稷坛同。神厨、斋舍等屋，亦如社稷之制"，又如《（嘉靖）六合县志》卷 3："（厉坛）坊垣斋所如山川坛"。

---

1. 类似的记载还见于《（成化）中都志》等。

因此，了解《大明会典》中社稷坛附属建筑的规定，即相当于也了解了山川坛和厉坛附属建筑的规定。

"神厨：三间，用过梁通连。深二丈四尺。中一间、阔一丈五尺九寸。傍两间、每一间阔一丈二尺五寸。锅五口每口二尺五寸。

库房：间架与神厨同（内用壁不通连）。

宰牲房：三间，深二丈二尺五寸，三间通连。中一间、阔一丈七尺五寸九分。傍二间、各阔一丈。于中一间正中，凿宰牲小池，长七尺，深二尺，阔三尺，砖砌四面，安顿木案于上。宰牲血水聚于池内。祭毕，担去，仍用盖。房门用锁（宰牲房前旧有小池者、仍旧制、不必更改。无者不必凿池、止于井内取水）。"[1]

方志中关于神厨、库房、宰牲房的记载虽没有详细的房间尺寸，但所载间数情况是基本符合会典规定的。除此之外，方志中还记有另一种会典未载的附属建筑：斋房。如苏州府山川坛："坛之东南为府斋房，西南为县斋房，旧长、吴二县斋房各一所，今合为一。旧制祭官皆斋宿，自经岛夷之变，此礼遂废。"[2]

经过统计，地方志中出现率最高的附属建筑及相关文献记载条数统计如表14。

附属建筑相关文献记载条数统计   表14

	宰牲房	神厨	库房	斋房
社稷坛	18	28	22	23
山川坛	14	16	12	13
厉坛	14	16	12	13

宰牲房、神厨、库房、斋房构成了地方坛壝辅助建筑的主要内容。

3. 建筑模式

除附属建筑的类型和间数之外，方志中还记载有各建筑之间，及其相对于坛的位置关系。结合《大明会典》中的应天府社稷坛图及地方志中的舆图，参考《明集礼》中的郡县社稷坛图，可以推测出南直隶郡县坛壝建筑可能存在如下几种关系模式：

（1）淮安府模式：附属空间与祭祀空间呈东西方向并联关系。需经过祭祀空间进入附属空间。如图13。

（2）应天府模式：附属空间与祭祀空间呈东西方向并联关系，但两空间不直接相邻，各自有独立的入口。如图14。

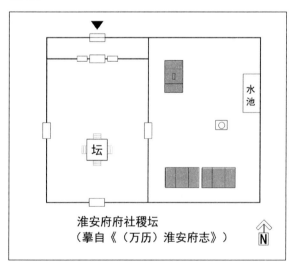

淮安府府社稷坛
（摹自《（万历）淮安府志》）

N

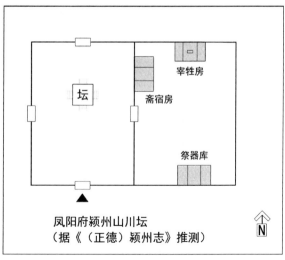

凤阳府颍州山川坛
（据《（正德）颍州志》推测）

N

图13　淮安府模式示意图

1.《（万历）大明会典》，卷94，群祀四。
2.《（隆庆）长洲县志》，卷7坛祠。

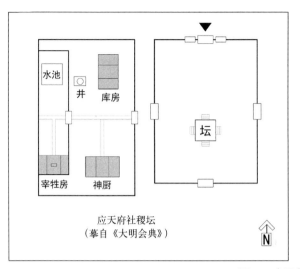

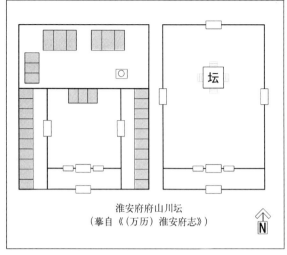

应天府社稷坛
（摹自《大明会典》）

淮安府府山川坛
（摹自《（万历）淮安府志》）

图14 应天府模式示意图

宿迁社稷坛
（摹自《（万历）宿迁县志》）

宿迁社稷坛
（摹自《（万历）宿迁县志》）

图15 宿迁县模式示意图

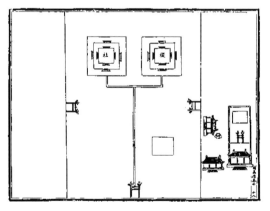

图16 海州模式示意图

（3）宿迁县模式：附属空间与祭祀空间呈南北向串联关系。需要经过附属空间进入祭祀空间。如图15。

（4）海州模式：坛与附属建筑同处一个空间，只有一圈墙垣。如图16。

（5）《明集礼》中的郡县社稷坛模式：附属建筑散落在祭祀空间之外，只有内墙。如图17。

（6）其他模式。由于方志中可用于复原的信息有限，所以只能推测出上述5种模式。除此之外，从之前的墙垣周长统计可知，有些外墙很长，所以，在地方坛墙中也可能出现类似于辅助空间环绕祭祀空间的模式。不过由于资料有限，只能停留在猜测阶段。

图17 《明集礼》中的郡县社稷坛模式图

4. 里社乡厉

以上讨论了郡县坛墙的建筑制度，那么基层坛墙是否也采用了同样的制度呢？

地方志中关于里社乡厉的记载很少，但依稀可以看出一些端倪。以扬州府及其所属州县的乡厉坛为例，《（嘉靖）惟扬志》卷11："（乡厉坛）在各乡都修建，与邑厉同"。又，《（隆庆）长洲县志》卷7展现了更多的细节："（乡厉坛）坛高三尺，数以松楸，立碑其上。周围缭垣，门一。今皆堙废。"[1] 虽只寥寥数语，但所记之处颇合《大明会典》之规定。由此似可推断，里社乡厉采用了和郡县坛墙同样的建筑制度。

---

1. 《（隆庆）长洲县志》，卷7坛祠。

除此之外，地方志中还记载了与之迥异的情况："（徽州）府城内及歙各乡皆有社，春祈秋报，礼仪颇丰，但易坛以屋，而肖社公之像以祀之。不如式耳。各县同。"[1] 这条记载对于《大明会典》的规定突破颇大，祭祀建筑发生了类型转换，由坛壝祭祀改为祠庙祭祀了。

可见，在基层祭祀建筑中，既有遵守定制的地方，也有存在较大突破的情况。越是基层的建制，地方的自由度就越大。

5. 建筑制度小结

（1）从原则上说：府、州、县坛壝遵从同样的建筑制度。社稷坛、山川坛、厉坛除因祭祀对象不同而存在朝向和神主设置的差异之外，在坛的规模，坛下空间的大小，墙壝乃至房屋设置等方面也遵从同样的建筑制度。也就是说了除了朝向和神主以外，在地方坛壝建筑中，不存在因为行政等级和祭祀对象而产生的差别。

另外，从里社乡厉的有限资料似可推断，基层坛壝也符合这个结论，与郡县坛壝建筑遵从同样的制度。

（2）在实际的制度执行中，也呈现不同的程度。依祭祀对象来看，社稷坛执行的最为严格，其次为山川坛，最为灵活的为厉坛；依行政等级来看，从府、州、县直至乡里，制度的贯彻执行度逐渐衰减。

（3）建筑制度主要关注在祭祀空间之内，对于附属建筑较为宽松。在地方坛壝建筑中，存在祭祀空间和辅助空间多种组合模式。

四、余论

本文主要以地方志所能提供的信息为基本研究资料，归纳总结地方坛壝建筑的某些特点，得出如下结论：

1. 坛壝的设置

郡县坛壝以地理城市为单位，并不一定与行政城市的设置数量相对应。

里社乡厉为基层祭祀建筑，其设置单位除"里"之外，还有乡、都、图、社、保等。各地设置数量差别很大。

2. 兴建时间

有限案例显示，地方坛壝的兴建集中在洪武初年，其中郡县坛壝多集中在洪武三年前后，里社乡厉则略晚。可能与行政建制颁布的时间相关。

3. 方位特征

社稷坛、山川坛、厉坛的主导方位分别为西、南、北。三坛的组合关系多呈正交关系。没有找到完全遵从方位制度的实例。

4. 建筑制度

不同行政等级、不同祭祀对象的坛壝建筑，都遵从相同的建筑制度。但在执行过程中体现出不同的严格程度。

5. 地方修建行为与国家政令之间的关系

从里社乡厉的设置特点、地方坛壝的兴建时间及方位特征来看，国家政令对地方实际的控制力较小。

但在建筑制度方面，尤其是坛制方面，地方坛壝均能较好遵守。可见，国家政令的影响力主要体现在非功能性的礼制方面。

参考文献

一、影印本明代方志

---

1. 《（弘治）徽州府志》，卷5，祠典。

[1]（嘉靖）南畿志．北京图书馆古籍珍本丛刊（24）．

[2]（万历）应天府志．稀见中国地方志汇刊（10）．

[3]（弘治）句容县志．天一阁藏明代方志选刊（11）．

[4]（正德）江宁县志．北京图书馆古籍珍本丛刊（24）．

[5]（万历）江浦县志．北京图书馆古籍珍本丛刊（24）．

[6]（嘉靖）六合县志．天一阁藏明代方志选刊续编（7）．

[7]（嘉靖）高淳县志．天一阁藏明代方志选刊（14）．

[8]（成化）中都志．天一阁藏明代方志选刊续编（33）．

[9]（天启）凤阳新书．中国方志丛书 华中地方（696）．

[10]（嘉靖）寿州志．天一阁藏明代方志选刊（25）．

[11]（万历）帝乡纪略．中国方志丛书 华中地方（700）．

[12]（弘治）直隶凤阳府宿州志．天一阁明代方志选刊续编（35）．

[13]（嘉靖）宿州志．天一阁明代方志选刊（23）．

[14]（万历）宿州志．中国方志丛书 华中地方（667）．

[15]（正德）颍州志．天一阁藏明代方志选刊（24）．

[16]（嘉靖）颍州志．天一阁藏明代方志选刊续编（35）．

[17]（嘉靖）怀远县志．天一阁藏明代方志选刊续编（35）．

[18]（嘉靖）皇明天长志．天一阁明代方志选刊（26）．

[19]（洪武）苏州府志．中国方志丛书 华中地方（432）．

[20]（正德）姑苏志．天一阁藏明代方志选刊续编（12）．

[21]（崇祯）吴县志．天一阁藏明代方志选刊续编（16）．

[22]（隆庆）长洲县志．天一阁藏明代方志选刊续编（23）．

[23]（万历）长洲县志．稀见中国地方志汇刊（11）．

[24]（嘉靖）太仓州志．天一阁藏明代方志选刊续编（20）．

[25]（嘉靖）昆山县志．天一阁藏明代方志选刊（9）．

[26]（万历）重修昆山县志．中国方志丛书．华中地方（433）．

[27]（弘治）吴江志．中国方志丛书．华中地方（446）．

[28]（嘉靖）吴邑志．天一阁藏明代方志选刊续编（10）．

[29]（万历）嘉定县志．中国方志丛书．华中地方（421）．

[30]（正德）松江府志．天一阁藏明代方志选刊续编．（6）．

[31]（崇祯）松江府志．日本藏中国罕见地方志丛刊（10）．

[32]（弘治）上海志．天一阁藏明代方志选刊续编（7）．

[33]（万历）青浦县志．稀见中国地方志汇刊（1）．

[34]（成化）重修毗陵志．中国方志丛书，华中地方（419）．

[35]（正德）常州府志续集．中国方志丛书，华中地方（419）．

[36]（万历）常州府志．南京图书馆孤本善本丛刊．

[37]（弘治）重修无锡县志．南京图书馆孤本善本丛刊．

[38]（嘉靖）江阴县志．天一阁藏明代方志选刊（13）．

[39]（隆庆）新修靖江县志．稀见中国地方志汇刊（13）．

[40]（万历）丹徒县志．天一阁藏明代方志选刊续编（23）．

[41]（嘉靖）惟扬志．天一阁藏明代方志选刊（12）．

[42]（万历）扬州府志．北京图书馆古籍珍本丛刊（25）．

[43]（嘉靖）通州志．天一阁藏明代方志选刊续编（10）．

[44]（万历）通州志．天一阁藏明代方志选刊（10）．

[45]（万历）江都县志．稀见中国地方志汇刊（12）．

[46]（隆庆）仪真县志．天一阁藏明代方志选刊（15）．

[47]（万历）兴化县新志．中国方志丛书 华中地方（449）．

[48]（嘉靖）宝应县志略．天一阁藏明代方志选刊．

[49]（隆庆）宝应县志．天一阁藏明代方志选刊续编（9）．

[50]（万历）宝应县志．南京图书馆孤本善本丛刊．

[51]（嘉靖）重修如皋县志．天一阁藏明代方志选刊续编（10）．

[52]（嘉靖）海门县志．天一阁藏明代方志选刊（18）．

[53]（万历）淮安府志．天一阁藏明代方志选刊续编（8）．

[54]（隆庆）海州志．天一阁藏明代方志选刊（14）．

[55]（万历）宿迁县志．天一阁藏明代方志选刊续编（8）．

[56]（万历）盐城县志．北京图书馆古籍珍本丛刊（25）．

[57]（万历）六安州志．日本藏中国罕见地方志丛刊（11）．

[58]（嘉靖）安庆府志．中国方志丛书 华中地方（632）．

[59]（万历）望江县志．中国方志丛书．华中地方（673）．

[60]（嘉靖）重修太平府志．稀见中国方志汇刊（22）．

[61]（嘉靖）宁国府志．天一阁藏明代方志选刊（23）．

[62]（万历）宁国府志．稀见中国方志汇刊（6）．

[63]（嘉靖）宁国县志．天一阁藏明代方志选刊续编（36）．

[64]（嘉靖）泾县志．天一阁藏明代方志选刊续编（36）．

[65]（万历）旌德县志．南京图书馆孤本善本丛刊．

[66]（嘉靖）池州府志．天一阁藏明代方志选刊（24）．

[67]（万历）池州府志．中国方志丛书．华中地方（636）．

[68]（嘉靖）铜陵县志．天一阁藏明代方志选刊（25）．

[69]（嘉靖）石埭县志．中国方志丛书．华中地方（620）．

[70]（万历）石埭县志．中国方志丛书．华中地方（621）．

[71]（弘治）徽州府志．天一阁藏明代方志选刊（21）．

[72]（嘉靖）广德州志．中国方志丛书．华中地方（706）．

[73]（万历）广德县志．中国方志丛书．华中地方（703）．

[74]（嘉靖）建平县志．中国方志丛书．华中地方（703）．

[75]（万历）滁阳志．稀见中国地方志汇刊（22）．

[76]（天启）来安县志．中国方志丛书　华中地方（642）．

[77]（嘉靖）徐州志．中国方志丛书．华中地方（430）．

[78]（嘉靖）沛县志．天一阁藏明代方志选刊续编（9）．

[79]（万历）沛志．稀见中国地方志汇刊（14）．

[80]（正统）和州志．中国方志丛书　华中地方（640）．

[81]（万历）和州志．中国方志丛书　华中地方（641）．

二、其他史书

[1] 明史．

[2]（万历）大明会典．

[3] 明集礼．

作者单位：清华大学建筑学院

明代社稷坛等级与定制时间
——以北直隶为例

包志禹

提要

　　从建筑与城市规划的角度，主要以北直隶为例，探讨政治和礼制影响下的明代社稷坛的等级与定制时间，及其与明代城市格局的关系。明代社稷坛分 5 个等级：太社稷坛、帝社稷坛、王国社稷坛、府州县社稷坛、乡社里社。

关键词：明代，社稷坛，礼制，等级，定制时间

　　中国几乎历代王朝都有相应的祀典制度，明朝建立后的最初几年间，《明太祖实录》中出现了无数有关改革礼制的记载。一般来说，新王朝创建时，作为建立新制度的一环，往往进行礼乐改革，尤其是明朝，继蒙古统治之后而立，改正所谓"胡制"，是关系到王朝统治理念的重要课题。从日常参见之礼[1]、服饰[2]到天子祭天等，开展了全面的改制。礼制改革中占有重要位置的，是有关祭祀的一系列改制，包括大祀、中祀、小祀等典礼的制度。[3]明代朝廷规定各府州县设坛庙祭祀，本文主要以北直隶为例，探讨政治和礼制影响下的明代府州县社稷坛形制，及其与明代城市格局的关系。

一、北直隶简介

　　明朝实行两京制，南北两京各设有一套中央机构，在南、北两京畿辅设置府州县等行政机构。其中，北京畿辅有顺天府、永平府、保定府、河间府、真定府、顺德府、广平府、大名府、延庆州[4]、保安州等 8 府、2 直隶州、17 属州、116 县，称北直隶。[5]"顺天府在辇毂之下，与内诸司相颉颃，不以直隶称"[6]，而称之为京府。

　　因此，明代的京师不仅指北京城，而且也是对京畿地区的称谓，又称北直隶，相当于洪武年间的北平行省或北平布政司，但略小，因长城之外已非其辖地。严格地来说，从明初洪武朝至明末崇祯朝的 277 年间（1368-1644 年），北直隶的行政建置是有变化的（图 1 明万历十年（1582 年）北直隶）。

二、明洪武初制与洪武改制

　　洪武二年（1369 年）八月至洪武三年（1370 年）九月第一部礼书修成，钦名《大明集礼》，草创诸礼，这些礼制被称为"洪武初制"。[7]明太祖朱元璋对"初制"不满，明代儒士丘浚曾经写道，"臣闻开国之初，

---

1. 胡广 等纂修. 明太祖实录，卷七十三. 洪武五年三月辛亥条. 台北：中央研究院历史语言研究所校印本，1962：1355-1357。
2. 胡广 等纂修. 明太祖实录，卷三十七. 洪武元年十二月辛未条等. 台北：中央研究院历史语言研究所校印本，1962：709-711。
3. 《明史》卷四十七·志第二十三·礼一（吉礼一）。
4. ［明］邓球. 皇明泳化类编. 卷 81. 都邑卷："庆源州，编户二，十六里，先是为龙庆州，龙庆卫即元之龙庆州也，后废。永乐十年（1412年），诏复置州，仍曰龙庆，直隶京师。至隆庆元年（1567 年），以名称相同遂改今名，而卫称延庆卫云所属。"北京图书馆古籍出版编辑组编. 北京图书馆古籍珍本丛刊（据明隆庆刻本影印）. 卷 50. 北京：书目文献出版社，1989.869。
5. 今河北省大部、北京市、天津市、河南省及山东部分地区。
6. ［明］邓球. 皇明泳化类编. 卷 81. 都邑卷："疆理北畿之地，而置府曰保定，曰河间，曰真定，曰顺德，曰广平，曰大名，曰永平；州曰庆源，曰保安，俱称直隶，不辖顺天府也。"北京图书馆古籍出版编辑组编. 北京图书馆古籍珍本丛刊（据明隆庆刻本影印）. 卷 50. 北京：书目文献出版社，1989. 868.
　　另参见［清］孙承泽. 天府广记. 卷 2. 府县治. 北京：北京古籍出版社，1984.
7. 《明史》卷四十七·志第二十三·礼一（吉礼一）："明太祖初定天下，他务未遑，首开礼、乐二局，广征耆儒，分曹究讨。洪武元年，命中书省暨翰林院、太常司，定拟祀典。乃历叙沿革之由，酌定郊社宗庙仪以进。礼官及诸儒臣又编集郊庙山川等仪，及古帝王祭祀感格可垂鉴戒者，名曰《存心录》。二年，诏诸儒臣修礼书。明年告成，赐名《大明集礼》。"

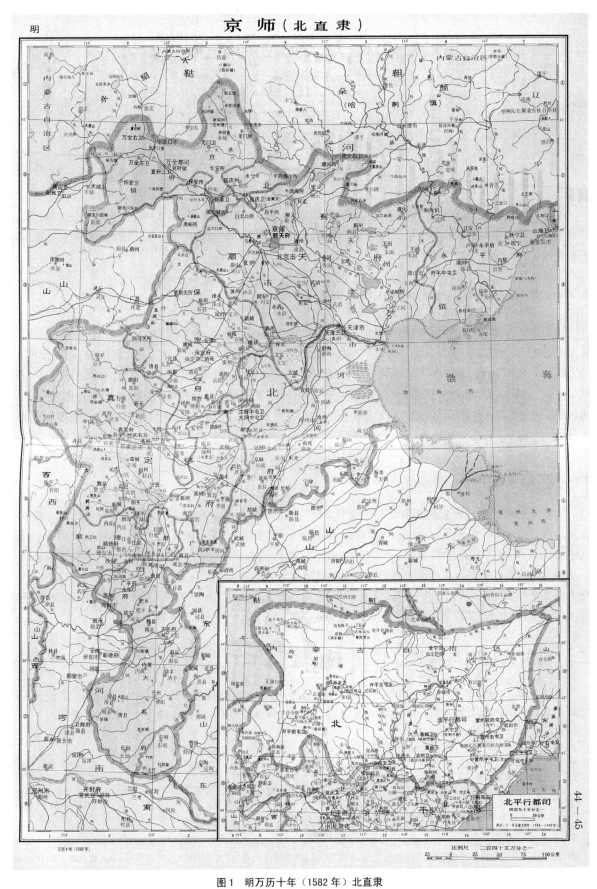

图1　明万历十年（1582年）北直隶

（谭其骧主编．中国历史地图集（第七册）元、明时期．北京 地图出版社，1982：44-45.）

太祖皇帝不遑他务，首以礼乐为急，开礼乐二局，征天下耆儒宿学，分局以讲究礼典乐律，将以成一代之制。然当草创之初、废学之后，稽古礼文之事，诸儒容或有未足以当上意者。当时虽辑成《大明集礼》一书，然亦无所折衷，乐则未见有全书焉。"[1] 但是，《大明集礼》在明嘉靖九年之前各地并非轻易所能见到。

由于《乐书》未备，以及礼制本身的不足等原因，完善"初制"的举措随后一直在进行。洪武八年至洪武十一年（1375—1388 年），明太祖对礼制中最重要的郊、庙等祭礼进行了根本性的变革，所以洪武改制又称为"定制"。洪武八年改宗庙为同堂异室，十年改天地合祀，十一年改社稷神坛"同墙异坛"为"和坛共祀"，让礼仪简化易行（表 1）。

洪武郊庙社稷祭礼改制 表 1

祭礼	洪武初制	洪武定制
庙礼	都宫之制	（洪武八年）同堂异室
郊礼	天地南北分祀	（洪武十年）天地合祀于圜丘大祈
社稷	中祀，以勾龙、周弃配	（洪武十一年）大祀，以祖宗配

洪武十年的社稷坛比吴元年（1367 年）太社稷坛的规制要大，《明太祖实录》云：洪武十年二月"戊午祭太社太稷"。[2] 在洪武朝不断的礼制改革中，陆续修订的礼书有《孝慈录》、《洪武礼制》、《乡饮酒礼图式》、《礼仪定式》、《礼制集要》等，这些礼制可以归于"洪武定制"。

三、明永乐承制与嘉靖改制

明成祖永乐皇帝以南京为范本营建北京城，据《明太宗实录》云："永乐十八年（1420 年）十二月癸亥，初营建北京，凡庙社、郊祀、坛场、宫殿、门阙，规制悉如南京，而高敞壮丽过之。"[3]《续通志》载："永乐十九年建北京社稷坛，坛制祀礼一如南京旧式。"[4] 由此推断，明北京社稷等坛壝的规制即如洪武十年（1377 年）改建之式，等级上升为京师都城一级。永乐朝继承了洪武初制与定制。此后至嘉靖七年（1528）的一百多年间，洪武定制基本得到遵循。

嘉靖八年（1529 年），礼部尚书李时请刊《大明集礼》，九年（1530）六月梓成。书成之时，嘉靖九年（1530 年）六月望日，明世宗亲自作序："昨岁礼部请刻布中外，俾人有所知见，乃命内阁发秘藏，令其刊布。兹以讫工，遂使广行宣传，以彰我皇祖一代之制。"[5] 明世宗把尘封已久的《大明集礼》刻行颁布，旨在为其接下来要进行的祭礼改革作铺垫；这段话透露的是《大明集礼》及其刻行的"明代郡县祭社稷图式"在明嘉靖九年之前，各地并非轻易所能见到。一则史料可以佐证这一点，嘉靖朝任职南京太常寺的钟芳曾经上过一个奏折：

> 《大明集礼》一书乃我太祖高皇帝诏集群臣，博采前代之制，参酌时宜，会萃成编，以垂训万世者也。藏之中秘，见之者鲜。近蒙皇上明旨刊布又荷圣恩普赐，近侍辅臣两京各衙门俱已周遍，是诚斯文莫大之幸，但照本寺未蒙颁及。臣等切思此书制作兼乎百王经画，贯乎千古，朝廷传之则可以昭圣祖垂谋之无斁，臣下读之则可以知圣政因革之所由，况本寺职掌礼乐，于此书似不可阙，伏望敕下该部，颁赐一帙于本寺，收贮俾稽器数者有所依据，忝禄秩者守为典章。[6]

钟芳（1476—1544 年）生于成化十二年，卒于嘉靖二十三年，嘉靖九年任职南京太常寺侍卿，尚且不能很方便地看到《大明集礼》，由此可以推知各地方的官吏能读到的机会更是少有。

换言之，尽管在字面上，明代的坛壝规章制度基本完备，但具体落实过程中，能得到多大程度的执行

---

1. 清文渊阁《四库全书》本，子部，儒家类，《大学衍义补》卷三十七，《总论礼乐之道》（下）：第 1 页。
2. 胡广 等. 明太祖实录. 卷一百一十一. 洪武十年二月戊午条. 台北：中央研究院历史语言研究所，1962：1846.
3. 李时勉 等. 明太宗实录. 卷二三二. 永乐十八年十二月癸亥条. 台北：中央研究院历史语言研究所校印本，1962：2244.
4. 清文渊阁《四库全书》本，《钦定续通志》卷一百一十二，第 9-10 页。另参见《明史》卷四十七："永乐中，建坛北京，如其制。"《古今图书集成·社稷祀典部汇考》："成祖永乐三年建社稷坛于北京。"
5. 清文渊阁《四库全书》本，《明集礼》原序，第 1 页。
6. 钟芳.《筠溪文集》卷十八，《乞恩均颁制书以便典守事》. 载于：《四库全书存目丛书·集部》别集类，第 65 册，济南：齐鲁书社，1997：65-3.

是成问题的。明代地方志等文献中记载各地府州县的坛壝情形，或因地制宜；所以各地的情形并不像字面上那样整齐划一，但是在选址方位上基本得到了执行，我们将在下文看到。

嘉靖朝将洪武"十年,改定合祀之典"改作了分祀。《明史》记载了嘉靖改制之后的太社稷坛、帝社稷坛、王国社稷坛、府州县社稷坛的具体规制：

(1) 太社稷坛，在宫城西南，东西峙，明初建。广五丈，高五尺，四出陛，皆五级。坛土五色随其方，黄土覆之。坛相去五丈，坛南皆树松。二坛同一壝，方广三十丈，高五尺，甃砖，四门饰色随其方。周垣四门，南灵星门三，北戟门五，东西戟门三。戟门各列戟二十四。洪武十年，改坛午门右，社稷共一坛，为二成。上成广五丈，下成广五丈三尺，崇五尺。外壝崇五尺，四面各十九丈有奇。外垣东西六十六丈有奇，南北八十六丈有奇。垣北三门，门外为祭殿，其北为拜殿。外复为三门，垣东、西、南门各一。永乐中，建坛北京，如其制。

(2) 帝社稷坛在西苑，坛址高六寸，方广二丈五尺，甃细砖，实以净土。坛北树二坊，曰社街。

(3) 王国社稷坛，高广杀太社稷十之三。

(4) 府州县社稷坛，广杀十之五，高杀十之四，陛三级。后皆定同坛合祭，如京师。[1]

里社的具体形制不详，有待于进一步研究，据《五礼通考》记载：

里社，每里一百户立坛一所，祀五土五谷之神。[2]

因此，明代社稷坛分 5 个等级：太社稷坛、帝社稷坛、王国社稷坛、府州县社稷坛、乡社里社。

四、明代太社稷坛

朱元璋在即位的前二年（丙午年，1366 年）十二月，就以"国之所重，莫先庙社"[3]，而亲自祭祀山川，即位的前一年（丁未年）建造祭天的圆丘。《明太祖实录》："吴元年（1367 年，元至正二十七年）八月癸丑，圆丘方丘及社稷坛成。圆丘在京城东南正阳门外钟山之阳……方丘在太平门外钟山之北……社稷坛在宫城之西南，皆北向，社东稷西。"[4]

洪武元年初，命"礼官及翰林、太常诸儒臣"研究祭祀制度，为此，二月壬寅，中书省左丞相李善长、翰林学士陶安等人分别考证了圆丘（天坛）、方丘（地坛）、郊社（社稷）、宗庙的历史，提出祭祀制度，被采纳。[5]十月丙子，命中书省下令郡县，将名山、大川、圣帝、明王，以及忠臣烈士，于国于民有功有德的，记下其具体事迹上报，给予著录祀典。（图 2 明初太社稷坛图、图 3 明初太社稷陈设总图、图 4 明太社稷坛旧图、图 5 明太社太稷坛图）

五、明帝社稷坛与王国社稷坛

帝社帝稷在唐代就有，是从先农坛改建而来，《唐会要》曰："于是改先农坛为帝社坛。于帝社坛西置帝稷坛。礼太社同太稷。其坛不备方色。所以异于太社也。至开元定礼。除帝稷之议。祀神农氏于坛上。以后稷配。至今以为常典也。"[6]

而明代的帝社帝稷是嘉靖十年才出现的,礼制源于明代社稷配位之演变。洪武十年(1377 年)太祖改坛制，罢句龙与后稷配位，以仁祖配，升为大祀。惠帝建文元年祭社稷奉太祖配，撤仁祖位，仁宗洪熙元年二月

1.《明史》志第二十三，礼一（吉礼一）坛壝之制。
2.《明史》卷一百九十六，列传第八十四，《张瑢传》。
3. 胡广 等纂修. 明太祖实录，卷二十一. 吴元年八月己未条. 台北：中央研究院历史语言研究所校印本，1962：311.
4. 胡广 等纂修. 明太祖实录，卷二十四. 吴元年八月癸丑条. 台北：中央研究院历史语言研究所校印本，1962：354-356.
5. 胡广 等纂修. 明太祖实录. 洪武元年二月壬寅条. 台北：中央研究院历史语言研究所校印本，1962：507-614.
6. 清文渊阁《四库全书》，《唐会要》卷二十二，社稷，第 6 页。

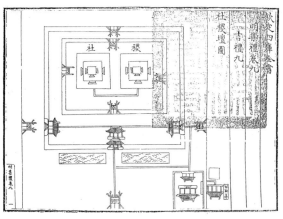

图 2　明初太社稷坛图

（资料来源：清文渊阁《四库全书》版《明集礼》卷九，第 1 页）

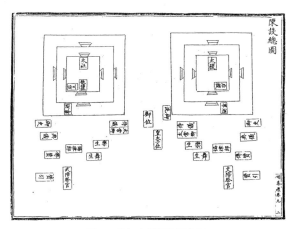

图 3　明初太社稷陈设总图

（资料来源：清文渊阁《四库全书》版《明集礼》卷九，第 2 页）

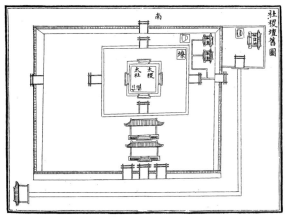

图 4　明太社稷坛旧图

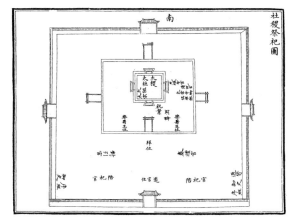

图 5　明太社太稷坛图

（资料来源：清文渊阁《四库全书》版《明会典》卷八十二，第 7 页）（资料来源：清文渊阁《四库全书》版《明会典》卷八十二，第 8 页）

祭社稷，奉太祖太宗并配，命礼部永为定式。嘉靖九年（1530 年）建土谷坛于西苑幽风亭之西（今北京南海瀛台之北），东为帝社，西为帝稷，后改名帝社稷坛（图 6　明帝社帝稷祀图）。

明穆宗隆庆元年（1567 年）废帝社稷坛："如次戊在望后，则仍用上已春告秋报为定制。隆庆元年礼部言，帝社稷之名自古所无，嫌于烦数，宜罢从之。"[1] 也就是说，明代帝社帝稷坛制只存在了 37 年（1531-1567 年）。

王国社稷也就是在明代藩封亲王城市的社稷。《大明集礼》王国社稷总序说："自唐至宋元封建不行，故阙其制。"[2] 尚书陶凯定王府社稷坛制度时，参照了唐宋州县社稷坛制，并有所增益。洪武四年（1371 年）确立王国社稷之制。

> 洪武四年，定王国社稷之制，立于王国宫门之右，坛方三丈五尺，高三尺五寸，四出陛，其制上不同于太社，下异郡邑之制。[3]

王国社稷坛经历了同墙异坛至同墙同坛的转变。"王国社稷，洪武四年定，十一年，礼臣言：太社稷既同坛合祭，王国、各府州县亦宜同坛，称国社国稷之神，不设配位，诏可。十三年九月，复定制两坛一墙如初式。十八年定王国祭社稷山川等仪行十二拜礼。"[4] 洪武四年的王国社稷坛规制根据《大明集礼》所载是同

---

1. 清文渊阁《四库全书》版，《明史》卷四十九，第 5 页。另清文渊阁《四库全书》版，《五礼通考》卷四十五，第 54 页："（嘉靖）十年，复于西苑隙地垦田树谷麦，帝社帝稷二坛，每岁以仲春秋上戊次日行祈报礼。"
2. 清文渊阁《四库全书》版，《明集礼》卷十，第 1 页。
3. 清文渊阁《四库全书》本，《钦定续通志》卷一百十二，第 9 页。
4. 清文渊阁《四库全书》本，《五礼通考》卷四十五，第 35 页。

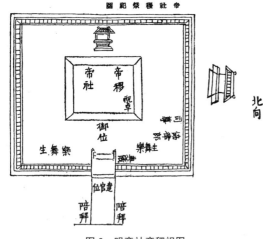

图 6 明帝社帝稷祀图
（资料来源：万历重修《明会典》卷八十五·礼部
四十三·社稷等祀 上海：商务印书馆，1936：1962）

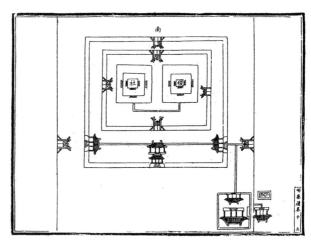

图 7 明洪武四年王国社稷坛图
（资料来源：清文渊阁《四库全书》版《明集礼》卷十，第 3 页）

壝异坛（图 7 明洪武四年王国社稷坛图）。

洪武九年（1376 年），王国山川社稷选址方位具体化："洪武九年闰九月甲辰，诏诸王国山川社稷俱建于端礼门外之西南。"[1] 洪武十一年（1378 年）之后，王国社稷坛成了同壝异坛。

> 王国社稷，洪武四年定。十一年，礼臣言："太社稷既同坛合祭，王国各府州县亦宜同坛，称国社国稷之神，不设配位。"诏可。[2]

洪武十三年（1380 年），王国山川社稷坛制得到了进一步的具体化。

> 洪武十三年冬十一月庚子。重定王国社稷山川坛制。社稷两坛相去三丈五尺，坛方三丈五尺，高三尺五寸，四出陛，一壝，广二十丈，坛在壝内稍南，居三分之一。壝墙高五尺，置灵星门四，外垣北门置屋，列十二戟，南面神门无屋。社主用石，长三尺五寸，阔一尺五寸。山川坛高四尺，四出陛，方三丈五尺，一壝广二十丈，坛在壝内稍北，居三分之一。壝墙高五尺，置灵星门四，外垣南门置屋列十二戟，北面神门无屋。[3]

北京的燕王府王国社稷坛在永乐元年（1403 年）被罢祀，永乐三年复置，据《五礼通考》记载：

> 《成祖实录》：永乐元年五月罢祀北京国社国稷，帝以北平为旧封国，有国社国稷，今既为北京，其社稷宜为定制。礼部官言：古制无两京并立太社太稷之礼，今北京旧有国社国稷，宜改设官守护，遇上巡狩即坛内设太社太稷位以祭，仍于顺天府别建府社府稷，令北京行部官以时祭祀。从之。
>
> 大政记，永乐三年二月，吏部尚书蹇义等议，今赵王留守北京，当别建国社国稷山川等坛，致祭如礼部尚书所议。从之。[4]

六、明代府州县社稷坛

明洪武元年（1368 年）十二月己丑，命府州县建造社稷坛并加以祭祀：

1. 胡广 等. 明太祖实录. 卷一百九."洪武九年，闰九月甲辰"条. 台北：中央研究院历史语言研究所，1962：1811.
2.《明史》卷四十九·志第二十五·礼三（吉礼三）。
3. 胡广 等. 明太祖实录. 卷一百三十四."洪武十三年，冬十一月庚子"条. 台北：中央研究院历史语言研究所，1962：2128.
4. 清文渊阁《四库全书》本，《五礼通考》卷四十五，第 44-45 页。

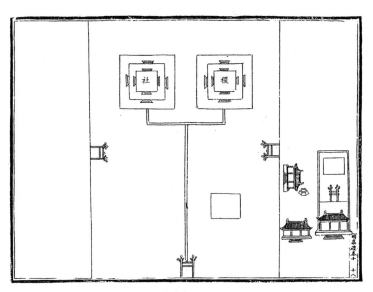

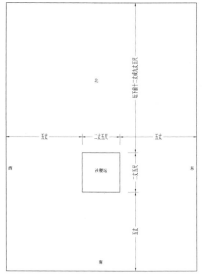

图8　明洪武三年郡县社稷坛图
（资料来源：清文渊阁《四库全书》版《明集礼》卷十，第18页）

图9　《明会典》府州县坛壝制度复原推测图
（资料来源：自绘）

颁社稷坛制于天下郡邑，俱设于本城西北，右社左稷，坛各方二丈五尺，高三尺，四出陛。社以石为主，其形如钟，长二尺五寸，方一尺一寸，剡其上，培其下之半，在坛之南。方坛周围筑墙，四面各二十五步。祭用：春秋二仲月上戊日。各坛正配位，各用笾四、豆四、簠簋各二，登硎各一俎二牲，正配位共用羊豕各一。[1]

《明史》卷四十九：

（洪武元年十二月）颁坛制于天下郡邑，俱设于本城西北，右社左稷，十一年（1378年）定同坛合祭，如京师。[2]

太祖确立的天地合祀之制成为洪武定制，历代相承，直到嘉靖九年（1530年）明世宗改为天地分祀。明代府州县社稷坛亦经历了分祭合祭的变化，而且位于城市的"西北"，与元代《至元州县社稷通礼》规定的"西南郊"不同。

《大明集礼》记载的明洪武二年的府州县社稷礼制如下，为同壝异坛（图8明洪武三年郡县社稷坛图）：

国朝郡县祭社稷有司俱于本城土西北设坛致祭，坛高三尺，四出陛三级方二尺五寸，从东至西二丈五尺，从南至北二丈五尺，右社左稷，社以石为主，其形如钟，长二尺五寸，方一尺一寸，剡其上，培其下半，在坛之南，方坛外筑墙，周围一百步，四面各二十五步。[3]

《明会典》所载的洪武二十六年初（1393年）府州县社稷坛规制：

《洪武礼制》祭祀仪式，社稷府州县同坛。制：东西二丈五尺，南北二丈五尺，高三尺，俱营造尺。四出陛，各三级，坛下前十二丈或九丈五尺，东西南各五丈，缭以周墙，四门红油，北门入。[4]

1. 胡广等纂修. 明太祖实录. 卷三十七，第20-21页，洪武元年十二月己丑条. 台北：中央研究院历史语言研究所校印本，1962：746-747。
2. 清文渊阁《四库全书》本，《明史》卷四十九，第5页。另参见清文渊阁《四库全书》本，《五礼通考》卷四十五，第35页：府州县社稷，洪武元年颁坛制于天下郡邑，俱设于本城西北，右社左稷。十一年定同坛合祭如京师。
3. 清文渊阁《四库全书》本，《明集礼》卷十，第16-17页。
4. 清文渊阁《四库全书》本，《明会典》卷八十六，第1-2页。

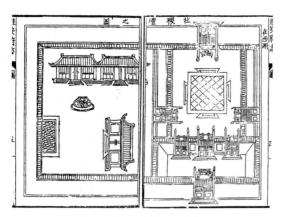

图 10　明万历淮安府社稷坛
（资料来源：万历《淮安府志》卷首图经第 4
页下－第 5 页上）

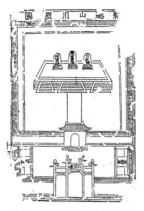

图 11　明万历宿迁县社稷坛
（资料来源：万历《宿迁县志》
卷二《建置志》坛祠第 10 页下）

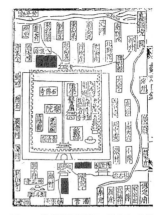

图 12　蠡县境图局部－社稷坛方位
（资料来源：嘉靖《蠡县志》
卷首，第 2 页下）

　　尽管规制已备，但和宋元类似的是，上述文字并未阐明明代府州县坛壝的全部规制，特别是尺寸问题——《明会典》规制中的"坛下前十二丈或九丈五尺"之句，给地方城市留下很多在具体实施中需要揣度的疑问，诸如基址大小、垣墙尺寸等问题，造成明代各地府州县事实上的困扰。笔者根据《明会典》府州县坛壝制度绘制的复原推测如下图（图 9《明会典》府州县坛壝制度复原推测图）。

　　现存的明代地方志中，一般都记载了坛壝，地方坛壝分为社稷坛（图 10　明万历淮安府社稷坛　资料来源：万历《淮安府志》卷首图经第 4 页下至第 5 页上；图 11　明万历宿迁县社稷坛　资料来源：万历《宿迁县志》卷二《建置志》坛祠第 10 页下）、山川坛、郡厉坛，一般都在城墙外面，它们与位于城墙内城隍庙一起，构成了官方主导的城市祭祀空间，更侧重于安抚和疏导民众的精神。从时间上来考察，明代地方坛壝的设置年代，一般在洪武初。地方府州县的坛壝为同一等级，其坛壝定制始于洪武元年十二月己丑，至洪武三年均已确立。换句话说，洪武朝至嘉靖朝九年（1530 年）之间，府州县坛壝形制遵循的就是"洪武初制"。

　　选址方位是府州县坛壝规制中执行得比较好的例子。地方坛壝分为社稷坛、山川坛、郡厉坛，其方位分布是有一定规律的，社稷坛设于城西，这在《明会典》中有规定，也和古代堪舆、星相有一定关系，而府州县的风云雷雨山川坛、厉坛一般分布于城外的南郊与北郊。如洪武初期建的真定府：

　　　　社稷坛在本府城西北五里。洪武初建。……风云雷雨山川坛在本府长乐门外一里许。……厉坛在本府永安门外二里许。[1]

　　从上南下北的嘉靖朝的《蠡县境图》显示蠡县坛壝恪守规制，社稷坛在城西北，风雨雷雨山川坛在城东南（图 12　蠡县境图局部－社稷坛方位）：

　　　　社稷坛在北郭之西，中设坛基……风雨雷雨山川坛在南郭门内大街东……厉坛在北郭门外，迎恩亭后，中为坛基，为御制厉祭文碑，其库房厨房宰牲房近废。[2]

　　事实上，坛壝的选址也并非一成不变，如获鹿县明初在城西，后来移位，嘉靖朝考虑因"有乖典礼"又复其旧。

　　　　社稷坛旧在县西郭外，嘉靖二十九年知县孟经改建城北奇石山下，嘉靖三十四年知县赵惟勤检详。《大明会典》内一条一，天下府州县有司各建社稷坛于城西。查得本县西坛原系洪武年间创设，

1. 嘉靖《真定府志》卷 14《祀典》，第 6-7 页。
2. 嘉靖《蠡县志》卷 2《建置》，第 9 页。

已有定制，无故废置，有乖典礼。于是仍即城西故址修建坛壝，诸所规制悉复其旧。[1]

成化朝唐山县社稷坛由县西迁修于县北：

> 　　唐山县社稷坛，旧在县西，成化间知县祁司员迁修于县北；风云雷雨山川坛，旧在县南，成化间祁司员迁修于城南；邑厉坛在县北，洪武年间建。[2]

这种情形也发生在北直隶之外，如明崇祯《长沙府志》载："社稷坛，洪武三年知府腾楫建湘春门外，十八年改南门外。"此外，清代也有坛壝移建的例子，如清末上海的邑厉坛迁到城南。[3]

七、结语

（1）明代的社稷坛分为太社稷坛、帝社稷坛、王国社稷坛、府州县社稷坛、里社坛5个等级。其中太社稷坛、帝社稷坛在都城，王国社稷坛、府州县社稷坛一般在地方城市，燕王府的王国社稷坛出现在京城只是偶尔的例外，里社在农村。

（2）明代地方府州县社稷坛、风云雷雨山川坛、厉坛的定制时间有两个：洪武元年和洪武四年。第一，皇家分封藩王所在的省城、府城（藩镇）的王国社稷坛，确立于洪武四年；但山川坛和厉坛的定制时间尚不清楚。也就是说，王国社稷坛从一开始实施的就是"洪武改制"，而不是《大明集礼》所表达的洪武初制，其具体形制经历了三个阶段（表2）：

王国社稷坛形制变迁时间　　　　　　　　　　　　　　　　　　　表2

	定制时间	合祀分祀	出处
1	洪武四年（1371）	同壝异坛	清文渊阁《四库全书》版《明集礼》卷十，第3页
2	洪武十一年（1378）	同坛合祭	《明史》卷四十九·志第二十五·礼三（吉礼三）
3	洪武十三年（1380）	同壝异坛	清文渊阁《四库全书》版《五礼通考》卷四十五，第35页

如果城市里面有王府，则设立王府社稷坛，《明会典》曰："社稷坛一所，正房三间，厢房六间，宰牲亭一座，宰牲房五间。"[4]还规定了坛壝等的修理费用和责任："凡天地坛场若有损坏去处，合修理者，督工计料修整；合漆饰者，行下营缮所差工漆饰，所用木石砖灰颜料等项，行下抽分竹木局等衙门照数关支。事例。弘治十三年奏准，天地山川坛内，纵放牲畜作践，及私种籍田外余地，并夺取籍田禾把者，俱问罪，牲畜入官，犯人枷号，一月发落。"[5]

第二，除了上述分封藩王所在的省城、府城之外，地方府州县的坛壝为同一等级，其坛壝定制始于洪武元年十二月己丑，至洪武三年均已确立。换句话说，洪武朝至嘉靖朝九年（1530年）之间，府州县坛壝形制遵循的就是"洪武初制"。

（3）社稷坛、山川坛、厉坛、城隍庙和文庙是明代每座府、州、县城必有的坛和庙，在乡村则是里社坛、土地祠（或土地庙）和乡学。这些祭祀空间是中国明代城市和乡村不可或缺的空间要素，与那些时有时无、和城市关系若即若离的先农坛、关帝庙、龙王庙等不同，是明代特有的场所，并被清代所传承，从而构成了明清中国区别于其他国家（民族）地域空间的特征之一。

作者单位：清华大学建筑学院

1. 嘉靖《获鹿县志》卷4《祀典》，第1页。
2. 成化《顺德府志》卷八，第137页。
3. 参见［清］毛祥麟 撰. 毕万忱 点校. 《墨余录》卷六《邑厉坛》. 上海：上海古籍出版社，1985，第90页。
4. 《明会典》卷八十七·工部一·诸司职掌·亲王府制。
5. 《明会典》卷一百五十四，工部八，坛场。

明初南京坛壝建筑研究

［韩国］辛惠园

提要

　　明初朱元璋定都南京，决定在钟山之阳新建宫殿后，下令建各类庙祀。从此以后，朱元璋对礼制方面不断地下令稽考古制，或改或创新制度。本文主要针对明初奠都南京时的坛壝制度的创新和改变过程进行研究，其中对重要阶段的坛壝做了简单的平面复原设计。研究对象除了圜丘、方丘、社稷坛、朝日坛、夕月坛、山川坛等主要坛壝以外，还包括灵星坛、马神坛、厉坛、龙江坛等。本文分为前后两部分，前部是关于诸坛壝相关文献和资料的梳理以及营建过程和建筑制度的研究。营建过程研究最后总结出关于南京坛壝的总体性表格。梳理过的资料，与以往研究不同，包括近代南京地图和已发表的考察报告。据这些资料，本文对明初南京大祀坛的范围复原做出进一步的研究成果。本文的后部为据前部研究资料做出的各类坛壝的推测复原图研究。

关键词：明初，南京，坛壝，大祀殿，山川坛

一、导论

　　1364 年 4 月朱元璋在南京称吴王，两年后（1366 年）他决定在钟山之阳新建宫殿，同年命有司建庙社。随后，吴元年（1367 年）八月，首先圜丘、方丘、社稷坛建成。从此以后，朱元璋对礼制方面不断地下令稽考古制，或改或创新制度。虽然明朝定都在南京的时间不长，但是赖于这样的关心和措施，南京的坛壝制度渐渐走向完善，最后对明太宗建北京城产生极大影响。本论文主要针对明初奠都南京时的坛壝制度的创新和改变过程进行研究，其中对重要的阶段做了简单的平面复原设计。研究坛壝对象除了圜丘、方丘、社稷坛、朝日坛、夕月坛、山川坛等主要坛壝以外，还包括灵星坛、马神坛、厉坛、龙江坛等。

二、主要文献中的坛壝

　　研究明初南京坛壝时不可缺少的文献有《洪武京城图志》和《明集礼》。《洪武京城图志》在洪武二十八年完成，记载了洪武末年首都南京的情况。徐一夔等人奉敕撰著的《明集礼》，曾在洪武二年八月下令修撰，洪武三年九月书成。所以《明集礼》所记载的内容涉及刚奠都而渐渐具备完整的首都面貌的南京。因此，通过这两本书的比较，较详细地得知洪武年间首都南京的主要建筑营建过程，坛壝建筑也是其中一项。

　　此外，《明太祖实录》也是极为重要的文献资料。逐年记录朝廷大事的《明实录》，因为祭祀是国家大事，也收录了建坛、坛制、改建等关于坛壝的庞大资料。因此，《明太祖实录》与《明集礼》、《洪武京城图志》这三种文献，对于明初南京坛壝研究具有最为重要的作用，也是本文章主要参考的一手资料。

　　除了这些文献外，通述明代各方面的《明史》和著录典章制度的《大明会典》等书也收录了不少相关明初制度的内容，这些文献可以作为旁证资料参考。

　　《洪武京城图志》收录的坛壝种类不多，只记有"天地坛、社稷坛、龙江坛、无祀鬼神坛"四坛。有点不可理解的是，却没有记录当时祭祀制度中占相当重要位置的"山川坛"。山川坛，虽然在《洪武京城图志》里收录了一张总图，却没有单独说明，为了说明天地坛的位置，出现过一次。与此相反"龙江坛"是在别的文献中很难找到相关记录。关于龙江坛，要在后面详细加以说明。《洪武京城图志》之所以不著"朝日、夕月"两坛，是因为这两坛的祭祀都在洪武二十年成为圜丘从祀后而废。见表1。

主要文献	收录明初南京坛壝
《洪武京城图志》	天地坛 *、社稷坛、龙江坛、无祀鬼神坛
《明集礼》	圜丘、方丘、社稷坛、朝日坛、夕月坛、先农坛、 群祀坛（天神坛，太岁风云雷雨，屋而不坛）、地祇坛（岳镇海渎天下山川城隍，建祠合祭）
《明史》	圜丘、方丘、天下神祇坛、太社稷坛、朝日夕月坛、先农坛、山川坛、太岁、岳镇海渎山川城隍坛、星辰坛、 灵星坛、马神坛、厉坛

＊天地坛说明中还出现"山川坛"和收录"山川坛图"。

三、各坛壝的形式变化和营建过程

国家祭祀一般分为大祀、中祀、小祀三级。见表2。它们的祭所，有的是祭坛形式，有的是房屋形式，有的没有固定形式的建筑，而到时在特定的位置上设祭坛而祭祀。其中较重要的大祀、中祀和一部分小祀都有坛壝形式或房屋形式等专祀的固定建筑，只有小祀的一部分，如五祀——司户、司灶、中溜、司门、司井就没有固定建筑而到时在特定的地方设坛祭祀。

可是，即使是具有固定建筑形式的祭祀，随祭祀体系、制度的变化，也在房屋和坛壝形式之间不断变化。其中一直没有变化祭所形式，用房屋形式的只有宗庙和孔庙，这两种祭祀是以人的祖先为祭祀对象而建祠庙供奉祭祀。另一方面，一直保持坛壝形式的有社稷、先农、马祖之神和厉坛。除此之外，都经历过祠和坛之间的改变。

明代祭祀体系　　　　　　　　　　　　　　　　表2

	祭祀对象	常行祭祀
大祀	圜丘、方泽、宗庙、社稷、朝日、夕月、先农	正月上辛祈谷，孟夏大雩，季秋大享，冬至圜丘，夏至方丘祭皇地祇，春分朝日于东郊，秋分夕月于西郊，四孟季冬享太庙，仲春、仲秋上戊祭太社太稷
中祀	太岁、星辰、风云雷雨、岳镇、海渎、山川、历代帝王、先师、旗纛、司中、司命、司民、司禄、寿星	仲春、仲秋上戊之日祭帝社帝稷，仲秋祭太岁、风云雷雨、四季月将及岳镇、海渎、山川、城隍，霜降日祭旗纛于教场，仲秋祭城南旗纛庙，仲春祭先农，仲春祭天神地祇于山川坛，仲春、仲秋祭历代帝王庙，春秋仲月上丁祭先师孔子
小祀	司户、司灶、中溜、司门、司井、司马、泰厉、火雷	孟春祭司户，孟夏祭司灶，季夏祭中溜，孟秋祭司门，孟冬祭司井，仲春祭司马之神，清明、十月朔祭泰厉，又于每月朔、望祭火雷之神。至京师十庙，南京十五庙，各以时遣官致祭

天子所亲祀：天地、宗庙、社稷、山川；后改为中祀：朝日、夕月、先农；参考《明史》

1. 圜丘和方丘以及天下神祇坛的建筑形式变化

国家最重要的祭祀建筑——圜丘和方丘，吴元年（1367年）各在南郊和北郊建了坛。[1] 圜丘和方丘，虽然中间改过一次（洪武四年三月，参考后文圜丘部分），这次改动仍然保持坛壝形式。然而，到了洪武十年八月，明太祖以为"分祭天地，揆之人情，有所未安"，下诏"圜丘旧址为坛，而以屋覆之"[2]，而合祭天地。因此，在圜丘旧址建了大祀殿。大祀殿在洪武十一年十月建成。这次大祀殿的建造，不仅是祭祀体系的极大改革，也是祀天地祭所主体建筑形式的改革。明朝前期北京一直沿袭此制[3]，直到嘉靖时期重建圜丘和方丘为止。

如果有大祀于圜丘、方丘，前期皇帝要亲自到太庙告圜丘、方丘有事，也遣使告百神于天下神祇坛。洪武二年，明太祖从礼部尚书崔亮言，建天下神祇坛于圜丘壝外之东、方丘壝外之西。初期，郊祀前期皇帝亲诣天下神祇坛，告圜丘、方丘有事。祭祀当天，分献从祀将结束时，再到坛以祭。后来，定遣官预告。[4]

1. 《大明太祖高皇帝实录》卷24：（吴元年八月）癸丑，圜丘、方丘及社稷坛成。圜丘在京城东南正阳门外，钟山之阳。……方丘在太平门外钟山之北。
2. 《大明太祖高皇帝实录》卷114，洪武十年八月庚戌。
3. 《明史》志第二十四，礼二（吉礼二）：永乐十八年，京都大祀殿成，规制如南京。南京旧郊坛，国有大事，则遣官告祭。
4. 《明史》志第二十五，礼三（吉礼三）；《大明太祖高皇帝实录》卷39，洪武二年二月甲申。

圜丘、方丘的从祀变化 表3

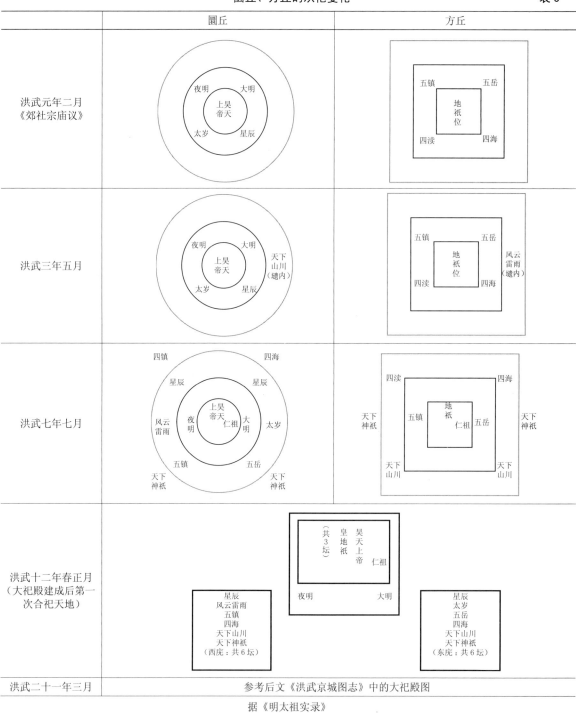

据《明太祖实录》

　　但是，天下神祇在洪武七年七月议增圜丘、方丘从祀时，从祀于此，其祭坛设在内壝外，海渎之次。[1] 大祀殿建成后也从祀于此（表3）。尤其是洪武二十一年增修南郊坛壝时，在大祀殿丹墀内和壝外叠石筑台。丹墀内的台有四座，壝外的台有20座，都东西相向。前者是"日、月、星辰"之坛，后者是"五岳、五镇、

1.《大明太祖高皇帝实录》卷91:(洪武七年秋七月)甲子朔,享太庙。议增圜丘、方丘从祀,更定其仪。圜丘坛第一成,设昊天上帝正位,仁祖淳皇帝配位如旧。第二成东设大明位,西设夜明位,内壝之内东、西各三坛,星辰二坛分设于东、西,星辰之次东则太岁及五岳坛,西则风云雷雨及五镇;坛内壝之外东、西各二坛,东四海坛,西四渎坛,天下神祇二坛分设于海渎之次。……方丘坛第一成,设皇地祇正位,仁祖配位,设如圜丘;第二成东设五岳位,西设五镇位,内壝之内东、西各二坛,东四海坛,西四渎坛,天下山川坛二复分设于海渎之次,内壝之外东、西各设天下神祇坛一。其陈设,正配位……是日,太常卿至天下神祇坛奠告,中书丞相诣京都城隍发咨。

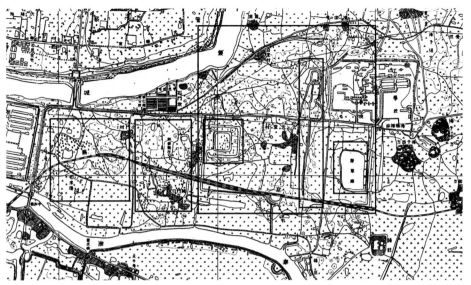

图1　大祀坛、神乐观和牺牲所、山川坛位置示意图（从右开始）

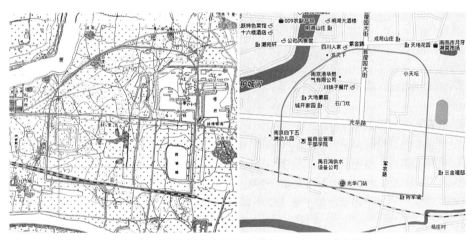

图2　从民国地图中推测到的天坛外墙和现在地图中的位置

四海、四渎并风云雷雨、山川、太岁、天下诸神及历代帝王"之坛。[1] 其具体坛名《明太祖实录》的"郊祀仪"[2]中有记载，也与《洪武京城图志》里的"大祀殿图"的内容完全一致。

　　大祀殿的实际位置和范围，参考一些资料，可以大致了解。首先，大祀殿外院墙的位置，从有些近代地图中可以得到相当精确的信息。下面的民国时期的地图中，比较清晰地看到大祀殿建筑群外院墙的痕迹。以这地图资料信息为基础，也可以推测外院墙的形态以及附近的神乐观和山川坛的大致位置（图1、图2）。

　　此外，据杨新华先生的文章[3]，现存比较完整的大祀殿遗迹是天地坛的外院墙部分，位于石门坎将军潭（现名为将军塘）东侧，宁芜铁路之北。遗址现状为"南北向，残长77米，其北端的断面残高9.5米，上宽5米，底宽22米"。因为两侧砖石已被拆去，日久只剩下土埂，就塌成上窄下宽的梯形。据《明初南京天坛遗址初探》[4]，这断面的下面，东西两侧还有石涵洞遗迹，这个石涵洞是为了把天坛外垣墙内积水向外排泄而设。"现存东西两侧用青石凿成的拱形洞口石各一个，洞口石全高1.44米，宽1.85米，厚0.48米，洞高0.88米。洞宽1.28米，洞内两侧基础处尚有部分条石。由于东西两侧的洞口石，原位未动，那么两者间的距离12米，应即天

1.《大明太祖高皇帝实录》卷189，洪武21年3月。
2.《大明太祖高皇帝实录》卷189：（洪武21年3月）郊祀仪，……正祭陈设共二十七坛，正殿三坛，上帝、皇祇俱南向，仁祖配位在东，西向。……丹墀内为坛四，大明在东，西向，夜明在西，东向，大明、夜明之次为星辰坛二，皆东西相向，……。墀外二十坛，东十坛：北岳、北镇、东岳、东镇、东海、太岁、帝王、山川、神祇、四渎，西十坛：北海、西岳、西镇、西海、中岳、中镇、风云雷雨、南岳、南镇、南海，……。
3. 卢海鸣编，《雨花风物》，南京出版社，1997.23-25页。
4. 杨新华主编，《南京市雨花台区文物志》，南京大学出版社，1994.465-471页。

坛外垣的墙基厚度。"作者还由这些数据推测，原垣墙高度不会低于12米。此外，在铁路以南的杨庄还有一个石牌坊的残留，其中石础有1.27米见方，推测为天地坛外垣南面东大门前的东牌坊。

这张民国时期的地图，除了外院墙以外，还留有某些地理纹理，由此可推测大祀坛一部分建筑群的位置。图中大祀坛界内靠左边有两道方形土埂。据其位置和形状，很可能是斋宫的痕迹。图的右边有将军塘，恰与明初天地坛记载中有"外壝东南凿池，凡二十区，冬月伐冰藏凌阴，以供夏秋祭祀之用"[1]相符。从斋宫推测区的东段到将军塘东岸的正中间可明显看出一道南北向的土埂。这条土埂南低北高[2]直到北边的土岗。不难推测北边的土岗应该是大祀殿主体建筑的痕迹，土埂为南天门到大祀殿的主道。正好与《明太祖实录》记载"石门三洞南为甬道三，中曰神道，左曰御道，右曰王道，道之两旁稍低为从官之道"符合。

值得一提的是，院墙的西北部分是完全夷平后被建筑盖住，其具体形状难以推测，只能靠其他资料来判断。据北京天坛外垣形状和《洪武京城图志》中的"大祀坛图"推测。这部分院墙可能为弧形。之所以参考大祀坛图，是因为很明显地看出这图上的北墙两端不是直角。

2. 朝日、夕月和星辰的祭所的改变

明初起始，朝日、夕月从祀于圜丘，至洪武三年正月，稽考前代制度，于城东门外和城西门外，各建朝日坛和夕月坛，星辰即祔祭于月坛。[3]可是此后不久，洪武三年九月以星辰祔祭于月坛是非礼为由，在城南诸神享祭坛的正南方向，增造房屋9间，朝日、夕月、周天星辰都在此祭祀。[4]城南诸神享祭坛作为山川坛的前身，是合祀太岁、四季月将、风云雷雨、岳镇海渎、山川、城隍、旗纛诸神的。此时即在诸神享祭坛设19个坛祭祀这些神，据《明太祖实录》，此祭祀制度在洪武三年二月才确立下来，此前诸神以天神和地祇分，春秋专祀（参考下节山川坛）。洪武二十一年以圜丘从祀为由，废朝日、夕月之专祭。[5]可知因为已废朝日、夕月，朝日坛和夕月坛都未录于《洪武京城图志》坛庙内容中。

3. 山川坛和先农坛的营建过程

山川坛是一座奉祀的神位最多，同时营建过程最复杂的坛壝。洪武九年正式建山川坛之前，山川坛以群神享祀所、诸神享祀坛、群祀坛等为名。据《明集礼》，"国朝，既于圜丘以太岁、风雷雨师从祀，且增云师于风师之次，复以春秋惊蛰秋分后之三日，专祀。本岁，太岁及风师、云师、雷师、雨师于国南群祀坛"，其坛制为"屋而不坛"[6]，又"国朝，既于方丘以岳镇海渎、天下山川从祀，复于春秋清明霜降日，遣官专祀岳镇海渎、天下山川于国城之南，而以京师及天下城隍附祭焉"，其祭所为"既于国城南，建祠合祭岳镇海渎、山川、城隍"。从此，可知洪武初期，太岁、风云雷雨、岳镇海渎、山川、城隍等神都在房屋形式的祭所祭祀。

据《明太祖实录》记载，洪武二年正月"建群神享祀所于城南门外，中为殿五楹，南向，东西相向，为庑各七楹，西北为厨、库房各五间，库之后为宰牲房三间。"[7]此后不久，即十一天后，明太祖又从礼官的结论，将"太岁、风云雷雨诸神合为一坛，岳镇、海渎及天下山川、城隍诸地祇合为一坛，春、秋专祀。……坛据高阜，南向。四面垣围，坛高从二尺五寸，方阔二丈五尺。四出陛，南向陛五级，东、西、北向陛三级。"[8]查看上述的四个记录会产生一些质疑。《明集礼》所记载的群祀坛是不是同书中提到的为合祭岳镇海渎、山川、城隍而建的祠庙？这些祠庙又是不是《明太祖实录》中的群神享祀所？

更加难以理解的是《明集礼》记载内容中提到的"风云雷雨的圜丘从祀、和岳镇海渎天下山川的方丘从祀"是据《明太祖实录》在洪武三年五月以后举行的（参考上表圜丘、方丘从祀）。[9]此时，将之前分为天神、地祇两坛举行的诸神的祭祀合为一，再增祀四季月将和旗纛诸神共设19个坛。然而由《明集礼》所录的"专

1. 《大明太祖高皇帝实录》卷122，洪武十二年春正月。
2. 杨新华主编，《南京市雨花台区文物志》，南京大学出版社，1994.469页。
3. 《大明太祖高皇帝实录》卷48，洪武三年春正月。
4. 《大明太祖高皇帝实录》卷56，洪武三年九月。
5. 《明史》志第二十五，礼三（吉礼三）。
6. 《明集礼》卷13，专祀太岁、风云雷雨师；卷14，专祀岳镇海渎、天下山川、城隍；《大明太祖高皇帝实录》卷38，洪武二年春正月。
7. 《大明太祖高皇帝实录》卷38，洪武二年春正月，丁酉。
8. 《大明太祖高皇帝实录》卷38，洪武二年春正月，戊申。
9. 《大明太祖高皇帝实录》卷52：（洪武三年五月）癸丑，礼部奏："大明、夜明、星辰、太岁既从祀于圜丘，而五岳、四海、四镇、四渎亦既从祀于方丘矣，独风、云、雷、雨及天下山川不得以类从祀，非通敬于神明者也，宜增列于圜丘、方丘从祀之次。"上从之，遂命于圜丘坛下壝内增坛，从祭风、云、雷雨、之神，于方丘坛下壝内增设坛，从祭天下山川之神，其礼如太岁、岳镇。

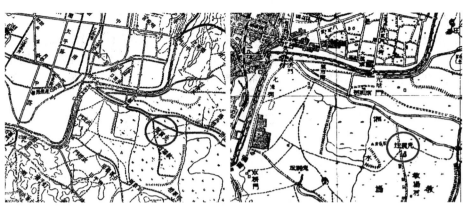

图3　《首都志》南京市市区图中的先农坛位置和1923年地图上的先农坛

祀地祇坛位图"来看，还是与《明太祖实录》洪武二年正月分为天神、地祇两坛的记录一致。可是《明集礼》所录的别图"天神坛陈设图"和"地祇坛陈设图"表示各神位一律设一个祭坛而祭祀。这又跟《明太祖实录》的记载有差异。这些疑问有待后续研究解决。

尽管如此，还是可以大致了解到早期山川坛的营建过程。即洪武初年诸神的祭所是祠庙，而后来加建坛壝了形式。据文献记载山川坛祭祀分别采用这两种形式的祭所，如洪武二年正月，为了祭祀诸神建坛后不久，在同年三月，明太祖"以春久不雨，告祭风云雷雨、岳镇、海渎、山川、城隍、旗纛诸神"时，正殿的5坛皇帝亲行礼，两庑各7坛是命官分献。[1] 这场祭祀应在不久前建的城南门外的"群神享祀所"举行。

此外，同年八月，在圜丘、方丘、社稷等坛议建望祭之所时，明太祖还提到了岳镇、海渎等。这表示当时岳镇、海渎等神在坛壝建筑形式的祭所祭祀。这应该是洪武二年正月筑的坛。

无论前期如何，《洪武京城图志》中的"山川坛"的形式是洪武九年形成的。先农坛、藉田、观耕台也从此开始设置在山川坛界内。明初北京的山川坛也沿袭了这时的坛壝制度。

据《明太祖实录》和《明集礼》的记载[2]，藉田在皇城南门外。先农坛在藉田之北。曹鹏在他的博士论文《明代都城坛庙建筑研究》一文中，以皇城南门为承天门，断定藉田就在承天门外的南郊，可知此时先农坛和山川坛分立。其实，皇城前区一般布置中央官署。为了了解当时南京皇城前区的情况，查看明中都皇城的布局，中书省、大都督府、御史台等官署都位于皇城内的南边午门左右。依中都的例子，也可以判断南京很可能将这些公署都设置在皇城内。因此，刚建成的南京皇城南边的地块还算是空地，先农坛和藉田位于此地也未尝没有道理。为了补充此结论，可以参考《明集礼》的先农坛图和记载。据该书，当时的先农坛是已单独具备神厨、库、宰牲房等的一座完整的坛壝，所以位于山川坛的西南有点勉强。

需要提及的是有些记载与此不同。《图书编》[3]、《大明会典》[4] 记载"洪武二年，建先农坛于山川坛西南"。这可能与洪武九年后的先农坛的位置混淆。

此外，一些民国地图上还能看到先农坛，但是坛的位置却在大祀坛的东南过秦淮河的平地（图3）。这可能是清代以后废山川坛等祀后建的江宁府的先农坛。据《江南通志》卷37，"（江宁府）敕建先农坛在府治聚宝门东旁，置有藉田四亩九分。岁以仲春亥日行耕藉礼"。

4. 太社稷的营建过程

社稷是象征一个国家的重要建筑之一。因此，自古以来社稷坛同太庙一起是一座都城里不可缺的构成部分。明代的社稷坛也是吴元年八月与圜丘、方丘一起建的第一批坛壝建筑之一。与太庙对比，社稷坛一直保持着坛壝建筑形式。虽然如此，社稷坛也在洪武年间经历了较大的制度和位置变化。此变化发生在洪武十年。吴元年设立的社稷坛，原位于宫城的西南，以社和稷两坛构成。洪武九年，明太祖把太庙从宫城

1.《大明太祖高皇帝实录》卷39：(洪武二年三月)上以春久不雨，告祭风云雷雨、岳镇、海渎、山川、城隍、旗纛诸神。中设风云雷雨、五岳、五镇、四海、四渎，凡五坛。东设钟山、两淮、江西、两广、海南、海北、山东、燕南、燕蓟山川、旗纛等神，凡七坛。西则江东、两浙、福建、湖广、荆襄、河南、河北、河东、华州、京都城隍，凡六坛。共十八坛。中五坛奠帛初献，上亲行礼。两庑命官分献每坛。

2.《大明太祖高皇帝实录》卷39，洪武2年2月；《明集礼》卷12。

3.《图书编》卷101，先农坛：洪武二年建，坛于山川坛之西南。壝崇尺许，南为籍田，北为神仓。

4.《大明会典》卷187。

的东南改建到雉阙之左。下一年明太祖把社稷坛也移建在午门之右，并建成一坛。[1]

值得一提的是，改社稷坛的位置主要受到明中都的影响。明中都很精心布局都城的各坛壝，其中社稷坛和太庙，按左庙右社的原则，设置在午门前的左右。虽然历代都城的太庙和社稷遵守了这原则，明中都却将这两座坛庙建于皇城里面，开创了一个新的布局形式。南京改建社稷坛，当然也包括太庙，直接采用明中都开创的布局。

5. 其他

除了上述的坛壝以外，文献中还出现"灵星诸神、马神、无祀鬼神、龙江"等坛。但是提到这些坛壝的史料很少。

灵星诸神，除了灵星以外，还包括寿星、司中、司命、司民、司禄。据《明太祖实录》[2]，洪武元年十二月，按太常寺奏，如唐制在城南建坛。但是，此后不久，洪武二年八月，明太祖改其制度，准汉制在城南建坛屋以祭。[3]这时与当年明太祖决定在圜丘、方丘、社稷坛等地建望祭之所一脉相通。然而，下一年就罢此祀。[4]因此，《明集礼》和《洪武京城图志》都没有记载此祀坛壝制度。虽然《明集礼》没记载此坛壝制度，但是在52卷里记载了"祭星之乐"。这可能因为祭祀时使用的乐舞还留着。

马神指的是马祖、先牧、马社、马步之神。据《明集礼》卷15，在国南建祠宇祭马神，而据《明太祖实录》[5]、《明史》的记载，洪武二年筑坛在后湖祭祀。这可能因为国家初创时期，还未细定祭祀，就在当时祭众神的国南群神享祀所旁，再建祠宇祭马神。后来调整诸坛制度时，就改为在后湖筑坛祭祀。

无祀鬼神坛，另称厉坛，也因为在京都建而称为"泰厉"。无祀鬼神坛是洪武年间最晚始建的坛壝，洪武三年十二月筑于玄武湖中。[6]可值得注意的是《洪武京城图志》中的记载却不同，即无祀鬼神坛位于神策门外。相关此问题，还有一个文献可供参考。据《江南通志》卷37，江宁府的内容中有"郡厉坛在神策门外。"据这三个文献，可以推测无祀鬼神坛在洪武年间从玄武湖中移到神策门外而作为郡厉坛一直沿袭到清代。

据《洪武京城图志》坛庙部分，龙江坛"在金川门外。凡行幸出师，亲王之国，则祀江于此"。除此文献外，几乎没有明确的记录龙江坛的文献。虽然不是明确提到龙江坛，但是据《明太祖实录》洪武七年三月、八年正月的记事，皇帝要派军出征时均到此地祭告。

龙江坛的位置以《郑和航海图》为基础，加上其他资料的分析，可以推测为狮子山外面靠近长江（图4）。龙江坛就是图中的"祭祀坛"，通过旁边的一些建筑位置的考订，更加接近其正确位置。其中"静海寺"还保留至今。"宣课司"、"抽分场"是明代收税的机构，据《洪武京城图志》都在龙江关。龙江关就是如今的"下关"。《郑和航海图》中的"水驿"，就是龙江驿，在《洪武京城图志》中记载为"在金川门外大江边"（图5）。

此外，《洪武京城图志》的"宫阙门"记载中有"亲蚕之门"。关于这座门，笔者还没找到明确的解释。而且，众所周知，明代亲蚕坛，嘉靖年间才建。所以，很可能这时没有什么固定的建筑形式，只是在宫殿里定一些空间，提供皇后举行亲蚕仪式而已。因为没有更多的资料，对于这问题的深入解释，只好悬而不决。

6. 附属建筑

坛壝建筑都有一套附属建筑可供祭祀活动。一套附属建筑一般都包括神厨、库房、宰牲亭。因为有神厨、宰牲亭，所以也有井和天池。这些建筑一般位于主体建筑的墙外、院墙内。具体位置各个坛壝不同，大部分位于主体部分的四角中的东北、西北、西南（具体参考各坛壝复原部分）。

---

1. 《大明太祖高皇帝实录》卷114，洪武十年八月。
2. 《大明太祖高皇帝实录》卷37，洪武元年十二月。
3. 《大明太祖高皇帝实录》卷44：(洪武二年八月) 甲申，上以每岁祀天地、社稷、岳镇、海渎、灵星诸神，皆设坛，祭有定期，然祭之日，或为风雨所飘，顿而升降，出入之际，奔走百执事之人冠服沾湿，非惟不便，于行事又因以亵神，因谕礼官考求前代有于坛为殿屋蔽风雨，便于行事者。至是，礼部尚书崔亮奏："……请依此制于圜丘、方丘坛南，皆建殿九间，社稷坛北，建殿七间，为望祭之所，遇风雨则于此望祭焉。"上从之。亮又奏："灵星、寿星、司中、司命、司民、司禄诸神，即周礼幽荣之祭也。汉尝立灵星祠以祀之，然星之祭所以坛而不屋者，将以通天地、风雨、霜露之气也。屋而祭之，似乖于礼，故唐、宋不用。然诸坛既为殿屋，则灵星诸祠亦为殿，望祀为便。"上曰："风雨星辰之神，其气流通，其神无所不在，且祭坛有屋，所以栖神灵风雨，便于行事，何不可也？灵星诸神，其准汉制于城南为坛屋以祭。"亮又奏："太常议寿星于圣寿日致祭，同日祭司中、司命、司民、司禄，示与民同受其福也，八月望日则祀灵星，皆遣官行礼，以为常制。"从之。
4. 《大明太祖高皇帝实录》卷52，洪武三年五月；《明史》志第二十五，礼三（吉礼三）。
5. 《大明太祖高皇帝实录》卷38，洪武二年春正月；《明史》志第二十六，礼四（吉礼四）。
6. 《大明太祖高皇帝实录》卷59，洪武三年十二月；《明史》志第二十六，礼四（吉礼四）。

图4 《南枢志》中的《郑和航海图》

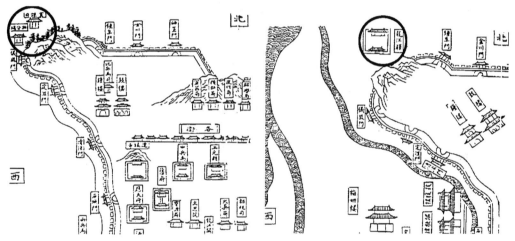

图5 《洪武京城图志》官署图中的"抽分厂"、"宣课司"和楼馆图中"龙江驿"

6.1 望祭之所

洪武二年八月，朱元璋对于坛壝形式的祭所，以"下雨时不仅行事不便也非敬神"为由，欲建房屋。他所提的有天地、社稷、岳镇海渎、灵星诸神。此时，首先决定其中在圜丘、方丘和社稷坛各建望祭殿。在圜丘、方丘坛南建9间，在社稷坛北建7间。之所以只在圜丘、方丘、社稷坛建望祭之所，是因为山川坛已有殿屋（参考上述的山川坛），另外在灵星坛直接建祠祭祀。[1]

值得注意的是涉及社稷坛望祭之所的记录之间存在着有些抵牾的地方。如上所述，《明太祖实录》记载，在社稷坛北建7间的殿，但是《明史》却记载，"（洪武）三年，于坛北建祭殿五间，又北建拜殿五间，以备风雨"[2]。《钦定续文献通考》还记载："（洪武，社稷坛）三年八月，建望祭殿。……二年，命于坛北，建祭殿五间，

---

1. 《明太祖实录》卷44：（洪武二年八月）甲申，上以每岁祀天地、社稷、岳镇、海渎、灵星诸神，皆设坛，祭有定期，然祭之日，或为风雨所飘，顿而升降，出入之际，奔走百执事之人冠服沾湿，非惟不便，于行事又因以亵神，因谕礼官考求前代有于坛为殿屋蔽风雨，便于行事者。至是，礼部尚书崔亮奏："……请依此制于圜丘、方丘坛南，皆建殿九间，社稷坛北，建殿七间，为望祭之所，遇风雨则于此望祭焉。"上从之。亮又奏："灵星、寿星、司中、司命、司民、司禄诸神，即周礼幽禜之祭也。汉尝立灵星祠以祀之，然星之祭所以坛而不屋者，将以通天地、风雨、霜露之气也。屋而祭之，似乖于礼，故唐、宋不用。然诸坛既为殿屋，则灵星诸祠亦为殿，望祀为便。"上曰："风雨星辰之神，其气流通，其神无所不在，且祭坛有屋，所以栖神灵风雨，便于行事，何不可也？灵星诸神，其准汉制于城南为坛屋以祭。"亮又奏："太常议寿星于圣寿日致祭，同日祭司中、司命、司民、司禄，示与民同受其福也，八月望日则祀灵星，皆遣官行礼，以为常制。"从之。
2. 《明史》志第二十五　礼三（吉礼三）。

图6　金陵48景中的"神乐仙都"

图7　神乐观（清版画，再引自《明南京故宫》）

又北建拜殿五间，以备风雨。至是成。"当时社稷坛的望祭殿到底是一座7间的房屋，还是两座5间的房屋，目前不敢确定。这问题单士元早已在《营造学社汇刊》发表的《明代营造史料——社稷坛》提过。据笔者的了解，祭殿5间、拜殿5间，很可能是在洪武十年建的太社稷坛北的两座建筑（参考下面的社稷坛复原）。

6.2　斋宫和斋房

祭祀仪式需要祭坛以外的诸多附属建筑来做后盾。其中较大规模的有斋宫，斋宫是祭祀前祭祀主管者斋戒的地方，是极为严肃的空间。明南京祭坛的斋宫先建在圜丘和方丘。其位置和建筑形式在《明太祖实录》等文献有记载，相关文献在下面。后来，圜丘斋宫东北角建楼，悬太和钟。太和钟是用来在进行祭祀时宣告祭祀的时节。[1]

大祀殿建成后斋宫也与之前的圜丘一样位于大祀殿的西南，太和钟仍然在斋宫的东北角，这个布局沿袭到北京。另外，太和钟在洪武十七年，改铸过一次。[2]

此外，洪武六年八月，在方丘斋宫之西南建陪祀官斋房，供众多祭祀参与者在此地斋戒。

> 《明太祖实录》卷52：（洪武三年五月）乙巳，建斋宫于圜丘之西、方丘之东，前后皆为殿，
> 殿左右为小殿，为庖湢之所，外为都墙，墙内外为将士宿卫之所，又外为渠，前为灵星门，为桥三，
> 左右及后各为门一，为桥一。

> 《明太祖实录》卷84：（洪武六年八月）乙亥，……建陪祀官斋房于北郊斋宫之西南，公侯十五间，
> 百官十七间，乐舞生二十三间。

6.3　神乐观和牲房（牺牲所）

凡国家祭祀都需要乐舞。因此明太祖在洪武十二年[3]，在天地坛西建神乐观掌祭祀时所需的乐舞。据《大明会典》[4]，"洪武初、命选道童为乐舞生、额设六百名。专备大祀、宗庙、社稷、山川、孔子、及各山陵供祀之用。……永乐十八年、题乐舞生三百名。"由此可知，神乐观的乐舞生有几百名，其规模宏大。后来神乐观以大观、美丽景色列入金陵48景，为"神乐仙都"（图6、图7）。

《金陵玄观志》收录一张神乐观图和较详细的描述，由此大致可了解当时神乐观的面貌（图8）。

---

1. 《明太祖实录》卷85：（洪武六年九月）戊午，铸大和钟成。其制仿宋景钟，以九九为数，高八尺一寸，拱以九龙，植以龙虡，建楼于圜丘斋宫之东北悬之。每郊祀，俟驾动则钟声作，既升坛，钟声止则众音合作。礼毕升辇，又击之，俟导驾乐作则止。然未有以名之，礼官奏曰："昔黄帝有五钟，其一曰景钟，景大也，惟功大者其钟大，故天之钟亦缘是为名，请名之曰景钟。"上曰："古钟名宜更之。"遂取周易保合大和之义，更名之曰大和钟。
2. 《明太祖实录》卷159：（洪武十七年春正月）乙酉，改铸南郊太和钟，高四尺八寸五分，口径三尺六寸五分，钮高一尺四寸五分，重二千七百六十一斤。
3. 《明太祖实录》卷122：（洪武十二年二月）建神乐观，上以道家者流务为清净，祭祀皆用以执事，宜有以居之，乃命建神乐观于郊祀坛西。
4. 《大明会典》卷226，南京道录司，神乐观。

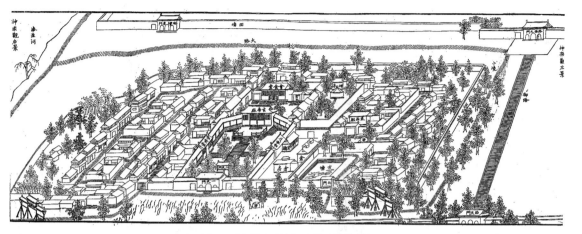

图8 《金陵玄观志》中的"神乐观"

《金陵玄观志》卷13,神乐观:在都城外,天坛西,东城地。去洪武门一里许。国初,举郊庙之祀,合用大乐,乃就坛近地设观,选乐舞生,习教其中,名神乐观。后皇與既北,郊庙行于京师,观所存,止祀先师孔子。岁大祭,奉常先日集宗伯官僚,至观试乐。朱干绛节,白羽黄冠,犹列两阶,而陈九奏焉。其他出正阳门,迤逦在望,古木松阴夹道,远带钟山之麓,近连缭帝之宫,门临平野,地绕长河,广术修廊,尊严壮丽。诸旁殿厅事,复森列齐肃。有亭曰醴泉,文皇在观结坛时溢出。额设提点一员、知观一员,领观事。凡太常所属祠庙,皆附观,曰龙江天妃宫、北极真武庙、都城隍庙、祠山广惠庙、五显灵顺庙、驯象街五显庙、玄真观、黄鹿观、天王庙、玄帝祠。

殿堂:山门,三楹。两边角门,各四楹。高真大殿,五楹。两边画廊,各一十七楹。殿外两边祠堂,共七楹。会食堂,七楹。醴泉大门,三楹。铜云板房,三楹。仓房并内公廨厅,共一十三楹。东岳殿三楹。两廊十王廊房,各六楹。后住房,五楹。提点公廨,三楹。住房,七楹。道院一百四十七房:食粮乐舞生二百七十名,候缺道童二百七十名。其止四里(或为"亩"之误):东至天地坛,南至官河,西至山川坛,北至城河。

神乐观建筑如今已无存留。但是由一些地名和残存遗物得知相关信息。残存遗物有在神乐观内的醴泉井栏和醴泉碑。杨新华先生在文章中记述了1982年文物普查时发现的醴泉碑和高浮雕双龙双凤纹饰的巨型石井栏。神乐观遗址的见证物在天地坛遗址外墙以西的江苏冶金机械厂内发现。"醴泉碑高3.20米,宽1.10米,厚0.50米,有篆书'瑞醴泉之碑'字样。石井栏呈六面腰鼓形,体制巨大,外对角直径1.38米,上口内径0.38米,底口内径0.94米,高0.91米,六面高浮雕双龙双凤,四周饰以卷叶图案,精美异常。石井栏为南京地区井栏之最"[1]。醴泉碑现藏在南京市博物馆。此外,位于南京光华门外天堂村左近的石门坎街道有"观门口",观门口的"观",就是神乐观。

牲房用来养祭祀的牺牲。所有文献收录的明代南京城市图,都在正阳门和秦淮河之间的空地自西往东,表示着山川坛、牺牲所、神乐观和大祀殿。据《新修江宁府志》[2],牺牲所就在神乐观内,由此可推测,迁都到北京后牺牲所被神乐观占用。据《明太祖实录》,牺牲所的正屋大概推测为9间以上的长形房屋,所内正屋以外还有些余屋也养牺牲。[3]上面的"神乐观图"中靠近山川坛的部分房子很可能是当时牺牲所的大致位置。

1. 卢海鸣编,《雨花风物》,南京出版社,1997.23页;

杨新华、吴阗.《山水城林话金陵》.南京师范大学出版社.2009.171页;

杨新华,王宝林主编.《南京山水城林》.南京大学出版社,2007.273页:此井栏对角度1.7米,高1米,口径0.4米,口小肚子大,六角六面,每面宽0.85米。

2. (嘉庆)新修江宁府志五十六卷,(清)吕燕昭修姚鼐纂:明天地坛,在洪武门外,今驻防城。南正阳门外。坛制,辟四门,缭以朱垣,内复为垣。上为大祀殿,前为斋宫。大垣之右,列神乐观,乐舞礼生在内,设牺牲所,养牲牺于内。今废。神乐观在,今驻防城,正阳门东南,为郊庙大祀习乐之所。下有醴泉亭,相传洪武时大乐成,井中出醴三日,故建亭,以覆之。观东即天地坛,今废。

3. 《明太祖实录》卷58:(洪武三年十一月)壬子,……命礼部改作天地等坛牲房。先是,上以郊祭之牲与群祀之牲混養,不足以别事天之敬,乃因其旧地改作,而加绘饰,中为三间,以養郊祀牲,左三间以养后土牲,右三间以養太庙、社稷牲,余屋以養山川百神之牲。凡大祀牺牲,前一月,大驾必躬视涤養,继命群臣更日往视,岁以为常。

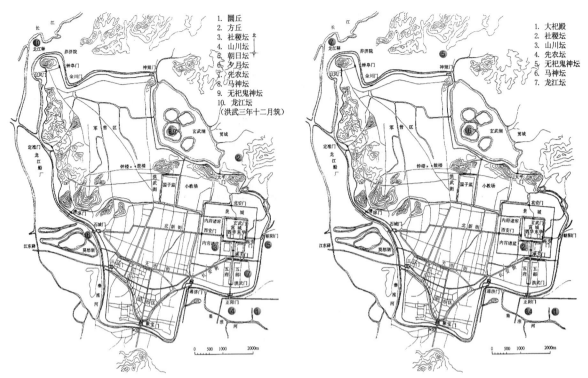

图 9　洪武初年坛墙布局示意图　　　　　　　图 10　洪武末年坛墙布局示意图

7. 小结

综上所述，洪武时期不断改变祭祀典章制度，但是以洪武八年改建太庙为分界，大致可分为两个阶段。洪武八年正是明太祖罢建中都的当年，可推测对南京城的营建有一定的影响。

第一阶段，主要是朱元璋奠都南京后新建宫殿和坛庙等设施的时期。由于建国之初，国家各方面都有些仓促而没能尽善。因此，坛墙建筑在这阶段经历了不断的改善。除了社稷坛、先农坛以及这时期最后建的厉坛以外，大部分坛墙经历了从坛墙建筑形式改为房屋建筑形式，或从房屋建筑形式改为坛墙建筑形式的变化。圜丘、方丘不仅增设从祀对象，也有了规模上缩小的变化。圜丘、方丘规模的变化正处在中都建设诸多坛庙的一年，理所当然地受到明中都建设工程的影响。朝日、夕月、星辰和山川坛的前身——城南群神享祀所以及灵星诸神、马神的祭所也从祠宇形式的建筑改成坛墙形式。其中，灵星诸神的祭祀在洪武三年五月被罢（图 9）。

第二阶段，以罢建中都为信号，是从改变南京诸多设施开始的。此次的变动大部分是大规模的改变。这阶段坛墙建筑中经历第一个重建的是山川坛。通过这次重建，山川坛才具备了《洪武京城图志》中收录的山川坛图中的形式。先农坛也在这时才移入山川坛的界内。这时期，在圜丘和方丘奉祀的昊天上帝和皇地祇，也合祀在旧圜丘位置上新建的大祀殿。社稷坛的位置也从宫城西南改建于午门右边而与太庙成对峙。其形制也从社、稷两坛改为一坛。此外，随着洪武二十一年大祀殿的增修坛墙而增设从祀，朝日、夕月、星辰的祭祀也被罢（图 10）。

总之，综合第二阶段的这些改建措施，不难推测这次改革总体上呈由"分"到"合"、由"繁"到"简"的趋向（表 4、表 5）。

两个阶段坛墙位置的比较　　　　　　　　　　　　　　　　表 4

	以洪武三年为准	以洪武二十一年为准
圜丘	京城东南正阳门外，钟山之阳（南）	改建大祀殿
方丘	在太平门外，钟山之阴（北）	京城东南正阳门外，山川坛东
社稷坛	在宫城之西南，北向	午门之右，端门之右（《洪武京城图志》）
天下神祇坛	于圜丘之东、方丘之西	从祀于大祀殿
山川坛	群神享祀所，城南门外	正阳门外

	以洪武三年为准	以洪武二十一年为准
先农坛	藉田北（《明太祖实录》），籍田在皇城南门外	山川坛西南
朝日坛	城东门外→诸神享祭坛正南	罢（洪武二十一年三月）
夕月坛	城西门外→诸神享祭坛正南	罢（洪武二十一年三月）
无祀鬼神坛	玄武湖中（《明史》、《明太祖实录》）	神策门外（《洪武京城图志》）
马神坛	玄武湖中	
龙江坛	金川门外	
灵星坛	城南	罢（洪武三年五月）

坛壝营建过程　　　　表5

年代	月	圜丘	圜丘天下神祇	方丘	方丘天下神祇	朝日	夕月	星辰	太岁风云雷雨	岳镇海渎天下山川城隍	四季月将	旗纛	先农	灵星诸神	社稷	马神	厉坛	附属建筑
吴元年	8															国南建祠宇		
洪武一年	12													为坛于城南				
洪武二年	1								先建群神享祀所于城南门外 不久，建坛，天神、地祇各一坛，春秋专祀				立庙都督府治后					
洪武二年	2																	
洪武二年	8													于城南为坛屋以祭	宫城西南社稷分坛			圜丘、方丘、社稷坛建望祭殿
洪武三年	1			城东门外		城西门外星辰祔祭于夕月												
洪武三年	2																	圜丘、方丘建斋宫
洪武三年	5	圜丘之东		方丘之西						19坛			皇城南门外藉田北	罢		筑坛于后湖	筑坛于玄武湖	
洪武三年	9																	
洪武三年	11																	
洪武三年	12																	改作天地等坛牲房
洪武四年	3																	
洪武五年				改筑														
洪武六年	8																	陪祀官斋房
洪武六年	9																	大和钟
洪武七年	7		从祀更定天下神祇从祀		从祀更定天下神祇从祀			诸神享祭坛正南向增造屋九间									（测为洪武中移建到神策门外）	
洪武八年																	
洪武九年	1																	
洪武十年	8	建大祀殿													建社稷			
洪武十年	10																	
洪武十一年	10									山川坛（神坛壝殿：13坛）正殿7坛，东西庑各7坛		山川坛西别建庙	山川坛西南					
洪武十二年															社稷坛成午门右共一坛			
洪武十三年	9	大祀殿成																
洪武十四年至洪武二十年																		
洪武二十一年	3	增修坛壝 罢朝日、夕月星辰祭祀（从祀大祀殿）																
洪武二十二年至永乐迁都										春秋二祭→停春祭								

四、明初南京坛壝的建筑形式

1. 圜丘

洪武十年建大祀殿之前，圜丘有一次规模变化，变化前后文献记载如下。《明太祖实录》的记载最详细。

《明太祖实录》卷24：(吴元年八月) 癸丑，圜丘、方丘及社稷坛成。圜丘在京城东南正阳，门外，钟山之阳，仿汉制为坛二成：第一成广七丈，高八尺一寸。四出陛：正南陛九级，广九尺五寸；东、西、北陛亦九级，皆广八尺一寸。坛面及趾，甃以琉璃砖，四面琉璃阑干环之。第二成周围坛面广二丈五尺，高八尺一寸。正南陛九级，广一丈二尺五寸；东、西、北陛九级，皆广一丈一尺九寸五分。坛面、趾及阑干，如上成之制。壝去坛一十五丈，高八尺一寸，甃以砖，四面为灵星门：南为门三，中门广一丈二尺五寸，左门一丈一尺五寸五分，右门九尺五寸；东、西门各广九尺五寸。去壝一十五丈，四面为灵星门：南为门三，中门广一丈九尺五寸，左门一丈二尺五寸，右门一丈一尺九寸五分；东、西、北为门各一，各广一丈一尺九寸五分。四面直门外，各为甬道，其广皆如门。为天库五间，在外墙北灵星门外南向，厨房五间西向，库五间南向；宰牲房三间，天池一所，俱在外墙东灵星门外东北隅。牌楼二，外墙灵星门外横甬道东西。燎坛在内壝外东南丙地，高九尺，阔七尺，开上南出户。

《明太祖实录》卷62：(洪武四年三月) 丙戌，诏改筑圜丘、方丘坛。圜丘坛二成，上成面径四丈五尺，高五尺二寸，下成周围坛面，皆广一丈六尺五寸，高四尺九寸，上、下二成通径七丈八尺，高一丈一寸，坛址至内壝墙，南北东西各九丈八尺五寸，内壝墙至外壝墙南十三丈九尺四寸，北十一丈，东西各十一丈七尺，内壝墙高五尺，外壝墙高三尺六寸。方丘坛亦二成，上成面径三丈九尺四寸，高三尺九寸，下成周围每面广一丈五尺五寸，高三尺八寸，上、下二成通径七丈四寸，高七尺七寸，下成坛址至内壝墙，南北东西各八丈九尺五寸，内壝墙至外壝墙，南北东西各八丈二尺，内壝墙高四尺三寸，外壝墙高三尺三寸。

因为吴元年的内容、洪武四年三月的记载和《明史》、《明集礼》诸的记录范围不同，下面做了3个表来整理圜丘相关的内容和数据。表6是两个时期圜丘坛体规模之间的比较，数据都据《明太祖实录》。与圜丘坛台规模相关，《明太祖实录》、《明史》[1]、《明集礼》的内容完全一致。但是需要提的是，《明集礼》、《明太祖实录》和《大明集礼》的文献记载互相对比，《明集礼》[2]中上成和下成的内容颠倒了。见表6。

圜丘坛体制度前后比较　　　　　　　　　　　　　　表6

		吴元年八月	洪武四年三月
坛台（圆形）	成	二成	二成
	1成	广70，高8.1	面径45，高5.2
	2成	通径120（周围坛面广25）；高8.1	通径78（周围坛面，皆广16.5）；高4.9
	1、2成通高	16.2	11
	坛面及趾	甃以琉璃砖，四面琉璃阑干环之	
壝	内壝	去坛150，高8.1，甃以砖	坛址至内壝墙，南北东西各98.5，高5
	外壝	去壝150	内壝墙至外壝墙：南139.4，北110，东西各117，高3.6

据《明太祖实录》，全数据以尺记录

---

1. 《明史》志第二十三，礼一，吉礼一：明初，建圜丘于正阳门外，钟山之阳，……，圜丘坛二成。上成广七丈，高八尺一寸，四出陛，各九级，正南广九尺五寸，东西北八尺一寸。下成周围坛面，纵横皆广五丈，高视上成，陛皆九级，正南广一丈二尺五寸，东西北杀五寸五分。甃砖栏楯，皆以琉璃为之。壝去坛十五丈，高八尺一寸，四面灵星门，南三门，东西北各一。外垣去壝十五丈，门制同。天下地祇坛在（圜丘）东门外。神库五楹，在外垣北，南向。厨房五楹，在外坛东北，西向。库房五楹，南向。宰牲房三楹，天池一，又在外库房之北。执事斋舍，在外坛外壝之东南。坊二，在外门外横甬道之东西。燎坛在内壝外东南丙地，高九尺，广七尺，开上南出户。

2. 《明集礼》卷一：国朝为坛二成。上成阔七丈高八尺一寸，四出陛。正南陛，阔九尺五寸，九级，东西北陛，俱阔八尺一寸，九级。上成，阔五尺，高八尺一寸，正南陛，一丈二尺五寸，九级。东西北，陛俱阔一丈一尺九寸五分，九级。坛上下甃以琉璃砖，四面作琉璃栏干。壝去坛一十五丈，高八尺一寸，甃以砖，四面有灵星门。周围外墙去壝一十五丈，四面亦有灵星门。天下神祇坛在东门外。天库五间，在外垣北，南向。厨屋五间，在外坛东北，西向。库房五间，南向。宰牲房三间，天池一所，又在外库房之东北。执事斋舍，在坛外垣之东南。牌楼二，在外门外横甬道之东西。

表 7 是初创时期圜丘的细部数据。这数据只《明太祖实录》记有。

表 8 是整理圜丘初创时期附属建筑的。《明太祖实录》除了吴元年开创圜丘时的记载以外，还包括洪武二年、三年加建的附属建筑。三个文献的内容仅为表述不同而已，内容大致一致。

吴元年圜丘的细部记录整理表　表 7

细部名称	记载内容
1 成四出陛	正南陛：9 级，广 9.5；东西北陛：9 级，广 8.1
2 成四出陛	正南陛：9 级，广 12.5；东西北陛：9 级，广 11.95
内墙四面灵星门	南门三：中门广 12.5，左门 11.55，右门 9.5；东西北门：各广 9.5
外墙四面灵星门	南门三：中门广 19.5，左门 12.5，右门 11.95；东西北门各一，各广 11.95 四面直门外，各为甬道，其广皆如门

据《明太祖实录》，全数据以尺记录

文献中的相关圜丘附属建筑记载比较　表 8

	《实录》	《明史》	《明集礼》
天库	5 间，在外墙北灵星门外，南向	（神库）5 楹，在外垣北，南向	5 间，在外垣北，南向
厨房	5 间西向	5 楹，在外坛东北，西向	（厨屋）5 间，在外坛东北，西向
库房	（库）5 间南向	5 楹，南向	5 间，南向
宰牲房	3 间	3 楹　在外库房之北	3 间　外库房之东北
天池	1 所	1	1 所
牌楼	2，外墙灵星门外横甬道东西		2，在外门外横甬道之东西
燎坛	在内墙外东南丙地，高 9 尺，阔 7 尺，开上南出户	在内墙外东南丙地，高 9 尺，广 7 尺，开上南出户	在内墙外东南丙地，高 9 尺，阔 7 尺。开上南出户
执事斋舍		在外坛外垣之东南	在坛外垣之东南
天下神祇坛	洪武二年二月，圜丘之东	洪武二年，墙外之东	在东门外，墙外之东
望祭殿	洪武二年八月，圜丘南，九间		
斋宫	洪武三年五月，圜丘之西		洪武二年十二月，议筑斋宫于圜丘侧
浴室		南郊有浴室	

俱在外墙东灵星门外东北隅（《实录》）

据以上文献记载所绘之推测复原图，见图 11、图 12、图 13。

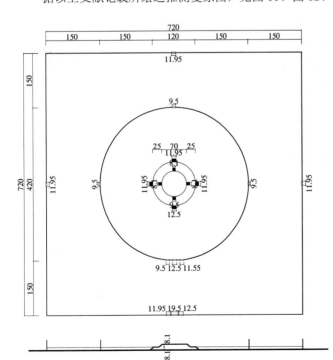
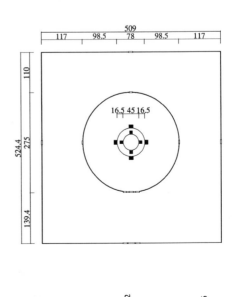

图 11　吴元年和洪武四年圜丘比较

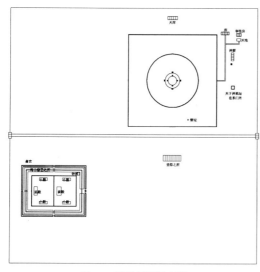
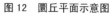

图 12 圜丘平面示意图

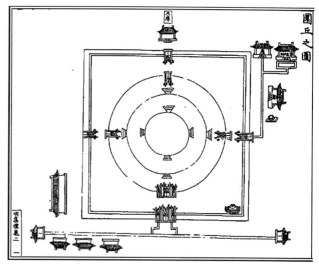

图 13 《明集礼》中的圜丘图

2. 方丘

与圜丘一样,方丘的记录也以《明太祖实录》最为详细。复原前与其他文献比较,发现上成台阶宽度数据,与《明集礼》有异。可参考《明史》和《续文献通考》等文献,还是以《明太祖实录》为准。

《明太祖实录》卷 24:(吴元年八月)癸丑,圜丘、方丘及社稷坛成。……方丘在太平门外钟山之北,为坛二成。第一成广六丈,高六尺。四出陛,各广一丈,八级。第二成四面各广二丈四尺,高六尺。四出陛:南面陛广一丈二尺,八级;东、西、北面陛各广一丈,八级。壝去坛一十五丈,高六尺,四面为灵星门:正南为门三,中门广一丈二尺六寸,左门一丈一尺四寸,右门一丈六寸;东、西、北为门各一,各广一丈四尺。周围为外墙,四面各六十四丈,皆为灵星门:正南为门三,门广一丈六尺四寸,左门一丈二尺四寸,右门一丈二尺二寸;东、西、北门各一,各广一丈二尺四寸。库五间,在墙外北灵星门外南向。厨房五间,宰牲房三间,皆南向。天池一所,在外墙西灵星门外西南隅。瘗坎在内壝外壬地。……

《明太祖实录》卷 62:(洪武四年三月)丙戌,诏改筑圜丘、方丘坛。圜丘……方丘坛亦二成,上成面径三丈九尺四寸,高三尺九寸,下成周围每面广一丈五尺五寸,高三尺八寸,上、下二成通径七丈四尺,高七尺七寸,下成坛址至内壝墙,南北东西各八丈九尺五寸,内壝墙至外壝墙,南北东西各八丈二尺,内壝墙高四尺三寸,外壝墙高三尺三寸。

上述文献中相关建筑制度的内容整理,见表 9、表 10、表 11。

方丘坛体制度前后比较 表 9

		吴元年八月	洪武四年三月
坛台(方形)	成	二成	二成
	1 成	广 60,高 6	面径 39.4,高 3.9
	2 成	广 108(四面各广 24),高 6	通径 70.4(周围每面广 15.5),高 3.8
	1、2 成通高	12	7.7
	坛面及趾	甃以琉璃砖,四面琉璃阑干环之	
壝	内壝	去坛 150,高 6	下成坛址至内壝墙,南北东西各 89.5,高 4.3
	外壝	四面各 640	内壝墙至外壝墙,南北东西各 82,高 3.3

据《明太祖实录》,全数据以尺记录

吴元年方丘的细部记录整理表　　　　　　　　　　表 10

细部名称	记载内容
1 成四出陛	各广 10，8 级（礼、史）南面陛阔 10，8 级；东西北陛，俱阔 8 尺，8 级
2 成四出陛	南面陛广 12，8 级；东西北面陛各广 10，8 级
内壝四面灵星门	正南门三，中门广 12.6，左门 11.4，右门 10.6；东西北门各一，各广 10.4
外壝四面灵星门	正南门三，门广 16.4，左门 12.4，右门 12.2；东西北门各一，各广 12.4

据《明太祖实录》，全数据以尺记录

文献中的相关方丘附属建筑记载比较　　　　　　　　表 11

	《实录》		《明史》	《明集礼》	
库	5 间，在墙外北灵星门外南向			（库房）5 间，在外墙北灵星门外，以藏龙椅等物	
厨房	5 间	皆南向	于"圜丘制度"同	5 间	在外墙西灵星门外西南隅
宰牲房	3 间			3 间	
天池	1 所，在外墙西灵星门外西南隅			1 所	
瘗坎	在内壝外壬地		在内壝外壬地	在外壝壬地	
斋次				一所，在外灵星门外之东	
浴室				在东斋次之中	
天下神祇坛	洪武二年二月，方丘之西		洪武二年，壝外之西（史）	设位于方丘之坛东，壝外之东	
望祭殿	洪武二年八月，方丘坛南，九间		洪武二年八月，方丘坛南，九间		
斋宫	洪武三年五月，方丘之东			洪武二年十二月，议筑斋宫于方丘侧	
陪祀官斋房	洪武六年五月，于北郊斋宫之西南				

　　据以上文献记载所绘之推测复原图，见图 14、图 15、图 16。

　　另外，据《明太祖实录》卷 84 的记载，洪武六年八月，在方丘还建有陪祀官斋房，具体位置在北郊斋宫之西南。房屋的规模为"公侯十五间，百官十七间，乐舞生二十三间"。

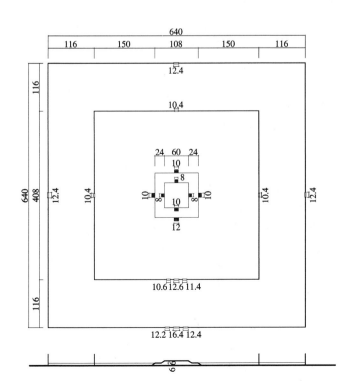
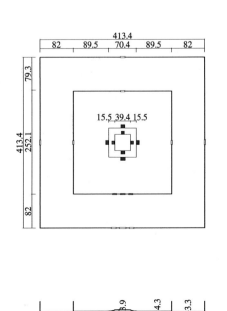

图 14　吴元年和洪武四年方丘比较

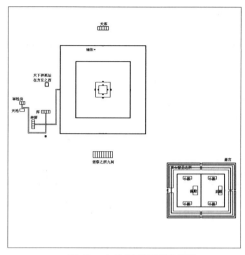

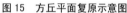

图 15　方丘平面复原示意图

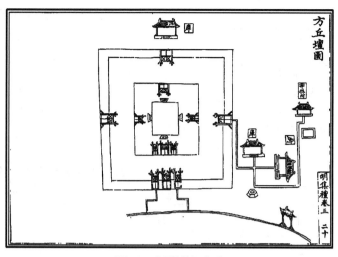

图 16　《明集礼》方丘

3. 大祀殿

洪武十年，明太祖对于当时祭天于圜丘、祭地于方丘，认为"上以分祭天地，揆之人情，有所未安"，要在圜丘旧址，建大祀殿合祀天地。这大殿洪武十一年筑成，名为大祀殿。[1] 大祀殿组群的建筑制度如下。

《大明太祖高皇帝实录》卷120：（洪武十一年冬十月）乙丑，……大祀殿成。初，郊祀之制：冬至祭天于圜丘，在钟山之阳；夏至祭地于方丘，在钟山之阴。至是，即圜丘旧址建大祀殿十二楹，中四楹，饰以金，余饰三采，正中作石台，设上帝、皇祇神座于其上。每岁正月中旬择日合祭，上具冕服行礼，奉仁祖淳皇帝配享殿中。殿前为东西庑三十二楹，正南为大祀门六楹，接以步廊，与殿庑通，殿后为库六楹，以贮神御之物，名曰天库，皆覆以黄琉璃瓦。设厨库于殿东少北，设宰牲亭井于厨东又少北，皆以步廊通道。殿两庑后缭以周墙，至南为石门三洞，以达大祀门内，谓之内坛，外周垣九里三十步。石门三洞南为甬道三，中曰神道，左曰御道，右曰王道，道之两旁稍低为从官之道。斋宫在外垣内之西南，东向。……其后，大祀殿复易以青琉璃瓦云。

《大明太祖高皇帝实录》卷189：（洪武二十一年三月）乙酉，增修南郊坛壝。于大祀殿丹墀内，叠石为台四，东西相向，以为日、月、星、辰四坛，又于内壝之外亦东西相向，叠石为台，凡二十，各高三丈有奇，周以石栏，陟降为磴道，台之上琢石为山形，凿龛以置神位，以为五岳、五镇、四海、四渎并风云雷雨、山川、太岁天下诸神及历代帝王之坛，坛之后树以松柏，外壝东南凿池，凡二十区，冬月伐冰藏凌阴，以供夏秋祭祀之用。其历代帝王及太岁、风云雷雨、岳镇、海渎、山川、月将、城隍诸神并停春祭，每岁八月中旬择日祭之，日月星辰既已从祀，其朝日、夕月、荧星之祭悉罢之。仍命礼部更定郊庙社稷诸祀礼仪，著为常式。

大祀殿组群建筑的具体布局情况可参考《洪武京城图志》中的"大社坛"图（图17）。

上段资料中提到"9里30步"，且《实录》内容中的中都宫城也为9里30步，参见中都遗址的数据。据《明中都研究》，明中都的皇城（紫禁城）有三个实测数据，数据之间稍微有误差，但还是3700米左右。

据以上文献记载所绘之推测复原图，见图18。

4. 社稷坛

洪武十年前后的社稷坛形制如下。

《明太祖实录》卷24：（吴元年八月）癸丑，圜丘、方丘及社稷坛成。圜丘……。方丘……。

1.《大明太祖高皇帝实录》卷114。

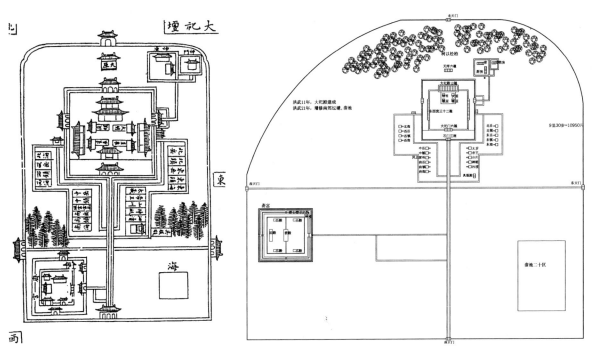

图17 《洪武京城图志》中的大祀坛　　　　图18 大祀殿建筑群复原示意图

社稷坛在宫城之西南，背北向，社东、稷西，各广五丈，高五尺。四出陛，每陛五级。坛用五色土，色各随其方，上以黄土覆之。坛相去五丈，坛南各栽松树。二坛同一壝，壝方广三十丈，高五尺，甃以砖，四方有门，各广一丈，东饰以青，西饰以白，南饰以赤，北饰以黑。瘗坎在稷坛西南，用砖砌之，广、深各四尺。周围筑墙开四门：南为灵星门三，北戟门五，东、西戟门各三，东、西、北门皆列二十四戟。神厨三间，在墙外西北方，宰牲池在神厨西。社主用石，高五尺，阔二尺，上锐微立于坛上，半在土中，近南北向；稷不用主。

《明太祖实录》卷114：（洪武十年八月）癸丑，……命改建社稷坛。先是，上既改建太庙于雉阙之左，而以社稷国初所建，未尽合礼，又以大社、大稷分祭配祀，皆因前代之制，欲更建之为一代之典，遂命中书下礼部详议其制。……遂命改作社稷坛于午门之右。其制：社、稷共为一坛，坛二成，上广五丈，下如上之数而加三尺，崇五尺，四出陛，筑以五色土，色如其方，而覆以黄土，坛四面皆甃以甓。石主崇五尺，埋坛之中，微露其末。外墙墙崇五尺，东西十九丈二尺五寸，南北如之。设灵星门于四面墙墙，各饰以方色，东青、西白、南赤、北黑，外为周垣，东西广六十六丈七尺五寸，南北广八十六丈六尺五寸，垣皆饰以红，覆以黄琉璃瓦。垣之北向设灵星门三，门之外为祭殿，以虞风雨，凡六楹，深五丈九尺五寸，连延十丈九尺五寸。祭殿之北为拜殿六楹，深三丈九尺五寸，连延十丈九尺五寸。拜殿之外复设灵星门三，垣之东、西、南三向设灵星门各一。西灵星门之内近南为神厨六楹，深二丈九尺五寸，连延七丈五尺九寸。又其南为神库六楹，深广如神厨。西灵星门之外为宰牲房四楹，中为涤牲池一、井一。

据以上文献，整理社稷坛制度前后变化比较见表12。
据以上文献记载所绘之推测复原图，见图19、图20。

5. 山川坛和先农坛

洪武二年朱元璋建群神享祀所，在《明太祖实录》有记载记录其建筑构成。以中殿和东西庑为主体，与其他坛壝类似，具有神厨、神库、宰牲房等附属建筑。因此，参考类似的其他坛壝，可以大概推测其布局。其后第11天建的神祇、地祇各坛的规模也记在同样的文献中（参考山川坛营建过程）。因为天神、地祇祭日不同，论者原以为这是在一个实际坛上举行的祭祀。但是，据《明史》，"今（洪武二年）宜以岳镇海渎

社稷坛制度前后的形制比较　　　　　　表 12

	吴元年八月	洪武十年八月
位置	宫城之西南，北向	午门之右
坛制	社东、稷西，坛相去 50，各广 50，高 5	社、稷共为一坛，2 成，上广 50，下如上之数而加三尺（53），崇 5，坛四面皆甃以甓
陛	四出陛，每陛 5 级	四出陛
覆土	坛用五色土，色各随其方，上以黄土覆之	筑以五色土，色如其方，而覆以黄土
	坛南各栽松树	
壝	二坛同一壝，壝方广 300，高 5，甃以砖	崇 5，东西 192.5，南北如之
壝门	四方有门，各广 10，东饰以青，西饰以白，南饰以赤，北饰以黑	设灵星门于四面壝墙，各饰以方色，东青、西白、南赤、北黑
瘗坎	在稷坛西南，用砖砌之，广深各 4	
外墙 / 外垣	周围筑墙开四门	外为周垣，东西广 667.5，南北广 866.5，垣皆饰以红，覆以黄琉璃瓦
外墙门	南灵星门 3，北戟门 5，东西戟门各 3，东西北门皆列 24 戟	垣之北向设灵星门 3，垣之东西南设灵星门各 1
祭殿	洪武三年八月，望祭殿建成 7 间[1]	北垣灵星门外，凡 6 楹，深 59.5，连延 109.5
拜殿		祭殿之北，6 楹，深 39.5，连延 109.5
北灵星门		拜殿之外复设灵星门 3
厨房	3 间，在墙外西北方	西灵星门之内近南，神厨 6 楹，深 29.5，连延 75.9
神库		神厨南，6 楹，深广如神厨
宰牲房	宰牲、池在神厨西	西灵星门之外，4 楹，中为涤牲池一、井一
社主	用石，高 5，阔 2，上锐微立于坛上，半在土中，近南北向；稷不用主	石主崇 5，埋坛之中，微露其末

以《明太祖实录》的内容为准

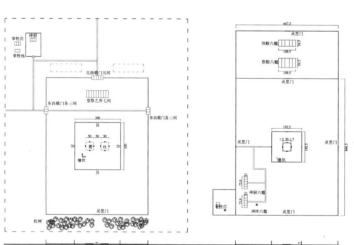

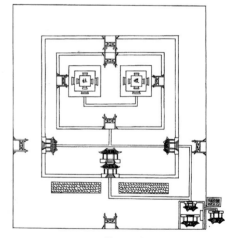

图 19　洪武初期和洪武十年以后社稷坛复原示意图　　　图 20　《明集礼》中的社稷坛

及天下山川城隍诸地祇合为一坛。与天神埒，春秋专祀"[2]，这表明地祇坛于天神坛并列位于一个壝内。

　　设置在山川坛内之前的先农坛，据《明集礼》中的先农坛图可推测复原。推测复原图见图 21、图 22。

　　还要提出的是，没有任何记载描述这两坛和上述的群神享祀所两者之间的位置关系，只能推想。因此，下面的推想图中，两者之间的位置关系在此表明只是个推想（图 23）。推想图还根据《明太祖实录》洪武三年九月的记载，两坛南边设置 9 间的建筑为朝日、夕月、周天星辰的祭所。

1.《钦定续文献通考》卷 73：（洪武）三年八月，建望祭殿。初帝命中书省翰林院议创屋备风雨。学士陶安言："礼天子太社必受风雨霜露以达天地之气。凶国之社则屋之不受天阳。建屋非宜。若遇风雨，则请于斋宫望祭"。从之。二年，命于坛北，建祭殿五间，又北建拜殿五间，以备风雨。至是成。

2.《明史》志第二十五　礼三（吉礼三）。

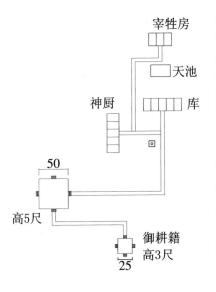

耕籍田

图21 洪武初年先农坛复原示意图

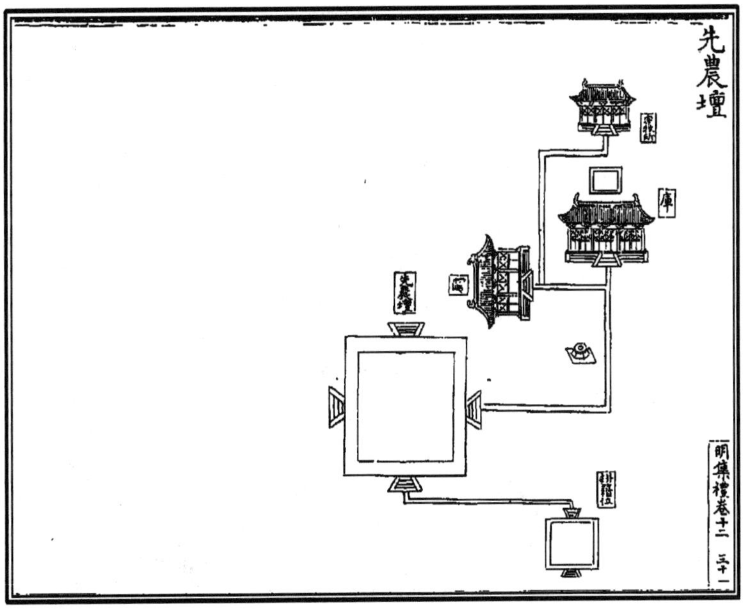

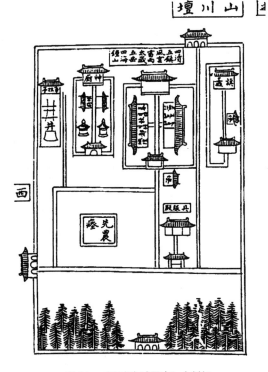

图22 《明集礼》的先农坛

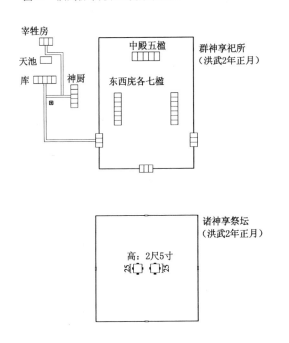

图23 洪武初年的山川坛平面推想图

图24 《洪武京城图志》山川坛

　　洪武九年后的山川坛，参考《洪武京城图志》中的山川坛图、《图书编》中的旧山川坛图以及《明太祖实录》的记载，可以给予复原（图24、图25、图26）。

　　值得注意的是山川坛界内的先农坛的规模。虽然《明太祖实录》的内容详尽，却没记载先农坛和藉田坛的规模。与此相关，可参考的有两个数据，一个是洪武二年建的先农坛，另一个是到北京迁都后，永乐时期建的北京山川坛里的先农坛。[1] 因为洪武九年以后的坛墙与之前的迥然不同，而且北京坛墙几乎沿袭南京的坛墙制度，笔者认为应该参考永乐时期在北京建的先农坛。

1.《大明会典》，卷187：先农坛，洪武二年建先农坛于山川坛西南。永乐中建坛如南京。坛在神祇坛后，石包砖砌，方广四丈七尺，高四尺五寸，四出陛，东为观耕台，用木，方五丈，高五尺，南、东、西三出陛。

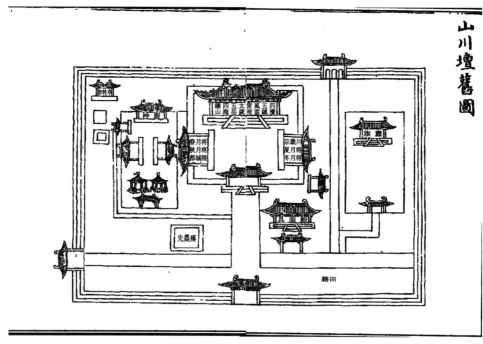

图25 《图书编》的旧山川坛图

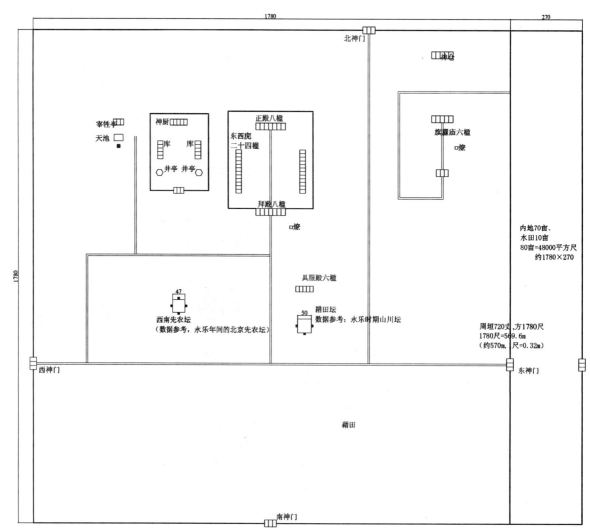

图26 洪武九年以后的山川坛平面复原示意图

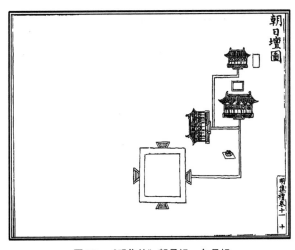

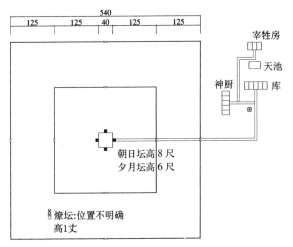

图27 《明集礼》朝日坛、夕月坛　　　　　　　图28 朝日坛、夕月坛复原示意图

《明太祖实录》卷103：（洪武九年春正月）庚午，建太岁、风云雷雨、岳镇、海渎、钟山、京畿山川、月将、京都城隍诸神坛壝殿成。初，山川坛建于正阳门外，合太岁、风云雷雨、岳镇、海渎、山川、城隍、旗纛诸神共祭之。至是，始定拟太岁、风云雷雨、岳镇、海渎、钟山、京畿山川、四季月将、京都城隍凡十三坛，建正殿、拜殿各八楹，东、西庑二十四楹，坛西为神厨六楹，神库十一楹，井亭二，宰牲池，亭一。西南建先农坛，东南建具服殿六楹，殿南为藉田坛，东建旗纛庙六楹，南为门四楹，后为神仓六楹，缭以周垣七百一十二丈。东、西、北神门各四楹，皆甃以甓，垣东又别为周垣甃，为门一，垣内地七十亩，水田十亩。岁，种黍、稷、稻、粱、来年及菁、芹、葱、韭以供祀事。是日成，上告祀焉。

《明史》卷47，志第二十三礼（一）：山川坛，洪武九年建。正殿、拜殿各八楹，东西庑二十四楹。西南先农坛，东南具服殿，殿南藉田坛，东旗纛庙，后为神仓。周垣七百余丈，垣内地岁种谷蔬，供祀事。嘉靖十年，改名天神地祇坛，分列左右。

6. 朝日坛、夕月坛

洪武三年建的朝日坛、夕月坛在坛高上有异，其余都一致。其复原可参考《明集礼》中载入的朝日坛、夕月坛图（图27）。

《明太祖实录》卷48，（洪武三年春正月）礼部奏定朝日夕月礼："……今既以日月从祀于郊坛，当稽古者正祭之礼，各设坛专祀为宜。其坛制：朝日坛，宜筑于城东门外，高八尺。夕月坛，宜筑于城西门外，高六尺。俱方，广四丈。两壝，壝各二十五步。燎坛，方八尺，高一丈，开上南出，户方三尺。神位，以松柏为之，长二尺五寸，阔五寸。趺高五寸，朱漆金字。朝日以春分日，夕月以秋分日，星辰则祔于月坛。"从之。

据以上文献所绘之推测复原图，见图28。

五、结论

明朝在南京奠鼎的时间虽然很短暂，但是其对后期的影响无可比拟，因而其研究价值毋庸置疑。本文对这时期南京坛壝建筑的营建过程和形制，做出较详细的分析，最后对重要坛壝做出推测复原示意图。

明初典章制度，因为还没稳定下来，通过不断地稽考古制，进行改制。改制的原因，因为祭祀时的需求，或由于对祭祀对象的认识。望祭之所、斋宫等附属建筑一般属于前者，后者的代表性例子是大祀殿。

总之，这时期主要坛壝制度的变化可以分为两个阶段。第一个阶段，先参考古制，急促地新建诸多祭祀建筑，而随着实际进行祭祀的经验产生新的需求，部分加建或改建，逐渐走向完备。

第二阶段是在前期经验的基础上，加上一些诸如天地合祭等新的解释，从而建造坛壝建筑的。因此，永乐时期北京坛壝几乎继承了该时期的建设经验。

所以这时期南京坛壝建筑的建造可称得上后来同类建筑的滥觞。通过这时期营建坛壝建筑的过程和改制，为明清时期坛壝建筑建设过程和改制的研究，提供基础。

参考文献

[1][明]大明太祖高皇帝实录.中央研究院历史语言研究所校勘影印.1962.
[2][明]徐一夔等.明集礼.文渊阁四库全书电子版.上海人民出版社.1999.
[3][明]申时行.大明会典.续修四库全书.上海古籍出版社.2002.
[4][明]章潢.图书编.文渊阁四库全书电子版.上海人民出版社.1999.
[5][明]范景文.南枢志.成文出版社.1983.
[6][明]葛延亮.金陵玄观志.南京出版社.2011.
[7][清]张廷玉.明史.中华书局.1976.
[8][清]吕燕昭.嘉庆新修江宁府志五十六卷.江苏古籍出版社.1991.
[9][清]钦定续文献通考.文渊阁四库全书电子版.上海人民出版社.1999.
[10][民国]王焕镳.首都志 // 周谷城.明国丛书第五编.上海出版社.1994.
[11]卢海鸣编，雨花风物，南京出版社，1997.
[12]杨新华主编，南京市雨花台区文物志，南京大学出版社，1994.
[13]曹鹏.明代都城坛庙建筑研究.天津大学博士学位论文，2011.

作者单位：清华大学建筑学院

明代北边卫所城市的坛壝形制
与平面尺度探讨[1]

段智君 赵娜冬

提要

坛壝是明代城市的重要建筑设施和空间类型之一，而且坛壝建设受到明代制度规范的较大影响。本文依托有关明代北边卫所城市的地方志和历史文献材料，对当时普遍存在且较多明确记载的社稷坛、风云雷雨山川坛、厉坛这三种主要坛壝的实例重点加以关注，从坛制、周围规模和附属建筑等角度，考察其中的坛壝形制和平面尺度。

关键词：明代，北边，卫所城市，坛壝，形制，平面尺度

明代按照军队编成，在北部边境地区建置有很多卫（通常辖5个千户所）、独立的（千户）所等军事单位统军屯戍，"天下既定，度要害地，系一郡者设所，连郡者设卫。大率五千六百人为卫，千一百二十人为千户所，百十有二人为百户所。所设总旗二，小旗十，大小联比以成军。"[2] 有关的卫、（千户）所一般或是依托北边既有的一些府、州、县城市设置，或是在边陲要地新建独立的军事城市，以长期大规模屯军。

这些卫、所治署所在的城市，本文称为"北边卫所城市"，均筑成坚固的城池并建有较为完善的城市建筑设施，主要由辽东、大宁、万全、山西、陕西等五都司，以及山西、陕西等二行都司等统辖。根据各卫所的管辖土地、控制人口等情况，已有学者将明代的卫所城市分为非实土卫所城市（设置卫、所治于既有的府、州、县城市）和实土卫所城市（为建置卫、所治而新建的军事城市），这样的分类在北边地区也是适用的。在一定意义上，北边卫所城市是明代北部边境地区城市体系的根本骨架。

坛壝是明代城市的重要建筑设施和空间类型之一，而且坛壝建设受到明代制度规范的较大影响。本文依托有关明代北边卫所城市的地方志和历史文献材料，对当时普遍存在且较多明确记载的社稷坛、风云雷雨（山川）坛、厉坛这三种主要坛壝的实例重点加以关注，从坛制、周垣（围）规模和附属建筑等角度，考察其中的坛壝形制和平面尺度。

一、基本规制情况

明太祖定鼎天下之初曾倾注巨大心力重建了国家祭祀和礼仪制度，还广征宿儒，与礼官重臣共同探讨历代国家礼仪和祀典沿革，以酌定整个国家的坛庙制度，如社稷、先农、太岁、风云雷雨、岳渎、山川、厉坛等。

> 洪武六年三月申辰，礼官上所定礼仪。帝谓尚书牛谅曰："元世废弃礼教，因循百年，中国之礼，变易几尽。朕即位以来，夙夜不忘，思有以振举之，以洗污染之习。常命尔礼部定著礼仪。今虽已成，宜更与诸儒参详考议，斟酌先王之典，务合人情，永为定式。[3]

明代的祭祀制度是非常复杂的政治文化体系的缩影，精心设定的国家祀典容纳了多种门类的神主，"明

---

1. 本文属国家自然科学基金支持项目，项目名称：《明代建城运动与古代城市等级、规制及城市主要建筑类型规模与布局》，项目批准号：50778093。
2. 《明史》卷九十，志第六十六，兵二卫所，班军。
3. 钦定四库全书，史部，职官类，官制之属，礼部志稿，卷一。

朝国家规定的祭祀对象是一个自然、祖先、先师、历代名王，英雄豪杰、大学问家、道德典范、有功于国家社稷或者地方社会者、个别民间信仰神、无家野鬼合成的群体。这些真实或者虚幻的对象混合而成的群体构成了一个象征性的权威和价值世界。[1]其中的有关规制是经由地方各级在任官员对"祭祀"的关注，由上至下扩展到百姓当中，"国之大事、所以为民祈福。各府州县、每岁春祈秋报、二次祭祀、有社稷、山川、风云、雷雨、城隍诸祠。及境内旧有功德于民、应在祀典之神。郡厉、邑厉等坛。到任之初、必首先报知祭祀诸神日期、坛场几所、坐落地方，周围坛垣、祭器什物，见在有无完缺。如遇损坏、随即修理。务在常川洁净、依时致祭、以尽事神之诚。"[2]

1. 关于社稷坛

社稷坛的本意是祭祀土谷之神的场所，到后来，社稷在人们心目中演变成为国家的象征，并且成为了土地祭祀的核心，建国者必建立相应规制的社稷坛承祀，同时，这也反映了中国古代农业社会的特点。实际上，社稷坛祭祀是中国古代最为传统和广泛开展的祭祀内容之一，"天下通祀唯社稷与夫子，社稷坛而不屋"[3]，也就是说，社稷坛一直以来都是以祭坛为主要祭祀空间，而非建为堂室。而且社稷坛祭祀不晚于宋代便已明确成为举国统一贯彻的重要国家礼制之一，甚至大学问家朱熹也曾为相关坛壝制度的确立做出过重要贡献，"准行下州县社稷、风雨、雷师坛壝制度，熹按其文有制度而无方位，寻考周礼左祖右社，则社稷坛合在城西，而唐开元礼祀风师于城东，祀雨师于城南"。[4]

明初定社稷祭祀为中祀，社、稷异坛同壝，即社坛与稷坛分设在同一壝墙之内，例如在国都南京，"明太祖洪武元年建社稷坛于宫城西南，太社在东，太稷在西，坛皆北向，坛高五尺，阔五丈，四出陛五级，二坛同一壝。"[5]而且社、稷异坛，东社西稷的模式在宋代已经得到明确[6]，明初应是沿宋制。明太祖在洪武元年十二月还曾统一颁定了天下社稷坛的规制。

> 己丑颁社稷坛制于天下，郡邑坛俱设于城西北，右社左稷，坛各方二丈五尺，高三尺。四出陛三级，社以石为主，其形如钟，长二尺五寸，方一尺一寸。剡其上，培其下之半在坛之南，方坛周围筑墙，四面各二十五步。[7]

这与《明集礼》中所记述的郡县社稷坛制也基本一致。

> 国朝郡县祭社稷，有司俱于本城土西北设坛致祭，坛高三尺，四出陛三级，方二尺五寸（据后文推测可能是误为二丈五尺——笔者注）；从东至西二丈五尺，从南至北二丈五尺，右社左稷，社以石为主，其形如钟长二尺五寸，方一尺一寸，剡其上培其下，半在坛之南方，坛外筑墙周围一百步，四面各二十五步。[8]

明太祖后来又将社稷祭祀升为大祀，而且将社、稷改为同坛同壝。

> 府、州、县社稷，洪武元年颁坛制于天下，郡邑俱设于本城西北，右社左稷，十一年定同坛合祭。[9]

在上述规制中，我们可以发现，在明代虽然有社稷从异坛分祭到同坛合祭的变化，但社稷坛都明确是位于城的西北，与前述宋代布置在城西略有差异（抑或是更为具体化），其实并无本质变化。而具体坛制则应是

1. 赵轶峰. 明代的变迁. 上海：上海三联书店，2008：导言。
2.《明会典》卷九·祀神。
3. 四部丛刊／初编／集部／樊川文集／卷第六（唐 杜牧 撰 景江南图书馆藏明翻宋刊本）。
4. 四部丛刊／初编／集部／晦庵先生朱文公文集／卷第二十（宋 朱熹 撰 景上海涵芬楼藏明刊本）。
5. 钦定四库全书，史部，政书类，通制之属，钦定续通典，卷五十。
6. "徽宗政和三年议礼局上五礼新仪，太社坛广五丈，高五尺，四出陛，五色土为之。太稷坛在西，如社坛之制。"见史部，政书类，通制之属，文献通考，卷八十二。
7.《明太祖实录》卷之三十七洪武元年十二月丁卯朔。
8. 钦定四库全书，史部，政书类，仪制之属，明集礼，卷十。
9. 钦定四库全书，经部，礼类，通礼之属，五礼通考，卷四十五。

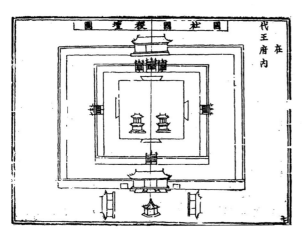

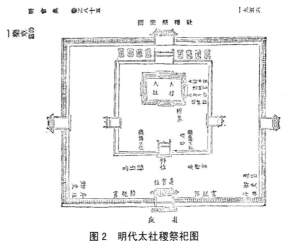

图1 明代大同府城在代王府内的王国社稷坛图
（资料来源：正德《大同府志》）

图2 明代太社稷祭祀图
（资料来源：《明会典》卷八十五）（上南下北）

基本恢复或承袭了宋代制度："宋制州县社坛方二丈五尺，高三尺，四出陛；稷坛如社坛之制，社以石为主，其形如钟，长二尺五寸，方一尺，剡其上，培其下半。四门同，一壝二十五步。"[1] 两相比较有明显的前后承继关系，明代社稷坛规制中的坛制细节更为详尽，其主要形态和尺度甚至可追溯自唐代。在宋代（甚至唐代）社稷坛中，除了神主的位置有朝向或不设在坛中心以外，坛制本身并没有特别强调方向性[2]，而明代的社稷坛则明确规定为北向（大门朝北）。

    丙申命中书省定王国宗庙及社稷坛壝之制，礼部尚书陶凯等议，于王国宫垣内，左立宗庙，右为社稷，庙为殿五间，东西为侧阶，后为寝殿五间，前为门三间，社稷之制，古者王爵不以封止有诸侯社稷之制，汉皇子始封为王，得受茅土而社稷之制无闻其他，封公侯者无茅土社以木，后世因之，以州、县比古诸侯，故其制皆方二丈五尺。唐制州、县社稷坛方二丈五尺，高三尺五寸，四出陛三等，门北、东、西三面各一为屋，各三间，每门二十四戟，其南无屋。宋制州县社稷坛，率如唐制，而高不及者五寸，其社主用石如钟形，长二尺五寸，方一尺，剡其上，培其下半，今定亲王社稷坛方三丈五尺，高三尺五寸，四出陛，两坛相去亦三丈五尺，壝四围广二十丈，坛居壝内，稍南居三分之一，壝墙高五尺，各置灵星门，外垣北、东、西门置屋，列十二戟，南门无屋，社主用石长二尺五寸，阔一尺五寸，剡其上埋其半。已上丈尺并用营造尺，上不同于太社，下有异于州县之制，从之。[3]

    明代社稷坛的等级规模关系，从国家级（太社稷坛）至藩王（王国社稷坛）、府州县（同）分为三级（图1、图2、图3），坛制尺度设定均比照太社稷成比例减小，其中平面尺度比例为10∶7∶5，具体方广分别为5丈、3.5丈、2.5丈。

    癸丑……社稷坛成……社、稷坛在宫城之西南，皆北向。社东稷西，各广五丈，高五尺，四出陛，每陛五级，坛用五色土，色各随其方，上以黄土覆之，坛相去五丈，坛南各栽松树二，坛同一壝，壝方广三十丈，高五尺，甃以砖，四方有门，各广一丈，东饰以青，西饰以白，南饰以赤，北饰以黑，瘗坎在稷坛西南，用砖砌之，广深各四尺，周围筑墙，开四门，南为灵星门三，北戟门五，东西戟门各三，东西北门皆列二十四戟，神厨三间在墙外西北方，宰牲池在神厨西，社主用石高五尺，阔二尺，上微锐，立于坛上，半在土中，近南，北向，稷不用主。[4]

---

1. 钦定四库全书，史部，政书类，仪制之属，明集礼，卷十。
2. "盖神位坐南向北，而祭器设于神位之北，故此石主当坛上南陛之上更宜，详考画作图，子便可见，若在坛中央，即无设祭处矣。"见钦定四库全书，集部，别集类，南宋建炎至德佑，晦庵集，卷六十八。
3. 《明太祖实录》卷之六十，洪武四年春正月乙酉朔。
4. 《明太祖实录》卷之二十四，吴元年六月丙午朔。

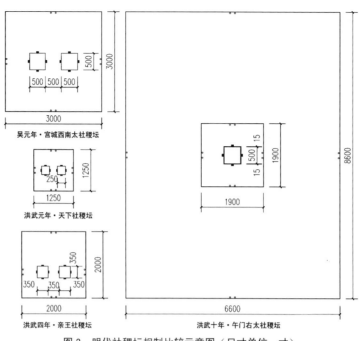

图3　明代社稷坛规制比较示意图（尺寸单位：寸）

洪武十年，改坛午门右，社稷共一坛，为二成。上成广五丈，下成广五丈三尺，崇五尺。外墙崇五尺，四面各十九丈有奇。外垣东西六十六丈有奇，南北八十六丈有奇。垣北三门，门外为祭殿，其北为拜殿。外复为三门，垣东、西、南门各一。永乐中，建坛北京，如其制。帝社稷坛在西苑，坛址高六寸，方广二丈五尺，甃细砖，实以净土。坛北树二坊，曰社街。王国社稷坛，高、广杀太社稷十之三。府、州、县社稷坛，广杀十之五，高杀十之四，陛三级。后皆定同坛合祭，如京师。[1]

2. 关于风云雷雨（山川）坛

明初定太岁风云雷雨之祀为中祀，同时，明太祖亲自根据坛祀诸神情况，并参考前代的制式，下令将风云雷雨合祀一坛，"洪武二年，以太岁风云雷雨及岳镇海渎山川城隍诸神止合祀于城南，诸神享祀之所未有坛壝等，祀非隆敬神祇之道，命礼官考古制以闻。"[2] 并规定了风云雷雨（山川）坛的基本形制，"遂定以惊蛰秋分日祀太岁诸神，以清明霜降日祀岳渎诸神，坛据高阜，南向，四面垣围，坛高二尺五寸，方阔二丈五尺，四出陛，南向陛五级，东西北向陛三级，祀天神则太岁风云雷雨五位并南向。"[3] 又命天下共祀并规定了坛制，在一般的府、州、县常常将风云雷雨（山川）坛的规制参照社稷坛建置。在北边卫所城市等地方，多见将山川甚至城隍一同合祭，例如永平府的风云雷雨山川城隍坛，就是"风云雷雨中，山川左，城隍右，……坛则定于南郊，是谓神祇之坛而尊于神祇也"[4]。也正因如此，风云雷雨山川坛多俗称为"神祇坛"、"南坛"（实例中，称"风雨雷雨山川"坛者居多）（图4）。除所祭祀神主有异外，同一地方的风云雷雨山川坛，其大部分坛制细节多与社稷坛相同。

值得我们注意的是，以上规制中的风云雷雨山川坛也具有方向性——南向，正与社稷坛相反，并且为了突出这个方向性，规制中还将风云雷雨山川坛的南向出陛设为5级，以与北、东、西向出陛3级区别。

3. 关于厉坛

明代对郡县等厉坛并无统一的规制明文颁布，故其建造情况不一，但是由于其在北边卫所城市"祭无祀鬼神"的功能极为重要，因此，不少城市是将厉坛参照社稷坛或风云雷雨山川坛建设，较为常见的情况是参照简化或另制，多数在规模上是略小的（图5）。另外，厉坛祭祀时多请城隍之神主成祀。

1. 《明史》卷四十七，志第二十三，礼一（吉礼一）。
2. 钦定四库全书，子部，杂家类，杂说之属，春明梦余录，卷十五。
3. 《明太祖实录》卷之三十八，洪武二年春正月丙申朔。
4. 康熙《永平府志》卷六·祀典。

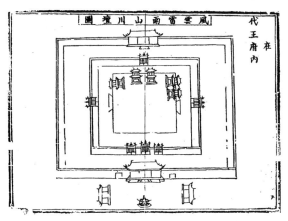

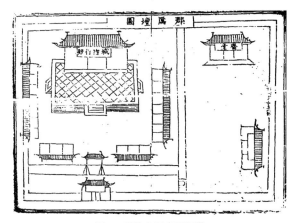

图 4　明代大同府风云雷雨山川坛（在代王府内）图　　　　　　图 5　明代大同府厉坛图
（资料来源：正德《大同府志》）　　　　　　　　　　　　　　　（资料来源：正德《大同府志》）

总体来看，经过数十年的制度建设，至明太祖朱元璋晚年，社稷坛、风云雷雨山川坛、厉坛等城市主要坛壝规制被明令确立下来，"洪武二十六年著令，天下府州县合祭风云雷雨山川、社稷、城隍、孔子及无祀鬼神等，有司务要每岁依期致祭。其坛壝庙宇制度、牲醴祭器体式、具载洪武礼制。"[1] 有关的祭祀制度也得以在北边卫所城市通行。

关于明代北边设卫所城市的坛壝实际建置，即所谓"边卫设坛"，基本上是两种情况。第一，非实土卫所城市，由于基本上都是设置卫、所于既有的府、州、县城市，其坛壝一般是按照天下府、州、县的通行规制建设的；第二，实土卫所城市，即在要地建置卫、所治而新建的城市，其坛壝很多都是跟随城市逐步建立完善起来的。例如在宣府镇有这样的记载：

宣德三年四月，总兵官都督谭广奏：天下郡县设风云雷雨山川、社稷坛，春秋祭祀为民祈福，宣府久置军卫，请如郡县立坛致祭。行在礼部言：宣府边卫似难比例。上曰：奉祀神明为人祈福，军卫独非吾民乎？其准所言，令于农隙之时为之。[2]

明代北边的实土卫所城市的很多坛壝都是经历了从无到有的过程，并且相当一部分可能是比照府、州、县规制建设的，但是往往又受到所在城市规模和经济水平等限制，其实际建设情况也多有差别。

一些相关文献显示，有卫、所建置的城市才会设置完备规模的并参照府、州、县规制的坛壝系统。例如宣府镇西路，元属兴和路，明初并各郡县皆废，置万全左右二卫、怀安卫，隶万全都司，其余城堡设镇守，参将统之。[3] 在此三卫的建置城市之外，这个地区还有柴沟堡、洗马林堡、西阳河堡、张家口堡等多个重要城堡（军事城市）的驻军员额先后达到卫、所规模，甚至柴沟堡自成化年间以后长期驻扎守西路参将，总辖全地区的军兵，但是，由于均非卫所城市，这些军事城市的坛壝形制普遍较低而且不够完善，"社稷坛、风云雷雨山川城隍坛、厉坛惟左、右、怀安三卫建，其余城堡止有乡厉。"[4]

二、坛制规模

述及明代北边卫所城市情况的明清地方志材料中，对明代（或清代沿袭明代）所建坛壝多有提及，但关于坛壝规模形态的记载详尽不一，较为详细的可见如下实例所述：

遵化县城：社稷坛：在州西北二里。中为坛，北向，东西二丈五尺，南北如之，高三尺，四出陛各三级，缭以短垣，树以门，斋房、牲所毕具；风云雷雨坛：在州南二里，坛制子午，高二尺五寸，方阔二丈五尺，周围共一十丈，四出陛，午五级，子卯酉各三级；郡厉坛：在郡北一里。坛制高二尺五寸，阔二丈五尺，南出陛三级，南向立门，额方以墙。[5]

1. 《明会典》卷九十四·群祀，有司祀典下。
2. 史部，职官类，官制之属，礼部志稿，卷八十四。
3. 康熙《宣镇西路志》卷一·沿革。
4. 康熙《宣镇西路志》卷二。
5. 乾隆《蔚县志》卷十一·坛壝。

迁安县城：社稷坛：在城外西北隅。制坛而不屋，四围共二丈五尺，高三尺，三出陛各三级，北向，缭以周垣；风云雷雨山川坛：在县南关外。坛制崇二尺五寸，广二丈五尺，四围各一十五丈，四出陛惟午陛五级，子卯酉皆三级，东南为燎所，出入以南门；郡厉坛：在县北关外，坛制四围五丈五尺，崇二尺五寸，前出陛三级，缭以周垣南为门。[1]

庆阳府城：风云雷雨山川坛，在府城关南，坛高三尺，陛四出各三级；社稷坛，坛在府北关西，坛高三尺，陛四出各三级。[2]

另外，根据现已掌握的文献材料，全面提取坛壝坛制规模记载如下（表1）。

明代北边卫所城市的坛壝坛制规模比较　　　　表1

城市	卫/所	卫/所隶属	坛壝	坛平面尺度	坛高	南出陛	北出陛	东西出陛
洪武元年颁[3]	—	—	社稷坛	2.5×2.5丈	3尺	3级	3级	3级
洪武二年颁[4]	—	—	风云雷雨坛	2.5×2.5丈	2.5尺	5级	3级	3级
遵化县[5]	东胜右卫	后军都督府直隶	社稷坛	2.5×2.5丈	3尺	5级	3级	3级
			风云雷雨坛	2.5×2.5丈	2.5尺	5级	3级	3级
			郡厉坛	2.5×2.5丈	2.5尺	3级	无	无
易州[6]	茂山卫	大宁都司	社稷坛	2.5×2.5丈	3.4尺	3级	3级	3级
			风云雷雨山川坛	2.5×2.5丈	3.4尺	3级	3级	3级
			州厉坛	2.5×2.5丈	3.4尺	3级	3级	3级
迁安县[7]	兴州右屯卫	后军都督府直隶	社稷坛	四围共2.5丈	3尺	无	3级	3级
			风云雷雨山川坛	广2.5丈	2.5尺	5级	3级	3级
			郡厉坛	四围5.5丈	2.5尺	3级	无	无
宣府镇[8]	宣府左、右、前卫	万全都司	社稷坛	2.5×2.5丈	3尺	3级	3级	3级
万全右卫[9]	万全右卫	万全都司	社稷坛	2×1丈	2.5尺	3级	3级	3级
			风云雷雨山川坛	2×1丈	2.5尺	3级	3级	3级
延庆州[10]	永宁卫后千户所	万全都司	社稷坛	2.5×2.5丈	3尺	3级	3级	3级
			风云雷雨山川坛	2.5×2.5丈	3尺	3级	3级	3级
应州[11]	安东中屯卫	山西行都司	社稷坛	周1.8丈	5尺	不详	不详	不详
			风云雷雨山川坛	周3丈	5尺	不详	不详	不详
庆阳府[12]	庆阳卫	陕西都司	社稷坛	不详	3尺	3级	3级	3级
			风云雷雨山川坛	不详	3尺	3级	3级	3级
环县[13]	环县千户所	陕西都司	社稷坛	1.25×1.25丈	3尺	3级	3级	3级
			风云雷雨山川坛	2.5×2.5丈	3尺	3级	3级	3级
岷州卫[14]	岷州卫	陕西都司	社稷坛	2.5×2.5丈	不详	3级	3级	3级
			风云雷雨山川坛	2.5×2.5丈	不详	3级	3级	3级
靖虏卫[15]	靖虏卫	陕西都司	风云雷雨坛	2.25×2.25丈	3尺	不详	不详	不详
河州卫[16]	河州卫	陕西都司	郡厉坛	2×2丈	3尺	不详	不详	不详

1. 同治《迁安县志》卷十一·坛庙。
2. 顺治《庆阳府志》卷十九·坛壝。
3. 《明太祖实录》卷之三十七洪武元年十二月丁卯朔。
4. 《明太祖实录》卷之三十八，洪武二年春正月丙申朔。
5. 康熙《遵化州志》卷三·坛壝。
6. 弘治《易州志》卷三·神祀。
7. 同治《迁安县志》卷十一·坛庙。
8. 嘉靖《宣府镇志》卷十七，祠祀考。
9. 乾隆《万全县志》卷二·坛祠。
10. 嘉靖《隆庆志》卷八。
11. 万历《应州志》卷二·坛壝。
12. 顺治《庆阳府志》卷十九·坛壝。
13. 同上。
14. 康熙《岷州志》卷四·坛壝。
15. 康熙《重修靖远卫志》卷二·祀典。
16. 嘉靖《河州志》卷二·典礼志·祠祀。

1. 坛平面尺寸

由表中明代北边卫所城市坛壝实例可知，规制的 2.5×2.5 丈见方是最普遍采用的坛平面尺寸。而大多数的情况是比规制尺寸小一些，其中，实土卫所城市有万全右卫城（社稷坛和风云雷雨山川坛）、靖房卫城（风云雷雨坛）、河州卫城（郡厉坛）非实土卫所城市有应州城（社稷坛和风云雷雨山川坛）、环县城（社稷坛）和迁安县城（社稷坛和郡厉坛）。较小的原因很可能是地方做法或受到当地经济条件限制。

再参考明代最低一级的"乡社"的情况，"凡城郭坊厢以及乡村，每百家立一社，筑土为坛，树以土所宜木，……坛制宜量地广狭，务在方正，广则一丈二尺，狭则六尺，法地数也，高不过三尺，陛各三级，坛前阔不过六丈，或仿州县社稷坛，当北向，缭以周垣，四门红油，由北门入，若地狭则随宜，止为一门木栅，常扃钥之。"[1] 可见，不少北边卫所城市的社稷坛规模更接近这样的乡社，当然，此类乡社规制，也很可能是从府、州、县坛壝简化而来的。

2. 坛高

按照洪武初年的颁制，社稷坛和风云雷雨坛的坛高分别为 3 尺和 2.5 尺，实例中，大部分北边卫所城市有关坛壝（包括厉坛）建设都遵循了这样的坛高差异，如遵化县城、迁安县城、宣府镇城等。亦有各坛壝统一建为一种高度的情况，如延庆州城、庆阳府城、环县城等统一为 3 尺高，而万全右卫城将其统一为 2.5 尺高。甚至还有一些地方，如易州城和应州城，坛高分别统一采用了更高的 3.4 尺和 5 尺，目前尚不能确知原因，推测很可能是地方做法。

3. 出陛

洪武初年的颁制也分别给社稷坛和风云雷雨坛设定了两种出陛样式，其差别之处在于风云雷雨坛是通过南向 5 级出陛强调其与社稷坛的方向差异（考虑仪式出入等），如遵化县城和迁安县城的风云雷雨山川坛就完全遵照此制，而且这两个城市的厉坛又都是仅设置了南向 3 级出陛，也反映了对坛制方向性的明确。此外，北边卫所城市坛壝实例中的大多数均一致采取了 3 级出陛。又由于社稷坛均为北向，迁安县城的社稷坛实际则将南向的出陛完全都省却了。

三、周围（垣）规模

我们注意到，几乎所有的北边卫所城市的社稷坛记载都提到有"周垣"，即四周围墙边界的描述，而一些地方志的有关记载只提到坛壝"周"或"周围"的尺度，按照一般坛壝空间以围墙界定的方式，我们基本可以认为其"周围"尺度即是周垣尺度。例如，洪武元年颁定的天下社稷坛规制中就包括坛外周围筑墙共一百步（2 步为 1 丈，合 50 丈——笔者注）的表述，"方坛周围筑墙，四面各二十五步（合 12.5 丈）"[2]。而《明会典》和《明史》作为后出的文献，其中关于府、州、县社稷坛相关规制的记述则有所变化，且这二者的说法完全一致，较洪武元年颁制变大。如表 2、图 6 所示。

社稷（府、州、县同）坛制：东西二丈五尺，南北二丈五尺，高三尺（俱用营造尺）；四出陛各三级，坛下前十二丈或九丈五尺，东、西、南各五丈，缭以周墙；四门红油，北门入。[3]

明代社稷坛规制周围（垣）规模比较　　　　　　　　　　　　表 2

城市	范围	坛壝	坛周围（垣）平面尺度
洪武四年亲王社稷坛[4]	亲王	社稷坛	20×20 丈
洪武元年颁天下[5]	地方	社稷坛	12.5×12.5 丈
《明会典》《明史》载社稷坛[6]	地方	社稷坛	12.5×17（或 19.5）丈

---

1. 钦定四库全书，经部，礼类，杂礼书之属，泰泉乡礼，卷五。
2. 《明太祖实录》卷之三十七洪武元年十二月丁卯朔。
3. 参见《明史》卷四十七，志第二十三，礼一（吉礼一）。及《明会典》卷九十四·群祀，有司祀典下。
4. 《明太祖实录》卷之六十，洪武四年春正月乙酉朔。
5. 《明太祖实录》卷之三十七洪武元年十二月丁卯朔。
6. 《明会典》卷九十四·群祀，有司祀典下。

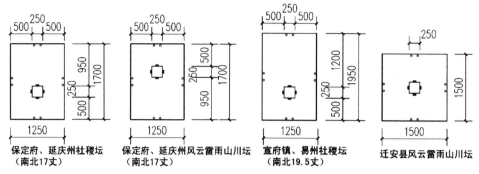

图6 坛壝周围（垣）规模可能基于洪武元年规制扩大的实例示意图（尺寸单位：寸）

这表明，在洪武定制以后，社稷坛及相关坛壝的实际建设，其周围（垣）规模按照祭祀制度完善的需要而有所扩大，而大多数北边卫所城市的实例是将方广12.5×12.5丈（东西×南北）扩展到《明会典》所载的两种规制之一，平面尺度或为12.5×17丈，或为12.5×19.5丈。这种前后变化也强调了对社稷坛仪式空间方向性的关注，尤其南北向略长的平面形态反映了对北门以内仪式空间的需求，实例可见保定府城、延庆州城、宣府镇城、易州城、岷州卫城等有关的坛壝（图6）。

保定府城（南北17丈）：（社稷坛）国朝酌古准今并为一坛，以太社五丈而各杀其半，东西二丈五尺，南北如之，高三尺，四出陛各三级，坛下前九丈五尺，东、西、南、北各五丈，以垣缭之，立四红油门，由北门入，石主长二尺五寸方一尺，埋于坛上正中；（风云雷雨山川坛）国朝洪武八年定制为一坛，南向，广袤石主与社稷坛同。[1]

延庆（隆庆）州（南北17丈）：社稷坛：州城西，东西二丈五尺，南北如之，高三尺，四出陛，各三级，坛下前九丈五尺，东西南各五丈，缭以周垣，立门北向；风云雷雨山川坛：在州城南一里，其制与社稷同，南向由南门入。[2]

宣府镇城（南北19.5丈）：洪武二十七年立本镇社稷坛，谷王命所司建，宣德初重修。坛制东西二丈五尺，南北二丈五尺，高三尺，四出陛各三级，坛下前十二丈，东、西、南各五丈，缭以周垣，四门红油，北门入。神厨、神库、宰牲房各三间。[3]

在我们所见的明代北边卫所城市坛壝实例中，周围（垣）规模尚未发现与洪武元年颁制中平面尺度12.5×12.5丈一致的，仅见迁安县城风云雷雨山川坛的方广为15×15丈，有可能与此颁制有关。

上述周围（垣）规模符合规制总长59丈（或64丈）的坛壝实例大部分都是在非实土卫所城市（岷州卫为军民指挥使司，与一般卫指挥使司有一定差别）（图7）。我们注意到，还有大量实土卫所城市坛壝的周围（垣）规模与规制相比均小一些，这可能与实土卫所城市特别强调其军事职能而经济条件不佳有关，同样也很可能影响到了在其中举行祭祀活动的完善性（图8）。例如：

环县城：风云雷雨山川坛在城南一里，周六十步（2步为1丈，合30丈——笔者注），坛高三尺，方二丈五尺，陛四出各三级；社稷坛：在府西一里，周六十步，坛高三尺，方一丈二尺五寸，陛四出，各三级。[4]

靖房卫城：风云雷雨坛在南关东隅，明隆庆戊申议

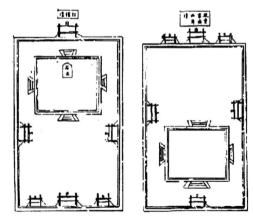

图7 岷州卫的社稷坛、风云雷雨山川坛
（资料来源：康熙《岷州志》）

1. 弘治《重修保定志》卷十九·坛壝。
2. 嘉靖《隆庆志》卷八。
3. 嘉靖《宣府镇志》卷十七，祠祀考。
4. 顺治《庆阳府志》卷十九·坛壝。

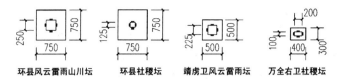

图8 坛壝周围（垣）规模远小于有关规制的实例示意图（尺寸单位：寸）

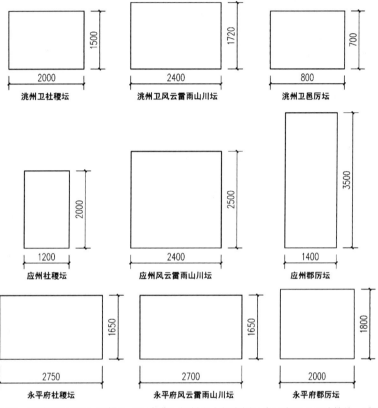

图9 坛壝周围（垣）规模比《明会典》规制更大的实例尺度示意图（尺寸单位：寸）

建，高三尺，方九丈，砖砌坛基，周二十丈，内有斋宿舍、省牲舍、厨库各三楹，外有大门牌坊。……山川社稷在城外西南隅，万历十九年……建坛壝，斋舍、厨库、门坊具备。[1]

万全右卫城：社稷坛在县城北门外，高二尺五寸，东西广二丈，南北衰一丈，四出陛各三级，坛下四周各一丈缭以垣（周围合14丈——笔者注），东、西、南、北红门各一；风云雷雨山川城隍坛：在县城南门外，制与社稷坛同。[2]

我们还发现，有不少卫所城市的坛壝周围（垣）规模比上述规制都要大，也达到或超过了亲王社稷坛周围80丈的规模，甚至更大（图9）。例如：

洮州卫城：风云雷雨山川坛深十七丈二尺，广二十四丈（周围合82.4丈——笔者注），斋房、省牲所在坛之东；社稷坛深十五丈，广二十丈（周围合70丈——笔者注），斋房、省牲所在坛之西南；邑厉坛南向，深八丈，广七尺（疑为七丈，则合30丈——笔者注）。[3]

应州城：社稷坛洪武间创，弘治二年，移筑于西门外，迤南空处，南北长四十步，东西宽二十四步（周围合64丈——笔者注），建台，修厨，筑垣，设门。坛台一座，高五尺，周一丈八尺；风云雷雨山川坛：在城南关西。南北长五十步，东西宽四十八步（周围合98丈——笔者注）。洪武间创，成化十五年重建，

1. 康熙《重修靖远卫志》卷二·祀典。
2. 乾隆《万全县志》卷二·坛祠。
3. 光绪《洮州厅志》卷三·坛庙。

围筑高垣，增补斋室。坛台一座，高五尺，周三丈，神厨三间，斋房三间；郡厉坛：洪武间创，弘治二年改建于城东门外迤北。南北长七十步，东西宽二十八步（周围合 98 丈——笔者注），坛台一座，周筑墙垣，修理台厨，建以门额。坛台一座砖砌，斋房六间，厨房三间。[1]

　　永平府城：风云雷雨山川坛：在府城南三里，洪武初建，正统十二年重建，坛基一所，横五十四步，直三十三步（周围合 87 丈——笔者注），神库三间，神厨三间，宰牲房三间，洗牲地一所，斋宿房三间；社稷坛：在府城西三里，洪武初建，正统十二年重建，坛基一所，横五十五步，直三十三步（周围合 88 丈——笔者注），神厨三间，神库三间，宰牲房三间，洗牲地一所，斋宿房三间；郡厉坛在府城北四里，洪武初建，正统十二年重建，横四十步，直三十六步（周围合 76 丈——笔者注），神厨三间、神库三间，宰牲房三间。[2]

　　这些北边卫所城市坛壝周围（垣）为何达到如此规模，其准确原因目前尚并不明确，而且其平面尺度并无规律可言，推测有可能是因地制宜的地方做法，也有可能反映了这些卫所城市周边土地旷广，坛壝建设规模不受限制。

　　此外，我们还注意到蔚州城、怀安卫城等相关坛壝的记载中不仅有"周围"规模，同时还有"计地"规模的表述，而且二者之间存在着很大的差异。

　　蔚州城：厉坛在城东北太平庄南，周围六十二步（按：合 31 丈），计地一亩（1 亩周围为 240 步，合 120 丈——笔者注）。[3]

　　怀安卫城：（厉坛）在城东门外，万历十五年建，周围三百六十步（合 180 丈——笔者注），计地三亩（合 360 丈）；又一在城西门外，地基同。[4]

　　这还表明一些北边卫所城市坛壝周边很可能还附属着一定面积的土地，可从事生产以资祭祀活动，或有其他用途。而且，有些坛壝附属土地的面积甚至相当辽广，如易州城等，坛壝占地要比周围（垣）规模大得多（图 10）。

　　易州城：社稷坛在州治西北一里，计地一十二亩（周围合 1440 丈），坛制东西二丈五尺，南北二丈五尺，高三尺四寸，陛各三级，坛下前十二丈，东西南各五丈缭以周垣，辟四门，由北门入，神厨三间，库房三间，宰牲房三间。风云雷雨山川坛：在州治南一里，计地二十六亩（周围合 3120 丈），制与社稷坛同，神厨三间，库房三间，宰牲房三间；州厉坛：在州治北五十步，计地五亩（周围合 600 丈），制同前，神厨三间，库房三间，宰牲房三间。[5]

四、主要附属建筑情况

　　在《明会典》中有坛壝主要附属建筑神厨、库房、宰牲房等的图示及详细说明（图 11）：

　　房屋神厨三间，用过梁通连（深二丈四尺，中一间，阔一丈五尺九寸，傍两间，每一间阔一丈二尺五寸）；锅五口（每口二尺五寸）；库房间架与神厨同（内用壁不通连）；宰牲房三间（深二丈二尺五寸），三间通连，中一间阔一丈七尺五寸九分，傍二间各阔一丈。于中一间正中、凿宰牲小池、长七尺、深二尺、阔三尺、砖砌四面、安顿木案于上。宰牲血水、聚于池内。祭毕、担去、仍用盖。房门用锁（宰牲房前旧有小池者、仍旧制、不必更改。无者不必凿池、止于井内取水）。[6]

---

1. 万历《应州志》卷二·坛壝。
2. 弘治《永平府志》卷五·坛壝。
3. 顺治《蔚州志》祀典志·坛庙。
4. 乾隆《怀安县志》卷十三·典祀。
5. 弘治《易州志》卷三·神祀。
6. 《明会典》卷九十四·群祀，有司祀典下。

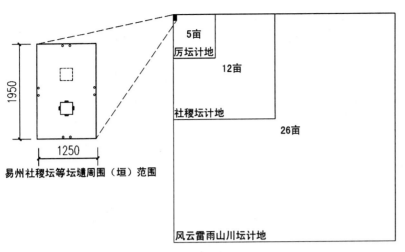

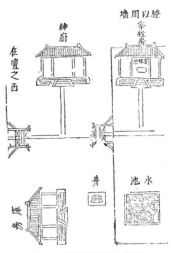

图10 明代易州坛壝附属土地面积
（按正方形计）示意（尺寸单位：寸）

图11 坛壝附属建筑情况
（资料来源：《明会典》卷九十四）

明代北边设卫所城市坛壝附属建筑的记载大多不够清晰，仅有岷州卫坛壝的附属建筑所依据的规制较为明确，而且与《明会典》的有关内容大体上一致。

岷州卫城：社稷坛有斋宿房、宰牲房、厨房各三间；风云雷雨山川坛有神宇、宰牲房、大门各三间；郡厉坛有神宇、斋宿房、宰牲房各三间。按：社稷坛制东西二丈五尺，南北二丈五尺，俱用营造尺，四出陛，各三级。坛下前十二丈或九丈五尺，东、西、南各五丈，缭以周墙，四门红油。北门入，石主向北，风云雷雨山川坛制同此，但神位向南，从南门入。……坛之西，置神厨三间，用过梁通连，深二丈四尺，中一间阔一丈三尺九寸。旁两间，每一间阔一丈二尺五寸。厨下东库房三间，向西，间架与厨同，内用壁不通连，西凿井，缭以周墙。门二，东通神坛。厨之西，置宰牲房三间，深二丈二尺五寸，三间通连。中一间阔一丈七尺五寸九分。旁二间各阔一丈，缭以周墙，东通厨之西门。于宰牲房中，一间凿宰牲小池，长七尺，深二尺，阔三尺，砖砌四面。风云雷雨山川坛神厨宰牲房制同此，但俱向南，库房向东。凡此会典所载，并纂入，以质好古之君之。又按：祀厉之典，惟云设坛于城北郊间，固无诸制可考。[1]

丰润县城：社稷坛，围以长垣，中设坛台，斋房、神厨原缺；风云雷雨山川坛，围以高垣，中设坛台，斋房、神厨亦缺；邑厉坛，围以高垣，中建三楹，东西房如数。[2]

真定府城：社稷坛在本府城西北五里，东为门，中为坛，两侧为库厨，北为斋所；风云雷雨山川坛在本府长乐门（南门——笔者注）外一里许，门南向，中为坛，东为斋所、为厨库；厉坛在本府永安门（北门——笔者注）外二里，设坛门南向，周围有垣墉。[3]

保德州城：风云雷雨山川坛，建治斋所、宰牲所，缭以周垣；社稷坛，建治斋所、宰牲所，缭以周垣；厉坛，宰牲所三间，门一座，缭以周垣。[4]

河州卫城：社稷坛，露台一座，神厨三间，库房三间，宰牲房三间，斋宿房十有二间；风云雷雨山川坛，坛制房屋同社稷坛；郡厉坛，坛高三尺，阔二丈，神厨三间，宰牲房三间，大门一座。[5]

根据我们已掌握的有关地方志材料，北边卫所城市社稷坛、风云雷雨山川坛、厉坛的附属建筑可能有神厨（也有称厨房等）、宰牲房（也有称宰牲所、省牲所、牲所等）、神库（也有称库房）、斋宿房（也有称斋房、斋所、斋宿舍），以及神宇建筑（神主所在处）等，见表3。

1. 康熙《岷州志》卷四·坛壝。
2. 隆庆《丰润县志》卷五·祀典。
3. 嘉靖《真定府志》卷十四·祀典。
4. 康熙《保德州志》卷二·庙社。
5. 嘉靖《河州志》卷二·典礼志·祠祀。

明代北边卫所城市坛壝实例的附属建筑情况 表3

卫所城市	卫/所	卫/所隶属	坛壝	神厨	神库	宰牲房	斋宿房	神宇建筑
永平府城[1]	永平卫、卢龙卫、东胜左卫	后军都督府直隶	社稷坛	三间	三间	三间	三间	坛
			风云雷雨山川坛	三间	三间	三间	三间	坛
			郡厉坛	三间	三间	三间	无	坛
真定府城[2]	真定卫	后军都督府直隶	社稷坛	无	有	有	有	坛
			风云雷雨山川坛	无	有	有	有	坛
			邑厉坛	无	无	无	无	坛
丰润县城[3]	兴州前屯卫	后军都督府直隶	社稷坛	无	无	无	无	坛
			风云雷雨山川坛	无	无	无	无	坛
			厉坛	无	无	无	无	有
遵化县城[4]	东胜右卫	后军都督府直隶	社稷坛	无	无	有	有	坛
易州城[5]	茂山卫	大宁都司	社稷坛	三间	三间	三间	无	坛
			风云雷雨山川坛	三间	三间	三间	无	坛
			州厉坛	三间	三间	三间	无	坛
宣府镇城[6]	宣府左、右、前卫	万全都司	社稷坛	三间	三间	三间	无	坛
保德州城[7]	守御千户所	山西都司	社稷坛	无	无	有	有	坛
			风云雷雨山川坛	无	无	有	有	坛
			厉坛	无	无	三间	无	坛
应州城[8]	安东中屯卫	山西行都司	社稷坛	有	无	无	无	坛
			风云雷雨山川坛	三间	无	无	三间	坛
			郡厉坛	三间	无	无	六间	坛
大同府城[9]	大同前、后卫	山西行都司	郡厉坛	不详	不详	不详	三间	三间
岷州卫城[10]	岷州卫	陕西都司	社稷坛	三间	无	三间	三间	坛
			风云雷雨山川坛	无	无	三间	无	三间
			郡厉坛	无	无	三间	三间	三间
洮州卫城[11]	洮州卫	陕西都司	社稷坛	无	无	有	有	坛
			风云雷雨山川坛	无	无	有	有	坛
			邑厉坛	无	无	无	无	坛
靖虏卫城[12]	靖虏卫	陕西都司	山川社稷坛	有	（与神厨并）	无	有	坛
			风云雷雨坛	三间	（与神厨并）	三间	三间	坛
河州卫城[13]	河州卫	陕西都司	社稷坛	三间	三间	三间	十二间	坛
			风云雷雨山川坛	三间	三间	三间	十二间	坛
			郡厉坛	三间	无	三间	无	坛

　　根据所见坛壝实例，附属建筑的建置情况不一，但仍可归纳出一些情况：其一，斋宿房以外的建筑，如果存在，则基本都为三间，这可能与规制内容详细且具体有关；其二，神宇建筑的大多数都是用于厉坛的，而社稷坛和风云雷雨山川坛的神主所在处基本都是按照规制设置于露天之坛上，仅见岷州卫城风云雷雨山川坛一例用神宇建筑。

作者单位：清华大学建筑学院

1. 弘治《永平府志》卷五·坛壝。
2. 嘉靖《真定府志》卷十四·祀典。
3. 隆庆《丰润县志》卷五·祀典。
4. 康熙《遵化州志》卷三·坛壝。
5. 弘治《易州志》卷三·神祀。
6. 嘉靖《宣府镇志》卷十七，祠祀考。
7. 康熙《保德州志》卷二·庙社。
8. 万历《应州志》卷二·坛壝。
9. 参照正德《大同府志》所附"郡厉坛图"。
10. 康熙《岷州志》卷四·坛壝。
11. 光绪《洮州厅志》卷三·坛庙。
12. 康熙《重修靖远卫志》卷二·祀典。
13. 嘉靖《河州志》卷二·典礼志·祠祀。

索　引